U0144783

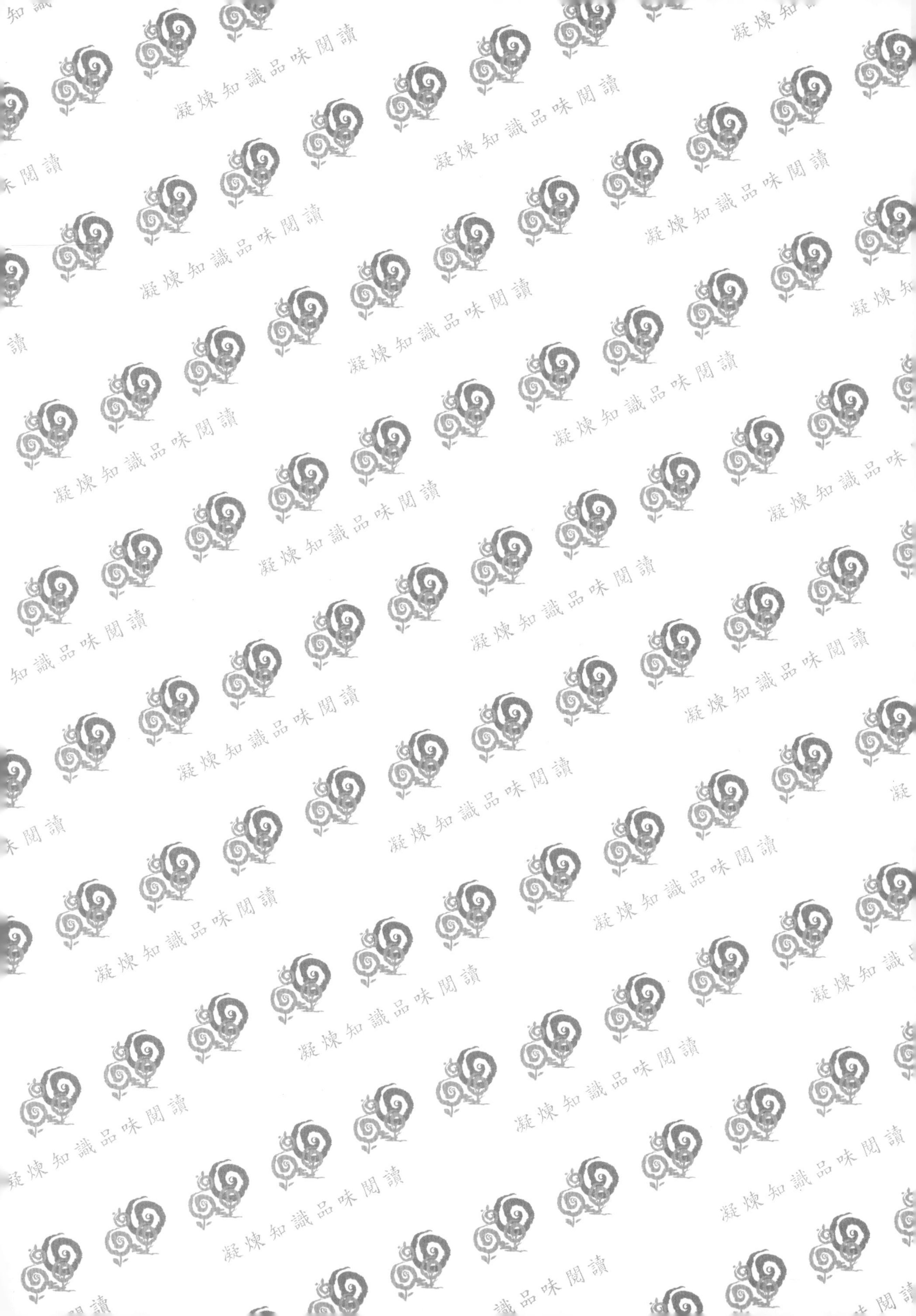

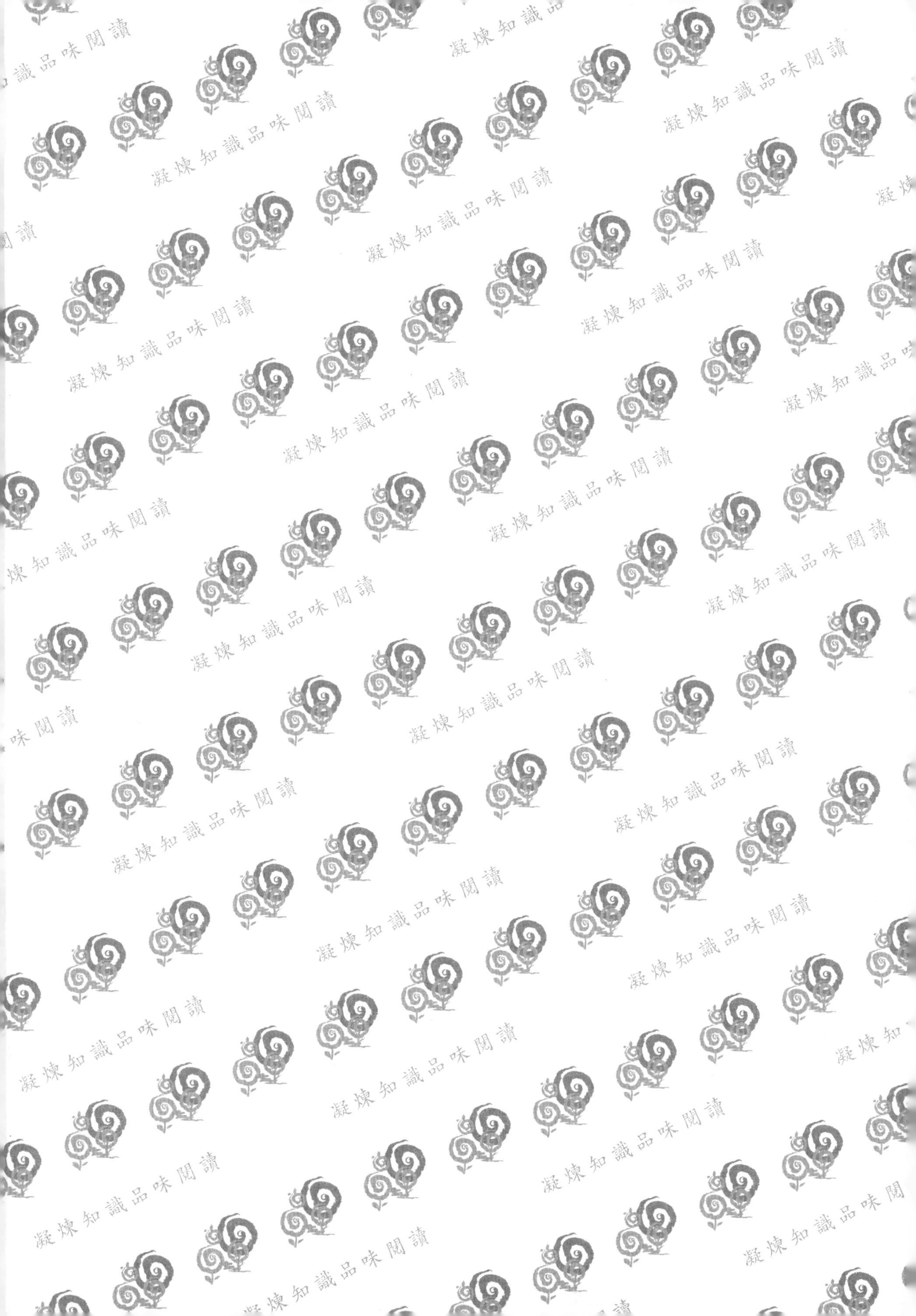

營建精要

章錦釗 著

五南圖書出版公司 印行

推薦序

《營建精要》是章錦剑先生所著的一本關於建築工程實務的重要著作。錦剑憑藉三十餘年的工地實務經驗，清晰詳盡地介紹了房屋建築施工的步驟、操作細節、案例報價以及注意事項。不論初入營建工地的新手，或是建築、土木、營建等領域的學生，甚至是營建工程與管理領域的專業人士，都能從這本書中獲益良多。

書中不僅詳述了建築工程各項目的內容，還配有詳盡的表格和豐富的圖片。對於想要深入了解工地實務的讀者而言，這本書絕對是一本實用的指南。

我由衷推薦《營建精要》，它彌補了目前教學內容的不足，能夠幫助讀者更深入地瞭解和應用於建築工程的實務知識，是營建工程與管理領域的重要教學資源。

國立中央大學土木工程系
姚乃嘉教授

前言

筆者於民國七十五年進入營建業，一晃已逾三十餘年。初任職時，職場專業知識或問題之解答均得自書籍、長官、前輩、同儕等；日久，愈有疑惑無從得解。閒暇常流連重慶南路搜尋相關書籍解惑，但稍冷僻問題常尋覓數年仍不得其解，且坊間工程專業書籍多偏理論或專題論述類型，卻少有涵蓋全面之書籍，總有「以管窺豹，只見一斑」之憾。業務執行中，常無從發現問題所在，或因問題冷僻而無從釋疑。

任職期間，每聽取廠商簡報，常感千篇一律、如出一轍，不外乎人、機、料、步驟、時程；但每就未盡事項提問，廠商總竭盡所能提供答覆以示專業。虛心請教，誠意探討，廠商必竭力回覆，詢之以三，覆之以五；再以其五詢之以他廠，他廠更覆之以七。如此循環，不患無知、不患誤謬、不患蒙蔽。於是體悟專業廠商亦屬特定工程項目知識來源，蓋因特定項目，綜合營建工程人員數年一遇，專業廠商則一年數遇，孰專孰精，不言而喻。

編寫本書目的，在於提供筆者三十餘年工程實務之經驗與心得，就建築工程之工序、流程、工法之內容等，依工程發包採購項目歸類、彙整，並提出實作之範例，與坊間各類土木或建築施工偏重理論之內容大不相同。本書對於新進工程人員乃至於任職數年之工程人員，在建築工程之工項施作與發包之精髓以及應注意事項，應可達教學、解惑之效，希能減少相關人員混沌、摸索之時間進而提升其專業能力與水準。

本書共計38章，依現場發包及施工順序編列，包含純工資項目、連工帶料項目、材料設備採購項目。每篇均附載邀商報價說明案例，以提示報價、比價應含之明細，及施工、管理、驗收、計價之權利義務。因各公司發包方式、條件、細節，各有不同之認知，技巧亦各有所長，本書無法鉅細靡遺詳盡羅列，亦無法將此作爲重點；主要內容偏重各工項使用材料之特質、工法重點、適用性、依據規範等。期能引導讀者發現問題、深入問題、找尋解決方向，並作研討、提問之問路石。

常引用禮記學記篇：善待問者如撞鐘，扣之以小則小鳴，扣之以大則大鳴，待其從容，然後盡其聲。並改寫爲：善問者如撞鐘，扣之以小則小鳴，扣之以大則大鳴，待其從容，然後盡其聲。筆者釋義：善於發問者有如撞鐘，輕扣則返響黯默，傾力撞擊則鐘聲激昂，撞鐘者要作充分準備，再從容不迫順勢推動鐘杵，迎面撞擊，鐘聲必定宏偉悠揚。本書期作鐘杵，藉三分之材，育十分之功。望啓撞鐘之效耳。

目錄

第 1 章　地質鑽探

土木、建築工程均需經由地質鑽探成果來作為結構及開挖擋土設施的設計依據。因建築個案基地面積小，影響因素少，建築個案之地質鑽探內容通常較土木工程單純，但其外業（鑽探取樣、觀測等）及內業（物理試驗、力學試驗、分析等）亦頗為耗時（約二個月）。

地質鑽探為高度專業之知識，非一般採發或工程人員所能透徹，報價說明內容不宜過度規範施作項目、數量及方法，但對甲乙雙方之權利義務則不宜忽略。故建議於邀商報價時發送空白明細表，其項目及數量由報價廠商自行填列，以免疏漏。

雖說不宜過度規範，但基本知識不能不備，否則收到廠商報價後不知所云，或多家廠商報價內容不盡相同時亦無從比較。故就一般報價資料及計價項目說明如後。

一、地質鑽探現場施作、試驗項目

1. 標準貫入試驗

標準貫入試驗採外徑 5.1cm、內徑 3.5cm、長 81cm 之劈管取樣管打入地中，測定地盤所生之抵抗能力。其擊鎚重 63.5kg，自 75cm 之高度以自由落體方式打擊採樣管導桿，至採樣管貫入土層增量 30cm 止，其打擊數即為 N 值。內業試驗所需之試樣亦隨標準貫入試驗鑽掘過程一併取得。N 值常用以表示砂質地盤之緊密程度及黏土質地盤之稠度，如下表所示。

砂質土	N- 值	0～4	4～10	10～30	30～50	50 以上
	相對密度	極鬆	鬆	中等	密	極密

黏性土	N- 值	0～2	2～4	4～8	8～15	15～30	30 以上
	稠度	極柔軟	柔軟	中等	堅	極堅	堅固

N 值大小受土層深度之影響極大，淺土層之 N 值常偏小，深土層之 N 值常偏高，故工地所得之 N 值必須依下式修正後方能供設計使用。

$N = N'(35/p + 7)$　（p 採公制單位 T/M^2 時）

$N = N'(50/p + 10)$　（p 採英制單位 psi 時）

N：修正後之標準貫入值（標準貫入抵抗）

N'：工地標準貫入試驗值

p：自地面至貫入深度處之有效覆土壓力。若 p 值小於 $10.5T/M^2$ 時，N = 2N'。

2. 現場十字片剪試驗

以十字片剪試驗儀、鑽探機具記錄測取現場土壤之深度、剪力量測錶所測之不排水剪力強度，配合十字片尺寸，代入公式計算現地原狀及重模土壤不排水剪力強度。現場十字片剪試驗僅適用於及軟弱、高靈敏度黏土。

3. 現場平鈑載重試驗

於工地現場進行靜載重試驗，以提供計算土壤容許承載力、沉陷量之相關資料。

4. 現場密度試驗

於現場以標準砂求得現地土壤單位重。

5. 岩盤深度探測

常因檔土排樁設計要求入岩深度，為預先取得較為精確之岩盤深度而施作，以利排樁鋼筋籠備料及製做。本項施作因不含標準貫入試驗及取樣，故單價較低。

6. 觀測井

觀測井係於鑽孔完成後埋設鑽有透水孔之 PVC 套管，套管與土壤間以砂填實，套管底部封填 50cm 厚之細砂，頂部宜設保護蓋，以免雜物墜入而妨礙觀測。在滲透性之砂土層、礫石層中，地下水位可於數分鐘內達成安定並接受量測，在透水性差之黏土、沉泥中需待數日後方可量測。

水壓計埋設觀測之目的在了解不同深度、不同土層、土壤孔隙水壓，對觀測不透水層下方之地下水壓尤為重要。

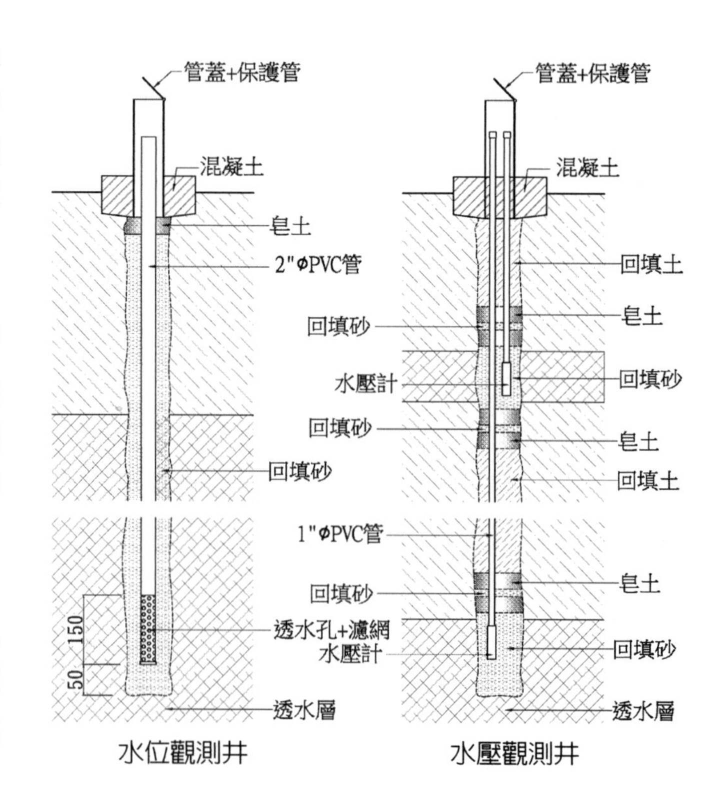

二、劈管（split-tube sampler）

中空採樣管即爲劈管取樣器，又稱開裂式標準取樣器（standard split-spoon sampler）。劈管取樣器由管靴〔切土靴（driving shoe）〕、管身〔劈管（splitbarrel）〕與連接取樣器及鑽桿之聯結器〔接頭（coupling）〕所組成，管身長 16～28 吋，爲便於取出土樣，其管身爲二片併合，分離時狀似劈裂，故稱劈管。適用於無黏性土壤之取樣。

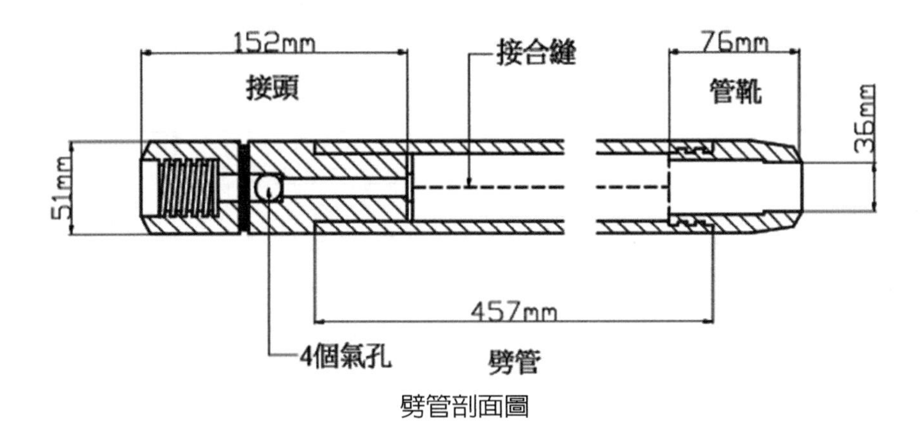

劈管剖面圖

三、薄管（thin-wall open drive sampler）

薄管取樣器，又稱靜壓式薄管取樣器，爲最簡單之土壤取樣器，管長 2～3 呎，外徑 2～5$^1/_2$ 吋，內徑 1$^7/_8$～5$^1/_4$ 吋，管壁厚 $^1/_8$～$^1/_4$ 吋，一般常用者爲外徑 3 吋及 5 吋兩種，長度均爲 3 呎，厚度各爲 0.083 吋及 0.12 吋。軟土採較薄之管，硬土採較厚之管。又爲使土樣易於進入管內，入口內徑略小於管身內徑，以減少管壁與土樣磨擦，期能獲得未擾動之土樣。適用於黏性土壤之取樣。

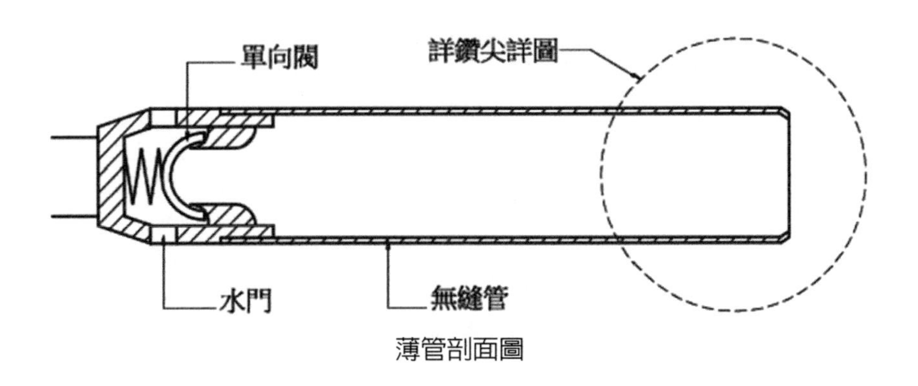

薄管剖面圖

鑽尖依淨空百分比區分，鑽尖淨空符號計有 A、B、C、D 四種，依土壤性質選用鑽尖，黏性低之土壤選用 AB 種，黏性高之土壤選用 CD 種。常用之薄管規格如下表：

<table>
<tr><th rowspan="2">外徑</th><th colspan="2">管壁厚</th><th rowspan="2">管長</th><th rowspan="2">鑽尖淨空符號</th><th rowspan="2">鑽尖淨空百分比</th></tr>
<tr><th>BWG 線規</th><th>Inch</th></tr>
<tr><td rowspan="4">3"</td><td rowspan="4">14G</td><td rowspan="4">0.083"</td><td rowspan="4">36"</td><td>A</td><td>0.0</td></tr>
<tr><td>B</td><td>0.5</td></tr>
<tr><td>C</td><td>1.0</td></tr>
<tr><td>D</td><td>1.5</td></tr>
<tr><td rowspan="5">5"</td><td rowspan="5">11G</td><td rowspan="5">0.120"</td><td rowspan="5">36"</td><td>A</td><td>0.0</td></tr>
<tr><td>B</td><td>0.5</td></tr>
<tr><td></td><td></td></tr>
<tr><td>C</td><td>1.0</td></tr>
<tr><td>D</td><td>1.5</td></tr>
</table>

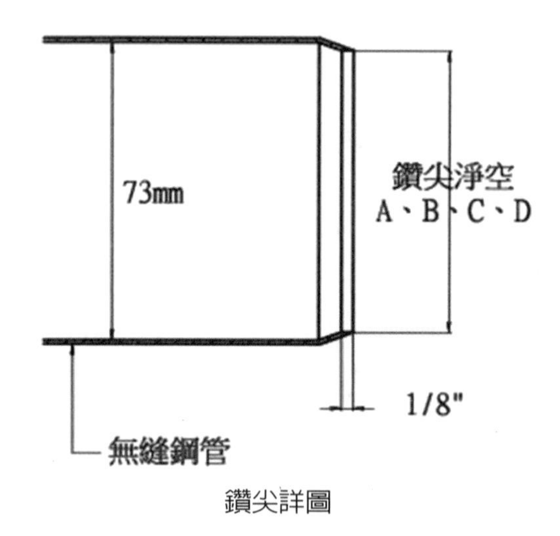

鑽尖詳圖

四、取樣器適用地質

土壤類別	含水狀況	土壤緊密度	非擾動土樣適用採樣器
頁岩		硬	雙管取樣器
礫石			
砂	濕潤	緊密	薄管取樣器 A、B
	濕潤	疏鬆	活塞取樣器
	飽和	緊密	活塞取樣器
	飽和	疏鬆	活塞取樣器
沉泥	濕潤	韌實	薄管取樣器 B
	濕潤	軟	薄管取樣器 B
	飽和	韌實	活塞取樣器
	飽和	軟	活塞取樣器
黏土	濕潤	韌實	薄管取樣器 B、C
	濕潤	軟	薄管取樣器 A
	飽和	韌實	薄管取樣器 A、B
	飽和	軟	活塞取樣器

五、其他外業項目

移孔費、給水費、機具搬運費等項目均屬「依慣例認列」，否則何來計價名目。但既屬慣例即不宜吝嗇，尤其給水費，若不明確列入合約單價，屆時荒郊野外無法取得用水時勢必由業主買水供應。

六、不同地層鑽探計費

地質鑽探砂土層進尺費及岩層、塊石層進尺費，其進尺數量由報價廠商填列，但僅止於參考。比價時可將各報價廠商所列數量之平均值做爲計算基準。又因砂土質地層鑽孔遠易於岩層及塊石層，其鑽孔費用亦有天壤之別，故應依鑽探報告書柱狀圖所示地質分別計價。

七、實驗室土壤試驗

1. 一般物理性試驗

(1) 土壤顆粒比重試驗：求取土壤顆粒比重。

(2) 土壤含水量試驗：測定土壤之含水量，以明瞭土壤之力學特性。

$$\omega = [(W - W_S)/W_S] \times 100\ (\%)$$

ω：含水量　W：濕土重　W_S：乾土重

(3) 粒徑分析：測定土壤之級配，求取顆粒分布及土壤分類。地下室開挖土方是否可供回收使用即依此分析曲線圖判斷。

(4) 阿太堡限度（Atterberg Limits）試驗：含液性限度試驗、塑性限度試驗、縮性係數試驗。

液性限度試驗：爲判別土壤類別之依據，對含有水分之細土粒（通過 #40 篩之土料），決定其流動性界限。所謂液性限度即土壤由塑性狀態變爲液性狀態時之含水量。

塑性限度試驗：爲判別土壤類別之依據，對含有水分之細土粒（通過 #40 篩之土料），決定其對變形抵抗之界限。所謂塑性限度即土壤搓成 3mm 直徑之圓土條，其龜裂時之含水量。所謂塑性指數即液性限度與塑性限度之差。

$$P.I = L.L - P.L$$

P.I：塑性指數；L.L：液性限度（%）；P.L：塑性限度（%）。

縮性係數：爲求土壤縮性限度及收縮比。並計算體積變化，線收縮及土壤顆粒比重近似値。所謂縮性限度即含水量降低，土壤體積亦相對收縮變小，當土壤體積收縮至某一程度，即使含水量繼續降低，其體積卻不再收縮時之含水量。所謂縮性比即土壤於收縮範圍（縮性限度以上範圍）所生之體積變化與含水變化量之比。所謂土壤體積變化即由某含水量到縮性限度之含水量，所減少之體積變化量與收縮後土壤體積之比。所謂土壤之線收縮即由某含水量到縮性限度之含水量所減少之土壤試體長（線收縮量）與原試體長之比。

$$S.L = \omega - \{(V - V_O)\gamma W \times 100/W_S\}\ (\%)$$

S.L：縮性限度（%）；ω：濕土之含水量（%）；V：濕土之體積（cm^3）；VO：乾燥土之體積（cm^3）；W_S：烘乾後土壤重（g）；γW：水之單位體積重量（g/cm^3）。

$R = WS/VO \times \gamma W$

R：收縮比；WS：烘乾後土壤重（g）；VO：乾燥土之體積（cm^3）；γW：水之單位體積重量（g/cm^3）。

$C = (\omega 1 - S.L)R(\%)$

C：體積收縮比；S.L：縮性限度；ω1：含水量（%）。

$LS = [1 -(100/C + 100)1/3] \times 100(\%)$

LS：線收縮（%）；C：體積收縮比。

2. 直接剪力試驗

直接剪力試驗爲測定土壤剪力強度之簡便方式，目的爲藉由剪力盒測定水平變位、垂直變位、剪力，計算出垂直應力 σ 及剪應力 τ，再依 τ/σ、τ、剪力變位及垂直變位之坐標繪製曲線，以求得土壤之凝聚力 C 及內部磨擦角 ∮。

直接剪力試驗雖簡單省時，但缺點頗多，如剪力破壞面未必是眞實破壞面、剪應力分布極不均勻、試驗進行中之含水量持續變動、無法測定孔隙水壓。

直接剪力試驗依剪力速度及排水方式之不同，區分爲UU試驗、CU試驗及CD試驗，各簡述如後。

UU 試驗：未壓密不排水剪力試驗（Unconsolidated undrained）又稱快剪試驗（Quick shear test），在試驗進行中不排水，剪力速率爲 1mm/min。試體約在 5 分鐘內產生破壞。

CU 試驗：壓密不排水剪力試驗（Consolidated undraind）又稱壓密快剪試驗（Consolidated quick shear test），在試驗進行中先施加垂直壓力並排水，當垂直壓力完全壓密（土壤孔隙壓力爲 0）後再施加剪力，施加剪力時不得排水，剪力速率爲 1mm/min。試體約在 5 分鐘內產生破壞。

CD 試驗：壓密排水剪力試驗（Consolidated drained），又稱壓密慢剪試驗（Consolidated slow shear test），在試驗進行中先施加垂直壓力並排水，當垂直壓力完全壓密（土壤孔隙壓力爲 0）後再施加剪，施加剪力時需排水，剪力速率爲 0.05mm/min。

3. 無側限壓縮試驗

無側限壓縮試驗又稱單軸壓縮試驗。爲求黏性土之壓縮強度（qu），間接求得剪力強度，同時求得應力與應變之關係及靈敏度。

St = qu（原狀土樣）/qu（重塑土樣）；St：靈敏度。

4. 單向壓密試驗

單向壓密試驗爲測定原狀土樣及非原狀土樣在側向限制及軸向荷重與排水下之壓密率與壓密量。

5. 三軸壓縮試驗

三軸壓縮試驗爲求得黏性和無黏性土壤在自然含水量或飽合含水量之狀況下之剪力強度及變形模數。三軸壓縮試驗如同直接剪力試驗，可分爲 UU 不排水快剪試驗、CU 壓密不排水快剪試驗、CD 排水慢剪試驗。

三軸壓縮試驗爲目前最佳之剪力試驗。因側壓可作調整，且剪力破壞面完全依材料性質而定。亦即三軸試驗可使土壤之破壞面產生於抗剪力最小位置。

6. 室內載重比試驗

求取載重比（貫入桿貫入土壤的阻抗與貫入標準碎石阻抗之比值）與土壤乾密度之關係，以提供現場塡土品質控制之參考。

7. 土壤膨脹試驗

藉由儀器量測長期地下水位以上之土壤，於浸水後及開挖後所發生之膨漲量與膨脹壓。

8. 土壤夯實試驗

測試回塡土之夯實密度，以求得最大乾密度（rdmax）及最佳含水量（OMC）。

八、岩心試驗項目

1. 岩心一般物理試驗

利用岩心試體求得乾濕比重、含水量、孔隙比、飽和濕密度，作爲工程設計之參考。

2. 岩心單軸壓縮試驗

以抗壓機量測岩心試體於無側壓作用下之極限抗壓強度。

3. 岩心抗張試驗

以抗張試驗儀量測岩心試體之抗張強度，以作爲岩心分類及估計岩心強度之參考。

4. 岩心點荷重試驗

以加壓機、點荷重試驗儀量測岩心試體之點荷重強度，作爲岩心分類參考及估計岩心單壓強度之用。

5. 岩心膨脹試驗

求取固定軸向荷重下，受束制岩心試體之浸水軸向膨脹應變。

6. 岩心消化試驗

以岩心浸水，模擬岩盤受滲入水作用時，不同階段之崩解狀況。

7. 岩心消散試驗

以岩心消散試驗設備，模擬岩樣受風化及滲入水作用時，不同階段之消散狀況。

8. 岩心直接剪力試驗

以直接剪力儀於不同垂直荷重條件下，施加定速率之水平應變，以求得尖峰及殘餘強度，再以其對應關係求得尖峰及殘餘強度之 C、φ 值。依各級垂直荷重所得之水平應力 & 水平應變曲線求得各種條件下之尖峰及殘餘強度，以迴歸求得尖峰及殘餘強度之 Cp、φp、Cr、φr 值。

9. 岩心靜態彈性試驗

將應變計黏貼於整平後之岩心試體面，以測其受軸向應力時之軸向、側向應變量，求出其彈性係數、剪力模數。以迴歸分析求出靜態彈性係數（ES）及靜態剪力模數（GS）。

10. 岩心動態彈性試驗

以超音波試驗儀量測岩心試體之張力波速（VP）、剪力波速（VS）、動態柏松比，以求出其動態彈性係數（Ed）、動態剪力模數（Gd）。

11. 岩心三軸透水試驗

以三軸試驗設備，測試岩心承受不同側壓作用時之透水能力，並求得土壤於側壓力下之透水係數以及對應關係。

12. 岩心三軸壓縮試驗

以抗壓機量測岩心試體於側壓下之尖峰及殘餘抗壓強度，並求得尖峰及殘餘強度之 C、φ 值。

13. 室內全顆粒分析試驗

以取得土樣粒徑分布狀況，並繪出該土樣之顆粒分析曲線。

14. 岩相分析

岩相分析依岩層種類，以岩心切片或直接觀查，藉光學顯微鏡進行岩石分析。

九、相關法規

1. 建築技術規則建築構造編第六十四條

建築基地應依據建築物之規劃及設計辦理地基調查……。

五層以上或供公眾使用建築物之地基調查，應進行地下探勘。

四層以下非供公眾使用建築物之基地，且基礎開挖深度為五公尺以內者，得引用鄰地既有可靠之地下探勘資料設計基礎。無可靠地下探勘資料可資引用之基地仍應依第一項規定進行調查。但建築面積六百平方公尺以上者，應進行地下探勘。

基礎施工期間，實際地層狀況與原設計條件不一致或有基礎安全性不足之虞，應依實際情形辦理補充調查作業，並採取適當對策。

建築基地有下列情形之一者，應分別增加調查內容：

(1) 五層以上建築物或供公眾使用之建築物位於砂土層有土壤液化之虞者，應辦理基地地層之液化潛能分析。

(2) 位於坡地之基地，應配合整地計畫，辦理基地之穩定性調查。位於坡腳平地之基地，應視需要調查基地地層之不均勻性。

(3) 位於谷地堆積地形之基地，應調查地下水文、山洪或土石流對基地之影響。

(4) 位於其他特殊地質構造區之基地，應辦理特殊地層條件影響之調查。

2. 建築技術規則建築構造編第六十五條

地基調查得依據建築計畫作業階段分期實施。

地基調查計畫之地下探勘調查點之數量、位置及深度，應依據既有資料之可用性、地層之複雜性、建築物之種類、規模及重要性訂定之。其調查點數應依下列規定：

(1) 基地面積每六百平方公尺或建築物基礎所涵蓋面積每三百平方公尺者，應設一調查點。但基地面積超過 $6000m^2$ 及建築物基礎所涵蓋面積超過 $3000m^2$ 之部分，得視基地之地形、地層複雜性及建築物結構設計之需求，決定其調查點數。

(2) 同一基地之調查點數不得少於二點，當二處探查結果明顯差異時，應視需要增設調查點。

調查深度至少應達到可據以確認基地之地層狀況，以符合基礎構造設計規範所定有關基礎設計及施工所需要之深度。

同一基地之調查點，至少應有半數且不得少於二處，其調度深度應符合前項規定。

3. 原建築技術規則建築構造編第六十五條

地基鑽探孔應均勻分布。於基地內 600m^2 鑽一孔，但每處基地至少一孔，如基地面積超過 5000m^2 時，當地主管建築機關得視實際情形規定孔數。鑽探深度如用版基時，應為建築物最大基礎版寬之兩倍以上，或建築物寬度之 1.5～2 倍；如為樁基或墩基時至少應達預計樁長加 3m。各鑽孔至少應有一孔之鑽探深度為前項鑽孔深度之 1.5～2 倍。

地質鑽探邀商報價說明書案例

項次	項目	數量	單位	單價	複價	備註
1						
2						
	小計					
	稅金					
	總計					
合計新台幣： 拾 萬 仟 佰 拾 圓整						

【報價說明】

一、本基地面積 XXXX m^2。計畫新建地下 X 層、地上 XX 層鋼筋混凝土大樓 X 棟。

二、鑽探及試驗項目、數量由報價廠商依法規及經驗值提出建議。

三、鑽探及取樣時應由乙方指派專業專職人員全程督導並全程拍照存查。

四、地質分析建議之內容應含地質剖面圖、簡化土層參數表、承載力分析、基礎型式建議、沉陷量分析、上舉力分析、砂湧檢討、臨時及永久土水壓力分布圖、檔土壁之選擇及貫入深度檢討、地盤反力系數、結論。

五、合約簽訂後，不得藉任何理由要求調整單價或任何補貼。

六、付款辦法

1. 乙方領款時應攜領款印鑑卡上所蓋用之公司章、負責人章或領款章。甲方一律以抬頭禁止背書轉讓之支票支付。
2. 乙方請款時應攜全額發票（含保留款），並不得以其它公司發票抵用。請於每月一日及十五日前至工地請款。每月十日及廿五日下午起於公司財務部付款，每次付款二天半，按下列方式計價支付：
   (1) 依實做數量計價。
   (2) 報告完成並經乙方委派之大地技師簽證後計價支付 80%（1/2 現金、1/2 六十天期票）。
   (3) 地下室開挖完成並經核對報告內容與現場地質無過度差異時計價支付 20%（概以現金支付）。

七、開工日期：俟甲方通知後三日內開工。

八、完工期限：自開工日起算，六十個日曆天內完工並交付鑽探報告紙本七份及 PDF 檔予甲方。

九、罰則：乙方如未於約定期限內完工，每延誤一天違約金爲工程總價之 3%。上述罰金，得於乙方計價款內優先扣抵。

十、報價廠商應於報價前勘察工地狀況，了解施作內容、施工動線。若有疑問請於報價時提出，否則任何異議均依甲方解釋爲準。

十一、若依建管單位指示須提具無礦坑證明，乙方應無條件提供。

第2章　安全圍籬

安全圍籬爲新建、增建、改建、拆除或道路、橋樑等工程施工時必要之假設工程，用以維護安全、侷限汙染、維持觀瞻。愈先進之國家、地區，其工程施工場所之假設工程設施愈爲完善，以些微經費即可提升企業、都市、國家形象，亦可降低鄰里嫌惡，利人利己。

一、圍籬鋼板

若報價說明未明確規定鋼板厚度，則各廠商所報之單價恐有頗大之差距，除各廠商對利潤之要求有所不同外，鋼板厚度應爲重點。雖然政府規定工地圍籬鋼板厚度爲 1.2mm，但民間工程圍籬多使用 0.8mm、1.0mm 厚度之鋼板。其材質亦有黑鐵板、鍍鋅鐵板（日本稱鋅爲亞鉛，故俗稱鍍鋅鐵板爲鋞板）、不鏽鋼板之差別。若工期較長，採較高品質之圍籬仍屬合算。

鋼板圍籬之鐵板與角鐵骨架之連結，可採點焊或自攻牙螺絲。筆者對自攻牙螺絲較爲偏好，因其便於拆裝及檢修。點焊之連結方式較爲省工，也較牢固。但無論採何種方式施作，每於颱風過後均難免損失，尤以大型工地爲甚，因其基地開闊圍籬亦長，較易受損。又鑑於工地圍籬難免有拆裝檢修之需求，筆者多於發包時增列「點工」乙項，一可併案議價，二可免於工地請購之煩腦。但無論如何，此種零星修繕終究要得廠商之空檔時間，而所謂之「廠商配合度」亦由此可見一斑。

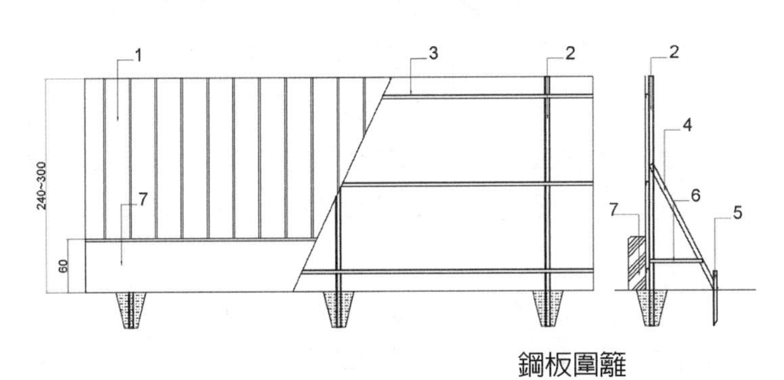

1：面板，1.0mm厚，鍍鋅鋼板或黑鐵板
2：立柱：L-70*70*6mm角鐵
3：橫撐，L-50*50*4mm角鐵
4：斜撐，L-45*45*4mm角鐵
5：地樁，L-38*38*2.5mm角鐵
6：補強桿，L-38*38*2.5mm角鐵
7：防溢座牆，3000psi混凝土

鋼板圍籬

二、CIS

CIS（Corporate Identity System）爲企業形象識別系統，意譯爲企業形象設計。

本節報價說明案例所列規格爲 ×× 建設公司 CIS 標準規格，讀者應依任職公司之規定訂定報價說明內容，如平板與浪板之搭配，或噴漆選色等。近來亦有公共工程工地採不鏽鋼板爲圍籬材料或上半截架設菱形鐵網，下半截裝設浪板。故鋼板圍籬並非一成不變之浪板噴綠漆而已。

三、分段施工

本節案例報價說明第十一條所列：本工程分二次施作，第一次爲圍籬及安裝大門一樘，第二次須拆除部分圍籬並安裝第二樘大門（含噴漆）。係因配合各階段之施工動線而作之要求。但若不將此要求列入報價說明及合約，爾後以追加方式或點工方式施作，恐有下列缺點：

1. 價格較高：因數量少、工率低、承攬意願低、無競價對象。
2. 付款條件較不利：第一次施作項目之工程款無法與第二次施作項目併爲一案，須於一定時間內付清尾款。
3. 第二次施作之時限較難控制：因數量少、總價低，故廠商之配合意願亦較差，多利用空檔時間施作。而甲方已無其它工程尾款可予施壓。

四、鋼板大門

目前常用之工地大門有 6m 寬四折門與 10m 寬六折門，均可開設小門。因門扇自重對門柱產生彎矩，故使用未久即因傾斜位移而無法閂扣。除非加大門柱基礎混凝土，否則難以改善。但工地大門終屬臨時設施，是否需如此保固則留待讀者自行判斷。門扇、鉸鏈、門柱均以電焊聯結，若電焊草率、門柱鐵管厚度不足、門扇框架鐵管厚度不足、焊道防鏽草率均影響大門壽命，和造成使用不便。爲避免門扇過重，建議製作活動支腳以增加工地大門壽命。

但爲得較佳之門禁，建議於大門門扇開設小門，小門邊裝置電鎖對講機，與工務所或警衛連通，無車輛進出時大門一律關閉，人員進出則以對講機電鎖管制。

五、安全走廊

依規定，凡建築基地臨接計畫道路內人行道者，應於安全圍籬外設置有頂蓋之行人安全走廊，以銜接基地相鄰之騎樓或人行道，該側圍籬高度應達 3m。安全走廊頂板多採金屬鈑，框架爲槽鐵或角鐵，立柱以圓管爲宜（懸臂更佳），簷板多爲金屬鈑，多依客戶需求及預算多寡選材。

六、噴漆

以往，工地圍籬噴漆多爲雙面噴防鏽漆一度，再於圍籬外側噴草綠漆一度，或再加噴些紅花綠葉加以美化。需了解，防鏽漆與紅丹漆是大不相同的，廉價防鏽漆之添加材料多爲氧化鐵，甚至以暗紅色油漆冒充。紅丹漆之添加成分爲紅丹粉（四氧化三鉛，Pb_3O_4，比重 9.1，橙紅色粉末，有毒，色澤鮮豔，粉體鬆散，防鏽性佳，不溶於水），添加量多則防鏽效果佳，但成本亦高。目前甚多工地圍籬經美化設計，噴草綠漆之圍籬已愈少見。

七、半阻隔式圍籬

以往稱工地鋼板圍籬爲甲種圍籬，臨時性、移動式之圍籬爲乙種圍籬（H = 180cm）、丙種圍籬（H = 120cm），目前於政府文件中已不見上述稱呼，已改爲全阻隔式圍籬、半阻隔式圍籬等。

乙種圍籬H=180cm，丙種圍籬H=120cm

八、節錄臺北市建築物施工中妨礙交通及公共安全改善方案

修正日期：民國 98 年 07 月 13 日

第二條、安全圍籬之設備內容：

（一）設置範圍：

建築物施工場所應於基地四周設置安全圍籬。但施工場所利用原有磚造圍牆或臨接山坡地、河川、湖泊等天然屏障或其他具有與圍籬相同效果者，不在此限。

（二）材料：

安全圍籬應以密閉式之鋼鐵或金屬板（1.2 公厘厚度以上）設置，其高度應自地面起達 2.4 公尺以上。臨安全走廊側圍籬高度應自地面起達 3 公尺以上。

道路轉角或轉彎處兩側 10 公尺內之圍籬自地面 80 公分以上位置應為網狀圍籬。

（三）底座：

安全圍籬底部和地表間空隙，須設置防溢座，使基地用水不致溢到基地外。

高度 3 公尺以上之安全圍籬，其防溢座尺寸應達 60 公分高、30 公分寬，高度未達 3 公尺之安全圍籬，其防溢座尺寸應達 30 公分高、15 公分寬。

（四）施工門：

工地出入口應設置厚度達 1.2 公厘厚之鐵門，鐵門自地面 1.8 公尺以下不得透空。

（五）告示牌：

於車輛進出口處設置標示板，標示工程名稱，建造執照號碼、設計人、監造人、承造人等有關工程內容摘要。

開挖面積在 3000 平方公尺以上工地且多面臨路者，應於每一鄰向距離出入口每 50 公尺處增設一告示牌。僅對向雙面鄰路者，應於各面增設一告示牌。

（六）綠美化：

安全圍籬須以彩繪、帆布、貼紙、設置綠化植栽等方式綠美化，並經設計規劃。

安全圍籬臨接 10 公尺以上道路、公園、綠地、廣場及其他經主管機關公告之地區，至少應有二分之一以上面積採密植方式綠化。

但因地下室開挖施工期間且無法設置者，不在此限。

綠美化設施設置不得妨礙行人及車輛通行。

（七）警示標誌：

於圍籬突出轉角處張貼警示標誌圖樣。

（八）警示燈及安全照明：

圍籬應每隔 2.25 公尺至 6 公尺、突出處、轉角、施工大門處設立警示燈，並於適

當間隔設置照明設備，以利夜間人車通行安全。

（九）安全維護措施：

結構體完成、鷹架與圍籬拆除後，整理環境時，爲維護公共安全及交通，須設置高度 1.2 公尺以上之臨時性安全維護設施，並隨時清掃整理。

第五條、（安全走廊範圍）：

凡建築基地臨接計畫道路內人行道者，應於安全圍籬外設置有頂蓋之行人安全走廊，以銜接基地相鄰之騎樓或人行道。

第六條、安全走廊規格：

（一）安全走廊之淨寬至少 1.2 公尺，淨高至少 2.4 公尺，其使用之材料爲鋼鐵材、木料、金屬料應堅固安全美觀，其頂面應設置鋼板（厚度 1.5 公厘以上）頂側緣應設置 20 公分寬以上之封板，以防止物料墜落。

（二）道路旁設有紅磚人行道者，其安全走廊之寬度與紅磚人行道寬度相同，其餘地區應依前款規定設置，但路旁行道樹得扣除其占用範圍。

（三）安全走廊上方，於必要時得加設臨時工房或供材料貨櫃置放（須檢討結構安全），其造型應求整齊美觀，層高不得超過四公尺，安全走廊內不得設置任何阻礙物。如因人行道地坪已破壞崎嶇不平，則另應舖設適當材料使地坪齊平，以利通行。

（四）安全走廊內應設置照明設備。

（五）安全走廊除供施工場所之車輛進出口處（寬度不得大於六公尺），設置鐵捲門或軌道式活動門外（地坪加九公厘厚鐵板），應求貫通不得中斷，且不得任意遷移拆除。

（六）行人安全走廊應於申請使用執照時一併拆除。

九、節錄營建工程空氣污染防制設施管理辦法

修正日期：民國 102 年 12 月 24 日

第二條

本辦法專用名詞定義如下：

二、全阻隔式圍籬：指全部使用非鏤空材料製作之圍籬。

三、半阻隔式圍籬：指離地高度八十公分以上使用網狀鏤空材料，其餘使用非鏤空材料製作之圍籬。

四、簡易圍籬：指以金屬、混凝土、塑膠等材料製作，其下半部屬密閉式之拒馬或紐澤西護欄等實體隔離設施。

五、防溢座：指設置於營建工地圍籬下方或洗車設備四周，防止廢水溢流之設施。

安全圍籬邀商報價說明書案例

項次	項目	單位	數量	單價	複價	備註
1	鋼板圍籬（H=3.0m）	m	86			鍍鋅鋼板，厚 1.0mm
2	工地大門（10m×1.8m）	樘	2			六摺式，附小門
3	圍籬噴漆（含內外側）	m	86			含 LOGO 及下方文字
4	大門漆字	字	10			100×100 正楷
5	安全走廊	m	86			1.8m 寬
6	電腦割字及噴漆樣板	式	1			LOGO 及下方文字
7	混凝土防溢牆	m	86			鋼板圍模 30×60cm
8	點工	工	1			
	小計					
	稅金					
	合計					
合計新台幣： 拾 萬 仟 佰 拾 圓整						

【報價說明】

一、本案之報價應含一切工料、運費、損耗、利潤。

二、圍籬鋼板（高 3.0m，厚 1.0mm）均採鍍鋅自攻螺絲固定。

三、圍籬立柱 @240cm，採 L-70×70×6 角鐵製作，上、中、下橫桿採 L-50×50×4 角鐵，立柱一律加 L-45×45×4 角鐵斜撐。

四、圍籬之鋼板自門邊安裝平板二片後再安裝浪板三片平板一片，爾後均依浪板三片平板一片安裝，門邊第一片平板噴藍漆，其餘之平板均噴白漆。噴白漆之平板一律加噴××建設公司之 LOGO 標誌，LOGO 噴藍漆，LOGO 下方文字噴黑漆（如示意圖）。圍籬內、外側一律噴防鏽漆一度。

註：上項說明所列規格爲 ×× 建設公司 CIS 標準規格。僅供讀者參考。

五、大門採六折式，增設小門，大門外側均噴 100×100 之標楷文字【×× 建設】，大門採藍底白字。

六、圍籬立柱於無覆面地坪位置，一律採埋入方式安裝立柱，埋入深度不得小於 60cm。於混凝土覆面位置，一律以電鑽鑽孔後打入 #4 鋼筋二支與立柱焊接，焊點厚塗鋅粉防鏽漆。

於 RC 覆面位置，一律以電鑽鑽孔，栓入 M10 膨脹螺栓一支，埋入深度 9cm，外露範圍套接 L70×70×6 角鐵與立柱焊接，焊點厚塗鋅粉防鏽漆。

於 AC 覆面位置，一律以地樁打入地面，與立柱焊接，焊點厚塗鋅粉防鏽漆，打入深度不得小於 45cm。

七、圍籬立柱（黑角鐵）一律加角鐵斜撐，斜撐上端以螺栓與立柱栓接，下端以螺栓或焊接與預埋之鐵件接合，鐵件預埋方式比照「說明六」。

八、大門門柱一律採直徑 8" 之黑鐵管，厚度 7mm，挖孔埋入，孔徑不得小於 80cm，埋入深度不得小於 75cm。孔內以 2000psi 混凝土填實（乙方自備材料於現場拌合）。門柱均設置角鐵斜撐，柱頂需封閉。

九、鋼板圍籬外側及大門之雙面（含門柱）一律噴漆一底一度，底漆採防鏽漆，面漆爲藍白雙色。圍籬內側（含立柱、橫桿、斜撐）噴底漆一度。

十、圍籬及大門位置應由甲方監工人員指示，若未經指示擅自施作，一切錯誤需由乙方無條件更正。

十一、本工程分二次施作，第一次爲圍籬及安裝大門一樘，第二次須拆除部分圍籬並安裝第二樘大門（含噴漆）。第二次裝、拆費用應含於所報單價，不得要求另計工資。

十二、噴漆時，乙方應對臨近設施及車輛做適當之保護，若因保護不周發生糾紛應由乙方自行負責，否則得由甲方代爲處置，所需費用應由工程款中扣除，乙方不得異議。

十三、LOGO 及下方文字一律採電腦割字並製作噴漆樣板，使用後交甲方保存。

十四、防溢牆混凝土由甲方供應。

十五、付款辦法：

1. 依實做數量計價。
2. 第一次施作完成後，依實做數量計價 90%（1/2 現金，1/2 六十天期票），保留款 10%。
3. 第二次施作完成後，依實做數量計價 100%，並退還前期之保留款（概以 1/2 現金，1/2 六十天期票支付）。

第3章 連續壁

爲配合建築樓層愈益增高、市區汽車停車一位難求等因素，地下室樓層隨之增加，開挖深度亦隨之加深，昔日常用之擋土設施如鋼軌嵌板、鋼板樁、預壘樁等，已無法承受深開挖之側向土壓力，難以維護鄰近設施、建物之安全，故研發連續壁，於地表開挖壁槽，現場澆築鋼筋混凝土版片，逐片銜接形成連續之壁體，搭配水平支撐或地錨等設施，達成深開挖圍護功能。

一、國內連續壁常用工法

1. ICOS 工法

此工法爲義大利 Impresa Construzioni Opere Specializzate（ICOS）公司於 1950 年開發，該工法又分二種取土方式。其一，以衝擊鑽具擾動土壤形成泥漿，再以泵浦抽出泥漿（反循環式取土）、吊入鋼筋籠、灌漿構築連續壁之工法。其二，以鋼索控制開合之衝擊式蛤形鏟斗（clamshell bucket）抓掘取土之施工方法。

蛤形鏟斗

目前國內所謂之 ICOS 工法，係專指以鋼索控制開合之衝擊式蛤形鏟斗（clamshell）抓掘溝槽取土之施工方法。因其鏟斗以鋼索控制開合，無油壓裝置，無法安裝垂直精度調整導板，故其垂直精度較差，約 1/100～1/150，又因採衝擊，以抓斗自重將鏟斗插入溝底土層，除震動較大外，以自由落體拋落之過程激盪穩定液沖刷溝槽壁面，易造成坍孔。但因其施工機具較其他工法精簡，僅需一台吊車即可換裝鏟斗及吊鉤，進行挖掘及吊放鋼筋籠。故適用於小型基地施工，且設備費用亦低於其他連續壁工法。ICOS 工法挖掘深度約 30m，適用於 N 值小於 30 之地層（亦有案例，於 N 值大於 60 之地層於引孔後以加重型鏟斗衝擊破碎地層抓掘取土）。

2. BW 工法

BW 工法（Basement Wall Method）為日本利根鑽探公司（Tone Boring Co.Ltd）所發展之 BW 長壁式鑽孔機（BW Long Wall Drill），用以鑽掘連續壁之施工方法。

BW 鑽孔機於機體安裝二台水中馬達，經傳動齒輪驅動下方 5～7 支旋轉鑽頭，使鑽掘鬆動之土砂混入穩定液形成泥漿，再以陸上型吸水泵經由機體中央之中空轉軸抽取泥漿排出溝槽。機體兩側設置切削板修平溝槽側壁，形成平整連續壁體。

BW 機體安裝垂直校正導板、偏微計，其垂直精度可達 1/300 以上，鑽掘深度達 50m。施工時無震動、噪音小，壁面平整、少超挖。

因採反循環濕式取土，不需以吊車迴懸抓斗至棄土坑上方棄土，可採軌道式台車安裝塔架吊裝 BW 鑽掘機，循導溝移動，故其機具高度僅 7m，遠低於 ICOS、MHL 等機具操作需求，必要時以特殊塔架吊裝，施工操作高度可降至 5m 以下，有利於有限淨高之施工環境（如橋樑下方）。

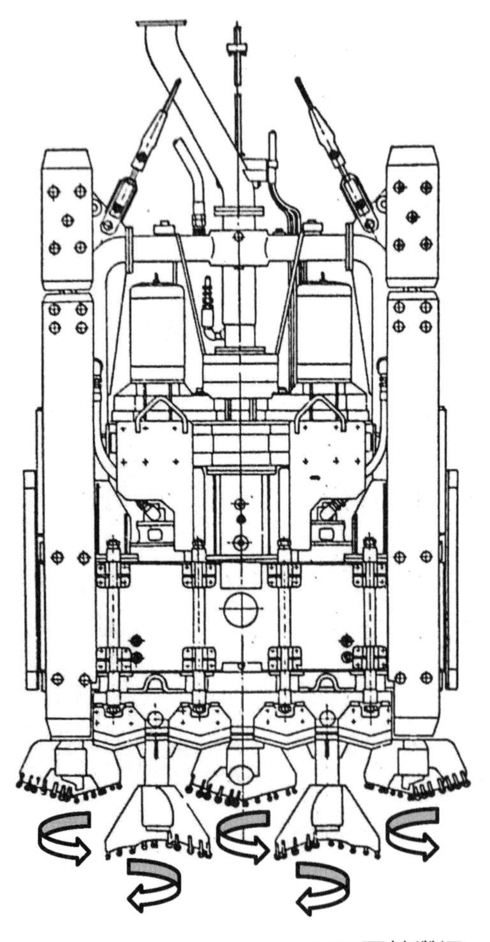
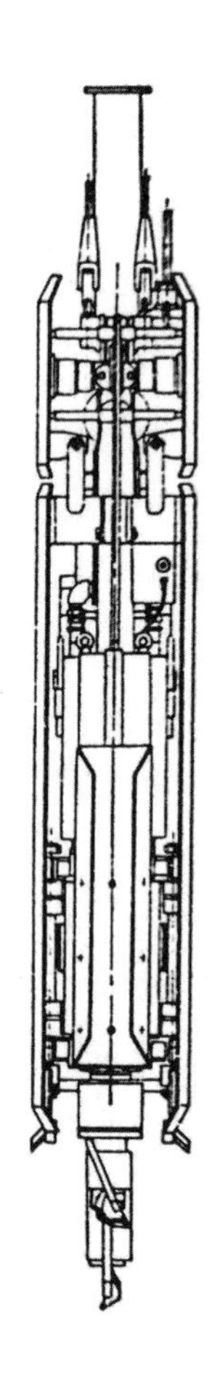

BW 五軸鑽掘

因採濕式取土，泥漿量體大、含水量高、穩定液需求量大，須搭配震動篩、旋風機等篩離機具以回收穩定液並減少泥漿量體，故需開闊場地設置大量機具，亦致施工成本相對提高。近年國內幾無應用案例。

3. SHB 工法

SHB（San-Ching Hydraulic Bucket）三井液壓鏟斗工法，亦稱 MHL（Masago hydraulic long-bucket）眞砂液壓長壁鏟斗工法，俗稱 Masago（Masago 爲日本「眞砂」工業株式會社之羅馬拼音）。係以油壓抓掘機結合 BW 鑽掘機之導板、偏微計之連續壁抓掘機械，其精度達 1/300 以上，鑽掘深度達 55m，其油壓鏟斗可抓掘 N 值達 50 之土層，因近似乾式取土，可減少壁體內之沉泥量並降低棄土含水量。

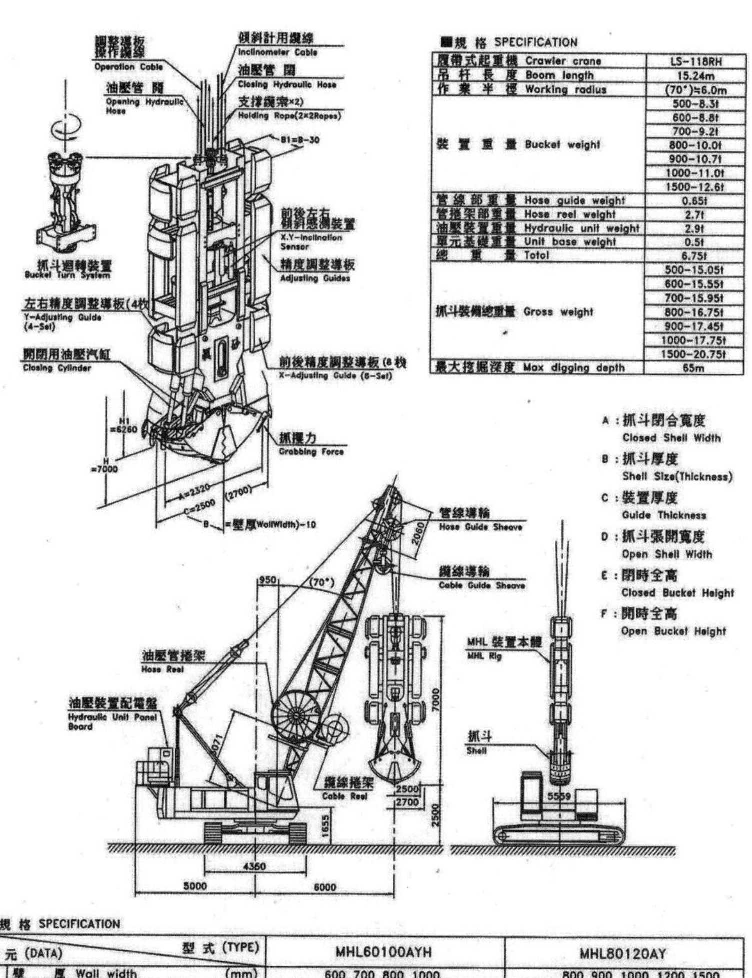

■規格 SPECIFICATION

項目	規格
履帶式起重機 Crawler crane	LS-118RH
吊杆長度 Boom length	15.24m
作業半徑 Working radius	(70°)≒6.0m
裝置重量 Bucket weight	500-8.3t
	600-8.8t
	700-9.2t
	800-10.0t
	900-10.7t
	1000-11.0t
	1500-12.6t
管線部重量 Hose guide weight	0.65t
管捲架部重量 Hose reel weight	2.7t
油壓裝置重量 Hydraulic unit weight	2.9t
單元基礎重量 Unit base weight	0.5t
總重量 Totol	6.75t
抓斗裝備總重量 Gross weight	500-15.05t
	600-15.55t
	700-15.95t
	800-16.75t
	900-17.45t
	1000-17.75t
	1500-20.75t
最大挖掘深度 Max digging depth	65m

■規格 SPECIFICATION

諸元 (DATA) ＼ 型式 (TYPE)		MHL60100AYH	MHL80120AY
抓斗規格 (Bucket Data)	壁厚 Wall width (mm)	600 700 800 1000	800 900 1000 1200 1500
	容量 Capacity (m³)	0.65 0.75 0.85 1.05	0.95 1.09 1.15 1.30 1.48
	自重 Bucket weight (ton)	10.70 11.20 11.50 12.00	10.00 10.70 11.00 11.90 12.6
	全體重量 Gross weight (ton)	12.00 12.70 13.50 14.10	11.90 12.88 13.30 14.50 15.9
	支撐纜索 Holding rope	ø20-2×2	ø20-2×2
	油壓缸數 Number of closing cylinders	1×2	2×2
	抓攫力 Grabbing force	140kg/cm² 42.5t	140kg/cm² 65.6t
	全開時間 Opening time	約16秒 Approx16Sec	約25秒 Approx25Sec
	閉合時間 Closing time	約23秒 Approx23Sec	約36秒 Approx36Sec

二、單元刀法

施作單元之鋼筋籠兩側以鋼質端板隔斷，並包覆帆布以防止混凝土溢出致填塞單元鋼筋籠搭接空間之單元，稱母單元，爲先施作單元。施作單元之鋼筋籠兩側無端板隔斷，亦不包覆帆布之單元稱公單元。

母單元通常採二滿刀一洗刀，先以滿刀二刀挖掘單元兩側，第三刀以洗刀挖除單元中央部份。滿刀之尺寸爲抓斗兩側外皮之距離（270cm），抓斗本身爲弧形，故弧形以外直線部分長度爲 250cm，稱爲機械有效長度。圓弧部分 10cm，稱爲無效長度。分割刀法係以有效長度作爲計算標準。洗刀長度儘量小於 150cm。公單元以一至二刀洗刀完成開挖（儘量以一刀洗刀完成開挖爲宜）。

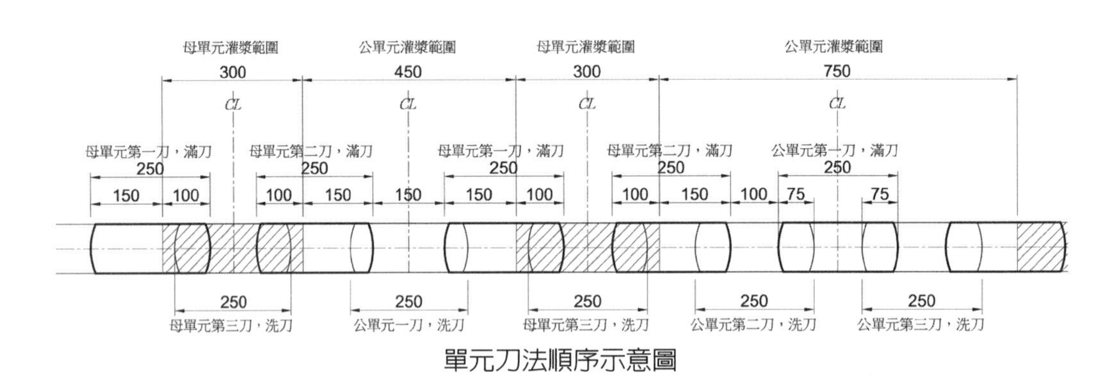

單元刀法順序示意圖

三、導溝

導溝施作精度將影響連續壁垂直精度，挖土機需將土溝兩側修齊並將底部整平，以避免浪費混凝土，挖掘深度應深於回填土層 30cm 以上。通常以單面配模，故混凝土損耗較多。灌漿必須於兩側模板同時澆置，以防模板位移。外導溝牆必須高於內導溝牆 10～20cm，以免穩定液溢出。拆模後應以 6cm 圓木或角材回撐，上下交錯排列，間距約 2 公尺，以免溝壁內擠變形。每 20～30m 於公單元處製作厚度 25cm 無筋混凝土撐牆，對防止導溝牆變位更爲有效。導溝施作完成後應以點焊鋼筋網或鋼板覆蓋導溝，以防止人員掉落。

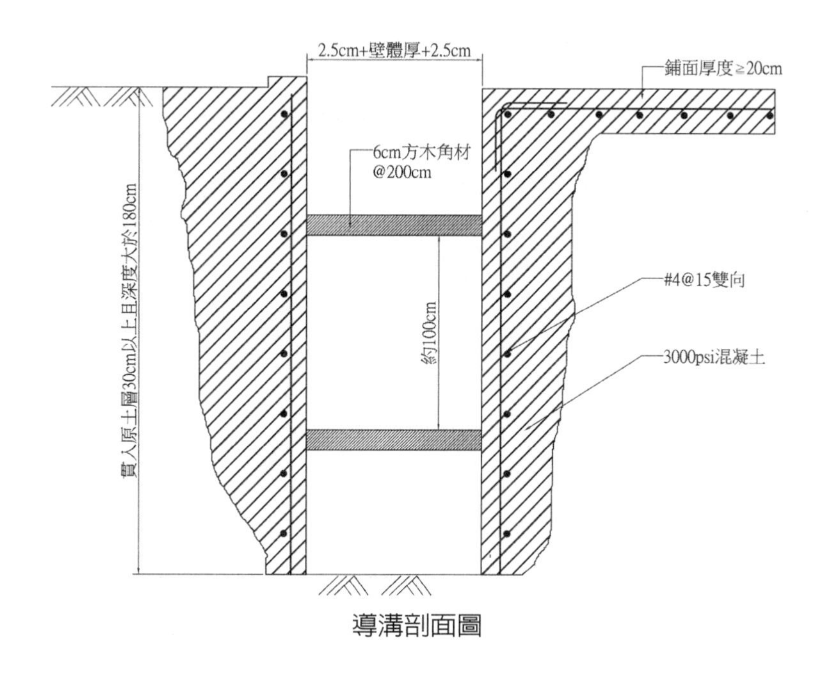

導溝剖面圖

四、穩定液池、沉澱池、棄土坑

穩定液池、沉澱池及棄土坑之配置關係到整個工程施工動線的流暢性，應注意下列事項。

1. 不妨礙鋼筋籠作業場及材料堆積場之安排。
2. 履帶式吊車通道及 MHL 鑽掘機迴旋半徑是否足夠，吊車吊放鋼筋籠之動線及迴旋是否暢通。
3. 預拌車行進動線及作業空間。
4. 儘量位於 MHL 鑽掘機迴旋半徑內，以利抓斗直接棄土於棄土坑。
5. 棄土坑至少可容納二個母單元棄土量。

五、鋼筋籠作業場

鋼筋籠作業場以 H 型鋼設置鋼筋床，以水準儀控制鋼筋床面水平，並於 X、Y 向製作相互垂直之基準線，作為製作鋼筋籠組立之依據。H 型鋼舖設後以混凝土固定。型鋼上燒焊鋼筋支架，支架上以白漆依鋼筋籠主筋間距塗繪標記，供鋼筋籠主筋定位。作業場大小視單元鋼筋籠長度、寬度而定。鋼筋床必要時應隨工作範圍變更而遷移。作業場設置應考量鋼筋材料搬運便利、不影響施工動線、吊車吊裝距離、動線平坦等。

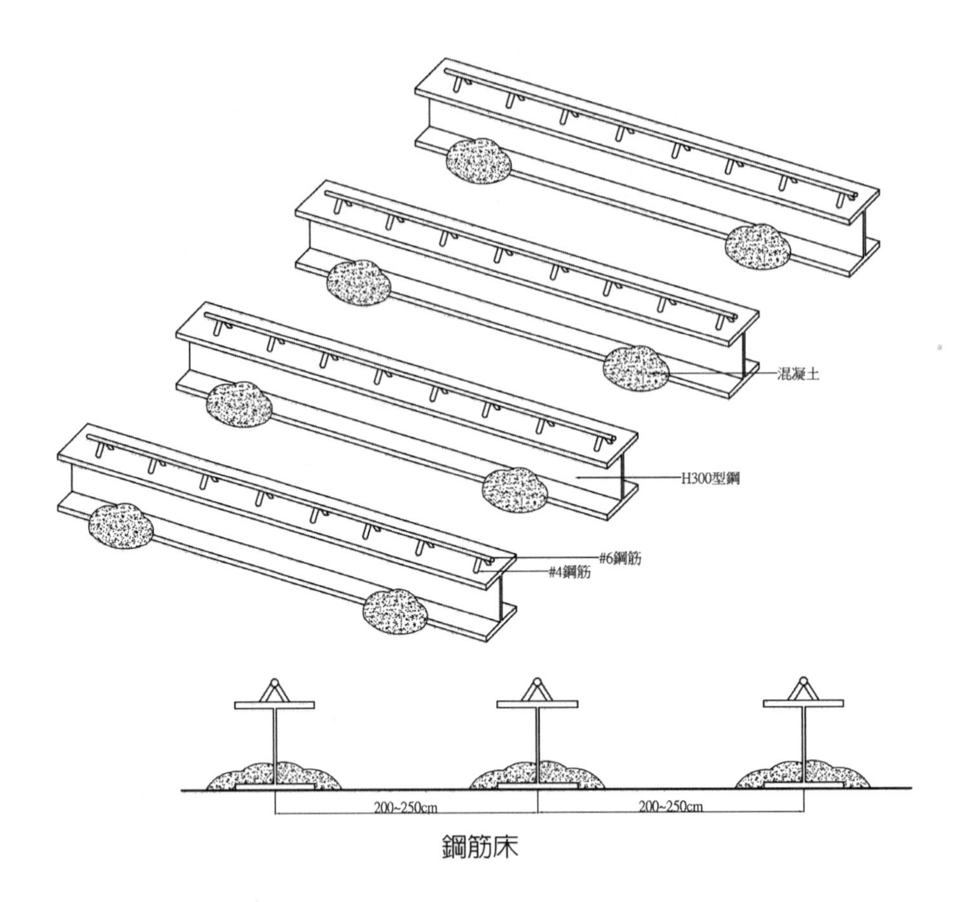

鋼筋床

六、轉角單元超挖

轉角單元需配合挖掘機端部形狀，應設有轉角超挖突出（除受地形限制外），其超挖突出部應達 20～30cm 為宜。

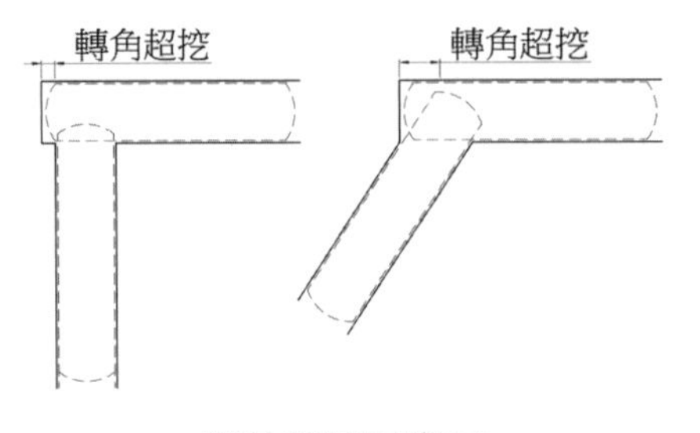

轉角超挖示意圖

七、壁體單元施作流程

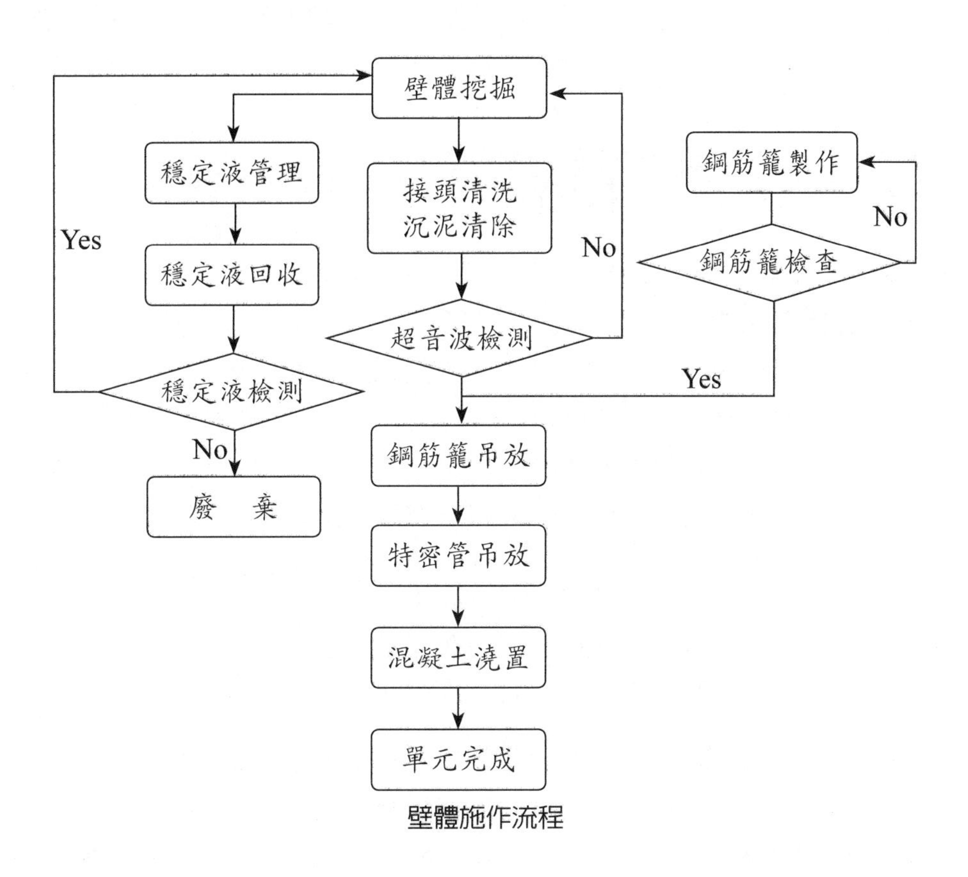

壁體施作流程

八、單元開挖

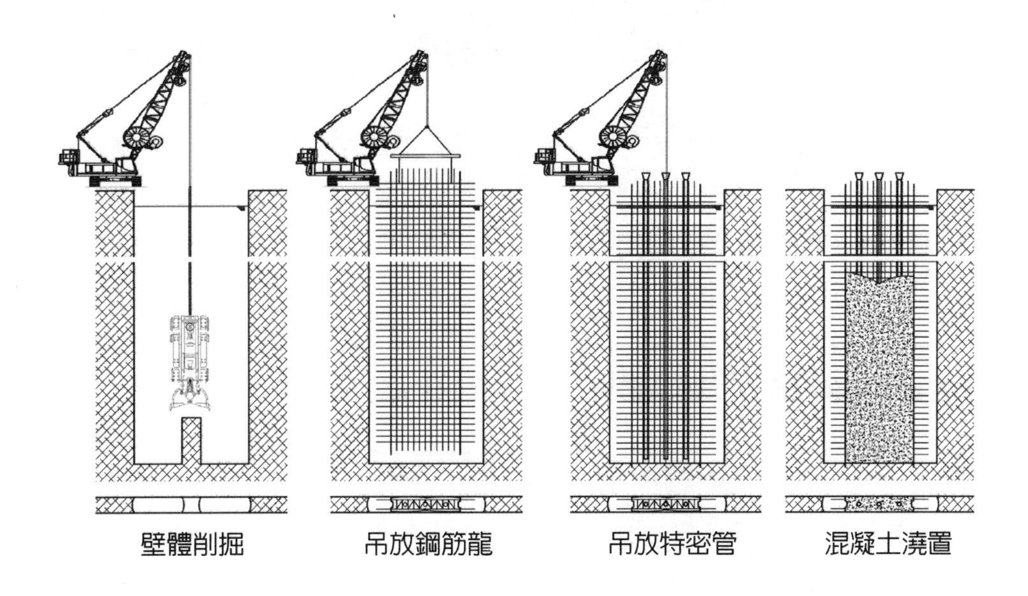

依單元刀法參考圖及上列示意圖所示順序進行開挖，並藉傾斜計及油壓導板校正開挖垂直精度。其油壓導板共計十二片，含前後導板八片，左右導板四片，X、Y 向均可外伸 20cm 以校正機體垂直。抓斗上方之油壓軟管可設標記以初步量測開挖深度，達設計深度時以水尺量測避免誤差。

壁體挖掘全程需隨時補充穩定液至挖掘溝槽中，且穩定液面應控制於鋪面下 1m 以內之高程，以穩定液水頭壓力防止槽壁砂土崩坍。

九、單元接頭清理

母單元端板外側所留下之搭接接頭，因等待鄰側公單元開挖，致端板及鋼筋長時間浸置泥漿中而附著泥屑或包泥，成爲漏水之主因。應以型鋼及鋼板焊接鋼刷，以吊車上下抽動以清除端板包泥。單元接頭清理乃針對母單元或公母同體單元之端板及預留搭接鋼筋。清理設備有箱形型鋼與扁鐵二種。箱形型鋼三面裝置鋼刷，上下抽動以清除端鈑和搭接鋼筋之附著泥砂。扁鐵一側裝置鋼刷，以清除窄邊端鈑附著泥砂。

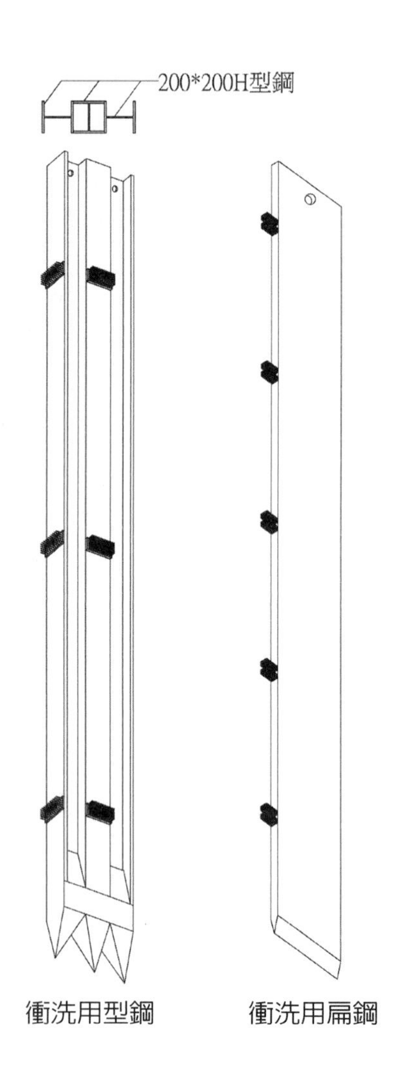

十、超音波檢測

超音波測定儀自導溝將探測子沉入槽溝內，以測定槽溝孔壁精度及坍方程度。第一單元試挖時依據超音波測試結果，視壁面垂直度及孔壁平整狀況調整挖掘程序及穩定液配比。

超音波測定儀應指定同步測定儀，即紀錄器與探測子同步動作，當探測子停止下降時紀錄圖形亦無法改變圖像所示深度，以免作弊行爲。國內慣用之 KAIJO KE-200 即屬同步型超音波測定儀。

十一、鋼筋籠組立及吊放

鋼筋籠須依施工圖施工，確保各部位置、長度、號數正確性。梁、柱預埋箍筋高程及位置應事前詳細規劃，以避免留設位置錯誤，於開挖後植筋。鋼筋籠採焊接組立，應採可焊鋼筋施作，以免焊點脆裂。特密管安裝位置必須確認保持通暢，以免特密管設置及拔管困難。安全觀測設備依規劃位置及深度安裝，避免遺漏。

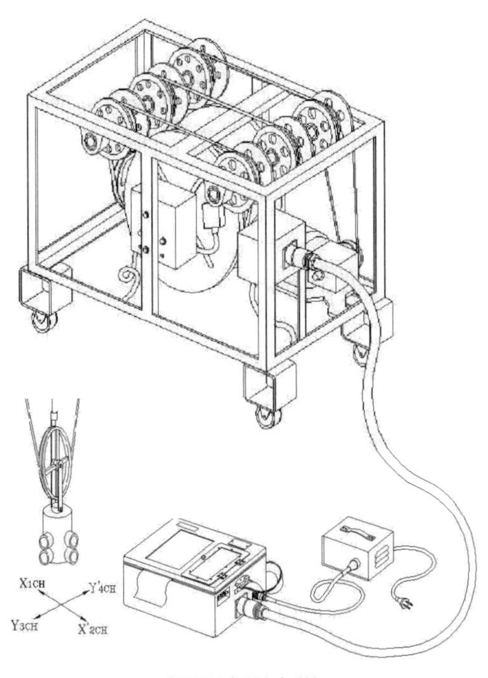

超音波測定儀

鋼筋籠組立完成後，爲求平穩，以吊車主副索採三段六點吊裝鋼筋籠，轉角單元或T形單元應設置型鋼吊架，以免鋼筋籠變形或散落。鋼筋籠於吊裝時易產生變形彎曲，故需設置吊點筋、斜拉筋補強。鋼筋籠吊裝時於下部安裝拉索，以人力控制，減少鋼筋籠搖晃，並禁止閒雜人等接近作業區域內。

吊放時鋼筋籠與壁體中心一致，垂直緩慢吊入，避免因風力或吊車桁架晃動致鋼筋籠碰觸槽溝側壁造成坍孔。鋼筋籠吊放至預定深度時，應校核鋼筋籠頂部高程及中心位置、兩側高度水平，以免鋼筋籠左右傾斜、底部偏移。

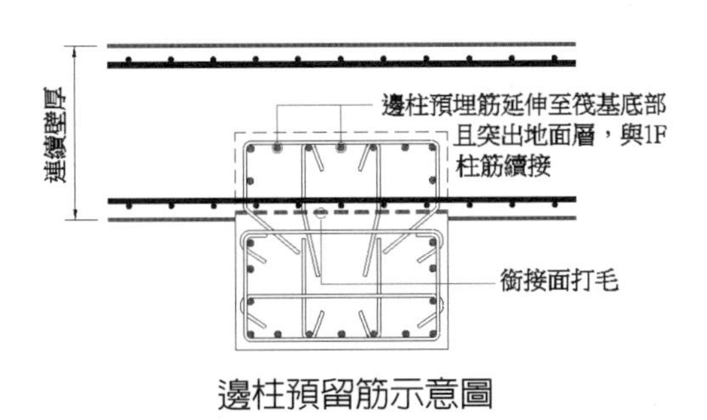

邊柱預留筋示意圖

於導溝上進行吊放續接時，以型鋼或鋼軌橫跨導溝頂部，以暫時支撐鋼筋籠，續接時上下需保持垂直，並依製作時標示之續接長度、位置確實點焊搭接。搭接處橫向主筋需補足。續接完成後吊入定位。

吊放前應先量測槽溝深度，若有沉澱物應先行清除。鋼筋籠無法放至預定位置時應檢討原因及解決對策，必要時需將鋼筋籠拉起重新整修溝槽或修改鋼筋籠，不得勉強置入，以避免壁面坍孔或鋼筋籠變形。

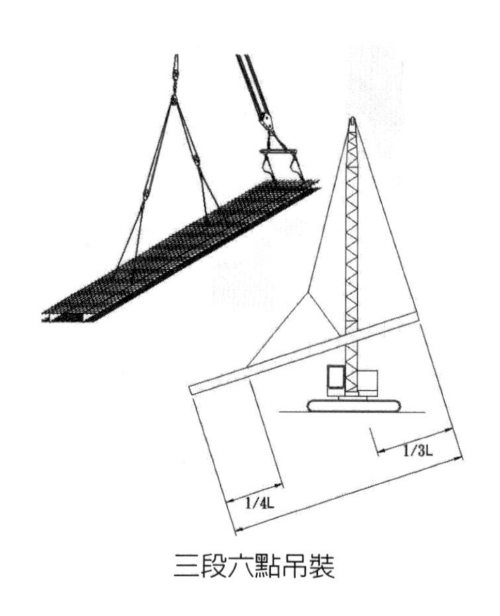

三段六點吊裝

十二、混凝土澆置

連續壁單元配置特密管，其間距以混凝土有效擠壓半徑 2m 爲原則，且距離單元接頭應在在 1.5m 以內。轉角處亦須配置特密管。特密管管徑採用∮8" 或∮10" 較不易塞管。特密管採螺牙接頭，每支標準長度 3m，亦有 1m 及 2m 特殊長度，用以搭配各種深度灌漿，接續時應於接頭襯墊防水橡膠圈，以確保水密性。特密管接頭螺牙於接續前應予檢查，如有異常即予更換。灌漿前先置入碗形橡膠栓塞，藉灌入混凝土之重力自管頂壓入管底並落入連續壁溝槽，以免混凝土與管中穩定液混合發生離析現象。

灌注混凝土時特密管前端應保持埋入混凝土 1.5m 以上，澆注中應常以水尺檢測混凝土實際上升位置，以推定混凝土頂面之高程，並作爲拆管時機之依據。灌注時不可集中於某一支特密管灌注混凝土，應平均灌注，以免將頂部劣質混凝土攪入清潔混凝土中。

連續壁灌漿須一氣呵成，不得間斷，故須避免交通尖峰時間灌漿。母單元灌漿必須緩慢進行，以預防帆布受混凝土擠壓破裂而漏漿，如發生漏漿應暫停灌注，於端板外側回填碎石。澆注完成後，應立即清除漏漿，以免凝固後增加清除之困難。

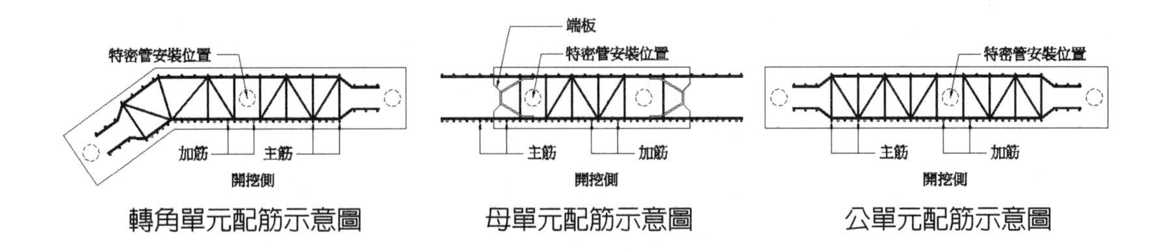

轉角單元配筋示意圖　　母單元配筋示意圖　　公單元配筋示意圖

十三、穩定液

穩定液主要功能為防止溝壁之坍陷。穩定液之液壓作用於溝壁，抵抗土壓及地下水壓力，防止地下水滲出，因此須維持穩定液液面不低於鋪面 1m 處，亦可維持土砂懸浮在穩定液中，灌注混凝土時較易排除砂土。

目前多採超泥漿取代皂土作穩定液添加劑，可滲入槽溝側壁形成泥膜、防止液體流失、提高土砂凝聚力、減少坍孔。一般地層鑽掘，穩定液黏滯度採 30～35 秒，多砂質鬆軟地層，穩定液黏滯度採 35～40 秒（清水所測出之馬氏漏斗黏滯度為 26～28 秒）。除地層夾雜卵礫石且地下水位較低，極容易造成急速逸水之區域外均適用。若逸水情況嚴重，可投入黏土、長纖維於槽溝內堵塞逸水孔隙。穩定液池及沉澱池總容量為最大單元體積 1.5 倍。

使用地下水泡製超泥漿穩定液時，因酸鹼值會對超泥漿之穩定性造成影響，故應先行檢驗 pH 值並對照超泥漿使用說明。若地下水 pH 偏酸性，可添加碳酸鈉（Na_2CO_3，俗稱 - 蘇打），將地下水 pH 值調至 8～10，以利超泥漿穩定液發揮最佳效能。

無論採乳化型或粉末型之穩定液添加劑均需要充份攪動拌和，否則藥劑無法均勻擴散膨脹，必要時乳化型添加劑（如超泥漿）亦可直接注入導溝使用。粉末型則必須投入穩定液池攪拌調製。

十四、扶壁及地中壁

近年多採扶壁及地中壁加勁，以增強連續壁對壁體外側土壓之抵抗力、減少連續壁體之變位量。地中壁依設計位置可結合扶壁施作，亦可獨立施作。

扶壁或地中壁與連續壁結合方式可分為平接及 T 形接。平接易包泥，若採連鎖鈑（專

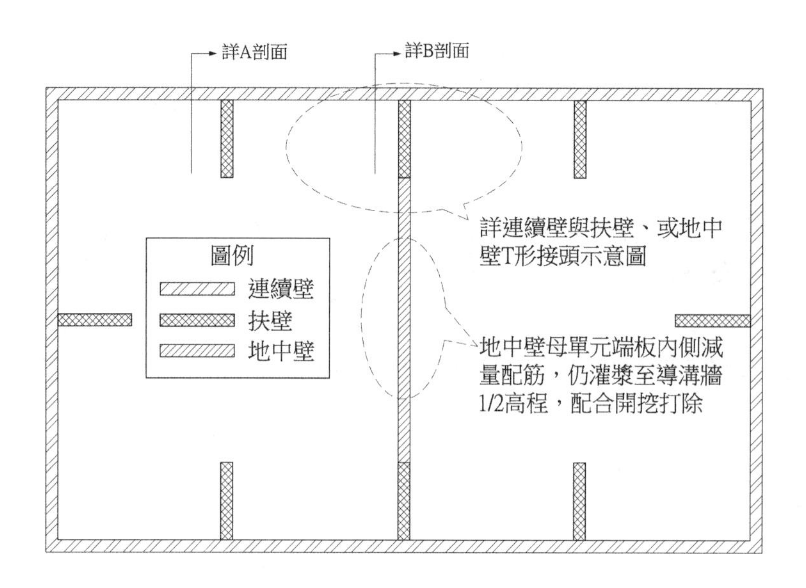

利工法，詳十五）則可降低包泥機率。

T 形接頭可分爲連續壁母單元 + 母 T 形接頭、連續壁母單元 + 公 T 形接頭、連續壁公單元 + 母 T 形接頭、連續壁公單元 + 公 T 形接頭等型式。其中以連續壁公單元 + 公 T 形接頭最易施作（不須安裝防溢帆布）亦最爲常見。下圖爲連續壁公單元 + 公 T 形接頭分割示意。

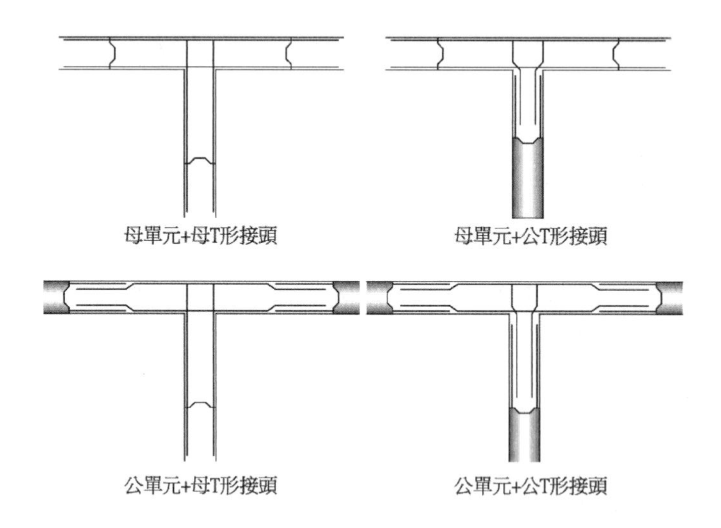

扶壁通常與連續壁同高、同深，地中壁頂部高程與地下室開挖深度齊平，地中壁壁深則依設計，有與連續壁同深或不同深度。但地中壁母單元端板內側應灌漿至導溝牆高 1/2 位置，其超灌部份混凝土隨地下室開挖打除。該部分之鋼筋減量配置，通常於地中壁兩側各配縱向筋各四支，橫向筋則以四倍間距配置。公單元（及母單元端板外側）依地中壁設計頂緣高程加高 50cm 增築灌漿（該增築部分屬劣質打除範圍），空打部分於灌漿次日以原土回填。

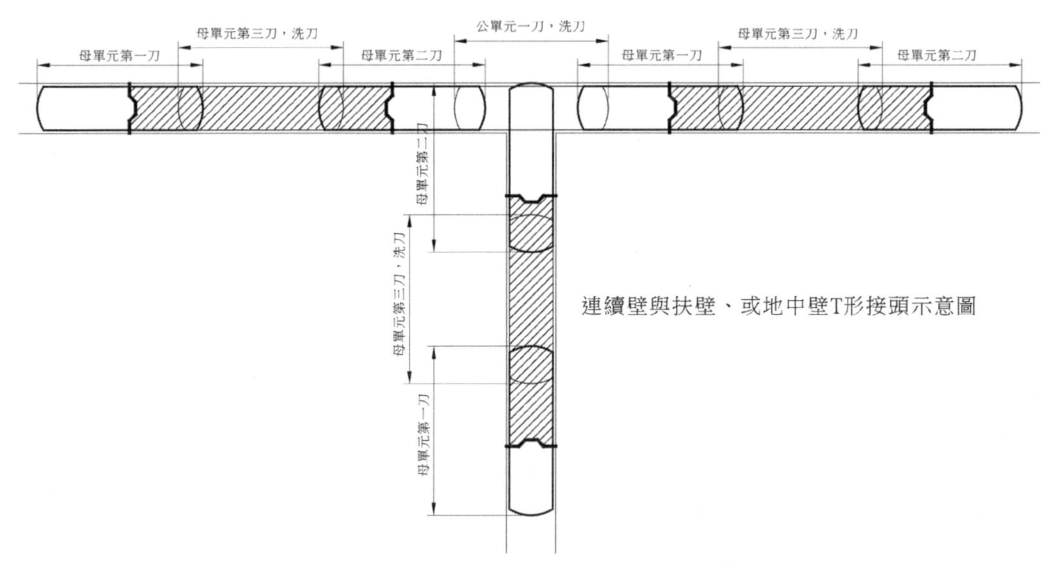

連續壁與扶壁、或地中壁 T 形接頭示意圖

T 形接頭土方陽角最易崩落坍孔，若將 T 形接頭設置於連續壁母單元，防溢帆布極易破裂造成漏漿。應於導溝施作前於陽角處施作地質改良，強化土方陽角自立性以避免削掘溝槽時坍孔。

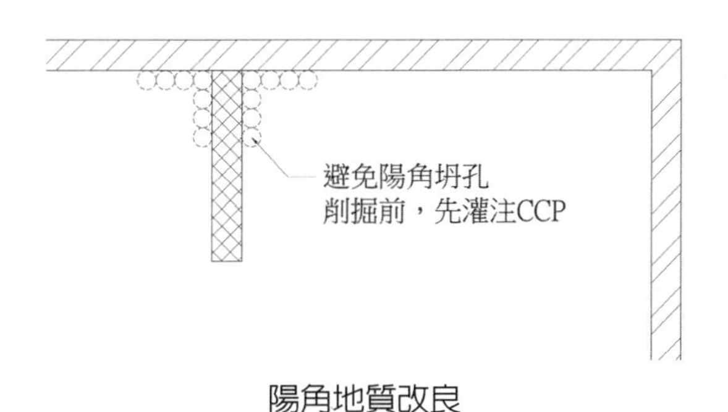

陽角地質改良

T 形接頭單元界面若未有效清除端板包泥，開挖後因包泥範圍無法抵抗連續壁外側土壓之推擠，致連續壁增加位移量（所增加之位移量即爲包泥厚度），故需確實清除端板包泥。另沿端板兩側施作高壓灌漿（JSP 等）亦可將水泥漿體壓入界面間隙置換包泥。

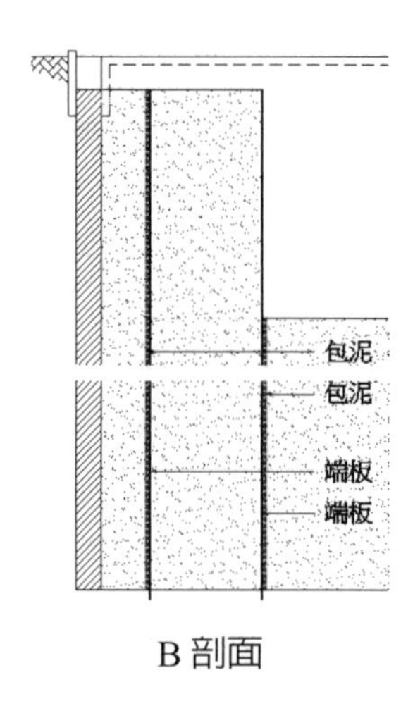

B 剖面

十五、連鎖鈑界面工法

與連續壁分離施工之連鎖鈑界面工法為專利工法，以下內容為專利所有人：磐固工程股份有限公司盧怡志先生提供，謹此誌謝。

連鎖板型之施工方式為先於連續壁安置連鎖板，俟地中壁或扶壁與連續壁相交之單元挖掘完成，再將 Masago 側邊無法挖掘乾淨之殘餘土壤清除完畢，最後於扶壁或地中壁鋼筋籠吊放前將連鎖板拔出（如圖 1 所示），即完成 T 型界面之處置，如此扶壁及地中壁與連續壁即可達到緊密相接之設計需求。

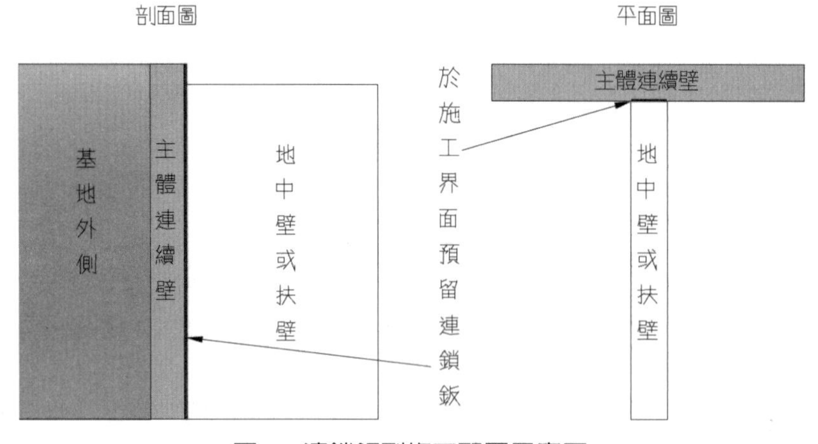

圖 1　連鎖鈑型施工配置示意圖

十六、連鎖板型施工步驟

1. 於鋼筋籠扶壁或地中壁預定位置安置連鎖鈑（如圖 2）。
2. 於扶壁或地中壁近連鎖板之挖掘刀先行施工（如圖 3）。
3. 於挖掘機刃口側邊安裝牙套（如圖 4）。
4. 以牙套清除殘餘土壤（如圖 5）。
5. 使用鑿具將連鎖板拔除，可回收再生使用（如圖 6 及 7 所示）。
6. 連鎖板拔除後即可達到 T 型界面緊密相接之設計需求（如圖 8 所示）。

圖 2　連鎖鈑於鋼筋籠吊放前、中、後之施工照片

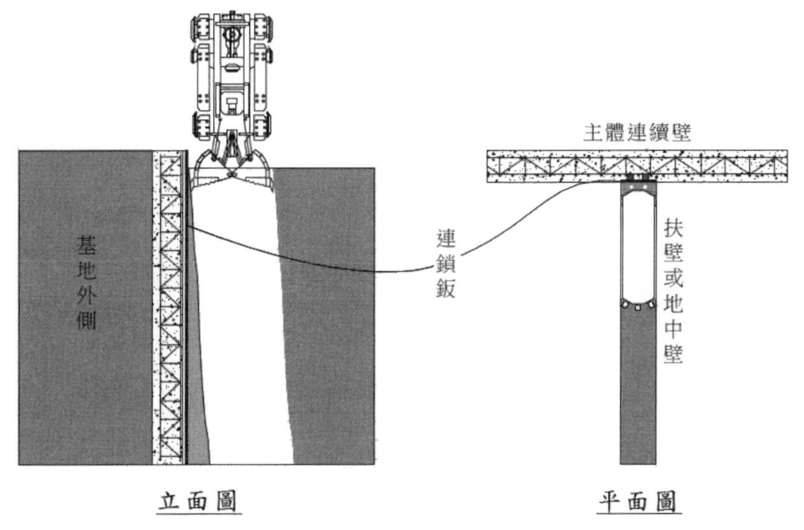

圖 3　於扶壁或地中壁近連鎖鈑之挖掘刀先行施工

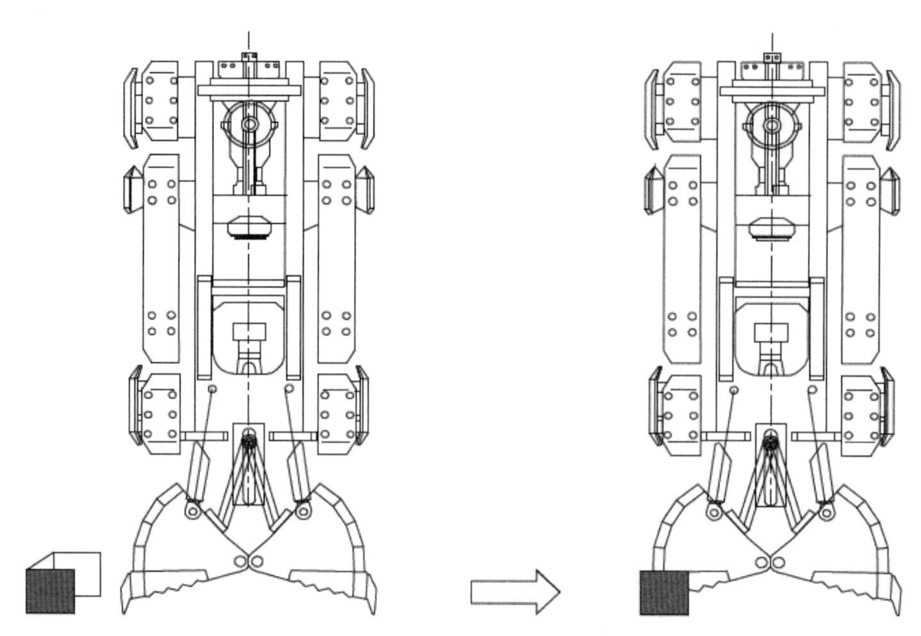

圖 4　於挖掘機刃口側邊裝牙套

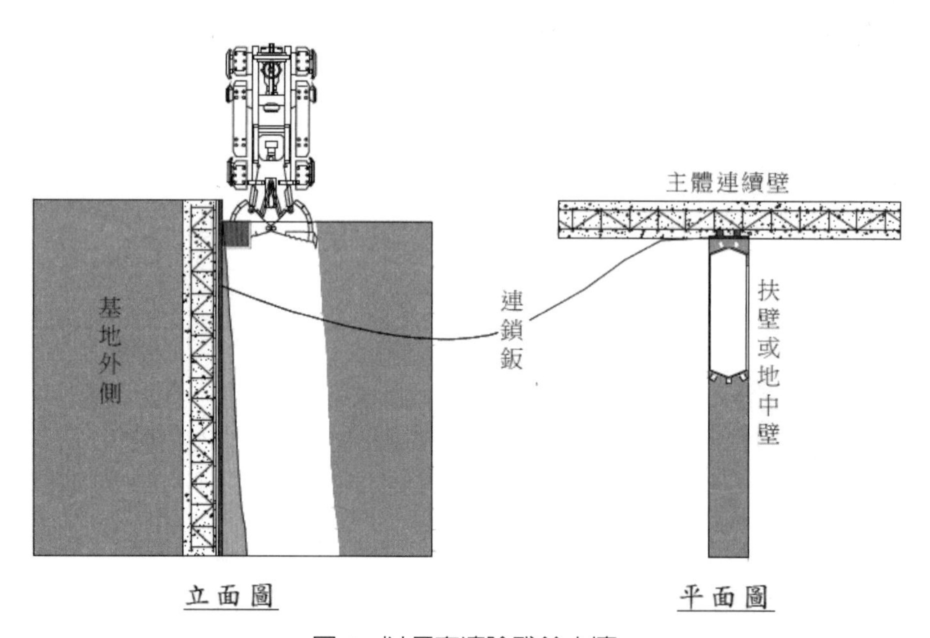

圖 5　以牙套清除殘餘土壤

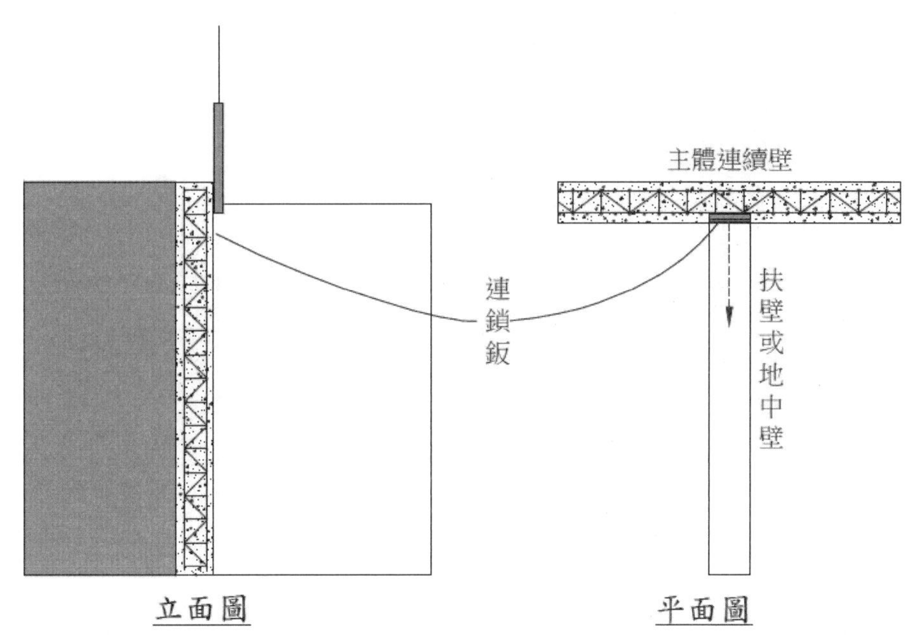

圖 6　使用鑿具將連鎖鈑拔除

圖 7　T 型介面連鎖鈑拔除後可回收再生使用（施工案例照片）

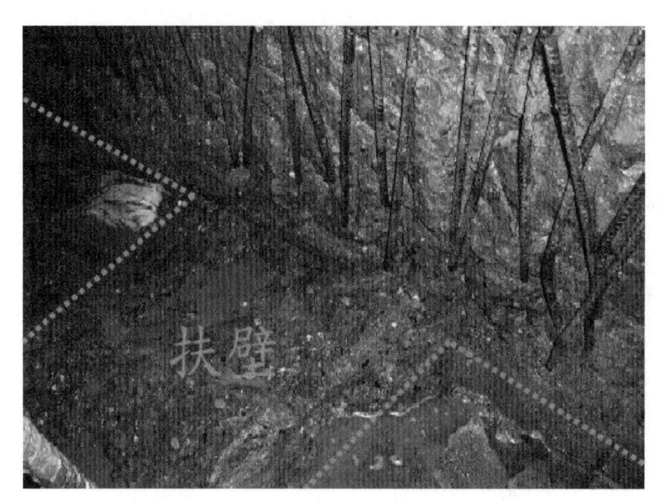

圖 8　T 型界面於開挖階段觀察無施工間隙與連續壁緊密相接

十七、與連續壁分離施作之連鎖板界面工法優缺點

優點

1. 避免 T 型溝槽抓掘，槽溝穩定性佳。
2. 避免角隅部分穩定性不佳之崩坍問題，降低混凝土材料損耗，減少地下室開挖階段打石敲除作業時間及打石敲除費用。
3. 可避免混凝土澆置時，角隅部分崩坍，影響連續壁完整性與水密性。
4. 施工界面無殘餘土壤，地中壁及扶壁可充分發揮支撐功效，施工界面無須施作地質改良。
5. 連續壁挖掘刀法規劃單純限制少。
6. 扶壁或地中壁配設位置僅須避開連續壁之單元接頭處。
7. 與扶壁或地中壁施工界面可規劃爲公單元，減少扶壁或地中壁整體單元數，減少母單元端板、帆布、鋼筋等材料費用，並縮短鋼筋籠製作工時及降低扶壁或地中壁於地下室開挖階段打石敲除作業之鋼筋切除施工費用。
8. T 型界面打石作業處理簡易，可降低打石敲除施工費用，亦不會傷及連續壁。
9. T 型界面打石敲除作業震動小，對鄰房建物及連續壁水密性影響較小。
10. 鋼筋籠爲平面型狀，加工組立簡易，且對稱平衡無吊放偏斜問題。
11. 不影響連續壁單元分割之正規化，可減少單元數，降低施作成本。
12. 連鎖鈑可回收重複使用，降低施作成本。

缺點

因地中壁及扶壁與連續壁之間鋼筋並未連結，其勁度低於一體施作之 T 型單元，連續壁與地中壁、扶壁間非一體施作，在結構設計有抗差異沉陷與抗浮需求時，因未與連續壁相連結，結構行為較 T 型單元弱。

連續壁工程邀商報價說明書案例

項次	項目	數量	單位	單價	複價	備註
1	洗車台工料及設備		座			
2	導溝施工費		m			
3	沉澱池、棄土坑施工費		式			
4	鋪面施工費		m^2			
5	連續壁施工費 T=60cm L=31.1m		m^2			
6	地中壁施工費 T=60cm L=15m		m^2			
7	連續壁壁頂劣質混凝土打除 <=0.7m		m			
8	地中壁母單元逐層劣質打除		式			
9	連續壁週邊樑預留筋打出		m			
10	連續壁週邊柱預留筋打出		m			
11	大底及地樑預留筋打出		m			
12	連續壁單元接頭植筋 #4		支			
13	超音波檢測		次			
14	壁面整修及高度清洗		m^2			
15	端板打 V 槽、切除、填縫		m			
16	內導溝、池、坑、鋪面破碎		式			
17	降壓井兼取水井		口			
18	發電機租金及油料		月			
19	安衛及交通維護		式			
20	CCP 施工費		m			
21	T 型接頭碎石回填及運棄費		m^3			
	小計					
	稅金					
	合計					
合計新台幣 仟 佰 拾 萬 仟 佰 拾 元整						

【報價說明】

一、工程地點：台北市 XX 區 XX 路 XX 號。

二、全案工期 XX 個日曆天。

本案連續壁採 HML 工法施作。

三、導溝深度須大於 2.0m，且至原土層，採單面配模。

四、本基地舊有建物與鄰房共用地下室，已由業主施作 RC 牆隔斷。舊有地下室牆、筏基、頂版尚未拆除。應由連續壁承攬廠商負責就連續壁施作範圍截斷並拆除，其費用應含於承攬總價，不另計費用。舊有建物地下室拆除後由業主另行發包施作鄰房地下室外牆防水。

五、爲配合截斷舊有地下室，該範圍導溝須分段施作深導溝，以維護鄰房安全。

六、土方運棄及棄土證明文件由業主另行發包，連續壁承攬廠商須配合以挖土機挖送於密封式棄土車輛，且負責道路清洗。

七、業主提供∮1" 自來水一管，不足部分自降壓井抽水使用。

八、抽水、照明電力由業主提供，其餘電力由承攬廠商自備發電機供電。

九、材料損耗

定尺鋼筋 3%

亂尺鋼筋 5%

導溝、沉澱池、棄土坑混凝土 10%

鋪面混凝土 15%

連續壁混凝土 5%

十、棄土坑之容量 140m^3。承攬廠商得視機具動線決定於棄土坑、沉澱池上方架設型鋼，供機具通行，但不另計費用。池、坑周圍由業主施作安全欄杆，由連續壁承攬廠商負責圍護。

十一、母單元端板採厚度 4mm 企口形鋼板。母單元防溢帆布採藍白帆布。

十二、穩定液採超泥漿。

十三、壁頂劣質混凝土以機械打除、人工整修，並拉直主筋。梁、柱、大底預留筋由鋼筋綁紮承攬廠商拉直。

十四、連續壁承攬廠商須配合構台大樑高程澆置、打除該範圍壁頂劣質混凝。

十五、連續壁承攬廠商須配合各階段土方開挖完成各清洗一次。

十六、公母同體單元及 T 形單元端板側回填碎石，至開挖深度 1/2。

十七、導溝上方全面鋪設∮9mm×10cm×10cm 規格點焊鋼絲網。

十八、臨道路側抓斗吊昇範圍須架設帆布防止泥漿濺出。

十九、超音波探測儀採 KAIJO KE-200，測頻率爲公單元 X 軸 1 次、母單元 X 軸二次、公母單元 X 軸二次。

二十、鋼筋籠吊點數為 3 組（六點），T 形單元及轉角單原加設型鋼吊架以防止鋼筋籠變形。

二一、連續壁垂直精度不得小於 1/200。平整度誤差大於 ±3cm 之部分由連續壁承攬廠商負責打石整平。

二二、連續壁承攬廠商負責抓漏，保不漏二年。

二三、付款辦法

依實際完成數量計價 100%，實付 90%，以 1/2 現金、1/2 六十天期票支付。

保留 10%，於結構體完成後支付，以九十天期票支付。

第 4 章 預壘樁

預壘樁爲美國預壘公司所研發。五十年前由臺灣預壘公司引進國內，至今仍屬國內淺開挖工程之主要擋土壁工法。

目前工程設計者及施工者多認爲連續壁之安全性優於預壘樁。所言雖屬正確但有部分事項仍需澄清。即於相同之開挖條件下連續壁之剛性、止水性均優於預壘樁甚多，但於軟弱地層之淺開挖，使用預壘樁於施工階段所生之鄰損機率應小於連續壁。因連續壁於開挖導溝時即已擾動地層並損及緊鄰之淺基礎建物，又於施作連續壁時抓斗每刀寬度 2.5m，造成壁溝內之側向抵抗力減少（此時由水壓取代土壓），亦有影響鄰近土層之可能。但預壘樁之施工過程，樁孔中均屬實心狀態，又砂漿比重亦遠大於皀土液。故應視地質、鄰房、開挖深度等條件評估工法爲宜。

一、預壘樁注漿試拌

原始之預壘樁規範對注漿成分體積比規定爲水泥二份、飛灰一份、砂四份及所用水泥重量 1% 之預壘注劑拌合。目前施作預壘樁已無人添加飛灰及預壘注劑，均以水泥、砂拌合。預壘注劑所指何物？已無從考證，猜想應屬緩凝、強塑助流之類藥劑。添加飛灰應可減少泌水、提高水密性、流動性。拌合砂之細度應爲 1.4～2.0。每樁灌漿前應先行壓注 20 公升純水泥漿（Cement Milk），以防止灌漿時骨材分離。對注漿流度依下列規定：

①承攬廠商應於現場備置砂漿流錐測定流度（flow），流度值應爲 19±2sec。

②第一支樁灌漿前應先行試拌，以求得最佳配比。試拌程序如下：

例一：

1. 於拌合槽內投入水→投入添加劑（拌合 30sec）→投入水泥（拌合 60sec）→投入 95% 砂（拌合 150sec）。
2. 測定流度值 T。若 T < 17sec 則再投入 5% 砂，再測定流度值 T，若 T = 19±2sec 則該配比爲合格。

例二：

1. 於拌合槽內投入水→投入添加劑（拌合 30sec）→投入水泥（拌合 60sec）→投入 95% 砂（拌合 150sec）。
2. 測定流度值 T。若 T < 17sec 則再投入 5% 砂，再測定流度值 T，若 T < 17sec 則再投入

3% 砂，再測定流度值 T，若 T = 19±2sec 則該配比爲合格。若 T < 17sec 則應重新計算調整配比。

例三：

1. 於拌合槽內投入水→投入添加劑（拌合 30sec）→投入水泥（拌合 60sec）→投入 95% 砂（拌合 150sec）。
2. 測定流度質 T。若 T ≧ 19±2sec 則 W/C 値過低，應重新計算調整配比。

註一：W 增減 1% 對流度值之影響相當 S（砂）增減 5%，故於試拌時調整砂量可得較精確之配比。

註二：注漿配比（採重量比）由承攬廠商提供（依設計，通常 28 天抗壓強度採用 176kg/cm^2 或 210 kg/cm^2），甲方工地人員檢核流度。

註三：流度測試，以手指抵壓流度錐出口，注入水泥砂漿 1725cc，瞬間移動手指開放出口，同步啓動馬表計時以計測全量水泥砂漿流出時間。附著於流度錐內壁砂漿之滴流時間不計。

二、鑽掘速度不宜太快

一般自走式預壘樁鑽機，於非堅硬地盤（硬質地盤亦不宜使用預壘樁工法）之鑽掘速率應可輕易到達 3m/min 以上。承攬廠商爲節省工資及機具租金多全速施作，但鑽掘速率愈高，鑽機易生偏移而降低施工精度，故對鑽掘速率應加限制。又於打除劣質砂漿時避免損及樁體，不宜以自走式破碎機全力打除。

三、止水灌漿

預壘樁無論其施工如何精確，但樁體間之縫隙終究無法避免，所差異者僅縫隙大小而已（切削樁工法除外）。於軟弱黏土層、地下水豐沛之砂質土層均有極大之風險。故爲塡塞縫隙多採 CCP 灌漿工法，將水泥漿與急結劑（矽酸鈉水溶液 $Na_2O \cdot nSiO_2$，俗稱水玻璃）於鑽桿內混合後即時由鑽抵預定深度之鑽桿噴嘴以高壓噴射注入土層，並借由鑽桿之旋轉及拔升使水泥漿與土壤顆粒結合形成樁體以阻絕縫隙。樁體凝結硬化之速率則由急結劑之添加量調整。

四、多點起吊鋼筋籠

依預壘樁長度，每座鋼筋籠長度常可達 10m 以上，若於鋼筋籠頂部一點吊立橫臥之鋼筋籠，其鋼筋籠自重足以將籠體彎折變形，致籠體無法順利插入樁孔水泥漿中，故多點吊放或以外物輔助為吊立鋼筋籠之重點。

五、樁壁與結構壁體分離

開挖後施作地下室外牆，壁體混凝土是否應與樁體混凝土結合？經與多位工程先進及結構技師探討，多建議二者以夾板隔離，以免建物沉陷時帶動樁體對鄰地造成影響。但無論二者是否密接，開挖後之樁體必定黏附甚多廢土，採高壓水清洗壁體勢所難免，發包者不應遺漏。

六、砂漿抗壓試體製做

依規範於試體模內壁薄塗油脂，將試體模置於水槽檢測是否漏水，取出試體模分二次填注砂漿（每次填注高度約 2.5cm），每層均以搗棒於 10sec 內搗實 32 下（8 下 ×4 趟）。搗實完成後以刮刀刮除多餘砂漿，置於陰涼處，覆蓋濕布養護 24hr，取出試體轉置清水中養生 27 天後試壓。

目前國內施作預壘樁對砂漿流度多未要求，且實際應用之流度秒數遠低於 19sec，若採 19sec 之流度，現有之灌漿機恐無法順利壓送，故是否依規定分二次填注砂漿或搗實 32 下均已無特殊意義。又若未於試體砂漿骨材沉澱後補漿，試壓結果多不樂觀。

試體抗壓強度（單位：kg/cm^2）＝破壞荷重（單位：kg）/ 試體受壓面積（單位：cm^2）。如 5cm×5cm×5cm 砂漿試體受壓表面積 = 5×5 = $25cm^2$，抗壓荷重為 6150kgf，則其抗壓強度 = 6150/25 = $246kgf/cm^2$。

5cm×5cm×5cm 砂漿試體抗壓強度通常為同材質圓柱形試體抗壓強度 1.2～1.25 倍，原因即寬高比之差異造成。方塊試體寬高比為 1：1，圓柱形試體寬高比為 1：2（圓柱形試體模規格多為 D10cm×H20cm 及 D15cm×H30cm）。

七、施工方法

目前國內預壘樁一般施工方式如下：

（一）使用材料

拌和水：自來水。

水泥：國產水泥（多採散裝水泥）。

砂：有害物質含量不得大於 CNS1240 表 2 所列。

水泥砂漿之配合比（案例 1）：

28 天抗壓強度 kg/cm^2	水 W kg	水泥 C kg	砂 S kg	水灰比 W/C	水：水泥：砂
176	260	450	1365	0.58	1：1.7：5.3

水泥砂漿之配合比（案例 2）：

28 天抗壓強度 kg/cm^2	水 W kg	水泥 C kg	砂 S kg	水灰比 W/C	水：水泥：砂
210	500	700	1365	0.71	1：1.4：2.7

（二）使用機具

機械名稱	規格	數量
鑽掘機	油壓履帶式鑽掘機，油壓推進，自動升降	1 台
灌漿機	MG-300 最大吐出量 660L/min 吐出壓力 100kg/cm^2	1 台
砂漿攪拌機	1000L×2，動力 6HP	1 台
水中幫浦	直徑 50mmϕ，揚水高 20m	1 台
水槽	3m^3	2 個
發電機	50KW，三相 220V	1 台
泥水泵	直徑 100mm，揚程 20m	
其它必備工具	1½ 吋輸漿管、鑽掘鋼頭、手工具	

註：散裝水泥儲槽屬甲方另行租用，或於邀商發包說明書明確註記。

（三）人員配置

1. 領班 1 員：指揮現場施作、定樁位、協助補漿、清除鑽機螺桿積土。
2. 鑽機主機手 1 員：駕駛鑽機（或由領班兼任）。
3. 鑽機副手 1 員：清除鑽機螺桿積土、插放鋼筋籠、補漿。
4. 砂漿攪拌機操作手 1 員：操作砂漿攪拌機、駕駛挖土機供砂、控制 SILO 供應水泥漿、挖導溝。
5. 灌漿機操作手 1 員：操作灌漿機、插放鋼筋籠、補漿。
6. 鋼筋籠組立 4 員：鋼筋籠綁紮（非全程駐場）。

合計 9 員

（四）施工順序

1. 整地、放樣、地下障礙物清除

依設計圖說位置量測放樣排樁中心線，並延伸至遠端釘設木樁標記。各樁位應編號，預壘樁編號須以連續號碼編排，以利施工時跳樁施工之控制。放樣完成後分區開挖導溝以控制泥漿溢流，導溝於不影響鑽機操作、鄰房安全之狀況下應儘量寬深，但以排樁中心線至鑽機作業側之淨寬不宜超過 1m。開挖導溝之廢土應儘速清運，以免妨礙動線。另須指定壓樑完成面高程及基準點，作爲鑽掘深度之控制。

2. 鑽孔

於鑽掘排樁前，應鋪設鋼板於鑽機作業位置（堅實混凝土鋪面可免）、沿排樁中心線訂定樁心，鑽機施鑽前須調整垂直，待鑽機調整完成後開始鑽掘。鑽掘時啓動馬達徐徐下鑽，並隨時以三腳架吊掛垂球觀測鑽桿儲値度，並指揮鑽機操作手調整鑽桿垂直度，直至達設計深度爲止。每階段均採跳三樁循環施作，即依 NO.1、NO.5、NO.9、NO.13 之順續施作。

3. 灌注砂漿

鑽機於鑽掘至設計深度後，一面徐徐拔出鑽桿，一面同步灌注砂漿，並將鑽桿螺旋葉片上之廢土逐次清除。拔升鑽桿速度不得太快，以免樁孔因眞空而坍孔，致鋼筋籠插入困難。

注漿材料投入拌合機依序爲：注水至水泥攪拌桶→注水泥至水泥攪拌桶（拌合 60sec）→攪拌完成之水泥漿注入砂漿攪拌機→以挖土機挖砂至砂漿攪拌機（拌合 150sec）→水泥砂漿注入灌漿機，經由鑽桿壓送砂將至樁孔內。

拌漿過程中，水泥攪拌桶採數位設定自動控制水量、水泥量。砂漿攪拌機水泥漿注入

量、投砂量均由操作手控制。砂漿攪拌機、灌漿機均配置清洗水栓，水灰比、配比於此處均有變更之機會，宜指派專人監督。

4. 吊放鋼筋籠

砂漿灌注完成後，隨即進行吊放鋼筋籠，吊放時應緩緩放入，以免孔壁崩塌，鋼筋籠放至底後，該支預壘樁已近完成。

部分廠商施作預壘樁鋼筋籠未安裝護耳，致鋼筋籠緊貼孔壁，造成保護層不足，開挖後螺旋筋外露或有俗稱之排骨痕，若無此現象應屬好運，乃鋼筋籠貼向非開挖側所致。

5. 補漿作業

因國內灌注砂漿配比流動性過大（流度秒數少），灌漿後骨材逐漸沉澱、實體積率低，若不進行補漿，樁體強度通常不足，又因恐夾泥，斷樁機率亦較高。

每支樁體應行補漿二次。第一次補漿應於吊放鋼筋籠完成後 2 小時進行。將灌漿高壓管插入樁體 2/3 深度灌漿，至泥水完全溢出樁孔後停止。第二次補漿應與第一次補漿間隔 1 小時。將灌漿高壓管插入樁體約 1/3 深度灌漿，至泥水完全溢出樁孔後停止，此時該樁方能視爲完成。

常用之工料分析表中均未列入補漿數量，故預算材料數量低於實作材料數量。兩次補漿合計用量約爲樁體體積之 10～15%，應避免漏列。

6. 壓樑施作

排樁施作完成，砂漿凝固養護後，將樁頂按設計高程打鑿整平、清理樁頭、綁紮壓樑鋼筋、架設模板、清洗樁頭、灌注混凝土、完成壓樑施工。

構台下方壓樑應依構台出入口坡面高程反算壓樑頂緣高程，以免影響構台架設。

八、散裝水泥槽（SILO）

散裝水泥儲槽容量不宜小於 60T（每台散裝水泥車可載運約 25T，每組鑽機平均每日消耗水泥量視施工速率而異）。整組水泥儲槽應含水泥漿攪拌設備，即螺旋桿輸送管（SCREW）（或直接供料至儲槽下方水泥攪拌桶）、計量裝置、水泥攪拌桶及攪拌翼。

計量裝置採數位設定自動控制，依設定之水、水泥重量控制進料拌和量。最大拌和量爲 1T（依機型而定）。水泥攪拌桶應經常清洗，若固結水泥漿過多易造成磅重誤差，致注水量不足及機具故障。

散裝水泥車以高壓橡皮管連接至水泥儲槽進料口（快速接頭），高壓空氣將水泥輸入水泥儲槽，水泥粉體沉積槽底，空氣夾雜大量水泥粉塵自排氣管排出，若未妥善安裝集塵器將造成嚴重汙染。

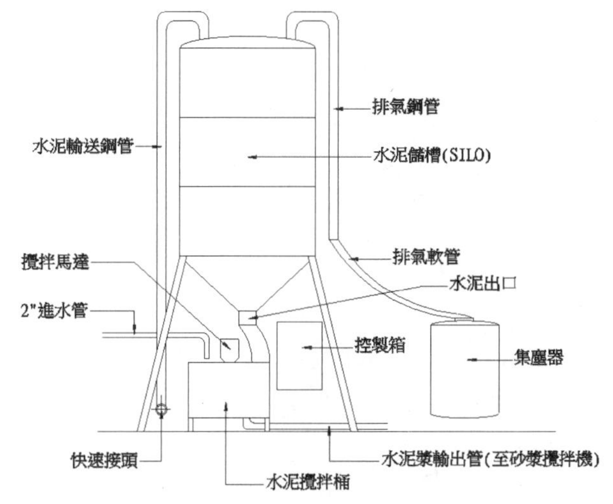

散裝水泥儲槽配置示意圖

九、螺旋箍筋長度計算

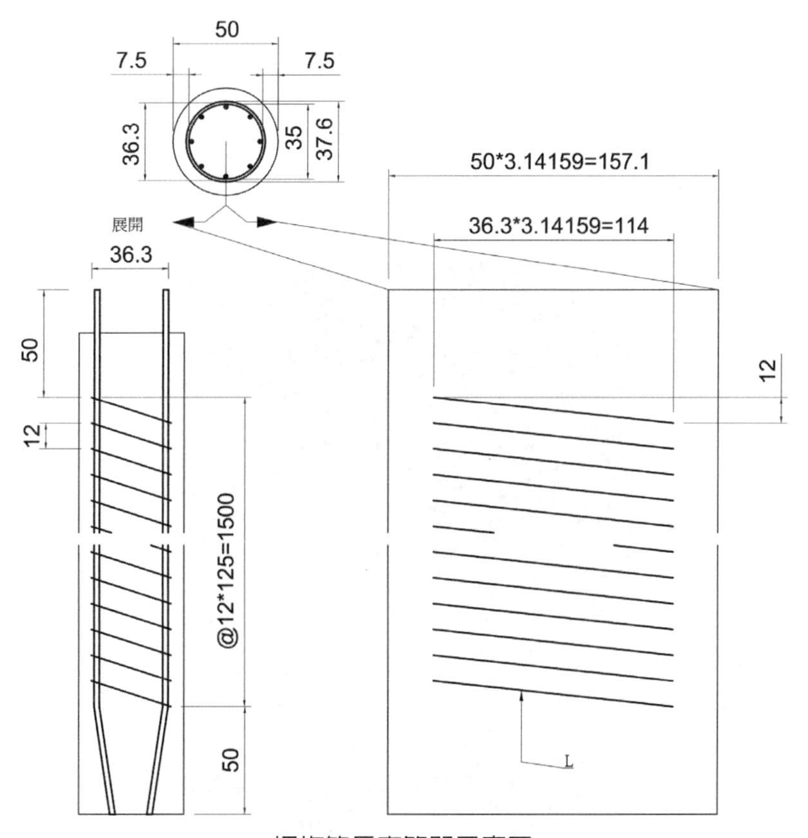

螺旋筋長度簡單示意圖

（方法一）

樁徑＝50cm，樁長＝1600cm，主筋 #8-8，箍筋 #4@12cm。

#4 定尺 12m／支，#4 搭接 30d＝39cm，箍筋圈數 1500/12+1＝126。

每圈箍筋長度 L：(1142＋122)/2＝114.63 螺旋箍筋長度。

箍筋總長：114.63cm×126＝144.43m。

搭接數：144.43m/12m＝12－1＝11。

搭接長：39cm×11＝4.29m。

每樁螺旋箍筋總長：144.43m＋4.29m＝148.72m。

爲確保鋼筋籠具有足夠之保護層，應如右圖安裝間隔器。

或依下列公式計算（方式二）

$$L=\sqrt{\frac{S^2+[\pi(R-2C+d)]^2}{S^2}}$$

L＝每 m 樁螺旋箍筋長度（m）

S＝箍筋螺距（m）

R＝樁直徑（m）

C＝保護層厚度（m）

d＝螺旋箍筋直徑（m）

保護層厚度爲縱向鋼筋（非箍筋）

外緣至混凝土表面的最小距離。

將上例代入公式

$$L=\sqrt{\frac{S^2+[\pi(R-2C+d)]^2}{S^2}}=\sqrt{\frac{0.12^2+[\pi(0.5-0.15+0.013)]^2}{S^2}}=9.56m$$

每 m 樁常需使用箍筋 9.56m，15m 樁常需使用箍筋 9.56×15 = 143.4m 箍筋

另加 143.4/12 = 11.95 ≒ 11 處搭接，搭接長 30d = 1.3cm×30 = 39cm

搭接總長 = 0.39×11 = 4.29m

合計箍筋長度 = 143.4 + 4.29 = 147.69m

方法一較爲精準，方法二較爲簡便。

十、7 日期齡抗壓強度推算 28 日期齡抗壓強度

預壘樁砂漿拌合機具有秤重功能，但僅有水及水泥通過秤重，拌和砂仍由挖土機操作手依經驗判斷添加，其添加量因人而異，又因拌和用砂爲細砂（多爲開挖地下室取得），含泥量難有標準。爲確保樁體符合設計強度，砂漿配比通常採高標。爲避免過度添加水泥，建議施作 7 日、14 日、28 日期齡砂漿試體抗壓試驗，若 7 日期齡即超過設計強度，則調降水泥添加量。

依 O. Graf 公式，以 7 日期齡水泥砂漿抗壓強度推算 28 日期齡水泥砂漿抗壓強度：$W_{28}=1.35W_7+35$（式中 W_{28} 爲水泥砂漿 28 天抗壓強度、W_7 爲水泥砂漿 7 天抗壓強度）。單位：kgf/cm^2。

下表為某案砂漿試體抗壓紀錄，與O. Graf公式計算結果存在差異，謹供參考。

試體組別	#1試體(W_7)	#2試體(W_{14})	#3試體(W_{28})	配比	W/C
1	391.8	474.1	538	砂漿M^3=水泥700kg+砂0.6M^3+水500kg	0.71
2	328.7	426.2	512.6	砂漿M^3=水泥700kg+砂0.6M^3+水500kg	0.71
3	366.7	392.1	487.8	砂漿M^3=水泥700kg+砂0.6M^3+水500kg	0.71
4	328.9	446.4	511.9	砂漿M^3=水泥700kg+砂0.6M^3+水500kg	0.71
5	396.3	410.5	534.8	砂漿M^3=水泥700kg+砂0.6M^3+水500kg	0.71
6	398.3	478.8	568.8	砂漿M^3=水泥700kg+砂0.6M^3+水500kg	0.71
7	502.3	638.3	677.9	砂漿M^3=水泥700kg+砂0.6M^3+水500kg	0.71
8	431.6	502.39	491.5	砂漿M^3=水泥700kg+砂0.6M^3+水500kg	0.71
9	291.5	267.3(W_{15})	372.2	砂漿M^3=水泥650kg+砂0.6M^3+水500kg	0.77
10	199.7(W_3)	298(W_7)	411.2	砂漿M^3=水泥650kg+砂0.6M^3+水500kg	0.77
11	233.2	294.9	351.3	砂漿M^3=水泥650kg+砂0.6M^3+水500kg	0.77
12	315	368.2	400.4	砂漿M^3=水泥650kg+砂0.6M^3+水500kg	0.77
13	256.1	313.2	290.6	砂漿M^3=水泥650kg+砂0.6M^3+水500kg	0.77
14	190.9	273.4	359.2	砂漿M^3=水泥650kg+砂0.6M^3+水500kg	0.77
15	202.8	266.6	288.7	砂漿M^3=水泥650kg+砂0.6M^3+水500kg	0.77
16	282.9(W_8)	346.3	375.9	砂漿M^3=水泥650kg+砂0.6M^3+水500kg	0.77
17	242.6	283.8	354.8	砂漿M^3=水泥650kg+砂0.6M^3+水500kg	0.77
18	224.7(W_8)	298.9(W_{15})	338.6(W_{29})	砂漿M^3=水泥650kg+砂0.6M^3+水500kg	0.77
19	284.7	330.2	348.5	砂漿M^3=水泥650kg+砂0.6M^3+水500kg	0.77
20	201.8	244.7	308.2	砂漿M^3=水泥600kg+砂0.6M^3+水500kg	0.83
21	218.2	286.6	341	砂漿M^3=水泥600kg+砂0.6M^3+水500kg	0.83
22	191.5	252.6	369.2	砂漿M^3=水泥600kg+砂0.6M^3+水500kg	0.83
23	223.1	237.3	293.7	砂漿M^3=水泥600kg+砂0.6M^3+水500kg	0.83
24	201.8(W_8)	227.9(W_{15})	278.2(W_{30})	砂漿M^3=水泥600kg+砂0.6M^3+水500kg	0.83
25	232.6	243.8	308(W_{29})	砂漿M^3=水泥600kg+砂0.6M^3+水500kg	0.83
26	170.8	222.3	246.4	砂漿M^3=水泥600kg+砂0.6M^3+水500kg	0.83
27	282.1	300.8	335.9	砂漿M^3=水泥600kg+砂0.6M^3+水500kg	0.83
28	286.9	323	379.2	砂漿M^3=水泥600kg+砂0.6M^3+水500kg	0.83
29(註1)	178	203.1	240.2	砂漿M^3=水泥600kg+砂0.6M^3+水500kg	0.83

註1：第29組試體，未經搗實，未浸置於養生槽，僅蓋濕布養生，以模擬現場實際狀況

註2：抗壓強度單位kgf/cm^2

預壘樁工程邀商報價說明書案例

項次	項目	數量	單位	單價	複價	備註
1	微型樁 15cm L5.5m	123	支			@17.5cm
2	預壘樁 30cm L10.0m	209	支			A-TYPE
3	預壘樁 30cm L11.5m	63	支			B-TYPE
4	CCP 止水樁 30cm L5.25m	209	支			
5	CCP 止水樁 30cm L6.05m	63	支			
6	舊有預壘樁拔除及回填	50	支			暫計 50 支
7	預壘樁壓樑（30 cm ×50 cm）	87.2	m			依樑心計算
8	散裝水泥槽租金	1	式			含集塵器
	小計					
	稅金					
	合計					
合計新台幣：　佰　拾　萬　仟　佰　拾　圓整						

【報價說明】

工程地點：台北市 ×× 區 ×× 路 ×× 號。

一般說明

一、業主：xx 營造股份有限公司（以下簡稱：甲方）。

　　承攬廠商（或報價廠商）：（以下簡稱：乙方）。

二、本案報價不含廢土運棄、棄土證明（屬土方承攬廠商負責）、微型樁及預壘樁鋼筋材料、散裝水泥材料、砂、壓樑鋼筋及混凝土。

三、排樁型式及數量如下。

　　微型樁：15cm、L = 5.5m@17.5cm；123 支，傾角 5° 及 15°。

　　A-TYPE 預壘樁：30cm×10m；209 支，@33cm。

　　B-TYPE 預壘樁：30cm×11.5m；63 支 @33cm。

　　CCP 止水樁：30cm×5.25m，自 GL-1.0M～GL-6.25M，209 支。30cm×6.05m，自 GL-1.0M～GL-7.05M，63 支。

四、微型樁繫樑併預壘樁壓樑施作，不另計工料。

五、業主供料：如下表：

下表數量，除定尺鋼筋外均含合理損耗，現場用量若超出上表，超出之材料費用應由排樁承攬廠商工程款中扣抵。

材料名稱	數量	單位	計算式
微型樁用散裝水泥	8,787	kg	= 0.075×0.075×3.1416×5.5×123×1.05×700（含損耗及補漿 5%）
A-TYPE 預壘樁用散裝水泥	118,926	kg	= 0.15×0.15×3.1416×10×209×1.15×700（含損耗及補漿 15%）
B-TYPE 預壘樁用散裝水泥	41,226	kg	= 0.15×0.15×3.1416×11.5×63×1.15×700（含損耗及補漿 15%）
CCP 止水樁用散裝水泥	41,696	kg	= 0.15×0.15×3.1416×5.25×209×1.05×380 + 0.15×0.15×3.1416×6.05×63×1.05×380（含損耗 5%）
暫估舊有預壘樁拔除後回填劣質砂漿用袋裝水泥	116	包	4 包／m^3
壓樑 3000PSI 預拌混凝土	15	M^3	= 0.3×0.5×87.2×1.1（含損耗 10%）
微型樁用 SD420#8 定尺鋼筋 = 5.5m／支	123	支	= 5.5×123×3.98 = 2692.5kg
預壘樁用 SD420W#6 定尺鋼筋 = 10m／支	1,254	支	= 10×6×209×2.25 = 28215kg
預壘樁用 SD420W#6 定尺鋼筋 = 11.5m／支	378	支	= 11.5×6×63×2.25 = 9780.75kg
預壘樁箍筋用 SD280W#3 定尺鋼筋 = 12m／支	1,151	支	箍筋水平長 = 0.2×3.1416 = 0.63m 箍筋斜長 = $(0.63^2 + 0.12^2)^{0.5}$ = 0.64m 全案 10m 樁箍筋長 10/0.12×0.64 = 53.3m，12m 一搭接，每樁 4 搭接 = 0.64×4 = 2.56m，53.3 + 2.56 = 55.86m。12m／支 = 209×4 = 836 支，7.86m = 209 支。（12×4 + 7.86 = 55.86m） 全案 11.5m 樁箍筋長 11.5/0.12×0.64 = 61.33m，12m 一搭接，每樁 6 搭接 = 0.64×6 = 3.84m，61.33 + 3.84 = 65.17m。12m／支 = 63×5 = 315 支，5.17m = 63 支。（12×5 + 5.17 = 65.17m） 12×1151×0.56 = 77334.72kg

材料名稱	數量	單位	計算式
預壘樁箍筋用 SD280W#3 定尺鋼筋＝7.86m／支	209	支	7.86×209×0.56＝919.93kg
預壘樁箍筋用 SD280W#3 定尺鋼筋＝5.17m／支	63	支	5.17×63×0.56＝182.40kg
壓樑用 SD420#6 定尺鋼筋＝12m／支	48	支	12 ×7＝84　8×6＝48 支 12×48×2.25＝1296kg
壓樑用 SD280#3 定尺鋼筋＝1.6m／支	436	支	87.2/0.2 ＝ 436 支 436×1.6×0.56 ＝ 390.66kg
微型樁用砂	9	m^3	＝0.075×0.075×3.1416×5.5×0.65×123×1.05（含損耗及補漿 5%）
預壘樁用砂	149	m^3	＝（0.15×0.15×3.1416×10×209＋0.15×0.15×3.1416×11.5×63）×0.65×1.15（含補漿及損耗 15%）
暫估舊有預壘樁拔除後回填劣質砂漿用砂	29	m^3	＝0.15×0.15×3.1416×8×50

註：上表數量及計算式應依實際施作樁數調整。

六、業主提供電力 3220V49KW；自來水 ø1.5" 一管；地下水抽水井一口。不足部分由乙方自理且不另計費用。

七、施作前，甲、乙方派員會測確認 GL±0 相對高程基準點。

八、報價前，報價廠商應赴現場勘查現場狀況及運輸動線。

九、本案基地位於住宅區，每日施工時段自 08：30 至 18：30。

十、乙方應配合安全監測廠商安裝監測設備。

十一、散裝水泥槽（SILO）之運輸、基座構築工料、組裝、遷移、撤離等費用均含於租金，不另計費用。

十二、乙方應負責材料之動線配合、交通管制、汙染防治、場地清洗。材料過磅及簽收由甲方負責。

十三、施工期間，乙方應派專人灑水，砂漿攪拌機周邊應做適當防塵帷幕，防止粉塵飛散。

十四、施工期間，環保、勞安及交通罰單均由乙方及土方承攬廠商自理。出土、進料、機具車輛進出，乙方應派專人指揮交通及清洗路面。

十五、對工地四周排水溝、涵管及共同管道（含分支）之汙染等，經甲乙雙方會勘或確認為乙方造成，應於指定時間內由乙方負責清理及修復。否則甲方得另行派工清洗或修復，其所需費用由乙方之計價款及保留款中扣除。

十六、乙方於工程期間造成損毀或破壞其他工程設施、圍籬、機具、鄰房設施、周邊水溝、周邊道路等，承攬廠商須無條件賠償及復舊。排樁棄土運輸造成之損毀、汙染亦屬乙方賠償及復舊之範圍。如未派員清理、維修，甲方得代爲雇工處理，所衍生費用自乙方工程款扣抵，乙方不得異議。

十七、排樁施作前須於現場設置散裝水泥槽（SILO），因基地狹小，爲顧及 SILO 移位及散裝水泥進料動線，全案排樁分二區施作。第一區排樁施作前由土方承攬廠商負責將地下室範圍先行降挖 50cm，挖土機及土方運棄均由土方承攬廠商負責。

十八、微型樁、預壘樁、CCP 止水樁施作期間，土方承攬廠商須依甲方通知逐日配合廢土運棄。本階段廢土由排樁廠商負責以挖土機挖方及清洗車輪、道路。棄土車輛駕駛應遵守要求於清洗完成後出場。洗車車位及基地內動線由排樁承攬廠商負責鋪設鋼板。鋼板隨排樁工包撤場時一併撤離。

十九、現場舊有地下室尚未破碎拆除，且已回填舊有地上結構拆除之廢棄物，土方承攬廠商於降挖階段依降挖高程破碎運棄舊有地下室混凝土，破碎機由土方承攬廠商負責。

二十、本工程每期請款均需附上可供甲方逐條明確核對之詳細計算式、清析可對應計算式之 A3 圖說及相關之施工照片。當期施作數量經甲方確認無誤後始得付款。

二一、乙方須以書面指定專人參與相關工程協調會議，會議紀錄視爲合約附件並與合約具同等效力。全體施工人員須參加晨操及安衛宣導、教育活動。

二二、承攬廠商應依核定之工期施工，若工進延誤逾各階段之進度里程碑（Milestone）時，甲方得依合約之逾期罰則處理。

二三、施工期間所有擾鄰抗爭及相關協調作業承攬廠商須配合排除。

二四、施工說明

1. 簽約後 10 日內，乙方應提送施工計畫由甲方審核。施工計畫應含基地配置、施工項目、機具設備及性能列表、人員配置表、施作流程、砂漿配比表、預定進度表、噪音及汙染防治等。經甲方核准後據以施工。
2. 微型樁採全套管施作。
3. 預壘樁鋼筋籠應安裝 5cm 保護層間隔器（保護層厚度 5cm），間隔器每組 4 只，每組間距 2m、距樁底及樁頂不得遠於 1m。間隔器費用應含於預壘樁施作費中，不另列計費項目。
4. 微型樁、預壘樁、CCP 止水樁施作完成、機具出場後，由甲方、排樁廠商、土方承攬廠商於現場會勘周邊道路、水溝之完整程度及清潔程度，並作成紀錄文件及拍照，以釐清爾後責任。

5. 基地舊建物預壘樁尚未拔除。若新、舊樁位重疊，舊有預壘樁由排樁承攬廠商負責拔除、折斷樁體、燒斷鋼筋，由土方承攬廠商併廢土運棄，不另計費用。若新、舊樁位重疊，舊有排樁不得一次拔除，應針對下一支施工樁位進行拔除，現場不得同時存在二孔空樁孔（回填劣質砂漿之樁孔仍屬空樁孔）。舊樁拔除前須以高壓水深入土層沖洗舊樁周邊後方得拔樁，拔樁後立即灌入劣質砂漿回填。
6. 本案預壘樁鑽機採履帶自走，鑽桿長度應大於樁長，不得於鑽掘或注漿過程中停機拆裝鑽桿。預壘樁樁徑 30cm，樁心間距 32cm。
7. 微型樁、預壘樁、CCP 止水樁皆依排列順序編號，間隔三樁施作（即依 #1、#5、#9、#13 等順序施作）。
8. 微型樁作業流程：
放樣→鑽機定位→全套管鑽掘至預定深度→噴氣或清水沖洗排土→插入 #8 鋼筋一支及注漿管→灌注水泥砂漿至滿溢→拔除套管→封閉樁孔→加壓補漿→下一樁製作→養生 28 天→樁頭打鑿及清洗→繫樑施作。
9. 預壘樁作業流程：
放樣→鑽機定位→鑽掘至預定深度（AUGER 鑽掘，非必要不得注水）→灌注 3000PSI 強度之水泥砂漿至滿溢→吊放鋼筋籠→適時補漿二次→下一樁製作→養生 28 天→樁頭打鑿及清洗→壓樑施作。
10. CCP 止水樁作業流程：
放樣→鑽機定位→鑽掘至預定深度→提升鑽桿並同步灌注水泥漿及水玻璃至 GL-1.0m →下一樁製作。
11. 預壘樁注漿，由灌漿泵浦加壓，將已拌妥之水泥砂漿，經由螺旋鑽桿空心軸以 15～20kg/cm^2 之壓力壓注砂漿入樁孔內；同時，配合樁孔內注漿之上升，徐徐抽取螺旋鑽桿，使樁孔保持原有形狀並注漿填滿，而成完整之樁體，若拔升鑽桿過快，將形成樁孔負壓，致樁體變形或坍孔。注漿過程必須連續，若因故中斷或拆卸鑽桿，時間不可超過 3 分鐘。注漿完成，隨即插入鋼筋籠並注意防止上浮。鋼筋籠採二點吊，以避免鋼筋籠變形。樁體灌注完成，在注漿尚未凝固前，應有警示及保護措施，且樁體周圍應保持濕潤。
12. 每支預壘樁體應行補漿二次。第一次補漿應於吊放鋼筋籠完成後 2 小時進行。將灌漿高壓管插入樁體約 2/3 深度灌漿，至泥水完全溢出樁孔後停止。第二次補漿應與第一次補漿間隔 1 小時，將灌漿高壓管插入樁體約 1/3 深度灌漿，至泥水完全溢出樁孔後停止。
13. 預壘樁垂直精度 1/200。未達該精度應由乙方負責修正及補強。修正及補強方式應經本案結構技師審核，核可後方可進行。

14. 樁頭處理及壓樑製作：預壘樁施工完成後應將樁頭挖出並打除樁頭之劣質混凝土，依施工圖說製作鋼筋混凝土壓樑，連結成擋土牆。構台下方壓樑應依構台出入口坡面高程反算壓樑頂緣高程。
15. 微型樁，每 30 支製作砂漿抗壓試體一組，每組 3 只。預壘樁，每日製做砂漿抗壓試體一組，每組 3 只。試體均須會同甲方人員製做、送交甲方指定單位測試抗壓強度，測試費用由乙方支付。每組試體中 1 只測試 7 天抗壓強度，達 1950PSI（即 3000PSI×65%）視為暫時合格，未達標準應立即調整配比並繼續施作。另 2 只測試 28 天抗壓強度，達 3000PSI 視為合格，未達標準應由乙方負責補強。補強方式應經本案結構技師審核，核可後方可進行。補強費用由乙方負責。
16. CCP 注漿壓力、迴旋上昇速度應列入施工計畫交甲方審核。
17. CCP 漿液配比如下表（每立方公尺）：

A 液（500 公升）		B 液（500 公升）	
材料名稱	使用量	材料名稱	使用量
#3 水玻璃	70 公升	水泥	380 公斤
水	430 公升	水	380 公斤

A 液：B 液＝1：1（拌合體積比）

18. CCP 施作期間，乙方應全程指派專人巡查週邊鄰房、水溝、路面等設施，凡有異狀應立即查明並排除。
19. 地下室開挖階段，乙方應於各開挖階段完成次日（二撐三挖）派員以高壓水槍清洗樁壁，不得殘留泥漿、包泥。包泥清除後立即以砂漿填補。樁隙滲水處亦須採急結砂漿止漏。樁隙湧泥砂處，乙方應立即施作 CCP 注漿。前述改善工料費用均由乙方負責。
20. 排樁完工出場前，甲、乙方會同勘驗周邊道路、水溝之完整程度及清潔程度，並作成紀錄文件及拍照，以釐清爾後責任。

二五、付款辦法

1. 乙方應於每月 15 日前提出請款，以書面詳載該期之施工完成數量，檢付施工照片送請甲方查驗，辦理計價付款。現金部分於次月 15 日付款，期票部分於次月 16 日起算票期。
2. 各階段均依實際完成數量計價。

3. 每期工程款 1/2 以現金支付、1/2 以六十天期票支付。保留款 20%，於地下室開挖完成後無息退還 1/2，2F 底版混凝土澆置後無息退還 1/2。每期計價發票金額應含保留款金額。

二六、附件（略）

1. 地下室平面圖 PDF 檔（安全支撐及監測系統位置圖）。
2. 預壘樁、鄰房保護樁示意圖 PDF 檔 1～3。
3. 地質鑽探報告 PDF 檔。
4. 舊有建物圖 PDF 檔 1～7。

第5章 地質改良灌漿工程

高樓層建築重量往往高於地盤承載能力，為補足地盤承載力，於施工過程中通常以基樁或以地質改良方式防止沉陷、液化等風險，以確保工程標的及鄰近構造物之安全。

地質改良係利用施工機具設備，針對改良對象（土層），以切削、攪拌、水力劈裂、擠壓及滲透等方法進行擾動，以壓密地盤土壤，或注入改良漿液，以固結方式達成改善土壤強度、增加其水密性，提升地盤承載力及抗剪強度、改善其物理及力學特性。

一、地改種類

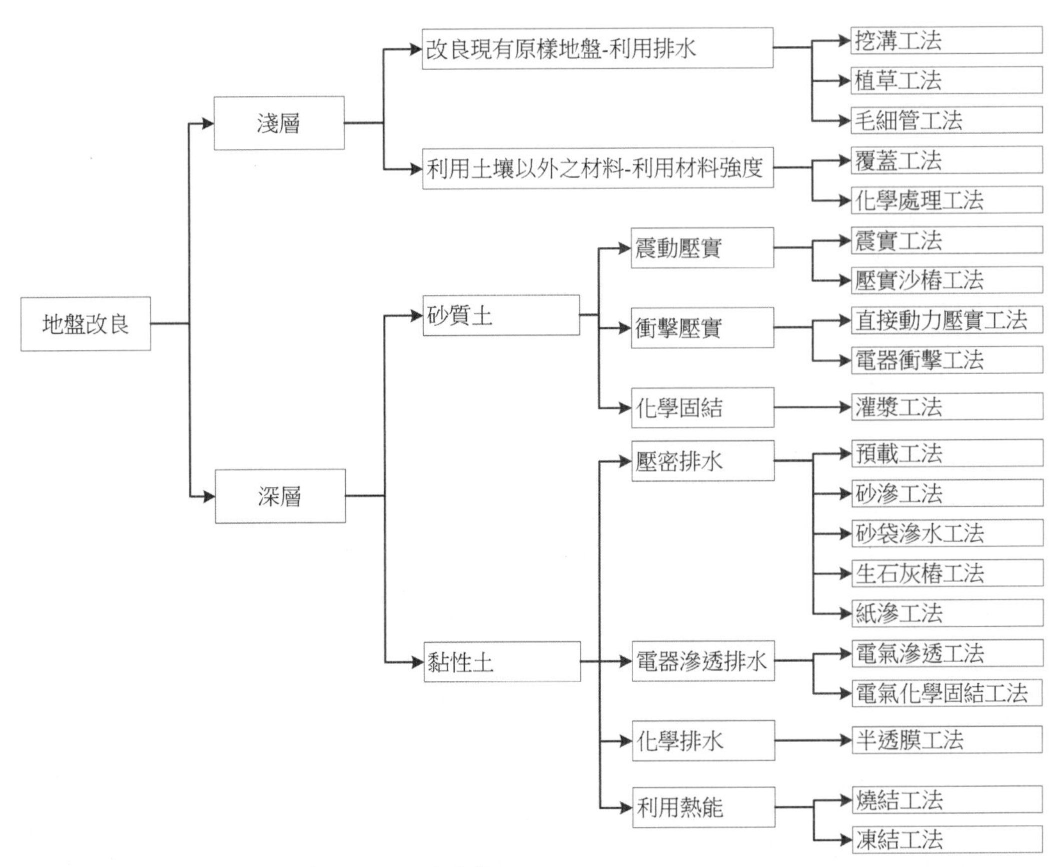

【上表摘自中央大學張惠文教授講義】

二、試樁

相同配比之硬化劑灌注於不同地質，鑽芯取樣進行無圍壓縮試驗所得之 qu 必定不同。例如地質灌漿業界對 CCP 高壓灌漿（硬化劑）常用之配比如下（依體積比）：

硬化劑 = 1A 液 + 4B 液

A 液 = 1 單位體積水玻璃 + 4 單位體積水 = 5 單位體積
B 液 = 1 單位體積水泥（拌合於水中，無空氣孔隙狀態）+ 1 單位體積水 = 2 單位體積
硬化劑 =（1 單位體積水玻璃 + 4 單位體積水）+ 4（1 單位體積水泥 + 1 單位體積水）= 5 + 4(2) = 13 單位體積
即每 $1m^3$ 硬化劑包含下列材料
水 = $8/13 \times 1m^3 = 0.615m^3$ = 615 公升
水玻璃 = $1/13 \times 1m^3 = 0.077m^3$ = 77 公升
水泥 = $4/13 \times 1m^3 = 0.308m^3$。水泥無孔隙狀態比重為 3.15 → 0.308×3.15 = 0.97T = 970kg

上述配比，若滿足黏土質地層，於砂質地層必定大幅超標，浪費水泥材料。且於不同地質灌漿，其土體置換率、溢漿率亦有不同，經驗值僅可作為參考，大規模地質灌漿工程仍應先行施作試樁，依鑽芯試體之 qu 值調整為宜。但施作試樁將增加機具進、離場運費、鑽芯試驗費及大約一個月工期。

三、地質改良灌漿工法

灌漿工法是一種將水泥漿加黏土液或各種化學藥液等灌漿材料壓注至地盤內之空隙，俾提高地盤止水性或增加地盤強度之工法。

灌漿工法甚多，工法依使用硬化劑種類、灌漿壓力、施工方式區分為下列幾種：

■依硬化劑種類區分

1. 藥液系：水玻璃系、高分子系等。
2. 非藥液系：水泥漿液。

■依灌漿壓力區分

低壓灌漿，無明確定義，概略認定其灌漿壓力 3～80kgf/cm^2。

高壓灌漿，灌漿壓力 150～200kgf/cm^2。

超高壓灌漿，無明確定義，概略認定其灌漿壓力 200～400kgf/cm^2。

■依施工方式區分

1. 單管灌漿工法（如 CCP、JSP）。
2. 雙重管灌漿工法（如 JSG、SJM）。
3. 三重管灌漿工法（如 CJG、RJG、X-Jet）。
4. 機械式攪拌樁。

註：灌漿工法經各國廠商多年研發，迄今種類繁多且其特性多有重疊，施工廠商亦常配合地質、施工環境、使用目的做適應調整，故公共工程施工綱要規範在各相關章節中大多將灌漿方式及其檢驗賦予工程司依其工程案件特性執行專業審核的權責而不以工法名稱等設限。上述工法及名稱（如 CCP、JSP）係列舉業界較具代表性之工法，但其灌漿壓力等數據仍應視現場條件調整，不宜視爲規範。

四、灌漿管

單管灌漿工法使用水泥漿切削土體。二重管灌漿工法使用水泥漿 + 高壓空氣切削土體。三重管灌漿工法使用水 + 高壓空氣切削土體。

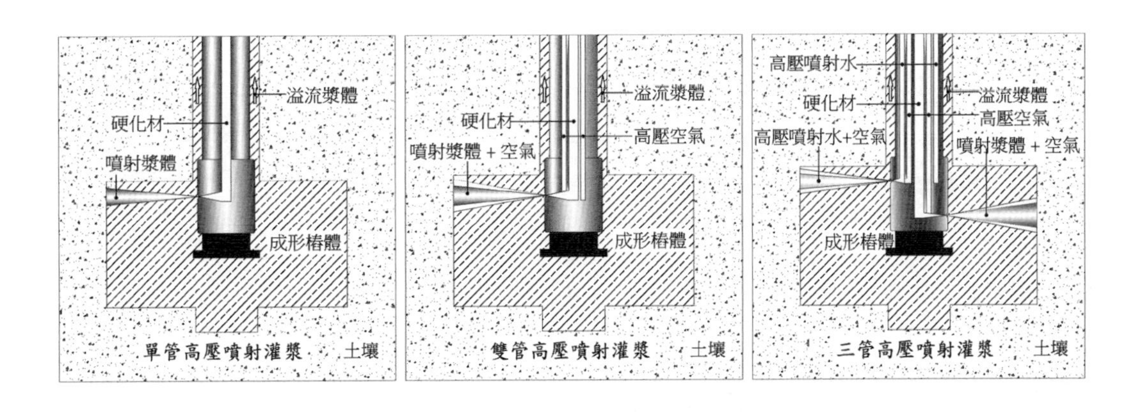

五、CCP 工法

CCP（Chemical Churning Pile，化學攪拌樁）屬單管高壓噴射灌漿。施工方法是以鑽孔機將鑽桿（灌漿管）鑽掘至地改設計深度，然後以高壓泵浦將硬化材（水泥漿 + 水玻璃）自鑽桿頂端注入，硬化材由鑽桿底部噴嘴以高壓注入土壤，鑽桿依設計速率旋轉、提升，以硬化材漿液切割、攪拌土壤，由硬化材及土壤混合形成圓柱形改良樁體。

CCP 製造樁徑 30cm～50cm，噴射壓力 180～200kgf/cm^2。

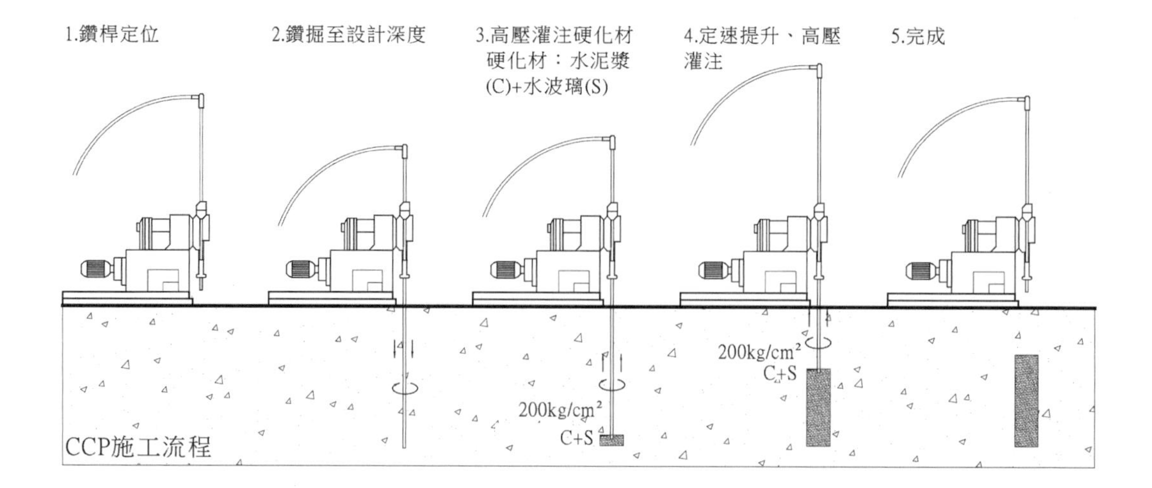

應用範圍：連續壁接頭止水、鋼軌樁及預壘樁樁縫止水、地下擋土壁漏水搶修。CCP止水樁因加入水玻璃作爲水泥急結劑，約於半年後水泥樁體逐漸水解失去作用。CCP雖名爲「化學攪拌樁」，但依日本CCP協會技術文件顯示，CCP工法應用於永久性地質改良、承載樁、摩擦樁時不應添加水玻璃；但未添加水玻璃系化學劑是否仍可視爲CCP則未作說明（與JSP工法無異）。

五-1、CCP硬化劑量計算

$$Q=\pi/4\times D^2\times h\times \alpha\times(1+\beta)$$ ——【未考慮置換率，建議再乘上置換率，如60%】

Q：硬化材劑量（m^3），D：有效徑（m），α：變動係數（無單位）

β：損失係數（無單位），h：樁體總長（m）

CCP有效徑（D）受土壤N值所左右，由施工案例統計作趨勢分析，得下列公式。

黏性土有效徑（m）：$D=1/2-1/200\times N^2$ ——【$0<N\leqq 5$】

砂質土之有效徑（m）：$D=1/1000\times(350+10N-N^2)$ ——【$5\leqq N<15$】

變動係數（α）：當上式所計算有效徑小於設計徑，需增量灌注硬化材時應用，如1.1或1.2等係數，一般採$\alpha=1$。

損失係數（β）：漏出施工範圍之硬化劑、鑽桿拆接所發生之流失即爲損失，依實際案例統計所得，$\beta=0.05\sim0.15$。

設計參數：

硬化材吐出量：30～50L/min，硬化材噴射壓力：$200\pm20kgf/cm^2$

NCV 噴嘴口徑：1.8～2.5mm，灌漿管提升速度：2～5min/m

等速自動提升幅度：2.5～5cm／次，灌漿鑽桿迴轉數：15～20r.p.m

灌漿鑽桿外徑：Ø40.5～Ø 50mm

【例】有效徑 Ø 0.3mCCP 樁，預估每 m 長度樁體之硬化材使用量 = 0.3×0.3×3.14/4 = $0.0707m^3$ = 70.7L，硬化材吐出量 30L/min，則提升速度 = 70.7/30 = 2.4min/m。若灌漿管每次提升 5cm，即每 m 需提升 20 次，則提升速度 = 2.4×60/20 = 7.2sec／次。為期望每段提升均可滿足該提升段注入硬化材噴流三轉，故建議調整迴轉速度 = 7.2/3 = 2.4sec／轉 = 60/2.4 = 25 r.p.m

六、JSP 工法

JSP（Jumbo Special Pile）屬單管高壓噴射灌漿，先以乾鑽或以 $30kgf/cm^2$ 壓力垂直向下噴射清水，隨鑽桿鑽掘至設計改良深度，再以高壓泵浦採 $180kgf/cm^2$～$200kgf/cm^2$ 壓力將硬化材（水泥漿），經由鑽桿（灌漿管）、噴嘴依水平方向以高速噴射削掘土壤，強制切削攪拌土壤顆粒，使土壤與硬化劑充分拌合，依定速旋轉提升鑽桿，使硬化材及土壤混合形成圓柱形固結樁體，藉以硬化固結土壤，增強土壤凝聚力。

JSP 工法，施工機具、程序均與 CCP 工法相同，差異僅 JSP 使用純水泥漿作為硬化劑，不添加水玻璃。

JSP 製造樁徑 50～60cm，噴射壓力 180～$200kgf/cm^2$，硬化材通常採 W/C = 1/1 之水泥漿（不添加水玻璃），屬永久性地工構造。其設計參數與 CCP 相同。

應用範圍：連續壁防坍孔保護、基地開挖鄰房保護、潛盾工作井之大底及鏡面的地盤改良等。

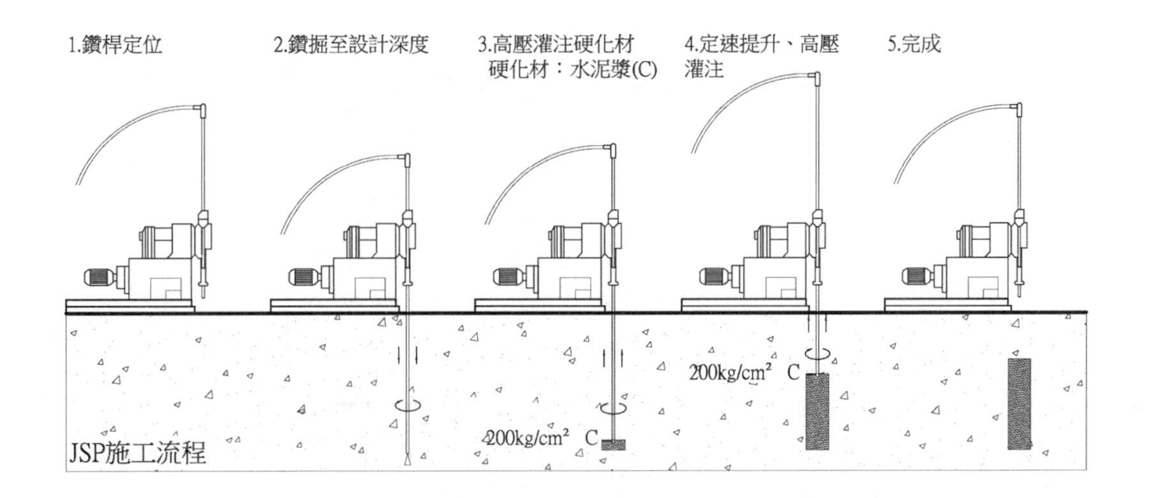

七、JSG 工法

JSG（Jumbo-jet Special Grout）屬雙重管灌漿工法。利用雙重鑽桿迴轉噴射方式以 180～200kgf/cm^2 高壓灌注硬化材，以 7kgf/cm^2 壓力灌注空氣，於噴嘴併流，噴射流將土壤與硬化劑混合攪拌，使其固結為圓柱型樁體，以改良土壤之壓縮性及降低透水性。

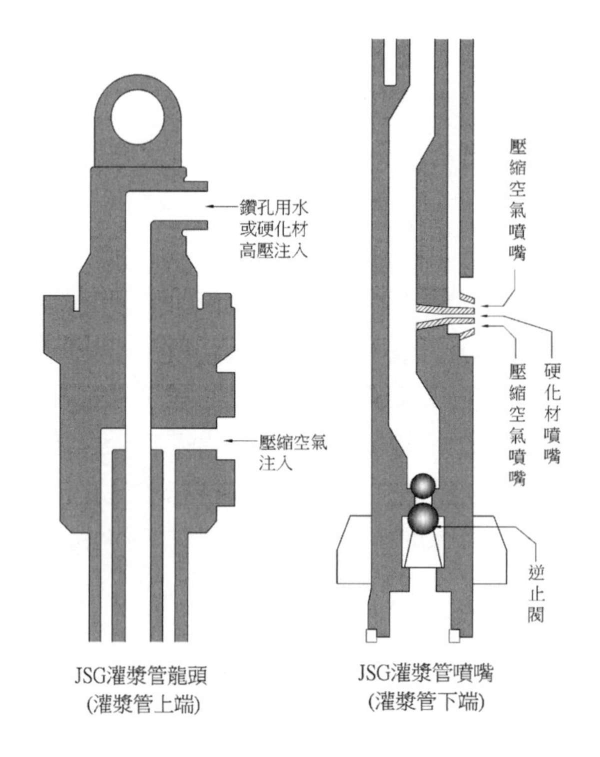

由於噴射流之動能在水中衰減較空氣中衰減明顯，故 JSG 工法改變以往單純噴射硬化材之削掘攪拌方式，另加入壓縮空氣輔助噴射流加大削掘攪拌距離。

土質	土質條件	標準有效徑（mm）
砂礫		1000±200
砂質土	N < 15	2000±200
	15 ≦ N < 30	1600±200
	30 ≦ N < 40	1200±200
	40 ≦ N < 50	1000±200
黏性土	N < 1	2000±200
	1 ≦ N < 3	1600±200
	3 ≦ N < 5	1200±200

注漿管提升速度與樁徑估計：

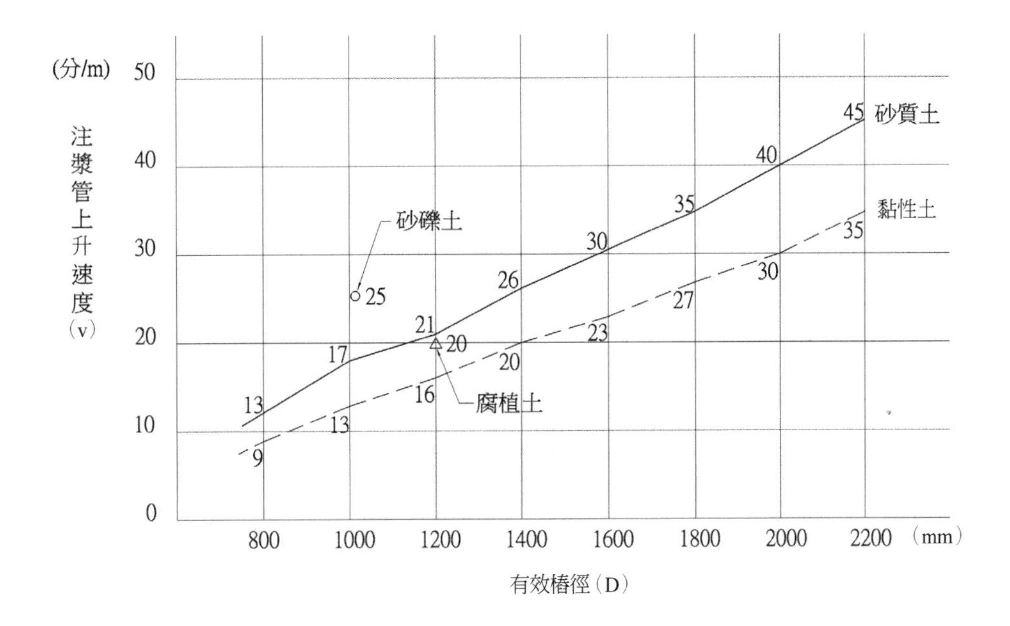

加入壓縮空氣可得以下效果：1. 形成氣幕（Air Curtain），降低噴射流動能衰減，增加削掘攪拌距離。2. 空氣上升排出地表，同時藉氣升（Air Lift）運送土屑泥漿排至地表，減少殘留地盤內之泥漿，更助長噴射流削掘攪拌距離。3. 壓縮空氣於地盤內發揮壓氣（Pressurized Air）作用，可減少土壤受噴射流擾動產生之坍落現象。本工法有效樁徑 1～1.8m，常用於構築物基礎版下及潛盾豎井之大底及境面之地盤改良。

施工流程；1. 以雙重灌漿管旋轉鑽掘，並於雙重管末端以 30kgf/cm^2 壓力向下噴射水流，採洗鑽方式鑽孔至設計深度，關閉末端閥門。2. 以硬化材取代鑽掘用水，配合壓縮空氣自噴嘴以水平方向旋轉噴流硬化材及空氣，以硬化材削掘地盤並攪拌混合地盤土壤，隨雙重灌漿管提升形成樁體。

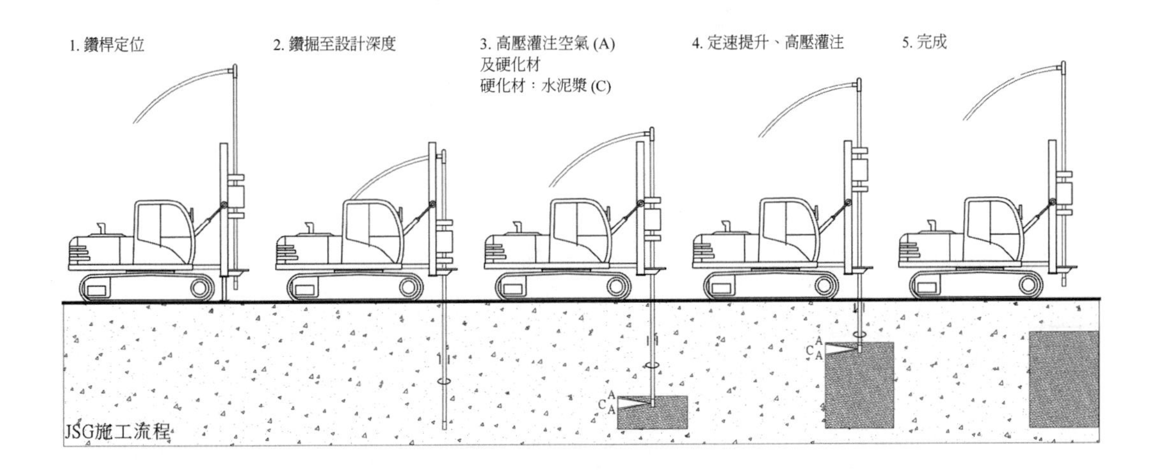

原廠技術資料僅述及硬化材分為 JSG-1 號～JSG-4 號，適用於不同地質，產生不同之改良強度，其場地配置二台攪拌機，但未說明硬化材之材質、單劑或雙劑。目前台灣通常使用 W/C = 1/1 之水泥漿為硬化材。

八、SJM 工法

SJM（Super Jet Midi）屬雙重管灌漿工法。其施工順序：先引孔，以水洗方式將 Ø18cm 外套管鑽至設計深度，再插入 Ø9cm 雙重灌漿管至設計深度，以吊車拔除引孔外套管，以 300～350kgf/cm^2 壓力注入硬化材，硬化材經由二個 Ø5mm 水平方向噴流之大型噴嘴噴出，流量為 200L/min×2 = 400 L/min。灌漿管以定速旋轉、提升，同時噴射空氣及硬化材，以硬化材噴流削掘地盤，以 7～10kgf/cm^2 壓縮空氣輔助硬化材增加其噴流距離，其有效樁徑視地質及深度而異，通常可達 2～3.5m。

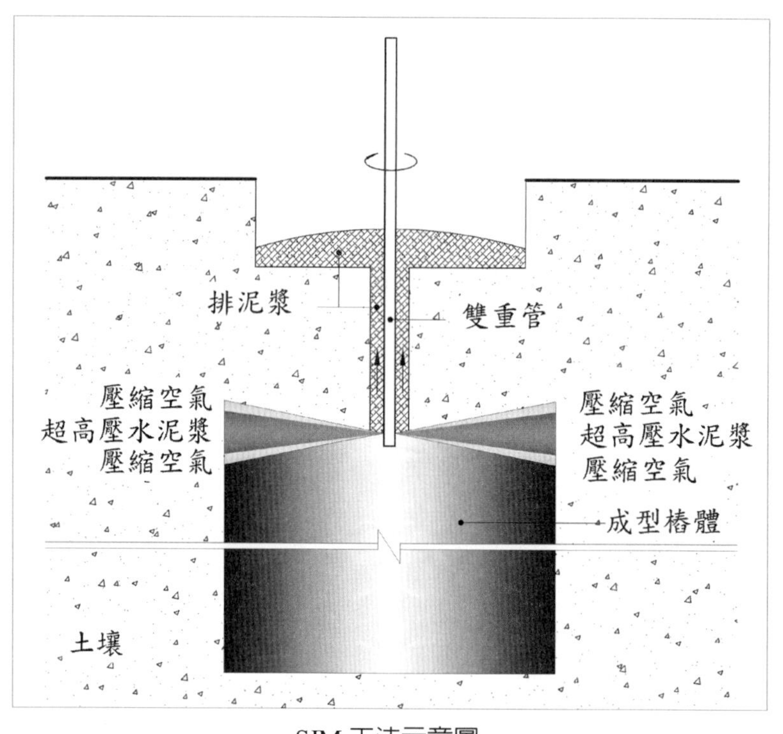

SJM 工法示意圖

SJM 使用之硬化材被原廠視為機密，僅知其屬水泥系材質。

SJM 工法採置換法排除地下土壤，且其置換速度快、置換量大，於硬化材凝固前可能造成地表沉陷，為該工法最大隱憂。

該工法優點爲有效樁徑大，於相同改良率之前提下，可減少鑽孔數量，可加快工程進度。又因引孔直徑 Ø18cm，大於 Ø9cm 灌漿二重管，故排泥、排壓順暢，可降低硬化材擠壓地盤造成隆起之風險。

九、CJG 工法

CJG（Column Jet Grout）屬三重管灌漿工法，爲鹿島建設及其關係企業 CHMICAL-GROUT 公司共同研發。其基本概念如下（類似 JSG 及 SJM）：

1. 施予水液高量動能，將水液以超高壓自噴嘴噴流，作水平方向迴旋掃射，對地盤造成沖擊、切削，破壞土層結構。
2. 以壓縮空氣輔助噴射水流，增加噴射水流掃射、沖擊、切削距離。
3. 被切削土壤形成流動泥漿，隨空氣上升溢流至地表，於地盤形成大量孔隙。
4. 以硬化材塡塞地下空間，俟其凝固，成爲地質改良樁體。其有效樁徑視地質及深度而異，通常可達 1～2m。

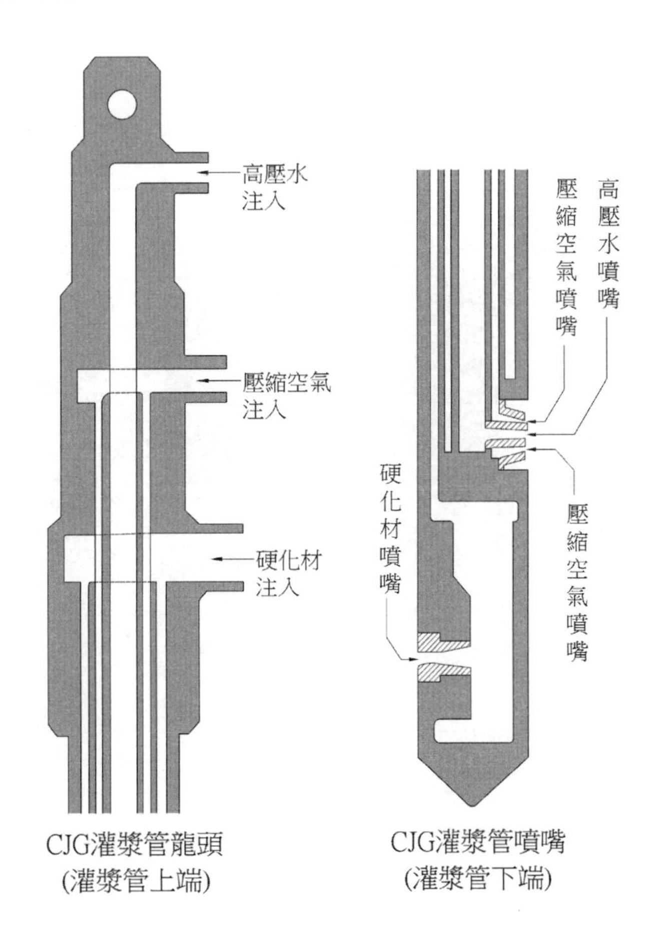

CJG灌漿管龍頭
(灌漿管上端)

CJG灌漿管噴嘴
(灌漿管下端)

其特徵為灌漿管末端具雙向噴嘴，且噴嘴高度稍有差異。上噴嘴以 400kgf/cm^2 壓力、70L/min 流量噴射清水，輔以 7kgf/cm^2 壓力、1.5～3m^3/min 流量壓送空氣，對地盤進行切削。下噴嘴以 20～50kgf/cm^2 壓力、180L/min 流量灌注硬化材，填充噴射流所生成孔隙。

施工順序：1. 以 Ø142mm 套管引孔至設計深度。2. 置入 Ø90mm 三重灌漿管至設計深度。3. 拔除引孔套管。4. 依定速迴旋、提升三重灌漿管，以超高壓水流及壓縮空氣自上噴嘴噴流，沖擊、切削，破壞土層結構，並循導孔與三重管間隙向地表排流泥漿。5. 灌漿完成、回收、清洗灌漿管，封填導孔。

CJG 工法先引之導孔為 Ø142mm，灌漿管為 Ø90mm，泥漿循隙排流、洩壓路徑寬裕，其造成大量孔隙以 20～50kgf/cm^2 壓力灌注硬化材對地盤不造成隆起壓力。

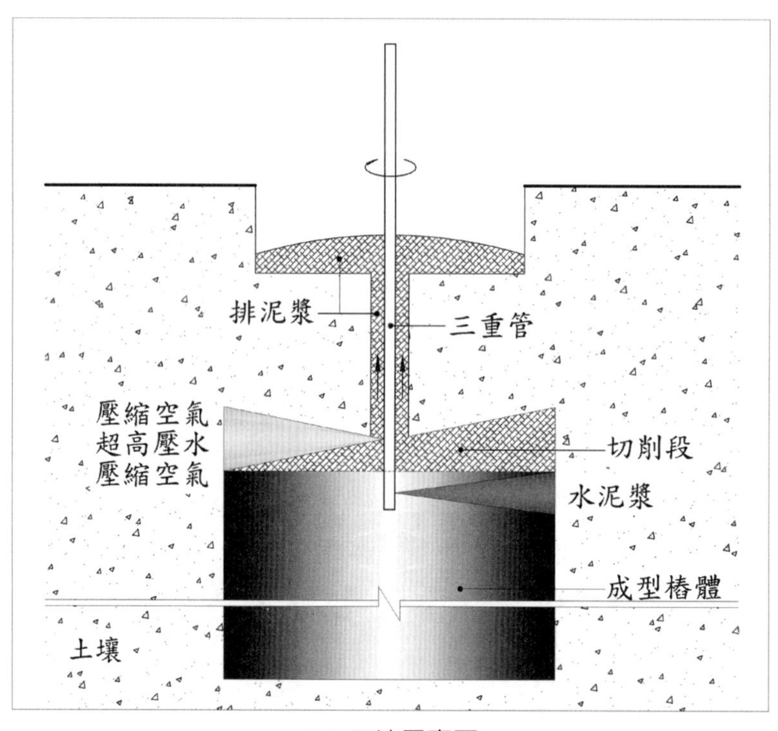

CJG 工法示意圖

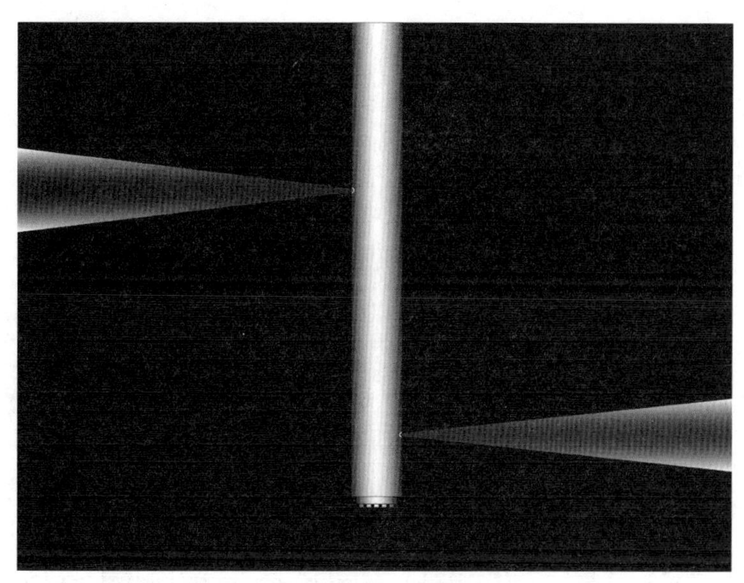

CJG 噴射示意圖

依原廠技術資料顯示，硬化材分 JG-1 號～JG-4 號，適用範圍及配比如下。

【硬化材種類及適用範圍如下表】

名稱	分類	性狀	適用例
JG-1 號	水泥系	高強度類型	地盤改良，缺口部，支撐強化
JG-2 號	水泥系	中強度類型	潛盾進發、到達豎井防護，路線防護
JG-3 號	水泥系	低強度類型	潛盾進發、到達豎井防護，路線防護
JG-4 號	特殊水泥系	腐植土類型	地盤改良，缺口部，管路部

【硬化材配比如下表】

JG-1（$1m^3$）	
水泥	760kg
混合材A	12kg
水	750L

JG-2A（$1m^3$）	
水泥	500kg
混合材A	200kg
混合劑A	7.5kg
水	760L

JG-2B（$1m^3$）	
水泥	500kg
混合材B	25kg
混合劑B	3kg
水	822L

JG-3（$1m^3$）	
水泥	300kg
混合材A	400kg
混合劑A	4.5kg
水	750L

JG-4（$1m^3$）	
特殊水泥材	760kg
混合劑A	12kg
水	730L

註 1：JG-2 號 B 類型適用於現場狀況無法使用 JG-2 號 A 類型時。

註 2：硬化材如下列

水泥：第一型波特蘭水泥

混合材 A：montmorillionitecalcium 等專用混合品（蒙脫石、鈣）

混合材 B：montmorillionite 之無機物與特殊活性劑之混合物

混合劑 A：減水劑（mighty-150 溶液）

混合劑 B：減水劑（陽離子系高分子活性劑與無機鹽）

特殊水泥：水泥系土質改良材

【設計參數如下表】

N 值	砂礫	N < 50：依砂質土有效徑 90%。N > 50：必須詳細檢討。建議於砂礫層施作 CJG 灌漿前施作試樁，以確認其效果及設計參數。					
	砂質土	N ≦ 30	30 < N ≦ 50	50 < N ≦ 100	100 < N ≦ 150	150 < N ≦ 175	175 < N ≦ 200
	黏性土	-	N ≦ 3	3 < N ≦ 5	5 < N ≦ 7	-	7 < N ≦ 9
有效徑 -m，（Z：深度）	Z:0～30m	2.0	2.0	1.8	1.6	1.4	1.2
	Z:30～40m	1.8	1.8	1.6	1.4	1.2	1.0
提升速度（min/m）		16	20	20	25	25	25
硬化材	吐出量（L/min）	180	180	180	140	140	140

註：土壤黏著力大於 5T/m^2 時，上表有效徑無法保證實現。

十、RJP 工法

RJP（Rodin Jet Pile）屬三重管工法，以高壓水噴射流 + 空氣、超高壓硬化材噴射流 + 空氣，通過上、下噴嘴於不同高程同步旋轉及噴射，從而進行削掘、攪拌、灌注、成型硬化之地質改良工法，可形成 Ø200cm 至 Ø320cm 有效樁徑地質改良樁體。

施工順序：

1. 以三重灌漿管鑽掘地層，至設計深度（另加 70cm 鑽頭長）。
2. 以 200kgf/cm^2 壓力、50L/min 流量自上噴嘴噴射清水，並輔助以 7kgf/cm^2 壓力、5m^3/min 流量空氣加強清水削掘距離，以噴射流先行削掘局部改良範圍，隨空氣上升溢流泥漿至地表。
3. 以 400kgf/cm^2 壓力、100L/min 流量自下噴嘴噴射硬化材，並輔助以 7kgf/cm^2 壓力、

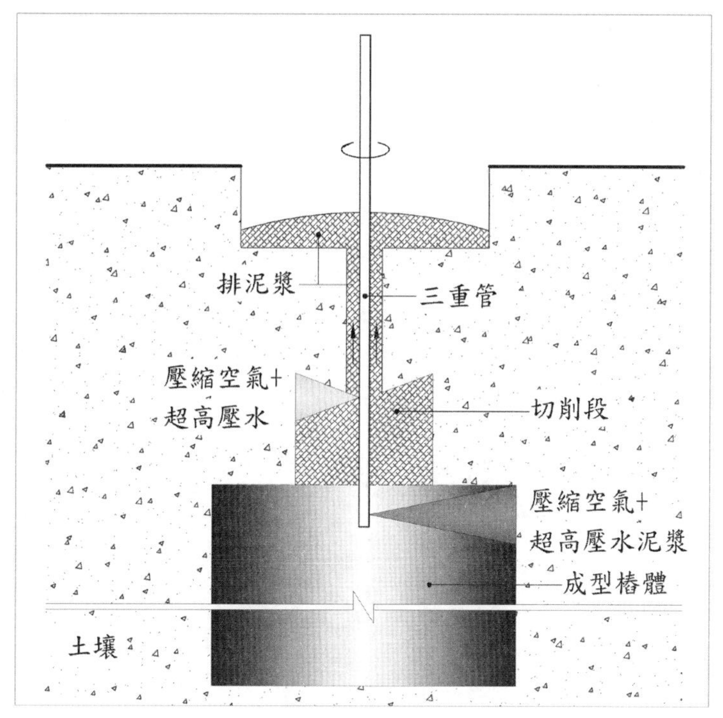

RJP 工法示意圖

7m^3/min 流量空氣加強硬化材削掘攪拌距離。

4. 鑽桿保持 4r.p.m 轉速，視設計樁徑以 30～60min/m 之速率提升鑽桿。5. 完成設計改良範圍樁體灌漿。

本工法優點爲有效樁徑大（Ø200cm 至 Ø320cm），可減少鑽灌孔數，縮短工期、降低成本。缺點爲灌漿壓力大（400kgf/cm^2），溢漿路徑狹窄，易造成地盤隆起之情形。

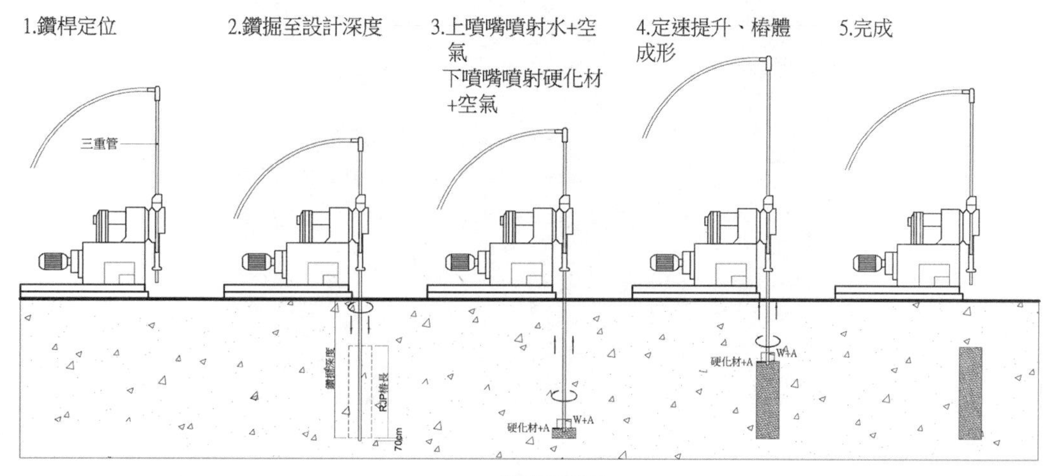

RJP 施工流程

十一、X-JeT 工法

X-JeT（Cross-Jet）屬三重管工法，以 X 代表交叉、交會之意。這是一種使用三種流體噴射（超高壓水、空氣、硬化材）的方法。於多數類型地質，交叉噴射可形成 Ø150cm（X-Jet15）、Ø200cm（X-Jet20）、Ø250cm（X-Jet25）的均勻固結體（依上、中噴嘴傾斜角度決定效樁徑）。交叉噴射使得黏泥易於排出並提高攪拌效率。由於模板效應，可以有效控制硬化材料使用量。

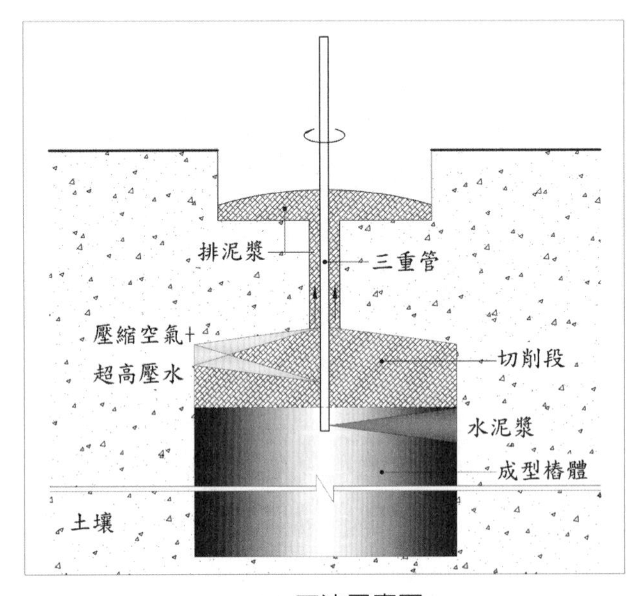

X-JeT 工法示意圖

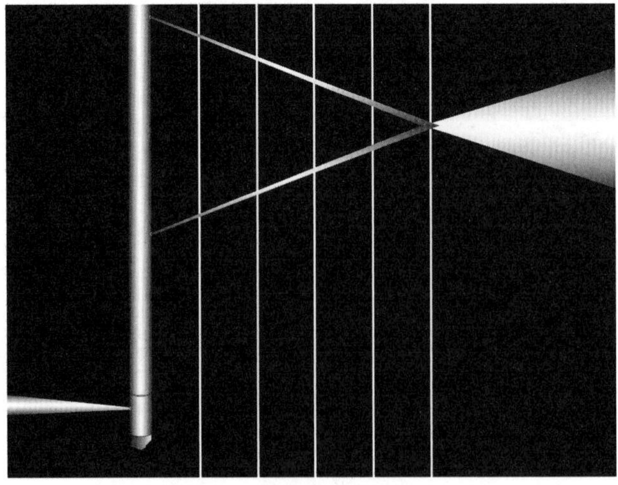

crossjct 噴射示意

X-JeT 特徵爲鑽桿下端設置上、中、下三只噴嘴，上、中噴嘴噴射清水，並輔空氣加強清水削掘距離。上噴嘴以向下傾斜角度噴射水流氣流，中噴嘴以向上傾斜角度噴射水流氣流，並交會於一處，以強化有效樁徑之削掘效果。下噴嘴以低壓噴射硬化材。

施工順序：

1. 以鑽掘方式將 Ø219mm 外套管插入設計改良位置，形成井口護壁套管。
2. 以鑽洗方式插入 Ø152mm 灌漿孔導引套管至設計改良深度。
3. 置入 Ø90mm 三重灌漿管。
4. 抽除灌漿孔導引套管。
5. 自上、中噴嘴以 400kgf/m^2 壓力、140～180L/min 流量噴射清水，並輔助以 6～10kgf/cm^2 壓力、4～8m^3/min 流量空氣。下噴嘴以 30～50kgf/cm^2 壓力、160～250L/min 流量噴射硬化材。灌漿管以 4r.p.m 速率迴旋，以 8～24min/m 速率提升。
6. 完成改良樁體，抽除三重灌漿管及井口護壁套管。

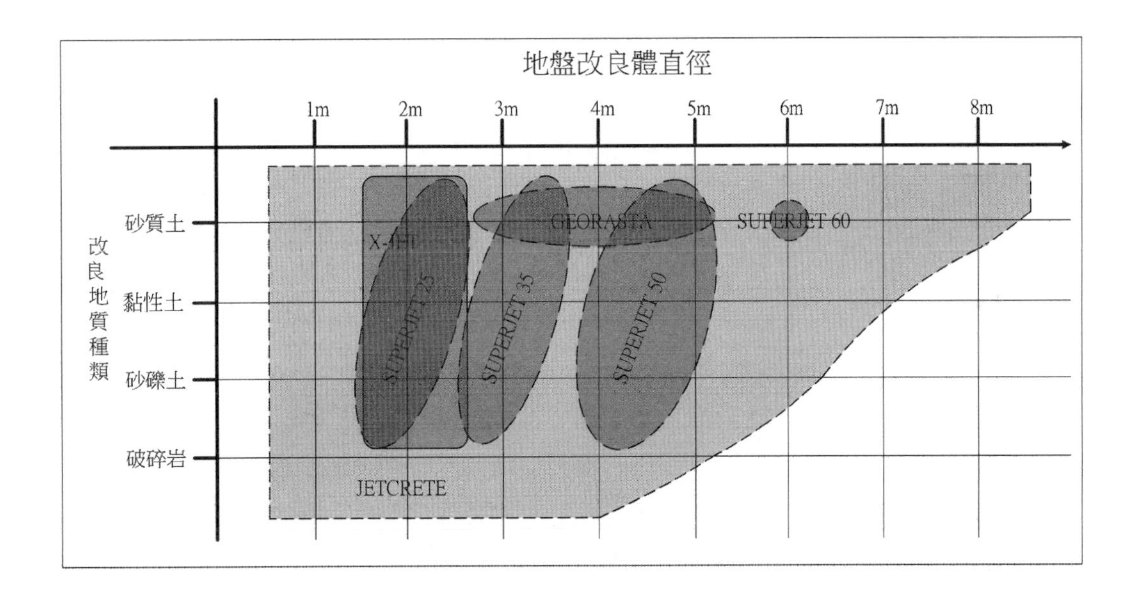

標準施工參數表（X-Jet 15）

地盤種類			砂質土				黏性土		
N 值			N ≦ 20	20 < N ≦ 50	520 < N ≦ 100	100 < N ≦ 150	N ≦ 1	1 < N ≦ 3	3 < N ≦ 5
交叉噴流	壓力	MPa	40				40		
	吐出量	L/min	140				140		
壓縮空氣	壓力	MPa	0.6～1.05				0.6～1.05		
	吐出量	Nm^3/min	6 ± 2				6 ± 2		
固化材	壓力	MPa	4 ± 1				4 ± 1		
	吐出量	L/min	200		160		200		160
鑽桿提升速度	min/m		4	5	8	12	4	5	8

標準施工參數表（X-Jet 20）

<table>
<tr><th colspan="3">地盤種類</th><th colspan="4">砂質土</th><th colspan="3">黏性土</th></tr>
<tr><th colspan="3">N 值</th><td>N ≦ 20</td><td>20 < N ≦ 50</td><td>520 < N ≦ 100</td><td>100 < N ≦ 150</td><td>N ≦ 1</td><td>1 < N ≦ 3</td><td>3 < N ≦ 5</td></tr>
<tr><th rowspan="2">交叉噴流</th><th>壓力</th><td>MPa</td><td colspan="4">40</td><td colspan="3">40</td></tr>
<tr><th>吐出量</th><td>L/min</td><td colspan="4">160</td><td colspan="3">160</td></tr>
<tr><th rowspan="2">壓縮空氣</th><th>壓力</th><td>MPa</td><td colspan="4">0.6～1.05</td><td colspan="3">0.6～1.05</td></tr>
<tr><th>吐出量</th><td>Nm³/min</td><td colspan="4">6 ± 2</td><td colspan="3">6 ± 2</td></tr>
<tr><th rowspan="2">固化材</th><th>壓力</th><td>MPa</td><td colspan="4">4 ± 1</td><td colspan="3">4 ± 1</td></tr>
<tr><th>吐出量</th><td>L/min</td><td colspan="2">230</td><td colspan="2">180</td><td colspan="2">230</td><td>180</td></tr>
<tr><th>鑽桿提升速度</th><td colspan="2">min/m</td><td>4</td><td>6</td><td>12</td><td>16</td><td>4</td><td>6</td><td>12</td></tr>
</table>

標準施工參數表（X-Jet 25）

<table>
<tr><th colspan="3">地盤種類</th><th colspan="4">砂質土</th><th colspan="3">黏性土</th></tr>
<tr><th colspan="3">N 值</th><td>N ≦ 20</td><td>20 < N ≦ 50</td><td>520 < N ≦ 100</td><td>100 < N ≦ 150</td><td>N ≦ 1</td><td>1 < N ≦ 3</td><td>3 < N ≦ 5</td></tr>
<tr><th rowspan="2">交叉噴流</th><th>壓力</th><td>MPa</td><td colspan="4">40</td><td colspan="3">40</td></tr>
<tr><th>吐出量</th><td>L/min</td><td colspan="4">180</td><td colspan="3">180</td></tr>
<tr><th rowspan="2">壓縮空氣</th><th>壓力</th><td>MPa</td><td colspan="4">0.6～1.05</td><td colspan="3">0.6～1.05</td></tr>
<tr><th>吐出量</th><td>Nm³/min</td><td colspan="4">6 ± 2</td><td colspan="3">6 ± 2</td></tr>
<tr><th rowspan="2">固化材</th><th>壓力</th><td>MPa</td><td colspan="4">4 ± 1</td><td colspan="3">4 ± 1</td></tr>
<tr><th>吐出量</th><td>L/min</td><td colspan="2">250</td><td colspan="2">190</td><td colspan="2">250</td><td>190</td></tr>
<tr><th>鑽桿提升速度</th><td colspan="2">min/m</td><td>6</td><td>8</td><td>16</td><td>24</td><td>8</td><td>8</td><td>16</td></tr>
</table>

註：Nm^3/min 是氣體流量單位，N 指標準狀態（溫度 20℃，壓力為 1 個大氣壓），m^3 是表示立方米，min 是分鐘。

十二、雙環塞管工法

「雙環塞工法」又稱「馬歇管工法」，屬低壓滲透灌注工法，係在土層中預埋 PVC 注漿外套管，外套管管壁每 50cm 鑽 4 孔對稱出漿孔，以橡膠封套包覆出漿孔，於外套管內插入雙環塞灌漿管，充氣膨脹迫緊外套管，採階段性注漿，由孔底以每 50cm 分段提升灌注的一種施工方法。因可使用小型鑽機，便於狹窄空間（如筏積水箱內）施工，故經常用於建築物扶正之低壓灌漿。

灌注方式及材料視地質選定，通常分兩梯次注漿，第一次以緩凝型懸濁液（水泥 + 皂土，簡稱 CB 液）注劑灌注填充土層中較大之孔隙，第二次再以無顆粒之溶液型注劑（水玻璃 + 反應劑，簡稱 SL 液）灌注，用以填實土層中微細之孔隙，令該區土層達成飽和狀，成為一緊密固結物體。亦有於第一次注漿前先以清水作劈裂灌注，撐開土層中脆弱縫隙，以利後續灌漿填注縫隙。

施工順序：1. 以Ø118mm套管進行鑽掘，至設計深度。2. 灌注封堵材CB液（水泥＋皂土）於套管與灌漿外管間，並定時補滿，保持封堵材與孔口平齊。3. 插入∮64mm灌漿外管至設計深度。4. 拔除套管。5. 封堵材養生至少二日。6. 視地質狀況，或先以雙環塞灌漿管壓注清水作劈裂灌注（若封堵材養生逾三週，則必須使用清水劈裂封堵材）。7. 以雙環塞灌漿管自下向上做第一次注漿，以5～30kgf/cm^{2}壓力、10～20L/min流量灌注CB液，填充地下較大孔隙。8. 以雙環塞灌漿管自下向上做第二次注漿，以5～40kgf/cm^{2}壓力、10～20L/min流量灌注水玻璃＋反應劑。

CB 配比（m^3）	
水泥	皂土
250kg	50kg
1000L	

註：配比仍應視地質狀況調整

SL 配比（m^3）	
水玻璃	250L
反應劑	50L
水	700L
1000L	

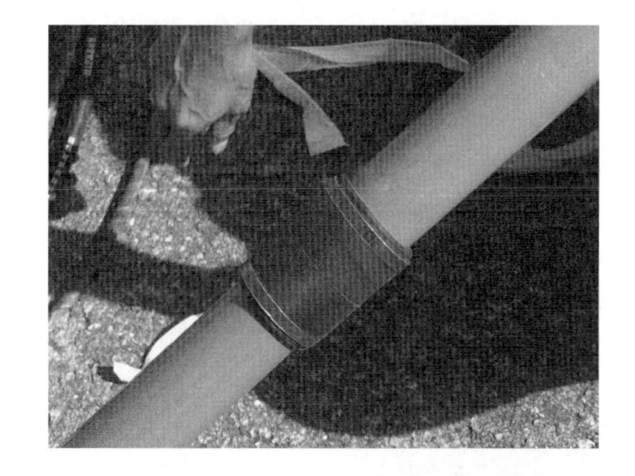

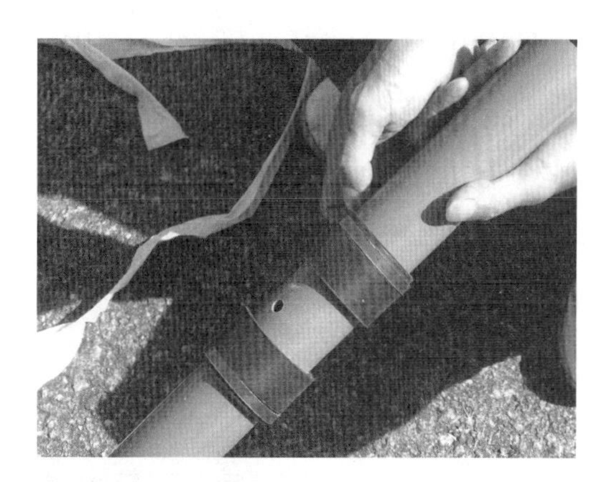

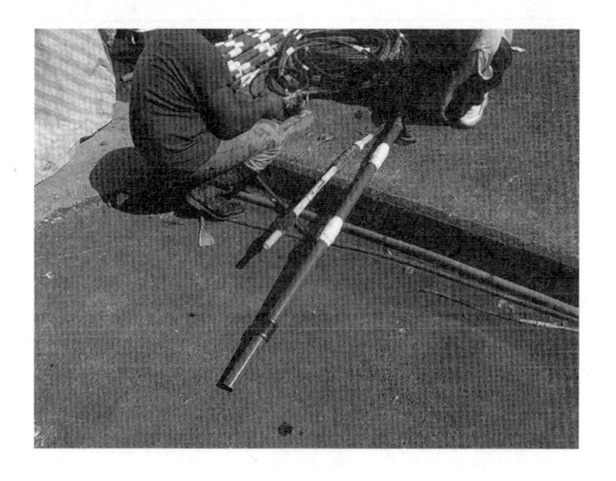

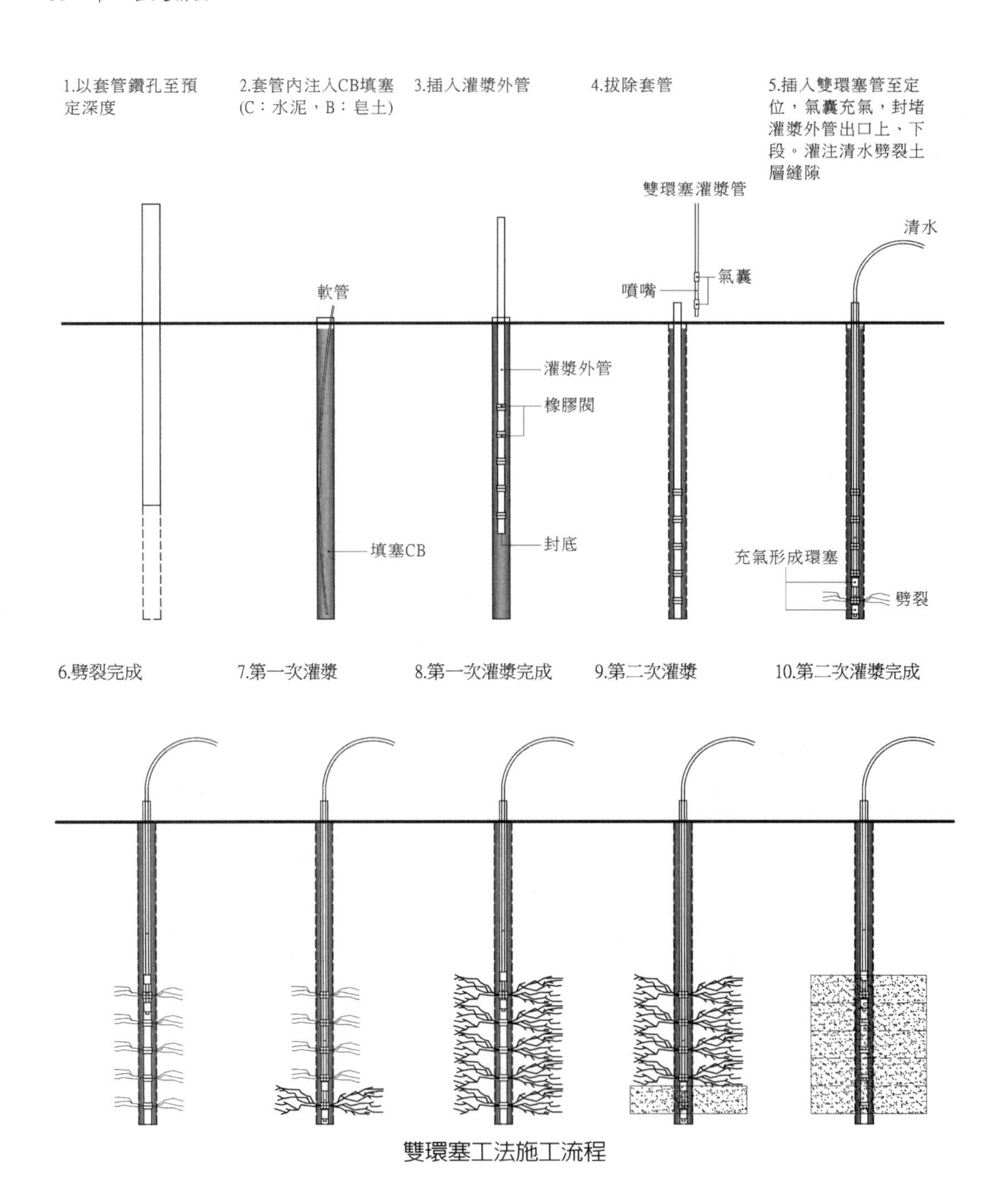

雙環塞工法施工流程

十三、機械式攪拌樁

機械式攪拌樁是利用安裝於履帶車之大扭力鑽機，於鑽桿前端裝設與樁徑相當之攪拌翼，鑽入土層預定深度，將水泥漿液與改良範圍的土壤進行攪拌，使水泥硬化材與土壤混合形成固結樁體，以強化地盤之承載力，防止建築構造物沉陷並抵抗地下室開挖檔土壁側向位移。

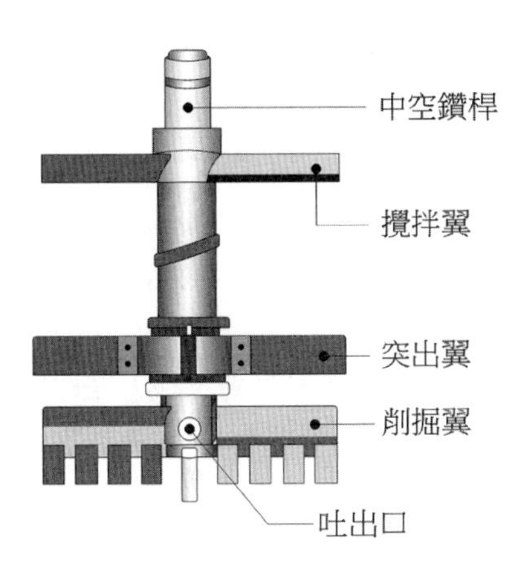

機械式攪拌樁，依地質及構造物設計，樁徑以 60～120cm 最爲常見。承載力視現場狀況調整水泥用量。因採低壓灌注配合攪拌翼混合土體與硬化材，且攪拌翼鑽掘過程造成充分之溢升空隙，不至於地盤內累積過多壓力造成地表隆起風險，亦不對擋土壁產生過大側壓，造成向外推擠變位。以水泥爲硬化材，不添加化學注劑，不致汙染地下水源。

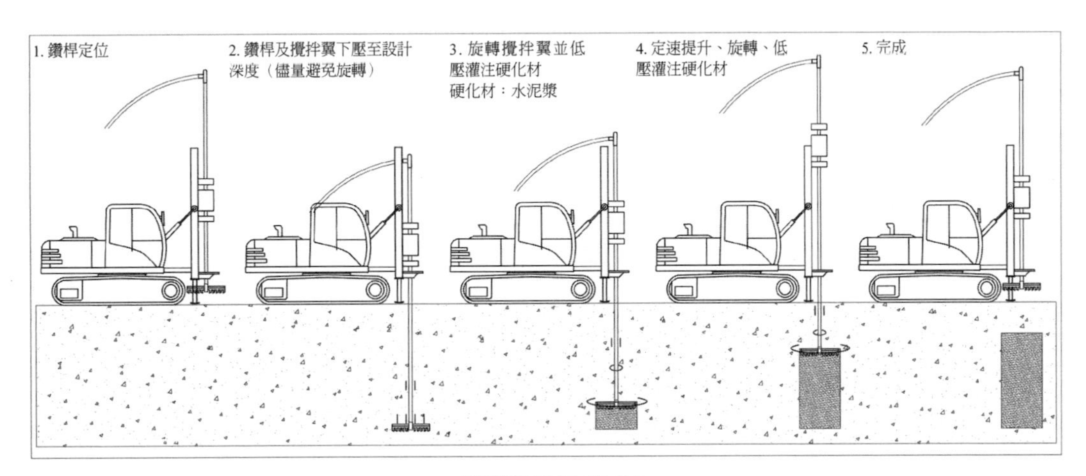

攪拌樁施工流程

十四、劈裂灌注

劈裂灌注是水流及水壓向土體內壓注水或硬化材時，作用在孔壁上的徑向壓力觸發弱點造成應立集中，當這些應力在超過土體的抗拉強度時，就會在土體內產生裂縫，此裂縫的產生，即爲水力劈裂。

劈裂灌注，是在土體內鑽孔，施加液壓於土體，並維持液壓不外溢，當液壓超過劈裂壓力時土體產生劈裂，即土體於瞬間產生小範圍裂縫，（液壓瞬間下降，或流量瞬間加大），劈裂灌注可對土體形成小範圍樹枝狀裂隙，利於後續地質改良灌注硬化材加固土體。

十五、水泥漿配比計算例（依水灰比）

灌漿用水泥漿通常依水灰比（水／水泥之重量比）指定配比。

例：調製水灰比 W/C = 1/2 水泥漿，每 $1m^3$ 應使用水及水泥之數量？

1 單位重$_{【水】}$ + 2 單位重$_{【水泥】}$ = $1m^3$ = 1000L（A 式）

因水之比重 = 1、無孔隙水泥之比重 = 3.15，將單位重量換算爲單位體積

1 單位重$_{【水】}$ /1$_{【水比重】}$ = 1 單位體積$_{【水】}$

2 單位重$_{【水泥】}$ /3.15$_{【無孔隙水泥比重】}$ = 0.63492 單位體積$_{【水泥】}$

改寫（A 式）→ 1 單位體積$_{【水】}$ + 0.63492 單位體積$_{【水泥】}$ = 1000L

→ 1 單位體積 + 0.63492 單位體積 = 1.63492 單位體積 = 1000L

→ 1 單位體積 = 1000L/1.63492 = 612L

→水 = 612L、水泥 = 612×0.63492 = 388L = 388×3.15 = 1222kg

十六、液化

飽和含水之疏鬆砂質土壤，因地質結構孔隙多，地震時受到反覆震動使土壤顆粒重新排列，孔隙減小，地下水受擠壓向地表排擠，又因地震的搖晃，更促使地下水排擠，使得土壤孔隙水壓上升。當孔隙水壓等於土壤顆粒之垂直壓，即造成土壤顆粒懸浮於地下水中，致無法承載垂直壓力，稱爲「液化」。若液化深度較淺，即可能發生地表龜裂、噴砂、噴水、沉陷等現象。

潛在液化可能之地質，藉由地質改良、樁基礎等方式克服。經由地質改良可提升地盤承載力、減少土壤孔隙、減少孔隙水含量、縮短孔隙水壓消散的距離，以減少液化發生條件。

十七、水玻璃

添加適量水玻璃於水泥漿中形成之懸浮液（LW），具有急結效果，提高水泥用量可縮短凝結時間，也可提升抗壓強度，而增加水玻璃用量雖然也可縮短凝結時間，但對於抗壓強度的提升卻無幫助。

水泥漿 + 水玻璃懸浮液之固結體被公認爲不具恆久性，因水泥中提供水化反應之鈣已消耗於水玻璃中，以促進二氧化矽之膠化反應，致水泥之水硬性不足，又因水泥的強鹼性會切斷已膠化之二氧化矽，而無法獲得長期之耐久性。

爲克服不具恆久性之缺陷，已開發出新型添加劑，膠化後呈現高強度及耐久性，膠凝時間可控制於 5～60min。

水玻璃不添加水泥，只加水並不會凝固變硬，但調整 pH 值至偏酸性，才會產生 SiO_2 固體，亦可於土體交互灌注反應劑，如碳酸鈣，亦會形成果凍狀凝固膠體。

參考資料

台灣地區地盤改良技術之應用現況 - 張吉佐、洪明瑞、張崇義、張惠文
高壓噴射灌漿工法本土適用性研究計畫簡報 - 鍾毓東
地盤改良設計師工及案例 - 廖洪鈞、陳福勝
地盤灌漿工程實務 - 倪志寬
大地工程技術論壇三 - 台灣地工灌漿應用案例經驗談 - 胡邵敏
深層大口徑超高壓地盤改良 - 劉家信
CCP 工法介紹 - 榮工處員工訓練講義
CJG 工法介紹 - 中鹿營造說明會簡要
日本小野株式會社 http://www.chemico.co.jp/
日本 Crossjet 協會 http://crossjet.jp/linup.html#xjet15
日本ライト工業株式會社 https://www.raito.co.jp/project/doboku/jiban/kouatsu/rjp.html

地質改良灌漿工程邀商報價說明書案例

項次	項目	數量	單位	單價	複價	備註
1	150cmϕ 攪拌改良樁空打 ±0～–19.2m	1,728	m			90 支
2	150cmϕ 攪拌改良樁實樁 –19.2m～–34m	1,332	m			90 支
3	鑽芯取樣–19.2m～–34m	3	支			90 支 *3% ≒ 3 支
4	散裝水泥槽（含集塵器）	1	式			含租金、安裝、拆除、運費
5	流量計	1	式			含租金、安裝、拆除、運費
	小計					
	稅金					
	合計					

【報價說明】

一、施工地點：　　市　　區　　路　　號。

二、下表請報價廠商填列

工法名稱				
灌漿管構造		□單管	□二重管	□三重管
C（水泥漿）	壓力（kgf/cm^2）			
	流量（L/min）			
W（水）(註1)	壓力（kgf/cm^2）			
	流量（L/min）			
A（壓縮空氣）(註1)	壓力（kgf/cm^2）			
	流量（Nm^3/min）(註2)			
灌漿階段鑽桿迴轉數（rpm）				
灌漿階段鑽桿提升速度（min/m）				

每 m^3 水泥漿配比	水（L）	
	水泥（kg）	
	水玻璃（L）	
	其他（）	
土體置換率（水泥漿／單位樁體積 *100）%		
溢漿率（溢出泥漿／灌注水泥漿 *100）%		

註 1：二重管或三重管適用。
註 2：Nm^3/min 是指氣體在標準狀態下的流量立方米每分鐘。
N 指標準狀態：溫度 20 攝氏度，壓力 1 個大氣壓。

三、隨本報價說明檢附圖檔光碟一片，內含地質改良設計圖 dwg 檔、地質鑽探報告書 pdf 檔。

四、散裝水泥由甲方供應。

五、承攬廠商應於 SILO（散裝水泥槽）安裝前十日提報施工計畫書由甲方審核並據以監督工程進行。施工計畫雖經甲方審核，但不代表可解除乙方應負之責任。

六、樁體完成後 28 天，由甲方任選三支攪拌樁，於距樁心 70cm 圓周線上進行鑽芯取樣，每支樁體自 GL-19.2m～GL-34m 連續鑽取 75mm 試體。鑽芯試體取出後應立即以適當方式保濕並依序置入岩芯箱中，運送至甲方指定之試驗室。每樁鑽芯試體應由甲方於試驗室指定截取五段施作無圍壓縮試驗。

七、鑽芯後之芯孔應以水泥漿（W/C < 0.6）灌注填滿；補孔水泥由甲方供應。

八、每樁鑽芯取樣率（結石率）不得低於 85%。每段無圍壓縮試體強度不得低於 20kgf/cm^2（合格率不得低於 80%，且平均值不得低於 20kgf/cm^2）。若試驗結果未達標準，應由本案結構設計技師指定位置及規格數量補樁。補樁費用由乙方負擔（補樁水泥由甲方供應）。

九、付款辦法：

1. 每月一日爲計價日，每月十五日爲放款日。
2. 計價時乙方應附足額當月發票，否則不予計價。
3. 依實際完成數量計價 100%，實付 50%（保留 50%），以 1/2 現金、1/2 六十天期票支付。
4. 保留款於鑽芯取樣率及無圍壓縮試驗合格後支付 80%，3 樓底版結構體完成後支付 20%。概以三十天期票支付。

第6章 安全觀測

於地下室施工過程中，爲確實掌握擋土設施應力、應變、位移狀況，以研判擋土支撐系統安全性，並即時了解周邊地層沉陷對鄰近建物、設施、道路之影響，於周邊地層、路面及擋土設施安裝監測儀器，取得應力、應變、位移、地下水位等數據，以預判、防範工程事故發生。

一、假設工程責任歸屬

地下室開挖安全觀測系統屬假設工程，施作項目及位置雖由結構技師規劃，但就往例檢討，其規劃無論項目或數量均屬偏多。依營造業法第三條第九款：專任工程人員：係指受聘於營造業之技師或建築師，擔任其所承攬工程之施工技術指導及施工安全之人員。其爲技師者，應稱主任技師；其爲建築師者，應稱主任建築師。故結構技師對假設工程之規劃僅屬建議，發生事故時，仍由承造人（營造廠）負擔責任。因此就節省成本或工程責任，承造人及其主任技師均應檢討原規劃之適用性與必要性。

許多工程案例未安裝隆起桿，並非該項觀測方法無效果，而是重型機具進行土方開挖時對埋於土中之隆起桿無從保護，尙未觀測即已不堪使用。若對中間柱頂緣高程作經常性之測量，或於壁體安裝固定桿件（如 #6 鋼筋），於階段完成之開挖面放置玻璃板，桿件底部緊貼玻璃板（隆起時玻璃會破裂），雖屬偏方但均可對隆起發生警示之效果。

委請數家報價之安全觀測廠商代爲評估、規劃施作項目、數量、位置，再比對檢討應屬較可靠之方式（多數專家相同之意見應不至離譜）。茲就常見之觀測項目列表如下。

二、安全觀測項目、目的

類別	名稱	目的	埋（裝）設儀器
土壤穩定性	擋土壁外側土壤位移觀測	地下室開挖時測定擋土結構外側土層側向移動量。多安裝於鋼版樁、鋼軌樁等擋土壁外側地盤	傾斜管
	隆起觀測	測定擋土壁外側土方是否自擋土壁底部擠壓至內側。	隆起桿

類別	名稱	目的	埋（裝）設儀器
擋土壁變形及應力觀測	壁體傾斜觀測	量測擋土壁體傾斜、撓曲變形。	傾斜管
	壁體鋼筋應力觀測	測定擋土壁鋼筋受力產生應變，換算應力是否爲容許範圍。	鋼筋計
	支撐荷重觀測	測定支撐鋼材應變量以分悉其穩定及安全程度。	應變計
		測定支撐鋼材軸壓力	荷重計
擋土壁體側壓觀測	擋土壁土水壓觀測	量測擋土壁所承受之總土壓、水壓力及計算有效土壓。	土壓／水壓計
地下水觀測	地下水位觀測	觀測地下水位之變化。	觀測井（PVC透水管）
	地下水壓觀測	測定不同深度、土層之孔隙水壓。	水壓計
沉陷觀測	鄰地沉陷觀測	量測基地周邊土地是否因開挖或抽水造成沉陷。	沉陷釘
	鄰房沉陷觀測	量測基地周邊鄰房是否因開挖或抽水造成沉陷。	連續沉陷計、固定座
傾斜觀測	鄰房傾斜觀測	量測鄰房是否因地盤不均勻沉陷或位移造成建物傾斜。	傾度盤

三、觀測頻率建議

項目	開挖階段	地下室結構施工階段
土壤位移觀測	每週二次	大底完成後每週一次
隆起觀測	每週二次、每階段土方開挖前、後各一次	每週一次
壁體傾斜觀測	每層支撐施加預壓力前、後及每階段土方開挖前、後各一次	每週一次，但拆除支撐後亦須再測一次
壁體鋼筋應力觀測	每層支撐施加預壓力前、後及每階段土方開挖前、後各一次	每週一次，但拆除支撐後亦須再測一次
支撐荷重觀測	每層支撐施加預壓力前、後及每階段土方開挖前、後各一次	每週一次，但拆除支撐後亦須再測一次
擋土壁土水壓觀測	每層支撐施加預壓力前、後及每階段土方開挖前、後各一次	每週一次，但拆除支撐後亦須再測一次

項目	開挖階段	地下室結構施工階段
地下水位觀測	每層支撐施加預壓力前、後及每階段土方開挖前、後各一次	每週一次，雨季每二天一次
地下水壓觀測	每層支撐施加預壓力前、後及每階段土方開挖前、後各一次	每週一次，雨季每二天一次
鄰地沉陷觀測	每週二次	每週一次，但拆除支撐後亦須再測一次
鄰房沉陷觀測	每週二次	每週一次，但拆除支撐後亦須再測一次
鄰房傾斜觀測	每層支撐施加預壓力前、後及每階段土方開挖前、後各一次	每週一次，但拆除支撐後亦須再測一次

四、觀測安全值、警戒值參考表

項目	安全值	第一警戒值	第二警戒值	危險值
隆起觀測	理論值	理論值 1.2 倍	理論值 1.5 倍	理論值 1.8 倍
壁體傾斜觀測	設計預估值	預估值 1.2 倍	預估值 1.5 倍	預估值 1.8 倍
壁體鋼筋應力觀測	1700kg/cm^2	2000kg/cm^2	2500kg/cm^2	3000kg/cm^2
支撐荷重觀測 H 300 H 350 H 400	 100 T 150 T 200 T	 120 T 180 T 240 T	 150 T 225 T 300 T	 170 T 255 T 340 T
鄰地沉陷觀測	3cm	5cm	10cm	15cm
鄰房沉陷觀測	3cm	5cm	10cm	15cm
鄰房傾斜觀測 傾斜量 傾斜角	 1/750 0.076° = 0°4'35"	 1/500 0.11° = 0°6'53"	 1/250 0.23° = 0°13'45"	 1/150 0.38° = 0°22'55"

以上所列觀測頻率及觀測數據均為一般狀況之建議值，各工地均應依照其地質、開挖深度、開挖面基、擋土支撐工法、鄰房狀況等因素規劃觀測系統。若由數家專業廠商規劃，再比較其異同處應可掌握工地特性與施作重點。

五、傾斜管

傾斜管有鋁質與 PVC 質，鋁質傾斜管強度不及 PVC 質，變形後影響觀測，近年均使用 PVC 質傾斜管。

傾斜管可安裝於連續壁、預壘樁鋼筋籠內，觀側壁體位移及變形。亦可鑽孔埋設於擋土壁外側土層，觀測地層側向變位，藉以判段擋土壁之位移及變形。

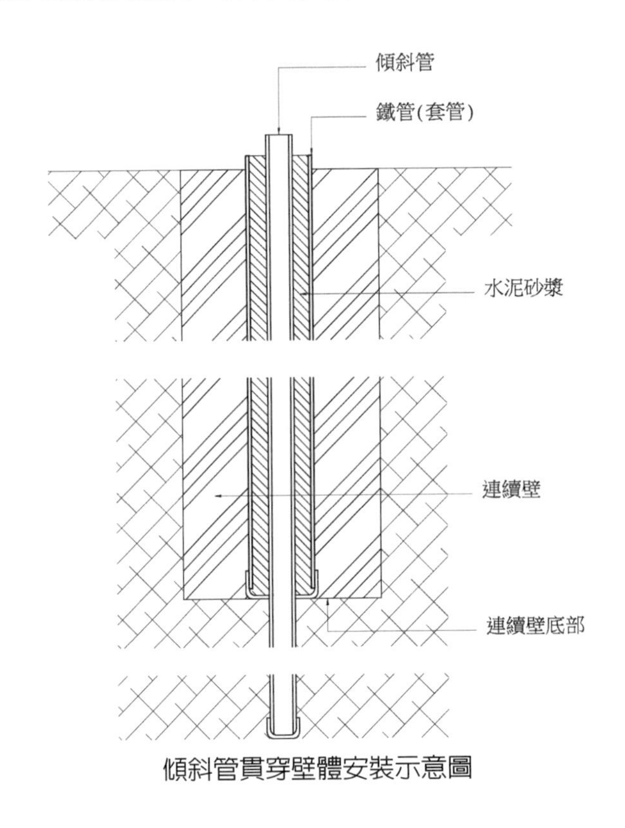

傾斜管貫穿壁體安裝示意圖

觀測傾斜管通常假設管底變位量爲「0」，以管底爲相對位移之基準，當地下室逐層開挖，擋土壁底部亦逐漸位移變型後再套入參數修正相對位移之基準。此種方式無法保證絕對位移量之正確性，亦無法及早預判隆起等狀況。爲避免此項缺點，可以下列方式改善。

1. 連續壁或預壘樁鋼筋籠內不預設傾斜管，於計劃設置傾斜管之位置先行裝設 Ø6" 鐵管至壁底（或排樁底）預定深度，管底以塑膠管帽密封，避免混凝土或砂漿填塞。連續壁完成後以鑽掘機沿鐵管伸入鑽桿，穿透擋土壁底部塑膠管帽至地層隆起滑動範圍以下深度，插入傾斜管。鐵管與傾斜管間隙以水泥砂漿填塞（灌漿管插入鐵管孔底，自下向上擠壓灌漿）。爾後傾斜管底即可作爲無位移之基準點。
2. 仍依傳統方式預埋傾斜管，連續壁完成後於傾斜管頂緣製作記號，由遠端定點 P 以經緯儀照準遠端對應點 P' 並量測傾斜管頂緣記號與通視線之偏移量，藉此修正傾斜管之位移基準。

上述以第 2 方式精確、價廉，但於建築稠密地區無法於遠端設置定點，則以第 1 方式較爲可行。又若以光波經緯儀訂定傾斜管頂緣記號作標，其誤差值遠大於觀測傾度之雙軸感應器容許，不宜採用。

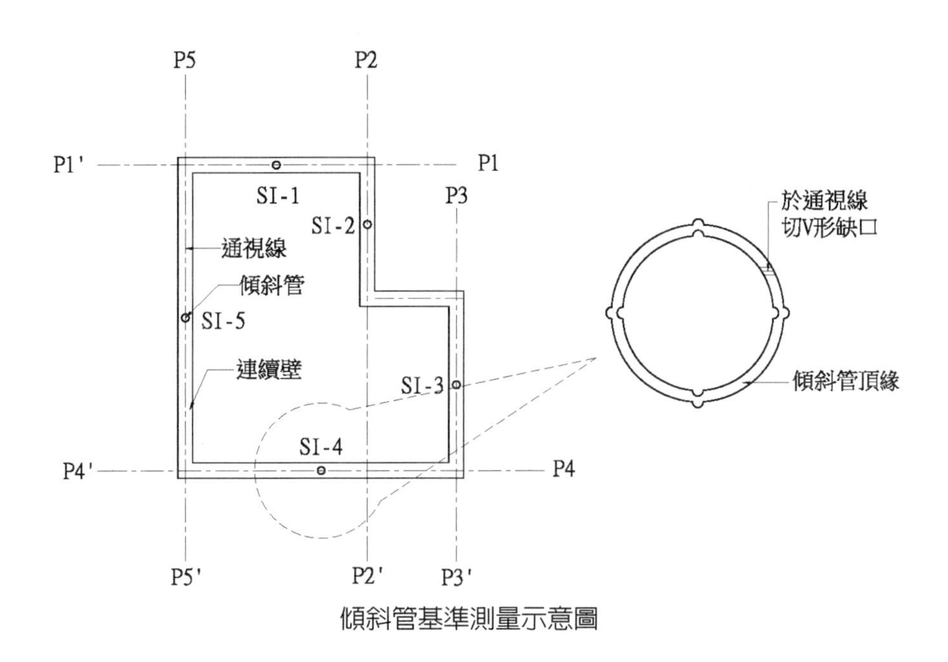

傾斜管基準測量示意圖

六、鋼筋計

鋼筋計有以壓接、續接、搭接方式與擋土壁主筋聯結，以量測鋼筋應變換算應力值。其中以瓦斯壓接聯結方式最爲可靠。續接方式因車牙續接器接頭受力後可能產生微小滑動量，其可靠性次之。搭接方式最差。

就主、被動土壓力考量，擋土壁體內、外側鋼筋均有受力，故鋼筋計應依各階段開挖主、被動土壓、水平支撐軸力變化走勢計算最大應力深度，分別安裝於內、外側縱向主筋最爲理想。但國內營建業各階層或未勤於規劃計算、或爲節省安裝數量成本、或懼於施工繁雜，通常擇最大主動土壓深度裝設一處（二支），或依經驗法則判斷，裝設於最終開挖深度下 1m 至 2m 處，終至減損鋼筋計安裝意義。建議協調結構技師檢討適當之安裝位置與數量後再行施作。

七、支撐應變計

應變計有振弦式與差動式，目前多使用振弦式。每組應變計均含本體二只，以電焊方式（不宜以環氧樹脂黏貼）固定於安全支撐型鋼腹板兩側（中軸），安全支撐施加預力前先行讀取應變計初始值。應變計應於安全支撐加壓前安裝。又因安全支撐所配設之土壓計精確度不足（因荷重計租用價格甚高，國內工地少有安裝荷重計，均向安全支撐廠商租用土壓計，二者靈敏度相差甚大），故於預壓時應要求安全觀測廠商全程配合觀測應變計，提供軸壓數據對照土壓計數據。

八、水位觀測井

水位觀測井應鑽掘至透水層（黏土層無法觀測正確水位）。以鑽機鑽掘觀測井，將達預定深度前以劈管取樣，檢視土樣是否屬透水性土質，再繼續鑽掘至預定埋設深度下方20cm 處、插入觀測井透水管至預定埋設深度。裝設後 48 小時方可量測初始值。

九、水壓計

水壓計埋設前應以水洗法埋設套管，將達預定深度前以劈管取樣，檢視土樣是否屬透水性土質，再繼續鑽掘至預定埋設深度下方 50cm 處，清孔後提升套管 40cm、填入40cm 濾砂、將底端聯結水壓計之 PVC 管插入孔底、提升套管 60cm、填入 60cm 濾砂、提升套管 30cm、填入 30cm 皂土、提升套管 15cm、填入 15cm 濾砂、提升套管 30cm、填入 30cm 皂土、重複提升套管 60cm、填入 60cm 濾砂，至另一水壓計安裝深度下方 40cm處，提升套管 40cm、填入 40cm 濾砂、將底端聯結水壓計之 PVC 管插入孔底、提升套管60cm、填入 60cm 濾砂、提升套管 30cm、填入 30cm 皂土、提升套管 15cm、填入 15cm濾砂、提升套管 30cm、填入 30cm 皂土、重複提升套管 60cm、填入 60cm 濾砂或原土，至地表。裝設後 24 小時方可量測初始值。

十、鄰房傾度盤

鄰房傾斜觀測使用傾度儀，鄰房壁面僅安裝傾度銅盤，量測時將傾度儀架設於傾度銅盤。因傾度儀靈敏度甚高（無感地震亦可影響觀測），故傾度銅盤應以膨脹螺栓緊密固定。導溝開挖前量測初始值。

十一、沉陷釘

沉陷觀測點爲釘設於地面之大頭鋼釘，以水準儀自遠端高程基準點作高程測量，藉以判斷開挖外圍沉陷量。可由工地人員自行釘測。測量時須於箱尺邊緣安裝水平氣泡，以控制箱尺垂直度。箱尺精度應達 5mm 以上，且每次測量應使用相同箱尺。導溝開挖前量測初始值。

建議平行擋土壁中心線彈繪墨線，沉陷釘設於墨線，間距 2～3m，如此可以水線拉設於頭、尾沉陷釘，簡易檢測擋土壁外側地表水平變位。亦建議垂直於沉陷釘墨線釘設沉陷釘一排，以檢測垂直向沉陷變化。

於每支安全支撐中間柱頂緣製作記號，放置箱尺量測頂緣高程，可作爲判斷隆起之參考。於構台四轉角大樑頂緣製作記號，放置箱尺量測頂緣高程，可作爲判斷構台穩定性之參考。其高程基準點應與沉陷釘高程基準同點。地下室開挖前量測初始值。

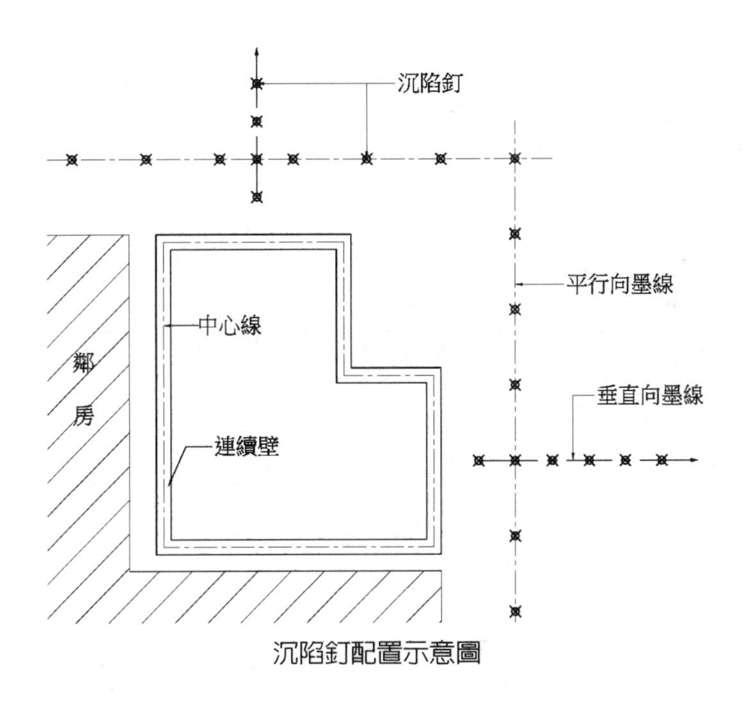

沉陷釘配置示意圖

安全觀測邀商報價說明書案例及相關說明

項次	項目	數量	單位	單價	複價	備註
1	連續壁壁體傾斜管		組			與壁體同深
2	壁體鋼筋計		支			
3	水平支撐應變計		組			振弦式
4	水壓式水壓計		處			
5	鄰房傾度盤		組			
6	沉陷觀測點		處			
7	監測及交通費		月			
8	監測報告費		月			含總結報告
9	管理及利潤		式			
	小計					
	稅金					
	合計					

下表空白欄位請報價廠商填寫

項次	項目	監測頻律	廠牌、型號
1	連續壁壁體傾斜管		
2	壁體鋼筋計		
3	水平支撐應變計		
4	水壓計		
5	鄰房傾度盤		國產品
6	沉陷觀測點		國產品

註：水壓計採水壓式，鑽孔一處，其深度應貫穿設計開挖面下方之不透水層，於各透水層安裝水壓計本體並連接 PVC 管（水壓計本體安裝數量應由報價廠商依鑽探報告檢討，並繪製簡圖、標示深度與報價單一併提出）。

【報價說明】

一、計畫施作項目如上列。

二、施作數量請報價廠商建議。

三、本工程之報價應含全部工料。

四、每次架設水平支撐，乙方須於施壓全程配合安裝、觀測支撐應變計，並即時換算所施加之軸力數據供施壓人員參考。

五、隨單檢附鑽探報告（截錄）一份、安全支撐 A3 影印圖 XX 張。

六、承攬廠商應於簽約時提出施作計畫、表列項目之安全值、警戒值、行動值。

七、付款辦法：

1. 依實做數量計價。
2. 設備安裝完成依完成數量計價 100%，實付 80%（以 60 天期票支付），保留 20%。
3. 監測、交通、報告項目按月計價，概以現金支付。
4. 管理費及保留款於一樓樓地版澆築完成後計價 100%，實付 100%，概以 60 天期票支付。
5. 監測、交通、報告之工期於第一層水平支撐完成日啓算。

第7章 安全支撐

土方一經開挖即對擋土壁體產生側壓，開挖深度愈深則側壓愈大，影響範圍愈遠。為抵抗挖方所造成之側壓，維持開挖周邊影響範圍之鄰房、設施安全性、完整性，防止開挖範圍周邊地層崩塌、沉陷、滑動，通常使用擋土壁及安全支撐工法施工，經由對H型鋼施加預壓力，使其兩端對擋土壁產生反力達成平衡，以確保工程順利、安全進行。

一、常用開挖擋土工法及適用條件

工法	適用狀況	不利狀況
明挖邊坡工法	為形成周邊坡面，必須有充分寬裕的空地	地基軟弱或滲水不易形成安定坡面時
水平支撐工法	大部分的情況均可採用	開挖平面不規則或山坡地（高低差較大）時
島式工法搭配周邊水平支撐	適用於大面積開挖	不適於狹長地下室之開挖
地錨工法	適用於山坡地開挖（有高低差，無法施作水平支撐）	地錨端部必須突出基地外時，必須獲得鄰地所有權人同意地錨侵入地界
逆打工法	深開挖且鄰近有密集或高價值建築、設施，必須採用安定性高之擋土壁時	地上樓層低且工期緊迫

二、型鋼之工程性能

擋土牆側壓力傳達至水平支撐之介面為圍苓，因此圍苓之設計強度及安裝要求更重於水平支撐。圍苓與擋土牆間隙應使用混凝土填實，以利均勻傳遞壓力。水平支撐乃承受土壤側向壓力之主要壓力構材，通常使用H型鋼。目前市面上通用之H型鋼支撐材及所承受之壓力如下表所示：

規格	6m 無支撐長之挫屈強度
H250×250× 9×14 H300×300×10×15 H350×350×12×19 H400×400×13×21	90 ton 150 ton 190 ton 250 ton

鋼材採用 ASTM A36					
機械性質 Mechanical Properties 拉伸試驗 Tensile requirements					
降伏強度 Yield point		抗拉強度 Tensile strength		伸長率 Elongation %	
ksi	MPa	ksi	MPa	試片 GL = 8in[200mm]	試片 GL = 8in[50mm]
36 以上	250 以上	58～80	400～550	20% 以上	23% 以上

三、安全支撐各部名稱

編號	符號	名稱
1	WH	圍苓
2	SH	支撐
3	JH	斜撐
4	CN	圍苓交角擋頭
5	HP	斜撐擋頭
6	PL	接合板
7	OJK	千斤頂
8	OJS	千斤頂保護匣
9	D20(10)	短料
10	PG	土壓計保護匣
11	CR	支撐角叉處固定角鐵
12	LUS, SUB	U 型螺栓
13	WBL, KBL	三角架
14	KP	中間柱
15		加勁鈑

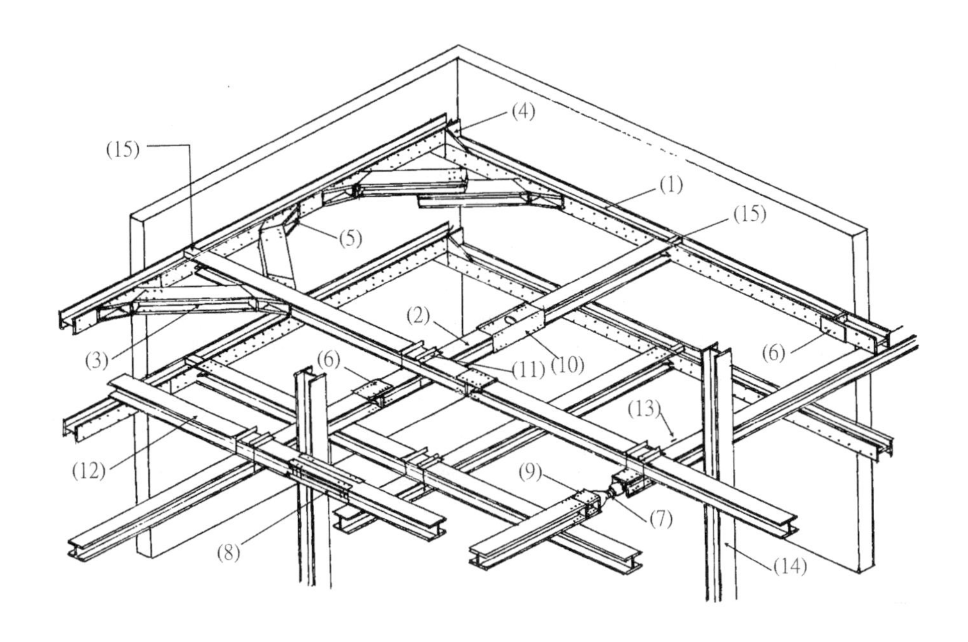

四、各部接合方式

1. 千斤頂接合

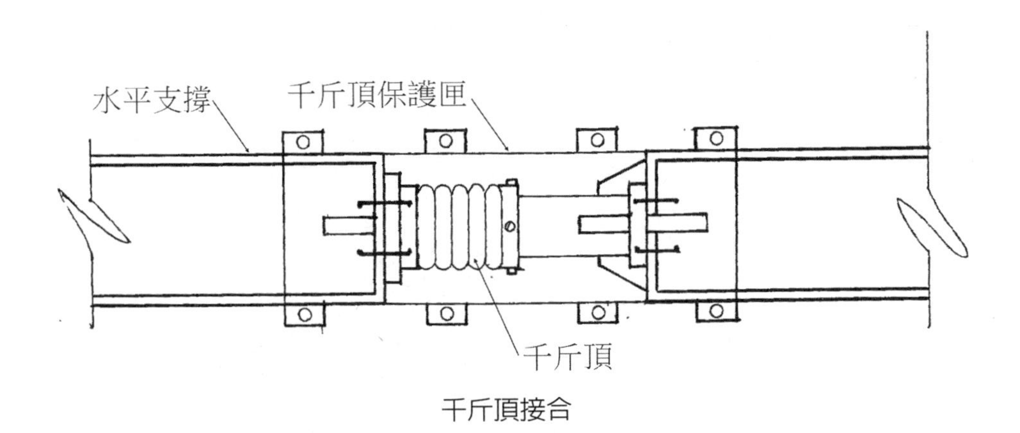

千斤頂接合

2. 水平支撐對接

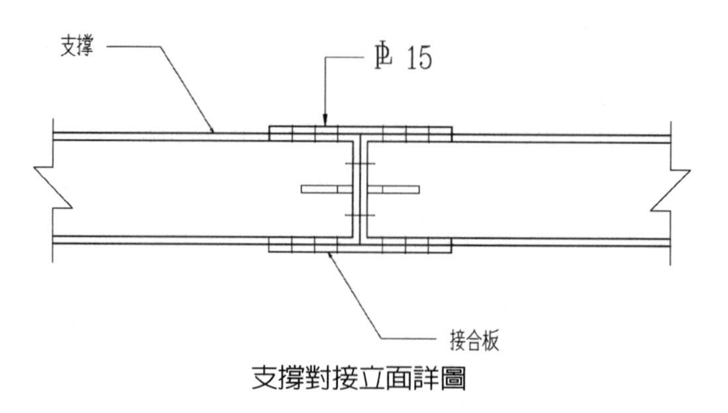

支撐對接立面詳圖

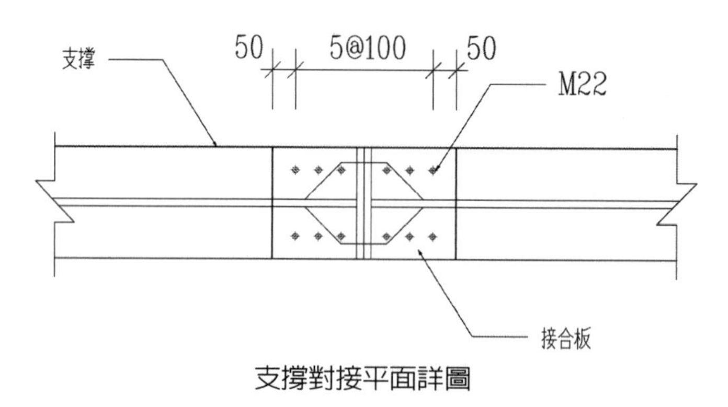

支撐對接平面詳圖

3. 角隅接合

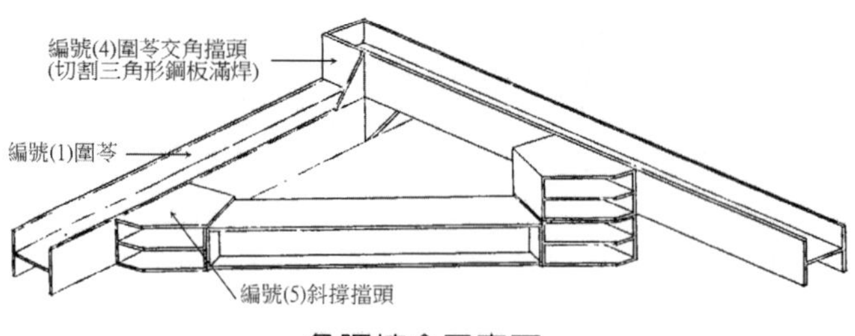

角隅接合示意圖

4. 斜撐接合

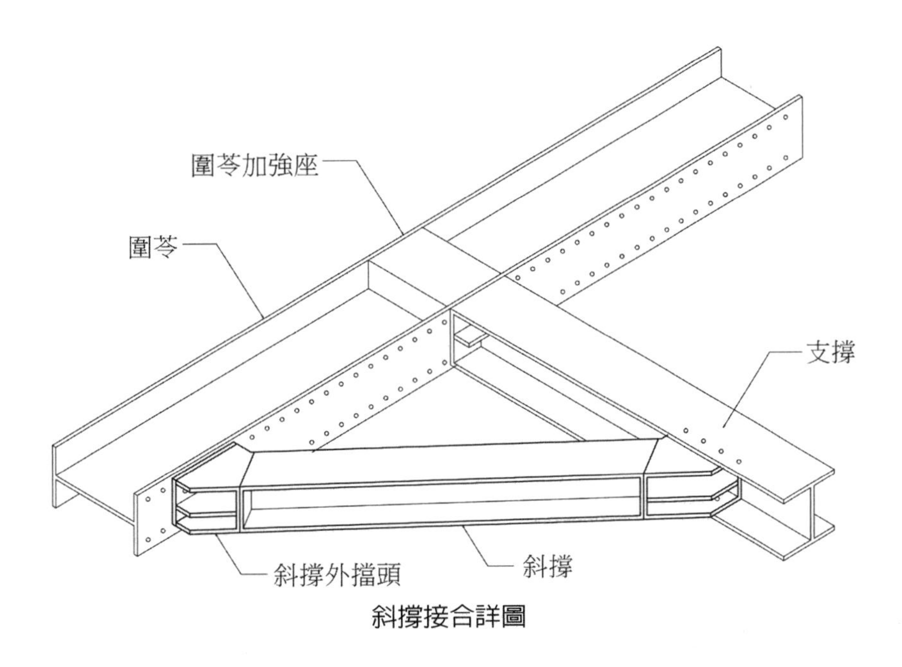

斜撐接合詳圖

5. 中間樁與水平支撐接合

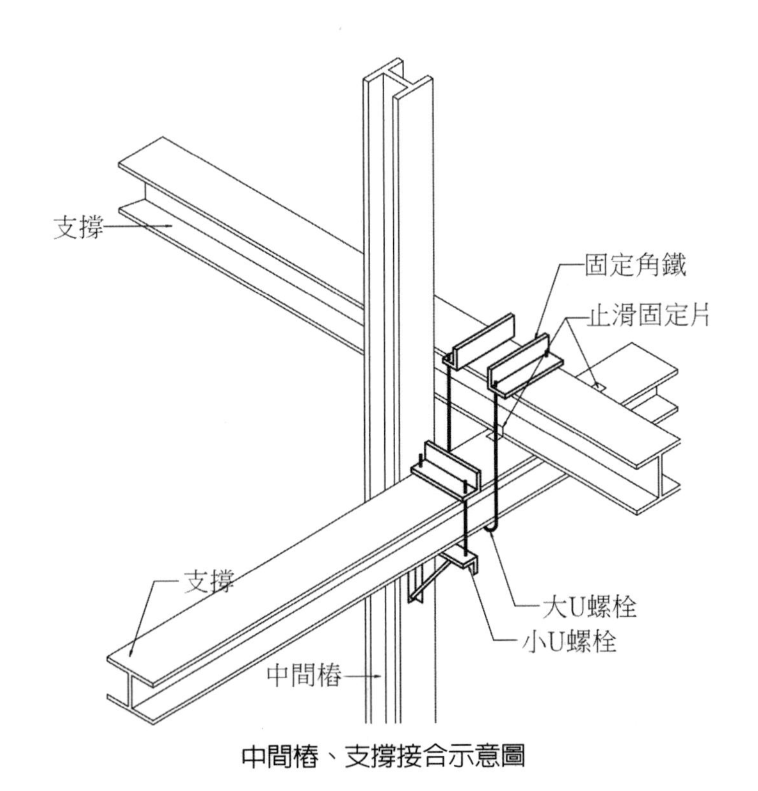

中間樁、支撐接合示意圖

6. 圍苓、水平支撐、擋土壁接合

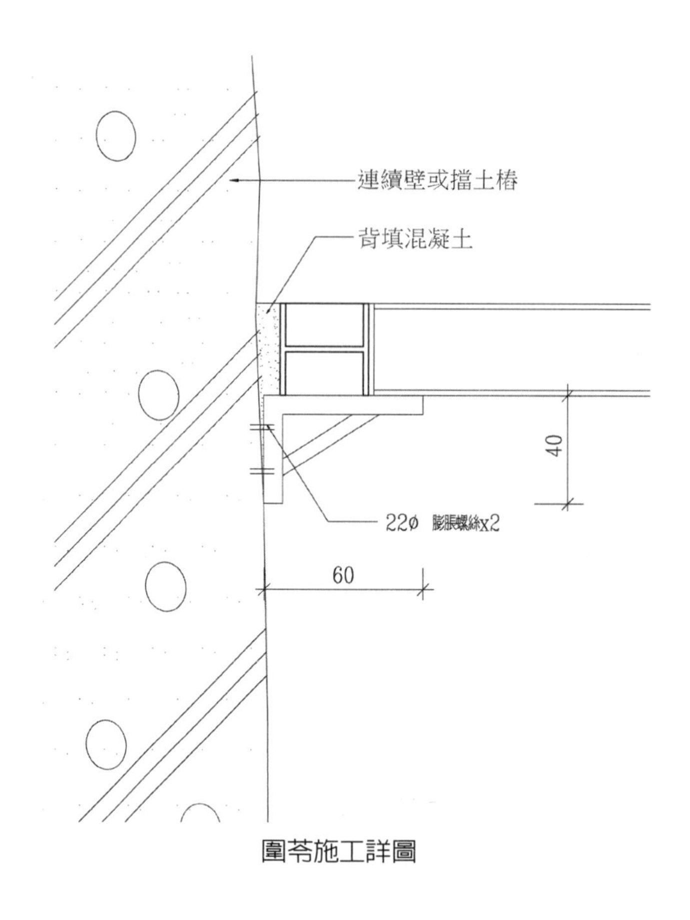

圍苓施工詳圖

7. 斜撐補強

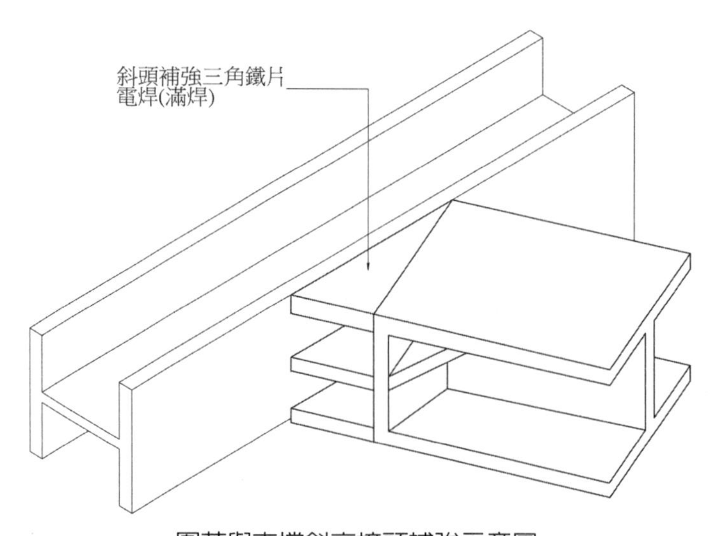

圍苓與支撐斜交接頭補強示意圖

8. 中間樁續接

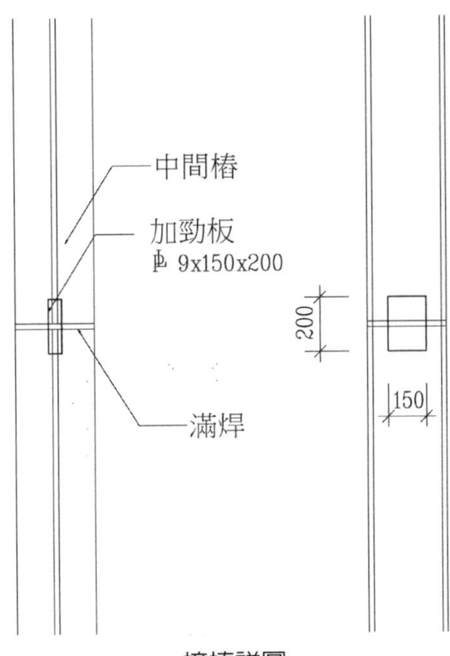

接樁詳圖

9. 防逆滲鋼板

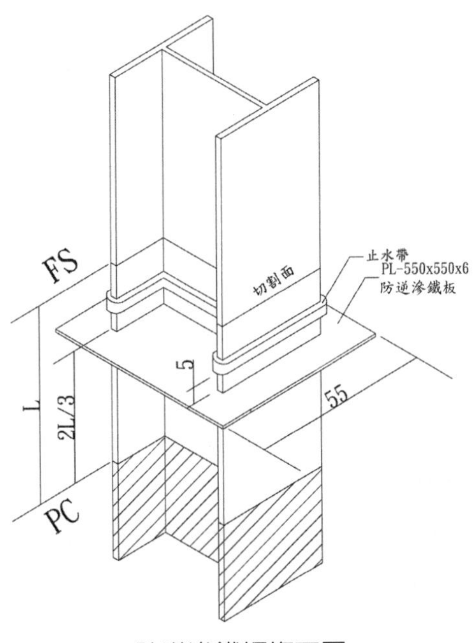

防逆滲鐵板施工圖

五、安全支撐安裝流程

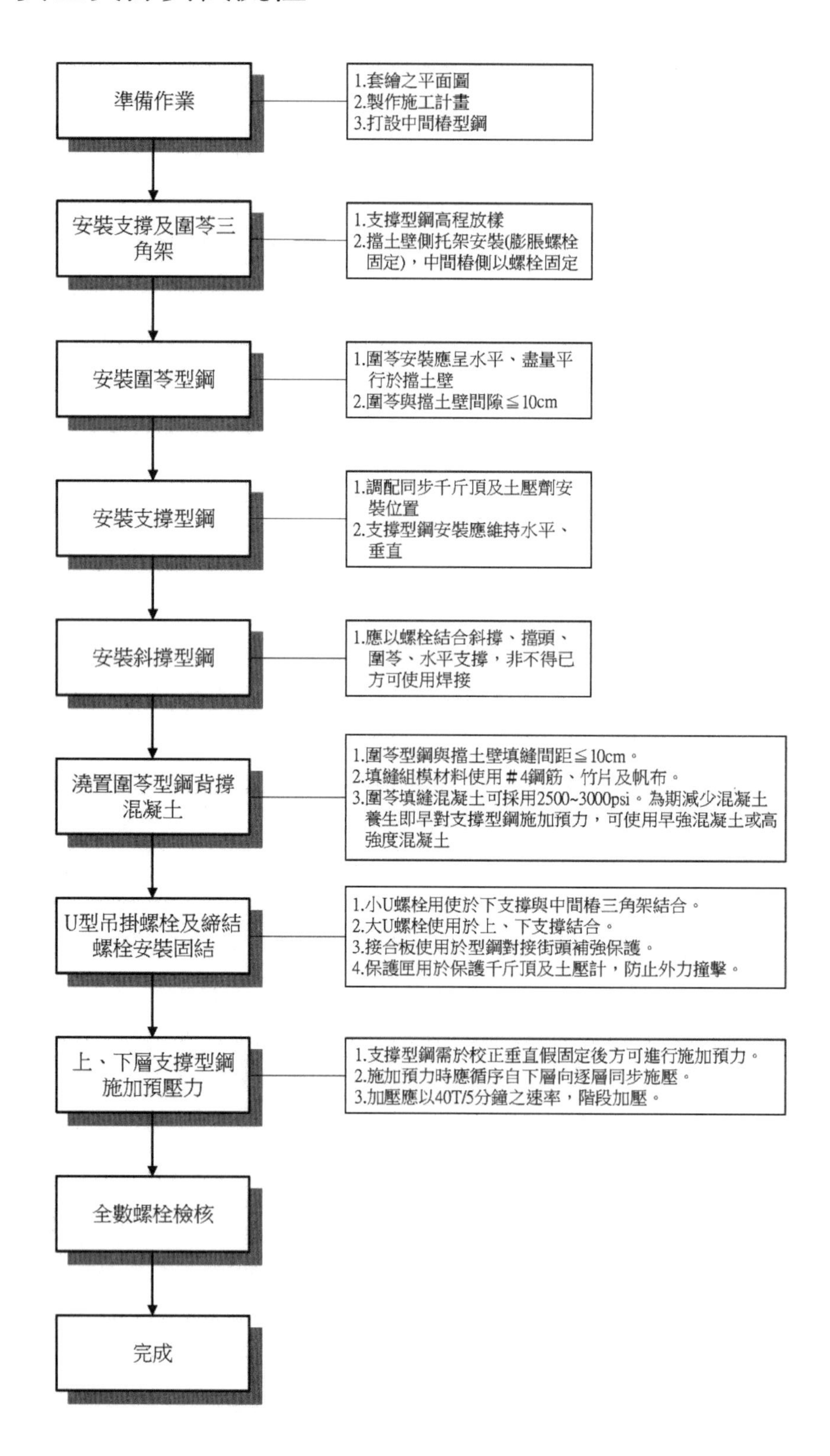
準備作業
1.套繪之平面圖
2.製作施工計畫
3.打設中間樁型鋼
安裝支撐及圍苓三角架
1.支撐型鋼高程放樣
2.擋土壁側托架安裝(膨脹螺栓固定)，中間樁側以螺栓固定
安裝圍苓型鋼
1.圍苓安裝應呈水平、盡量平行於擋土壁
2.圍苓與擋土壁間隙≦10cm
安裝支撐型鋼
1.調配同步千斤頂及土壓劑安裝位置
2.支撐型鋼安裝應維持水平、垂直
安裝斜撐型鋼
1.應以螺栓結合斜撐、擋頭、圍苓、水平支撐，非不得已方可使用焊接
澆置圍苓型鋼背撐混凝土
1.圍苓型鋼與擋土壁填縫間距≦10cm。
2.填縫組模材料使用＃4鋼筋、竹片及帆布。
3.圍苓填縫混凝土可採用2500~3000psi。為期減少混凝土養生即早對支撐型鋼施加預力，可使用早強混凝土或高強度混凝土
U型吊掛螺栓及締結螺栓安裝固結
1.小U螺栓用使於下支撐與中間樁三角架結合。
2.大U螺栓使用於上、下支撐結合。
3.接合板使用於型鋼對接街頭補強保護。
4.保護匣用於保護千斤頂及土壓計，防止外力撞擊。
上、下層支撐型鋼施加預壓力
1.支撐型鋼需於校正垂直假固定後方可進行施加預力。
2.施加預力時應循序自下層向逐層同步施壓。
3.加壓應以40T/5分鐘之速率，階段加壓。
全數螺栓檢核
完成

六、支撐安裝

1. 將三角托架以固定器固定於中間樁，核對托架螺栓孔，切割中間樁翼板以螺栓固定托架。
2. 由第二人手持托架，標示高程於連續壁，再由人工以電鑽鑽孔將膨脹螺栓固定至連續壁壁體上，每支托架打設 2 支膨脹螺栓，每 3～4m 安裝一支托架。若擋土壁體採預壘樁（砂漿樁），三角托架不宜以膨脹螺栓固定，亦不宜打鑿預壘樁壁至鋼筋露出、電焊固定托架，應植入化學螺栓固定托架，植入深度須作計算檢核。
3. 圍苓及支撐吊裝：由專人（現場監工）以對講機指揮吊車操作員，將型鋼材吊至欲裝設位置，交由組裝人員組裝固定後，鬆開吊具再進行另一次組裝工作，應注意相鄰之兩列安全支撐接頭，避免位於同一跨距。
4. 油壓千斤頂及土壓計安裝：由專人以對講機指揮吊車操作員，將油壓千斤頂及土壓計吊至欲裝設位置，交由組裝人員組裝固定後，鬆開吊具再進行另一次組裝工作，應避免相鄰兩列安全支撐之油壓千斤頂及土壓計安裝位於同一跨距。

5. 圍苓係將擋土壁所承受之土壓力、水壓力傳遞到水平支撐之橋樑，為支撐工程之重要構材。圍苓與連續壁間之間隙應以 3000psi 之混凝土填滿，以求均勻傳遞壓力。為縮短背填混凝土養生時間，可提高混凝土抗壓強度，以利即早施壓。

七、施加預力

1. 支撐預壓，是於下一層土方開挖前對型鋼支撐以油壓千斤頂施壓，使型鋼推擠擋土壁向外側（非開挖側）產生推擠力量後再行開挖之步驟，使開挖後作用於擋土壁非開挖側之土壓獲得抵消，以減低支撐之彈性壓縮及接頭之變形；擋土壁變型量愈小，地盤之沉陷量亦愈小。

支撐架設後，下階段之開挖施工使土壓作用於擋土壁而向內側變形，因此將支撐以預壓方式導入軸力，可使擋土壁因下階段開挖而發生之變形量因預先導入反向壓力而獲得平衡，減少危害。

2. 每層水平支撐可分兩大部分，一爲上方支撐，另一爲下方支撐，上方支撐多爲長向支撐，下方支撐多爲短向支撐，又下方支撐於施工順序應先吊放，施加預力亦遵循此順序。
3. 施加預力應數路支撐同步施壓，以均勻分布壓力於擋土壁。
4. 施壓前應以水線檢核各路水平支撐平直，以免於施力時造成對接處挫屈。
5. 螺栓常有遺漏未鎖緊之情形，以鐵鎚敲打螺帽有助識別是否鎖緊。

八、中間樁引孔及根固

1. 堅硬地層打設中間樁、構台樁甚爲不易，且造成鄰房劇烈震動。業界常以削尖樁靴打埋，或加設高壓管沖洗同步打埋，若仍無法順利打入設計深度則需採引孔埋入。引孔方式通常採螺旋鑽機鑽孔，特殊狀況亦有採反循環鑽掘引孔。引孔直徑須大於鋼樁對角線長度。因引孔造成鋼樁根部鬆弛，須灌入混凝土或砂漿根固。灌漿自樁底至開挖完成面（筏基底部）。
2. 泥岩、新鮮砂岩易於浸水後快速分解軟化致承載力不足，亦需引孔根固，或於打埋鋼樁後以高壓灌漿方式根固。
3. 中間樁或構台樁上浮，通常因地盤隆起或側壓過大造成水平支撐向上挫曲等因素造成。中間樁或構台樁下沉，通常因砂湧或地盤軟弱造成，均屬災變警訊。每日量測樁頂高程爲必要措施。

九、拔樁及止水塡塞

拔除中間樁對地盤造成之震動通常大於打樁所造成之震動，且震動傳遞範圍亦遠於打樁震動傳遞範圍。又於黏土層，因黏附於鋼樁而連帶拔出基礎底部之土壤甚多，無法塡實。故於市區或鄰房緊密地區多將筏基以下鋼樁切斷，留置於土層內，以減少震動及掏空。留置於土層內之鋼樁則依重量計價買斷。

留置於土層內之鋼樁將形成水路，雖採急結水泥堵塞亦無法長期止水，故須於鋼樁切斷高程下方焊接防逆滲鋼板截斷水路。

若採全樁抽拔，於土方開挖完成，澆置筏基 PC 前施作防護外模，以免筏基混凝土握裏型鋼致無法抽拔。防護外模底部斷面應大於頂部斷面，以免拔樁後止水回填灌漿固結體受地下水向上擠壓形成縫隙致砂土流至筏基水箱。若發生砂土流入情事，除高壓灌漿填塞外別無它法處置。

中間樁孔填塞止水前須徹底清洗孔壁混凝土，孔頂周邊以砂漿圍堰，避免進水，以急結水泥分層填塞，由專人逐洞監督、逐日觀查紀錄，確認無滲漏方可綁紮預留鋼筋後灌漿填平。

參考資料

嘉敏工程安全支撐施工計畫

安全支撐邀商報價說明書案例

項次	項目	數量	單位	單價	複價	備註
1	中間樁打拔 H400 L = 23m		支			租期 210 天
2	構台樁打拔 H400 L = 28m		支			租期 210 天
3	中間樁切埋買斷 H400 L = 11.75m		m			
4	構台樁切埋買斷 H400 L = 16.75m		m			
5	回填區切埋買斷 H400 L = 1.9m		m			
6	逆滲透鐵板		處			
7	第一層安全支撐 W350 S350		m^2			租期 180 天
8	第二層安全支撐 W400 S400		m^2			租期 160 天
9	第三層安全支撐 2W400 2S400		m^2			租期 140 天
10	圍苓背填工資		m			
11	同步千斤頂		具			
12	土壓計		具			
13	施工構台		m^2			租期 190 天
14	GIP 安全欄杆		m			
15	施工樓梯		座			
16	安全母索		m			
17	構台樁打拔 H400 L = 34m		支			
18	構台樁切埋買斷 H400 L = 22.75m		支			
19	第二層安全支撐 2W400 2S400		m^2			
20	第三層安全支撐 W400 S400		m^2			
21	構台逾期租金		m^2 日			參考單價
22	第一層安全支撐逾期租金		m^2 日			參考單價
23	第二層安全支撐逾期租金		m^2 日			參考單價

項次	項目	數量	單位	單價	複價	備註
24	第三層安全支撐逾期租金		m^2 日			參考單價
25	構台樁逾期租金		支日			參考單價
26	中間樁逾期租今		支日			參考單價
	小計					
	稅金					
	總計					
合計新台幣　佰　拾　萬　仟　佰　拾　圓整						

【報價說明】

一、工址：××市××區×路×號。

二、隨文檢附地質鑽探報告（摘要）乙份、A3平面圖14張、剖面圖4張、空白合約一份。

三、報價廠商應詳閱並了解合約各項規定（含合約條款、付款辦法、勞工安全衛生管理規定）並確實遵守。

四、全案支撐材須經除鏽、清潔、噴漆後方得進場。

五、構台應檢附結構計算書並由技師簽證。

六、土壓計、油壓錶應檢附6個月內校驗證明文件。

七、合約簽約後，不得藉任何理由要求調整單價或任何補貼。

八、付款辦法

1. 乙方領款時應攜領款印鑑卡上所蓋用之公司章、負責人章或領款章。甲方一律以抬頭禁止背書轉讓之支票支付。
2. 乙方請款時應攜全額發票（含保留款），並不得以其它公司發票抵用。請於每月一日及十五日前至工地請款。每月十日及廿五日下午起於公司財務部付款，每次付款二天半，按下列方式計價支付：
   (1) 依實做數量計價。
   (2) 每期依計價金額支付80%（1/2現金、1/2六十天期票），保留20%。
   (3) 2F底版RC澆置完成後支付保留款（概以三十天期票支付）。

九、承攬廠商於簽約後10日內提送施工計畫（含平面配置圖、大樣圖、進度表）予甲方審核。

十、運費均含於單價。

十一、乙方須於施工期間全程派駐專人指揮施工，負責人員、機具、材料調度及安全衛生管理，並參加施工、進度及安全衛生會議。

第8章 土方工程

土方工程可細分爲挖土、運棄及棄土證明三大項，其中挖土及運棄之數量通常相等，但部分土方留置於基地回塡或造景，則挖方應多於運棄。若所挖之土方不屬清砂或卵礫石級配可供回收利用者，其運棄費用應高於挖土費用。故於報價單分別估列挖方及運棄應屬必要。

一、營建剩餘物

開挖棄土與營建廢棄物不同。工地要管制的廢棄物統稱爲「營建剩餘物」，可以概分爲「營建剩餘土石方」及「營建廢棄物」。營建廢棄物需運至「營建混合物分類處理場」分類處裡，營建剩餘土石方則運至「土資場」。建築工地開挖地下室的土方多數需運棄，但部分工程仍有回塡土方之需求，全國建案均需申報列管，開挖產出之土方必須運至土資廠，供凹地回塡或提供公共工程交換。

<table>
<tr><td rowspan="7">營建剩餘物</td><td rowspan="7">營建剩餘土石方</td><td>砂、石</td><td>新建工程：地下室開挖產生岩塊、礫石、碎石或砂
土質代碼：B1</td></tr>
<tr><td rowspan="3">土壤與礫石及砂混合物</td><td>新建工程：地下室開挖產物
土壤與礫石及砂混合物（土壤體積比例少於 30%）
土質代碼：B2-1</td></tr>
<tr><td>新建工程：地下室開挖產物
土壤與礫石及砂混合物（土壤體積比例介於 30～50%）
土質代碼：B2-2</td></tr>
<tr><td>新建工程：地下室開挖產物
土壤與礫石及砂混合物（土壤體積比例大於 50%）
土質代碼：B2-3</td></tr>
<tr><td rowspan="2">土壤</td><td>新建工程：地下室開挖產物。粉質土壤（沉泥）
土質代碼：B3</td></tr>
<tr><td>新建工程：地下室開挖產物。黏土質土壤
土質代碼：B4</td></tr>
<tr><td>磚瓦</td><td>新建工程、拆除工程及整修工程：拆除磚牆、屋瓦、水塔等之磚塊
土質代碼：B5</td></tr>
</table>

營建剩餘物	營建剩餘土石方	混凝土塊	新建工程、拆除工程、土木工程及整修工程 淤泥或含水量大於30%之土壤 土質代碼：B6
		營建泥漿	土木工程：河川、水庫清淤產物 施工殘餘之廢料、打石修整之碎塊或拆除混凝土結構體之碎塊 土質代碼：B7
			新建工程及土木工程：連續壁、基樁、潛盾施工 連續壁產生之皂土 土質代碼：B7
	營建廢棄物	廢木料	新建工程、拆除工程及整修工程：施工產生之廢木材 廢棄物代碼：R-0701
		廢玻璃	新建工程、拆除工程及整修工程：施工產生之廢玻璃 廢棄物代碼：R-0401
		廢鐵	新建工程、拆除工程及整修工程：施工產生之廢鐵 廢棄物代碼：R-1301
		廢金屬	新建工程、拆除工程及整修工程：施工產生之廢金屬 廢棄物代碼：D-1399
		廢橡膠	新建工程、拆除工程及整修工程：施工產生之廢橡膠 廢棄物代碼：R-0301
		廢塑膠	新建工程、拆除工程及整修工程：施工產生之廢塑膠 廢棄物代碼：R-0201
		營建混合物	新建工程、拆除工程及整修工程：施工產生之營建混合物 廢棄物代碼：R-0503
		廢矽酸鈣板	新建工程、拆除工程及整修工程：施工產生之廢矽酸鈣板 廢棄物代碼：R-0410
		廢石膏板	新建工程、拆除工程及整修工程：施工產生之廢石膏板 廢棄物代碼：R-0411

二、挖土機

市場對挖土機型號多以日本KOMATSU（小松）之型號稱呼，如PC-60、PC-200等。代號數字逾多則機具體積、馬力逾大。一般所謂之頑皮豹屬PC-60短臂型挖土機，置於構台取土之機型多爲PC-200、PC-300。

PC-60短臂型挖土機最小作業淨高190cm，故最底層開挖完成面高程與最下層安全支撐淨距不宜小於 190cm。

原廠之 PC-300 挖土機垂直取土深度約爲 8.0m，若自構台面至開挖完成面垂直距離大於 8.0m 則須採用改裝加長取土臂之機型。當開挖深度大於加長臂取土範圍，應採伸縮臂挖土機。逆打工程通常於室內開挖取土，其淨空不足以容納挖土機手臂運作，故須採用天車式抓斗取土。

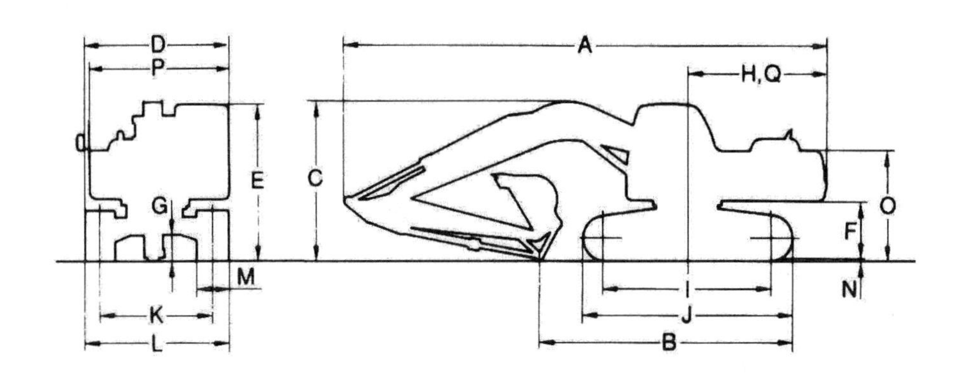

挖土機各部尺寸表

機型		PC-60		PC-120		PC-200		PC-300	
作業重量（kg）		6580	6950	12030		19180		30800	
挖土臂（arm）長		標準型	短臂型	2.5m	3.0m	2.93m	4.06m	3.185m	4.02m
A	全長	6.120	4.750	7.595	7.510	9.425	9.425	10.935	10.975
B	運輸長度	3.570	3.940	4.250	4.090	4.830	4.120	5.755	5.225
C	拱臂頂高	2.600	1.900	2.715	3.075	2.970	3.170	3.255	3.590
D	總寬	2.150	2.400	2.490		2.800		3.190	
E	駕駛倉頂高			2.715		2.905		3.130	
F	後旋淨高			0.855		1.085		1.185	
G	最小間隙			0.400		0.440		0.500	
H	後旋半徑			2.130		2.750		3.300	
I	軸距			2.750		3.270		3.700	
J	履帶長	2.685		3.480		4.080		4.625	
K	履帶距			1.960		2.200		2.590	
L	車道寬			3.460		2.800		3.190	
M	履帶寬			0.500		0.600		0.600	

機型		PC-60	PC-120	PC-200	PC-300
O	機械箱高		1.805	2.020	2.230
P	機械箱寬		2.455	2.710	2.995
Q	迴轉半徑		2.110	2.740	3.285

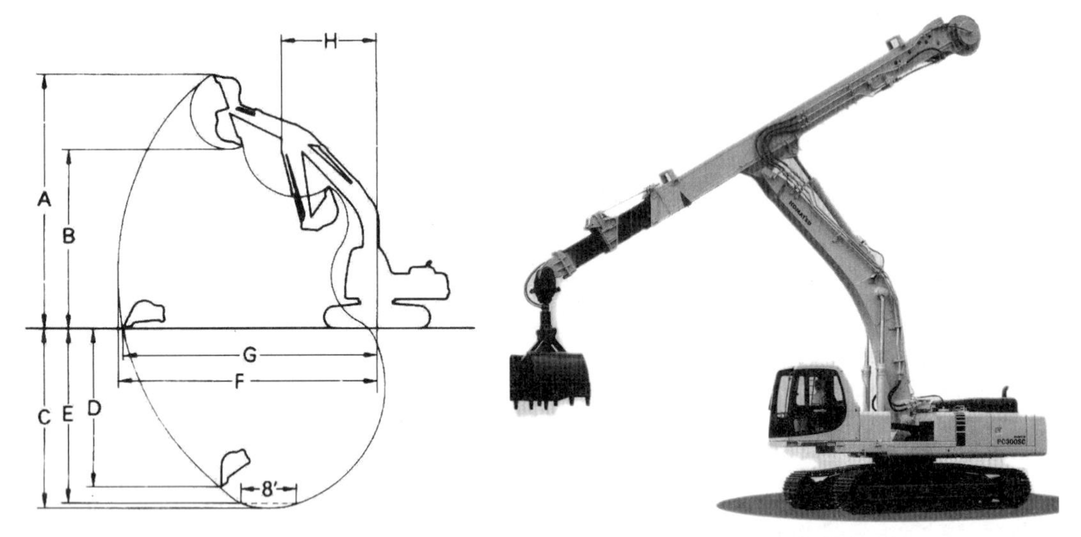

PC-300sc 伸縮臂挖土機

挖土機作業範圍表

機型		PC-60		PC-120		PC-200		PC-300	
挖土臂（arm）長		標準型	短臂型	2.5m	3.0m	2.93m	4.06m	3.185m	4.02m
A	最大挖掘高	6.98	6.0	8.61	8.97	9.305	9.7	10.21	10.55
B	最大傾倒高			6.17	6.535	6.475	6.97	7.11	7.49
C	最大挖掘深	4.1		5.52	6.015	8.62	7.725	7.38	8.18
D	最大垂壁深			4.94	5.36	5.98	7.075	6.48	7.28
E	平挖 8' 最深			5.315	5.835	6.435	7.59	7.18	8.045
F	最大平伸距	6.305	5.07	8.29	8.785	9.875	10.88	11.1	11.9
G	最大開挖距			8.17	8.665	9.7	10.71	10.92	11.73
H	最小迴轉徑	1.9	1.8	2.33	2.485	3.63	3.63	4.31	4.32

伸縮臂挖土機作業範圍表

機型		PC-60sc-7	PC-120sc-6	PC-200sc	PC-300sc
作業重量（kg）		9460	16500	24700	39500
A	最大挖掘深度（m）	12.500	18.500	20.500	23.000
B	最大挖掘深度時半徑（m）	3.645	4.380	5.500	5.500
C	最大挖掘半徑（m）	6.495	7.750	10.000	10.870
D	最大垂直壁深時半徑（m）	4.800	5.880		
E	最大傾倒高度（m）	3.660	4.490	5.240	5.560
F	最小迴旋半徑（m）	2.580	2.820	4.415	5.000
G	最小迴旋高度（m）	8.140	11.570	12.440	14.580

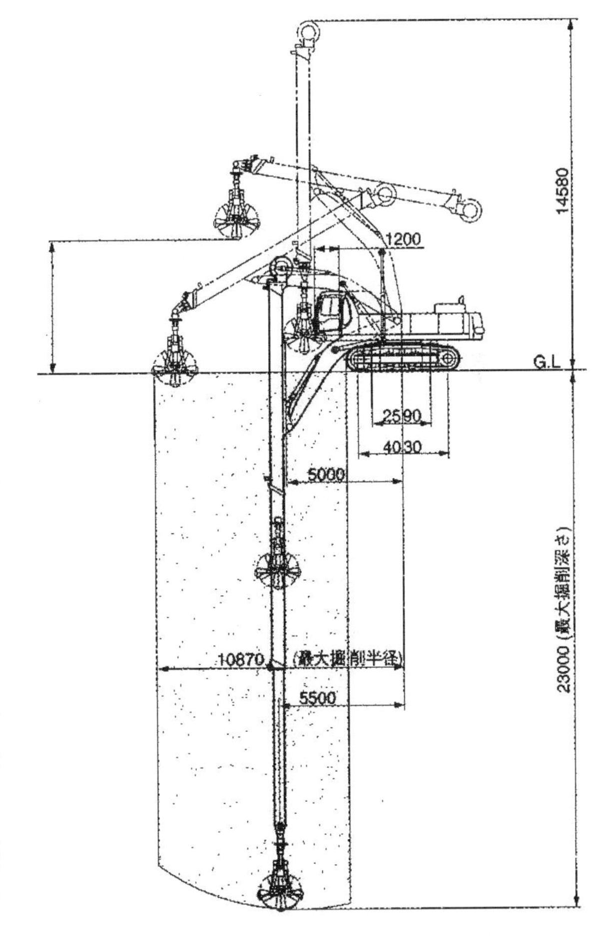

開挖面積大時，頑皮豹迴旋半徑不足以將所挖土方移送至構台周邊供大型挖土機挖送至棄土車輛，應配置推土機作水平運送，或增派頑皮豹接泊運送。當開挖地質軟弱，履帶機具亦常陷入泥濘，推土機自我脫困能力不及頑皮豹，此時不宜使用推土機作水平運送。但挖土機整平之性能、水平搬運性能均遠低於推土機。為考量工期，應妥善規劃構台架設範圍，以取得各型機具最經濟（最適數量）、最高效率（最少接駁）、最佳動線（最短時間供最多棄土運輸車輛裝載、進出）之配置。

大型挖土機於構台取土，常因不耐等候頑皮豹挖土及水平運送即沿構台週邊就近超挖取土，超挖部分再由頑皮豹送土填補。此種作業方式將擾動原土層，降低土層對擋土壁之側向抵抗力，亦造成構台柱支距過大（自斜拉桿至堅實土層）而降低安全性，應禁止。

三、其他注意事項

連續壁、基樁等工程之棄土多屬 B7 類泥漿，爲得較即時之配合，通常發包委由連續壁、基樁施作廠商承包泥漿運棄，亦可委由土方工程承攬廠商承包，但配合度不及直接發包予連續壁廠商。又因屬泥漿，務必於發包時確認採密封式車輛運棄。

連續壁鋪面、沉澱池、內導溝牆等混凝土之破碎責任歸屬，廢鋼筋權利歸屬均應明確。

土方開挖及運棄期間，影響交通及環保之罰單多無法避免，曾有土方工程完成數月後，交通違規罰單方才寄達。故何時發放尾款應多斟酌。

四、收方測量計算

若建案基地位於山坡地（或非平整地形），開挖前、開挖畢均應進行土方高程收測，俗稱收方。一般建築基地施測點距離採 5m，依自然方計價。收測費用應列入報價明細。

土方依密實狀態區分爲：1. 自然方（天然狀態未受擾動的土方），2. 鬆方（已受開挖擾動狀態的土方），3. 實方（壓實後的土方）。

土方開挖、運棄之發包通常依自然方計算數量（因自然方與實方不易界定，亦有以實方稱之者）。概算鬆方體積爲自然方 1.3 倍，但仍需視每種土石性質而異。

五、方格法（面積水準法）

面積水準法係將施工區劃分爲若干等間距之方格，並於各方格之角隅處標記高程點，如 P11、P12，再以水準儀施測各點高程。以 Ann 表示每一方格之編號，如 A11、A12，h 表示各樁點挖填土之相對高程，則每一方格之挖填土體積 q = (h1 + h2 + h3 + h4)×A÷4

計算例 1

如右圖，長、寬各 5m 之方格 A11，四角點高程

p11 = GL + 1.12m

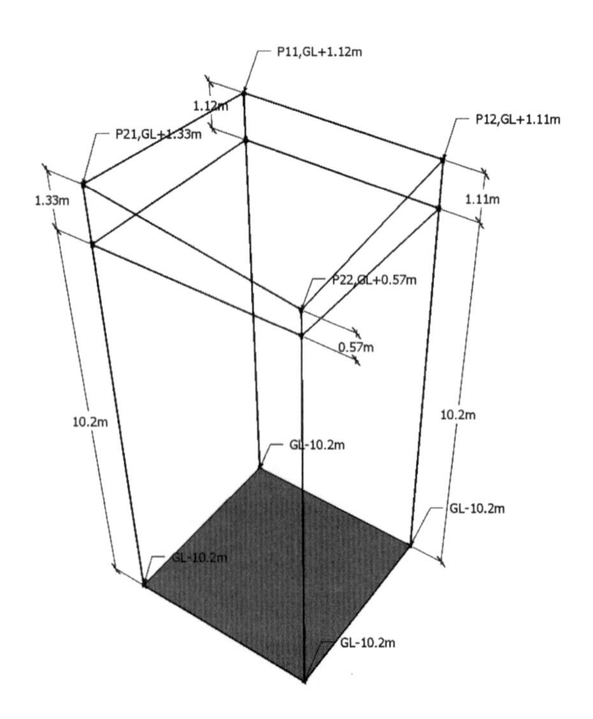

p12 = GL + 1.11m

p21 = GL + 1.33m

p22 = GL + 0.57m

計算 A11 方格範圍開挖至 GL-10.2m 時之土方量 q11。

h11 = 1.12 + 10.2 = 11.32m

h12 = 1.11 + 10.2 = 11.31m

h21 = 1.33 + 10.2 = 11.53m

h22 = 0.57 + 10.2 = 10.77m

q11 =（h11 + h12 + h21 + h22）×A÷4

　=（11.32 + 11.31 + 11.53 + 10.77）*25/4

　= 280.81m^3

體積號	相關點	開挖高	小計高	平均高	體積
q11	P11	11.32	44.93	11.2325	280.8125
	P12	11.31			
	P21	11.53			
	P22	10.77			

計算例 2

如下圖，計算其中 A11 及 A12 二方格範圍開挖至 GL-10.2m 時之土方量 Q。每塊方格長、寬各 5m。

【多區土方總體積 Q = Σ(h1 + h2 + h3 + h4)×A/4】

方格 A11，四角點高程：p11 = GL + 1.12m、p12 = GL + 1.11m、p21 = GL + 1.33m、p22 = GL + 0.57m

方格 A12，四角點高程：p12 = GL + 1.11m、p13 = GL + 1.51m、p22 = GL + 0.57m、p23 = GL + 0.32m

Q = (11.32 + 11.31 + 11.53 + 10.77) + (11.31 + 11.71 + 10.77 + 10.52)×25/4

　= 557.75m^3

上式因 p12 於計算 A11、A12 二區土方體積中均被應用（簡稱「接 2」），p22 於計算中亦被應用二次（簡稱「接 2」），故上式可改寫爲

Q = (11.32 + 11.31×2 + 11.53 + 10.77×2 + 11.71 + 10.52)×25/4 = 557.75m^3

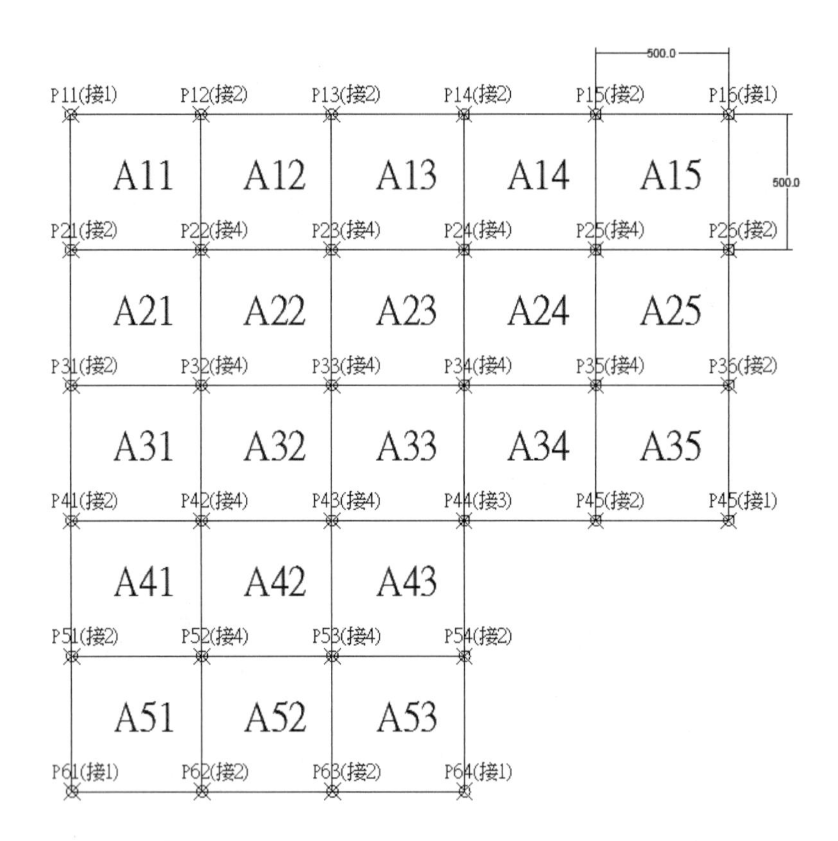

計算例 3

如上圖，多塊相鄰方格 A11～A53，每塊長、寬各 5m，全區範圍開挖至 GL-10.2m 時之土方量 Q。

說明

接 1：該點高程將應用於 1 區方格體積計算，如 P11 僅與 A11 連接

接 2：該點高程將應用於 2 區方格體積計算，如 P31 與 A21、A31 連接

接 3、接 4，依上述說明類推

各點高程(M)	
P11	1.12
P12	1.11
P13	1.51
P14	1.62
P15	1.77
P16	1.33
P21	1.33
P22	0.57
P23	0.32
P24	-0.51
P25	0.23
P26	1.05
P31	0.85
P32	0.38
P33	-0.24
P34	-0.66
P35	-0.55
P36	0.67
P41	0.88
P42	0.09
P43	0.31
P44	0.24
P45	0.33
P46	0.32
P51	0.94
P52	0.51
P53	0.61
P54	0.45
P61	0.21
P62	-0.05
P63	-0.11
P64	-1.25

開挖高度（m）：自表面高程至 GL-10.2m				
	接1	接2	接3	接4
P11	11.32			
P12		11.31		
P13		11.71		
P14		11.82		
P15		11.97		
P16	11.53			
P21		11.53		
P22				10.77
P23				10.52
P24				9.69
P25				10.43
P26		11.25		
P31		11.05		
P32				10.58
P33				9.96
P34				9.54
P35				9.65
P36		10.87		
P41		11.08		
P42				10.29
P43				10.51
P44			10.44	
P45		10.53		
P46	10.52			
P51		11.14		
P52				10.71
P53				10.81
P54		10.65		
P61	10.41			
P62		10.15		
P63		10.09		
P64	8.95			
小計	52.73	155.15	10.44	123.46
乘接數	52.73	310.3	31.32	493.84
合計	888.19			
土方量	"=合計*單區面積/4"			
	5551.1875			
	(+)為挖方　(-)為填方			

土方工程邀商報價說明書案例

項次	項目	數量	單位	單價	複價	備註
1	地下室土方開挖		m^3			
2	土方運棄		m^3			
3	棄土文件		m^3			
	小計					
	稅金					
	合計					

【報價說明】

一、施作範圍：×× 市 ×× 路【××××】工地之地下室土方開挖含土方運棄、棄土許可文件。

二、本工地預估棄土數量：24,643 立方公尺（含鋪面混土等數量）。

三、導溝、沉澱池、施工走道（鋪面）由連續壁廠商自行破碎，導溝、沉澱池、施工走道、圍苓背填之混凝土破碎塊應由乙方（土方承攬廠商）運棄，連續壁母單元帆布、各單元樑柱預留筋隔襯夾板清除運棄均屬乙方施作範圍，不得要求追加單價及費用。

四、棄土文件：20,154 立方公尺之棄土證明、土資場所在地政府同意收受函、棄土完成證明、土方流量申報、收受管制申請等合法文件取得及相關作業均由地下室土方開挖之承商負責取得及辦理。

五、地下室開挖自 GL±0m～GL-16.45m，其水平支撐共計五層，須分六次開挖。中間柱共計 36 支，構台柱視現場需要設置，乙方不得因構台柱及其它臨時增加設施而要求追加單價。

六、乙方需指派專人於施工現場指揮交通、清洗車輛、構台及道路、定期清理周邊水溝及涵管，施工期間之環保及交通違規事件概由乙方負責。

七、開挖中之雨水、表面水應由乙方自備機具抽除。

八、乙方須確實遵照甲方人員之指示施作，嚴禁超挖。若乙方未確實依甲方人員指示施作而造成災害或瑕疵，應由乙方負全部責任並賠償一切損失。

九、隨本報價單檢附安全支撐平面、剖面圖、地質鑽探報告各一份。報價前，廠商應詳閱鑽探報告並就鄰近案例詳加檢討研判，簽約後不得以任何理由要求加價或補貼。

十、施工期限

第一層：自中間柱完成次日啓算，三個日曆天。

第二層：自構台完成次日啓算，五個日曆天。

第三層：自第二層水平支撐完成次日啓算，五個日曆天。

第四層：自第三層水平支撐完成次日啓算，六個日曆天。

第五層：自第四層水平支撐完成次日啓算，七個日曆天。

第六層：自第五層水平支撐完成次日啓算，六個日曆天。

註 1：土方工程施作期間若遇大雨無法施工或土資場拒收，得由甲方工地主任簽認後順延工期。

2：上列各層挖方之施工期限應分別計算，不得累計。

3：土方工程施作期間應由乙方派員指揮交通、維持工地及周圍街道、水溝之清潔。

4：每層土方開挖完成次日，乙方應派工將構台、水平支撐面、中間柱、構台柱之殘留土以人工清除（不另列單價）。

十一、逾期罰款：依各層施工期限計算，每逾一日完成則罰款該層計價金額之百分之三。

十二、付款辦法

1. 全部工程均依實做數量（自然方）計價。

2. 依當期完成數量計價 90%，以 1/2 現金、1/2 六十天期票支付。

3. 二樓版 RC 澆築完成後付保留款，以六十天期票支付。

第9章 放樣工程

放樣即是將平面圖以 1：1 之比例，使用墨斗彈繪於樓版（或基地）之作業。工程是否可完全依照設計圖之理想施作，各項設施之設置位置是否皆恰到好處又線直面平，皆賴於放樣圖檢討及放樣精確。故周詳之放樣圖與精確放樣爲優良品質之先決條件。

一、圍籬及基地配置放樣

檢討是否借用道路、決定大門位置，依界樁及路心線推算圍籬、工務所、庫房等施作位置，並標示之。

本階段放樣多由現場監工人員配合鑑界、地形測量成果施作。

二、基地鑑界及放樣勘驗相關事項

向地政事務所提出鑑界申請。鑑界當日由公司相關人員配合釘設界釘（界樁）並作成點支距紀錄。若同步委由測量公司測繪地形圖更佳。

申報開工完成即可申報放樣勘驗，放樣勘驗前不應施作連續壁導溝等設施（申報達開工標準除外）。除須備妥相關文書外，現場應明確標示周邊道路中心線、建築線、地界線、地下室外皮線、相關高程。

本階段測量及放樣多由現場監工人員依鑑界成果圖、界釘（界樁）、道路中心樁、建築線指示圖，標示道路中心線、建築線，地界線。偶有建管承辦人要求依建築基地面積計算圖標繪各線段，以利勘驗時檢核。

三、擋土壁工程放樣

地下室擋土設施放樣常歸屬由擋土壁廠商施作，但甲方應提供完整界樁等資訊，並於放樣完成時檢核。若將擋土壁放樣歸屬由放樣廠商施作，精準度較佳，對總價亦無過多影響，唯須於放樣發包前說明施作內容，以免爭議。

擋土壁放樣，應依界釘（界樁）、道路中心樁、建築線指示圖量測標示道路中心線、建築線做爲擋土壁放樣依據。

四、外部放樣

建築工地放樣工程分為外部放樣、內部放樣及裝修放樣，凡牽涉模板施作範圍之放樣均屬外部放樣，如樑、柱、RC 牆、樓梯等。每戶室內之隔間牆（如紅磚牆、白磚牆、輕隔間牆）則屬內部放樣施作範圍。外部放樣關係全案結構之正確性與精準性，須由經驗豐富之專業人員施作，故多發包予放樣師傅或模板工包施作。內部放樣多依循外部放樣之墨線，若發生錯誤亦僅限於局部，不致影響全案，故可採外包、亦可由現場監工人員施作。另有彈繪粉刷線、磁磚分割線等，屬裝修放樣，均由特定人員施作，不屬放樣發包範圍（列入泥作工程說明）。

外部放樣委由專業放樣師傅施作之精準性通常較佳，且多於施作前繪製放樣圖檢討各部尺寸，對模板工包亦具監督作用。若委由模板工包承攬外部放樣，因其駐在工地時間長、其承攬單價較低且對模板師傅有較佳之溝通條件。由何人承攬均有利弊。

五、中間柱打設前放樣

為避免安全支撐中間柱與地下室樑、柱等結構干涉，應依平面圖、結構圖檢討中間柱位置，現場以全站儀測量定位。本階段放樣通常由安全支撐廠商施作。若由放樣廠商於適當位置標示 LINE 線，更有利於推算中間柱打設位置。

六、各樓層放樣

繪製放樣圖，將該層上方樑位套繪於平面圖（如 3F 放樣平面圖，繪製 3F 版、柱、牆，再以虛線套繪 4F 樑、版），搭配磁磚計畫檢討外牆各線段尺寸、門窗尺寸、門窗開口尺寸、門窗中心線、女兒牆高度、窗台高度、垂牆吊模高度。特殊平面及立面形狀應製做 1：1 樣板交模板工班套量施工。本階段放樣多由放樣廠商施作。但磁磚計畫、門窗尺寸應由甲方提供。

放樣圖應盡早完成，曬印後分發相關工種（如水電工包、模板工包、鋼筋工包等）進行檢討，凡有障礙應討論解決方案。

七、內部放樣

依各樓層放樣圖、客戶變更平面圖、外部放樣墨線遺跡彈繪內部放樣墨線，但須先行檢討粉光層是否有足夠之施作空間、門扇開啓範圍是否遭設備阻礙，如門框緊貼牆角，牆面經水泥粉光後門框厚度將受粉光層遮覆。放樣時亦應注意各轉角是否如圖面爲直角，否則鋪設地磚時牆緣地磚將呈大小頭（梯形）。

放樣工程邀商報價說明書案例

項次	項目	數量	單位	單價	複價	備註
1	放樣工程工料	20,664	m^2			不含內部放樣
	稅金					
	合計					

【報價說明】

一、建造執照總面積：20664m^2（如下表）。

樓層		用途	面積
各層樓地板面積	地下三層	防空避難室兼停車場	1333.89m^2
	地下二層	社區休憩中心、停車空間	1333.89m^2
	地下一層	社區休憩中心、停車空間	1333.89m^2
	第一層	店鋪、頂蓋型開放空間	603.12m^2
	夾層	店鋪	31.91m^2
	第 2 層至第 19 層	集合住宅	715.65*18 = 12881.7m^2
	第 20 層	集合住宅	718.29m^2
	第 21 層	集合住宅	625.17m^2
	第 22 層至第 23 層	集合住宅	625.17*2 = 1250.34m^2
	第 24 層	集合住宅	286.01m^2
	屋突一層	樓梯間	100.16m^2
	屋突二層	電梯機房	83.34m^2
	屋突三層	水箱	82.16m^2
總樓地版面積		20664m^2	

二、依上表數量計價。

三、施作內容

1. 依鑑界界釘量測打設連續壁轉折點木樁並做成點支距紀錄交工務所存查。
2. 量測道路中心線並釘鋼釘及彈繪墨線，所釘之鋼釘應繪製點支距圖交工務所存查。
3. 於連續壁完成後，中間樁打設前於外島溝牆頂彈繪 LINE 線。於地下室土方開挖完成時進場釘立龍門樁及龍門板。於龍門板標示每柱之柱心及柱邊，轉角柱位應釘立轉角龍門樁及龍門板。

4. 將龍門板所標示之柱心及柱邊延伸標示至鄰近之永久固定點。
5. 大底 PC 澆置後彈繪地樑、底層柱、降版基坑墨線。
6. 大底混凝土（RC）澆置後彈繪地樑、底層柱、電梯管道牆、水箱牆等墨線。
7. 依序於各樓層地版混凝土澆置完成後彈繪各樓層柱、樑、版、RC 牆（隔戶牆亦屬外部放樣）、樓梯、電梯、管道、車道、欄杆、女兒牆、開放空間設施之墨線。
8. 上列結構之門、窗、檢視孔、管道牆、升位基準點預留孔之放樣均屬外部放樣。
9. 立面造形或外挑版，無法以墨線明確標示時，放樣承包廠商應提供 1：1 之實寸樣板並明確標示安置基準點及基準線，供模板承包廠商比對施工。
10. 每層樓版搗築混凝土前均須於柱筋標示樓版高程水平基準點（FL + 100cm）。每柱之四角均須標示。拆模後，於每層外牆整圈彈繪水平墨線（FL + 100cm）。
11. 牆、樑均應彈繪雙墨線（明確標示淨寬）。樓梯每踏均彈繪墨線，樓梯底版之起點及終點須彈繪墨線標示。門、窗等於 RC 牆之開口須明確標示並於兩側各加寬 1.5cm。
12. 牆及柱位之墨線於墨線交繪點須向外側引伸 20cm 以上。
13. 乙方應於放樣前 7 日提交放樣圖及電子檔由工務所審核。
14. 上列項目（1～13 項）之一切工、料均由放樣承包廠商自理。
15. 放樣承包廠商應於樓版混凝土搗築完成之次日進場放樣（甲方應於樓版灌漿前二日通知），若逢雨天，可於工地主任同意後順延一天，否則應釘鋼釘拉水線施作，若未得工地主任同意而延誤工期，每延誤一日罰款該樓層計價款之 3%。
16. 中庭及屋頂平台設施亦屬乙方承攬施作範圍，不另計價。

四、甲方提供項目

1. 相關圖面及電子檔應於當樓層放樣前 21 天交放樣承包商。
2. 施工圖 A3 縮影本一套（含平面圖、立面圖、剖面圖、結構平面圖、樑柱牆斷面尺寸表）。
3. 建築執照圖存放於工務所，可供查閱。

五、任何疑問，未經甲方工地主任指示而擅自變更施作，或與建造執照圖不符，甲方之一切損失應由放樣廠商負擔，不得異議。

六、付款辦法

1. 自 B3 層頂版搗築混凝土完成開始計價（筏基部分不另行計價）。
2. 每月一日及十五日爲計價日，每月十及二十五日爲領款日。
3. 廠商應於計價前將足額發票交工務所辦理計價。

4. 每期均依完成之樓層以建造執照圖當層面積計價（計價總面積：20664m^2）。
5. 每期均依計價數量付款 90%，保留款 10%。
6. 每期計價款概以 50% 現金，50% 60 天期票支付。
7. 保留款於屋頂突三層搗築混凝土完成後退還 1/2，取得使用執照後退還剩餘之保留款。保留款概以 60 天期票支付。

第 10 章 模板工程

多數混凝土施工均無法脫離模板工程，模板指新澆混凝土成型的模具，以及支撐模具的構造系統，用於容納混凝土、控制混凝土構造物形狀、尺寸、位置。因傳統模具多以板材製作，故稱模板（用以製作模具之板材）。近年亦有鋼模、鋁合金模，但仍以木質模板爲建築工程主流，但支柱、角材已逐漸由金屬構件取代。

傳統模板一般規格	
台制（尺）	公制（mm）
0.8×6.0	240×1818
1.0×6.0	300×1818
1.2×6.0	350×1818
1.3×6.0	400×1818
1.5×6.0	450×1818
1.7×6.0	500×1818
2.0×6.0	600×1818
2.3×6.0	700×1818
2.5×6.0	750×1818
3.0×6.0	900×1818

模板系統（模具及其支撐系統）雖屬臨時設施，但屬工程品質精準關鍵，其施作所需勞動力及費用約佔建築工程預算 10%。對結構複雜的工程，模板組立所占工期亦屬最耗時之項目，故選擇優良模板廠商、加強模板工程品管均不可輕忽。

一、傳統模板規格

傳統模板依接觸混凝土之板材區分有普通模板（即框板）及夾板模板，普通模板採柳安或杉木之板片併合，常見之框板尺寸如右表，多用於牆、柱、樑之圍模。夾板模多採五分厚之紅膠防水夾板爲面材，而防水夾板之規格爲 3'×6'、3'×7'、4'×8' 三種，厚度有 5

分（15mm）、6 分（18mm）、7 分（21mm）、8 分（24mm）四種。

夾板模多鋪設於樓版，拆模後混凝土面平滑，又稱為清水模。因不宜且不需做水泥砂漿粉光，用於平頂可節省成本甚多，故樓版採紅膠防水夾板已為主流工法。民國七十年前因夾板材料價格昂貴而工資低廉，樓版多以長條形木板（散板）併接鋪設，拆模後須做水泥砂漿粉光或釘設天花板，近年已不敷成本而未見使用。

二、特殊模板

近來工程業為縮短工期、降低成本、提高品質，對系統模板多有期待，或自各國引進材料及工法，或自行研發，但礙於國內工程環境過於追求快、省；成功案例較少。

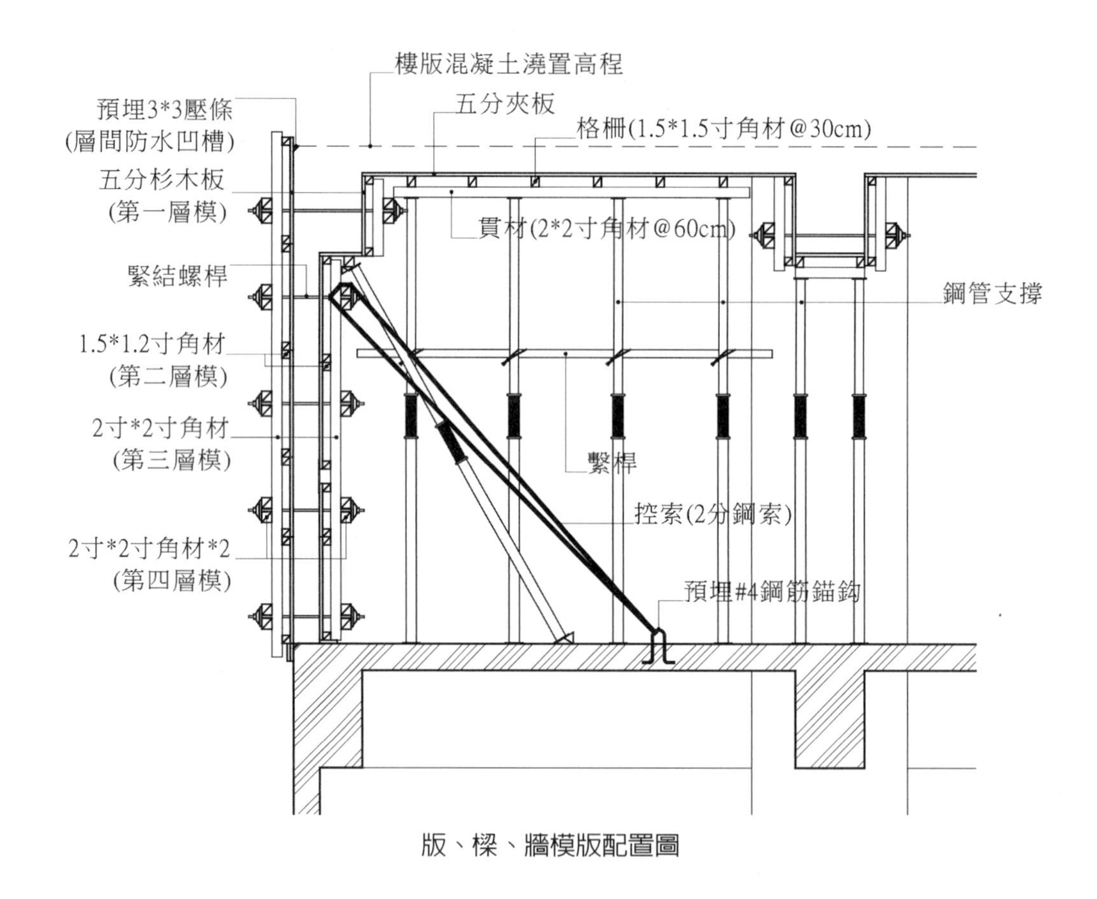

版、樑、牆模版配置圖

系統模板之主要訴求乃以高品質、高強度之板材、撐材、繫材提升混凝土結構體之平整度與精準度。但因系統模板材料之高品質、高強度，材料成本較傳統模板高出甚多，必須提高其翻用次數達 20 次以上，否則不敷成本。若依賴其平整度及精準度而省略水泥砂漿粉光或打底；又需考量施工人員素質及工期。曾有工地採系統模板，但因一味追趕進度至品質全無，非但無法節省粉光費用還需再支付修正及打毛費用。

自 GRC（玻璃纖維混凝土）應用於建築外飾後，諸多建築師或業主對造形之要求益趨花俏，雖仍未跳脫火柴盒範疇但已增添甚多修飾，其中最多者應爲弧形或異形線板。GRC 異型線板體積稍大者，其每公尺單價動輒逾萬，量多時總價極爲可觀。故若其造形較爲單純亦可以發泡成形材料（如保麗龍）製做造型模板；襯於模板內側灌鑄，其單價低於 GRC，使用年限遠高於 GRC。模板發包前應先行規劃明確列述於報價說明，並要求報價廠商依不同之規格一一估列單價。

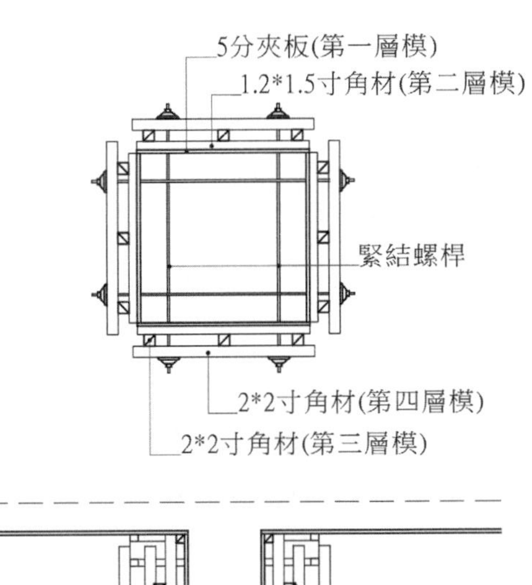

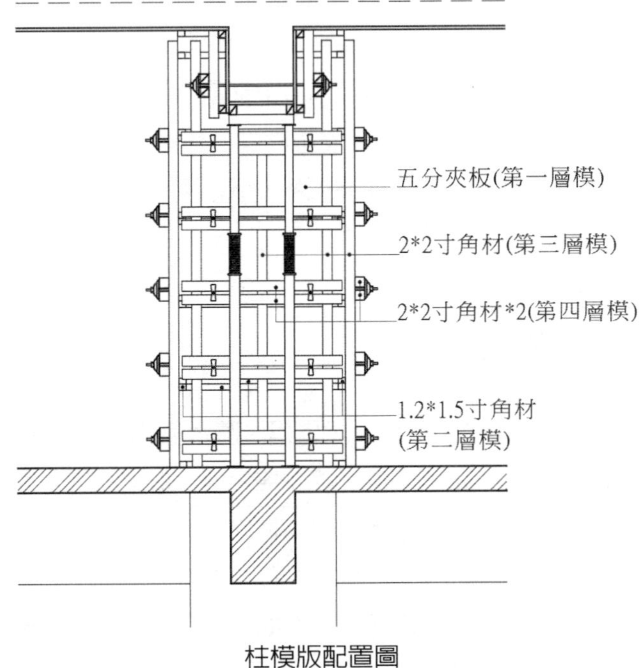

柱模版配置圖

保麗龍模型於拆除時多已破碎，質輕而四處飛散（高密度保麗龍模不易破碎飛散），鬆散而體積龐大，清理及載運極爲不易。若採焚燒；非但危險且有礙環保。故清運之方式、義務亦須先行協議。

連續壁周邊樑之底模、周邊柱之側模；均應緊貼連續壁，但連續壁平整垂直度均遠低於模板，接觸緣之密合性差，爲防漏漿，模板工班多以報紙或水泥袋填塞該處縫隙，若未徹底清除將影響防水粉光施作，故該項清除責任應明確訂定。

三、繫件套管造成滲水

RC 牆之高度較高時，常於灌漿中發生爆模，多因鐵線繫材無法抵抗混凝土側壓所致，改以螺栓繫結將可改善。螺栓繫件爲便於拆除回收多加有塑膠套管，拔栓後於 RC 牆中形成穿透孔洞。外牆粉光時若未妥善處理，滲水現象多難以避免。應於粉光打底前以 Silicone 封填。或避免於外牆模板使用螺栓繫件，以增加鐵線繫結密度改善。

四、繫結鐵線貼模造成龜裂

樑側模板均於紮配樑筋前封釘並穿繫下層鐵線，爲免影響樑筋置放，多將下層鐵線穿束於保護層範圍；若下層繫結鐵線貼近底模，拆模後樑中央帶下層混凝土受拉應力作用，致應力傳遞至埋設於保護層混凝土之鐵線時發生應力集中現象，造成保護層混凝土及粉光層發生細微龜裂，當應力繼續向上傳遞至鋼筋時由鋼筋承受，裂縫停止延伸。此類龜裂多呈淺 U 字型單線髮絲狀，除影響美觀外無安全顧慮。地震時易於此處再發生應力集中，裂痕稍有擴大之可能。建議該處鐵線於樑筋綁紮完成後再行繫結，配置於樑下層主筋上方爲宜。

五、對齊墨線檢測

每樓層之模板均依牆外側模、柱模、樑底模、牆內側模、樑側模、樓版模之順序鋪設。牆、柱模板下緣均緊貼地坪墨線安裝，誤差機率低，但上緣若未經常以垂球或水準壓尺校正並以斜撐材確實定位，其誤差必多。吊掛樑底模時，均直接置放於柱模頂緣之樑位缺口；樑底投影易偏離樑位墨線。爾後內部放樣之隔間牆又多依樑位墨線遺跡爲量繪基準，致牆邊與樑邊無法契合而以捧角收場。故應如下圖所示，以垂求標尺檢測量底模板正確位置，及牆、柱立面模板垂直度。

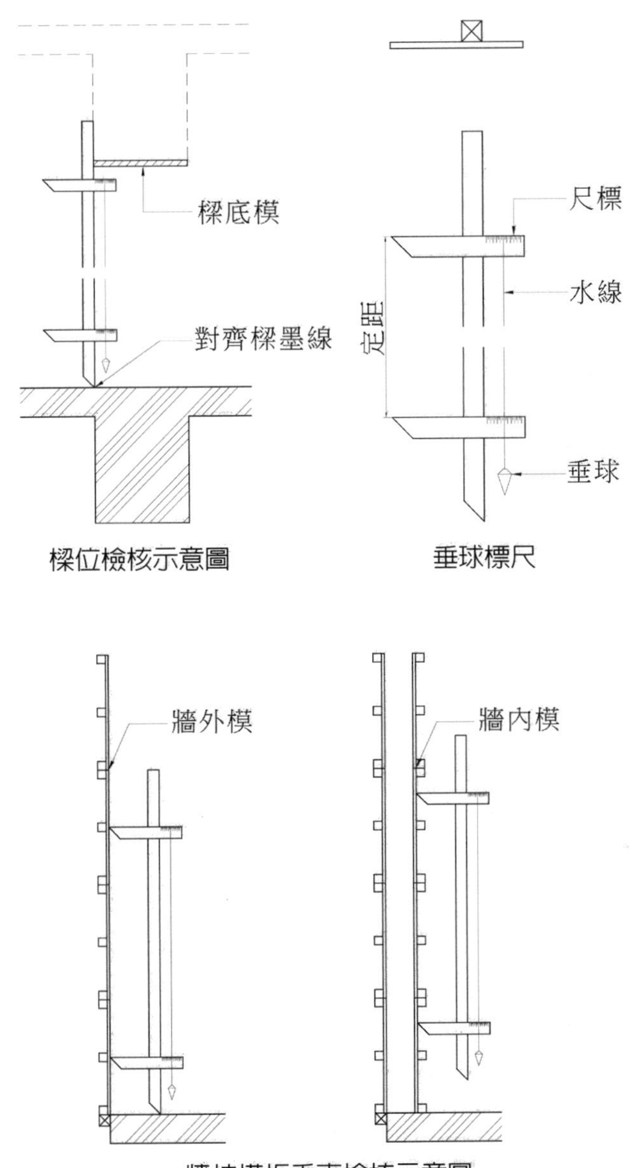

樑位檢核示意圖　垂球標尺

牆柱模板垂直檢核示意圖

六、預留清潔口並作紀錄

牆、柱封模後常未留設清潔孔，模板鋸屑、鋼筋頭、鐵線、煙蒂、鐵罐、飯盒、塑膠袋等雜物垃圾又常因有意或無心掉落其中，清理頗爲不易。若未徹底清理，沉積底部之鋸屑雜物恰可形成新舊混凝土隔斷層，極易造成外牆滲漏。但留設清潔孔時應詳實記錄，灌漿前按圖索驥、依序封閉。曾有工地漏封地下室 RC 牆清潔孔，因覺某處混凝土超量澆築仍無法灌實，始發覺一筏基水箱已被混凝土塡滿。

七、吊模補孔

因近年建築案之 RC 平頂多採清水模批土整平後刷漆，故清水模夾板併接縫隙應減至最小，通常模板施工廠商使用金屬薄片釘遮於夾板縫隙，但效果有限，若於樓版鋼筋綁紮前以蓋平用石膏（抗壓強度 4000PSI 以上、硬化時間 40min）批補塡平縫隙可得較佳之效果。又因樓版預留孔洞，如模板搬運孔等，於吊模補灌混凝土拆模後，下緣混凝土均凸出於原有混凝土面。若於吊模上方襯墊 2cm 厚之保麗龍板，當鐵線束緊擠壓保麗龍向上隆起，爾後以批土即可將平頂 RC 塡補整平，免除打鑿粉光等加工。

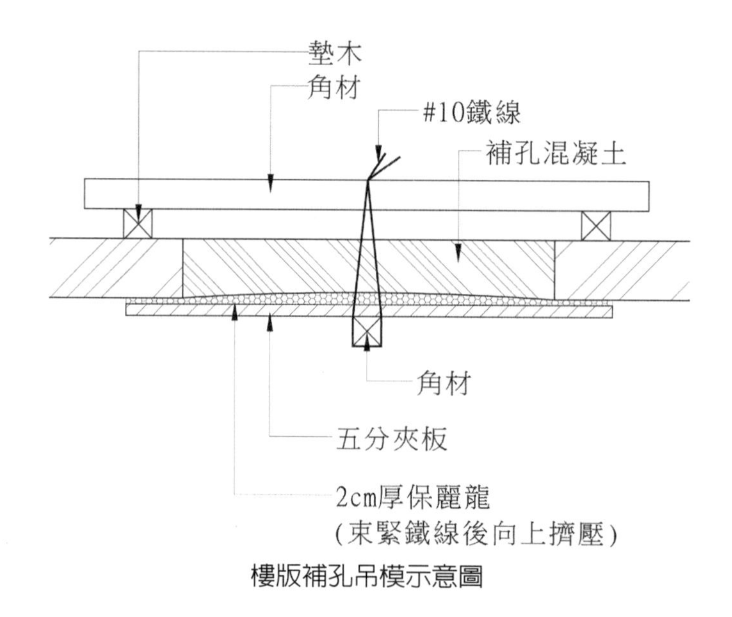

樓版補孔吊模示意圖

八、每層工期及模板數量

依慣例於模板工程發包議價時均言及承包商應備模板一套半或二套半等條件，因備料數量不同，其單價一有差異。所謂一套模板，爲一個樓層用量之牆模板＋柱模板＋樑側模板＋樑底模板＋樓版模板＋足量支撐材及貫材。

通常規定樓版養護 14 天後方可拆除版模，樑養護 21 天後方可拆除樑底模。牆、柱、樑側模依慣例多於灌漿次日拆除。

註：一套半模板（每層工期 14 天）。牆、柱 1 天拆模，樓版 7 天拆模，樑底 14 天拆模。

故，若每 14 天完成一樓層結構混凝土澆置（每層工期 14 天），其標準層結構體工程進度（依工種分類）概如下表。

標準層 14 天工期進度表（依工種分類）

工期	放樣	模板	鋼筋	水電	備註
D1	06：00 前完成放樣	拆側模	鋼筋吊料、續接器安裝		施工架吊料、搭設
D2		拆側模、拔釘、整理	柱筋綁紮、牆筋綁紮	柱內配管	
D3		傳料、牆單側立模、柱立模	牆筋綁紮	牆內配管、出線盒安裝	
D4		傳料、牆單側立模、柱立模	牆筋綁紮	牆內配管、出線盒安裝	
D5		牆封模、柱封模		牆內配管、出線盒安裝	
D6		牆封模、柱封模、掛樑底模			
D7		樑側模組立、樓梯底板組立			
D8		樑側模組立、版模組立			
D9		版模組立			
D10	版上、樑上插筋位置放樣噴漆	脫模劑塗刷	樑、版鋼筋吊料、樑筋綁紮	放樣	
D11			樑筋綁紮、版筋綁紮、樓梯鋼筋綁紮		
D12		樓梯踏步模板組立	版筋綁紮	版面配管	標高器安裝、預埋施工架壁拉桿
D13	FL+50cm 高程標記於柱筋	柱、牆清潔孔封閉	補強筋綁紮、預留筋綁紮	版面配管	監造人勘驗，建管樓層勘驗，租工版面清潔、牆、柱底部清洗
D14	版面混凝土硬化後即行放樣	護模	護筋	護管	租工版面清洗，整體粉光配合施作，混凝土泵送、澆置、整平

模板材料需求如下：一樓層用量之牆模板＋柱模板＋樑側模板＋(樑底模板 ×3)＋(樓版模板 ×2)＋足量支撐材及貫材，即俗稱之二套半模板。

因俗稱之一套半、二套半模板並無法條或規範定義，發包時以套數約定模板備料數量可能流於各自表述，應於邀商報價說明書明確定義。

若要求使用全新板材時，因陸續補充板材，致新舊無法區別，補料次數、數量難以計算，汰換率多難以控制。故本節邀商報價說明依每片板材翻用 6 次計算，配合施作樓層之模板需求，規定每階段之進料時機與數量，期能提供另種思考方向。

九、外牆留孔吊線

高樓層建築為縮短工期，均於結構體施作至某一樓層即進行下部樓層之外牆泥作工程，但該階段無法於頂層吊線施作灰誌，僅憑泥作師傅舞弄，俟全棟外牆磁磚貼飾完成後方能確知成果是否理想。建議於外牆留設孔洞，自室內基準向室外量測吊線施作灰誌以控制粉刷線如磁磚計畫所需。

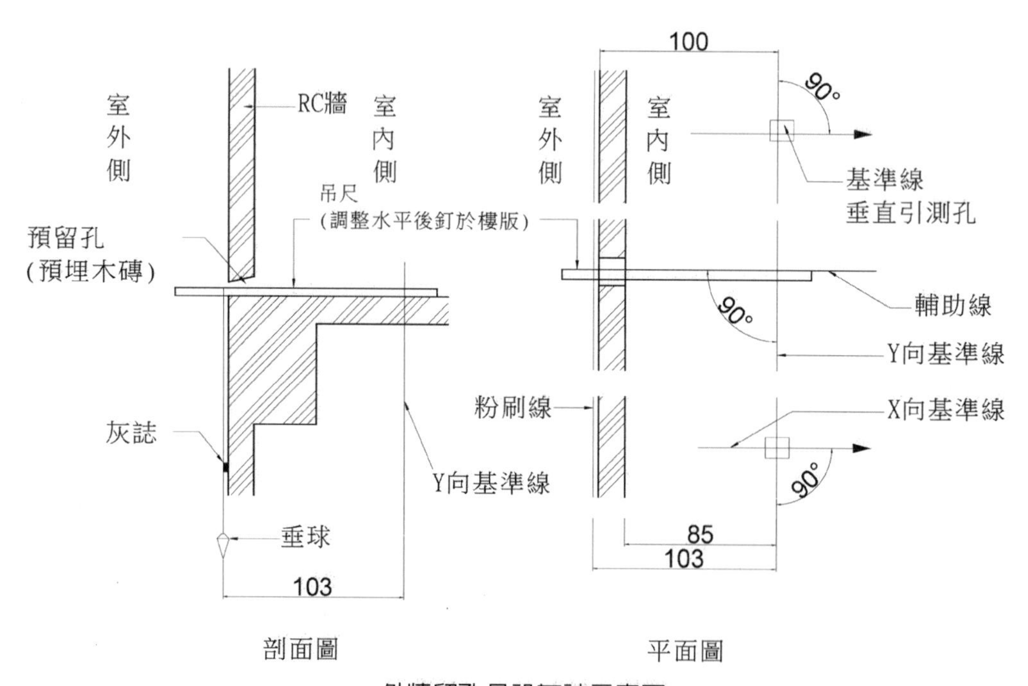

外牆留孔吊設灰誌示意圖

十、發包方式

模板工程可依實做實算方式發包計價，亦可依總價發包，甚至有業主自購模板僅發包代工。若預期個案少有變更及二次施作項目，採總價發包極爲可行，合約中明列各層模板施作數量，爾後計價時不需計算數量、減少爭議、避免現場灌水、即早確認成本，優點多於缺點。若營造廠自備模板由代工承攬施工（公共工程可專案申請外勞施工），應加倍計算損料且降低計算翻用次數。

本節報價說明之發包屬連工帶料，故以部分現金、部分期票支付工程款。付款辦法第 7 條所列「取得使用執照後退還剩餘之保留款」之目的爲：預計於取得使用執照時應無模板工程之漏做或未完成項目，其缺失亦應被發現並完成改善，已無保留尾款之必要與理由。

模板工程邀商報價說明書案例

項次	工程項目	單位	數量	單價	複價	備註
1	模板工程（一般樓層）	m^2	80,261			以下均含工料
2	模板工程（挑高樓層）	m^2	20,667			H＝435cm
3	模板工程（挑高樓層）	m^2	7,594			H＝500cm 地下室 B2 及 B3
4	模板工程（挑高樓層）	m^2	4,769			H＝600cm 1F
5	點工	工	1			
	小計					
	稅金					
	合計					
合計新台幣　仟　佰　拾　萬　仟　佰　拾　圓整						

【報價說明】

一、施作內容爲本工地全部模板工程之工料，含主體工程、附屬工程、二次工程。

二、樓層高度（單位 cm）

A 棟 1F＝600 2F～20F＝310 21F～23F＝435

B 棟 1F＝600 2F～20F＝310 21F～23F＝435

C 棟 1F＝600 2F～17F＝310 18F～24F＝435

地下室 B1＝350 B2～B3＝500

三、施工說明

材質

模板：框板面材可採杉木、柳安之邊材。版模面板應採五分防水夾板。

背撐角材應採杉木、柳安（縱向纖維）角材。

框板面板縫隙大於 3mm 且小於 30mm 時可採一分夾板修補。縫隙大於 30mm 時應採同質之散板更換整修。

夾板面板缺角時應將缺角部分切除，若有孔洞應以石膏填補平整。

模板型式	面板厚度
框板	15mm 以上
夾板	15mm 以上

背撐角材	角材間距
4.5cm×4.5cm	45cm
4.5cm×3.6cm	30cm

大角材：含版擱柵、版貫材、樑底背撐角材、牆背撐角材、木質支柱。

一律採杉木、柳安（縱向纖維）。

大角材接續時，其搭接長度不得小於60cm，以#10鐵絲雙線絞繫至少二處。

樓版模板背撐大角材及支柱間距（單位：cm）		
	版厚小於或等於 15cm	版厚 16～24cm
7.5cm×7.5cm 角材	90cm	80cm
7.5cm×6.0cm 角材	80cm	70cm
樓版背撐大角材、支柱與樑邊緣之距離不得大於 30cm		

樑底模背撐大角材及支柱間距（單位：cm）		
樑寬	樑底背撐大角材、支柱規格及間距	
等於或小於 30cm	9cm×9cm@90cm	7.5cm×7.5cm@80cm
31～40cm	9cm×9cm@90cm 雙排	7.5cm×7.5cm@80cm 雙排
41～50cm	9cm×9cm@60cm 雙排	7.5cm×7.5cm@50cm 雙排
樑底支柱與柱模邊緣距離不得大於 30cm		

支柱：本工程可使用制式鋼管支撐或柳安、杉木、楠木或堅實雜木之方形角材（應採縱向纖維）。

鋼管支柱不得鏽蝕、變形、彎曲，微調螺牙應完整且附制式插銷及上下托承，鋼支柱繫材可採鍍鋅鐵管（3/4"）附萬向緊結器或1寸×1.2寸之柳安角材以#14鐵線繫結。若鋼管支撐之插銷彎曲，必須換新，不得以鋼筋或鐵線取代。

木質支柱應採2寸×0.5寸之木質繫材。

支柱間距比照背撐大角材。

木質支柱下端一律墊置三角木楔二塊。

支柱下方除PC或RC地坪外，其它地坪均應先行夯實並鋪設3cm厚24cm寬之隔板後方可豎立支柱。

鐵件：牆、樑模板採#10鐵線、#12鐵線或螺栓固定。

柱模板一律採螺栓固定。

牆高若大於300cm，一律使用螺栓固定。

隔件均採鐵片製品。安裝時V槽開口朝上。

脫模劑：應使用乳化油脂脫模劑。

脫模劑應於配筋前塗刷完成。

組立

柱模

1. 地下室 RC 柱採用夾板模，地上層 RC 柱採框板模，依墨線釘設底部墊板。
2. 垂直組立柱模，並隨時以鉛垂校正。
3. 配置背撐大角材並以螺栓固定。
4. 每組柱模下方均須預留清潔孔（不得小於30cm×12cm），清潔孔應於灌漿前封閉。
5. 柱模之斜向支撐底部應設楔塊。

柱模緊結螺栓之垂直間距（單位：cm）			
	最上端（至版模距離）	中間段間距	最下端（至地坪距離）
柱高小於 300cm	60cm	45cm	20cm
柱高 300～450cm	60cm	35cm	15cm

圓柱

1. 依斷面尺寸分數片製作圓柱模板。
2. 圓柱模之面板應以 15mm×30mm 之條板併接。
3. 肋板採 30mm 厚之板材依斷面鋸弧。
4. 依放樣位置組立柱模，並隨時以鉛垂校正。
5. 配置背撐大角材，並以螺栓固定。
6. 螺栓垂直間距比照方柱。

牆模

1. RC 牆一律使用框板模，依放樣墨線釘設墊木條板。
2. 組立外側模板並釘設門窗開口角材（開口角材應依墨線校正平直）。
3. 配筋及配管完成後安裝隔件及內側模板，並隨時以鉛垂及水線校正平直。
4. 配置縱向及橫向背撐大角材。
5. 配置繫結鐵件（#10 鐵線、#12 鐵線或螺栓）。
6. 配置斜向支撐（底部應釘木楔）及斜向抗拉鋼索（1/4"）。
7. 外側模板組立時應以 #10 鐵線向內側拉繫，並設臨時斜撐，防止傾倒。

牆模板繫結鐵件縱向間距（單位：cm）			
	最上端三列之間距	中間部分	最下端（至地坪距離）
牆厚小於 15cm	60cm	60cm	20cm
牆厚大於 15cm	60cm	45cm	15cm
橫向（水平向）間距一律不得大於 90cm			

樑模

1. 地下室 RC 樑之樑底、樑側模板一律使用夾板模，地上樓層 RC 樑之樑底、樑側模板一律使用框板板模，依樑底高度組立樑底板及支柱。
2. 依墨線位置及設計高程拉設水線，安裝樑側模板。
3. 梁底模板與支柱間應配置背撐大角材。
4. 樑側模應配置橫向背撐大角材，側模上下端應配置止動角材。
5. 樑深（不含版厚）小於 55cm 時應設置橫向背撐大角材，二側各一支，繫結鐵件水平間距不得大於 75cm。
6. 樑深（不含版厚）大於 55cm 時應設置橫向背撐大角材，二側各二支，繫結鐵件水平間距不得大於 75cm。
7. 繫結鐵件距柱邊不得大於 30cm。
8. 樑跨度小於六米時應預拱 1.0cm。

樑跨度大於六米時應預拱 1.5cm。

版模

1. 樓版一律使用夾板模板，依樓版設計高程及已完成之樑側模架設支柱及背撐大角材。
2. 支柱下端均設置木楔二塊。
3. 配置版模（依轉角、邊緣、中央之順序配置）。
4. 版跨度小於六米時應預拱 1.0cm。

版跨度大於六米時應預拱 1.5cm。

樓梯

1. 依放樣墨線及設計高度配置支柱及背撐大角材。
2. 配置樓梯底板。
3. 配筋完成後依梯級墨線配置梯級擋板。
4. 擋板上置壓木角材，角材與擋板間設擋木。
5. 壓木角材與背撐角材以 #10 鐵線繫結，間距不得大於 90cm。

拆模及養護時間

1. 牆、柱——1 天
2. 樑側模——2 天
3. 版模——14 天
4. 樑底模——21 天

模板拆模後應立即檢修，並剔除不堪用者。樑底模拆除完成並吊昇後應立即清掃該層（可供放樣爲標準），混凝土面不得殘留模板（含夾板）碎片、鐵件、套管等。

四、其它說明

1. 本工程爲地下 3 層地上 24 層之鋼筋混凝土建築，地下室開挖之擋土安全設施爲連續壁及五層水平支撐。
2. 本工地進場模板一律採全新板料，角材採堪用品，但不得有裂痕、併接、腐朽、彎曲等現象。材料一律不得塗刷任何塗料。鋼管支柱不得鏽蝕、變形、彎曲，微調螺牙應完整且附制式插銷及上下托承，鋼支柱繫材可採鍍鋅鐵管（3/4"）附萬向緊結器，或 1 寸 ×1.2 寸之柳安角材以 #16 鐵線繫結。柱模板一律採螺栓緊結器固定，牆樑模一律採 #10 鐵絲、#12 鐵絲或螺栓固定。
3. 一切物料須經甲方現場監工人員查驗後方可進場使用，凡有不符上項規定者應立即運離工地。
4. 模板工程之施工進度由甲方工地主任訂定（2F 以上樓層，暫定每十四天澆築一層樓版）。
5. 施工標準圖如附圖（略）。
6. 預估模板工程總數量爲 113,292m^2，乙方應備之模板新料不得少於 18,900m^2。B3 頂版灌漿完成；該層水平支撐拆除後，進場之模板新料數量不得少於 7000m^2，5F 頂板灌漿完成後應再進模板新料，進料數量不得少於 4500m^2，低樓層使用之模板材料經刪選後保留 1000m^2 整齊堆置於五樓備用，俟甲方工地主任核准方得使用。其餘舊料應立即運離工地。12F 樓版導築完成後再進 4000m^2 模板新料；低樓層使用之模板材料經刪選後保留 500m^2 整齊堆置於十二樓備用；其餘舊料應立即運離工地。18F 樓版導築完成後再進 3400m^2 模板新料；低樓層使用之模板材料經刪選後保留 300m^2 整齊堆置於十八樓備用；其餘舊料應立即運離工地。結構體完成後應刪選保留 300m^2 之模板材料整齊堆置於工地主任指定位置備用，其餘舊料應立即運離現場，所保留之模板材料俟工地主任通知後立即運離工地。
7. 混凝土完成面之容許誤差如下表。

混凝土完成面容許誤差表（MAX，單位：mm）

	柱、樑、牆之接合位置	柱	樑	牆	版	開孔
垂直誤差	5	15	10	15	15	15
水平誤差	5	5	10	10	15	15
斷面誤差	10	10	10	10	投影對角 30	15

註：1. 上表所列容許誤差之測量均以放樣墨線爲準。
2. 上表所列凡有不符者即爲不合格，乙方應負責修正。
3. 模板施作時，若甲方監工預判混凝土完成面無法達到上表要求，得要求乙方修正，乙方不得拒絕。

4. 本案報價單視爲合約附件，報價廠商若有疑問或異議應於報價前提出，否則一切爭議依甲方解釋爲準。

8. 乙方應依照圖說及甲方現場人員指示施作，預留開孔、補孔、預留放樣基準孔、配合水電工包配管及鋼筋工程施工等均爲義務，不得拒絕。
9. 未經甲方工地主任及鋼筋材料承包廠商允許不得取用鋼筋材料。
10. 外牆模板一律以直徑 1/4" 之鋼索向內側拉伸，固定於地坪預埋之 #4 鋼筋鉤。鋼索間距不得大於 3.0m，每只預埋鋼筋彎勾繫拉之鋼索不得多於三支。鋼筋彎鉤由甲方供應，乙方於灌漿時自行埋設。
11. 每層樓版灌漿前，其下層之欄杆、花台、雨庇等模板亦需完成，否則灌漿點工由乙方支付。
12. 無法拆模處仍應照圖施作，不得以金屬空桶或保麗龍取代（避免誤解），不得要求追加單價或其它補償。
13. 牆、柱模板應於接地緣預留清潔孔（每柱一孔。牆模每一直線段均留孔，且孔距不得大於六公尺），清潔孔不得小於 30cm×12cm。灌漿前由甲方派工清洗，清洗後乙方派工封閉。
14. 灌漿時乙方應派員護模，每次護模人數不得少於二人。
15. 零星廢料應由乙方清掃堆積於甲方監工指定之位置，甲方派車運棄。大件或大量之廢料由乙方於工地主任指定時間內清除運棄。
16. 乙方應指派現場領班督導施工，並負責一切協調、安全管理、人員物料管制調度及進度控制。若現場領班無法達成上列要求，甲方得要求撤換，乙方不得拒絕。
17. 5F 地版混凝土澆置前，現場不安裝塔吊設備，材料機具由乙方自行吊運。
18. 本案工地設置施工電梯，其使用規定由工地主任訂定。
19. 本案一樓外牆不搭設鷹架，一樓施工時甲方供應金屬框架十組由乙方自行架設。
20. 淨高大於 6.0m 處一律由甲方搭設排架支撐。
21. 本案工地禁止搭設工寮。
22. 灌漿時若因爆模、漏封孔洞等造成漏漿，乙方應負責清除並賠償損失。若因支撐失當造成災害，乙方除須賠償損失並須負刑事及民事責任。
23. 拆模後之混凝土面凡有誤差大於容許規定者，乙方應負責修正並負擔泥作工料損失。
24. 進入工地之人員一律帶安全帽。2F 以上作業（含 2F）一律佩戴安全帶。
25. 若未依規定使用安全帽、安全帶，得由甲方工地主任訂定罰則，乙方不得異議。

26. 簽約時乙方應同時具結安全責任切結書，自負一切安全責任。

五、付款辦法

1. 每月一日及十五日爲計價日，每月十日及二十五日爲放款日。
2. 計價時乙方應附足額當月發票，否則不予計價。
3. 依實做數量計價。
4. 每期均依實做完成數量計價 90%，概以 50% 現金，50% 六十天期票支付。
5. 建造執照圖說部份之模板工程完成，且人員、材料、廢棄物離場後退還保留款之 1/3，概以六十天期票支付。
6. 取得使用執照退還保留款之 1/3，概以六十天期票支付。
7. 取得使用執照後退還剩餘之保留款，概以六十天期票支付。
8. 扣款、罰款應於每期計價時清結。

第 11 章 鋼筋工料

鋼筋在 RC 結構中的作用有如動物骨骼，混凝土則類似動物肌肉，經由肌肉包覆並傳遞力量牽引骨骼，由骨骼維持動物形體，抵抗自重或外力造成形體錯位變形。若骨質疏鬆或骨骼易位是無法有效支承人體自重及抵抗外力。RC 結構中的鋼筋亦如骨骼，其材質及綁紮排列位置均須符合設計要求方能保證結構安全及使用年限。

一、鋼筋工料發包方式

鋼筋之發包方式常見者有連工帶料總價發包、連工帶料依實做數量計價、工料分別發包（可採總價發包或採實做數量計價）等三種。以連工帶料總價發包之優點為甲方可即早確認鋼筋工程之成本、降低材料失竊風險、減少人員操守之顧慮亦無過磅灌水之煩惱，缺點為任何變更均須作加減帳、乙方對材料使用斤斤計較，且其先決條件須為連工代料，工班素質未必完全符合甲方要求。連工帶料依實做數量計價之優點為材料與施工之進度均由承攬承商調配，管理較容易，若因工期延宕而罰扣款項，乙方亦無從異議。工料分別發包但均依實做數量計價之優點為甲方可分別選擇較優良之廠商及工班，但協調較費事。又因採實做實算，每期計價均須計算實際鋼筋用量、每次進料均須過磅，無法即早確認成本，弊端多發生於此。

舉例鋼筋過磅弊端，如鋼筋運載車輛於暗處設置水箱，滿載水箱於鋼筋過磅後沿途排水，再磅空車時可得 1～2 噸之重量差，另有於車斗放置實心鐵塊，滿載過磅後俟機卸放鐵塊，再磅空車時可得 2～3 噸之重量差。亦有勾結地磅人員做不實磅重者。防止之道為全程跟車並隨時注意車後是否排水或中途停車卸放鐵塊。隨機指定地磅站場亦稍可排除勾結可能。

二、鋼筋材料

依舊版 CNS 所列之鋼筋種類記號有 SR、SD、SRR、SDR 四種。SR 為熱軋光面鋼筋，較少應用於建築工程。SD 為熱軋竹節鋼筋，目前設計、使用之鋼筋均屬此類。SRR 為再軋光面鋼筋、SDR 為再軋竹節鋼筋。目前版本 CNS 560 已刪除 SRR、SDR 符號，再軋竹節鋼筋與熱軋竹節鋼筋均採 SD 記號，再軋光面鋼筋與熱軋光面鋼筋均採 SR 記號。

CNS 3300（已於104年1月26日廢止，由CNS 560取代）對鋼筋混凝土用再軋鋼筋之原料及製造方法作出明確定義：「再軋光面鋼筋及再軋竹節鋼筋，以鋼料在軋製過程中所產生之軋壞料、廢棄之鋼料或拆船鋼板爲原料再軋壓製造之」。簡言之，再軋鋼筋即以廢鐵、廢鋼再熱軋製造之鋼筋。台灣營建業使用之鋼筋幾乎均屬回收廢鐵，經由電弧爐煉製之再軋鋼筋。

營建工程業對SD420鋼筋多稱爲高拉鋼筋，SD280鋼筋多稱爲中拉鋼筋。鋼筋抗拉強度多隨含碳量改變，相同成分鋼材，提高含碳量則抗拉愈強。但碳原素於熱處理（回火）時將發生不均匀集中，易脆裂；故高拉鋼筋不得採瓦斯壓接屬工程常識。若於回火前做預熱、回火後慢速退火（降溫），於冶金原理應屬可行，但於施工現場是否可作合理控制應多探討。

註一、CNS 3300於89年5月11日修訂版已取消kgf/mm^{2}之公制單位，改採SI制國際單位。1kgf = 9.81N。鋼筋「記號」改稱爲鋼筋「符號」。原記號SR24（SR爲光面鋼筋）、SD28、SD42……改爲符號SR240、SD280、SD420……。

註二、CNS 560對SD280W、SD420W、SD490W、SD550W鋼筋要求：實際抗拉強度應大於實際降伏強度1.25倍。對SD690鋼筋要求：實際抗拉強度應大於實際降伏強度1.15倍。對SR240、SR300、SD280、SD420則未作要求。

註三、CNS 560表1說明欄註記：SD280W、SD420W、SD490W、SD550W可焊接、耐震構材用。

註四、依ASTM規範，A-706加釩鋼筋可用於熱處理。A-706另有未加釩之水淬鋼筋，熱軋後以冰水急速退火降溫，造成鋼筋表面急速收縮，致改變鋼筋外層金相（或稱晶相）使該層強度大幅增加。但因內外層晶相不同、強度不同，不宜用於車牙之續接，以免高強度材質層被削除而造成抗拉不足。又因水淬鋼筋較易氧化生鏽，僅數日即可產生明顯鏽斑，當結構物表層混凝土中性化，鋼筋表層將加速鏽蝕，減損鋼筋抗拉斷面而大幅降低強度及安全性，嚴重危害建物使用壽命，建議不宜採用水淬鋼筋。

註五、一般稱SD280W、SD420W爲可焊鋼筋。但與A-706同理，以水淬製程方式亦可生產SD280W、SD420W鋼筋。

註六、舊版CNS 560對水淬製程稱爲「線上熱處理」，簡稱「熱處理」。對傳統製程稱爲熱軋。新版CNS 560已刪除線上熱處理鋼筋名稱及規範內容。

【鋼筋製品分析之化學成分．錄自 CNS 560：2018】表 11

種類	製造方法	符號	化學成分（%）					
			C	Mn	P	S	Si	C.E(a)
光面鋼筋	熱軋或再軋	SR 240 SR 300			0.060 以下	0.060 以下		
竹節鋼筋	熱軋或再軋	SD 280			0.060 以下	0.060 以下		
		SD 420	0.34 以下	1.60 以下	0.060 以下	0.060 以下	0.55 以下	0.59 以下
		SD 280W SD 420W SD 490W SD 550W	0.33 以下	1.56 以下	0.043 以下	0.053 以下	0.55 以下	0.55 以下
		SD 690			0.075 以下			
註[a]C.E（碳當量）$=\left[C+\frac{Mn}{6}+\frac{Cu}{40}+\frac{Ni}{20}+\frac{Cr}{10}-\frac{Mo}{50}-\frac{V}{10}\right]\%$								

註一、C.E（碳當量）式中，Mn：錳，Cu：銅，Ni：鎳，Cr：鉻，Mo：鉬，V：釩。

註二、C（碳）：鋼鐵含碳量增加，其抗拉強度、硬度增加，延伸率減少，質脆、易裂。

Mn（錳）：作爲製造鋼鐵之脫硫劑，亦可增加鋼鐵之強度、韌性，但含量大於 1.5% 時韌性（延伸率）逐漸降低、易裂。

P（磷）：爲有害成分，量多時造成鋼鐵質脆，焊接用鋼之 P 含量不宜大於 0.05%。

S（硫）：爲有害成分，與鐵化合成硫化鐵、與錳化合成硫化錳，硫化物量大時呈帶狀存在於鋼鐵，形成硫裂。鋼鐵加溫達 980℃硫化鐵與鐵形成共晶，將集中凝固於結晶粒界致鋼鐵變脆。錳更易與硫化合成硫化錳，浮於鐵液上層，形成易於清除之廢渣，故作爲脫硫劑。焊接用鋼之 S 含量不宜大於 0.05%。

Si（矽）：作爲製鋼過程之脫氧劑，含量低於 0.6% 可增加鋼鐵抗拉強度及硬度，但脆性亦相對增加，焊接用鋼之 SI 含量不宜大於 0.6%。

註三、高拉鋼筋可依下列三種製程製造：

1. 水淬。
2. 加入 V（釩）、Nb（鈮）等稀有金屬以提高抗拉強度。
3. 冷加工（冷軋），藉由扭、轉、抽、冷軋等加工強化鋼筋組織（國內未生產）。

註四、鋼筋是否可焊？與加入 V（釩）、Nb（鈮）無關，與碳當量有直接關係。

三、AWS 對鋼筋焊接的規定

AWS（美國焊接協會）焊接規範是依據碳當量及鋼筋直徑而訂定預熱溫度，故經適當預熱後，SD420 鋼筋供焊接使用亦無不可，但預熱是否確實、預熱成本是否經濟、耐震是否符合要求須一併考量。SD280 鋼筋未規範碳當量，應視其為 0.75% 以上。

AWS 對鋼筋預熱及內通溫度之規定°F（華氏）

碳當量 %（C.E）	鋼筋號數		
	#3～#6	#7～#11	#14～#18
C.E ≦ 0.40	免預熱	免預熱	50
0.41～0.45	免預熱	免預熱	100
0.46～0.55	免預熱	50	200
0.56～0.65	100	200	300
0.66～0.75	300	400	400
0.75 以上	500	500	500

註一：℃ = 5(°F – 32)/9 或°F = (9×℃)/5 ＋ 32

註二：CNS 規定熱軋 SD420W 鋼筋之碳當量不得大於 0.55%。依 AWS 規定應預熱至 50°F（即 10℃），故依台灣平地之氣溫而言應免預熱。

四、計價及綁紮注意事項

因CNS對鋼筋質量訂定容許誤差值，故以實作實算方式發包鋼筋材料時，製造商（或供料商）多依容許誤差上限抽料，以增加銷售數量。以總價發包鋼筋材料時，製造商（或供料商）多依容許誤差下限抽料，以增加利潤。

於連續壁、排樁、基樁之施作階段，多由甲方提供鋼筋材料予廠商施作。因連續壁、排樁、基樁之規格單純，購用定尺鋼筋料不但可簡化現場紮配過程、減少做料空間亦可減低材料損耗。訂購定尺鋼筋料時須支付加工費用，每公噸約數百元。依拖車長度計算，直料鋼筋之長度不宜大於 14m，否則載運將發生困難。

坊間對鋼筋紮配規範著述甚多，本節不再贅述，僅對常見疏失提醒，建議於發包時確認以界定責任。

柱筋於中央帶所受之應力較小，故應儘量於此範圍搭接，若必須於柱底部搭接，亦應提高 40cm 後再行搭接，以避開應力最大處。

鋼筋搭接後藉由混凝土傳遞應力，愈長之搭接即爲獲得愈長之握裹長度，故握裹不良即等於減損搭接長度。樓版澆築混凝土時多無法避免沾留泥漿於預留鋼筋表面，該處浮漿強度甚弱，下回灌漿前若未以鐵刷清除浮漿任其包覆於混凝土中，形成鋼筋與混凝土之介面，爾後拉力稍大即造成介面浮漿破壞，致該段搭接失效。故於樓版混凝土澆築預定高程以上範圍包覆膠膜爲解決對策，否則應於樓版澆築混凝土後派工清除該處泥漿（極耗工）。

箍筋端部彎勾均採 135°，若因配筋過密無法依規定施作時，至少應一端採 135° 一端採 90° 彎勾閉合。若於 SRC 構造或樑柱接頭範圍箍筋，無法以單箍圈合，可採雙 U 形箍筋圈合，其端部彎勾亦應依上列規定施作。近年採用之韌性結構設計，樑柱接頭範圍箍筋實爲受力重點，無論如何均不得簡略。

早年版筋配置方式多於中央帶配置下層筋而不配置上層筋（近年已少採用），雖節省鋼筋用量但增加綁紮程序。爲使樓版配筋之主筋均位於外側，得到最大之抵抗彎矩，應依下列部驟紮配方能正確（參照下頁示意圖）。

STEP 1　配置短向下層鋼筋 A @24cm & @18cm

STEP 2　配置長向端部下層鋼筋 B @22cm（與 A 綁紮）

STEP 3　配置長向端部上層鋼筋 C @22cm

STEP 4　配置短向彎曲鋼筋 D @24cm（起筋後與 C 綁紮）

STEP 5　配置長向中央帶下層鋼筋 E @30cm（與 A 綁紮）

STEP 6　配置短向端部上層鋼筋 F @18cm

STEP 7　配置長向彎曲鋼筋 G @30cm（與 F 綁紮）

STEP 8　配置長向上層輔助鋼筋（加鐵）H @30cm（與 F 綁紮）STEP 9 配置短向上層輔助鋼筋（加鐵）I @24cm（與 C 綁紮）

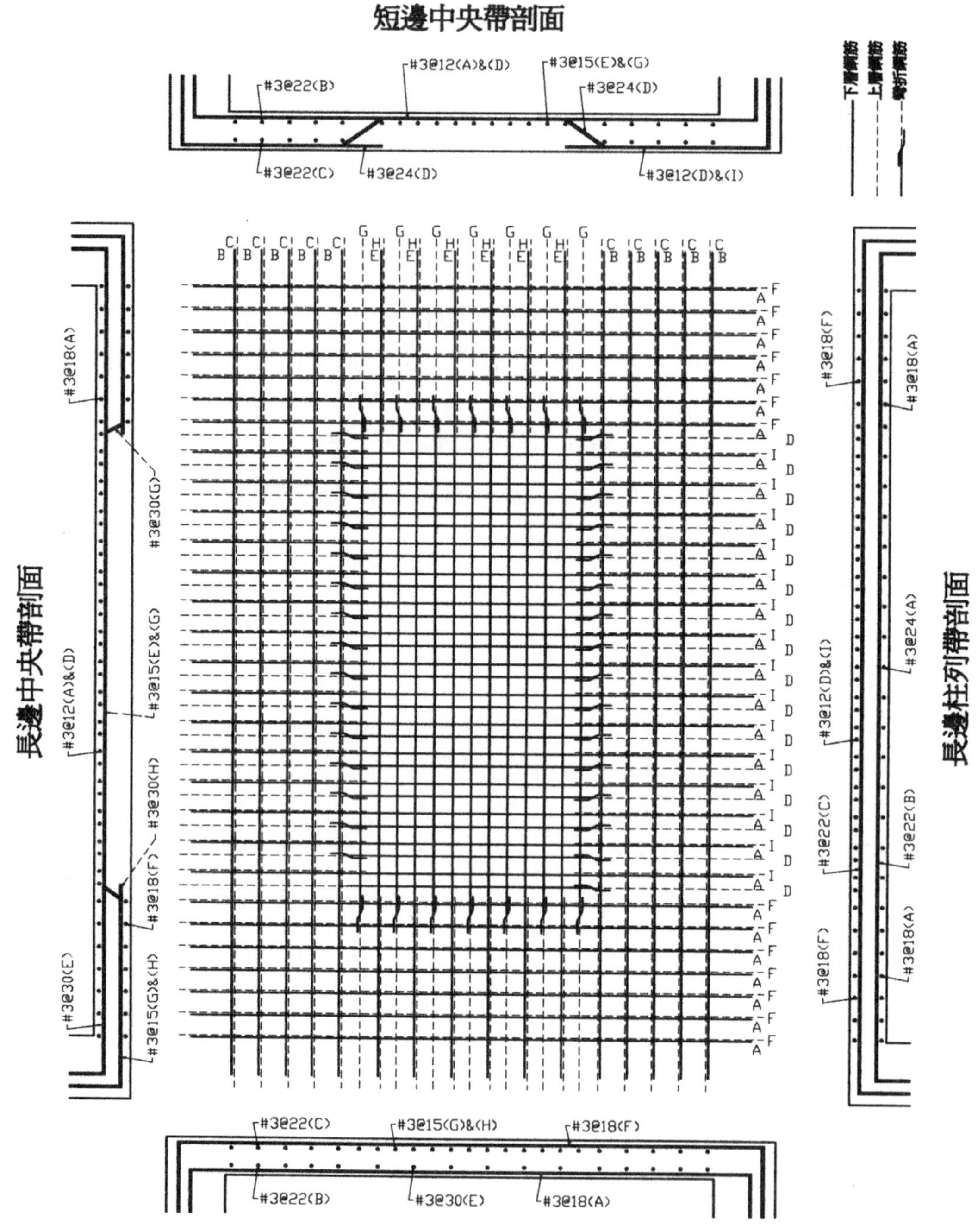

短邊中央帶剖面
#3@22(B)
#3@12(A)&(D)
#3@15(E)&(G)
#3@24(D)
#3@22(C)
#3@24(D)
#3@12(D)&(I)
下層鋼筋
上層鋼筋
彎折鋼筋
長邊中央帶剖面
#3@18(A)
#3@30(G)
#3@12(A)&(D)
#3@15(E)&(G)
#3@30(H)
#3@18(F)
#3@30(E)
#3@15(G)&(H)
長邊柱列帶剖面
#3@18(F)
#3@18(A)
#3@24(A)
#3@12(D)&(I)
#3@22(C)
#3@22(B)
#3@18(F)
#3@18(A)
#3@22(C)
#3@15(G)&(H)
#3@18(F)
#3@22(B)
#3@30(E)
#3@18(A)
短邊柱列帶剖面

鋼筋工料邀商報價說明書案例

項次	材料項目	單位	數量	單價	複價	備註
1	鋼筋做料紮配工資	T				總價承攬
2	SD280 鋼筋材料	T				總價承攬
3	SD420 鋼筋材料	T				總價承攬
4	#10 鋼筋續接器續接工料	組				SA 級
5	#8 鋼筋續接器續接工料	組				SA 級
6	點工	工	1			
	小計					
	稅金					
	合計					

【報價說明】

一、加工地點：乙方提供鋼筋做料場地。

二、鋼筋做料紮配施工標準。

1. 業主、監造人、建管單位查驗時乙方應派員配合並隨時修改缺失。
2. 本案 2F 版以上結構體暫定每十四天澆築樓版一層，乙方應無條件配合施工。若逢豪雨或颱風，甲方工地主任得視狀況順延工期，否則依逾期論。
3. 每階段施工前由甲方工地主任提示單一樓層進度表，乙方應主動索取，不得以預定進度不詳為由而規避責任。每逾期一天完成則當層計價款加開十天票期。若該層施工逾期天數多於二天則須再加以扣款，逾期超過二天之部分，每日扣款該層計價金額 3%（即百分之三）。上列進度及罰則應分棟分層計算。
4. 本案柱筋均採續接器續接鋼筋，續接位置由乙方規劃。續接原則為每二樓層續接一次，相鄰鋼筋均錯開一樓層續接，續接加工車牙損耗以 5CM 計。若因規劃未臻詳實致預留續接器位置不符現場需求，應由乙方以 SA 級油壓續接器補救，不另計費用。但續接器施作及檢驗應依本合約附件規定。
5. 乙方應依建築師所提之鋼筋加工標準圖、結構配筋圖加工紮配（未臻詳盡處依結構技師指示為準）。
6. 鋼筋材料應妥善吊運紮配，不得扭曲、汙染、鏽蝕。
7. 所有開口、套管、角隅等之補強均為承攬範圍，不得拒絕施作或要求補貼。
8. 乙方應自備吊車吊升鋼筋材料。

9. 吊放鋼筋時應綁紮牢固並指派專人於適當位置指揮吊運及維護安全。鋼筋不得集中放置模板亦不得放置於水平支撐、鷹架，否則一切之安全責任及損失賠償均由乙方承擔。
10. 除鋼筋材料、施工電源由甲方供應外，其它工料及工具概由乙方自備。
11. 版筋採跳一步綁紮，方柱角隅主筋與箍筋採每步綁紮、其它主筋與箍筋採跳一步綁紮，圓柱一律採跳一步綁紮，樑上層主筋與箍筋採每步綁紮，樑下層主筋、中間層主筋、腰筋、補強筋與箍筋採跳二步綁紮，牆筋採跳一步綁紮，轉折點及端點應每點綁紮。
12. 配筋間距應以尺規先行量繪，不得憑視覺分配排列。樓版主筋、副筋應明確層次，不得便宜行事。
13. 灌漿時應派員護筋，不得拒絕。
14. 預留筋應於灌漿前紮配完成，不得於灌漿時插植。
15. 工地設施、建材、建物應妥善維護，凡有毀損汙染應立即復原或賠償不得異議。
16. 乙方應長期派駐專人指揮施工、維持進度、維護安全、管制人員、協調業務。凡有不稱職者，甲方得要求撤換，乙方應於四十八小時內另派適當人員接替。

三、鋼筋材料驗收條件如下。

1. 乙方於每次交貨同時必須提出無輻射證明。
2. 乙方於交貨前應事先通知甲方取樣做抗拉試驗。
3. 樣品送政府機關、公信單位或甲方指定單位檢驗時，其費用由乙方負擔。
4. 運費由乙方負擔。

四、本工程使用之鋼筋材料應符合下列各項規格及工程性能。

【竹節鋼筋標準規格表，節錄自 CNS 560：2018 A 2006 表 3】

竹節鋼筋稱號	竹節鋼筋號數	單位質量（W）(kg/m)	標稱直徑（d）(mm)	標稱面積（S）(mm^2)	標稱周長（L）(mm)	節之尺度（單位 mm）			
						節距（P）（最大值）	節之高度（a）		單一間隙寬度（b）最大值（mm）
							最小值（mm）	最大值（mm）	
D 10	3	0.56	9.53	71.33	30	6.7	0.4	0.8	3.7
D 13	4	0.994	12.7	126.7	40	8.9	0.5	1.0	5.0
D 16	5	1.56	15.9	198.6	50	11.1	0.7	1.4	6.2
D 19	6	2.25	19.1	286.5	60	13.3	1.0	2.0	7.5
D 22	7	3.04	22.2	387.1	70	15.6	1.1	2.2	8.7

竹節鋼筋稱號	竹節鋼筋號數	單位質量（W）（kg/m）	標稱直徑（d）（mm）	標稱面積（S）（mm^2）	標稱周長（L）（mm）	節之尺度（單位 mm）			
						節距（P）（最大值）	節之高度（a）		單一間隙寬度（b）最大值（mm）
							最小值（mm）	最大值（mm）	
D 25	8	3.98	25.4	506.7	80	17.8	1.3	2.6	10.0
D 29	9	5.08	28.7	646.9	90	20.1	1.4	2.8	11.3
D 32	10	6.39	32.2	814.3	101	22.6	1.6	3.2	12.6
D 36	11	7.90	35.8	1007	113	25.1	1.8	3.6	14.1
D 39	12	9.57	39.4	1219	124	27.6	2.0	4.0	15.5

{　} 內最大值節距適用於螺紋節鋼筋。

註一、單位質量 W = 0.00785×S【取小數三位】。

註二、標稱面積 S = 0.7854×d^2【取小數四位】。

註三、標稱周長 L = 3.142×d【取至整數位】。

註四、最大節距

竹節鋼筋：p = 0.7×d【取小數一位】。

螺紋節鋼筋：p = 0.5×d【取小數一位】。

註五、最小節高 a = (4/100)d【取小數一位】← D10～D13。

a = (4.5/100)d【取小數一位】← D16。

a = (5/100)d【取小數一位】← D19～D57。

註六、最大間隙 b = 0.125*L【取小數一位】。

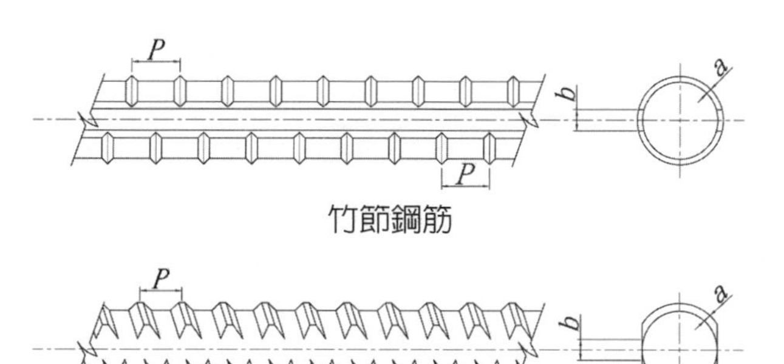

【鋼筋之機械性質，節錄自 CNS 560：2018 A 2006 表 12】

種類	符號	機械性質							
		降伏點或降伏強度（N/mm^2）	抗拉強度（N/mm^2）	實際抗拉強度／實際降伏強度	拉伸試片	伸長率（%）	彎曲性		
							彎曲角度	彎取直徑	
竹節鋼筋	SD280	280 以上	420 以上		2 號	18 以上	180°	D16 以下	標稱直徑之 3.5 倍
					14A 號	19 以上		D19 以上	標稱直徑之 5 倍
	SD280W	280～380	420 以上	1.25 以上	2 號	18 以上	180°	D16 以下	標稱直徑之 3 倍
								D19～D25	標稱直徑之 4 倍
					14A 號	19 以上		D29～D36	標稱直徑之 6 倍
								D39 以上	標稱直徑之 8 倍
	SD420	420 以上	620 以上		2 號	13 以上	180°	D16 以下	標稱直徑之 3.5 倍
								D19～D25	標稱直徑之 5 倍
					14A 號	14 以上		D29～D36	標稱直徑之 7 倍
							90°	D39 以上	標稱直徑之 9 倍
	SD420W	420～540	550 以上	1.25 以上	2 號	13 以上	180°	D16 以下	標稱直徑之 3 倍
								D19～D25	標稱直徑之 4 倍
					14A 號	14 以上		D29～D36	標稱直徑之 6 倍
								D39 以上	標稱直徑之 8 倍

五、工程施工時，如發覺施工品質與圖說或合約規定不符時，乙方應修正或拆拆除重做，並於甲方指定之日期內完成；若未能完成，則視為違約。

六、單價表中項次 1～5 爲主建物工料，數量欄應由報價廠商依圖估算後填列。項次 1 之單價應含做料、綁紮、吊運、另料（如鐵線、墊塊、氧氣等）、管利等費用。單價表中項次 2～5 之單價應含材料、運輸、檢驗、過磅、管利等費用。單價表中項次 6 所列之點工單價應含工資、另料（如鐵線等）、管利等費用。

七、無論材料或施工，期工期、進度、罰則一律比照本說明第二條第 2、3 款所規定。

八、付款辦法

（材料部分）

1. 依總價承攬。
2. 每月一日及十五日爲請款日，每月十日及二十五日爲付款日。請款前乙方應將當月之足額發票（含保留款金額）交工地辦理計價。
3. 預付款 10%（依單價表中項次 2、3 之複價 ×10% = 預付款）。乙方提領預付款時，乙方應檢具同額保證支票（不押日期）交甲方財務部保管，俟退保留款時無息退還乙方。
4. 材料依當期完成之分層鋼筋數量表計價（當層樓版搗築完成後計價）計價 100%、回沖當期計價材料款之預付款，實付 80%，概以六十天期票支付，保留 10%。
5. 屋突頂版 RC 搗築完成後 120 天支付保留款，概以六十天期票支付。

（工資部分）

1. 依總價承攬，無預付款。
2. 每月一日及十五日爲請款日，每月十日及二十五日爲付款日。請款前乙方應將當月之足額發票（含保留款金額）交工地辦理計價。
3. 材料依當期完成之分層鋼筋數量表計價（當層樓版搗築完成後計價）計價 100%、實付 90%、概以現金支付，保留 10%。
4. 屋突頂版 RC 搗築完成後 120 天支付保留款，概以現金支付。

（點工部分）

1. 依點工數量計價。
2. 每月一日及十五日爲請款日，每月十日及二十五日爲付款日。請款前乙方應將當月之足額發票交工地辦理計價。
3. 概以現金支付，不保留。

第12章 預拌混凝土

水泥與水拌和，先形成可塑性的漿體，具有可加工性。隨著化學反應，漿體逐漸失去可塑性，成爲固體狀態，其強度隨時間逐漸增加，最終成爲具有極高強度的固體。當添加砂、石子等骨材，水泥漿膠結骨材所形成之複合硬化材即爲混凝土。其優點爲：抗壓強度大，耐久性、耐火性、耐磨性佳，取材、澆置容易，成本低廉。缺點爲：自重大，具脆性、易龜裂，抗拉強度差（約爲抗壓強度10%），硬化後修改及拆除困難。優良混凝土之基本要求爲安全、耐久、經濟。

一、混凝土之組成

水＋水泥＝水泥糊體

水泥糊體＋砂＝水泥砂漿

水泥砂漿＋粗骨材＝混凝土

二、混凝土材料與強度之關係

水泥：

相同體積之水泥，顆粒愈細小，與水接處觸之表面積愈大，水化作用愈快速，較快達到設計強度。但水化熱亦集中於較短時間內產生，龜裂機率增加。水泥細度由比表面積表示，即每1g重量水泥細粉之累積表面積（cm^2/g）。顆粒愈細，比表面積愈大。一般水泥之比表面積約爲2800～3600cm^2/g。因國內水泥廠研磨機具精良，可研磨至5000cm^2/g以上之細度。

依CNS 61（卜特蘭水泥）表3規定，第I型卜特蘭水泥之細度比表面積，若採氣透儀法量測換算值不得小於260m^2/kg（2600cm^2/g），若採濁度計法量測換算值不得小於150kg/m^2（1500cm^2/g）。但CNS 61並未對第一型卜特蘭水泥訂定上限值。

若以氣透儀法量測換算值小於2800cm^2/g，混凝土工作度變差、浮水亦增加。

砂：

砂之F.M較理想之經驗值爲2.8～3.2（ASTM-C33規定砂之F.M在2.3～3.1之間），否則其級配必定不佳。砂料級配不佳、含泥量高所拌合之混凝土強度差。顆粒形狀以圓形、正立方形爲佳。表面粗糙者較光滑者佳。

碎石：

將卵石切割爲邊長 5cm 之立方體作抗壓試驗，其抗壓強度約爲 1400kgf/cm^2（≒ 19912psi），故碎石含量愈高，混凝土抗壓強度愈佳。選擇圓形或正立方形碎石可提高混凝土中碎石密度。又因實體積率增加，水泥用量、拌合水用量均可減少，對降低乾縮及水化熱均有助益。其表面粗糙者較光滑者佳。

三、圓柱試體破壞模式

圓柱形混凝土試體受壓後通常成 45° 角破壞，其破壞原因爲：1. 剪力大於水泥糊體與碎石間之膠合強度造成脫離、2. 剪力大於水泥糊體與細骨材之膠合強度造成水泥砂漿破裂、3. 剪力大於粗骨材（碎石）抗剪強度。當壓力於試體內部轉換之剪力滿足上述條件時試體即發生破壞，此時之最大壓力即爲混凝土試體之抗壓強度 fc'。

因碎石抗壓強度遠高於水泥砂漿，當水泥糊體膠合度太差時僅需滿足上述 1、2 條件即可造成混凝土破壞。強度愈高之混凝土其破壞面上斷裂之粗骨材數量愈多。故爲期提高混凝土強度應增加水泥糊體之膠合強度、提高粗骨材實體積率、採優良級配。

四、水灰比與強度之關係

水灰比（W/C）與水泥糊體之膠合強度、空隙率關係密切，且水灰比爲影響混凝土強度之最大因素，依美國混凝土學會（ACI）統計，混凝土抗壓強度與水灰比之關係如下。

非輸氣混凝土抗壓強度（kgf/cm^2）	420	350	280	225	175	140
水灰比	0.35	0.44	0.53	0.62	0.71	0.80

近年因工程實務經常於混凝土中添加卜作嵐材料（如飛灰、爐石）更有助於混凝土晚期強度、水密性、耐久性、經濟性，故於混凝土配比設計已關注水膠比（W/B）、水固比（W/S）之應用。

註 1：水灰比（W/C）：水／水泥。水膠比（W/B）：水／（水泥＋卜作嵐材料）。水固比（W/S）：水／（水泥＋卜作嵐材料＋粗骨材）。

五、添加劑

常見之混凝土添加劑及摻品爲早強劑、緩凝劑、減水劑、強塑劑、輸氣劑、發泡劑、飛灰、爐石及玻璃纖維等，分別說明如後。

早強劑：爲使水泥提早完成水化作用達成混凝土設計強度所添加之化學藥品，含有氯化物、氫氧化物、碳酸鹽及有機化合物。作用時水化熱增加，混凝土易生龜裂。氯化鈣早強劑摻加過量將導致緩凝作用。

緩凝劑：抑制水化作用之添加劑，多用於長距運輸、氣溫炎熱之環境。石膏、糖份均具緩凝作用，但有損混凝土強度，不宜使用。近年多以木磺酸及其鹽類之減水劑作爲緩凝添加材料。對混凝土不良影響較少。

減水劑：水泥與水混合後顆粒聚集，僅表層與水接觸，但內部仍然乾燥，水泥無法均勻擴散至粗細骨材間，對強度及工作度均有不良反應。添加木磺酸及其鹽類之減水劑，使帶負離子之木磺酸附著於骨材表面使骨材顆粒相互排斥，該力量推動細粒水泥，使其均勻擴散至粗細骨材間，並減低骨材間之磨擦；提高工作度。又因水泥更易與水分融合，可減少非必要之拌合水，故稱該添加劑爲減水劑。若水灰比不變，水量減少後水泥量亦可相對節省。

強塑劑：又稱爲高性能減水劑，當水泥用量不變而減少拌合水量（即降低水灰比），混凝土強度隨之大幅增加，若再配合以蒸氣養護、高硬度潔淨骨材，則可製造高強度混凝土。強塑劑之減水率約達 30%。

輸氣劑：又稱 AE 劑，爲增加混凝土之抗凍能力，或增進工作度，添加輸氣劑於混凝土中，產生極多微細氣泡，均勻分布如同滾輪助益骨材流動。輸氣劑會降低混凝土強度，但可減少泌水和離析，大幅提升砂漿和混凝土的耐久性。主要產品爲**松香類輸氣劑**（是最早應用於砂漿和混凝土中的輸氣劑，並且使用的範圍最廣）、**木質素鹽類輸氣劑**（木質素主要成分是植物纖維，是製造造紙漿的副產品，主要具有減水及輸氣作用，但輸氣效果稍差。木質素磺酸鹽類輸氣劑主要包含木質素磺酸鈉、木質素磺酸鈣、木質素磺酸鎂三類）、**蛋白質物質鹽類輸氣劑**（是動物和皮革加工的副產品，是由羧酸和氨基酸混合物的鹽類組成，市場較爲罕見）、**脂肪酸和樹脂酸及其鹽類輸氣劑**（可由多種原料生產，包含動物脂肪、植物油、吐爾油）、**皂角苷類輸氣劑**（皂角樹的果實中含有「三萜皂苷」，三萜皂苷與少量改性化學物質混合所得到的皂角苷類輸氣劑，是一種非離子表面活性劑，溶於水後大幅降低氣體和液體間的表面張力，具有甚佳之輸氣效果，近年頗受推廣）。

發泡劑：於混凝土中加入發泡劑，產生極多微細氣泡，均勻分布。其氣泡直徑大於 AE 混凝土氣泡甚多，使該類混凝土成爲輕質混凝土，強度低，多用於隔熱或填充。發泡劑多以鋁、鎂、鋅之粉末或過氧化氫爲之。

飛灰：燃煤於火力發電廠鍋爐中完全燃燒，飄浮於空氣中之細微粉粒經過濾設備收集後稱爲飛灰。因其粒徑小於水泥甚多，添加混凝土中可填充最細微之孔隙，可增進混凝土之水密性、減少乾縮量。又因工作度提高，偶有預拌廠添加飛灰於預拌混凝土，但仍維持水灰比不變（同時降低水與水泥用量）以降低成本。當現場灌漿時擅自加水，水灰比驟增，強度急速下降。

依 ASTM C618-80 規範區分飛灰爲 F 級與 C 級，F 級由煙煤產生，C 級由褐煤或次煙煤產生，C 級飛灰之 CaO（石灰）含量較 F 級高出約 20%，可提高混凝土早期強度。國內發電廠之飛灰多屬 F 級飛灰，無法提高混凝土早期強度。

爐石：煉鐵過程中；礦石中雜質 SiO_2、Al_2O_3、Si、C、P、S 等相互熔合，冷卻後即爲爐石，細磨後添加於混凝土中。爐石混凝土早期強度較低、後期強度較高，耐久性、抗氯離子、硫酸鹽及鹼性粒料之能力優於一般混凝土。爐石依來源分爲高爐石、轉爐石、電爐石。

一貫作業煉鋼廠直接以鐵礦砂、焦炭、石灰石等原料在高爐冶煉成鐵水。生產過程產生之爐石稱爲高爐石，高爐石依處理或再加工方式分水淬高爐石、氣冷高爐石、轉爐石。電弧爐石又分電弧爐還原渣、電弧爐氧化渣。其中僅水淬高爐石俱卜作嵐效應，可添加於混凝土中。轉爐石對混凝土無害，但不具卜作嵐效應，通常做爲農業土壤改良、瀝青混凝土骨材、地質改良劑。其他種類爐石均不宜使用。但於松菸案後社會大眾對添加爐石誤解頗多，應謹慎使用。

纖維：添加於混凝土中之纖維多爲聚丙烯合成纖維，呈束狀之網線，每立方公尺之添加量約爲 1～3kg。拌入混凝土後受骨材磨擦致束狀網線張開，成爲無數獨立纖維，以各種方向均勻分布，糾結混凝土骨材。當混凝土乾縮開始產生細微裂縫，裂縫之延伸將受纖維阻斷。該項添加可使混凝土減少龜裂、減少滲水、增加抗磨、增強抗碎能力，但無法提高抗壓強度。選用纖維時應計較是否作過消除靜電處理，否則纖維遇水將糾結成糰而無法均勻散布，更加減低混凝土各項強度。

六、高性能混凝土

近年建築樓層動輒二、三十層，爲抵抗巨大壓力致柱斷面大幅增加，於高單價之都市建築頗爲購屋人所抱怨。提高混凝土抗壓強度、增進工作度爲較可行之解決方向。故各預拌廠相繼研發高性能混凝土，藉以展示其品管水準。

國內一般對高性能混凝土之定義爲：抗壓強度大於 8000psi、坍度 25cm±2cm。因具優良工作度而得以應用於現實工程。爲調配高性能混凝土，除選用優良潔淨骨材外摻品之添加實爲重點，如強塑劑、飛灰、爐石。否則只能以低水灰比調配近零坍度之混凝土，此種混凝土被稱之爲試驗室混凝土，無法應用於工地現場。

近年亦有預拌廠將高流動混凝土歸類爲高性能混凝土。高流動混凝土之粗骨材最大粒徑約 1cm，添加強塑劑等添加劑，其坍度近 30cm。以坍流度作爲流動性能依據，其坍流度通常要求大於 52cm。

坍流度試驗施作方式與坍度試驗相同，但量測坍流後混凝土坍流面最小直徑，稱坍流度，坍流後之混凝土粗骨材應均勻散布於坍流面中，不得有分離現象。

七、坍度與工作度

（粗骨材粒徑大於 50mm 之混凝土不宜作坍度試驗）

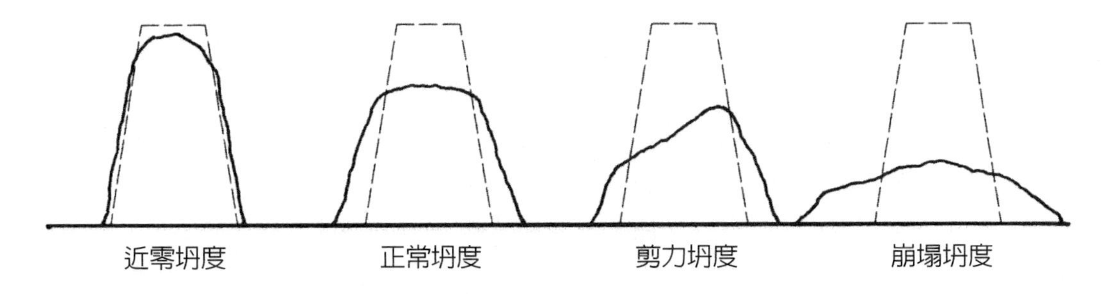

近零坍度：水灰比過低，拌合水用量不足，工作度極差。

正常坍度：水灰比配合良好，工作度佳。

剪力坍度：骨材級配差、水泥用量低，造成骨材凝聚力不足無法抵抗剪力，工作度差。

崩塌坍度：水灰比過高（拌合水用量過多）或水泥用量低，混凝土強度不足。

下列因素亦對工作度造成影響：

1. 混凝土於水灰比相同之狀況下，水泥量多則工作度佳，水泥量少則工作度差。
2. 圓形骨材較多角形骨材之工作度佳。圓形骨材通常爲天然卵石，多角形骨材通常爲人工碎石。
3. 氣溫（或混凝土溫度）低則工作度佳，氣溫（或混凝土溫度）高則工作度差。

八、實體積率與空隙率

骨材置入容器後，容器中除骨材外尚有空隙存在於骨材間，實際體積與容器容量之比即爲實體積率。試驗公式如下：

$$d(\%) = 1 \qquad v(\%) = \left(1 - \frac{W}{g}\right) \times 100$$

d（%）：實體積率

v（%）：空隙率

W：單位體積重（kg/m^3）

g：試體比重

實體積率愈高，空隙率愈低。於水灰比及水泥用量相同之狀況下，實體積率愈高，混凝土強度愈高，製造規定強度混凝土時可減少水泥糊體用量，提高經濟性。亦可增進混凝土耐磨性、水密性、耐久性，又因減少水泥糊體用量，可減少水化熱及乾縮量，故龜裂機率亦降低。

九、細度係數（F.M）

「篩分析」是將烘乾之試樣置入一組孔徑由大到小依序組合之標準篩，並將遺留於各篩網之試樣稱重，以求得各粒徑試樣重量百分比。「級配」則是不同粒徑骨材之組合；優良級配骨材顆粒間之孔隙少、不良級配骨材顆粒間之孔隙多；不良級配拌合之混凝土可能發生工作度差、泌水量大、水泥用量增加、塑性龜裂增加等不良後果。篩分析可顯示骨材之級配，但無法簡易判斷級配優劣，故於混凝土配比設計時多依經驗規則選定細度係數（F.M）2.8～3.2 之細骨材。

細度係數（Fineness Modulus，F.M，亦稱細度模數）是以篩分析，量測遺留於各篩號之試樣遺留率（%）及各篩累計遺留率 S（%），其累積值（ΣS）除 100 之值即爲細度係數，其計算公式、篩徑對照及算例如下列。

細度係數計算公式表（甲～戊為欄名，1～12 為列號，如「＝丙 1」即＝丙 1 欄之數值）

項次	甲	乙	丙	丁	戊
	篩號	遺留量	遺留率	累計遺留率 S	通過率
		(g)	(%)	(%)	(%)
1	75.0mm[3"]	量測值	＝乙 1／乙 13×100	＝丙 1	＝100- 丁 1
2	37.5mm[1½"]	量測值	＝乙 2／乙 13×100	＝丙 2＋丁 1	＝100- 丁 2
3	19.0mm[3/4"]	量測值	＝乙 3／乙 13×100	＝丙 3＋丁 2	＝100- 丁 3
4	9.5mm[3/8"]	量測值	＝乙 4／乙 13×100	＝丙 4＋丁 3	＝100- 丁 4
5	4.75mm[No.4]	量測值	＝乙 5／乙 13×100	＝丙 5＋丁 4	＝100- 丁 5

項次	甲	乙	丙	丁	戊
	篩號	遺留量	遺留率	累計遺留率 S	通過率
		(g)	(%)	(%)	(%)
6	2.36mm[No.8]	量測值	＝乙 6／乙 13×100	＝丙 6＋丁 5	＝100- 丁 6
7	1.18mm[No.16]	量測值	＝乙 7／乙 13×100	＝丙 7＋丁 6	＝100- 丁 7
8	600μm[No.30]	量測值	＝乙 8／乙 13×100	＝丙 8＋丁 7	＝100- 丁 8
9	300μm[No.50]	量測值	＝乙 9／乙 13×100	＝丙 9＋丁 8	＝100- 丁 9
10	150μm[No.100]	量測值	＝乙 10／乙 13×100	＝丙 10＋丁 9	＝100- 丁 10
11	75μm[No.200]	量測值	不納入計算	不納入計算	
12	底盤	量測值	不納入計算	不納入計算	
13	總計	Σ乙 1～乙 12	Σ丙 1～丙 10	Σ丁 1～丁 10	

$$F.M = \frac{\Sigma S}{100} = \frac{丁\ 13}{100}$$

細度係數（F.M）計算例

項次	甲	乙	丙	丁	戊
	篩號	遺留量	遺留率	累計遺留率 S	通過率
		(g)	(%)	(%)	(%)
1	75.0mm[3"]				
2	37.5mm[1½"]				
3	19.0mm[3/4"]				
4	9.5mm[3/8"]				
5	4.75mm[No.4]	38.1	3.63	3.63	96.37
6	2.36mm[No.8]	125.3	11.95	15.58	84.42
7	1.18mm[No.16]	250.4	23.88	39.46	60.54
8	600μm[No.30]	260.1	24.80	64.26	35.74
9	300μm[No.50]	210.6	20.08	84.34	15.66
10	150μm[No.100]	118.5	11.30	95.64	4.36
11	75μm[No.200]	28.2	不納入計算	不納入計算	
12	底盤	17.6	不納入計算	不納入計算	
13	總計	1048.8	95.64	302.91	

F.M = 302.91/100 = 3.03

註 2：依 CNS 486 規定，標準篩之孔寬由小而大依序爲：No100、No50、No30、No16、No8、No4、9.5mm（3/8"）、19.0mm（3/4"）、37.5mm（1½"），以及孔寬更大其增率爲 2 比 1 者。

註 3：本計算例之試驗篩一組共 10 個，即 No100、No50、No30、No16、No8、No4、3/8"、3/4"、1½"、3"。另加入 No.200 及底盤（亦可僅加入底盤），其目的爲求得試樣之全重。若再加入較 3" 更大孔徑之篩網，因無遺留量，對上表計算例之 F.M 值不會產生影響，但就計算骨材細度係數（F.M）而言，所謂「標準篩」即爲【註 2】所列十個篩號之組合。

註 4：F.M 代表骨材粗細程度之平均數值，其值自 0～10，數值愈大則骨材愈粗。
以下表爲例，當全數骨材均停留於 3" 篩，即丙 1 欄 = 100、丙 2～丙 10 欄均爲 0（亦即丁 1～丁 10 欄均爲 100 時），F.M = 1000/100 = 10，骨材最粗。
反之，當全部骨材均通過 No100 篩時，即丙 1～丙 10 欄均爲 0（亦即丁 1～丁 10 欄均爲 0 時），F.M = 0/100 = 0，骨材最細。

若全部骨材均停留於 3" 篩；則

項次	甲	乙	丙	丁	戊
	篩號	遺留量	遺留率	累計遺留率 S	通過率
		(g)	(%)	(%)	(%)
1	3"	1048.8	100	100	0
2	11/2"	0	0	100	0
9	No.50	0	0	100	0
10	No.100	0	0	100	0
11	No.200	0	不納入計算	不納入計算	
12	底盤	0	不納入計算	不納入計算	
13	總計	1048.8	100	1000	

F.M = 1000/100 = 10.0

若全部骨材均通過 No.100 篩；則

項次	甲	乙	丙	丁	戊
	篩號	遺留量	遺留率	累計遺留率 S	通過率
		(g)	(%)	(%)	(%)
1	3"	0	0	0	100
2	11/2"	0	0	0	100
9	No.50	0	0	0	100
10	No.100	0	0	0	100
11	No.200	524.4	不納入計算	不納入計算	
12	底盤	524.4	不納入計算	不納入計算	
13	總計	1048.8	0	0	

F.M = 0/100 = 0.0

註 5：F.M 值無法作爲判斷骨材級配密實程度之絕對依據，但可供參考。

註 6：依 CNS 486 第 5.3 節規定，篩分析用細粒料乾燥試樣之尺度至少需有 300g。第 5.4 節規定，篩分析用粗粒料試樣用量依標稱最大粒徑決定，如下表。

標稱最大粒徑 方孔篩孔寬，mm	9.5	12.5	19.0	25.0	37.5	50	63	75	90	100	125
試樣最少量，kg	1	2	5	10	15	20	35	60	100	150	300

粗、細粒料混合後作篩分析之試樣最少量亦如上表所規定。

依 Fuller 級配理論，如下表可得混凝土骨材之最大密度（依最大密度拌合之混凝土工作度不佳，澆置困難）。

篩號	Fuller 級配理論 - 骨材最大粒徑及通過率（%）					
	1 1/2"		1"		3/4"	
	一般混凝土	特殊混凝土	一般混凝土	特殊混凝土	一般混凝土	特殊混凝土
1 1/2"	100	100				
1"	85.0	87.4	100	100		
3/4"	75.8	79.4	89.4	91.0	100	100
1/2"	64.4	69.3	75.9	79.5	85.0	87.3

篩號	Fuller 級配理論 - 骨材最大粒徑及通過率（%）					
	1½"		1"		3/4"	
	一般混凝土	特殊混凝土	一般混凝土	特殊混凝土	一般混凝土	特殊混凝土
3/8"	57.4	63.0	67.8	72.2	75.8	79.4
No4	43.5	50.0	51.2	57.3	57.4	63.0
No8	33.0	39.7	38.8	45.4	43.5	50.0
No16	25.0	31.5	29.4	36.1	33.0	39.7
No30	18.9	25.0	22.3	28.6	25.0	31.5
No50	14.4	19.8	16.4	22.7	18.9	25.0
No100	10.9	15.8	12.9	18.0	14.4	19.8

註 7：上表之骨材含碎石、水泥、砂。特殊混凝土指預力混凝土及高強混凝土。

註 8：依 CNS14891 混凝土及混凝土用粒料詞彙

編號 52- 粒料最大粒徑：用於規範或描述粒徑，「要求」全部粒料須通過之最小試驗篩之孔寬。

編號 53- 粒料標稱最大粒徑：用於規範或描述粒徑，「允許」全部粒料須通過之最小試驗篩之孔寬（備考：粒料規範通常規定全部或某一百分率之粒料可通過之試驗篩孔寬，此指定之試驗篩孔寬即爲粒料之「標稱最大粒徑」）。

試驗篩篩網孔寬及金屬線直徑規格表（單位：mm）

ASTM 篩號	3"	11/2"	3/4"	3/8"	No.4	No.8	No.16	No.30	No.50	No.100
CNS 標稱孔寬	75	37.5	19.0	9.52	4.75	2.36	1.18	0.60	0.297	0.149
標準尺度	75	37.5	19.0	9.52	4.75	2.36	1.18	0.60	0.297	0.149
篩網線徑	6.30	4.50	3.15	2.24	1.60	1.03	0.634	0.39	0.208	0.104

註 9：上表爲 CNS-386 對試驗篩所訂定之標準。其孔徑、線徑與 ASTM 所規定相同。

註 10：CNS-386 中 2.2 節註 (1)：「孔寬 1mm 以上者其單位以 mm 表示，未滿 1mm 者以 μm 表示。」

註 11：1mm = 1000μm。上表均已換算爲 mm。

註 12：CNS 386 規範文中無「篩號」一詞，均以「標稱孔寬」稱之。

註 13：ASTM 對孔徑較 No.4 大之試驗篩，其篩號代表其篩孔之淨寬，如 3/8" 篩之篩孔淨寬爲 3/8"。孔徑較 No.4 小之試驗篩（含 No.4），其篩號代表每 1" 內篩線（孔）之數目。

十、級配

骨材實體積率對混凝土之品質影響甚大，而級配愈佳之骨材其實體積率愈大，截錄ASTM C-33 對混凝土粗、細骨材級配規範如下。

細骨材級配

篩號	通過率（%）
3/8"	100
No4	95～100
No8	80～100
No16	50～85
No30	25～60
No50	10～30
No100	2～10

粗骨材級配

骨材粒徑	通過試驗篩之重量百分比						
	1"	3/4"	1/2"	3/8"	No4	No8	No16
1"～No4	95～100		25～60		0～10	0～5	
3/4"～No4	100	90～100		20～55	0～10	0～5	
1/2"～No4		100	90～100	40～70	0～15	0～5	
3/8"～No8			100	85～100	10～30	0～10	0～5

註 14：依 CNS14891 混凝土及混凝土用粒料詞彙

編號 54- 粗粒料：(1) 主要部分停留於標稱孔寬為 4.75mm 試驗篩以上之粒料。(2) 粒料停留於標稱孔寬 4.75mm 試驗篩以上之部分。（備考：依使用狀況採用不同定義，定義 (1) 適用於針對天然或加工後之總體粒料，定義 (2) 適用於料料之一部分，規範應指明所需之性質與級配。）

編號 57- 細粒料：(1) 通過標稱孔寬 9.5mm 試驗篩，幾乎完全地通過標稱孔寬為 4.75mm 試驗篩且主要部分停留於標稱孔寬 75μm 試驗篩之粒料。(2) 粒料中通過標稱孔寬為 4.75mm 試驗篩且停留於標稱孔寬為 75μm 試驗篩之部分。（備考：依使用狀況採用不同定義，定義 (1) 適用於針對天然或加工後之總體粒料，定義 (2) 適用於料料之一部分，規範應指明所需之性質與級配。）

因混凝土粗細骨材來源不同，拌合前須個別量測 F.M 值再計算混合比例，使混合後粗細骨材之 F.M 值爲期望值，其計算如下例。

●粗骨材 F.M = 3.5，細骨材 F.M = 1.6，期望於混合後 F.M = 3.0，粗細骨材添加百分比爲何？

粗骨材用量爲 X/100、細骨材用量爲 (1 − X)/100

$$3.5 \times \frac{x}{100} + 1.6 \times \frac{100 - x}{100} = 3.0$$

$$\frac{3.5x}{100} + \frac{160}{100} - \frac{1.6x}{100} = 3.0$$

$x = 73.68$

粗骨材用量爲 73.68%、細骨材用量爲 100% − 73.68% = 26.32%（重量比）

十一、「規定抗壓強度」f'_c 與「要求平均抗壓強度」f'_{cr}

CNS3090-1040113 版所稱之「規定抗壓強度，f'c」（舊版 CNS 稱爲「標稱強度」）即爲一般所認知之抗壓強度、結構設計所要求混凝土之最低抗壓強度、訂購預拌混凝土時所約定之抗壓強度，均屬「規定抗壓強度」。與「要求平均抗壓強度，f'cr」一詞常有混淆。

各次拌合之混凝土抗壓強度常有差異，因預拌廠品管嚴謹程度不同，差異值亦各有高低，不合格（低於規定抗壓強度）機率亦有所不同。品管嚴謹之預拌廠不合格機率較低。

爲使不合格機率降至容許範圍，於設計混凝土配比時應酌量提高期望之強度，該期望之強度即爲「要求平均抗壓強度 f'cr」（舊版 CNS3090-870625 版僅標示「f'cr = f'c + 超量設計値」）。

若某預拌廠多次拌合抗壓強度爲 4000psi 混凝土，各次試體試壓之抗壓強度平均值愈接近 4000psi 則代表該預拌廠之品管愈佳。但若設計配比未加入「超量設計値」將「要求平均抗壓強度 f'cr」提升至大於 4000psi，依標準常態分配其不合格機率將占 1/2，故應就該預拌廠舊有試壓記錄依統計學計算平均抗壓強度、標準差、變異係數。變異係數愈小代表品管愈佳，則對該預拌廠所要求之「超量設計値」愈低。

$$\text{平均抗壓強度 } \bar{x} = \frac{\Sigma x_n}{n} = \frac{x_1 + x_2 + \cdots + x_n}{n}$$

X_1、X_2、X_n：每一組試體之平均抗壓強度

$$\text{標準差 } s = \frac{\sqrt{\sum_{i=1}^{n} (X_i - \overline{X})^2}}{n - 1}$$

變異係數 $V=\frac{s}{\bar{x}}$

要求平均抗壓強度 $f'_{CR}=\frac{f'_C}{1-tv}$

t：機率常數（查常數表求得）

t 值表

	不合格之機率							
試體組數減 1 之值	25%	20%	15%	10%	5%	2.5%	1%	0.5%
1	1.000	1.376	1.963	3.078	6.314	12.706	31.821	63.657
2	0.816	1.061	1.386	1.886	2.920	4.303	6.965	9.925
3	0.765	0.978	1.250	1.638	2.353	3.182	4.541	5.841
4	0.741	0.941	1.190	1.533	2.132	2.776	3.747	4.601
5	0.727	0.920	1.156	1.476	2.015	2.571	3.365	4.032
6	0.718	0.906	1.134	1.440	1.943	2.447	3.143	3.707
7	0.711	0.896	1.119	1.415	1.895	2.865	2.998	3.499
8	0.706	0.889	1.108	1.397	1.860	2.306	2.896	3.355
9	0.703	0.886	1.100	1.383	1.833	2.262	2.821	3.250
10	0.700	0.879	1.093	1.372	1.812	2.228	2.764	3.169
15	0.691	0.866	1.074	1.341	1.753	2.131	2.602	2.947
20	0.687	0.860	1.064	1.325	1.725	2.086	2.528	2.845
25	0.684	0.856	1.058	1.316	1.708	2.060	2.485	2.787
30	0.683	0.854	1.055	1.310	1.697	2.042	2.457	2.750
∞	0.674	0.842	1.036	1.282	1.645	1.960	2.326	2.576

不合格機率可由設計單位或業主視工程重要性及需求指定，一般建築工程可選用 10%、15%，高層建築宜選用 5%、2.5%，特殊工程可選用 1%、0.5%。例如試壓試體 30 組，指定不合格機率 10%，則 t 值為 1.310。若依建築技術規則或依 CNS 3090 規定方式計算「超量設計值」則不考慮 t 值及不合格機率。

試驗次數愈多可靠性愈高，則 t 值愈小。v 值愈小則「超量設計值」愈少，成本愈低。若預拌廠無法提出可靠之統計資料，無法求得變異係數則依「建築技術規則」建築構造篇第 348 條規定，「超量設計值」採 $85kg/cm^2$ 計算。或依 CNS 3090- 附錄 B 計算。

CNS3090- 附錄 B- 表 B.1 當資料足夠建立標準差時之要求平均抗壓強度

規定抗壓強度 f'c，MPa	要求平均抗壓強度 f'cr，MPa
35 以下	取下列較大值者 f'cr = f'c + 1.34s 或 f'cr = f'c + 2.33s-3.45
大於 35	取下列較大值者 f'cr = f'c + 1.34s 或 f'cr = 0.9f'c + 2.33s
備考：f'c 爲規定抗壓強度。f'cr 爲要求平均抗壓強度。S 爲標準差	

CNS3090- 附錄 B- 表 B.2 當資料不足以建立標準差之要求平均抗壓強度

規定抗壓強度 f'c，MPa	要求平均抗壓強度 f'cr，MPa
小於 21	f'cr = f'c + 7.0
21～35	f'cr = f'c + 8.5
大於 35	f'cr = 1.1f'c + 5.0

CNS3090- 附錄 B- 表 B1.3 為符合規定抗壓強度所需之超量設計值

規定強度 f'c，MPa	提高設計值					
	工地標準差					無標準差資料
	2.0	3.5	5.0	6.0	7.5	
	超過 f'c 的提高設計值，MPa					
小於 21						f'c + 7.0
21	3.0	5.0	8.5	10.8	14.3	8.5
35	2.7	4.7	8.2	10.5	14.0	8.5
50	2.7	4.7	6.7	9.0	12.5	10.0
60	2.7	4.7	6.7	8.0	11.5	11.0
75	2.7	4.7	6.7	8.0	10.1	12.5
90	2.7	4.7	6.7	8.0	10.1	14.0
100	2.7	4.7	6.7	8.0	10.1	15.0
120	2.7	4.7	6.7	8.0	10.1	17.0

規定強度 f'c，MPa	要求平均強度					
	工地標準差					無標準差資料
	2.0	3.5	5.0	6.0	7.5	
	需求平均強度，MPa					
小於 21						f'c + 7.0
21	24	26	29	32	35	29.5
35	38	40	43	46	49	43.5
50	53	55	57	59	62	60
60	63	65	67	68	71	71
75	78	80	82	83	85	87.5
90	93	95	97	98	100	104
100	103	105	107	108	110	115
120	123	125	127	128	130	137
備考：因爲強度和標準差的數值範圍較大，在灰色陰影的區域被視爲少見或極少遇到。						

CNS 3090-870625 版（已作廢）- 表 9：為符合強度要求所需之超量設計值（f'cr = f'c + 超量設計值）

試驗組數（組）	標準差 kgf/cm²（MPa）			
	20（2.0）	30（3.0）	41（4.0）	51（5.0）
15	31（3.1）	48（4.7）	74（7.3）	101（10.0）
20	29（2.9）	44（4.3）	67（6.6）	92（9.1）
30 以上	27（2.7）	41（4.0）	59（5.8）	83（8.2）

CNS 3090-870625 版（已作廢）：若少於 15 次之試驗數據可資參考時，則超量設計值如下表

規定強度 kgf/cm²（MPa）	超量設計值 kgf/cm²（MPa）
小於 210（20.7）	70（6.9）
210～350（20.7～34.5）	84（8.3）
大於 350（34.5）	100（9.7）

十二、圓柱試體製作數量之規定

依建築技術規則（舊版，修正日期：民國 90 年 09 月 25 日）建築構造篇第 351 條第 1 款規定：各級混凝土澆置施工時，每天，每一百立方公尺，或每五百平方公尺，至少須取二個試體試驗其壓力強度，合共不得少於五次試驗。若混凝土體積不足四十立方公尺，且能顯示混凝土強度良好，可由建築主管機關減免試驗（CNS 3090 規定……強度、坍度、溫度及含氣量試驗。每種混凝土每 120m^3 至少試驗一次，並每天每種混凝土至少進行強度試驗一次）。

十三、試體合格標準之規定

依建築技術規則（舊版，修正日期：民國 90 年 09 月 25 日）建築構造篇第 351 條第 2 款規定：……每一強度試驗系由同一配比取樣，兩圓柱試體在二十八日齡期試驗而得之壓力強度平均值，如三次連續強度試驗結果，均不小於規定強度，且其單一試驗結果，亦不少於規定壓力強度 35kg/cm^2 時，應予認爲合格。

十四、鑽心取樣

舊版建築技術規則建築構造篇第 352 條（已刪除）對鑽心取樣之規定如下。

1. ……依 CNS 1241 鑽取混凝土試體長度之檢驗法，於壓力強度低於規定壓力強度 35kg/cm^2 之處，鑽取三個試體，如混凝土在乾燥處應用，應將試體在溫度攝氏十六度至二一度，濕度不得少於 60% 之處風乾七天，並在乾時試驗壓力強度。
2. 三個試體之試驗壓力強度之平均值，如不小於規定壓力強度之 85%，且無單一試體之試驗壓力強度小於規定壓力強度 75%，可以認爲合格。
3. 如仍有疑問，可以重試，並可依本篇第 336 條及第 337 條評估其強度。

十五、氯離子含量

1. 依 CNS 1240 規定細粒料（砂）水溶性氯離子含量（質量百分數）：預力混凝土不得大於 0.012%，其它混凝土不得大於 0.024%。
2. 依 CNS 3090-870625 版（已作廢）規定，新伴混凝土中最大水溶性氯離子含量（依水溶法）：預力混凝土不得大於 0.15kg/m^3，鋼筋混凝土不得大於 0.30 kg/m^3。依 CNS 3090-1040113 版規定，新拌混凝土中最大水溶性氯離子含量（依水溶法）：鋼筋混凝土及預力混凝土均不得大於 0.15kg/m^3。

十六、坍度許可差

依 CNS 3090 規定如下表

工程規範對坍度有最大或不得大於之指定時

	規定坍度（mm）	
	76 以下	＞76
正許可差	0	0
負許可差	38	63

工程規範對坍度無最大或不得大於之指定時

標稱坍度之許可差（mm）	
指定坍度	許可差
51 以下	±13
＞51 至 102	±25
＞102	±38

十七、混凝土抗拉強度

混凝土抗拉強度遠低於抗壓強度，教課書中多稱其抗拉強度約為抗壓強度 1/10，但從未提出明確數據或測試方法。

混凝土抗拉強度試驗可採直接拉伸試驗取得，亦可由劈裂抗張試驗、混凝土抗彎強度試驗推算取得。但以間接推算方式求取混凝土抗拉強度均有爭議。

直接拉伸試驗：切除試體兩端骨材分布不均之部分，以環氧樹脂黏著試體兩端，以 0.5kg/cm^2/s 速率施以拉力，至破壞。

劈裂抗張試驗：CNS3801 混凝土圓柱試體劈裂抗張強度試驗法，對混凝土圓柱試體側邊加壓，間接推算混凝土抗拉強度。但劈裂抗張試驗所推算之抗拉強度通常高於直接拉伸試驗所求得知抗拉強度約高 15%。

抗彎強度試驗：CNS1233 混凝土抗彎強度試驗法（三分點載重法）、CNS1234 混凝土抗彎強度試驗法（中心點載重法），對 150×150×500mm 混凝土試體以 8.8～12.3kg/cm^2/min 速率加壓，依破壞壓力 P 及試體破壞位置帶入公式推算抗拉強度。期推算值亦高於直接拉伸試驗所得。

預拌混凝土邀商報價說明書案例

項次	材料項目	單位	數量	單價	複價	備註
1	4000psi 混凝土	m^3				坍度 16cm
2	3500psi 混凝土	m^3				坍度 16cm
3	3000psi 混凝土	m^3				坍度 16cm
4	2500psi 混凝土	m^3				坍度 16cm
5	2000psi 混凝土	m^3				坍度 16cm
6	連續壁 3500psi 混凝土	m^3				坍度 18cm
7	夜間 19 點後出車加價	m^3	1			以第一車時間爲準
8	18cm 坍度加價	m^3	1			不含連續壁
	小計					
	稅金					
	合計					

【報價說明】

一、本案說明所稱之坍度，均爲材料運達工地時之坍度，氣溫及運送時間所造成之影響均由材料供應廠商自行考量。

二、混凝土中除砂、碎石、水泥及水外，其它任何材料於本報價說明中均稱爲混凝土添加劑，簡稱添加劑。

三、本案工程所用之混凝土於運達工地前一律不得添加強塑劑、緩凝劑以外之混凝土添加劑。

四、粗骨材之最大粒徑不得大於 25mm（MAX）。

五、粗骨材之級配要求

通過粗骨材重量百分率							
篩號	1"	3/4"	1/2"	3/8"	NO 4	NO 8	NO 16
百分率	100	90～100		20～55	0～10	0～5	

六、碎石於含泥量試驗時之流失量不得大於 1.0%。

七、碎石之實體積率不得小於 55%。

八、細骨材細度係數應界於 2.8～3.2。

九、未添加餘水型強塑劑時最大容許水灰比：(W/C)

抗壓強度	4000psi	3500psi	3000psi	2500psi	2000psi
水灰比	0.44	0.51	0.58	0.65	0.73

十、坍度 16cm，許可差 ±2.0cm。

十一、抗壓試驗

試體製做：每次灌漿，混凝土供應廠商（以下簡稱賣方）需派專人至工地配合製做試體，否則由買方自行製做，無論其抗壓值是否合格，賣方均不得異議。

試體模具：試體模由賣方無條件借用，每輛預拌車應攜帶 R = 15cm、H = 30cm 之圓柱形金屬試體模三只。

取樣時機：混凝土自出廠至製做試體，其間隔時間不得大於 90 分鐘。受抽測之預拌車，每車混凝土應製做試體三只，分別於該車卸料 1/4、1/2、3/4 時取樣製做。

試壓數量：0～50m^3：一組，50～150m^3：加製一組，爾後每增加 100m^3 即加做一組，依此類推。每組爲三只試體。

養護地點：由賣方提供試體養生設備，置於施工現場進行試體養護。

養護天數：濕養一天後脫模，脫模後繼續濕養二十七天，自水槽取出後以石膏施作蓋平，硬化後試壓（合計養護二十八天）。

試壓單位：買方指定（試壓費用由賣方支付）。

合格標準：每一種配比混凝土之圓柱試體 28 天之抗壓強度 σ_{28}，應同時符合下列二條件方爲合格：

1. 全數試體抗壓強度平均値高於或等於規定抗壓強度 f'c。
2. 無任一組試體之強度低於 f'c-35kgf/cm^2。

不合格處置：有上列 A 或 B 之評定爲不合格者，不合格之混凝土依下列規定辦理：

任 1 只試體抗壓強度 < f'c 且≧ f'c-35kgf/cm^2 時，以該只試體代表數量（100m^3）工料費之 50% 爲罰款。

任 1 只試體抗壓強度 < f'c-35kgf/cm^2 時，由甲方委請結構設計技師檢討補救措施，補救措施所需費用全數由乙方負擔。

十二、坍度試驗

試體製做：每次灌漿，混凝土供應廠商（以下簡稱賣方）需派專人至工地配合製作試體，否則由買方自行製作，無論其坍度是否合格，賣方均不得異議。

取樣時機：混凝土自出廠至製做試體，其間隔時間不得大於 90 分鐘。受抽測之預拌車，每車混凝土應製做試驗二次，分別於該車卸料 1/4、3/4 時取樣製做（依 CNS 1176 施作）。

試驗數量：抽測。

合格標準：16cm±2.5cm 且二次（1/4、3/4）測試坍度誤差不得大於 2cm。

十三、數量磅驗：抽驗，過磅費用由買方支付。

$1m^3$ 混凝土以 2350kg 計算。

洗車用水以 30kg 計算。

每車磅驗重量不得少於計算重量 250kg。

凡有抽驗不合格，該次灌漿全部車次均依抽測最低數量計價。

十四、若於現場摻拌添加劑，賣方應無條件配合，快速攪拌三分鐘。但混凝土抗壓式體應於摻拌添加劑前完成製作。

十五、混凝土自出廠至到達工地，其間隔時間不得大於 50 分鐘，交通尖峰時段之運送計時由買方工地主任與賣方調度人員自行協議，但不得以任何理由要求加價或貼補費用。

十六、未經買方工地主任要求或允許，出車間隔時間不得大於 6 分鐘。

十七、混凝土傾卸前，預拌車應快速攪拌一分鐘。

十八、未經甲方工地主任指示，一律不得加水。

十九、洗車、洗斗之廢水應依買方工地人員指示排放，嚴禁排入混凝土壓送車中。

二十、未規定事項依 CNS-3090 為準。

二一、交貨地點：　　市　　路工地。

二二、買方應於灌漿 24 小時前通知送貨，送貨當日應俟買方通知後出車。

二三、潤滑壓送管之砂漿依該車混凝土之單價計價。

二四、若因乙方送料延誤，造成連續壁斷樁或災害，乙方應負擔一切損失及補救之費用，不得異議。

二五、付款辦法

1. 依實際送貨搗築完成數量支付 100%。
2. 請款時乙方須檢付 28 天試壓報告（試壓前不得請款）。
3. 概以搗築後第一個付款日起算開立 45 天期票支付。

第13章 混凝土壓送搗築

早年混凝土多以 Mixer（拌合機）於施工現場拌合，水泥、砂、碎石均以人力或動力鏟斗搬運投料，再由人力推行獨輪車將拌合完成之混凝土漿運送至澆置位置，因使用目視控制配比，如 1：2：4（1 單位體積水泥：2 單位體積砂：4 單位體積碎石）或 1：3：6，易產生誤差，品質及效率均難符合理想。後因工程規模逐漸擴大，市區施工缺乏置料及拌合場地，預拌混凝土迅速取代場拌混凝土（於施工現場拌和之混凝土）。又因預拌廠拌合供料速度遠高於現場拌和，以人力使用獨輪車運送澆置混凝土之速度無法消化材料供應，若採大量人力配合亦不符成本，再因興建樓層高度向上發展，使用混凝土泵浦壓送、澆置終成必然選項。

一、混凝土壓送機具性能參數表（以某廠牌壓送車爲例）

項目＼型式	XX-A7-2		XX-A7-3	
	高壓作業	標準作業	高壓作業	標準作業
最大理論壓送量（m^3/h）	78	128	78	128
最大吐出壓力（bar）	93	57	93	57
泵送缸直徑	215mm		215mm	
油壓缸直徑	120mm		120mm	
活塞衝程長度	1650mm		2000mm	
泵浦規格	107×2		107×2	

依上表所列，於高壓（高揚程）作業狀態，最大理論壓送量爲 $78m^3/hr$；考慮施工難易程度、移管等延滯因素，約以 90% 估算實際平均壓送速率爲 $70m^3/hr$。再依 $70m^3/hr$ 之壓送速率估算當次混凝土澆置需耗工時？是否增派壓送機具及人員？預拌廠供料能力？交通狀況？現場配置壓送車、預拌車空間？等規劃事項。

註：混凝土壓送機具多爲氣冷式，不需於灌漿壓送全程銜接給水管降溫。

二、澆置作業注意事項

1. 澆置前一天須用清水沖洗模板，以及柱牆等結構新舊混凝土接頭處，務求充分含水。混凝土澆置前再次以清水濕潤模板，避免所澆置之混凝土水分遭模板大量吸收。
2. 約定由預拌廠派員至現場全程執行指揮交通、引導預拌車進出及臨停。每次混凝土澆置完成，機具出場後調派預拌車運水一至二車清洗基地周邊道路。
3. 澆置落差不得超過 1.5m 以免粒料分離，RC 柱澆置時，不得直接朝柱口澆入，應澆於樑中再流入柱內。
4. 壓送軟管朝外澆築時須持擋板遮擋，防止混凝土向外飛散灑落。
5. S.R.C 樑、柱澆置時須均勻分配澆置混凝土於鋼樑、鋼柱每一側，避免模板各側受力不均。
6. 地樑無法與 BS 版（筏基水箱頂版）同時澆置混凝土時，無可避免須放置壓送管於地樑上層主筋澆置混凝土，但該次澆置之混凝土完成面不可包覆地樑上層鋼筋（須預留版筋紮配、穿越空間），應現場配置空壓機、高壓軟管及吹氣噴槍，緊隨澆置路徑，吹除附著於外露鋼筋之混凝土及沙漿，以維持後續灌漿之握裹力。

三、新舊混凝土結合機理

1. 新澆混凝土水化產生纖維狀結晶物滲入既有混凝土孔隙中，在既有混凝土孔隙形成緻密結構。
2. 既有混凝土粗糙表面提供楔合力。
3. 新舊混凝土中晶體與晶體分子間之電性吸引力，稱爲范德瓦耳斯力（Van der Waals force），但其作用甚微，可忽略。
4. 或藉由塗布新舊混凝土接合劑產生化學鍵結。

四、新舊混凝土接合前置處理（依狀況擇一應用）

1. 清洗、濕潤。
2. 清洗、濕潤、澆淋水泥純漿。
3. 打鑿清除接合範圍浮漿質並增加表面粗糙程度、清洗、濕潤、澆淋水泥純漿。
4. 清洗、濕潤或乾燥（依後續使用新舊混凝土接著劑性質決定）、塗布新舊混凝土接著劑。

混凝土之抗拉強度僅爲其抗壓強度 1/10，結構計算均不計其抗拉強度。上、下樓層 RC 牆、柱均以鋼筋與混凝土握裹力結合、傳遞張力，上、下樓層即使一體完成混凝土澆置，對結構強度增益仍屬有限，但新舊混凝土密實接合對防水性、鋼筋防蝕確有甚大助益。

五、新舊水泥接合劑

新舊水泥接合劑，又稱水泥界面劑，通常使用水性樹脂乳膠調製，適用於強化混凝土與水泥基面飾層（如粉光打底層）或新舊結構混凝土接合性能，提高黏合物體之附著強度、抗剪強度。

新舊水泥接合劑主要有環氧樹脂系、壓克力樹脂系、乙烯 - 醋酸乙烯酯樹脂系三類。

1. 環氧樹脂系：有雙劑型、溶劑型等，接著力極強，拉拔試驗多斷裂於母材而非新舊混凝土接合處，價格最高。
2. 壓克力樹脂系：即丙烯酸樹脂（Acrylic acid），有機合成樹脂或合成樹脂單體，聚合反應快速。可與苯乙烯、丁二烯、氯乙烯、丙烯腈等單體共聚，是水性聚合物的重要原料。價格低於環氧樹脂系。
3. 乙烯 - 醋酸乙烯酯樹脂系：它是由乙烯（E）和乙酸乙烯（VA）共聚而製得，Ethylene Vinyl Acetate，簡稱爲 EVA，或 E/VAC。價格較低，亦較少應用於新舊水泥接合劑。

六、混凝土養護方式

滯水法：在澆置混凝土初凝後將其四周築堤滯水，維持積水深度約 1cm，以足量水分供水泥進行水化、杜絕水分蒸發造成乾縮龜裂（塑性龜裂）。

澆水法：在澆置混凝土初凝後，持續灑水於混凝土表面，以足量水分供水泥進行水化、防止水分快速蒸發造成乾縮龜裂（塑性龜裂）。

覆蓋法：利用吸水性材料，如不織布、棉布、麻袋等材料覆蓋於混凝土初凝表面，保持混凝土濕潤，以足量水分供水泥進行水化、防止水分快速蒸發造成乾縮龜裂（塑性龜裂）。

護膜法：噴塗養護劑於混凝土表面，形成不透水薄膜，減緩混凝土水分蒸發，延長混凝土濕潤，維持混凝土內部保有足量水分供水泥進行水化、減少因水分快速蒸發造成的乾縮龜裂（塑性龜裂）。

滯水法、澆水法、覆蓋法均屬濕治養護，其中又以滯水法效果最佳。但礙於每層 RC

結構工期 14 天之業界慣例，須於混凝土澆置次日隨即進行放樣（彈繪墨線），甚至吊放鋼筋，濕治養護礙難施行。

混凝土養護劑，通常是噴塗或刷塗於混凝土表面的合成樹脂乳液，可形成近似封閉表面的養護膜，減緩混凝土水分蒸發，維持混凝土內部的水分與水泥充分進行水化反應、減緩收縮[註]（塑性龜裂），達成養護目的。

註：塑性收縮：混凝土硬化前發生之收縮。

乾縮：混凝土硬化後發生之收縮。

七、混凝土養護劑種類

1. 矽酸鈉類：矽酸鈉（水玻璃）為主要材料，噴塗或刷塗於混凝土表面，填塞混凝土表面孔隙。形成連續薄膜，達到減緩水分蒸發目的。其價格最低，效果亦最差。
2. 石蠟類：石蠟為主要材料，將石蠟乳化成為親水性，噴灑或刷塗於混凝土表面，乳化石蠟中水分蒸發後，石蠟微粒沉積、連結並附著於混凝土表面，形成不透水蠟質膜層，達成養護效果。保水性優於矽酸鈉類養護劑，價格高於矽酸鈉類。噴塗後，遇水即造成混凝土表面濕滑，人員應小心行走以免滑倒。彈繪墨線無法完全滲入混凝土表面，遇水將流失墨線。蠟質膜層對後續澆置混凝土形成隔離介面，不易清除。
3. 水性樹脂類：市場產品繁多，各有偏好樹脂種類，如聚乙烯醇樹脂、聚乙烯醇縮甲醛（聚乙烯醇与甲醛作用而成的高分子化合物）、聚乙烯醋酸乳液等。與上述二類養護劑原理相同，即生成不透水膜層，阻絕水分蒸發，達成養護目的。水性樹脂類養護劑對後續澆置混凝土形成隔離介面之程度低於石蠟類養護劑。

護膜法之養護效果雖不及濕治養護，但為避免養護消耗工期，護膜法仍屬兼顧養護與工期之折衷選擇。

八、整體粉光

整體粉光又稱機械隨打粉光，即跟隨混凝土澆置拉平後以機械進行整平、粉光之工程。因整體粉光以機械施壓於混凝土表面，擠壓出空氣及多餘水分，促使混凝土更加密實，減少混凝土乾燥收縮條件，提高水密性；可勉強視為兼具混凝土養護功能之手段。

混凝土壓送、搗築、整平工程邀商報價說明書案例

項次	項目	數量	單位	單價	複價	備註
1	混凝土壓送、搗築、整平		m^3			不另計出車費
2	壓送不足 $30m^3$ 以出車計費		趟			不另計壓送 m^3 費用
	小計					
	稅金					
	合計					
合計新台幣　佰　拾　萬　仟　佰　拾　圓整						

【報價說明】

一、工程地點：

二、施工範圍：本工程及二次施工混凝土之工程。

三、施工要求：

1. 每層澆置，以配備一台混凝土壓送車為原則，必要時依甲方指示增派壓送車配合。
2. 每台壓送車至少配置人員 6 人，即壓送車司機 1 人，拉管 3 人，整平振動 2 人，必要時依甲方指示隨時增減人員。
3. 混凝土壓送車、2.5m 軟管振動機、1m 硬管震動機、外模震動機、整平工具、對講機、電纜延長線等相關機具、設備、工具、器材均由乙方自備。
4. 混凝土壓送前將壓送車水箱注水充足後移除給水管，至混凝土澆置完成前，無正當理由不得接給水管。壓送車操作時嚴禁於混凝土中加水（目前混凝土壓送車均屬氣冷式，即使其水箱未注水亦不影響機械冷卻）。
5. 混凝土壓送管需遠離模板及版筋，不得於模板固定壓送管。於壓送管轉角、接頭下方以橡膠輪胎及木角材墊高，以免壓送時衝擊、拉扯模板、鋼筋及水電配管。壓送管鋪置路徑儘量設置於樑鋼筋上方。
6. 乙方應於結構體外側混凝土預埋壓送管立管固定件，嚴禁將立管固定於施工架。竣工後由乙方切除立管固定件。
7. 除樓梯踏步混凝土外，其餘範圍混凝土澆置均需以振動機同步振動搗實，以免造成蜂巢現象，牆、柱下部（自 FL 至 FL + 180cm 範圍）於搗築時需以外模振動機震實，務使搗築作業確實。振動機應攜備品，以免故障延誤施工。
8. 澆置混凝土時不可集中於一處澆置；避免造成模板因壓力過大而爆模。震動棒應插入混凝土並高頻次移動插入點，不得刻意將振動棒接觸鋼筋，使鋼筋成為震動傳

遮介面之方式進行搗實或加速混凝土流動，以避免碎石因鋼筋高頻震動而遠離鋼筋（粒料分離現象）致握裹力不足。

9. 壓送管出口不得正對豎向鋼筋（如澆置完成面以上之柱筋、牆筋）澆注，避免外露之鋼筋包漿而降低握裹力。

10. 冷氣窗台、陽臺欄杆等構造物允許慢一個樓層進度搗築。

11. 甲方供應坍度 15±2.5cm、最大粒徑 2.5cm 之預拌混凝土。乙方已於報價前明確了解，並同意就該規格混凝土進行澆置、搗實、整平。若未經許可擅自加水，經舉證，每一次加水均罰款 10,000 元。

12. 拆模後，若有蜂窩現象，應由乙方於接獲通知 3 日內派員以樹脂沙漿填實補平。

四、付款辦法

1. 本工程無預付款。
2. 依實做數量計價。
3. 筏基混凝土依實際澆置數量計價 50%（1/2 現金、1/2 六十天期票），保留 50%。
4. 筏基以外混凝土均依實做數量計價 90%（1/2 現金、1/2 六十天期票），保留 10%。
5. 結構体混凝土全部澆置完成退還保留款之 1/2，概以六十天票支付。
6. 甲方取得使用執照退還剩於保留款，概以六十天票支付。

第 14 章 鋼構工程

鋼結構是由鋼板、鋼棒、鋼管、型鋼等鋼材以焊接、栓接、鉚接等方式組裝的工程結構。其優點為：強度高、自重輕、材質均勻可靠性高、塑性及韌性佳、適於工廠製造利於品管、安裝簡易、施工期短。鋼材可回收重複冶煉利用，屬節能環保建材，符合經濟要求。缺點為：不耐蝕、不耐火。

一、鋼材

抗拉強度 TS（Fu）	300 N/mm^2（30 kg/mm^2）等級	400 N/mm^2（40 kg/mm^2）等級	500 N/mm^2（50 kg/mm^2）等級	600 N/mm^2（60 kg/mm^2）等級
JIS 規格	G3101 SS330	G3101 SS400 G3106 SM400 A/B/C G3136 SN400 A/B/C	G3101 SS490 G3106 SM490A/B/C G3106 SM490YA/YB G3106 SM520B/C G3136 SN490B/C	G3106 SM570
CNS 規格（較 JIS 新增部分）(註)		CNS2947 SM400A-A CNS2947 SM400B-A CNS13812 SN400YB CNS13812 SN400YC	CNS2947 SM490A-A CNS2947 SM490B-A CNS13812 SN490YB CNS13812 SN490YC	
ASTM 規格	A283-Gr. A/B/C	A36 A283 Gr. D A572 Gr. 42/50 A573 Gr. 58/65	A572 Gr. 60/65 A573 Gr. 70 A709 Gr. 50 A992	

註：CNS2473、CNS2947、CNS13812 均引用 JIS G3101、G3106、G3136，因 JIS 中各級鋼材之抗拉強度最小值依鋼板厚度不同而有差異，為利於結構設計及符合 ASTM 規範精神，於 CNS2947 新增 SM400A-A、SM400B-A、SM490A-A、SM490B-A 四種鋼材選項，於 CNS13812 新增 SN400YB、SN400YC、SN490YB、SN490YC 四種鋼材選項。

SN 鋼材降伏強度、抗拉強度、降伏比、伸長率比對照表摘錄自 CNS13812：103/02/27

種類符號	厚度（mm）	降伏點或降伏強度（N/mm²）	抗拉強度（N/mm²）	降伏比（%）	伸長率（%）		
					1A 號試片	1A 號試片	4 號試片
					厚度（mm）		
					6 以上 16 以下	超過 16 50 以下	超過 40 100 以下
SN400A	6 以上， 40 以下	235 以上	400 以上 510 以下		17 以上	21 以上	23 以上
	超過 40， 100 以下	215 以上					
N400B	6 以上， 未滿 12	235 以上	400 以上 510 以下		18 以上	22 以上	24 以上
	12 以上， 40 以下	235 以上 355 以下		80 以下			
	超過 40， 100 以下	215 以上 335 以下					
SN400YB	6 以上， 未滿 12	250 以上	400 以上 510 以下		20 以上	22 以上	24 以上
	12 以上， 未滿 40	250 以上 355 以下		80 以下			
	40 以上， 100 以下						
SN400C	16	235 以上 355 以下	400 以上 510 以下	80 以下	18 以上	22 以上	24 以上
	16 以上， 40 以下						
	超過 40， 100 以下	215 以上 335 以下					
SN400YC	16 以上， 未滿 40	250 以上 355 以下	400 以上 510 以下	80 以下	20 以上	22 以上	24 以上
	40 以上， 100 以下	250 以上 335 以下					
SN490B	6 以上， 未滿 12	325 以上	490 以上 610 以下		17 以上	21 以上	23 以上
	12 以上， 40 以下	325 以上 445 以下		80 以下			
	超過 40， 100 以下	295 以上 415 以下					

種類符號	厚度（mm）	降伏點或降伏強度（N/mm^2）	抗拉強度（N/mm^2）	降伏比（%）	伸長率（%）		
					1A 號試片	1A 號試片	4 號試片
					厚度（mm）		
					6 以上 16 以下	超過 16 50 以下	超過 40 100 以下
SN490YB	6 以上， 100 以下	325 以上 445 以下	490 以上 610 以下	80 以下	17 以上	21 以上	23 以上
SN490C	16～40 以下	325 以上 445 以下	490 以上 610 以下	80 以下	17 以上	21 以上	23 以上
	超過 40， 100 以下	295 以上 415 以下					
SN490YC	16 以上， 100 以下	325 以上 445 以下	490 以上 610 以下	80 以下	17 以上	21 以上	23 以上

高強度鋼：抗拉強度 $50kgf/mm^2$ 以上低碳低合金系構造鋼。高強度鋼因熱處理方法的不同，可以分爲非調質鋼和調質鋼。

非調質鋼：以軋延、正常化、退火處理。調質鋼：淬火、回火作調質處理。

高含碳量鋼材於焊接冷卻時若未對退火速率進行適當控制，冷卻速率過快，易產生麻田散鐵組織，易生脆裂。低含碳量鋼可避免脆裂，但其強度較低，需添加合金材料以提高強度。

採用 TMCP（Thermal Mechanical Control Process）熱機控制製程，亦可有效提升鋼板品質、降低含碳量。TMCP 製程鋼材，是以控制軋延以及加速冷卻技術所生產之鋼材，當鋼板厚度超過 40mm 時，必須增加含碳量以達成降伏強度之規範要求，但運用 TMCP 之軋延 - 冷卻製程不增加含碳量即可達成規範強度與韌性，且維持良好焊接性能。TMCP 製程與水淬鋼筋類似，但因合金含量不同，TMCP 製程鋼板仍保有良好的焊接性。

近年已有採 SN 規格鋼料取代 SM 及 A572 鋼材使用於韌性設計之趨勢，若樑柱接頭採切削式鋼骨高韌性梁柱接頭（行政院國家科學委員會之國際性專利，委託台科大研發處技術移轉中心代管）亦可符合韌性設計需求。

SN400A：適用於小梁、懸臂梁、桁架等彈性設計構材，或以螺栓接合之耐震需求較小之構材（可以 SM 系列、ASTM A36、A572 鋼材替代）。

SN400B ／ SN490B：B 級鋼材有較嚴格的品質規格之規定，適用於柱、大梁、斜撐等焊接接合構材，且需有良好之焊接性及韌性需求較高之構材，但最大板厚不宜大於 50mm。

SN400C / SN490C：C 級鋼材除加強焊接性及韌性外，尙考慮板厚方向特性及鋼材內部性質均勻性。適用於除具有 B 級之韌性需求外，對於會產生大焊接入熱量，且在板厚方向會產生高度束制，而有產生層狀撕裂現象疑慮之構材。大梁及柱之板厚大於 50mm 者應採用 C 級鋼材。

CNS 2947「熔接結構用軋鋼料」規範沿用日本 JIS G3106 規範，鋼材以 SM 系列稱之。CNS 13812「建築構造用軋鋼材」規範沿用日本 JIS G3136 規範，鋼材以 SN 系列稱之。1995 年阪神地震發生後，SM 系鋼材因無法滿足耐震設計需求，日本通產省工技所公告取消 SM 鋼材適用於「建築」項目，另行規定耐震構材應使用 SN 鋼材，SN400B、SN490B 對硫、磷雜質含量限制較 SM 鋼材嚴格，降低層裂發生，更適用於高入熱量焊接（如潛弧焊）。

JIS G3101「一般構造用壓延鋼材」規範之 SS 系列鋼材對化學成分限制寬鬆，亦未限制碳含量上限，故不宜作電焊接合使用，屬不可焊鋼材，可應用於小梁等栓接之非耐震構材。

1994 年，美國北嶺地震證實 ASTM A36、A572（Grade 50）鋼材不符耐震結構設計要求，另行研發 ASTM A992 規格型鋼取代 A36 及 A572（Grade 50）型鋼。

ASTM A992 規格型鋼之材質規範寬鬆於 SN 系列鋼材規範，故所要求之細部設計較爲嚴謹並對焊接之要求亦高於 SN 系列鋼材。SN 系列鋼材材質規範要求較高，但爲求得高效率焊接，其細部設計及施工規範較爲寬鬆。故不同之鋼材適用於不同之施工規範及細部設計。

二、碳當量（Carbon Equivalent）

銲接部位包括熔融區（WM）與熱影響區（HAZ），熱影響區因淬火，其硬度較母材高。熱影響區硬化後，延性隨之下降。因鋼鐵中之碳含量高低與硬度成正比，焊接用鋼材需考量其合金成分，將鋼材中包括碳在內的對淬硬、冷裂及脆化等有影響的合金元素含量換算成等值於碳之數量，即「碳當量」，將碳當量最小化以提升銲接性能。

碳當量主要在反應鋼材焊接後的冷裂敏感性，鋼材碳當量過高容易在焊接後的熱影響區產生緻密麻田散鐵組織，阻絕氫氣逸出鋼材，致匯集於鋼材，冷卻後形成裂縫，稱爲冷裂，又稱爲氫裂。SN 鋼材在 B 級及 C 級均有規定碳當量值（或以焊接冷裂敏感指數替代碳當量值），用以確保鋼材之可焊性。

將鋼材各種元素（包含碳元素、對淬硬、冷裂、脆化等有影響的合金元素）含量換算成碳的相當作用含量。透過對鋼的碳當量和冷裂敏感指數的估算，衡量鋼材冷裂敏感性高低，作為焊接預熱、退火等參考。

碳當量容許值及焊裂敏感度容許值應查見各型鋼材規範，例 SN 鋼材之碳當量及焊裂敏感度容許值，如下表所示。

鋼材厚度 鋼材種類	碳當量 % 40mm 以下	碳當量（%） 40～100mm 以下	焊裂敏感度（%） （Sensitivity of Welding Crack）
SN400A	未規定	未規定	未規定
SN400B	0.36 以下	0.36 以下	0.26 以下
SN400C	0.36 以下	0.36 以下	0.26 以下
SN490B	0.44 以下	0.46 以下	0.29 以下
SN490C	0.44 以下	0.46 以下	0.29 以下

上表碳當量依 $C_{eq}=C+\frac{Mn}{6}+\frac{Si}{24}+\frac{Cr}{5}+\frac{Mo}{4}+\frac{V}{14}$ 計算

上表焊裂敏感度依 $P_{CM}=C+\frac{Si}{30}+\frac{Mn}{20}+\frac{Cu}{20}+\frac{Ni}{60}+\frac{Cr}{20}+\frac{Mo}{15}+\frac{V}{10}+5B$ 計算

一般而言，$Ce \leq 0.4\%$ 焊接性良好。$Ce = 0.4\sim0.6\%$ 焊接性稍差，焊前需預熱。$Ce \geq 0.6\%$ 焊接性差，不宜作電焊接合。

碳當量表示符號有：$CE_{(IIW)}$、CE、CET、Ceq、CEV、P_{CM} 等。

$CE_{(IIW)}$ 或 $C_{(IIW)}$ 是國際焊接學會推薦的碳當量計算公式符號。

EN1011-2 附錄 C2，將材料焊接時發生冷裂的碳當量以 CE 表示，用於非合金鋼、細晶粒及低合金鋼。

EN1011-2 附錄 C3，將材料焊接時冷裂影響係數的碳當量用 CET 來表示。用於非合金鋼、細晶粒及低合金鋼。

ISO 6935-2:2015 中，將碳當量表示符號訂為 Ceq（%）。

GB/T 1591-2018 中，將碳當量表示符號訂為 CEV（即 Carbon Equivalent Value）。

Pcm 是日本伊藤等人於後試驗提出的焊道化學成分焊裂敏感率係數，適用於碳含量低於或等於 0.12% 時。

就常見碳當量公式列舉如後：

1. CNS 13812 建築結構用軋鋼料

$$C_{eq}=C+\frac{Mn}{6}+\frac{Si}{24}+\frac{Ni}{40}+\frac{Cr}{5}+\frac{Mo}{4}+\frac{V}{14}$$

適用於低碳調質低合金高強度鋼（抗拉強度 $\sigma b = 500 \sim 1000$ MPa），且屬非熱機控制製程之鋼材，當板厚小於 25 mm，預熱溫度如下：

$\sigma b = 500$ MPa,　Ceq(JIS) ≈ 0.46%,　不預熱

$\sigma b = 600$ MPa,　Ceq(JIS) ≈ 0.52%,　預熱 75℃

$\sigma b = 700$ MPa,　Ceq(JIS) ≈ 0.52%,　預熱 100℃

$\sigma b = 800$ MPa,　Ceq(JIS) ≈ 0.62%,　預熱 150℃

2. CNS 560 鋼筋混凝土用鋼筋

$$CE = C + \frac{Mn}{6} + \frac{Cu}{40} + \frac{Ni}{20} + \frac{Cr}{10} + \frac{Mo}{50} + \frac{V}{10}$$

3. IIW（InternationalInstitute of Welding，國際焊接學會）

$$CE_{(IIW)} = C + \frac{Mn}{6} + \frac{Cr + Mo + V}{5} + \frac{Ni + Cu}{15}$$

適用於中、高強度的非調質低合金高強度鋼（抗拉強度 $\sigma b = 500 \sim 900$ MPa）。

當板厚小於 20 mm，$Ce < 0.40\%$ 時不需預熱，$Ce = 0.40 \sim 0.60\%$，特別當大於 0.5% 時，焊接前需預熱。

1、2 式亦適用於含碳量偏高之鋼材（$C \geq 0.18\%$）

4. AWS（American Welding Society，美國焊接協會）

$$CE_{(AWS)} = C + \frac{Mn}{6} + \frac{Ni}{15} + \frac{Cr}{4} + \frac{Mo}{4} + \frac{Cu}{13} + \frac{P}{2}$$

適用於碳鋼和低合金鋼。其化學成分範圍：$C < 0.60\%$，$Mn < 1.6\%$，$Ni < 3.3\%$，$Cr < 1.0\%$，$Mo < 0.6\%$，Cu 0.50～1.0%，P 0.05～0.15%（當 $Cu < 0.50\%$ 和 $P < 0.05\%$ 時可不計）。

5. ASTM（American Society for Testing and Materials，美國材料與試驗協會）

$$CE = C + \frac{Mn}{6} + \frac{Cu}{40} + \frac{Ni}{20} + \frac{Cr}{10} + \frac{Mo}{50} + \frac{V}{10}$$

適用於可焊鋼筋。

6. 美國金屬學會用於計算預熱溫度碳當量公式：

$$CE = C + \frac{Mn}{6} + \frac{Ni}{15} + \frac{Mo}{4} + \frac{Cr}{4} + \frac{Cu}{13}$$

$Ce < 0.45\%$ 時可不預熱，Ce 在 0.45～0.60% 之間預熱 100～200℃，$Ce > 0.60\%$ 預熱 200～370℃。

適用於碳鋼及低合金高強度鋼。

7. 英國碳當量公式

$$CE = C + \frac{Mn}{6} + \frac{Ni}{15} + \frac{Cr}{5} + \frac{Mo}{4} + \frac{V}{5} + \frac{Cu}{13} + \frac{Co}{150}$$

適用於下列化學成分範圍鋼材：C 0.1～0.30%，Mn 0.26～1.56%，Ni 0～5.38%，Cr 0～1.73%，Mo 0～0.64%，Cu 0～0.65%，$V \leq 0.14\%$，Co 2.3%。碳當量限制於 0.45% 內。

三、合金元素及雜質

碳（C）：強度和硬度主要由含碳量決定。碳含量增加，鋼材抗拉強度及硬度增加，延展性降低，可焊性降低，易龜裂。焊接構造宜採低含碳量鋼材。

錳（Mn）：煉鋼過程中，錳作爲脫氧劑，以降低硫化鐵發生，錳也有利於提升鋼材強度與韌性，能避免熱裂。但錳含量逾 1.5% 時，鋼材延展率將降低，焊道易龜裂，常溫加工性變差。焊接構造鋼材含錳量多限制爲 0.6～0.9%。

矽（Si）：爲煉鋼時主要脫氧劑，矽含量影響著降伏強度和抗拉強度。矽含量 0.1～0.2% 之脫氧效果最爲明顯，含量 0.2～0.6% 可提升鋼材抗拉強度及硬度且不影響延伸率。含量逾 1.0% 後鋼材脆性增加，焊道易生氣孔。

鎳（Ni）：鎳爲鋼材中重要的合金元素之一，它不易與碳形成碳化物，用於低合金鋼時能增進低溫韌性及硬化能。可阻止結晶生長，降低熱膨脹系數，減少熱處理變化的敏感性及減少淬火的扭曲及龜裂。降低導電及導磁率，可提高耐腐蝕性能。

鉻（Cr）：促進鋼材晶粒細微化，提升鋼材於高溫時之強度及耐磨耗性能。當鉻含量達 10% 以上，鋼材耐蝕能力極高，即不鏽鋼。

鉬（Mo）：可大幅提升鋼材強度、硬度、韌性，促進鋼材晶粒細微化，提升鋼材耐潛變性能。鉬、鉻、矽、錳合金鋼可提升鋼材強度、硬度及韌性。鉬、鉻合金鋼可增進表層耐磨性及心層韌性，延展性、焊接性佳。

釩（V）：是強碳化物形成元素，可抑制鋼材熱處理的晶粒成長，同時增加強度及韌性。加釩 0.05% 以下能提高硬化能力，逾 5% 反而會降低硬化性能。

銅（Cu）：加入 0.2～0.5% 銅，用於增進鋼材對大氣腐蝕的抵抗能力，但添加量逾 0.3% 時將降低焊接性能。

鈦（Ti）：加入硼鋼中，迅速與鋼材中的氧、氮結合，提高奧氏體硬化能，但鈦會降低馬氏體的硬度。

鈮（Nb）：可提高低碳合金鋼的強度，促進鋼材晶粒細微化，增加高溫強度。

鎢（W）：爲強碳化物形成元素，可提升鋼材硬度、抗拉強度、彈性、耐熱性，且不影響延展性。

硼（B）：添加 0.0005～0.003%，可明顯增加低碳鋼材硬度，且不影響延展性及切削性。

鉛（Pb）：爲增進鋼材切削性。因鉛不溶於鋼材，是以微粒散布於鋼材。當溫度達鉛熔點，鉛微粒溶解爲液態，形成開裂。

磷（P）：爲有害雜質，或是爲了提高加工性而有意添加的，使鋼材脆化，降低焊接性能。其含量限制於 0.05% 以下。它被認爲是導致「低溫脆性」的有害元素之一。

硫（S）：爲有害雜質，或是爲了提高加工性而有意添加的，例如易切削鋼。硫、鐵化合爲硫化鐵（FeS），硫、錳化合爲硫化錳（MnS），硫化物成帶狀存在於鋼材，造成硫裂。硫化鐵與鐵形成共晶，集中於晶界，致鋼材脆化，其含量限制於 0.05% 以下。該元素愈多，焊接性愈差。

氧（O_2）：爲有害雜質，促進氧化物生成，減損鋼材機械性能。氧化物滲入焊道，產生氣泡。

氮（N_2）：爲有害雜質，與鐵化合爲氮化鐵（FeN），降低鋼材強度及延展性。

氫（H_2）：爲有害雜質，造成焊道脆化、龜裂。

四、鋼鐵相關名詞解釋

1. 降伏強度（f_y）：材料將產生永久變形（塑性變形）時之受力強度，即彈性變形之最大強度。
2. 極限強度（f_u）：材料產生永久變形後之最大強度，即應力應變曲線最高點。
3. 延展性：材料受力變形斷裂前的變形比率。
4. 韌性：材料吸收能量之性能，即抵抗裂縫延伸之性能，可以應力應變曲線之總面積表示，面積愈大者韌性愈佳，以衝擊試驗爲判斷基準。

   右圖爲應力 - 應變圖（爲便於說明，以誇張比例繪製）。對材料施加應力自 O 點增至 E 點，此時若解除應力（應力爲 0），變形亦將回復爲0，E點稱爲彈性限度。應力增至P點，應力-應變曲線仍維持正比直線變化，但解除應力後

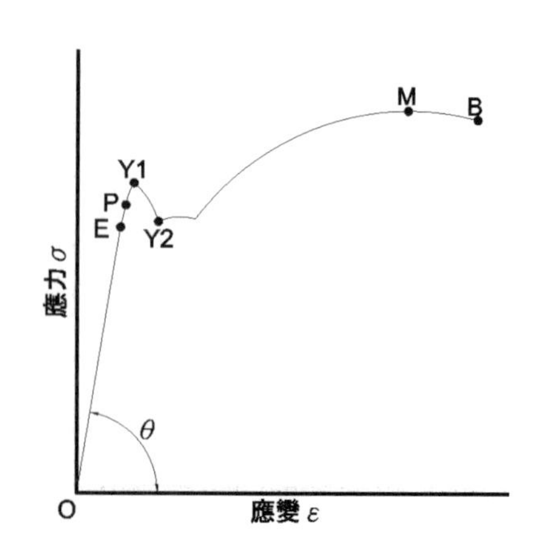

將存在永久變形，P 點稱比例限度。再增加應力至 Y1 點，自 P 點至 Y1 點範圍應力雖保持定量增加，但應變以大於先前之比例增加，此現象稱降伏（Yielding），Y1 點稱降伏上限或降伏點，Y1 點應力稱降伏強度 fy。此後於降伏過程中，應力雖不增加但應變卻持續大幅增加，致使應力鬆弛、下降，至 Y2 點爲應力最低點，Y2 點稱降伏下限。降伏現象終了，應力繼續增加達應力最高點 M，M 點應力稱極限強度（f_u）。此後再發生應力降低應變增加之現象，至 B 點材料斷裂，稱 B 點爲破壞點，B 點應力稱破壞強度。結構設計均採降伏強度（f_y）作爲材料抗拉強度設計依據。

5. 焊接性：焊道品質符合標準之能力。
6. 切削性：鋼材硬度於加工的適宜性。
7. 淬火：鋼材於高溫狀態瞬間冷卻的過程。
8. 回火：將經過淬火的工件重新加熱到低於下臨界溫度的適當溫度，保溫一段時間後在空氣或水、油等介質中冷卻的金屬熱處理方式。用以提高組織穩定性、消除內應力。
9. 退火：鋼材加溫至特定溫度後，以特定的速率降溫至室溫，使內部結構均勻化以提升鋼材性質。
10. 正常化處理：將鋼材升溫至奧氏鐵化溫度界線以上約 55℃，至鋼材組織完全奧氏鐵後，經由空氣冷卻至室溫之一種熱處理。
11. 回火脆性：鋼在 300℃左右回火時，常使其脆性增大，這種現象稱爲第一類回火脆性。一般不應在這個溫度區間回火。某些中碳合金結構鋼在高溫回火後，如果緩慢冷至室溫，也易於變脆。這種現象稱爲第二類回火脆性。在鋼中加入鉬，或回火時在油或水中冷卻，都可以防止第二類回火脆性。將第二類回火脆性的鋼重新加熱至原來的回火溫度，可消除脆性。

五、焊材選用原則

1. 結構鋼焊接，應考慮等強度原則，選用強度級別相當的焊材。
2. 異種鋼材焊接接頭，依強度級別較低鋼材選用相對應的焊材。
3. 母材化學成分中碳、硫、磷等有害雜質較高時，應選擇抗裂性較佳之焊材。如低氫系焊材等。
4. 母材結構複雜、剛性大、重要結構焊接，應選用低氫系鹼性焊條。但對強度等級較低的也可選用酸性焊條。
5. 在酸性焊條和低氫系鹼性焊條都可滿足性能要求條件下，儘量選用酸性焊條。

6. 焊件承受動載荷和衝擊載荷，除要求保證抗拉強度、屈服強度外，對衝擊韌性、塑性均有較高要求，應選用低氫系焊條。
7. 焊接部位難以保持清潔，應採用對鐵鏽、氧化皮膜和油汙反應不敏感之焊材，如酸性焊條，以免產生氣孔等缺陷。
8. 鑄鋼含碳量高，焊接時易產生裂紋，應選用抗裂性能好的低氫系焊條，必要時應採預熱。
9. 在滿足使用性能和操作性能的前提下，應考慮選用規格大、效率高的焊材。

六、開槽

開槽之目的爲便於電焊人員操作焊條、可輕易熔透焊接母材、以最經濟之焊材用量獲得符合設計之焊道強度、降低電焊入熱量減少鋼材變形，亦有利達成全滲透焊接之目的。

所謂全滲透焊接（Complete Joint Penetration，簡稱 CJP）是指焊道根部被焊材完全熔透，即焊道熔塡深度不小於母材的厚度，兩片鋼鈑間完全以焊材充塡者，相對而言，半滲透焊接（Partial Joint Penetration，簡稱 PJP）則是兩片鋼鈑間仍有空隙未以焊材熔塡者。

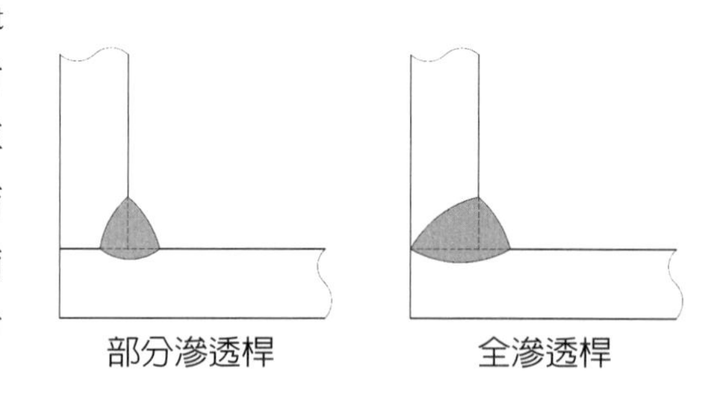

開槽型式：

1. I 形槽（Squaregroove）：又稱方形槽，分有間隙、無間隙二種。因焊道不須切割加工，亦即不需開槽。
2. 斜形槽（Bevelgroove）：分單斜及雙斜二種，單斜槽亦稱單邊 V 形槽或 Y 形槽，雙斜又稱 K 形槽。
3. V 形槽（Vee groove）：分單 V 及雙 V 二種，雙 V 又稱 X 形槽。
4. J 形槽（J-groove）：分單 J 及雙 J 二種。
5. U 形槽（U-groove）：分單 U 及雙 U 二種，雙 U 又稱 H 形槽。J 形槽與 U 形槽之差異在於；J 形槽僅於單邊母材開槽，而 U 形槽於雙邊母材開槽。

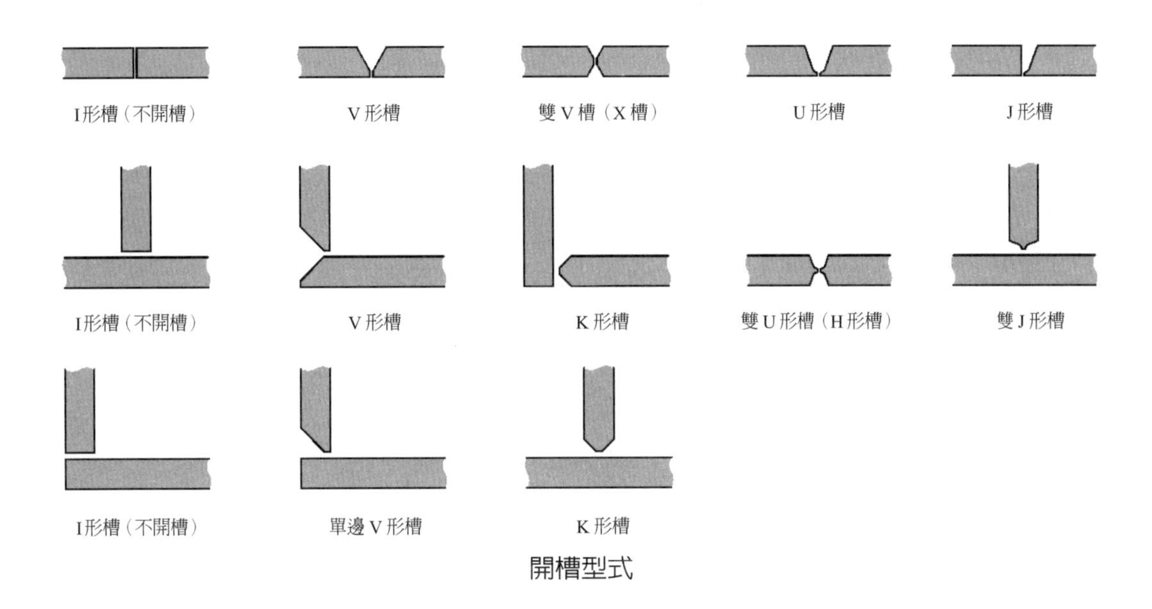

開槽型式

七、開槽部位名稱

1. 根部（Root of Weld）：焊接斷面熔填焊材底部與母材表面交點。
2. 根隙（Root opening，Root gap）：開槽底部之間隙。
3. 根面（Root face，Shoulder）：開槽底部之接合面。

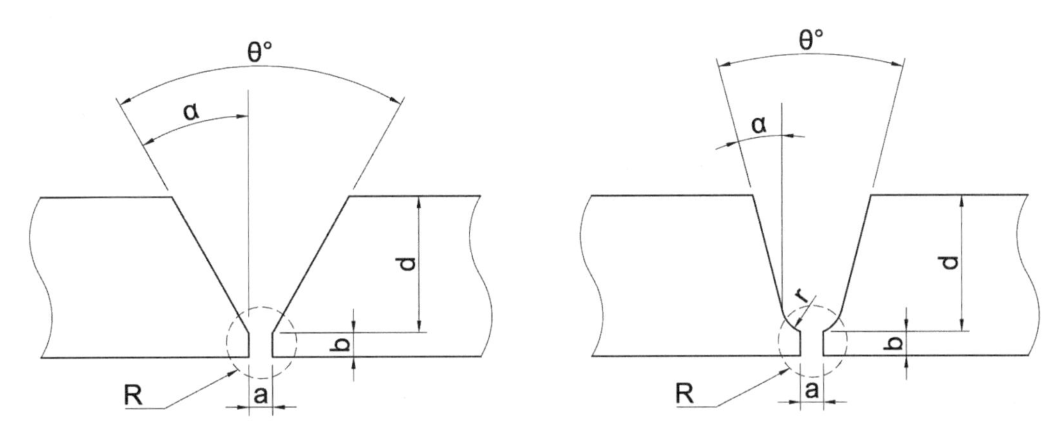

θ：開槽角度；R：焊根部；b：焊根面；α：開槽角度；d：開槽深度；r：焊根半徑；a：焊根距離

對接接頭開槽各部名稱

八、焊接位置及姿勢

1. 平面位置（Flat position）：又稱平焊位置，簡稱 F 位置。施焊於接頭上邊，焊接面近似水平。於平面位置之施焊姿式稱平焊。
2. 縱向位置（Vertical position）：又稱立焊位置，簡稱 V 位置。焊接軸近似垂直。於縱向位置之施焊姿式稱立焊。
3. 橫向位置（Horizontal position）：又稱橫焊位置，簡稱 H 位置。於垂直面作橫向水平焊接。又分角焊橫向位置，簡稱 HF 位置，及槽焊橫向位置，簡稱 HG 位置。於橫向位置之施焊姿式稱橫焊。
4. 仰向位置（Overhead position）：又稱仰焊位置，簡稱 OH 或 O 位置。於接頭下側之焊接位置。於仰向位置之施焊姿式稱仰焊。

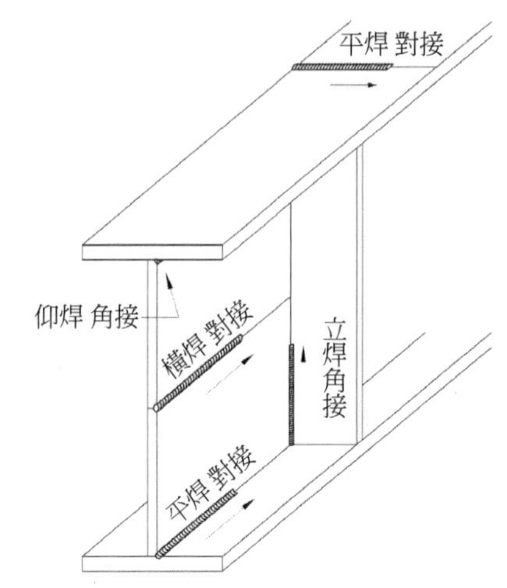

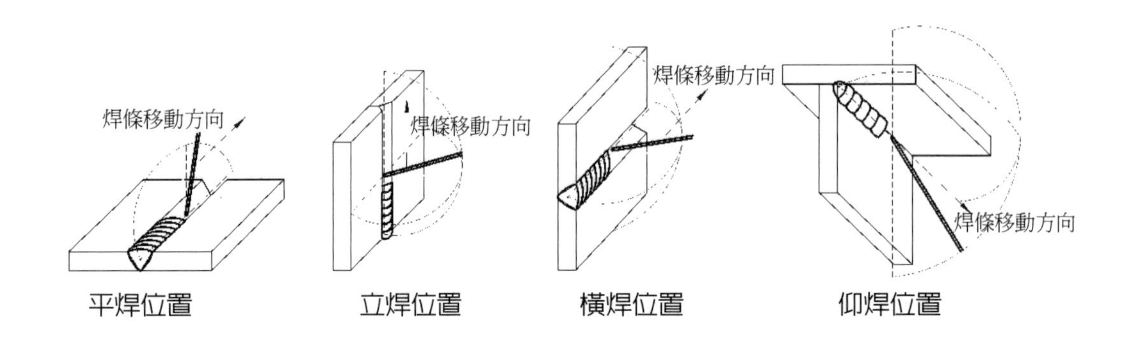

九、接頭型式

1. 搭疊接頭（Lap joint）：兩片母材搭疊，再施以塡角焊。
2. T 接頭（Tee joint）：將一片鋼板端面垂直豎立於另一片鋼板面上。
3. 十字接頭（Cruciform joint，Cross-shaped joint）：母材交叉成十字形。
4. 邊角接頭（Corner joint）：兩片母材約呈直角相交，再施以塡角焊。
5. 邊緣接頭（Edge joint）：兩片母材邊端約呈平行，上方施以水平焊接。

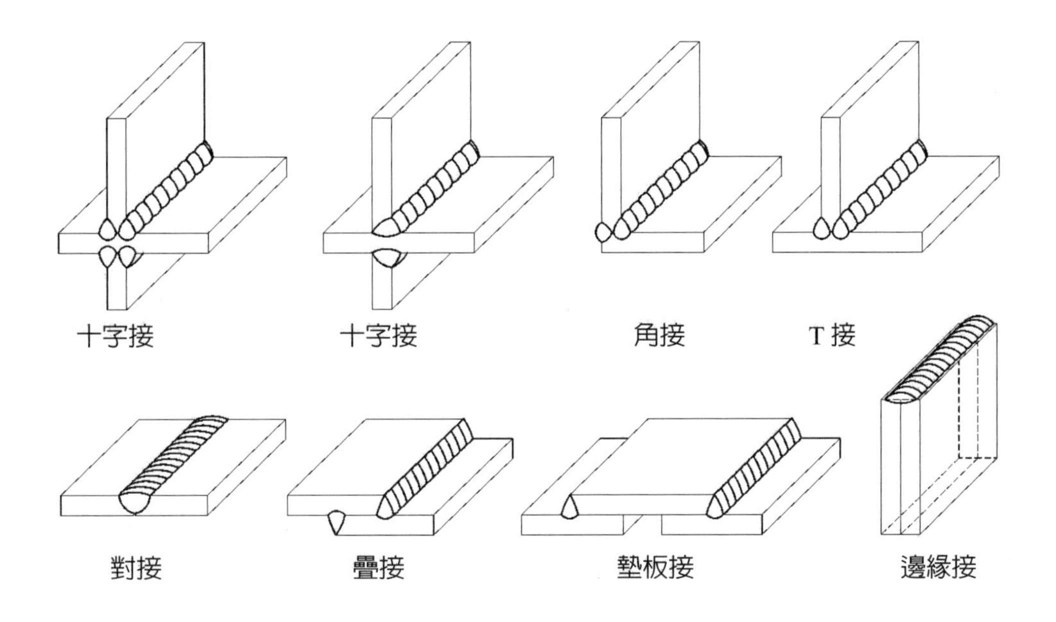

十、焊接符號

工程界常用之焊接符號有二種系統，分別爲 AWS（American Welding Society）美國焊接協會標準及 ISO（International Organization for Standardization）國際標準化組織之國際標準。AWS 標準於 AWS A2.4（Standard Symbols forWelding, Brazing,andNondestructive Examination）訂定繪製焊接符號之規則。ISO 標準於 ISO 2553（Welding and allied processes - Symbolic representation on drawings - Welded joints）訂定繪製焊接符號之規則。

美國、台灣地區通常依 AWS 規範標示焊接符號，歐洲地區多依 ISO 規範標示焊接符號。其主要差異在於焊接符號標示線有無副基線（副基線以虛線標示，可繪於基線上方或基線下方）。

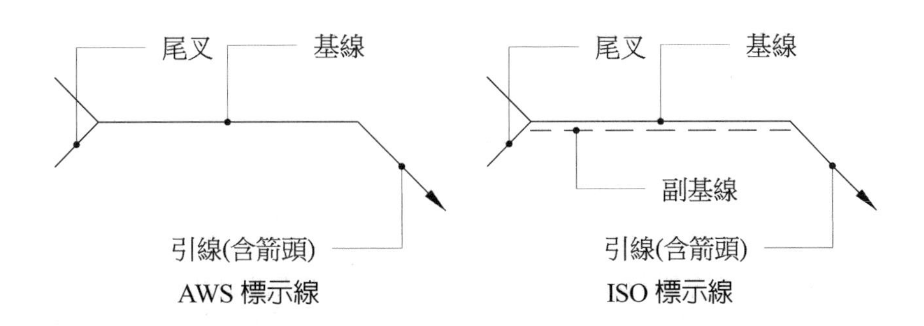

但依 ISO 2553 4.3 節「焊接符號系統」將焊接符號分爲系統 A 及系統 B（如右圖所示），系統 B 即無副基線，其標示方法與 AWS 大致相同。或因 ISO 2553 包容範圍較爲寬廣，CNS 3-6：2019 版（工程製圖 - 焊接符號表示法）即依據 ISO 2553 不變更技術內容修訂成爲 CNS 國家標準。若稱 CNS 3-6：2019 版爲 ISO 2553 中文版亦屬貼切。

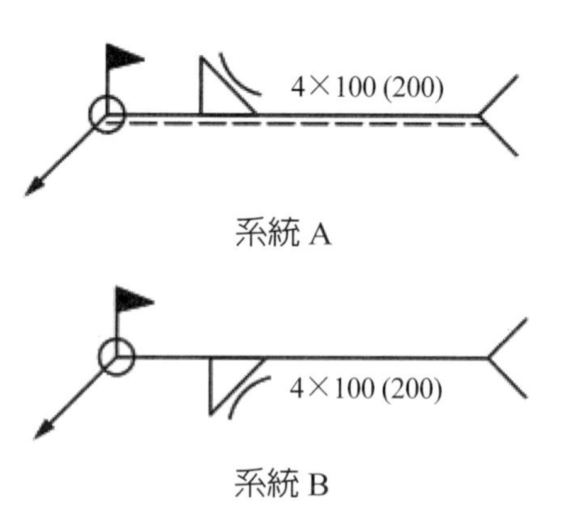

焊接符號概分爲基本符號、主要符號及輔助符號。基本符號包含基線、引線、尾叉。主要符號即爲焊道符號，繪製於基線，通常位於基線中央且與基線接觸，主要用於標示開槽型式、接合方式之符號。輔助符號用於提供焊道更多資訊，如環繞焊、現場焊、焊冠形狀及加工方法、加註事項（標註於尾叉）、焊道尺寸，凡不屬基本符號、主要符號者皆爲輔助符號。

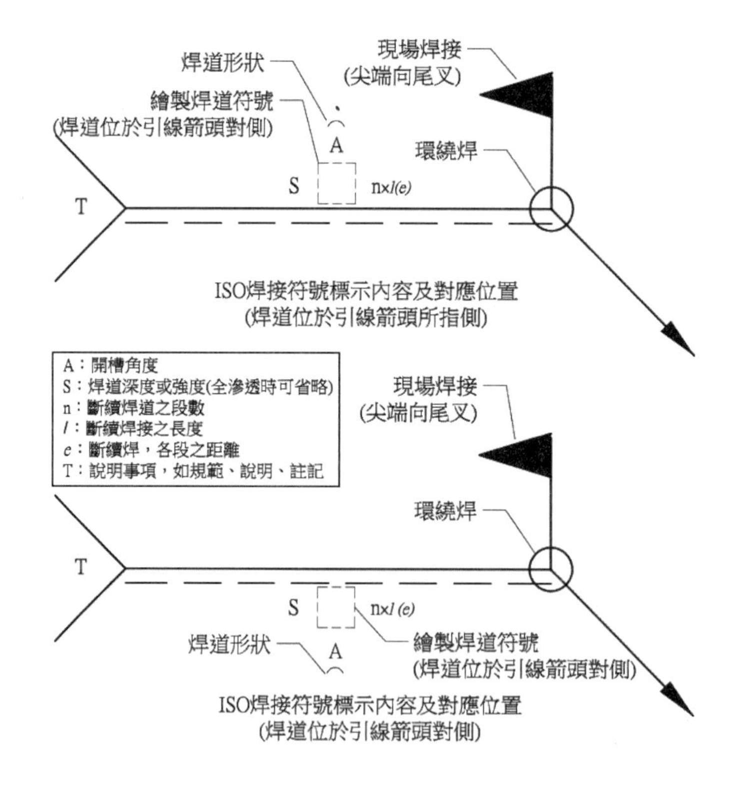

ISO 系統 A，其基本符號包含基線及副基線。副基線為虛線，可繪製於基線上方或下方。當焊道符號繪於基線側，代表焊道位於引線箭頭指向側。焊道符號繪於副基線側，代表焊道位於引線箭頭指向對側。

ISO 系統 B 及 AWS 均無副基線，其標示焊道位置則依焊道符號位於基線上方或下方表達。若焊道符號繪於基線下方，代表焊道位於引線箭頭指向側。焊道符號繪於基線上方，代表焊道位於引線箭頭指向對側。

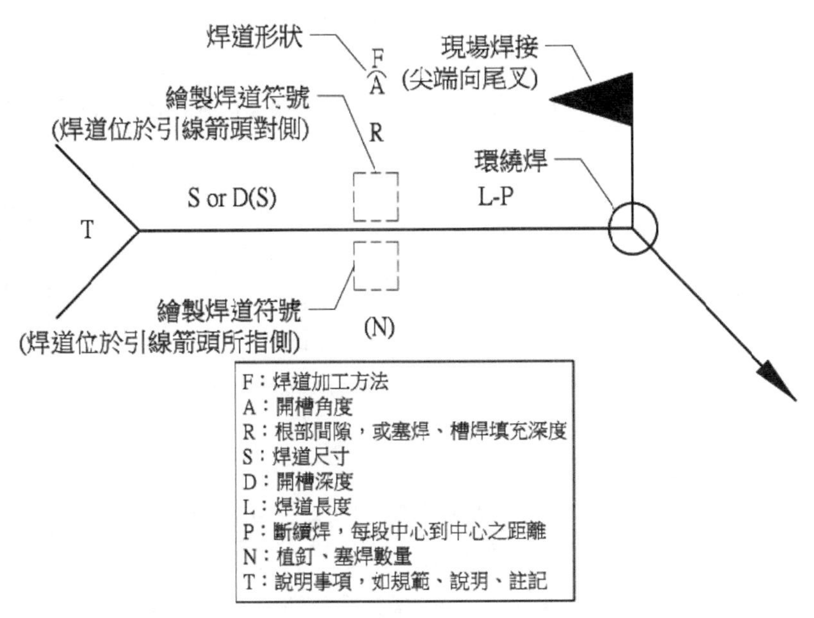

AWS 焊接符號標示內容及對應位置

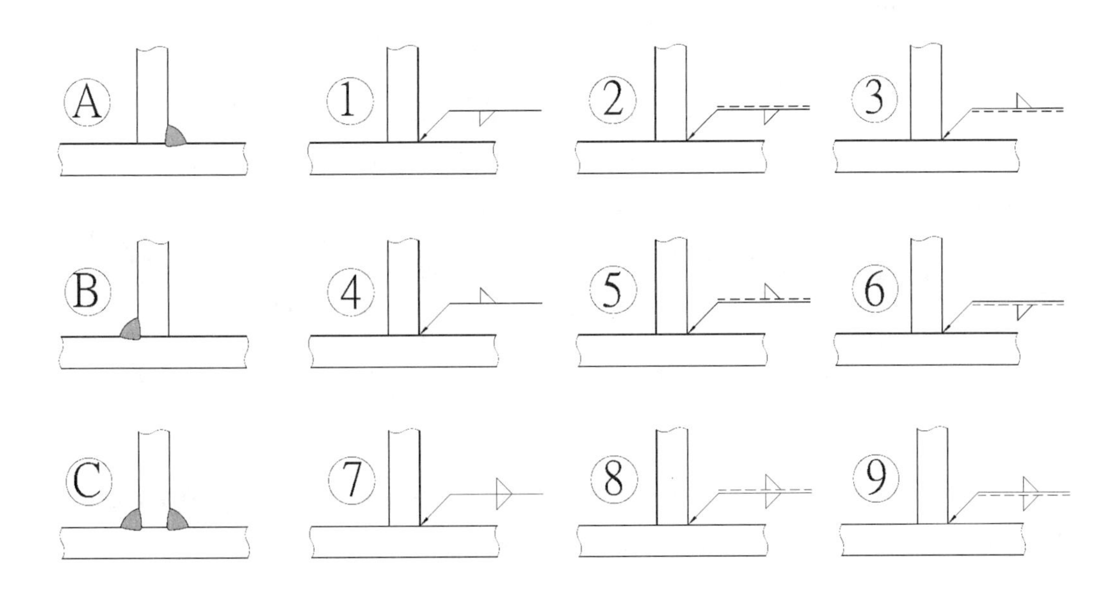

上圖 Ⓐ 爲 T 形接頭塡角焊（焊道位於引線箭頭指向側），①爲 AWS 及 ISO 系統 B 之標示方式（焊道符號位於基線下方），②及③爲 ISO 系統 A 之標示方式（焊道符號位於基線側）。

上圖 Ⓑ 爲 T 形接頭塡角焊（焊道位於引線箭頭指向對側），④爲 AWS 及 ISO 系統 B 之標示方式（焊道符號位於基線上方），⑤及⑥爲 ISO 系統 A 之標示方式（焊道符號位於副基線側）。

上圖 Ⓒ 爲 T 形接頭雙邊塡角焊（焊道位於引線箭頭指向側及對側），⑦爲 AWS 及 ISO 系統 A、B 之標示方式（焊道符號同時位於基線上、下方。ISO 系統 A 於雙邊焊接時，可免繪副基線），⑧及⑨爲 ISO 系統 A 之標示方式（焊道符號位於基線兩側）。

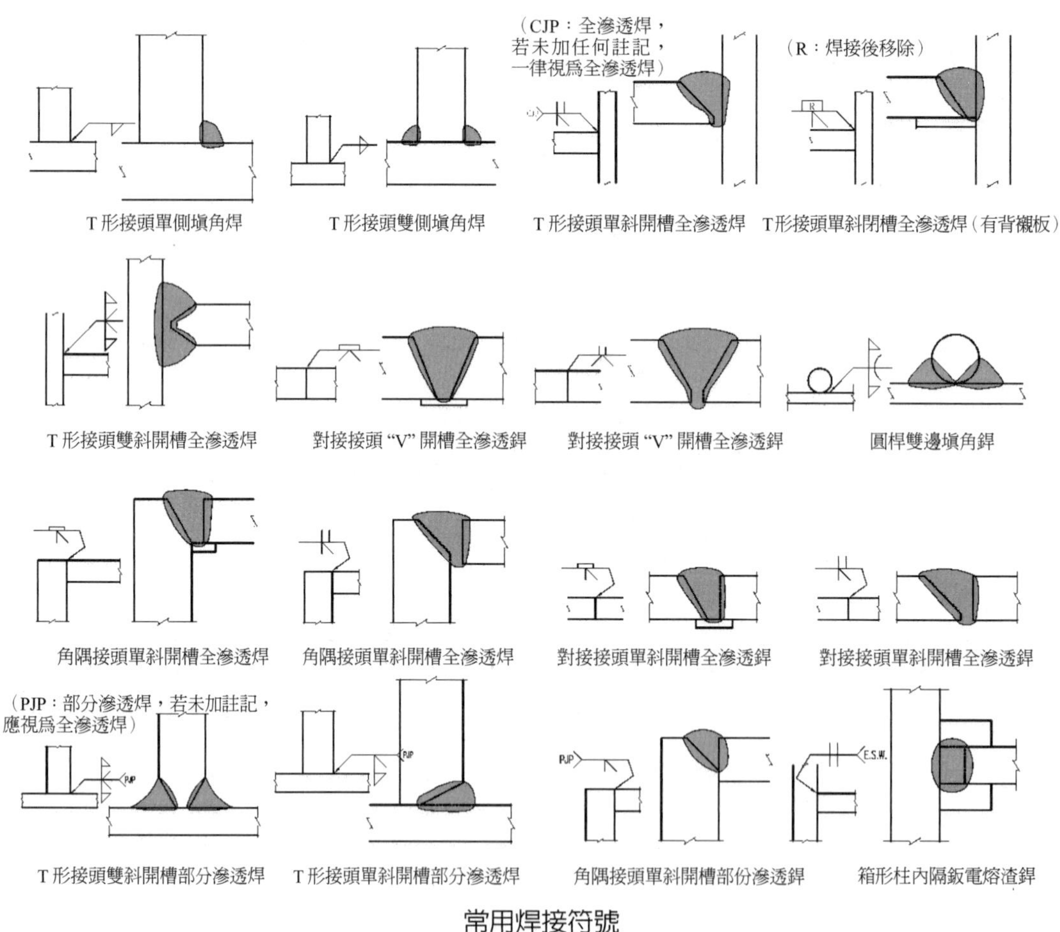

常用焊接符號

上圖爲 AWS 規範中較常見之焊接符號，建議參考 CNS 3-6，其符號案例及說明較坊間一般書籍完整，但本章仍就上圖中引線作二次轉折加以說明。

鋼材焊接未必於兩側母材均作開槽加工，當僅有一側母材須作開槽時，箭頭所指一側即爲開槽側。

如下圖，㊙、㊁以ⓐ、ⓑ、ⓒ標示，若爲雙邊母材均開V形槽並無不妥，若僅單一側母材開設V形槽，則無法判斷於哪一側母材開槽。爲表明於何側母材開槽，應將引線作二次轉折，如ⓓ、ⓔ、ⓕ、ⓖ所示，以ⓓ、ⓕ表達甲開槽位置，以ⓔ、ⓖ表達㊁開槽位置。

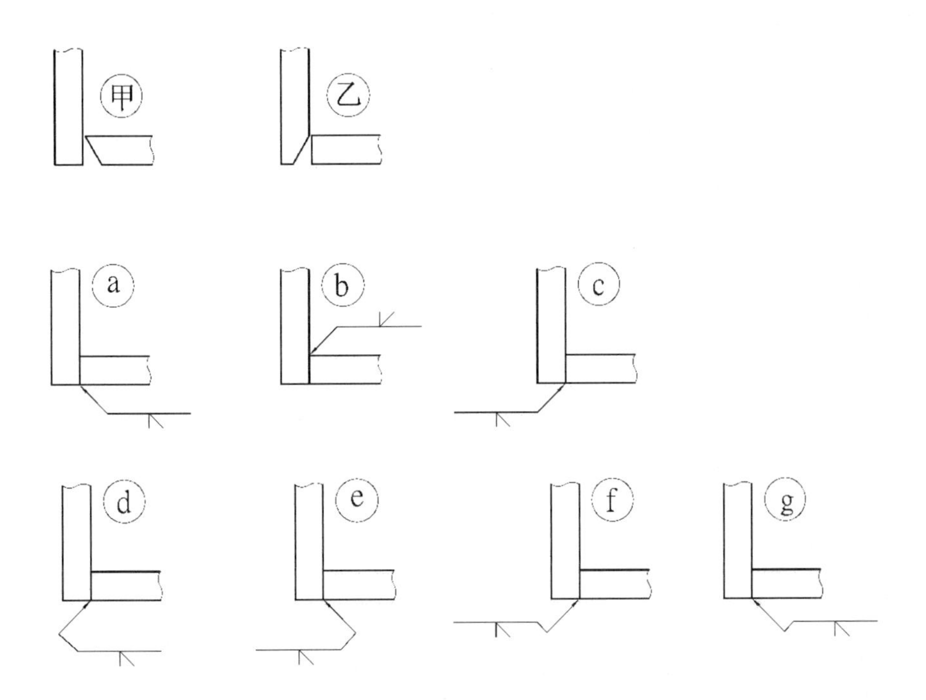

主要符號中（主要用於標示開槽型式、接合方式），凡有一側線段垂直於基線者，無論引線指向何方，其垂直線段必須位於基線左側（如下圖所示）。

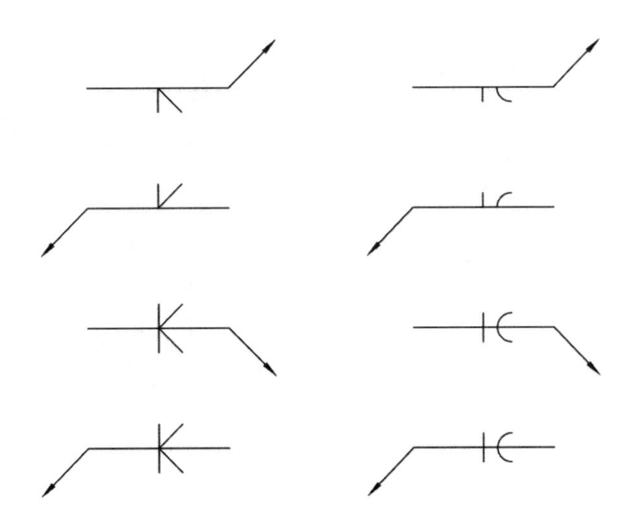

基本符號、主要符號及輔助符號繪製相關尺度，建議參考 CNS 3-6：2005 版（已作廢，可於國家標準 CNS 網路服務系統／舊版標準網頁免費下載）。

十一、非破壞檢測（Non-Destructive Test，簡稱 NDT）

鋼構件接頭接合焊接完成後，在不破壞已完成焊接結構體，檢測鋼構件之結合焊道外表、內部是否存在焊接缺陷，以認定焊接品質是否能達到設計單位之規定。鋼構焊道常用之非破壞檢測方式為：目視檢測（VT-Visual Test）、放射線檢測（RT-Radiographic Test）、超音波檢測（UT-Ultrasonic Test）、磁粒檢測（MT-Magnetic Particle Test）、液滲檢測（PT-Liquid Penetrate Test）。相對於非破壞檢測之方式為破壞試驗（Destructive test，簡稱 DT）。

各種非破壞檢測方法適用範圍如下表。

種類	適用範圍
目視檢測（VT）	各類型之焊道、熱影響區及母材之表面
放射線檢測（RT）	對接全滲透焊道內缺陷檢測
超音波檢測（UT）	各類型半滲透、全滲透接頭，可檢查焊道內缺陷，為目前最為普遍之全滲透接頭焊道之檢測法
磁粒檢測（MT）	各類型之焊道、熱影響區及母材之表面及淺層缺陷
液滲檢測（PT）	各類型焊道及熱影響區之表面檢測（常用於替代磁粒檢測無法施作之情況）

各種非破壞檢測方法功能比較如下表。

比較項目	檢測方法					
	內部缺陷			外部缺陷		
	RT-X 射線	RT-γ 射線	UT	VT	PT	MT
檢驗缺陷之能力	佳	佳	優	差	優	優
厚板適應性	差	佳	優	-	-	-
開槽處檢測難易	差	差	優	優	優	-
信賴度	優	優	佳	佳	優	優
存證紀錄	優	優	佳	佳	優	優

比較項目	檢測方法					
	內部缺陷			外部缺陷		
	RT-X 射線	RT-γ 射線	UT	VT	PT	MT
效率	佳	差	優	優	優	優
檢測設備體積	中	中	大	小	小	小
安全性	有疑慮	危險	安全	安全	安全	安全
費用	最高	次高	中等	低	低	低

1. RT：放射線檢測。依放射線源，分爲 X 光及 γ（伽瑪）射線二種。X 光是由電子能階跳動產生照射源，較無輻射汙染傷害。γ 射線則由放射性核種產生照射源，對人體有害。X 光及 γ 射線皆利用物體厚薄差異或內部缺陷致放射線穿透量產生差異，於感光底片或螢光倍增管造成對比以判斷缺陷所在。
2. UT：超音波檢測。以探觸器發出 0.5～25MHz 超音波，當超音波碰觸缺陷或鋼材底部即產生回波，傳回探觸器，探觸器內同一組壓電材產生應變將音波轉換爲電壓，以判別缺陷位置或鋼材厚度，檢測人員須依經驗判別缺陷種類。超音波探觸器分三類：(1) 垂直型，其發射與接收均由同一探觸器中壓電材發射及接收，因發射波與反射（接收）波相互干擾，故有 6～12mm 深度之盲點區域，無法測出缺陷。(2) 分割型，分別由二組壓電材發射及接收超音波，因少干擾，盲點區域之深度約 1～2mm。(3) 斜角型，以斜角發射音波，探觸器將發射之音波分解爲平行與垂直於界面之震波，以平行分量折射進入鋼材以檢測缺陷，其盲點區域深度亦達 6～12mm。
3. VT：目視檢測。憑肉眼依經驗判斷表面缺陷之方式。
4. PT：液滲檢測。以液體滲入焊道表面缺陷以顯示缺陷形狀之方式。其滲入液分別爲水洗性螢光液及染色液二種。以螢光液或染液滲入表面以凸顯缺陷之方式。無開口或開裂之缺陷無法檢測。
5. MT：磁粒檢測或稱磁粉探傷。利用磁性粉末塗撒於檢測物表面再將母材通電磁化，缺陷處因磁漏造成磁粉異狀分布，以檢測表層及次表層缺陷。磁粉分螢光磁粉、乾式非螢光磁粉、濕式非螢光磁粉三種。螢光磁粉又稱 Magnaglo，僅濕式一種，磁粉粒徑約 30～40μ，觀察時以螢光照射以排除外界光源干擾。非螢光磁分又稱 Magnaflux，乾式非螢光磁粉粒徑約 0.2mm，濕式非螢光磁粉粒徑約 0.1mm。磁化方式分：(1) 極間法，(2) 電極法，(3) 線圈法，(4) 軸通電法，(5) 電流貫通法五種。

缺陷形式及適用檢測方式如下表。

缺陷形式	角焊焊道	對焊焊道
焊道大小	VT	VT
氣孔（表面）	VT	VT
氣孔（內部）	DT	RT
焊蝕	VT	VT
裂縫	MT、PT、VT、DT	UT、RT、PT、MT、VT
夾渣	UT、DT	RT、UT
不完全熔蝕	UT、DT	RT、UT

十二、鋼材表面處理

表面處理可定義爲塗裝前於塗裝面所施作的整理作業。其目的爲消除破壞塗膜的因素與消除腐蝕性物質，包括灰塵、油脂等附著物及鐵鏽等，以避免塗膜附著不良，導致塗膜破裂、剝離、生鏽等瑕疵。表面處理亦包含付予鋼材表面適當粗度，以利塗膜附著，或配合化學處理，稱爲一次防鏽處理。

表面處理分爲化學處理及機械處理二種。化學處理係使用溶劑、界面活性劑、鹼液等清潔劑清洗表面之油脂、灰塵、異物。酸洗與燃燒均可同時除去鐵鏽與舊漆膜，亦屬化學處理法。機械處理爲噴砂、超高壓水噴射或電動工具之除鏽處理。

瑞典 SIS 鋼鐵鏽蝕度與表面處理度標準，與美國之 SSPC（Steel Structures Painting Council）規範均爲目前最具權威之標準。

SIS 定義未經表面處理之鋼材其表面鏽蝕程度爲：

A 級：鋼鐵表面已完全覆蓋氧化層（Mill Scale），無紅色鐵鏽或僅出現極少量紅鏽。

B 級：鋼鐵表面開始鏽蝕，部分氧化層剝落，出現紅色鐵鏽。

C 級：鋼鐵表面已產生全面性鏽蝕，大部分氧化層已剝落或鬆解，並有少許的孔蝕（Pitting）。

D 級：氧化層完全剝落，鋼鐵表面產生很多鏽孔（Pitting），呈全面性嚴重腐蝕狀態。

SIS 將除鏽方式分爲二類，第一類爲以手工具或電動研磨機處理者以 St 表示，第二類是以噴砂處理者以 Sa 表示。

手工具或電動研磨機處理除鏽等級：

St0：未做除鏽處理之鋼鐵表面。

Stl：使用鋼刷做輕度全面刷除浮鏽及鬆解的氧化層。

St2：使用人工、電動剷具、鋼刷或研磨機等，將鬆解的氧化層、浮鏽及其他外界異物去除後，用吸塵器或壓縮空氣、毛刷將灰塵去除。

St3：使用電動用具、鋼刷或研磨機將鬆解的氧化層，浮鏽及異物徹底除盡並經清除灰塵後，其表面應有金屬光澤出現。

噴砂處理除鏽等級：

Sa0：表面未做除鏽處理。

Sa1：輕度噴砂處理，除去鬆動的氧化層，鐵鏽以及外界異物。

Sa2：中度噴砂處理，除去大部分之氧化層，鐵鏽以及外界異物，並經吸塵器等清除灰塵，表面應僅有微小之斑點異物留存，處理完成之表面應呈近似白色金屬光澤，爲防蝕塗裝工程要求之表面處理基本要求。

Sa2½：徹底的噴砂處理，經處理後 95% 的氧化層鐵鏽及異物均去除，經清除灰塵後之表面應呈近於白色金屬色澤，爲防蝕塗裝工程最普遍之表面處理要求。

Sa3：絕對徹底的噴砂處理，所有的氧化層，鐵鏽及異物徹底除去，不留任何微小異物，經灰塵清除後之表面是均勻白色金屬色澤，此爲表面處理之最高標準。

經表面處理後，鋼材表面將產生凹凸，稱爲表面粗度。粗度大，有助漆膜附著，但減損鋼鐵表面凸點漆膜厚度，易生針孔。粗度小，將減損漆膜附著。表面粗度之大小受處理方法、使用研材之種類、形狀、大小以及衝擊強度之影響而產生差異。其中研材之材質與粒度對表面粗度的影響最大。研材粒度愈細，表面粗度愈均勻，除鏽率也愈高。SSPC 規範中規定使用 16 篩目（mesh）以下粒度之研材，以免影響表面粗度之均勻性。

表面處理方法與研材對表面粗度之影響（噴射壓力：80psi 噴射口徑：5/16"）

處理方法與研材種類		研材最大粒度	處理後最大表面粗度
噴砂	鋼砂（Grit）G-50	25 mesh	80μm
	鋼砂（Grit）G-40	18 mesh	90μm
	鋼砂（Grit）G-25	16 mesh	100μm
	鋼砂（Grit）G-16	12 mesh	200μm
	鋼珠（Shot）S-230	18 mesh	70μm
	鋼珠（Shot）S-330	16 mesh	80μm
	鋼珠（Shot）S-390	14 mesh	90μm
	矽砂（Sand）小	40 mesh	50μm
	矽砂（Sand）中	18 mesh	60μm
	矽砂（Sand）大	12 mesh	70μm

處理方法與研材種類	研材最大粒度	處理後最大表面粗度
電動砂輪（Disc Sander）	-	15μm
酸洗（Pickling）	-	10μm
黑皮鋼板面	-	5μm

噴砂處理除鏽等級 SIS 與 SSPC 規範對照表

規範	瑞典 SIS	美國 SSPC
噴砂處理除鏽等級	Sa 3	SSPC-SP-5
	Sa2 $^{1}/_{2}$	SSPC-SP-10
	Sa 2	SSPC-SP-6
	Sa 1	SSPC-SP-7
	St 3	SSPC-SP-3
	St 2	SSPC-SP-2

十三、防蝕

金屬防蝕的方式主要有三類，即提高材料本身耐蝕性、降低使用環境腐蝕因素、材料與環境之界面塗裝被覆。其中以界面塗裝被覆防蝕最爲可行、經濟，亦爲目前應用最廣泛的方法。

鋼構界面塗裝被覆防蝕概分金屬被覆及防鏽漆塗裝，金屬被覆又分熱浸與熔射二種。防鏽漆塗裝最爲經濟但防蝕時效較差，鋼構工程防鏽漆塗裝應要求採用底漆二度，面漆二度之塗裝。

防鏽底漆之種類及適用環境

防鏽漆名稱	適用環境及底材			
	一般環境		腐蝕環境	
	鋼鐵面	鍍鋅面	鋼鐵面	鍍鋅面
一般防鏽底漆	◎			
紅丹底漆	◎			
一氧化二鉛防鏽底漆	◎			

防鏽漆名稱	適用環境及底材			
	一般環境		腐蝕環境	
	鋼鐵面	鍍鋅面	鋼鐵面	鍍鋅面
氯化橡膠鋅鉻鉛紅防鏽漆	◎			
氰氨化鉛防鏽底漆	◎			
氯化橡膠系紅丹防鏽底漆			◎	◎
環氧樹脂底漆			◎	◎
環氧樹脂鋅粉底漆			◎	
無機鋅粉底漆			◎	
伐鏽底漆		◎		◎
醇酸樹脂系三聚磷酸防鏽底漆			◎	
環氧樹脂系三聚磷酸防鏽底漆			◎	
氯化橡膠系三聚磷酸防鏽底漆			◎	
環氧樹脂柏油漆		◎		◎

註：氯化橡膠防鏽底漆直接塗布於鋼鐵面可能會促進腐蝕，塗刷氯化橡膠底漆前須先塗裝有機鋅粉底漆。

CNS 15665 規範適用於鋼構表面裝飾之長期耐候性塗料。

CNS 15667 規範適用於一般環境下使用於鋼鐵製品及鋼構造物底塗之無鉛無鉻防鏽塗料。

底漆、面漆相容性對照表

上塗塗料／底塗塗料	油性樹脂塗料	氯化橡膠塗料	聚氯乙烯塗料	環氧樹脂塗料	無機鋅粉底漆	苯酚樹脂塗料	硝化纖維塗料	聚氨基甲酸酯塗料
油性樹脂塗料	◎	○	×	×	×	○	×	×
氯化橡膠塗料	◎	◎	○	×	×	◎	×	×
聚氯乙烯塗料	◎	◎	◎	×	×	○	×	×
環氧樹脂塗料	◎	◎	◎	◎	×	◎	×	◎
無機鋅粉底漆	×	◎	◎	◎	×	○	×	◎
苯酚樹脂塗料	◎	◎	×	×	×	◎	×	×
硝化纖維塗料	○	○	○	○	×	○	◎	×
聚氨基甲酸酯塗料	○	○	○	◎	×	○	×	◎

◎佳，○可，× 差

塗料、表面處理度需求對照表

表面處理方法 / 處理度 塗料類別	噴砂			酸洗	電動工具		手工具
	SIS Sa2	SIS Sa2 ½	SIS Sa3		SIS St2	SIS St3	SIS St1
	SSPC SP-6	SSPC SP-1O	SSPC SP-5	SSPC SP-8	SSPC SP-2	SSPC SP-3	SSPC SP-2
油性樹脂塗料	◎	◎	◎	◎	○	◎	○
氯化橡膠塗料	◎	◎	◎	◎	○	◎	×
聚氯乙烯塗料	◎	◎	◎	◎	×	×	×
環氧樹脂塗料	◎	◎	◎	◎	×	○	×
聚氨基甲酸酯塗料	◎	◎	◎	◎	×	○	×
有機鋅粉底漆	○	◎	◎	○	×	○	×
無機矽鋅粉底漆	×	○	◎	×	×	×	×
苯酚樹脂塗料素	◎	◎	◎	◎	◎	◎	○
氟素樹脂塗料	◎	◎	◎	◎	○	◎	×

◎佳，○可，× 差

熱浸鍍鋅

鋅具有犧牲保護作用，熱浸鍍鋅具有優秀防蝕效果，但因其施工方式受限於熱浸池規模且必須在專業工廠內施工，對大型構件並不適用，致經濟性、便利性不佳。又熱浸池內鋅熔液溫度達 450～500℃（鋅熔點 420℃，沸點 900℃），是否對鋼材及焊道造成影響仍存爭議。

熱浸鍍鋅之防蝕時效與鍍鋅量成正比關係，鍍鋅層愈厚其防蝕時效愈長。美國國家標準局（ANSI）對鍍鋅層厚度與使用年限研究，鍍鋅層厚度的消耗量約為 10 μm/year。台灣屬高溫高濕環境，臨海地區大氣中鹽分高，鍍鋅層犧牲消耗速率更高，工業技術研究院與清華大學共同發表研究，台灣腐蝕情況最嚴重的麥寮工業區，鍍鋅層會因為犧牲反應每年消耗達 324～582g/m^2。鍍層厚度與附著量之關係，依 ASTM A90 及 E376（如下表），582g/m^2 換算每年犧牲厚度為 82.6μm。熱浸鍍鋅可得膜厚約 54～100μm（視鋼材厚度及化學成分而有差異），一年即犧牲消耗殆盡，故應於熱浸鍍鋅層上再加塗料保護，以增加使用年限。

厚度等級	Mils	Oz/ft^2	μm	g/m^2
35	1.4	0.8	35	245
45	1.8	1.0	45	320
50	2.0	1.2	50	355
55	2.2	1.3	55	390
60	2.4	1.4	60	425
65	2.6	1.5	65	460
75	3.0	1.7	75	530
80	3.1	1.9	80	565
85	3.3	2.0	85	600
100	3.9	2.3	100	705

註：Mil（密爾），爲美國慣用的紙板厚度單位，在美國俗稱點（point）。以 1/1000 爲 1Mil（點），即 1Mil = 0.0254mm。1μm = 百萬分之一公尺 = 1/1000mm。oz = Ounce（盎司），1oz = 28.3495231 g。

依中華民國熱浸鍍鋅協會公布，使用環境別與熱浸鍍鋅的腐蝕速率如下表。

暴露環境	腐蝕速率 (g/m^2／年)	平均腐蝕速率 (g/m^2／年)	耐用年數(註) 平均
重工業地區	28～40	34	16
都市地區	12～18	15	36
海岸地區	11～14	13	42
田園地區	5～12	9	60
山間地區	3～8	6	90
乾燥地區	2～5	4	135

註：依附著量 $600g/m^2$ 估計。

金屬熔射

金屬熔射是將固體金屬透過熱能或電能溶融後，高速噴塗於物體表面，使其成爲金屬皮膜之技術。熔射材料爲鋅、鋁、鉻及鋅鋁合金。目前以鋅鋁合金熔射最受重視，其耐蝕性來自鋁的遮蔽保護功能與鋅的犧牲保護功能，當鋅鋁材料中鋁的含量爲 5% 時其防蝕效益約爲純鋅防蝕的 3 倍，鋁含量爲 55% 時防蝕效益可達純鋅防蝕的 8 倍。當鋅在鋼材表面進行犧牲保護時，鋁形成鈍態氧化層隔絕腐蝕因素侵入，降低鋅材犧牲消耗，達成長效防蝕之功能。

鋼構之金屬熔射均採電弧熔射（Electric ARC Spray），將兩條分別帶有正、負電極的金屬線材接觸產生電弧，電弧高熱將金屬線材熔化，再經高壓氣體噴吹霧化顆粒附著於底材（被噴覆材），堆積、凝固形成金屬塗層。鋅鋁熔射係以純鋅線及純鋁線匯聚於熔射槍，以電弧熔射方式噴塗於鋼材表面。被噴覆之底材溫度提昇不逾 150℃，底材不致受高溫影響變形或降低強度，可使用於各種材質鋼材，噴覆面不受形狀限制，可於工程現場熔射，不需熱熔槽故無尺寸限制，鋅鋁熔射膜厚可輕易達 150μm 以上，最厚可達 3000μm。目前因市場未達普及，施工費用仍高於熱浸鍍鋅。

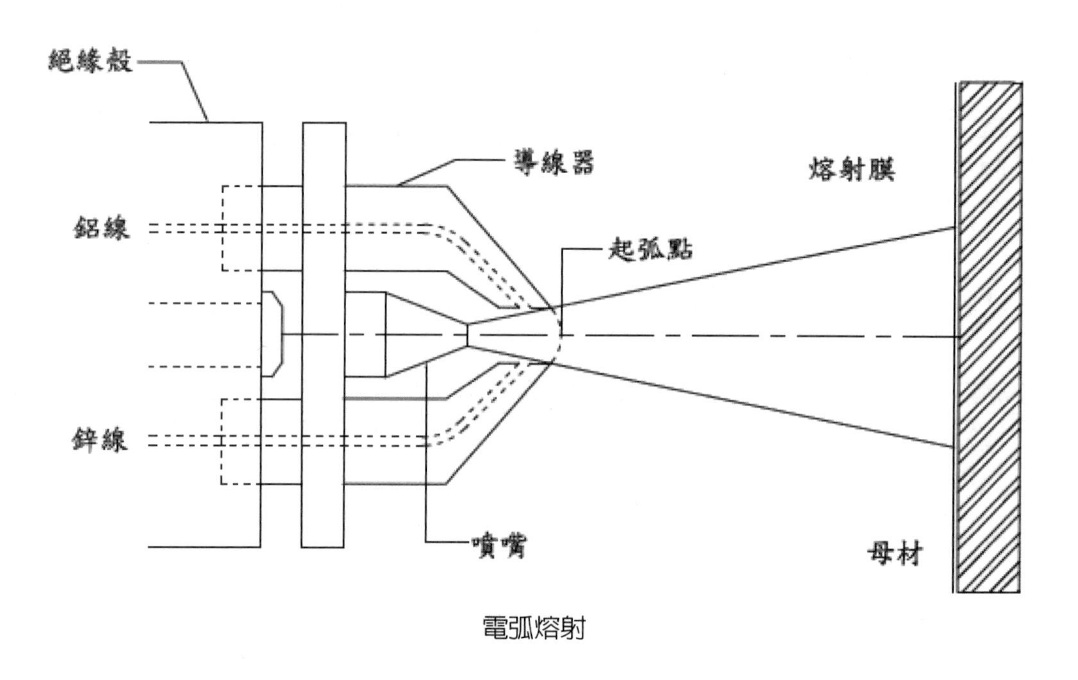

電弧熔射

十四、螺栓

國內使用之高拉螺栓主要有 ASTM 及 JIS、JSS 規格。目前國內建築工程多使用 JIS、JSS 規格，橋梁所使用之螺栓則以 ASTM 規格爲主。

ASTM 高拉螺栓試片機械性質如下表：

規格種類	標稱直徑（in）	降伏強度 Fy（tf/cm^2）0.2%offset	抗拉強度 Fu（tf/cm^2）		伸長率（%）G.L = 5cm	面積收縮率（%）min	硬度
			min	max			
A325	$^{1}/_{2}$～1	6.44	8.40	-	-	-	HRC 24～35
	$1^{1}/_{8}$～$1^{1}/_{2}$	5.67	7.35	-	14	35	HRC 19～31
A490	$^{1}/_{2}$～$1^{1}/_{2}$	9.10	10.5	11.9	14	40	HRC 33～38

ASTM 高拉螺栓規格型別適用性如下表：

規格種類	型別	適用範圍	螺帽型示	墊圈型式
A 325	TYPE 1	中碳鋼製造，適用於一般剛構高溫環境，可熱浸鍍鋅	A563-C A563-DH（用於熱浸鍍鋅螺栓）	F436 TYPE1
	TYPE 2	1991/11 停用		
	TYPE 3	具耐蝕性，適用於耐候鋼鋼構，如 A242、A588，可熱浸鍍鋅	A563-C3	F436TYPE3
A 490	TYPE 1	合金鋼製造，適用於一般剛構，不可熱浸鍍鋅	A563-DH	F436 TYPE1
	TYPE 2	低碳麻田散鐵鋼製造，適用於一般剛構，不可熱浸鍍鋅	A563-DH	F436 TYPE1
	TYPE 3	具耐蝕性，適用於耐候鋼鋼構，如 A242、A588，不可熱浸鍍鋅	A563-DH3	F436 TYPE3

ASTM 高拉螺栓標記

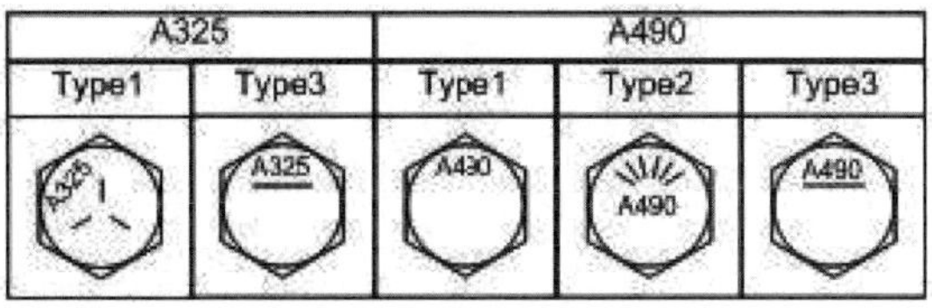

A325		A490		
Type1	Type3	Type1	Type2	Type3
A325	A325	A490	A490	A490

註 1：ASTM A325 及 ASTM A490 均屬以迴轉螺帽法鎖緊的高拉非斷尾螺栓；相對於 ASTM A325 規格之斷尾螺栓爲 ASTM F1852（螺栓頭標記爲 A325TC），相對於 ASTM A490 規格之斷尾螺栓爲 ASTM F2280（螺栓頭標記爲 A490TC）。

註 2：ASTM A325 及 ASTM A490 已於 2016 年正式撤銷，由 ASTM F3125 取代，其中包含 A325、A325M、F1852、A490、A490M、F2280 六種等級螺栓。

ASTM 螺栓成品機械性能如下表：

螺栓規格 - 每英吋螺牙數	抗拉面積 (in^2) 註	拉伸強度（lbf）			保證強度（lbf）	
		A325	A490		A325	A490
		min	min	max	min	
5/8-11UNC	0.226	27100	33900	39100	19200	27100
3/4-10UNC	0.334	40100	50100	57800	28400	40100
7/8-9UNC	0.462	55450	69300	79950	39250	55450
1-8UNC	0.606	72700	90900	103000	51500	72700
1-1/8-7UNC	0.763	80100	114450	132000	56450	91550
1-1/8-8UNC	0.790	82950	118500	136700	58450	94800

註：抗拉面積＝0.7854〔標稱直徑－(0.9743／每英吋螺牙數)〕^{2}。
UNC：統一標準螺紋（UnifiedThread）、粗牙（NC）。如 5/8-11UNC，其中 5/8 代表螺栓外徑 5/8"，11 代表每英吋長度有 11 牙。拉伸強度＝試片之抗拉強度 F_U× 抗拉面積。

ASTM 高拉螺栓最小預拉力（安裝鎖固時螺栓應承受之最小軸力）如下表：

螺栓標稱直徑 in (mm)	最小預拉力 Tb (tf)	
	A325	A490
$^1/_2$(13)	5.5	6.8
$^5/_8$(16)	8.6	10.9
$^3/_4$(19)	12.7	15.9
$^7/_8$(22)	17.8	22.3
1(25)	23.2	29.1
$1^1/_8$(28)	25.5	36.3
$1^3/_4$(32)	32.2	46.4
$1^3/_8$(35)	38.7	55.0
$1^1/_2$(38)	46.8	67.3

ASTM 螺栓孔孔徑：d＋$^1/_{16}$"　d＝螺栓直徑

JIS 高拉螺栓 4 號試片機械性質如下表：

螺栓等級	降伏強度 Fy（Tf/cm^2） 0.2%offset[註3]	抗拉強度 Fu（tf/cm^2）	伸長率（%） G.L = 5cm	面積收縮率（%） min
F8T	6.4	8～10	16 以上	45 以上
F10T	9.0	10～12	14 以上	40 以上
S10T[註2]	9.2	10～12	14 以上	40 以上

註 1：F8T、F10T、F11T 屬 JIS-B1186 日本工業規格之螺栓，其特徵爲六角頭，通常爲非斷尾螺栓，但其中 F8T、F10T 亦有斷尾螺栓，其機械性能及檢測方式均依 JIS-B1186 規定。S10T 屬 JSS 日本鋼結構協會規格之螺栓（JSS Ⅱ 09），其特徵爲圓頭，均爲斷尾螺栓。

註 2：日本螺絲工業協會高張力部自 1996 年 4 月 1 日起，對扭控型高張力螺栓（Torque Control Bolt，簡稱 T.C 螺栓，俗稱斷尾螺栓）的等級標示自原先的 F10T 變更爲 S10T。高張力六角形螺栓的等級標示仍採 F10T，藉以區別。F10T 的「F」是 for friction grip joints（摩擦接合用）的 Friction。「10」是表示抗張強度 10tonf/cm^2。「T」是 tensile strength（抗張強度）的 Tensile。S10T 的「S」是 for structural joints（構造用）的 Structural，10T 之意義同上。又因 F10T 與 S10T 分屬 JIS 與 JSS 規格，故 F10T、F8T 六角頭摩擦接合用螺栓中包含斷尾螺栓亦不爲奇。

註 3：經熱處理之高拉螺栓試片鋼材難以判定其降伏點，故取其應力與應變曲線永久變形 0.2% 時對應之應力值爲其降伏點，如下圖所示。

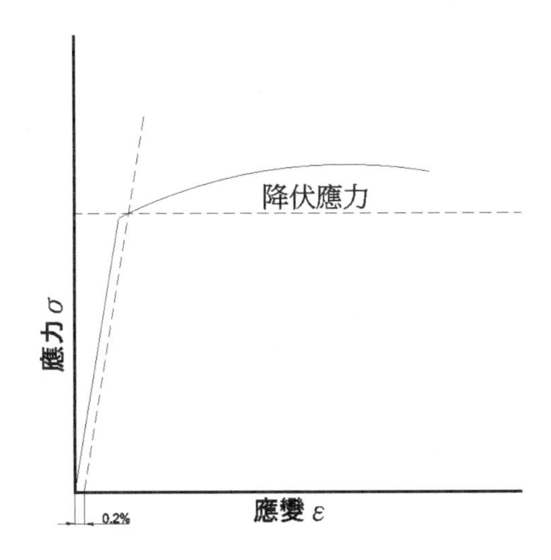

JIS B 1186 表 3 高拉螺栓成品機械性質

螺栓等級	最小抗拉強度 Fu（min）單位：kgf【kN】							硬度
	標稱直徑							
	M12	M16	M20	M22	M24	M27	M30	
F8T	6934【68】	12848【126】	19986【196】	24779【243】	28858【283】	37526【368】	45785【449】	HRC18～31
F10T	8668【85】	16010【157】	24983【245】	30897【303】	35996【353】	46805【459】	57206【561】	HRC27～38

JIS、JSS 高拉螺栓標記

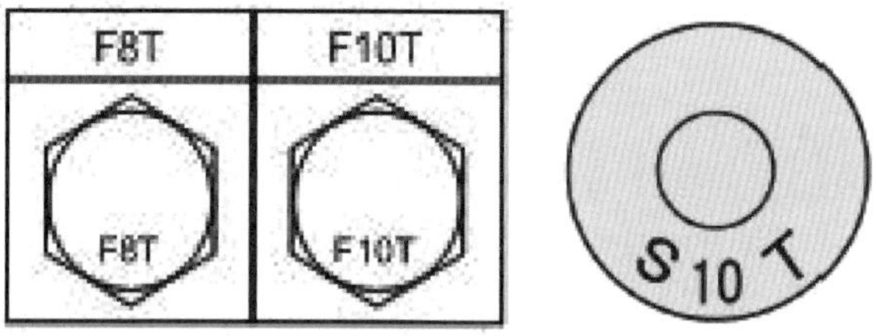

JIS、JSS 高拉螺栓搭配螺帽、墊圈型式如下表：

螺栓等級	螺帽等級	墊圈等級
F8T	F8 或 F10	F35
F10T	F10	
S10T		

螺帽機械性能如下表：

帽等級	硬度		保證荷重
	min	max	
F8	HRB85	HRB100	等同 F8 Fu
F10	HRC20	HRC35	等同 F10 Fu

墊圈機械性能如下表：

墊圈等級	硬度
F35	HRC35～45

JIS 螺栓孔孔徑如下表：

螺栓標稱直徑 d（mm）	螺栓孔直徑（mm）	
	標準孔徑	擴大後孔徑
12	13.5	15
16	17.5	21
20	21.5	25
22	23.5	27
24	25.5	30
≥ 28	D + 1.5	D + 8

扭矩係數

JIS B 1186 規定高拉螺栓（不含 S10T）整組之品質特性須以扭矩係數值表示，同一製造批號之螺栓組（SET）扭矩係數平均值及標準差應符下表規定。JSS Ⅱ 09 對於高拉螺栓套件（僅指 S10T 螺栓）之扭力係數無特別規定，但期望在 0.10～0.17 之間。CNS 12209 對 TC（扭矩控制型）螺栓仍依 CNS 11328 及 JIS B 1186 訂定扭矩係數平均值及標準差合格範圍，如下表。

區分	依表面處理分類[註]	
	A	B
一製造批號螺栓組扭矩係數平均質	0.11～0.15	0.15～0.19
一製造批號螺栓組扭矩係數標準差	0.01 以下	0.013 以下

註 1：上表摘錄自 CNS 12209 表 7。

註 2：螺栓組表面處理分爲 A、B 二類，至所要求之扭矩係數有所差異。A 類高拉螺栓組於螺栓、螺帽與接合材之接觸面以磷酸鹽作表面處理，形成不導電之非金屬（磷酸鹽）皮膜，可增進表面均勻性、增加表面接觸面積及附著性、防止電位差腐蝕；A 類於施作環境爲 10～30℃溫度範圍可達成前述目的並降低扭矩係數標準差。但施作環境溫度爲 0～60℃（不含 10～30℃）時，扭矩係數標準差加大。B 類高拉螺栓組之表面僅薄塗防鏽油，未作表面處理或其他潤滑。B 類高拉螺栓組所需施予之栓固扭矩大於 A 類高拉螺栓組。

摩擦型高拉螺栓扭矩係數應依下述規定檢測（鎖固前之現場檢測）

1. 取樣，以同一批號之螺栓最少取樣 5 支，求其平均值及標準差作爲施工依據。
2. 檢測條件應與現場施作條件類似。

3. 以螺栓試驗機或軸力計檢測。
4. 以軸力計、扭力板手檢測，可分別讀取軸力及扭矩。每組（SET）螺栓試體均依下表（7. 摩擦型高拉螺栓扭矩係數檢測使用螺栓軸力）所規定軸力範圍內取三點軸力並測讀其所對應之扭矩（全數試體均取相同三點軸力，如 F10T-M20 螺栓，均測讀 16Tf、18Tf、20Tf 軸力時所對應之扭矩），將三點軸力及扭矩分別帶入扭矩係數計算公式，求得三個 K 值（扭矩係數），其平均值即爲該組螺栓之扭矩係數，再計算全部試樣扭矩係數平均值及標準差，應符合上表所列。
5. 若以扭矩試驗機測定，每組螺栓依下表（7. 摩擦型高拉螺栓扭矩係數檢測使用螺栓軸力）所列軸力範圍之中央值附近量測一點，並取其所對應之扭矩（全數試體均取相同一點軸力），計算平均值及標準差。
6. 扭矩係數計算公式

$$K = T/dN$$

K：扭矩係數。T：扭力（kgf-m）。d：螺栓標稱直徑（mm）。N：螺栓軸力（Tf）
7. 摩擦型高拉螺栓扭矩係數檢測使用螺栓軸力依下表規定（單位：Tf）。

螺栓等級	標稱直徑				
	M12	M16	M20	M22	M24
F8T	3.78～5.13	7.02～9.53	11.0～14.9	13.6～18.4	15.8～21.4
F10T	5.31～7.21	9.87～13.4	15.4～20.9	19.1～25.9	22.4～30.1

8. JSS Ⅱ 09- 表 6、表 7 S10T（即 JSS 規格螺栓）扭斷時之軸力平均值及標準差如下表。

螺栓等級	標稱直徑	常溫時（10～30℃）		0～60℃（不含 10～30℃）
		平均值（Tf）	標準差（Tf）	平均值（Tf）
S10T（含 A、B 類）	M16	11.22～13.57	0.97 以下	10.82～14.18
	M20	17.55～21.12	1.33 以下	16.84～22.14
	M22	21.63～26.12	1.63 以下	20.92～27.35
	M24	25.20～30.41	1.94 以下	24.29～31.84
	M27	32.86～39.59	2.45 以下	31.36～41.43
	M30	40.20～48.37	3.06 以下	38.67～50.61

註：於 10 批號中擇 2～3 批號，各取樣 5 組安裝於軸力計檢測其扭斷時之軸力。

JIS 高拉螺栓最小預拉力（安裝鎖固時螺栓應承受之最小軸力）如下表：

螺栓標稱直徑（mm）	最小預拉力 T_b（Tf）	
	F8T	F10T
M12	4.8	5.9
M16	8.5	10.6
M20	13.3	16.5
M22	16.5	20.5
M24	19.2	23.8
M27	24.2	30.1
M30	30.0	37.1

9. 兩次鎖緊

爲使連結鋼構接頭全數螺栓之軸力均等、聯結板各處承受相同壓力使磨擦力均勻分布，以達成設計要求，故分兩次對螺栓施加預力（鎖緊）。第一次應使接頭構材充分密合，第二次應達上表所列軸力。

第一次鎖緊扭力，依 JASS（日本建築學會規範，Japanese Architectural Standard Specification）建議如下表。

螺栓標稱直徑（mm）	M16	M20	M22	M24
建議扭力值（kg-m）	10	15	15	20

第二次鎖緊扭矩依公式計算：

$$T = (K \times dN)/1000$$（建議現場鎖緊扭力採 T×1.05）

K：扭矩係數。T：扭力（kgf-m）。d：螺栓標稱直徑（mm）。N：螺栓軸力（kgf）

鋼構工程高強度螺栓鎖固方式最常引用的標準爲美國結構接合研究協會（RCSC）所訂定，分別爲扭力扳手法、螺帽旋轉法、扭矩控制螺栓（斷尾螺栓）、直接張力指示器等四種。

扭力扳手法：使用校正過、可顯示所施加扭力大小的扳手，鎖緊至預定扭力值。

螺帽旋轉法：先將螺栓鎖至密接狀態，並做一記號劃過螺頭、墊圈及鋼板以爲基準。再使用扳手旋緊螺帽達到規定角度，藉以控制密合度。

JIS 與 ASTM 規範對螺帽旋轉角度之規定如下表：

	F10T	ASTM A325、A490
旋轉角度	120°	(1) 兩面同時與螺栓軸成垂直： $L \leqq 4D$：$^{1}/_{3}$ 轉（120°）[註] $4D < L \leqq 8D$：$^{1}/_{2}$ 轉（180°） $8D < L \leqq 12D$：$^{2}/_{3}$ 轉（240°） (2) 一面與螺栓軸垂直，一面爲 1/20 以下之傾斜（不加斜墊片）： $L \leqq 4D$：$^{1}/_{2}$ 轉（180°） $4D < L \leqq 8D$：$^{2}/_{3}$ 轉（240°） $8D < L \leqq 12D$：$^{5}/_{6}$ 轉（300°） (3) 兩面均與與螺栓軸爲 1/20 以下之傾斜（不加斜墊片）： $L \leqq 4D$：$^{2}/_{3}$ 轉（240°） $4D < L \leqq 8D$：$^{5}/_{6}$ 轉（300°） $8D < L \leqq 12D$：1 轉（360°）
容許誤差	±30°	$^{1}/_{3}$ 及 $^{1}/_{2}$ 轉：±30° $^{2}/_{3}$ 轉以上：±45°

註：D，指螺栓標稱直徑。4D 以下，指螺栓長度 L（不含螺栓頭之厚度）小於 4D。

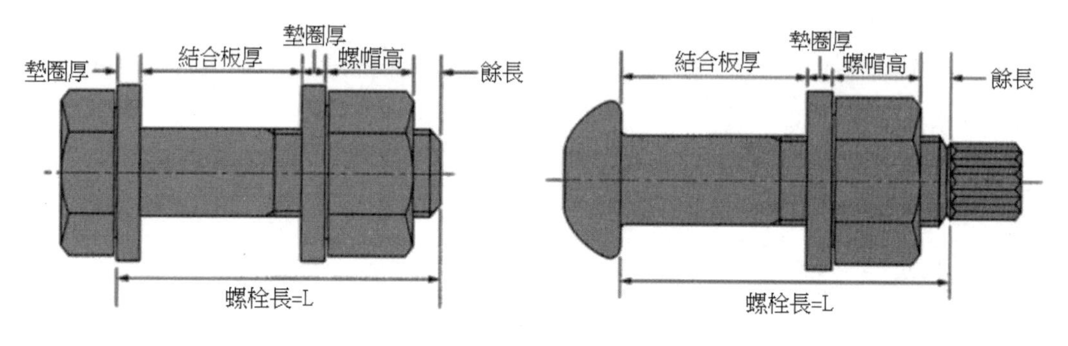

扭矩控制螺栓：第一次鎖緊後以電動螺栓槍作第二次鎖緊，至 TC 螺栓尾端扭斷爲止。

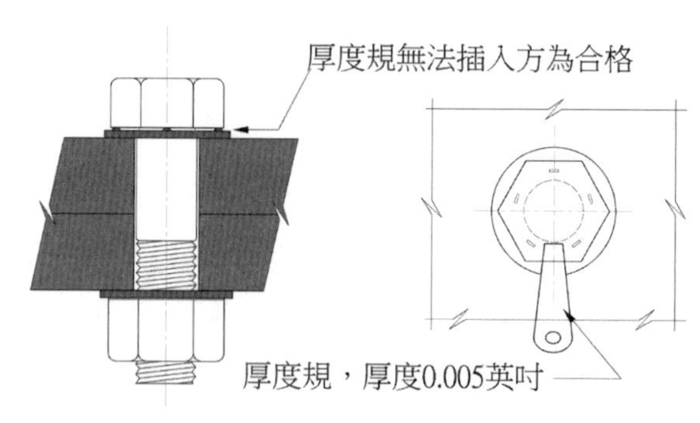

厚度規量測間隙

非斷尾螺栓欲確認其是否鎖緊，採前述之扭力板手法或螺帽旋轉法，均難以做全面檢查，故直接張力指示器（Direct Tension Indicators，簡稱 DTI）應運而生。直接張力指示器又分爲標準型 DTI 及史奎德專利型 DTI（Squirter

DTI’s, Direct TensionIndicators）。

標準型 DTI 使用低於螺栓硬度、具有局部突起的墊圈，鎖緊過程中直接張力指示器逐漸變形，以間隙規量測變形量判定高拉螺栓是否達最小預拉力。

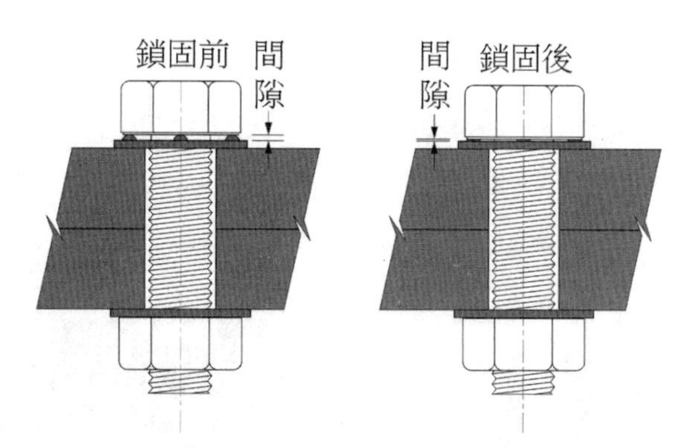

標準型 DTI 鎖固前、後間隙變化

標準型 DTI 安裝於螺栓頭與鋼材間，亦可裝於墊圈與鋼材間，但每組安裝於現場之指示器均須以厚薄規量測間隙，監造人員於高空作業進行檢核恐力有未逮，故有廠商研發改良型張力指示器，於指示器內塡入橘色矽膠，指示器受壓縮後橘色矽膠擠出，直到外觀出現正確矽膠擠出量後停止，即表示已達預拉力值，利於目視判別。惟此類直接張力指示器於施工前仍應先行以軸力計及扭力計校準。

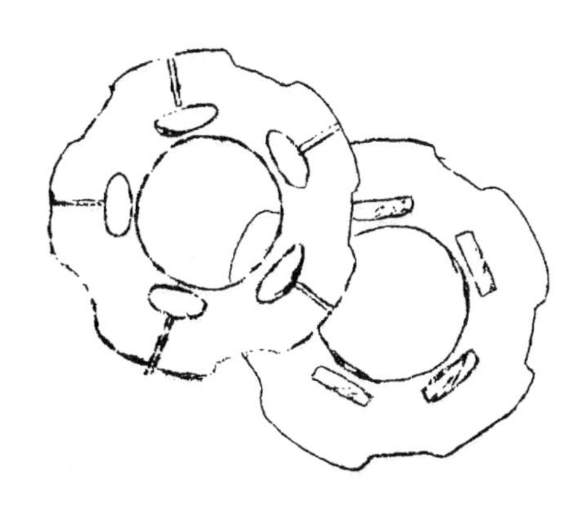

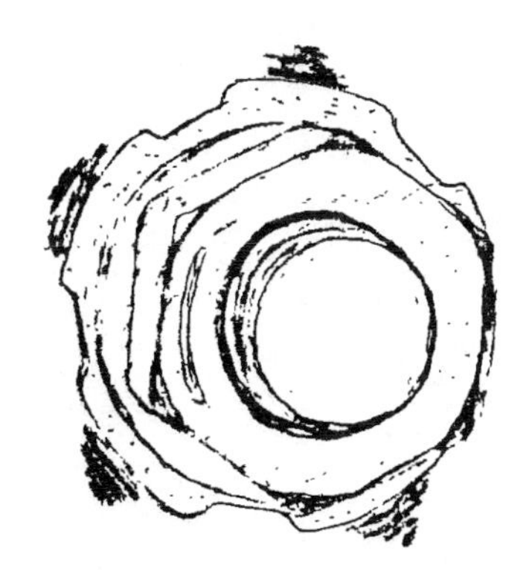

美國 Applied Bolting Technology 公司於 1996 年開發史奎特直接張力指示器（Squirter DTI's, Direct TensionIndicators）並取得專利，它是以標準型 DTI 爲改良基礎，在凸塊背面製作凹槽，於凹槽內塡入橘黃色矽膠，並刻溝槽，當正面凸塊（Bumps）被擠壓逐漸縮入背面凹槽時，凹槽內的橘色矽膠沿槽擠出 DTI 範圍，以目測即可得知螺栓所承受張力是否達設計要求，亦可使用間隙規抽測凸塊變形是否符合設計要求。

又，依張力指示器型錄查對，均屬美規，尚未見配合 F10T、S10T 使用者。無論以何種方式鎖固高拉螺栓，分二次鎖緊均屬必要。

十五、剪力釘（Shear Stud）

鋼構樓版仍屬鋼筋混凝土，SRC 結構中柱、梁亦由鋼筋混凝土包覆，因鋼材表面光滑且鋼骨與 RC 爲相異材質，剪力無法由磨擦力傳遞，故採植焊剪力釘傳遞，使鋼骨與 RC 結爲一體。

剪刀釘及瓷護罩

鋼梁剪力釘應於鋼梁鎖固、焊接及鋼承鈑鋪設完成後植焊。若於工廠完成植焊將嚴重影響鋼構施工人員於鋼梁行走之安全。鋼柱剪力釘則於廠內完成植焊。

爲集中電弧熱量並維持剪力釘壓入熔池時不過度濺出鐵水，剪力釘前端須套入陶瓷護罩，以確保接合強度。

植釘流程：剪力釘套入植釘槍夾具，先與鋼構母材接觸，植釘槍通電之同時將剪力釘稍拉離鋼構母材並增大電流，於剪力釘與母材間產生電弧，瞬間高熱熔融剪力釘前端與鋼構母材，形成鐵水熔池，再由植釘槍將剪力釘壓入熔池，完成植釘。

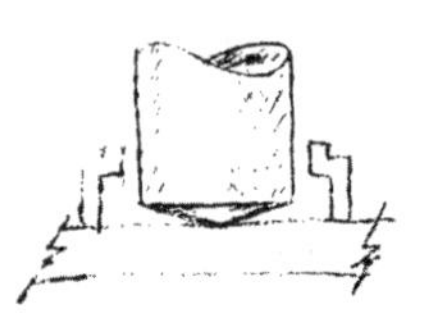

(1)將剪力釘裝入植焊槍中，再插入熔接處之熔接藥座陶瓷罩內。

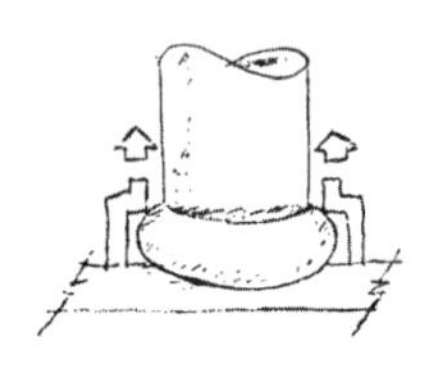

(2)扣下植焊槍之板機，剪力釘於放電之同時被提高。

(3)植焊槍之壓縮空氣將剪力釘壓下，使其沉入溶融之鋼水中。

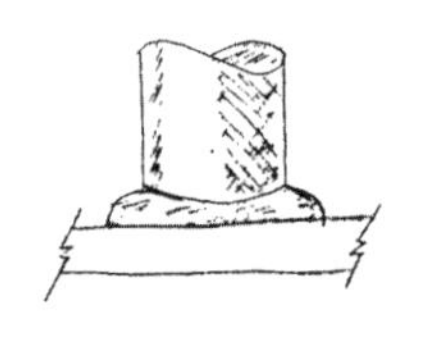

(4)待鋼液凝固後，移除植焊槍並敲除陶瓷護照。

植釘流程

陶瓷護罩依植焊位置分為標準型及貫穿型二種。標準型陶瓷護罩用於植釘於鋼構母材表面，貫穿型用於鋼承板（Deck）並熔穿鋼承板植釘於鋼構母材表面。

剪力釘植焊後釘長 L1，與植焊前釘長 L 相較，L1 約短於 L，4～5mm。

剪力釘機械性能如下表：

降伏強度	抗拉強度	伸長率	斷面縮減率
51000psi 以上	65000psi 以上	20% 以上	50% 以上

剪力釘、瓷護罩規格如下表：

標稱直徑			M13		M16		M19		M22	
剪力釘	桿部直徑	d	12.7mm		15.9mm		19mm		22.1mm	
	頭部直徑	D	25.4mm		31.7mm		31.7mm		34.9mm	
	頭部厚度	H	7.1mm		7.1mm		9.5mm		9.5mm	
	長度	L	30～200mm		30～200mm		30～200mm		30～200mm	
瓷護罩	型別 尺寸		標準型	貫穿型	標準型	貫穿型	標準型	貫穿型	標準型	貫穿型
	D（mm）		20.2	20.3	26.2	25.8	31.0	29.2	35.7	33.8
	H（mm）		11.1	11.4	13.1	13.3	16.7	13.4	18.6	15.1
	最小填角（mm）		6		8		8		8	

每次開始植釘前，至少應先試焊 2 只，以檢視電焊機具及焊槍之操作調整是否適當並將試焊完成之剪力釘以鐵鎚打擊，使剪力釘往復彎曲 30°（左、右各彎曲一次）後檢查有無焊道破裂，再做90°彎曲試驗，焊道（熔接部）及釘桿均未破裂為合格，方得正式植焊。

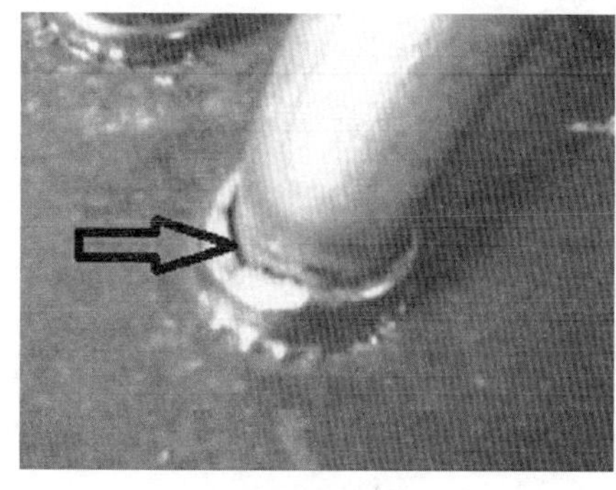

熔接部裂痕

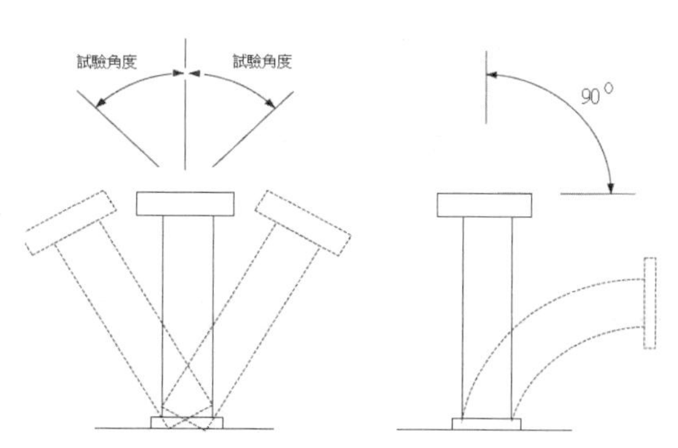

剪力釘彎曲試驗

所有剪力釘植焊完成，均應以目視檢查，並依 1/100 取樣做鎚擊彎曲試驗（擊彎 15°）焊道（熔接部）無破裂，方爲合格，如破裂，應去除重植。

十六、防火被覆

防火被覆材料的種類，可分爲以下幾類：

板材；如石膏板、矽酸鈣板，纖維水泥板，依乾式輕隔間工法包覆鋼構外露面。優點爲施工快速亦可作爲裝潢之用，但價格較高。

噴漿型防火被覆，於鋼材外側全面固定金屬網後噴塗蛭石灰漿等材料，近年已少使用。

膨脹型防火漆，以塗料中所添加之熱膨脹材料遇熱產生化學變化發生膨脹，形成隔熱層。優點爲汙染低、美觀、可外露，缺點爲價格高。

噴覆式防火被覆，依適用場所概分三類；1. 內部用（Interior Use），使用於室內空間，且不得外露及碰撞。2. 外露用（Exterior Use），係指用於室外，或易遭風化、振動、碰損之處，並經 UL 分類爲「室外使用」之防火被覆材料。3. 石化工業用（Petrochemical），適用於石化廠房等場所，採鏝刀粉刷施工，全面添加金屬網。

噴覆式防火被覆（Sprayed-on Fireproofing），密度低、質輕，噴塗於鋼材表面，形成隔熱層。優點爲施工快速、價格低廉，缺點爲高汙染性、施工環境髒亂潮濕。噴覆式防火被覆已爲近年主流工法，爲本節討論重點所在。

鋼鐵不耐高溫，當溫度高於 300℃（572℉），鋼材強度開始下降，當溫度到達 593℃（1100℉）鋼材降伏強度降至 50%，溫度達 871℃（1600℉）鋼材降伏強度降至 23%，鋼材持續軟化大量變形，最終將造成鋼構倒塌。

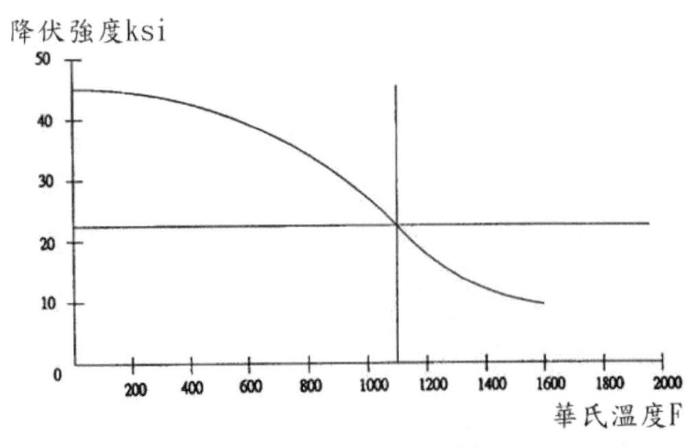

火害溫度與鋼材強度曲線

鋼構通常於施作防火被覆前施作防鏽塗裝，經防火試驗單位模擬，使用環氧樹脂富鋅底漆作爲鋼材防鏽塗料，再施以防火被覆，當鋼材溫度達 300℃持續 30 分鐘，防鏽漆表面即發生起泡現象，達 500℃即大片剝離。爲維持鋼構防火性能，建議採用耐熱性較佳之防鏽塗料，如無機鋅粉底漆、防火漆。

選用防火被覆材料前應審閱該材料之「內政部建築新技術，新工法，新設備及新材料審核認可通知書」。

噴覆式防火被覆依其材料成分區分，主要分爲二大類：石膏系及水泥系，概述如下。

1. 石膏系：石膏 + 輕骨材（如保力龍）或石膏 + 珍珠岩。
   不耐水，附著力差，必須於其完成面噴塗保護漆，避免大量粉塵逸散。但密度低、施工快速、成本低。當加入膨脹加速劑則平整度不佳，附著力更差。
2. 蛭石系：蛭石 + 水泥，或蛭石 + 水泥 + 纖維
   防水性較佳（若加纖維則因毛細現像吸收水分較易脫落），密度高，附著力較佳。

材料性能

下表摘錄自公共工程委員會施工綱要規範第 07811 章 - 噴附式防火被覆，但僅供參考。建議依內政部建築新技術、新工法、新設備及新材料認可通知書所列爲準。但須注意區分，認可通知書所列之核准內容，如「使用於內灌注混凝土之中空方型、圓形鋼柱」；或「使用於 H 型、中空方型及圓型鋼柱」等。該核准通知書亦包含乾密度及防火時效與厚度。

項目	內部材料 (註1)	外露材料 (註2)	試驗標準
密度	$0.18g/cm^3$ 以上	$0.5g/cm^3$ 以上	ASTM E605
黏著強度	300psf 以上	1,000psf 以上	ASTM E736
抗壓強度	1,000psf 以上	50,000psf 以上	ASTM E761

註 1：係指用於室內且不易被碰損之處。
註 2：係指用於室外，或易遭風化、振動、碰損之處。
除非圖上另有規定，否則凡室內梁版被天花板或其他封板遮蔽之部分得採用內部材料，其餘均採外露材料。

爲防止鋼構表面噴塗防鏽漆造成附著力不足（約爲裸鋼噴塗防火被覆附著力 60%），規定樑翼寬≧ 30cm、樑腹高度≧ 40cm，需加釘鋼網補強。鋼網採用 $0.92Kg/m^2$ 鍍鋅鋼網，補強範圍最少須覆蓋表面積 25% 以上，且鋼網最少寬度不能少於 9cm。$0.92kg/m^2$ 之鍍鋅鐵網，裁成條狀，其寬度不得小於 9 公分。以焊接、螺絲鎖定或擊釘將條狀鋼網固定於型鋼表面，順長向每隔 30 公分固定一處。或依原廠指定之方式補強，如噴覆前塗布指

定之 PRIMER。

如下圖所示，鋼梁 W = 400mm，H = 750mm。

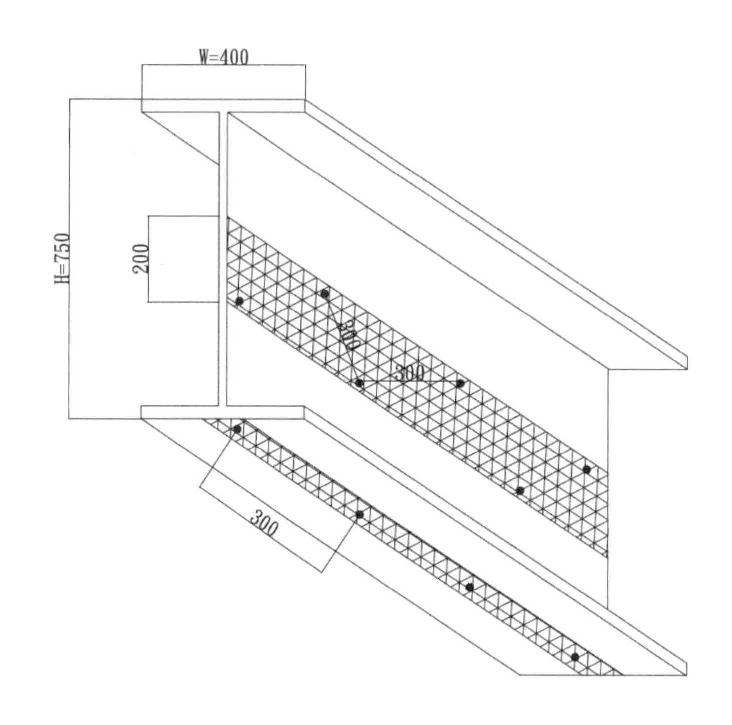

樑深 H = 750mm > 400mm，應補強金屬網。

金屬網寬度不得小於 90mm 且不得小於樑深 25%（取大值）

750*25% = 187.5mm，可取整數 200mm ≧ 750*25% ≧ 90mm（OK）

且上、下未補強範圍寬度 = (750 – 200)/2 = 275 < 400mm（OK）

樑寬 W = 400mm > 300mm，應補強金屬網。

樑底以 100mm 寬度金屬網補強（OK）

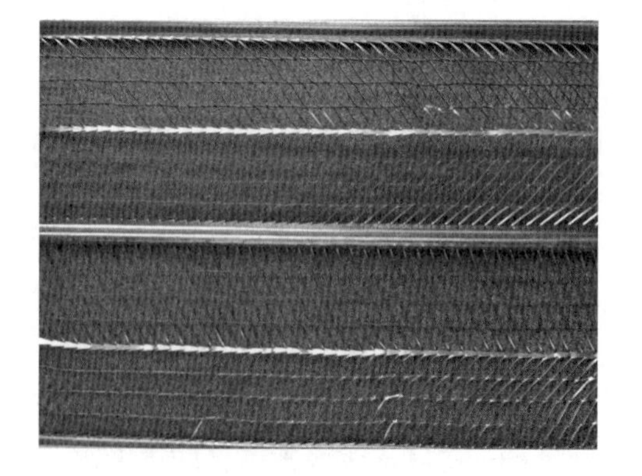

註：採用鋼網補強，無法提高附著力，但可防龜裂及成片剝落。

較爲常見之石膏系防火被覆材料，如 GCP Applied Technologies 所生產之 MONOKOTE MK-6。

註：MONOKOTE MK-6 原爲 WR Grace 所生產，但自 2000 年起，WR Grace 面臨近 27 萬件石綿污染事件纏訟，於 2016 年另成立 GCP Applied Technologies 生產販售 MONOKOTE MK-6。

MONOKOTE MK-6 材質：由合成輕質骨材（苯乙烯聚合物）、石膏及抗裂

CELLULOSE 纖維素等組成，不含石棉、岩棉、蛭石。採濕式施工。是世界上唯一實際歷經火災四小時的防火被覆材料。其完成面需噴塗保護漆 Daraweld-C，防止落塵。

強烈建議於帷幕外牆封閉後再行安裝防塵網噴覆石膏系防火被覆。因其質輕，拆除防塵網時，附著於防塵網之被覆材將如雪花般飛散於周邊數百公尺範圍，善後困難。

較爲常見之蛭石系防火被覆材料，如永記造漆公司（虹牌）所生產之火壩 F-1。

F-1 主要成分爲水泥、蛭石、纖維及其他無機防火材料，兼具水泥剛性及纖維韌性，不含石綿，燃燒時無煙、無毒。採濕式施工，加水攪拌即可噴塗，其完成面質地堅實，不須於完成面噴塗保護漆，無粉塵逸散情形。

施工完成之防火被覆材料，依需要於各樓層抽驗其密度、厚度、與黏著，並依據 CNS 13963、CNS 13964 之檢驗標準於工程現場檢驗或送交指定機構檢驗。

厚度量測

量測頻率（依 ASTM E605）：依每層樓地版面積每 930m^2 測試一次，不足 930m^2 部分加測試一次。每層樓地版面積不足 930m^2，每層測試一次。每種結構構件各選取一處試驗，包含樑、柱、DECK、斜撐等。

量測方法（依 CNS 13963）以測針量測。

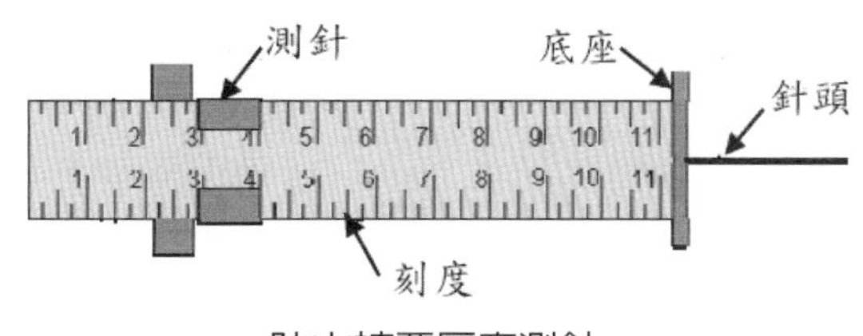

防火被覆厚度測針

I 型樑、H 型樑，依下圖（I、H 樑）所示量測編號 2～1 位置，再於間隔 30cm 處依前述編號 2～10 位置重複量測一次，合計量測 18 點之厚度，取其平均值，爲平均厚度。若鋼構件爲 H 型柱、斜撐，則量測編號 1～12 位置及間隔 30cm 處編號 1～12 位置被覆厚度，取其平均值。

方形柱，依下圖（方形柱）所示量測編號 1～12 位置，再於間隔 30cm 處依前述編號 2～10 位置重複量測一次，合計量測 24 點之厚度，取其平均值。

DECK，於 30cm*30cm 範圍依下圖（DECK）所示量測編號 1～4 位置，合計量測 4 點之厚度，取其平均值。

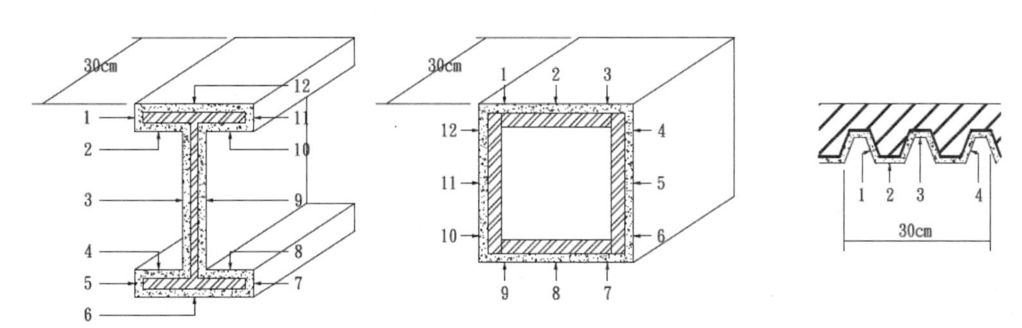

I、H 型樑防火被覆厚度量測位置　方型防火被覆厚度量測位置　DECK 防火被覆厚度量測位置

各處平均值不得小於設計厚度，每一測點之樑測厚度不得小於設計厚度 75% 及設計厚度減 6mm 之大值。

厚度控制：施工前置放適量之厚度指示釘每 m^2 最少四支，以控制噴布施工厚度。但因防火測試單位認定火害溫度將循指示釘穿透防火被覆直接影響鋼構，多不主張安裝指示釘，若必須安裝，須提出無影響防火性能之證明。

現場乾密度檢測

檢測頻率（依 ASTM E605）：比照厚度量測之頻率。

檢測工具：精度 1g 電子秤，400ml 燒杯，250ml 量杯，500ml 量筒平底盤一個，500ml 保麗龍 PS 粒。

檢測步驟（依 CNS 13963 置換法）

1. 於現場結構物割取防火被覆試體，其體積不得小於 131cm^3，將試體切割整齊。
2. 將試體置於室溫，俟其達到恆重狀態。
3. 量測試體質量。
4. 測體積
   (1) 燒杯置於平底盤，將 PS 粒倒入燒杯，加至滿出為止。
   (2) 以刮刀延燒杯邊緣刮平。
   (3) 清除（丟棄）平底盤中之 PS 顆粒。
   (4) 將燒杯中之 PS 顆粒倒至量筒。
   (5) 置空燒杯於平底盤中央，於量筒中倒出 100ml 之 PS 顆粒置燒杯中，後不得搖動燒。
   (6) 將試體置入燒杯正中央，避免試體接觸燒杯。若有需要，可輕輕轉動試體。
   (7) 將量筒中剩餘之 PS 顆粒完全倒入燒杯中，加以抹平，讓多餘之 PS 顆粒溢至平底盤。
   (8) 收集溢至平底盤中之 PS 顆粒於量杯中，測得被試體置換之體積。

$$D = W/V$$

D = 試體密度（g/cm^3）

W = 試體質量（g）

V = 試體體積（cm^3，等於被試體置換之 PS 顆粒體積）

各種構件單一試體乾密度值或平均值，均不得小於內政部核准通知書所列密度。

十七、鋼承鈑

鋼承鈑（DECK），採用鍍鋅鋼板經輥壓冷彎成型，概分為開口型、縮口型、閉口型鋼承鈑，應用於 SS 結構居多。其自重輕強度高，於一定之跨度內不需安裝支撐，可鋪設供作施工平台，並可於多個樓層鋪設，連續分層澆置樓板混凝土。因各鋼承鈑生產廠商未對鋼承鈑斷面尺寸及名稱一致化，故右圖僅供示意參考，或建議上網搜尋「鋼結構設計手冊（極限設計法）」，其中 1.1.20 鋼承鈑章節中各型斷面鋼承鈑之型號、規格較符合國際慣例。

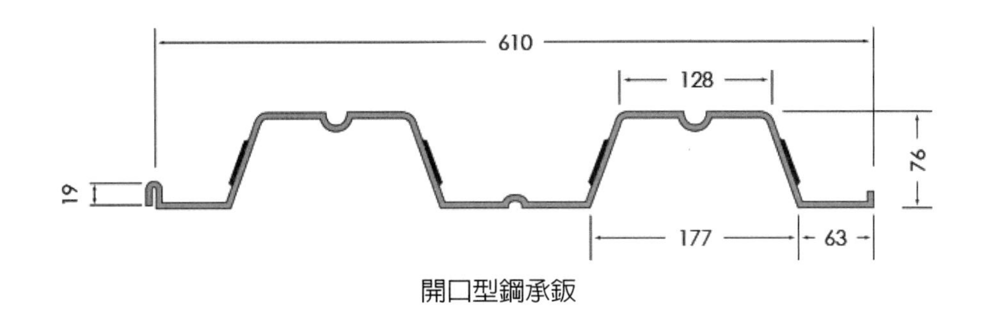

開口型鋼承鈑

鋼承鈑可取代部分鋼筋，提高樓版剛性，節省鋼筋及混凝土使用量。縮口鋼承鈑將開口縮小，對防火、防蝕均提高效益，其剛性亦高於開口型鋼承鈑。閉口型鋼承鈑的卡槽懸吊系統能為樓版底部管線、天花板安裝提供便利，無需在版底預埋鐵件，只需將卡扣金屬片插入版底溝槽內，便可提供 200kg 吊重點，拆卸亦方便。

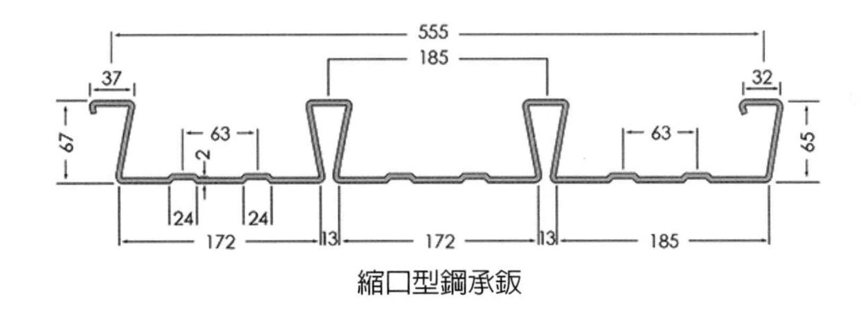

縮口型鋼承鈑

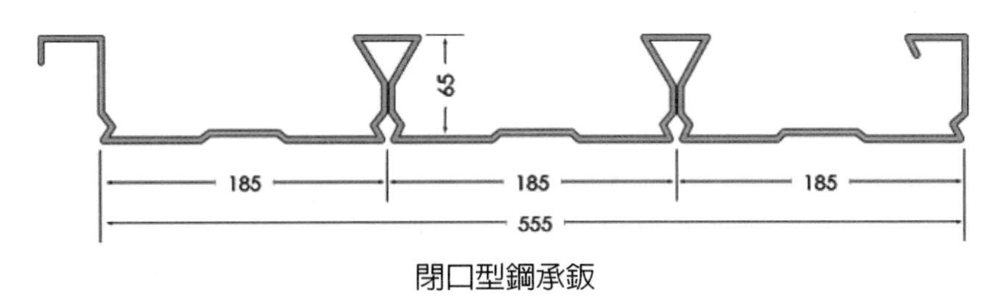

閉口型鋼承鈑

樓版鋼承鈑配置鋼筋，其上層筋多使用點焊鋼筋網，下層筋多使用 #4 鋼筋，每一凹槽配置一支或二支，因下層筋置於凹槽，無法結成鋼筋網，無法以墊塊方式維持鋼筋保護層，因此需使用吊筋器吊掛下層筋於凹槽內。吊筋器俗稱蚯蚓或五聯鉤，以 4∮鋼線製

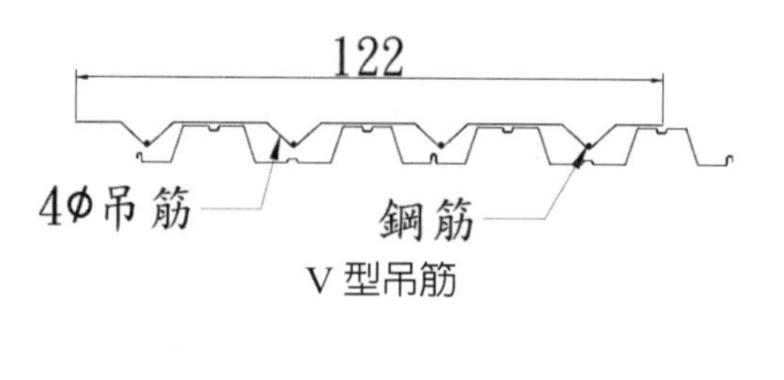

V 型吊筋

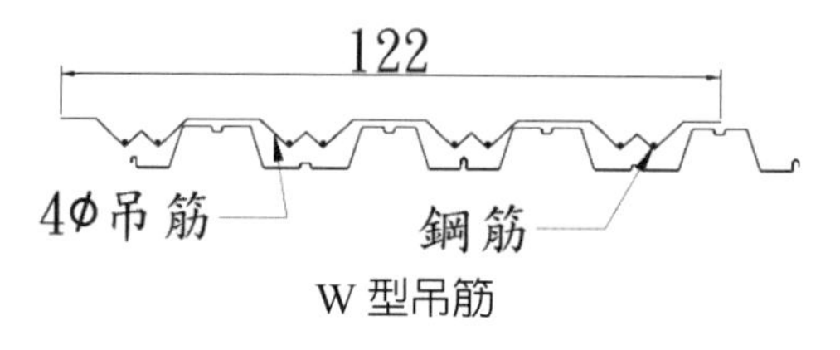

W 型吊筋

作，建議 1～1.5m 間距設置吊筋器一支。

若鋼承鈑與鋼樑平行鋪設，鋼承鈑應與鋼樑搭疊 5cm，鋼樑上翼鈑未受鋼承鈑完全遮覆，其上方植焊剪力釘可與鋼樑直接接觸，屬一般植焊。若鋼承鈑與鋼樑垂直鋪設，鋼承鈑完全遮跨鋼樑上翼鈑，其上方植焊剪力釘須熔透鋼承鈑方能將剪力釘植焊於鋼樑，屬穿透植焊。

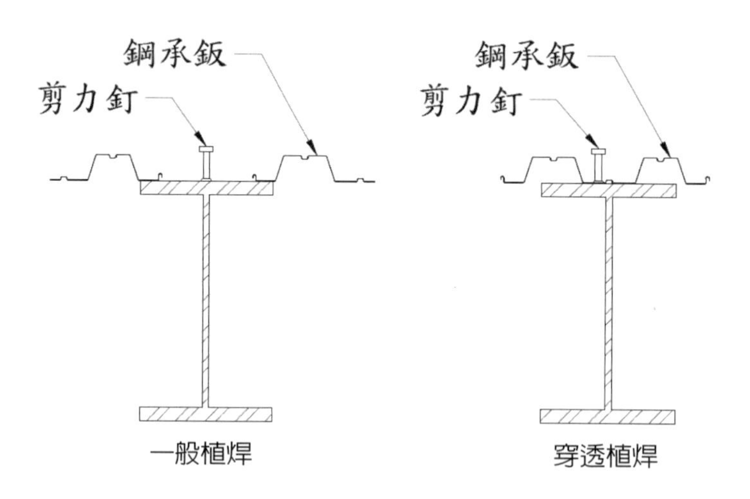

一般植焊　　穿透植焊

鋼承鈑於單跨狀態之承載力低於二連跨及三連跨，依美國鋼承鈑協會（Steel Deck Institute，簡稱 SDI）對鋼承鈑彎矩（Bend Moments）、支承反力（Support Reactions）、變形量（Deflections）計算建議公式如下，變形量不得大於 l/180 或 3/4" 取小值。若應用之跨距使計算變形量大於上述值，應加設支撐，防止於樓版灌漿時超載造成鋼承鈑變形、接頭處開口漏漿。國內鋼承鈑製造廠商亦於技術文件中刊載其各型鋼承鈑之無支撐跨距、I 值、斷面係數等資訊，或提供計算服務。

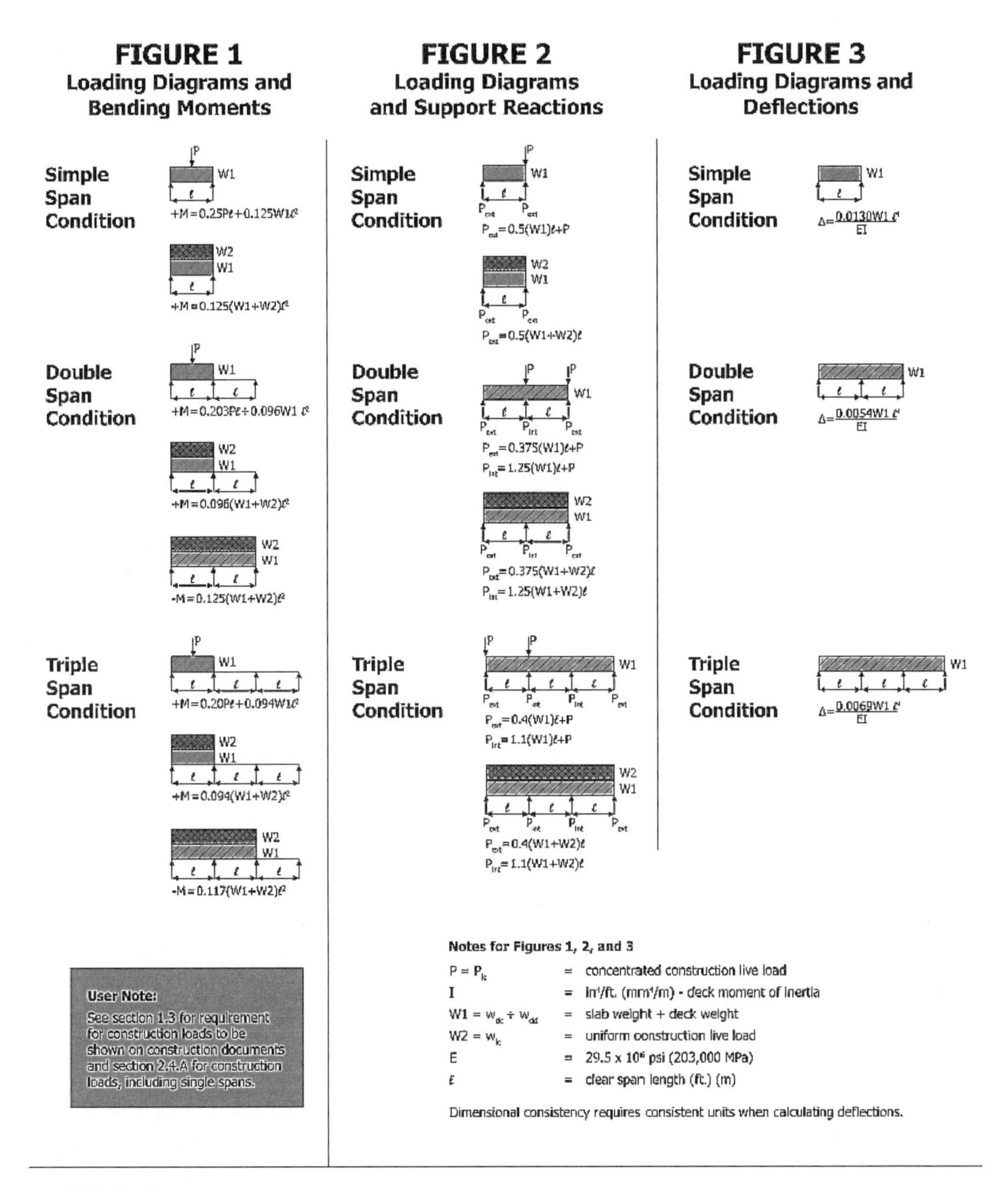

上圖摘錄自 AMERICAN NATIONAL STANDARDS INSTITUTE/STEEL DECK INSTITUTE C-2011 Standard for Composite Steel Floor Deck-Slabs。

十八、焊接方法

1. 金屬被覆電弧焊 SMAW（shielded metal arc welding，俗稱手焊）

SMAW 又稱爲電焊條焊接，可用於較爲狹窄空間，亦可供作全方位焊接，所需設備成本低廉。它是通過被覆焊藥的焊條和母材金屬間的電弧將母材金屬加熱，從而達到焊接的目的。被覆焊藥之功能包括產生遮護氣體保護焊池、爲焊道提供合金化元素、增進電弧穩定性、產生焊渣覆蓋焊道降低焊道冷卻速度等。

AWS 美國焊接協會對碳鋼和低合金鋼焊條特性分類。焊條標識中用字母 E 和另外四到五個數位組成，如 E7016。字母 E 代表焊條。前二個數位代表熔塡金屬的最小抗拉強度，單位爲千磅每平方英吋，「70」就表示熔融金屬的最小抗拉強度爲 70,000 psi（磅每平方英吋）。第三個數字代表焊條的可焊位置。「1」表示焊條可用於全方位焊接。「2」代表熔融金屬流動性非常好，只能用於平焊或塡角焊的橫焊。「4」代表焊條可用于立焊向下焊。「3」已取消不再使用。最後一個數位代表焊藥的組成和性能。

2. 氣體遮護金屬電弧焊 GMAW（gas metal arc welding）

焊接時以連續送線的焊絲作爲電極，以惰性氣體或活性氣體作爲遮護氣體的電弧焊接方法，亦稱爲熔化極氣體保護電弧焊。

採用惰性氣體（Ar，He 或 Ar + He）作爲遮護氣體的稱爲 MIG 焊（metal inert gas welding，熔化性電極惰性氣體遮護焊接）。採用活性氣體（CO_2，$CO_2 + O_2$，$CO_2 + Ar$，$CO_2 + O_2 + Ar$）作爲遮護氣體的稱爲 MAG 焊（metal active-gas welding，熔化性電極活性氣體保護焊接）；以純 CO_2 作爲遮護氣體的稱 CO_2 氣體遮護電弧焊（俗稱 CO_2）；以加有少量氧化性氣體（CO_2，O_2）的富氬混合氣體作爲遮護氣體的稱爲混合氣體保護焊。MIG、MAG 均屬 GMAW 之一種。

被覆電焊條分類編號之意義

F-No	分類	電流	電弧	熔深	焊藥	鐵粉
F-3	EXX10	直流反接	深	深	纖維素鈉	0～10%
F-3	EXXX1	交流與直流反接	深	深	纖維素鉀	0%
F-2	EXXX2	交流與直流正接	中等	中	鈦納型	0～10%
F-2	EXXX3	交流與直流	輕	輕	鈦鉀型	0～10%
F-2	EXXX4	交流與直流	輕	輕	鈦型鐵粉	24～40%
F-4	EXXX5	直流反接	中	中	低氫納	0%

F-No	分類	電流	電弧	熔深	焊藥	鐵粉
F-4	EXXX6	交流或直流反接	中	中	低氫鉀	0%
F-4	EXXX8	交流或直流反接	中	中	低氫鐵粉	25～45%
F-1	EXX20	交流或直流	中	中	氧化鐵納	0%
F-1	EXX24	交流或直流	輕	輕	鈦型鐵粉	50%
F-1	EXX27	交流或直流	中	中	氧化鐵鐵粉	50%
F-1	EXX28	交流或直流反接	中	中	低氫鐵粉	50%

氣體遮護金屬電弧焊可進行各種位置的焊接，熔填率高，是取代金屬被覆電弧焊 SMAW 的最佳選擇。

氣體遮護金屬電弧焊的特點是遮護氣體也是由焊槍輸送的，它們可單獨使用，也可混合使用，或與其它非惰性氣體混合使用。鋼構現場多數使用 CO_2 作爲遮護氣體〔CO_2 價格低於惰性氣體。存在於自然界中之惰性氣體共計六種：氦（He）、氖（Ne）、氬（Ar）、氪（Kr）、氙（Xe）和具放射性的氡（Rn）〕。

氣體遮護金屬電弧焊之設備較 SMAW 手工電弧焊所使用的設備複雜，包含電源、送絲機構、遮護氣體以及連接在送絲機構的焊槍。操作者可在送絲機構上調整送絲速度，當送絲速度增加，焊接電流也隨之自動增加。焊絲的熔化率與焊接電流成適當的比例，這些變化是由送絲速度所控制。

工程現場電焊人員習慣指 MIG 爲 CO_2，但 CO_2 並非惰性氣體，故不屬 MIG 焊接，應屬於 MAG 焊接。

3. 包藥焊線電弧焊接 FCAW（Flux Cored Arc Welding）

FCAW 包藥焊線電弧焊使用藥芯焊線作爲焊接材料的一種熔化極氣體保護焊或自保護焊法（焊接時可視需要使用或不使用外供遮護氣體）。若使用外供遮護氣體，則其設備與氣體金屬電弧焊GMAW相同。若不使用外供遮護氣體，則以包藥焊線中助焊劑提供遮護。

4. 電熱熔渣焊接 ESW（Electro-Slag Welding）

ESW 以電流通過金屬熔渣產生的電阻熱進行焊接的方式。電熔渣焊非常適合用於在垂直位置（立焊）焊接厚片鋼材（25～300mm），又稱釣魚焊，在所有的焊接方式中，ESW 熔填效率最高，其電能與焊線消耗低於潛弧焊，但其焊道晶粒粗大，韌性差。

ESW 啓動時使用電弧，當有足夠熔化金屬焊液可以提供熱量時電弧停止，故 ESW 不屬於電弧焊。它是以熔化的焊劑和熔化的母材的電阻熱進行焊接，但又與電阻焊之原理不同，亦無法歸類於電阻焊。

ESW 依焊接設備的不同，有消耗性電熱熔渣 CES（Consumable Electro-Slag）與非消耗性火咀電熱熔渣 SESNET（Simplified Electro-slag Welding Process with Non-Consumable Elevating Tip）。鋼構廠多使用 SESNET 於箱型柱內橫隔板直立焊接。

5. 電熱氣體熔渣焊接 EGW（Electro gas Welding）

也是應用於垂直位置焊接方法，以消耗性實心或包藥焊線與母材產生電弧，電弧熔融焊線及母材，生成焊池，焊池由遮護氣體保護。氣電立焊的能量密度比電渣焊高且更加集中，原理及技術相似。少數鋼構廠使用 EGW 作箱型柱內隔板直立焊接。

6. 潛弧焊 SAW（submerged arc welding）

潛弧焊是熔填效率極高的型焊接方法。SAW 用實芯焊絲連續送進，焊絲產生的電弧完全被顆粒狀的焊藥所覆蓋，電弧光亦受焊藥遮覆，故稱「潛弧焊」。

SAW 焊線送線方式與 GMAW 及 FCAW 相似，最大的差別是遮護方式。潛弧焊以顆粒狀焊藥置於焊藥周圍，對焊池進行遮護。SAW 最大的優勢是它的高熔填效率（SAW 熔填效率低於 ESW 及 EGW，但 SAW 實用性較高）。潛弧焊因爲沒有可見的弧光，允許操作人員在沒有佩帶防護鏡和其他厚重保護衣的情況下進行操作。SAW 比其它焊接方法產生的有害氣體少。

SAW 粒狀焊藥遮斷電弧光，也阻礙了操作人員準確觀察電弧在焊道中的位置。如果電弧方向不當，則產生瑕疵。SAW 粒狀焊藥與低氫系的 SMAW 焊條一樣需要防潮。焊藥受潮將產生氣孔和焊道裂紋。

潛弧焊焊道寬與深差距過大時（寬度：深度或深度：寬度），在焊池固化過程中會產生中心收縮裂紋。

鋼構工程邀商報價說明書案例

項次	項目	數量	單位	單價	複價	備註
1	鋼材 SN490YC		T			
2	鋼材 SN490B		T			
3	鋼骨製作費用（含繪圖及自檢）		T			
4	鋼骨噴砂工資費用		T			Sa2½，無塗裝
5	鋼骨運輸費用		T			
6	鋼骨安裝及電焊		T			
7	剪力釘（工廠焊或現場植釘機）		支			
8	高張力螺栓 -S10T		T			
9	錨定螺栓及無收縮水泥灌注		座			
10	輪式吊車機具費		式			
11	鋼筋續接器廠內焊接		組			
12	鋼樑開孔及補強工料（廠內）		T			
13	柱內灌漿彎管及灌漿後封口		組			
14	鋼承版鋪設（BARDEKt = 1.52mm）		m^2			
15	勞安設施工料及執行	1	式			依政府標準
	參考報價					
16	鋼樑工地開孔及補強工料		T			實作實算
	小計					
	稅金					
	合計					
合計新台幣 仟 佰 拾 萬 仟 佰 拾 圓整						

【報價說明】

一、施工地點：×× 市 ×× 區 ×× 路 ×× 號。

二、本案鋼構採移動式吊車吊裝。

三、作業規定

1. 乙方參與本案作業人員均須參加勞工保險、意外險（每人最高理賠金額不得低於新台幣 600 萬圓），進場施工前應造冊交甲方工務所核備，名冊檢附勞保卡影本、意外險保單影本。

2. 乙方須指派工地負責人長駐工地。工地負責人應俱備鋼構組配作業主管及勞工安全衛生管理員資格，開工前呈報勞檢所報備，另檢附核備函及証照影本交甲方工務所備查。
3. 乙方工地負責人須參加工務所召開之各項會議。
4. 乙方之一切施工程序、措施，均應依照「勞工安全衛生設施規則」、「營造安全衛生設施標準第三章『材料之儲存』、第十章『鋼構組配作業』」規定事項辦理。
5. 乙方工地負責人須代表乙方簽署「安全衛生工作守則徵詢勞工代表同意書」。安全衛生工作守則如鋼構工程作業規定附件所列。
6. 甲方每月召開工地安全衛生講習一次，每次以不超過 30 分鐘爲原則，乙方全數施工人員均有參加講習之義務。
7. 乙方於電焊工進場前造列名冊交甲方工務所備查。名冊載明焊工姓名、出生日期、身分證字號、戶籍，隨冊檢附身分證影本。
8. 乙方應於焊工考試前七日遞交甲方工務所「焊工考試實施計畫」，焊工考試之隔屏、試體、設備、RT 檢測費由乙方自理。
9. 進場焊工均須測試 3G（水平、橫向、立向）焊接姿勢合格，但其中至少一人具備 4G（全方位焊接姿勢）合格。
10. 沿鋼構大樑上方一律裝設安全母索（含柱節頂層鋼樑），每跨均單獨裝設。安全母索採鋼索，其直徑不得小於 6mm。安全母索及扣件應以膠帶黏貼於鋼樑上翼鈑面，隨鋼樑吊昇，俟鋼樑假固定後立即裝設。安全母索每端至少使用三組鋼索夾固定。
11. 安全母索尚未裝設完成前，施工人員應將安全帶掛鉤扣於安全母索環中進行定點施工，不得於鋼樑行走及活動。
12. 乙方應於雙數樓層鋼樑下翼鈑上緣焊裝安全網吊鉤。吊鉤採圓鋼棒施作，@100cm，完工後不需切除。安全網主索應於螺栓鎖斷前完成吊掛。
13. 安全網不得破損，應採耐燃材質。若有搭接必要，至少重疊 100cm 併繫結。
14. 場焊焊道應全數施作 UT 檢測，廠焊檢測另行規定。
15. 基礎螺栓埋設時，若與鋼筋發生干涉，應通知甲方工務所，協調鋼筋工班配合排除，不得自行切割鋼筋，否則抽換鋼筋工料之費用須加倍於乙方工程款中扣抵。
16. SRC 樑應依結構圖指示植釘。
17. 手工具必須使用細鋼索繫結，連結於腰帶。
18. 電焊火花（溶渣）須採有效方式承接（如石棉毯、承接盒、碳纖布），不得任其散落。

19. 現場焊道補漆應採刷塗；嚴禁噴塗。
20. 鋼樓梯面漆暫不施作，俟裝修階段再由甲方擇適當時機通知乙方施作（含除鏽）。
21. 電焊機均須裝設防電擊裝置及漏電斷路器方可進入工地。若電源線老化、或破皮多於三處、或續接多於一處（二截），甲方工務所得通知更換，若乙方未立即更換，甲方工務所得代購新品併代工換裝，換裝之工料費用須加倍於乙方工程款中扣抵。
22. 本案鋼構包含轉換層 SRC 樑側之 DECK 固定座型鋼工料。
23. 本案鋼構須含樓版外緣 DECK 收邊鈑切割（與帷幕牆預埋件、二次繫件干涉處）、樓梯開口收邊鈑切割、塔吊孔開口收邊鈑切割。
24. 本案鋼構須含安全欄杆立柱套管焊工及焊材（樓版外緣、管道周邊、樓梯開口周邊、塔吊孔周邊均設安全欄杆）。
25. 本案鋼構須含 DECK 底部支撐（灌漿時有下陷變形之虞處）。挑高樓層，無法使用鋼管支撐處，乙方應規劃其它方式支撐。
26. 本案鋼構須含校正觀測孔開設、圍鈑焊裝、圍鈑切除。DECK 開孔一律使用電離子切割機。
27. 本案鋼構須含鋼梯踏步鋪設點焊鋼絲網之墊棒焊接工料、鋼絲網與墊棒連結焊接工料（鋼絲網由甲方提供並鋪設於定位）。
28. 本案鋼構須含塔吊座樑安裝工料、夾樑安裝工料、鋼構承載塔吊之結構計算（含扭力檢討）、必要時對鋼構補強之工料。乙方應於安裝塔吊前 30 日前提結構計算、補強計劃、塔吊諸元重量及性能表予甲方工務所核備。（本案採移動式吊車吊裝，本項要求可忽略）。
29. 本工程進行吊裝時，若須將 M.C 駛上構台，致使原設計構台需加長或補強，其計算規劃與施作工料均屬乙方之承攬內容。乙方應於使用構台前 30 日前提結構計算書、M.C 吊裝計畫書、構台補強計畫書予甲方工務所核備（本工地構台原設計載重為 60 噸）。
30. DECK 鋪設前，乙方應於鋼構大樑上翼鈑放樣彈繪墨線，DECK 切齊墨線鋪設，不得干涉大樑植釘。
31. DECK 鋪設前，乙方應於鋼構大樑上翼鈑放樣彈繪墨線，標示植釘軸線。剪力釘置於軸線上植焊。
32. 鋼樓梯應於次節鋼柱吊裝前完成安裝。
33. DECK與鋼構小樑間若潮濕積水，植釘前應由乙方使用長嘴空氣噴槍將水分吹出。
34. 乙方應於現場備置經緯儀、彎角鏡、水準儀、垂直儀、膜厚計、焊道規、一級鋼捲尺。經緯儀、水準儀、垂直儀應附半年內之校正報告（由公立機構開立）。膜厚計應附校正對照試片。

35. 乙方應於現場裝設垂直安全主索、移動式垂直升降吊掛器。
36. 乙方應於現場備置鋼柱吊裝脫鉤器。
37. 乙方吊車有配合吊料之義務（如鋼筋、點焊鋼絲網、五聯勾、DECK、安全欄杆、帷幕牆預埋件、灌漿壓送管等）。但以不影響乙方進度爲原則。
38. 螺栓、斷尾、切割鐵件、焊條末截、垃圾、菸蒂應採有效方式收集、嚴禁任其掉落。工具、螺栓、瓶罐、垃圾不得留置於鋼樑。
39. 未存於乾燥箱內之開封焊條、未封裝於包裝桶之高拉螺栓，一律視爲廢棄物處理。
40. 氧氣、乙炔應搭設蓬架集中管理置放。氧氣、乙炔應直立置放。氧氣、乙炔離集中管理區後一律固定直立於拖架。
41. 第一節鋼柱吊放前，應由乙方依設計高程量測及製做水泥墊塊（PAD）。PAD 頂面應爲 100mm×100mm、底面應爲 150mm×150mm。PAD 應採無收縮水泥砂漿製作，其 F'c28 不得小於 8000psi（F'c7 不得小於 5600psi）。
42. BasePlate 下方之無收縮灌漿屬乙方承攬內容，其 F'c28 不得小於 6000psi（F'c7 不得小於 4200psi）。
43. 乙方應於簽約後 21 日製作完成鋼構施工計劃交甲方工務所核備，鋼構施工計畫內容另行會商訂定。
44. 施工圖、製造圖得以 A3 規格送審，平面圖應再附 A1 規格送審。全案圖面送審核可後，乙方應將全案送審圖之電腦圖檔拷錄於光碟交甲方工務所存檔。上述電腦圖檔應採 AutoCAD-2014 或更低階版本格式製作。
45. 每一樓層植釘完成後，乙方應立即敲除瓷護罩，並於樓版配筋前清掃 DECK。
46. 未得甲方工務所核可前，任何構件不得切割，任何孔洞不得擴孔。
47. 其餘未規定事項依相關法令及 AWS、CNS、JIS、JASS 規範施作。
48. 高空作業人員，作業時嚴禁嘻鬧。若有身體不適、精神不濟、熬夜、飲酒、情緒失常等疑慮者，禁止該員進場施作。
49. 除合約另有規定外，乙方合約總價內應包含材料加工及保護、人員運輸、機具或配件運輸、施工材料運輸（前述運輸均不限次數轉運並含吊運費用）、工區內小搬運（含人工小搬運及吊運費用）、零星工料、施工區域面水之清理或排除、通訊設備（含工區內監工人員需配備無線電以便隨時聯繫通話）、人員工資、施工器具及損耗（含鐵件等）之工資與材料費用。
50. 乙方調派車輛，請自行告知工地位置，並妥爲管理，進入工地須換取工地臨時出入証，司機離車時須配戴安全帽及安全鞋（禁止穿拖鞋），確實遵守工地安全衛生管理規則。

51. 本工程包含放樣費用，由甲方提供高程基準點及方位點，由乙方負責保護，其餘施工細部放樣含高程、軸線等由乙方負責（含工資與材料）。

52. 乙方自主檢驗頻率依規範執行，第三者檢測單位進行檢測時須提供相關受檢資料、合格之安全設施供甲方及第三者檢驗等人員進行檢驗作業（第三者檢測頻率：工廠 30%、現場 100%）。

四、所有相關材料進場前，乙方須提送樣品、施工大樣圖、配置圖，施工計畫、各附件之規格性能檢驗證明及原廠證明，經由甲方或業主認可合格後方可製造施工。若未經甲方審核之材質、施工圖面、施工方式之成品，不論安裝完成與否甲方有權止付工程款。乙方須提供電子檔部分包含施工計畫、施工圖及甲方要求相關文件圖說。甲方須提供電子檔部分包含執照圖、結構圖。

乙方應依甲方核准之施工圖所示之尺寸製造及安裝，並應於製造、安裝前，至現場丈量並確認實際尺寸，若因甲方設計變更而產生之修改費用以追加減辦理之，若因乙方施工不當，而產生之調整含修改、打除、復原既有之結構或裝修等工資及材料費用，均視爲包含於報價內，概由乙方負擔，不另計價；若需鑿除或整平、預埋等前置作業，須與甲方事先協議。

五、任何疑問，未經甲方工地主任指示而擅自變更施作，或與圖面不符，致甲方之一切損失應由承攬廠商負擔，不得異議。

六、本案工程保固 15 年。

七、付款辦法

1. 每月一日及爲計價日，每月十五日爲領款日。
2. 廠商應於計價前將足額發票交工務所辦理計價，否則不予計價。
3. 每期均依計價數量付款 90%，保留款 10%。
4. 每期計價款概以 50% 現金，50% 60 天期票支付。
5. 保留款於屋頂突三層搗築混凝土完成後退還 1/2，取得使用執照後退還剩餘之保留款。保留款概以 60 天期票支付。

第 15 章 鷹架（施工架）工程

鷹架指施工現場為開闢垂直及水平動線，供施工人員站立、行走而搭設的支架，用於建築外牆、內部裝修或層高較高無法直接施工之處。鷹架材料通常有竹、木、鋼管或鋁合金材料等。現行法令已強制要求鋼管施工架（即鋼管鷹架）須符合 CNS 4750 之規範，其中包含單管施工架及框式施工架。

單管施工架：將鋼管在工地以金屬附屬配件裝配組合成之施工架。

CNS 4750 中對單管施工架訂定標準之構材及附件如下：

1. 鋼管、2. 續接聯結器、3. 緊結聯結器、4. 固定型基腳座板。

框式施工架：將鋼管預先製成「簡易型」或「標準型」立架，並與其他配件在工地裝配組合而成之施工架。目前於建築工程外牆所搭設之鷹架多採鋼管簡易框型架。本章僅就框式施工架深入說明。

CNS 4750 中對框式施工架訂定標準之構材及附件如下：

1. 立柱、2. 交叉拉桿、3. 橫架（很少使用）、4. 附工作板橫架、5. 可調型基腳座板、6. 托架、7. 壁連座、8. 腳柱接頭、9. 連接片（多以插銷取代）。

系統施工架：如圓盤式系統施工架，亦屬單管施工架，但未納入 CNS 4750 規範範圍。

鋼管施工架應於頂層設置護欄（或先行扶手），高度應在 75cm 以上，並應包括上欄杆、中欄杆、腳趾板及杆柱等構材。上欄杆、中欄杆、杆柱之直徑均不得小於 38mm，杆柱間距不得超過 2.5m。杆柱及任何欄杆構件之強度及錨定，應使整座護欄可承受於上欄杆何一點、以任何方向施加 375N（38.24kgf）之力，且不得有顯著變形之狀況。

勞委會僅要求使用符合 CNS 4750 標準之施工架，並未要求必須具備正字標記之施工架。所謂符合 CNS 規範，包含下列情形 (一)、(二)、(三)。**正字標記並非唯一選項。**

(一) 符合國家標準：

經合格實驗室進行檢驗，取得符合國家標準（CNS）之產品檢驗報告書。所謂合格實驗室包含：1. 經濟部標準檢驗局，2. 經濟部標準檢驗局認可之試驗室，3. 簽署國際實驗室認證聯盟（ILAC）相互承認協議，並經中央主管機關公告之認證機構（如：TAF）認可合格之檢測實驗室。製造廠商應於產品標示名稱、商標、製造年份、「框」、「併」、「單」、「聯」字樣，以資辨認。

(二) 正字標記之同等品：

依行政院公共工程委員會 95 年 11 月 16 日工程企字第 09500426900 號函「正字標記

之同等品」應同時具備：1. 產品產製工廠取得下列機關（構）之一所核發之 CNS 12681（ISO 9001）品管認可登錄證書、2. 產品品質取得下列機關（構）之一所核發符合國家標準（CNS）之產品檢驗報告書。

核發之 CNS 12681（ISO 9001）品管認可登錄證書之機關（構）包含：1. 經濟部標準檢驗局，2. 經濟部標準檢驗局認可之「正字標記認可品質管理驗證機構」，3. 經簽署國際認證聯盟（IAF）相互承認協定之認證機構（如我國財團法人全國認證基金會 TAF），所認證之品管驗證機構。

核發符合國家標準（CNS）之產品檢驗報告書之機關（構）包含：1. 經濟部標準檢驗局，2. 經濟部標準檢驗局認可之試驗室，3. 經簽署國際實驗室認證聯盟（ILAC）相互承認協定之認證機構（如我國財團法人全國認證基金會 TAF），所認可之檢測實驗室（其認可範圍需包含產品檢驗項目）。

(三) 正字標記：

符合下列 1 及 2 及 3 規定者，得准予使用正字標記：1. 工廠品質管理（以下簡稱品管）經評鑑取得標準專責機關指定品管制度之認可登錄。2. 經檢驗符合國家標準。3.「標準專責機關或第三者驗證機構對於正字標記產品，每年得不定期在市場或向其生產製造工廠抽樣，實施產品檢驗」。製造廠商應於產品標示正字標記、證書編號、廠商名稱、商標、製造年份、「框」、「併」、「單」、「聯」字樣，以資辨認。

一、框架規格及配件

1. 立架

框式施工架框架、交叉拉桿規格表（如下表）：

	尺度（mm）		尺度許可差
	寬度（W）	高度（H）	
簡易型框架	600、610、750、***762***	1600、1625、1700、***1725***、1800	±1.0
標準型框架	900、914、1200、***1219***	1600、1625、1700、***1725***、1800、1900、1925、1955、2000	
註 1：本表所列尺寸截錄自 CNS 4750。 註 2：立架腳柱材質爲 STK500，加勁鋼材材質爲 STK400，交叉拉桿材質爲 STK400 或 STK500，扣釘材質爲 SS400。			

註 3：表內粗斜體數值爲市面最爲常見之規格。
註 4：標準架通常應用於活動施工架。
註 5：爲配合狹窄空間架設施工鷹架，各廠商亦製造特殊規格簡易型框架，其寬度包含 400～***500*** 不等。
註 6：交叉拉桿 W1 = 1800 或 ***1829***，H1 = 1200 或 ***1219***。
註 7：依職業安全衛生署「施工架作業安全檢查重點及注意事項」第四條規定：施工架內、外側應設置交叉拉桿，高度 2 公尺以上之施工架內、外側應增設下拉桿。

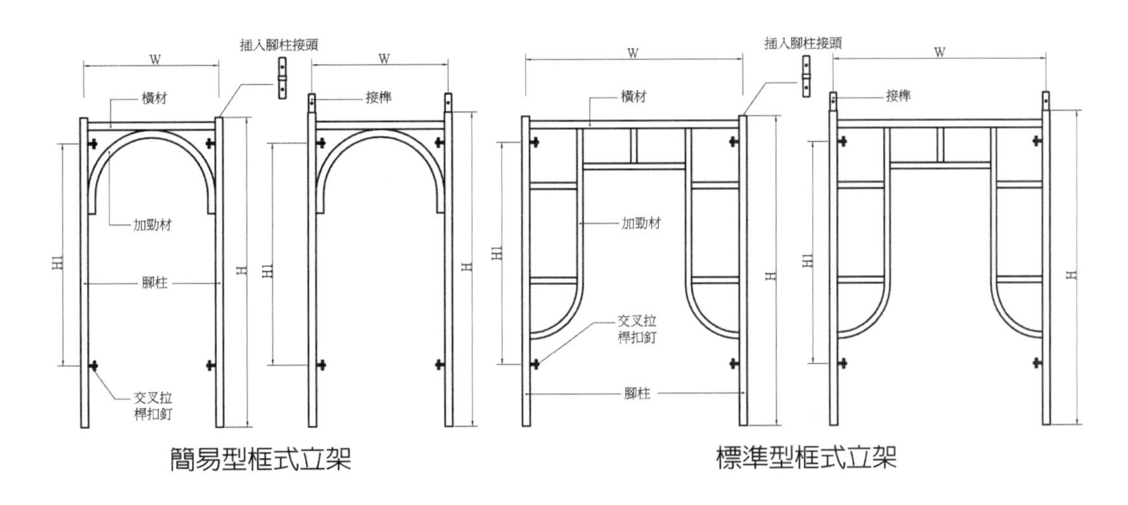

2. 橫架及附工作版橫架

水平踏板規格表（如下表）：

尺度（mm）		
簡易型及標準型框架用水平踏板	跨度（L）	寬度（W）
	1800、***1829***	***300***、600

註 1：CNS 4750 有關框式施工架章節明列「橫架」及「附工作板橫架」（簡稱：水平踏板）二種，其差異主要爲是否加裝工作板，「橫架」負有連繫各列框架、維持穩定之作用，「附工作板橫架」除連繫各列框架更有供作站立及通行之功能。
註 2：橫架橫材（長向骨架）材質爲 STK500（CNS 4435），踏腳桁（短向骨架）材質爲 STK400 或 STK500（CNS 4435），金屬扣材質爲 SS400（CNS 2473）。
註 3：橫架寬度：400 ≦ W ≦ 1100。橫架長度：L < 1850。
註 4：水平踏板之工作板材質爲 SPHC（CNS 4622）或 SGCC 或 SGHC（CNS 1244），表面須施以止滑措施。若採切擴鋼網取代鋼板，其材質應爲 XS42（CNS 12728）。
註 5：水平踏板應滿鋪於施工架，水平踏板併接間隙不得大於 30mm。
註 6：「橫架」及「附工作板橫架」均須附金屬扣鎖。

3. 托架及三角托架

CNS 4750 所規範之托架係以緊結連結器固定於施工架立柱，可於托架上方鋪設水平踏板或架設外標施工架。而本章所稱之三角托架是為使鷹架離地或作外牆裝修工程時遮斷上下樓層使用。三角托架上方需跨設鐵管再鋪設夾板以支承後續架設之框架。這類三角托架不屬於 CNS 4750 所規範範圍，其長度 D 及高度 H 應視上方荷重及外挑距離設計，故要求施工架承攬廠商提送技師簽證計算書、構造圖亦屬必要。

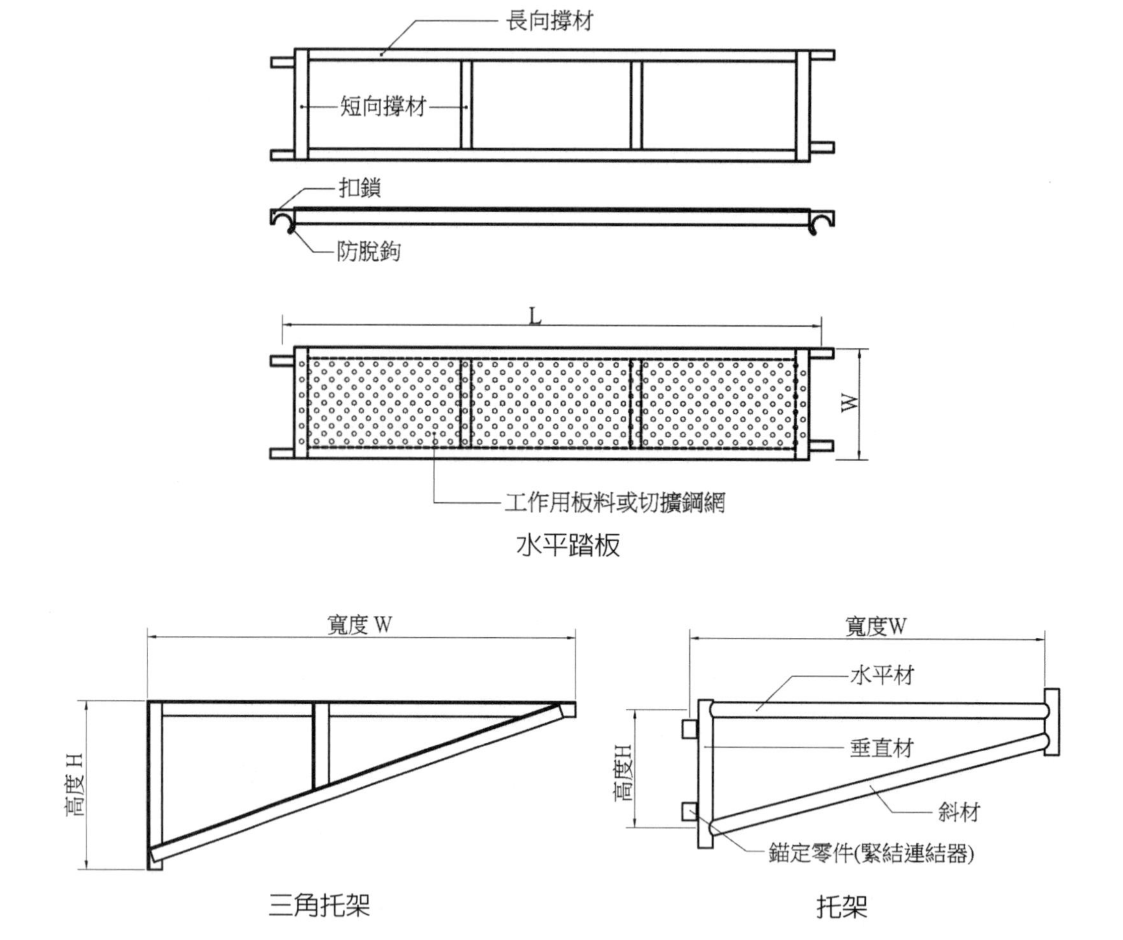

水平踏板

三角托架

托架

4. 可調型基腳座板（基座）

施工架及施工構臺之基礎地面應平整，且夯實緊密，並襯以適當材質之墊材，以防止滑動或不均勻沉陷。最下層施工架即使座落於平整堅實地面或墊材上方亦須設置調整基座，以維持施工架垂直度，避免偏心產生力矩。

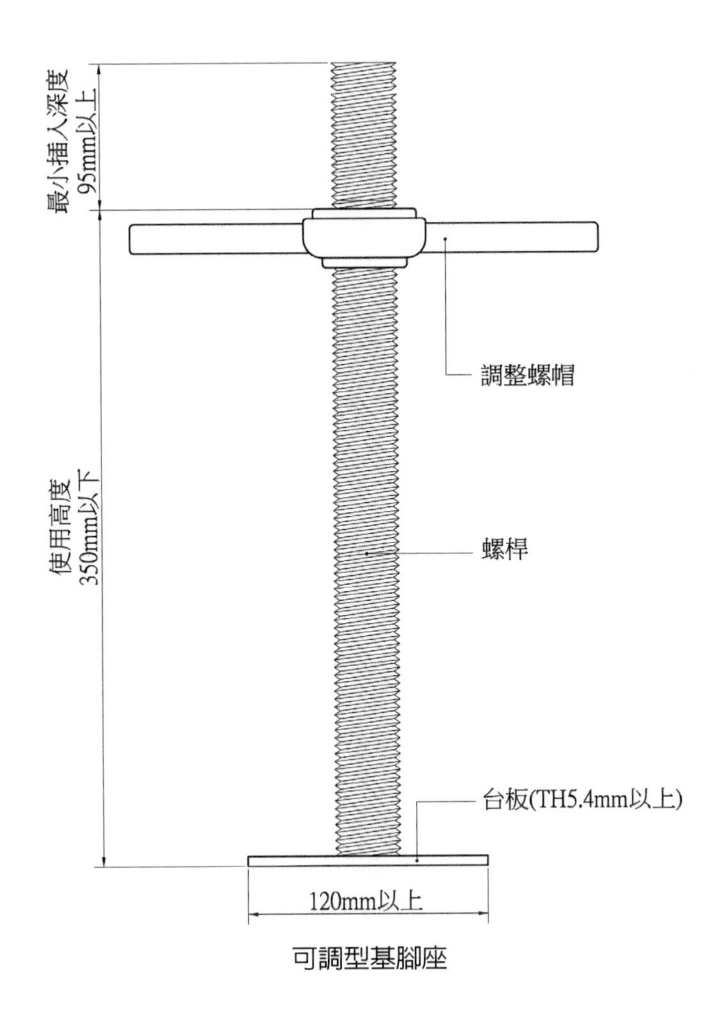

可調型基腳座

5. 壁連座

壁連座（又稱爲壁拉桿）爲連結施工架與主結構體之桿件，該桿提供施工架抵抗橫向位移之能力，以保持施工架垂直，並確保施工架與主結構之距離，以利外牆結構體及外牆裝修工程施作。CNS 規定壁連座最大使用長度不得大於 1200mm，但業界經常使用之長度爲 350～500mm。

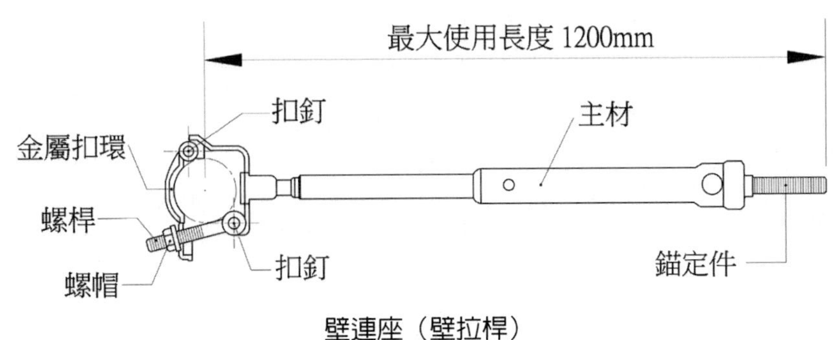

壁連座（壁拉桿）

早年多以預埋 #3 鋼筋纏繞立架一至二圈，以連繫主結構與施工架，避免施工架傾倒，此方式稱為挽架。

鋼筋挽架強度差，其安裝間距應小於壁拉桿。拆架時需斬斷鋼筋，增加作業人員危險性，若鋼筋斬斷位置突出磁磚硬底，亦造成補貼磁磚之困擾。

註：依勞動部職業安全衛生署 103 年 11 月 28 日勞職安 2 字第 1031032571 號函第 2 次修訂「施工架作業安全檢查重點及注意事項」，框式施工架以壁連座與構造物連接，間距在垂直方向 9.0 公尺、水平方向 8.0 公尺以下；單管施工架垂直方向 5.0 公尺、水平方向 5.5 公尺以下；施工架以角鋼或鋼筋等與構造物連接，間距在垂直方向 5.5 公尺、水平方向 7.5 公尺以下。

6. 斜籬

斜籬係設置於施工架上做為防止物體飛落造成災害之延伸構造，依建築技術規則規定應向外延伸最少為二公尺，強度須能抗七公斤之重物自三十公分以三十度自由落下而不受破壞，若以鐵皮製造者，鐵皮厚度最少為一點二公厘。為減小受風面積避免強風造成災害，近年斜籬多以金屬切擴網（擴張網）取代鐵皮。

7. 防塵帆布、防塵網

依台北市建築工程施工計畫書三、工地安全及衛生維護計畫，鋼管鷹架外部設置紗網，4 樓以下並加 PVC 帆布維護。更有再加掛廣告、安全標語、樓層數字帆布者，其目的不外乎安全、清潔、美觀或廣告。防塵網之規格已列於報價說明，若工期短、預算低時亦有採舊品者。安全標語帆布為標準規格（176cm×342cm）。廣告帆布多繪印公司名稱或安全警語，由甲方提供，張掛廣告帆布多以點工計價。巨幅廣告帆布則多由帆布製作商負責吊掛。颱風季應拆除或捲束帆布，避免工地鷹架受風力拉扯而散落造成災變，平時亦應於大型帆布開設通風孔減低正負風壓，並提供室內工作人員較佳之通風環境。

二、固定方式

搭設第一層鷹架時應依照建物外形配置，採座地式。若阻礙施工動線或其它因素可於一樓頂版預埋錨定螺栓，再安裝三角拖架以搭設鷹架。每列框架均須座落於三角架上方。與鄰房建築貼近無法安裝門架時改搭窄架或單管鷹架。

二樓以上鷹架應逐樓層搭設，搭設時機為該層地版灌漿完成次日，搭設高度應高出該層頂版 1.5m 以上。樓層灌漿前應通知廠商派員預埋壁連座錨定螺栓。

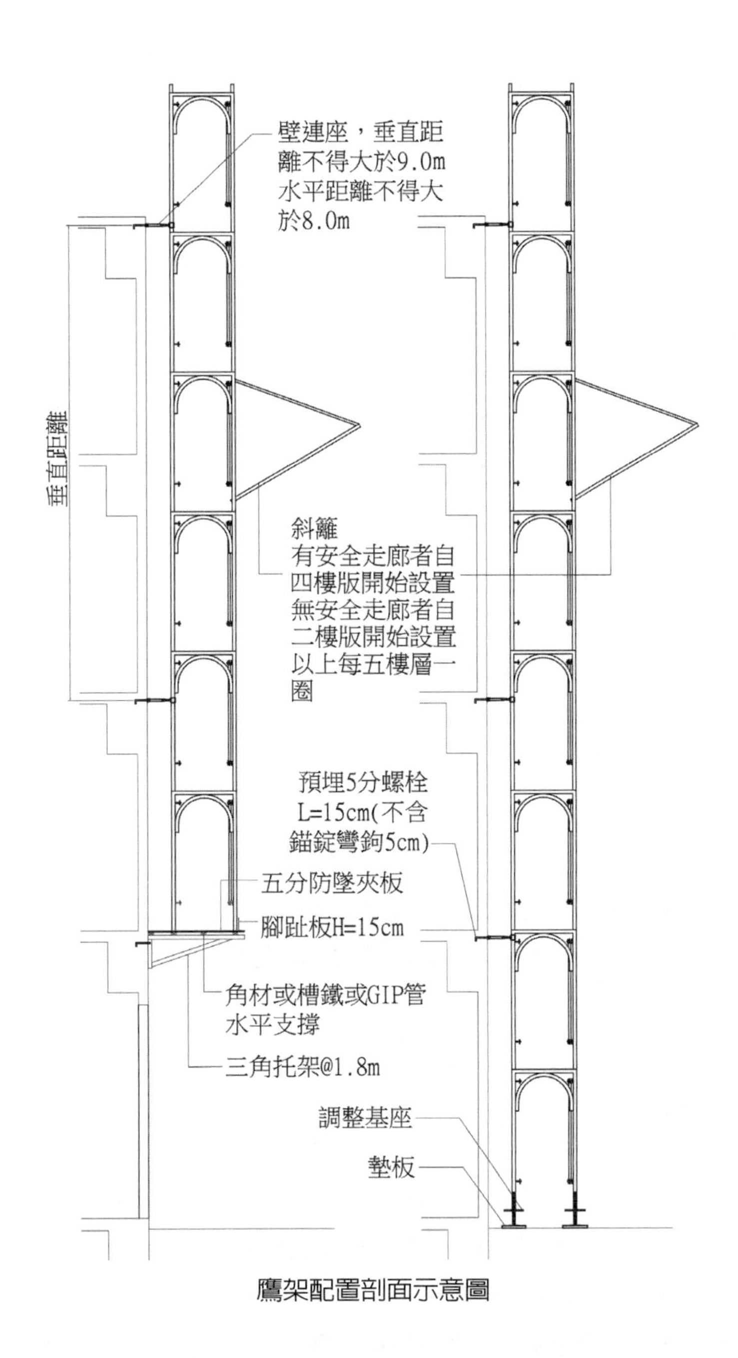

鷹架配置剖面示意圖

三、排架、滿堂架

排架用於支撐，如挑高結構施工階段臨時支撐。滿堂架則用於大面積挑高處施工平台，如門廳平頂裝修。滿堂架每片門型框架採 180cm 之正常間距，每列淨距則視工作台鋪面材料而定。排架於挑高結構支撐，每片門型框架之間距則視載重而定，但爲便於裝設斜拉桿件其間距多採 90cm 及 180cm。滿堂架最頂層使用無接榫框架爲宜，避免於鋪設附工作版橫架後接榫突出。

滿堂架之發包計價方式：以滿堂架容積 m^3 計價。

排架之發包計價方式因人而異，各有不同，但不離下列三種方式：

1. 先告知廠商排架高度、密度、使用期限，採水平投影面積計價，單位 m^2。
2. 先告知廠商排架高度、密度、使用期限，採容積計價，單位 m^3。
3. 無法先行確認施作位置、高度、密度時以框架數量計價，單位：片。

四、扶手先行

施工架組拆流程中，以先行扶手框爲進行組拆施工架時的臨時性防護結構，在施工架四周均設置先行扶手框，防止人員於從事施工組拆作業過程中發生墜落。扶手先行作業流程可上網下載勞動部職業安全衛生署於 103 年 11 月 28 日修訂頒布之「施工架作業安全檢查重點及注意事項」比照執行。

五、作業規定

有關施工架之施工程序、安裝方式、安全作業規定，於北市勞工檢查處、勞動部職業安全衛生署各區職業安全衛生中心、勞動部勞動及職業安全衛生研究等網站內有豐富資料可供下載，不另贅述。

六、識別記號

爲區別單管施工架構件及框式施工架構件，CNS4750 規定：單管施工架用鋼管及金屬附屬配件應以鋼印標示：1. 製造廠商名稱或其商標、2. 製造年份、3. 續接連結器標示「單」字、4. 緊結連結器標示「聯」字、5. 固定型基腳座板標示「單」字。

框式施工架用構材及金屬附屬配件應以鋼印標示：1. 製造廠商名稱或其商標、2. 製造年份、3. 立架標示「框」字、4. 交叉拉桿標示「框」字、5. 可調高型基腳座板標示「框」字、6. 角柱接頭標示「框」字，若須併用連接片者應標示「併」字。

鷹架工程邀商報價說明書案例

項次	項目	數量	單位	單價	複價	備註
1	三角托架工料		組			
2	防墜夾板工料		m			含腳趾板
3	外部施工架		m^2			扶手先行
4	金屬斜籬		m			2FL、7FL、12FL
5	下欄杆		m			含內、外側
6	防塵網工料		m^2			新品
7	PVC 帆布工料		m^2			新品
8	外爬梯工料		支			含扶手欄杆
9	防墜網工料		件			（0.3m×15m）／件
10	防墜網托架工料		支			
11	滿堂架		m^3			
12	排架		m^3			
13	廣告帆布安裝工資		片			176×342，業主供料
14	室內樓梯安全欄杆		m			
15	電梯管道安全門		樘			
16	開口安全欄杆		m			
17	單管鷹架		m^2			
18	點工		工			
	小計					
	稅金					
	合計					
合計新台幣　佰　拾　萬　仟　佰　拾　圓整						

【報價說明】

一、本案施工架一律依照勞動部職業安全衛生署 103 年 11 月 28 日勞職安 2 字第 1031032571 號函第 2 次修訂「施工架作業安全檢查重點及注意事項」辦理。

二、本案所指之外部施工架應含下列構件，且須符合 CNS 4750 標準。

1. 門型框架：簡易型，鍍鋅鋼管材質（外徑：42.7mm±0.25mm，厚度：2.4mm±0.3mm），電弧焊滿焊組接。扣件（交叉拉桿安裝榫）及柱腳接頭（外徑：34mm±0.25mm，厚度：2.2mm±0.3mm，套接深度≧ 95mm）應完整、牢固。管材不得有鏽蝕、變形、凹陷、折痕、塗漆、油垢、泥砂，且須符合CNS 4750標準。
2. 交叉拉桿：鍍鋅鋼管材質（外徑：21.7mm±0.25mm，厚度：1.9mm±0.3mm），二支鋼管中央以鉸點結合構成，兩端均設榫孔。管材不得有鏽蝕、變形、凹陷、折痕、塗漆、油垢、泥砂，且須符合 CNS 4750 標準。
3. 水平踏板：焊接組構框架，面鋪金屬切擴網並焊接於框架。不得有鏽蝕、變形、破損、泥砂。水平踏板兩端應設扣件與門型框架橫桿契合，且須符合CNS 4750標準。
4. 可調基腳：最下層框架均需裝設，且須符合 CNS 4750 標準。
5. 接榫插銷：若採連接片亦可。

三、其他構件

1. 三角托架：依承攬廠商規格，但於安裝前 20 天提供技師計算書及簽證。不得有鏽蝕、變形、泥砂。安裝前應於結構混凝土中預埋高碳螺栓（∮≧ 15mm，不含錨錠之埋入深度≧ 150mm）2 支／座。高碳螺栓露出混凝土部分應於預埋同時以膠帶包覆。另含鋼管水平支撐鋪設於防墜夾板下方。
2. 斜籬：焊接組構框架，面鋪金屬切擴網並焊接於框架。不得有鏽蝕、變形、破損、泥砂。斜屏伸出長度不得小於 1.8M，前端應以斜拉桿懸吊。
3. 防塵網：尼龍網（W = 180cm、H = 340cm）新品，四緣以堅韌材料補強並按以金屬質套環（長邊九孔、短邊五孔，合計 24 孔）為固定孔，網目 = 2.5mm×2.5mm。以鍍鋅鐵線繫結於鷹架外側。
4. 防墜夾板：4'×8'× 五分厚。
5. 腳趾板：L－15cm×3cm×1.2mm 鍍鋅鐵板。
6. 墊板：長條形實木板，厚度 30mm 以上、寬度 340mm 以上。

四、本案所指之單管鷹架應含下列構件，且須符合 CNS 4750 標準。

1. 鋼管：包含立柱、橫檔、腳踏桁、斜管、斜撐。均採鍍鋅鐵管，∮ = 48.6±0.25mm，厚 = 2.5±0.3mm，立管間距 @ = 150cm～180cm。立管應採續接聯結器及插銷續接。最下緣均需裝設固定型基腳座板。
2. 續接聯結器、緊結聯結器。
3. 壁連座：用以維持鷹架與鄰房、建物之間距，並維繫施工架垂直度。
4. 墊板：長條形實木板，厚度 30mm 以上、寬度 340mm 以上。

五、樓層數及層高

1F = @420cm、2F～14F = @320cm、15F = @360cm。

六、由乙方免費借用木質架板予甲方使用，木質架板之總表度應為 60m。

七、框架、單管鷹架底部接觸面若非堅實混凝土、三角托架，其底部一律襯墊實木墊板。最底層施工架底部須安裝可調行基腳座板整平（單管鷹架可採固定型基腳座板）。

八、每片框架均須以交叉拉桿相互牽繫，交叉拉桿應確實套入榫扣，轉角處應以適當方式牽繫。上下層框架應以插銷聯結固定。

九、每層門型框架頂端一律架設水平踏板。轉角、搭接處之水平踏板一律以 #14（∮ = 2.1mm）鍍鋅鐵線作四點紮結固定。

十、材料吊運由乙方自理。

十一、每層樓版混凝土搗築完成次日應由承攬廠商完成該樓層鷹架搭設（n FL 樓版搗築完成次日應搭設鷹架至 n + 1 FL 樓版以上之高度）、再次日完成防塵網之按裝。拆架及運離工地應於十個日曆天內完成。

十二、承攬廠商應於建物結構體預埋壁拉桿基礎螺栓。框式施工架以水平向每四跨（約 7.2m）安裝壁拉桿一支，垂直向每二個樓層（約 6.4m）安裝壁拉桿一支。單管施工架以水平向每三跨（約 5.4m）安裝壁拉桿一支，垂直向每一個樓層（約 3.2m）安裝壁拉桿一支。壁連座應符合 CNS4750 標準。

十三、拆架時應由乙方確實清除壁拉桿基礎螺栓及三角托架固定螺栓（不得突出於水泥砂漿打底層），亦須配合泥作工黏補瓷磚進度，不得以任何理由拒絕。

十四、拆架時應以捲揚機吊卸，嚴禁以人力控制繩索吊卸。

十五、防塵網、帆布應逐孔綁紮張掛。拆架時應依工地主任指示地點整齊堆放。

十六、承攬廠商應為施工人員投保意外險，每人新台幣 500 萬以上。簽約後保單影本交工務所留存備查。

十七、承攬廠商應指派「施工架組配作業主管」於現場指揮施工。簽約後「施工架組配作業主管」證書影本交工務所留存備查。

十八、工務所備置安全母索，乙方得借用，用後歸還。該母索不得用於材料綁紮、垂吊。

十九、安全帽、安全帶由乙方自備。

二十、工程進度：甲方應於搭架前三天、拆架前十天通知乙方，乙方應依指示之日期及時間進場施作。

二一、逾期罰則：每逾期完成一日，罰款合約總價千分之三並依此類推。若因甲方因素得順延工期，但須由甲方工地主任於當日以書面簽認並向上級核備，核可後方得扣除該日工期。

二二、設施維護：嚴禁損毀、污染工地設施。凡有違反規定，概由甲方購料僱工改善，所需費用均由乙方工程款中扣除，乙方不得異議。

二三、付款辦法：

1. 依實做數量計價。
2. 每期均依當期完成計價 85%（即當期完成數量 × 單價 ×85%），概以 1/2 現金、1/2 六十天期票支付。本項計價包含連工帶料之項目。
3. 點工均於施作當期計價 100%，概以現金支付。
4. 拆架且清運完成後支付保留款，概以六十天期票支付。

第16章 鋼筋續接器

鋼筋之續接方式包含搭接（疊接）、焊接、機械式續接器及瓦斯壓接。早年，搭接爲傳統續接方式，藉由混凝土握裹傳遞應力，以克服運輸及人力綁紮組立對鋼筋長度、重量之限制。

柱鋼筋使用搭接延續，容易造成鋼筋間隙不足，導致混凝土握裹面積不足無法滿足傳遞應力之需求。又因冶金技術不斷提升，鋼筋抗拉強度、設計強度亦隨之提升，鋼筋搭接長度亦隨之增加，爲降低搭接工料成本，瓦斯壓接取代柱鋼筋搭接一時蔚爲風氣，但因瓦斯壓接現場施工程序無法精確控制預熱、退火之需求造成壓接處發生壓裂、冷裂、脆化等瑕疵，無法配合高拉力鋼筋使用。至民國 76 年，因 SRC 建築結構施工，從日本引進焊接型鋼筋續接器應用於鋼柱與樑鋼筋銜接，自此，各類機械式鋼筋續接器逐漸普及，至今成爲柱鋼筋續接主流。

就 921 地震損毀建築觀察，破壞於續接器之案例遠少於搭接，故採續接器續接鋼筋之工法值得推廣。

一、鋼筋續接器等級

CNS 15560「鋼筋機械式續接試驗法」中，僅規定鋼筋續接器試驗方法，相關檢驗頻率及合格標準，則須由主管機關另訂規範。目前 CNS、JIS、ACI 均未完成鋼筋續接器續接施工規範。以下所列相關試驗項目及合格標準依「鋼筋續接器續接施工規範草案」爲準。

依「鋼筋續接器續接施工規範草案」所訂定之鋼筋續接器有 SA、FA、B 三種等級，若依檢測要求區分等級，依序爲 FA 級、SA 級、B 級。依試驗項目判斷；FA 級適用於長期高頻次震動之結構物，如橋樑等。SA 級適用於耐振建築。B 級適用於一般結構。

二、RC 結構中鋼筋續接器應具備之性能

1. 續接器抗拉強度大於鋼筋母材之抗拉強度。
2. 接合強度大於鋼筋母材之抗拉強度。
3. 續接器應變近似於母材鋼筋應變。
4. 不減損鋼筋母材之降伏強度、抗拉強度。

虎克定律相關公式

$$P = A\sigma \text{ 則 } \sigma = \frac{P}{A}$$

P：作用力。A：材料斷面積。σ：應力。

$$\varepsilon = \frac{\delta}{l}$$

ε：應變。δ：材料受力後變形量（原總長 l 受力後總長 h = 變形量 δ）

$$E = \frac{\alpha}{\varepsilon} = \frac{\frac{P}{A}}{\frac{\delta}{l}} \quad \therefore \delta = \frac{Pl}{AE}$$

E：材料之彈性係數。

三、續接器試驗項目

「鋼筋續接器續接施工規範草案」各級續接器須進行之試驗項目如下：

試驗項目	SA 級	FA 級	B 級
母材拉力試驗	V	V	V
拉力試驗	V	V	V
彈性重複載重試驗			V
高塑性載重試驗	V	V	
高週次疲勞載重試驗		V	

四、母材鋼筋機械性質

「鋼筋續接器續接施工規範草案」母材鋼筋機械性質合格標準如下：

機械性質	SA 及 FA 級續接	B 級續接
降伏強度 f_{ya}	$\geqq f_y$ 且 $\leqq (f_y + 1300kgf/cm^2)$	$\geqq f_y$
抗拉強度 f_{ua}	$\geqq f_u$ 且 $\geqq 1.25f_{ya}$	$\geqq f_u$
伸長率 ε_{ua}	$\geqq \varepsilon_u$	$\geqq \varepsilon_u$

註：f_{ya}：續接鋼筋母材實際降伏強度。f_y：CNS 560 規定之鋼筋降伏強度。

f_{ua}：續接鋼筋母材實際抗拉強度。f_u：CNS 560 規定之鋼筋抗拉強度。

ε_{ua}：續接鋼筋母材實際伸長率。ε_u：CNS 560 規定之鋼筋伸長率。

CNS 560 規範僅對 SD280W、SD420W 規定 $f_u \geqq 1.25f_y$，並未對 SD280、SD420、SD490 作此要求，「CNS 鋼筋續接器續接施工規範草案」對 SA 及 FA 級續接之鋼筋母材實際降伏強度 f_{ya} 要求 $\geqq f_u$ 且 $\geqq 1.25f_{ya}$，是否意味僅 SD280W、SD420W 鋼筋適用於 SA 及 FA 級續接器則未明確說明。但品管良好之鋼筋生產廠商所生產之 SD420 鋼筋亦可達到 $f_u \geqq 1.25f_y$ 之要求。SD280 鋼筋含碳量未規定上限，材質較脆，實際降伏強度 f_{ya} 通常遠高於 280N/mm^2，但通常無法符合 $f_u \geqq 1.25f_y$ 之要求。

五、拉力試驗合格判別基準

「鋼筋續接器續接施工規範草案」續接試體拉力試驗合格判別基準如下：

項目	SA 級	FA 級	B 級
抗拉強度 f_{uc}	$\geqq 1.25f_{ya}$ 且 $\geqq f_u$	$\geqq 1.25f_{ya}$ 且 $\geqq f_u$	$\geqq 1.05f_{ya}$
滑動量 $(\delta_s)_{0.6fy}$	$\leqq 0.01cm$	$\leqq 0.01cm$	$\leqq 0.01cm$
延展性 ε_{dc}	$\geqq 20\varepsilon_{ya}$ 且 $\geqq 0.04$	$\geqq 20\varepsilon_{ya}$ 且 $\geqq 0.04$	$\geqq 5\varepsilon_{ya}$ 且 $\geqq 0.02$
伸長率 ε_{uc}	$\geqq 0.06$	$\geqq 0.06$	$\geqq 0.04$
破壞模式	[(a)] 續接處外鋼筋斷裂	[(a)] 續接處外鋼筋斷裂	

註 (a)：續接處包括續接器與續接器兩端各 1/2 鋼筋直徑或 2cm 之大值的範圍。
f_{uc}：每一試體之抗拉強度。$(\delta_s)_{0.6fy}$：對試體施加 0.6 倍降伏強度拉力時之滑動量。
ε_{dc}：每組試體之延展性。ε_{uc}：每組試體之伸長率。

「鋼筋續接器續接施工規範草案」中對延展性與伸長率定義不同之意義。

延展性：加載之同時直接量測其變形量求得。

伸長率：在試體破壞後量測長度之變化量求得。

滑動量測量之意義乃爲求知續接器握持鋼筋處，於受拉力作用後是否發生滑動（相對位移），該滑動量不應包含材料之應變量。當滑動量過大，即代表續接器與鋼筋鬆脫。

依彈性理論而言；鋼筋材料所受拉力未達降伏點時，將拉力解除後鋼筋長度應回復原狀，不應發生任何變化、或發生極微量至難以察覺之變化。故本項滑動量測試之拉應力不得大於鋼筋降伏應力，採上限 $0.6f_y$，又因試驗機之夾具可能對鋼筋形體造成微量變化，不宜將試體脫離夾具後量測長度變化，故解壓至 $0.02f_y$ 時量測。此時已排除各項材料應變之因素，所測得之伸長量即可視爲握持範圍之相對位移（滑動量）。若滑動量爲0最理想。

「鋼筋續接器續接施工規範草案」要求 ε_{dc} 爲續接器接合試體之測試應力爲 $0.98f_{uc}$、f_u 及 $1.25f_y$ 之大者時所對應之應變。自鋼筋應力－應變圖觀察，鋼筋所受應力逾降伏點後應變以較大幅度增加，ε_{ua} 將大於 ε_{ya}。故本節暫不對延展性 $\varepsilon_{dc} \geqq 20\varepsilon_{ya}$ 且 $\geqq 0.04$（SA 級、FA 級）、$\varepsilon_{dc} \geqq 5\varepsilon_{ya}$ 且 $\geqq 0.02$（B 級）之要求作檢討。

以 CNS 560 SD420 #10 鋼筋爲例，$\varepsilon_{ua} \geqq 14\%$
假設續接器本體之伸長率爲 2%
若續接器本體長度爲 80mm
量測標示長度爲 80mm + 20mm × 2 = 120mm
40mm 長度鋼筋於 fu 時之伸長量 δs = 40mm × 14% = 5.6mm
80mm 續接器本體之伸長量 δc = 80mm × 2% = 1.6mm
試體伸長率 = (5.6mm + 1.6mm) ÷ 120mm = 0.06
若續接器本體長度爲 120mm
量測標示長度爲 120mm + 20mm × 2 = 160mm
40mm 長度鋼筋於 fu 時之伸長量 δ = 40mm × 14% = 5.6mm
120mm 續接器本體之伸長量 δc = 120mm × 2% = 2.4mm
試體伸長率 = (5.6mm + 2.4mm) ÷ 160mm = 0.05。

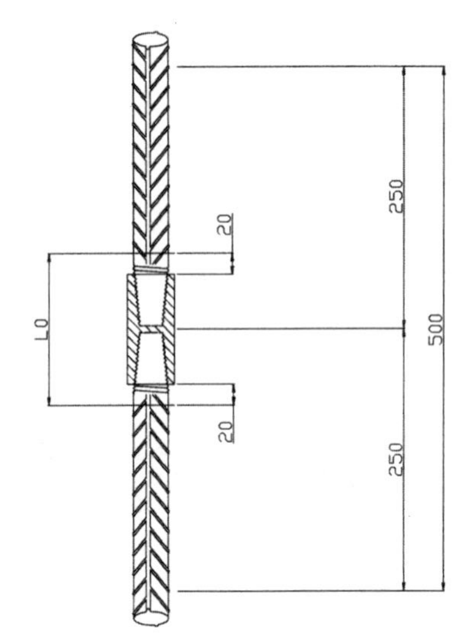

物性相同之鋼筋續接器，因長度不同將得不同之結果，故知續接器本體較短者依「鋼筋續接器續接施工規範草案」規定施作測試較爲有利。

於物性相同之狀況下，較長之握持長度可得較佳之握持力。但續接器外表通常爲平滑面，與混凝土間之握持力遠低於竹節鋼筋，所受之拉力無法平均分散於周邊混凝土，又因續接器直徑大於鋼筋，接合點形成錨定作用，均可能產生應力集中，發生混凝土龜裂機率增加。故選則本體較短、直徑較小、滑動量較低之續接器較爲適宜。分散續接位置亦可降低混凝土龜裂機率。

「鋼筋續接器續接施工規範草案」對續接試體延展性 ε_{dc}、伸長率 ε_{uc} 規定下限，乃期望續接部位之延展性近似於鋼筋。故加長量測標示長度可得較客觀之延展率 ε_{dc} 與伸長率 ε_{uc}（上圖 L_0 爲量測標示長度，500mm 爲夾持長度）。

六、彈性重複載重試驗

「鋼筋續接器續接施工規範草案」彈性重複載重試驗合格判別基準如下：

機械性質	SA 級	FA 級	B 級
抗拉強度 f_{uc}			$\geqq 1.10f_{ya}$
滑動量 $(\delta_s)_{0.95fy}$			$\leqq 0.03$cm
延展性 ε_{dc}			$\geqq 5\varepsilon_{ya}$ 且 $\geqq 0.02$
伸長率 ε_{uc}			$\geqq 0.04$

加載歷程：0→（$0.02P_y 0.95P_y$）30 週次→破壞。

f_{uc}：每一試體之抗拉強度。$(\delta_s)0.95Py$：對試體施加 0.95 倍降伏強度拉力時之滑動量。ε_{dc}：每組試體之延展性。ε_{uc}：每組試體之伸長率。

七、高塑性反復載重試驗

「鋼筋續接器續接施工規範草案」高塑性反復載重試驗合格判別基準如下：

項目		SA 級	FA 級	B 級
抗拉強度 f_{uc}		$\geqq 1.25f_{ya}$ 且 $\geqq f_u$	$\geqq 1.25f_{ya}$ 且 $\geqq f_u$	
滑動量	$(\delta_s)_{16c}$	$\leqq 0.03$cm	$\leqq$ .03cm	
	$(\delta_s)_{24c}$	$\leqq 0.09$cm	$\leqq$ 0. 9cm	
	$(\varepsilon_s)_{24c}$	$\leqq 1.5\varepsilon_{ya}$	$\leqq 1.5\varepsilon_{ya}$	
	$(\delta_s)_{32c}$	0.18cm	0.18cm	
	$(\varepsilon_s)_{32c}$	$\leqq 3\varepsilon_{ya}$	$\leqq 3\varepsilon_{ya}$	
延展性 ε_{dc}		$\geqq 20\varepsilon_{ya}$ 且 $\geqq 0.04$	$\geqq 20\varepsilon_{ya}$ 且 $\geqq 0.04$	
伸常率 ε_{uc}		$\geqq 0.06$	$\geqq 0.06$	
破壞模式		[a] 續接處外鋼筋斷裂	[a] 續接處外鋼筋斷裂	

註：(a) 續接處包括續接器與續接器兩端各 1/2 鋼筋直徑或 2cm 之大值的範圍。

加載歷程：0 →（$-0.5P_y 0.95P_y$）16 週次→（$-0.5P_y 5\varepsilon_{ya}$）8 週次→（$-0.5P_y 10\varepsilon_{ya}$）8 週次→破壞。

高塑性反復載重試驗類似模擬地震時結構體受拉力、壓力（負拉力，如 $-0.5P_y$）交互作用之狀態，當鋼筋所受拉力逾降伏強度，延展大幅增加，鋼筋尚未斷裂但混凝土已發生裂痕，此時應變 ε 成為主要控制條件，故自第 17 週次至 32 週次之拉力上限採 $5\varepsilon_{ya}$、$10\varepsilon_{ya}$。

八、高週次疲勞載重試驗

「鋼筋續接器續接施工規範草案」高週次疲勞載重試驗合格判別基準如下：

試驗過程中試體不得產生疲勞裂縫或斷裂，且試體 200 萬週次載重之殘留總滑動量（δs）2m 不得大於 0.02cm。

加載歷程：0 →（$0.2P_y 0.2P_y + 1000\ kgf/cm^2$）200 萬週次→ $0.02\ P_y$

因 $0.2P_y + 1000\ kgf/cm^2 < P_{ya}$ 母材質際降伏載重，續接試體不應產生永久變形，故最後所量得之伸長量即為殘留總滑動量。

高週次疲勞載重試驗類似模擬結構體受高週次載重、振動之狀況，如橋樑、重機械廠房，與一般建築所受較低週次載重、振動之狀況有所差異。

據推算，以常規試驗機具施作 200 萬週次載重需耗時約 8 個月，以高頻次機具施作亦需耗時約 10 天。

九、工地取樣測試

「鋼筋續接器續接施工規範草案」建議，營建施工單位於施工階段應對續接材料作下表所列項目抽樣送測，合格判別基準如下：

項目	SA 級	FA 級	B 級	
			可測得伸長率	無法測得伸長率
抗拉強度 f_{uc}	≧ $1.25f_{ya}$ 且≧ f_u	≧ $1.25f_{ya}$ 且≧ f_u	≧ $1.05f_{ya}$	≧ $1.10f_{ya}$
伸長率 ε_{uc}	≧ 0.06	≧ 0.06	≧ 0.04	
破壞模式	(a) 續接處外鋼筋斷裂	(a) 續接處外鋼筋斷裂		

註：(a) 續接處包括續接器與續接器兩端各 1/2 鋼筋直徑或 2cm 之大值的範圍。

十、續接方式

續接器通常以下列方式續接：

1. 螺紋續接：在鋼筋端部車牙或滾壓螺紋，以內牙套管續接。
   鋼筋於車牙前將車牙範圍以鋼模加壓縮小鋼筋直徑，增加鋼筋密度以提高該範圍之抗拉強度與眞圓度再行車牙，彌補因車牙減損之斷面積與抗拉強度者；俗稱擠小頭。
   鋼筋於車牙前將車牙範圍施以軸向加壓，造成車牙範圍鋼筋軸向長度縮減、直徑增加，以供車牙所需減損之斷面積；俗稱擠大頭（擴頭式）。
2. 冷作油壓續接：將鋼筋套入續接器，以油壓機直接擠壓套接範圍，迫使套管內、外徑縮減、變形，與鋼筋密合、握裹。
3. 磨擦熔接：以高速旋轉續接器，致續接器與鋼筋續接端接觸磨擦產生熱能，使熔接物體表面達到塑性狀態，而後再施加軸向壓使物體接合。

十一、續接器型式

爲配合各種配筋續接位置，常見之續接器型式如下：（以車牙續接器爲例）。

甲、標準型：

標準型爲最常使用之續接器，多用於柱筋續接、預埋於連續壁體供正交樑鋼筋續接。

施工步驟一：

鋼筋續接端（構件 1、3）車牙。如下圖（A）。

施工步驟二：

一端鋼筋（構件 1）埋設於混凝土後鎖緊續接器（構件 2）。如下圖（B）。

施工步驟三：

鎖入續接鋼筋（構件 3）。如下圖（C）。

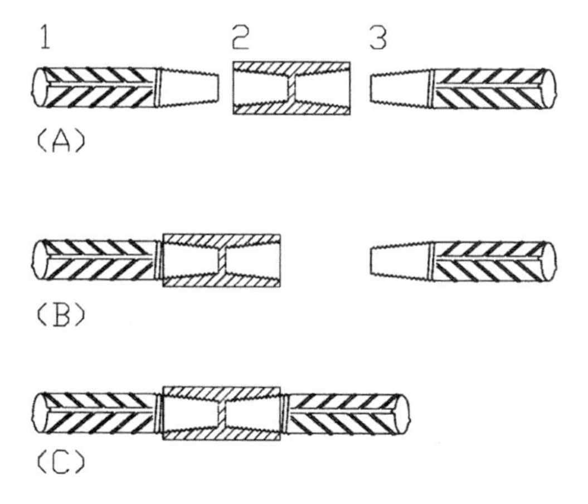

乙、延伸型：

延伸型續接器多用於兩端鋼筋均無法移動、轉動之場合，如連續壁鋼筋籠續接。

施工步驟一：

鋼筋續接端（構件 1、5）車牙。如下圖（A）。

施工步驟二：

將續接器（構件 2、3、4）鎖於單側鋼筋（構件 1），吊放上方鋼筋籠至貼近續接器之高程。如下圖（B）。

施工步驟三：

旋轉續接器（構件 4）向上，鎖緊於另側鋼筋（構件 5）。如下圖（C）。

施工步驟四：

旋轉續接器緊迫環（構件 3）向上頂壓上方續接環（構件 4），壓縮平行螺紋之滑動間隙。如下圖（D）。

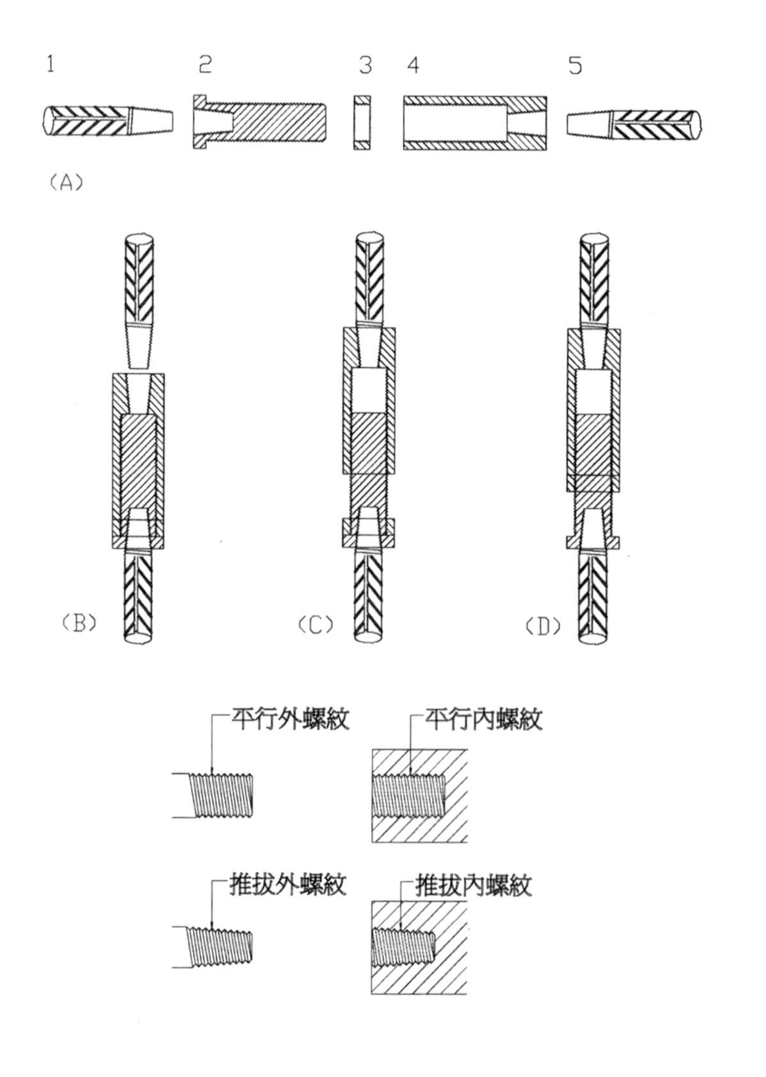

丙、多功能型：

多功能型續接器又稱萬向型續接器，多用於兩端鋼筋均無法轉動但一端鋼筋可移動之場合。

施工步驟一：

鋼筋續接端（構件 1、5）車牙。如下圖（A）。

施工步驟二：

一端鋼筋（構件 1）埋設於混凝土後鎖緊續接器（構件 2、3），另端鋼筋（構件 5）亦鎖緊續接器（構件 4）。如下圖（B）。

施工步驟三：

移動自由端構件（構件 4、5）套合固定端構件（構件 3）。如下圖（C）。

施工步驟四：

旋轉緊迫環（構件 2）結合續接器，使緊迫環末端頂壓續接環凸緣（構件 3）。如下圖（D）。

延伸型續接器可取代多功能型續接器，延伸型續接器之滑動量小於多功能型，但價格較高。

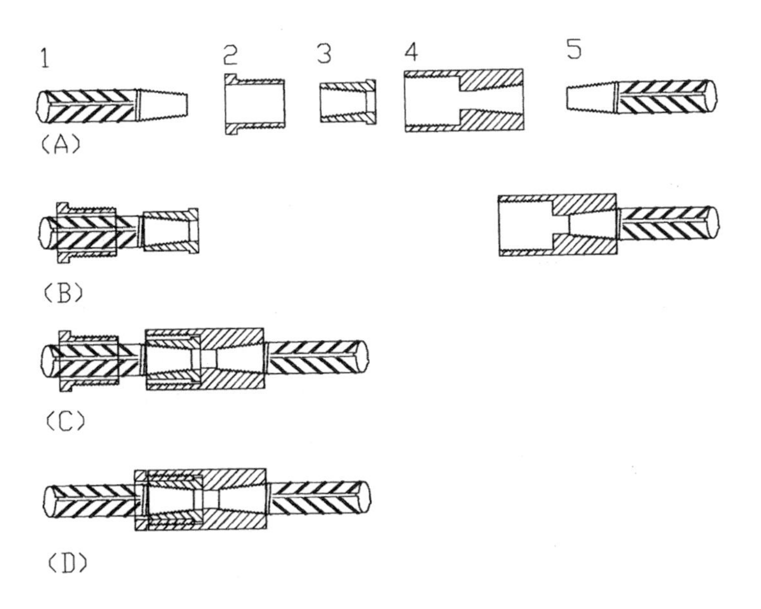

丁、電焊型：

電銲型續接器多用於 SRC 結構鋼筋與鋼板之接合。

施工步驟一：

續接器（構件 2）送交鋼構廠，銲接於續接位置鋼板（構件 1）。如下圖（B）。

施工步驟二：

鋼筋續接端（構件 3）車牙。如下圖（B）。

施工步驟三：

於現場吊裝鋼構（構件 1、2）完成後鎖緊續接鋼筋（構件 3）。如下圖（C）。

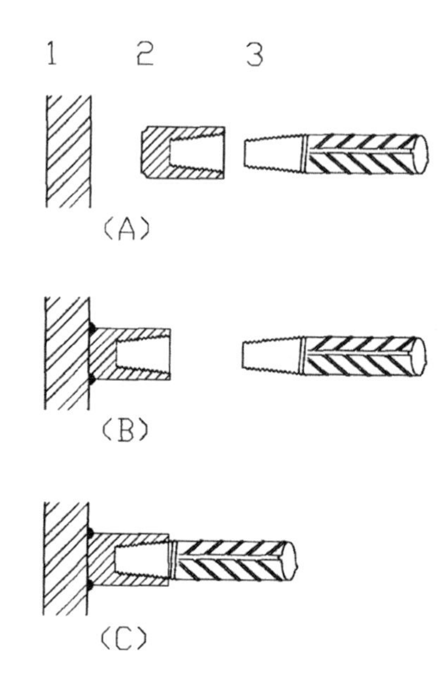

十二、扭力檢核

爲避免螺牙組接時因偏心等因素造成滿足扭力之假象，應於扭力板手扭鎖鋼筋達預設值（扭力板手卡榫鬆脫）後繼續順向轉動鋼筋 10°（檢測是否因推拔內螺紋已至盡頭而無法繼續施加扭力轉動鋼筋），再回復扭力板手至原設定值（歸位），逆向轉動鋼筋至扭力板手卡榫鬆脫，若鋼筋未發生轉動則表示順向轉動鋼筋 10° 時已確實增加扭力，本處續接螺牙未因其他因素造成滿足扭力之假象。

鋼筋續接器邀商報價說明書案例

項次	項目	數量	單位	單價	複價	備註
1	#8 鋼筋續接器		組			一般型、SA 級
2	#10 鋼筋續接器		組			一般型、SA 級
	小計					
	稅金					
	合計					
合計新台幣　拾　萬　仟　佰　拾　圓整						

【報價說明】

一、施工地點：（略）

二、使用範圍：連續壁正交樑及柱鋼筋續接。

三、材質：

1. 續接器之承攬廠商應於簽約前提出「鋼筋續接器續接性能等級證明」，若該續接須經調質熱處理方能達到要求強度時；亦需提出說明。

註：調質熱處理是以淬火、回火、退火等方式改變金屬組織及其機械強度之方式。若需對續接器成品進行調質熱處理，以高週波熱處理較爲適宜。高週波熱處理（High-ferquency induction hardening）是利用高週波電流磁場易集中於金屬物件表面之特性，可將金屬物件表面快速加熱，再進行淬火達成硬化金屬物件表層、提升抗拉強度之目的。但高週波熱處理加工費用依加工物件重量計酬，可能高於提升製造物件材料等級之費用。

2. 材質須符合「鋼筋續接器續接施工規範草案」之要求。

四、柱筋續接位置應由續接器承攬廠商事先規劃，繪製施工圖，交甲方工地主任核可後始得施作。

五、本案鋼筋續接器可採螺紋接合、擴頭螺紋接合、磨擦銲接等方式。

六、鋼筋應以砂輪機裁切，禁止使用剪斷機或燒斷。

七、續接器一律加蓋橡膠保護套、預埋之續接器一律加止水環。

八、承攬廠商應提出施工計畫，明列續接位置、鋼筋間距、混凝土保護層厚度、鋼筋接合端裁切量。

螺紋接合應加列車牙長度及完整牙數、推拔螺紋（錐角）角度、接合牙數下限、旋緊扭力。

擴頭螺紋接合應加列鋼筋擴頭量、車牙長度及完整牙數、推拔螺紋（錐角）角度、接合牙數下限、旋緊扭力。

油壓接合應加列壓合長度下限、雙套管續接器旋緊扭力。

磨擦銲接應加列續接器中心軸與鋼筋中心軸之容許偏心量。

九、螺紋續接鋼筋時可採管鉗旋緊，旋緊後以扭力板手檢驗其扭力。

十、本案續接器於材料進場後須會同甲方人員取樣，送甲方指定試驗單位，依 CNS 15560「鋼筋機械式續接試驗法」施作續接器接合試體拉力試驗（不施作高塑性反復載重試驗，以一年內取得之試驗報告取代），合格標準依「鋼筋續接器續接施工規範草案」表 5.6.1 所規定。

十一、於現場完成接合後應對續接器及鋼筋續接端作下列檢查：

1. 鋼筋母材接合長度量測基準點抽查（當次接合材料數量之 5%）。
2. 鋼筋母材完整牙數抽查（當次接合材料數量之 5%）。
3. 接合後續接器中心軸與鋼筋中心軸之偏心目視檢查（當次接合數量之 100%）。
4. 接合後接合長度抽查（當次接合數量之 5%）。
5. 螺紋接頭扭力測試（當次接合數量之 5%）。

上列檢查任一項目之不合格率≧ 3% 時（不合格數量 ÷ 抽檢數量 ×100%），該檢查項目應對全數材料（或接合體）作 100% 檢查。

凡有不合格者，均須由續接器承攬廠商改善後方得進行後續工程。未完成改善前不得辦理計價。

十二、試驗費用由續接器承攬廠商支付。鋼筋材料由甲方提供並運送至續接器加工廠。自續接器加工廠至工地之運費由續接器承攬廠商支付。鋼筋進廠前由甲方、續接器承攬廠商、鋼筋供應廠商會同取樣送公正試驗單位測試，測試費用由鋼筋供應廠商支付，所得之 f_y 值即爲爾後抽驗所需引用之 f_{ya}。

十三、取樣數量：依「鋼筋續接器續接施工規範草案」5.6 所規定。

十四、付款辦法：

1. 依實做數量計價。
2. 每期均依當期完成續接數量計價 90%（即當期完成數量 × 單價 ×90%），概以 1/2 現金、1/2 六十天期票支付。
3. 全部續接工程完成後支付保留款，概以六十天期票支付。

第 17 章

植筋工程

建築物改建、補強施工均不免使用化學植筋，以專用的植筋膏將竹節鋼筋或螺杆植入混凝土中的後錨固工法，通過植筋使新、舊構件緊密連結，有效地承受荷載和傳遞應力。

植筋膏的作用就是通過環氧樹脂膏將鋼筋與混凝土孔壁緊密黏著，形成錨固力量，以承受拉拔力，達到加固的目的。

化學植筋工法克服了高頻次震動時膨脹螺栓易鬆動的缺點，施工期短，適用性強、適用範圍廣，對混凝土不產生膨脹內應力降低龜裂風險。

一、為何植筋

1. 遺漏應預埋之鋼筋。
2. 鋼筋預埋位置錯誤或誤差過大。
3. 無法事先預埋鋼筋。
4. 變更設計。
5. 因施工程序植筋。

多數植筋目的為彌補錯誤、補強缺失或疏漏，少有新建工程設計圖標繪植筋。

二、植筋用途類別及其埋設深度

1. 結構性植筋：如樑、柱、版之結構延伸或增建。其拉力筋埋設深度應依混凝土工程設計規範：鋼筋受拉伸展長度公式計算。

$$\ell_d = \frac{0.28 f_y \psi_t \psi_e \psi_s \lambda}{\sqrt{f'_c}\left(\frac{c_b + K_{tr}}{d_b}\right)} d_b$$

式中 $\frac{c_b + K_{tr}}{d_b} \leqq 2.5$，若大於 2.5，以 2.5 代入。

ℓ_d = 受拉竹節鋼筋之伸展長度；cm。

f_y = 鋼筋之規定降伏強度；kgf/cm^2。

f'_c = 混凝土規定抗壓強度；kgf/cm^2。

ψ_t = 伸展長度之鋼筋位置修正因數。

(a) 水平鋼筋其下混凝土一次澆置厚度大於 30 cm 者 = 1.3。

(b) 其它 = 1.0。

ψ_e = 伸展長度之鋼筋塗布修正因數。

(a) 環氧樹脂塗布鋼筋之保護層小於 3db 或其淨間距小於 6db 者 = 1.5。

(b) 其它之環氧樹脂塗布鋼筋 = 1.2。

(c) 未塗布鋼筋 = 1.0。

ψ_s = 伸展長度之鋼筋尺寸修正因數。

(a)D19 或較小之鋼筋及麻面鋼線 = 0.8。

(b)D22 或較大之鋼筋 = 1.0。

λ = 混凝土單位重之修正因數。

於輕質骨材混凝土內之鋼筋，未知 f_{ct} 則 $\lambda = 1.3$。

於輕質骨材混凝土內之鋼筋，已知 f_{ct} 則 $\lambda \frac{1.8\sqrt{f'_c}}{f_{ct}} \geqq 1.0$。

於常重混凝土內之鋼筋 = 1.0。

f_{ct} = 輕質混凝土平均開裂抗拉強度；kgf/cm^2。

c_b = 下列兩項之較小者。

(1) 鋼筋或鋼線中心至最近混凝土表面之距離；cm。

(2) 待伸展鋼筋或鋼線之中心間距之半；cm。

d_b = 鋼筋、鋼線或預力鋼絞線之標稱直徑；cm。

K_{tr} = 橫向鋼筋指標；cm。

$$K_{tr} = \frac{A_{tr} f_{yt}}{105_{sn}}。$$

A_{tr} = 在 s 距離內且垂直於待伸展或續接鋼筋之握裹劈裂面的橫向鋼筋總面積；cm^2。

f_{yt} = 橫向鋼筋之規定降伏強度；kgf/cm^2。

s = 縱向鋼筋、橫向鋼筋、預力鋼腱、鋼線或錨栓之中心距；cm。

其中，n = 在握裹劈裂面上待伸展或續接之鋼筋或鋼線根數。為簡化設計，對已配置橫向鋼筋之情況，亦可使用 Ktr = 0 計算。

2. 非結構性植筋：構造物定位、防止位移。

植筋深度：概採 10 倍鋼筋直徑。

邊距：≧ 1 倍植筋深度。

間距：2 倍植筋深度。若小於 2 倍植筋深度，將造成根固圓錐破壞線重疊，須對植筋抗拉強度折減。

保護層：≧ 2.5cm。

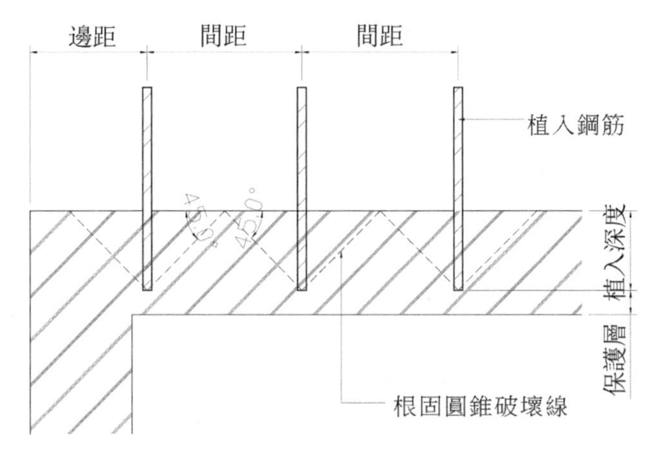

非結構性植筋間距、邊距示意圖

三、非結構性植筋抗拉強度計算說明

以下說明僅適用於 #3、#4 鋼筋之非結構性値筋。値筋位置通常位於版、牆，其植入深度通常無法符合混凝土工程設計規範規定之伸展長度，故以 10 倍鋼筋直徑做爲植筋深度。

植筋應具備抗拉強度，而抗拉強度又與混凝土抗壓、抗剪強度發生直接關係，若混凝土強度小於設計強度，無論植筋藥劑如何優良、施工如何確實，均無法達到設計要求。又鑒於現場混凝土養護條件不良，計算混凝土根固圓椎之抗剪強度式中可再加入折減係數。

右圖左上及左下爲植筋混凝土根固圓錐假想圖。於植入鋼筋施加拉力時，鋼筋藉植筋膠形成握裹，將拉力傳遞至無鋼筋圍束之混凝土，形成混凝土剪力破壞，根固圓錐將隨鋼筋拔出（實際拉拔試驗所形成之根固圓椎體與右圖存有差異）。

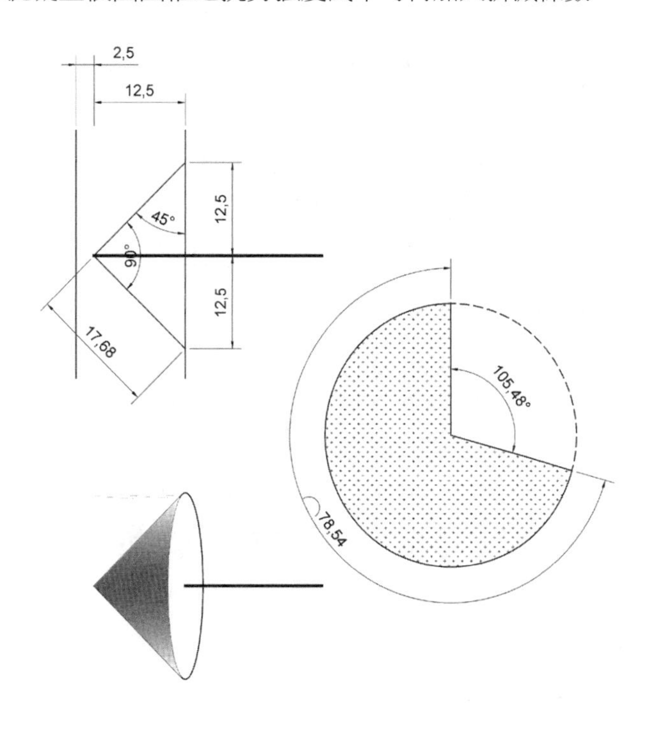

圓椎體表面積計算：

圓椎高度 = 12.5cm

圓椎斜邊長 = 12.5/sin45°

= 17.68cm

圓椎底部半徑 = 12.5cm

圓椎底面圓周長＝12.5×2×π＝78.54cm

圓椎展開後成爲半徑 17.68cm 之扇型

扇型弧長爲 78.54cm

以圓椎斜邊爲半徑作圓

半徑＝17.68cm

圓周長＝17.68×2×π＝111.09cm

圓面積＝17.68×17.68×π＝982cm²

扇型弧長 78.54cm，與圓周 111.09cm 之比＝78.54/111.09＝0.707＝70.7%

取圓面積之 70.7%＝982×70.7%＝694.27cm²＝圓錐表面積。

若植筋底材混凝土 f'c＝210kgf/ cm²，植入 SD28-#4 鋼筋。

每支受測植筋之破壞拉力強度均不得小於以下二式之小值。

$0.635^2 \times \pi \times 2800 \times 1.0 = 3547$kgf

$0.53 \times \sqrt{210} \times 694 \times 0.8 = 4264$kgf

0.635：單位 cm，#4 鋼筋半徑

2800：kgf/cm²，SD28 鋼筋標稱降伏強度 fy

$0.53 \times \sqrt{280}$：即 $0.53 \times \sqrt{f'_c}$，混凝土抗剪強度經驗公式

694：單位 cm²，植筋根固圓椎混凝土表面積（抗剪力斷面面積）

0.8：混凝土抗壓強度折減係數（若對灌漿品質信心不足，可先行鑽心取樣試壓後再行訂定折減係數）。

四、其它注意事項

1. 拉拔試驗時，載重加載過快將導致試驗結果高估，應採靜態加載。
2. 不可使拉拔試驗機具接觸於根固圓錐範圍，以免形成反力，限制根固圓錐脫離結構體。
3. 鋼筋植筋均於既有構件上鑽孔施工，鑽孔時不得破壞原結構鋼筋，鑽孔前應使用鋼筋探測器確認原結構體內鋼筋位置，避免植筋時損傷既有結構配筋。

   鑽孔過程中因故未達設計孔深時，此孔廢棄，並以與基材混凝土相同強度之無收縮水泥砂漿塡實。

   鑽孔應使用電鎚鑽，不宜使用氣動鑽，以免過大震動影響混凝土結構。
4. 爲確保足量植筋膠對鋼筋及混凝土產生黏結力，鑽孔孔徑應略大於鋼筋直徑。孔徑的增大在一定範圍內具有增大植筋抗拔力的作用。而實際工程中，由於植筋膠彈性模數較小，孔徑增大會導致滑動量增大，對鑽孔難度、植筋膠用量、植筋抗拉強度均屬不利。通常鑽孔直徑如下表所示。

鋼筋號數	鋼筋直徑（mm）	鑽孔直徑（mm）
#3	10	12.5
#4	13	16
#5	16	20
#6	19	25
#7	22	28
#8	25	32
#9	28	36
#10	32	40

5. 植筋膠初凝及終凝所需時間與溫度成反比，溫度愈高則凝固速度愈快（攝氏溫度 30 度，約 6 小時即可完成終凝），建議於植筋後 48 小時方可進行拉拔試驗。
6. 建議於結構性植筋使用 ICC AC308 認證植筋膠。與飲用水接觸構造物植筋，應使用 NSF/ANSI 61 認證植筋膠。

植筋工程邀商報價說明書案例

項次	項目	數量	單位	單價	複價	備註
1	植筋工料（#5 鋼筋）		支			
	稅金					
	合計					
合計新台幣　萬　仟　佰　拾　圓整						

【報價說明】

一、報價廠商應於報價前赴現場勘查，確實了解施作內容及工程期限後再行報價。

二、本工程屬高樓層之鷹架上作業，承攬廠商應自行為施工人員投保意外險。

三、施工人員一律配掛安全帶。

四、植筋號數：#5（SD42）。

五、植筋底材混凝土設計強度 $f'c = 280 kgf/cm^2$。

六、施工計畫：承攬廠商應於施工前提出施工計畫，計畫內容包含鋼筋植入深度、鑽孔直徑、鑽孔深度、植筋膠技術資料、植筋膠測試報告、植筋膠出廠證明、植筋深度計算書、植筋方式及施工流程、現場拉拔測試方法及流程、施工機具及拉拔測試機具。

七、施工前拉拔試驗：承攬廠商應於正式施作前於現場先植筋三支，並於植筋 48 小時候由 TAF（Taiwan Accreditation Foundation，財團法人全國認證基金會）認證試驗單位依 ASTM E488 進行拉拔測試。每支受測植入鋼筋之抗拉力均不得小於 $1.4A_sf_y$（本式所列 A_sf_y 為鋼筋斷面積 × 標稱降伏強度。若採鋼筋實際降伏強度，應採 $1.25A_sf_y$）。任何一支試體未達標準均視為測試失敗，應由承攬廠商計算調整鋼筋植入深度，依調整後之深度重新植筋三支，再做測試，至合格為止。

八、施工後拉拔試驗：依各號數植筋數量 1/100 取樣測試，合格標準為 $1.0A_sf_y$（本式所列 f_y 為鋼筋標稱降伏強度）。凡有試樣未達標準，應由承攬廠商依本案結構設計技師指示方式無償進行補救措施。

九、施工用電源、鋼筋由甲方供應，其餘材料及工具均由乙方自備。試驗及施工使用鋼筋，應由甲、乙雙方會同取樣送合格試驗室進行抗拉試驗，確認鋼筋符合CNS規範。

十、材料及工具均由乙方自行吊運。

十一、保固期限：一年【自完成公設點交次日起算】。

十二、每日收工前乙方應清理施作現場，廢棄物應集中於甲方指定位置，工具應於甲方指定位置清洗，嚴禁損毀、汙染工地設施。凡有違反規定，概由甲方購料僱工改善，所需費用均由乙方工程款中扣除，乙方不得異議。

十三、逾期罰則：每逾期完成一日，罰款合約總價 3/100 並依此類推。若因甲方因素得順延工期，但須由甲方工地主任於當日以書面簽認後方得扣除該日工期。

十四、付款辦法：

1. 試驗費用應含於植筋費用中，不另行計價。
2. 施工後之拉拔試驗合格後，依實做數量計價 100%，實付 90%，保留 10%，概以 1/2 現金、1/2 六十天期票支付。乙方應開立足額當月發票（含保留款）。
3. 本案保留款應於植筋結構體灌漿完成拆模後 180 天後計價（概以六十天期票支付）。

第18章 施工電梯

近年工程施工規模日益向高層發展，於高層建築施工中設置臨時電梯運送人員、物料以節省人員、物料垂直移動所消耗之體力及時間。

一、常用施工電梯型式

施工電梯主流系統爲齒條式；驅動單元齒輪與導架齒條嚙合升降，齒條式又分無配重和有配重兩種，有配重者以鋼索通過導架頂端天輪連結車廂與配重塊，分擔驅動馬達負荷，達到省電、降噪之效果，但爬升加節程序較複雜。無配重者，車廂及乘載人員重量完全由驅動馬達負擔。

按其控制方式分爲手動控制式和主動控制式。手動控制式，由操作人員控制升、降、停止及停泊位置。主動控制式則由電子控制系統依據樓層感應裝置及叫車、停層訊號控制升、降、停止及停泊位置等。

另有單柱（單導軌架）雙車廂，用以配合高乘載量；雙導軌架單車廂、四導軌架單車廂施工電梯，用以配合大載重物件升降。有配合傾斜立面建築之曲線式施工電梯，其導軌架依建築物作多種曲線漸變，但車廂地板始終保持水平。

又可視需要選配變頻驅動系統、PLC 控制模組、樓層呼叫設備、滑導線（取代隨動電纜）。

二、施工電梯基本構造

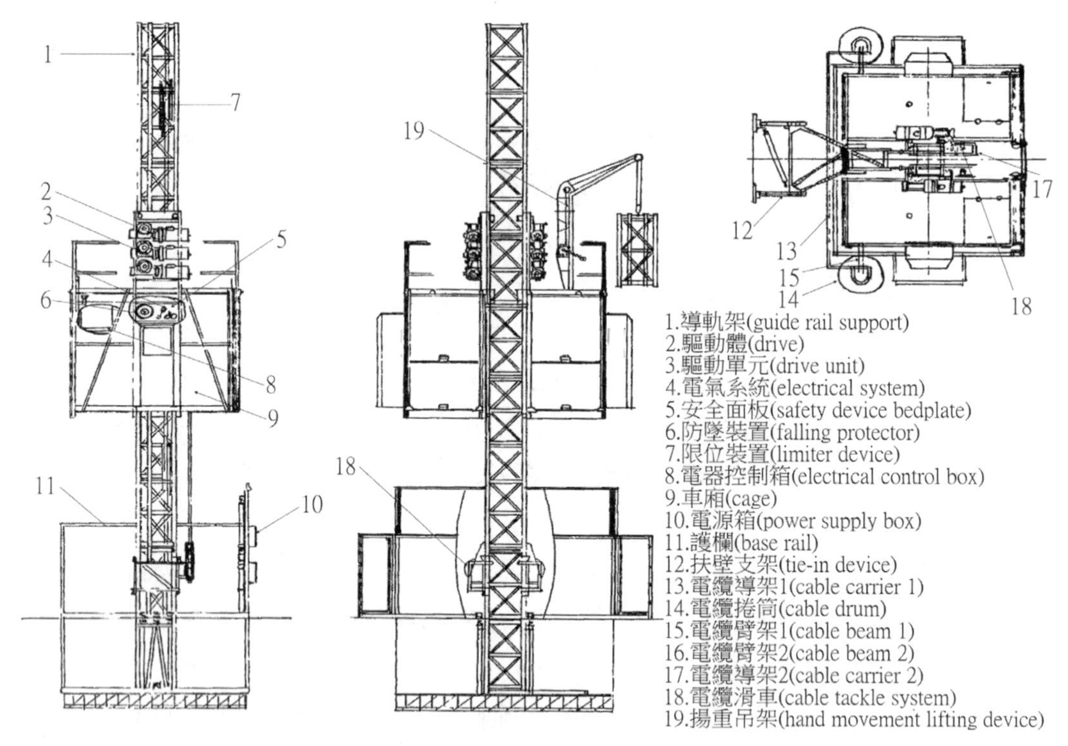

單柱（單導軌架）雙車廂無配重施工電梯示意圖

三、施工電梯各部單元

1. 導軌架

施工電梯車廂沿導軌架上、下運行。導軌架斷面有三角形及四邊形，三角形斷面導軌架僅可供單車廂使用，四邊形斷面導軌架可供單車廂及雙車廂使用。

2. 驅動體

安裝於車廂頂部（早期多安裝於車廂內），主要由驅動單元、驅動板、驅動架構成。

3. 驅動單元及驅動板

驅動單元包含電動馬達、減速器、驅動齒輪。此爲施工電梯運行傳動機構，近年新型施工電梯於每座車廂安裝二至三組驅動單元。

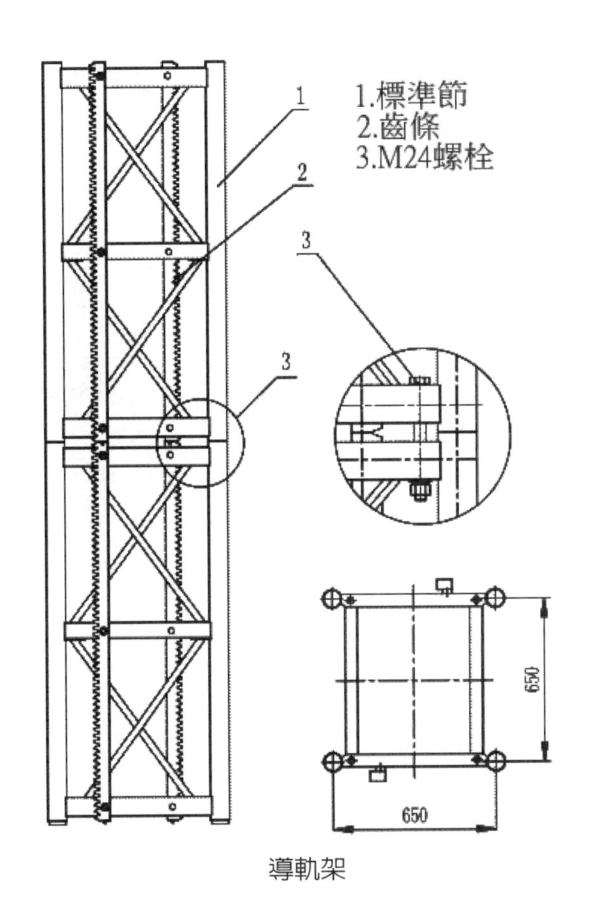

導軌架

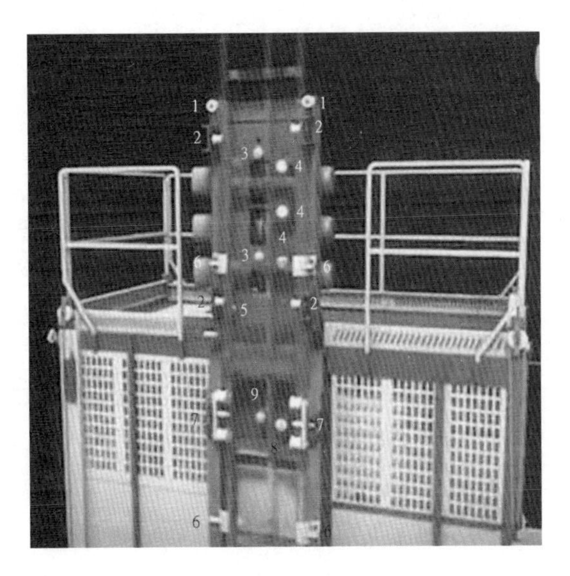

驅動板：用於連結各組驅動單元及驅動架。驅動架：驅動架承受車廂及乘員全部重量，安裝導輪，導輪沿導軌架上下運行。驅動架安裝防脫安全鉤，防止導輪鬆脫。

右圖為車廂側面構造示意圖，右下圖為局部放大驅動體與導軌架。車廂頂以上為驅動體，包含三組驅動單元安裝於驅動板、驅動架上，驅動板另安裝有側導輪（1）、安全鉤輪（2）、背輪（3）、驅動齒輪（4）、靠輪（5）、防脫安全鉤（6）。車廂側面主結構安裝上雙導輪（7）、防墜安全器固定座板，用以安裝防墜安全器（於車廂內側）、防墜安全器齒輪（8）、防墜安全器背輪（9）。驅動體與車廂以栓銷連結。套合於導軌架；驅動板、車廂主結構以栓銷連結，驅動架上之導輪、鉤輪、靠輪及車廂側面之雙導輪從各方向連結導軌架維持上下運行但不發生水平位移。背輪及齒輪緊夾齒條，驅動齒輪旋轉即可帶動車箱沿導軌架上下運行。

4. 電氣系統

包含控制電箱、地面電源箱、操作面板、車廂頂操作盒、主電纜及各種限位、極限開關等。控制電箱：內部安裝接觸器、變頻器、相序等。操作面板：含上升、下降、調速、緊急停止等操作開關。車廂頂操作盒：爬升導軌之作業或其他車廂頂部作業時用以控制上升、下降等動作使用。使用車廂頂操作盒時車箱內操作面板應先切換不得作用。

5. 安全保護裝置

包含上下限位裝置、上下極限裝置、減速系統、車廂門限位開關、防墜安全器、防脫離安全器、緩衝架。

上下限位裝置：

其作用為確保車廂運行至上、下指定位置時自動切斷控制電源而停止車廂運行。上、下限位裝置於啓動後可自動復歸。上限位啓動後，車廂僅可向下運行。下限位啓動後，車廂僅可向上運行。

上下極限裝置：

其作用是保證車廂在運行至上、下限位後如因限位開關故障而繼續運行時立即切斷主電源，使車廂停止運行，避免車廂導輪超越導軌架或衝撞底部緩衝器。極限開關作用後無法自動復歸，必須由技術人員手動復歸。

上下限位裝置、上下極限裝置、減速系統運作原理：

上限位觸塊（2）、下限位觸塊（10）、下極限觸塊（11），安裝於導軌架（1）上下端定位處；上減速開關（3）、下限位開關（4）安裝於驅動架（5），上限位開關（6）、下減速開關（7）、極限開關（8）安裝於安全器座板（9）；驅動架安裝於車廂頂，安全器座板安裝於車廂側；驅動架及安全器座板隨車廂沿導軌架上下運行。車廂向上接近上部限位時，上減速開關（3）先接觸上限位觸塊（2），啓動減速系統。若減速系統失效，車廂繼續向上運行，上限位開關（6）接觸上限位觸塊（2），切斷控制電源，停止車廂向上運行。若限位裝置仍失效，車廂繼續向上運行，極限開關（8）接觸上限位觸塊，切斷主電源，停止車廂運行。當車廂向下運行，運作原理與向上運行相同，但極限開關（8）僅設置一處，故於導軌架下端平行下限位觸塊（10）安裝下極限觸塊（11），且下極限觸塊（11）須低於下限位觸塊（10），確保下減速開關（7）最先接觸下限位觸塊（10）、然後下限位開關（4）接觸下限位觸塊（10），最後才由極限開關（8）接觸下極限觸塊（11）。

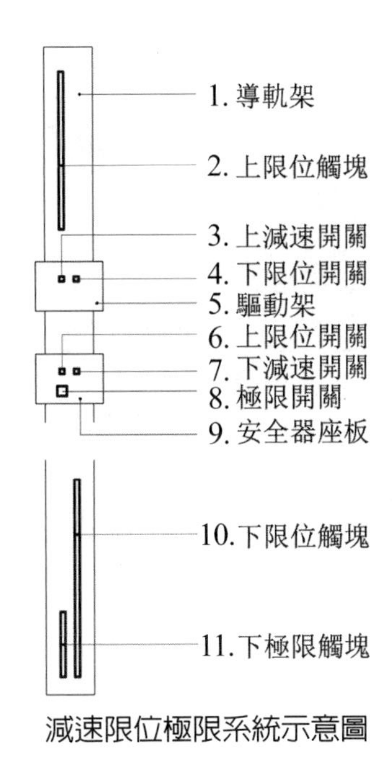

減速限位極限系統示意圖

減速系統：

新開發之施工電梯爬升速度不斷提升，60m/min 已屬正常規格，爲避免車廂高速運行接近上、下極限位置而操作人員未減速，致觸動限位或極限裝置而急停，造成機具磨損及人員驚恐而設置減速系統，確保車廂於啓動上、下限位裝置前先行啓動減速系統，自動降低車廂運行速度至停止。

防墜安全器（離心式速限器）：

以 SAJ30 防墜安全器爲例，是由速度啓動之安全裝置，當車廂失速下降時開始動作，在 0.25～1.2m 距離內煞停車廂並切斷電源待檢。防墜安全器在施工電梯爬升、拆除作業時仍保持其功能，確保安全。

註：中國大陸規定防墜安全器在出廠時需完成校核並封鉛印，嚴禁用户自行開啓調校，銘牌標有使用期限，每一年應送回製造廠重新校驗，使用五年即應報廢。

防墜安全器（離心式速限器）工作原理：

當車廂以正常速度運行時，防墜安全器隨車廂運行，微動開關處於接通狀態，頂浮螺釘旋緊，旋轉制動轂與外轂間無壓力，離心塊處於收回狀態。當車廂失速下墜超過設定速度時，離心塊脫離原位，與旋轉制動轂上棘齒嚙合，同時定位簧片使離心塊保持張開狀態，隨著車廂繼續下降，齒軸旋轉帶動旋轉制動轂一同旋轉，推開頂浮螺釘，兩轂接觸，螺母壓縮碟簧，開關壓臂使開關動作切斷電源，車廂隨摩擦力增大而煞停（類似碟式剎車原理）。

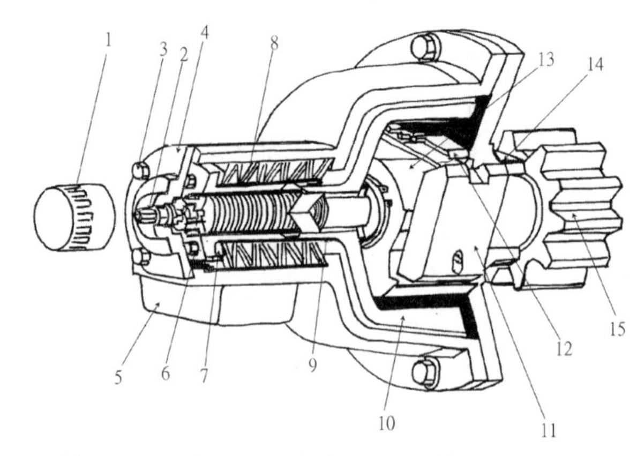

1.罩蓋　2.頂浮螺釘　3.螺栓　4.後蓋　5.開關罩
6.螺母　7.防轉壓臂　8.軸套　9.軸套　10.旋轉制動殼
11.離心塊　12.定位簧片　13.離心塊座　14.軸套　15.齒軸

離心速限器構造圖

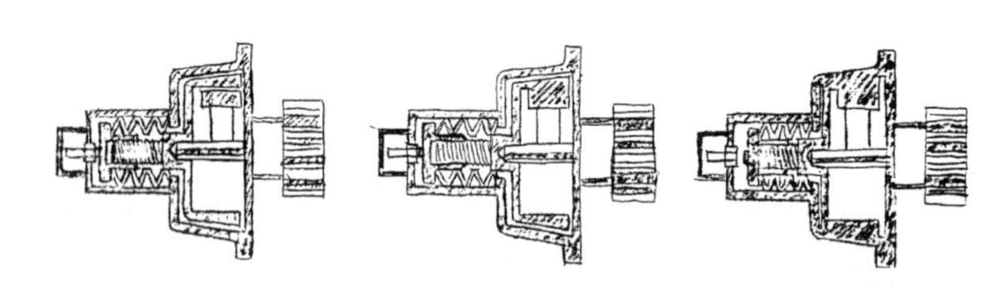

離心式速限器原理

緩衝彈簧：

緩衝彈簧安裝於與基礎架連接的彈簧座上，以便當車廂發生墜落事故時，減輕車廂的衝擊，同時保證車廂下降著地時成柔性接觸，減緩車廂停靠地面層的衝擊。緩衝彈簧有圓錐卷彈簧和圓柱螺旋彈簧兩種。通常，每個車廂對應的底架上有兩個或三個圓錐卷彈簧或四個圓柱螺旋彈簧。

防脫安全鉤：

防脫安全鉤是爲防止車廂達到預先設定位置，上限位器和上極限限位器因各種原因不能及時動作，車廂繼續向上運行，將導致車廂衝擊導軌架頂部發生傾翻墜落事故而設置的鉤塊，也是最後一道安全裝置。它能使車廂上行到導軌架安全防護設施頂部時，安全的勾在導軌架上，防止車廂出軌，保證車廂不發生傾覆墜落事故。

6. 車廂門、防護圍欄門連鎖裝置

施工升降機的車廂門、防護圍欄門均應安裝電器連鎖開關，它們能有效地防止因車廂或防護圍欄門未關閉就啓動運行而造成人員或物料墜落，只有當車廂門和防護圍欄完全關閉後才能啓動運行。

7. 樓層通道門

施工升降機與樓層之間設置了材料和人員進出的通道，在通道口與施工升降機結合部必須設置樓層通道門。樓層通道門的高度不低得於 1.8m，門的下沿離通道面不得大於 50mm。此門在車廂上下運行時處於常閉狀態，只能在車廂停靠時才可由車廂內的人員打開。而樓層內的人員無法打開此門，以保證通道口處於封閉的條件下不致發生危險狀況。

8. 通訊裝置

由於操作人員位於車廂內，無法知道各樓層的需求情況和分辨不清哪個樓層發出信號，因此安裝閉路雙向電器通訊裝置。操作人員能收到每一樓層的需求信號。

9. 電纜導架

垂直距離每六公尺應安裝一組電纜導架；電纜導架是爲確保電纜處於電纜導架護圈內，防止車廂運行時電纜晃動致與其他設施糾纏發生意外。

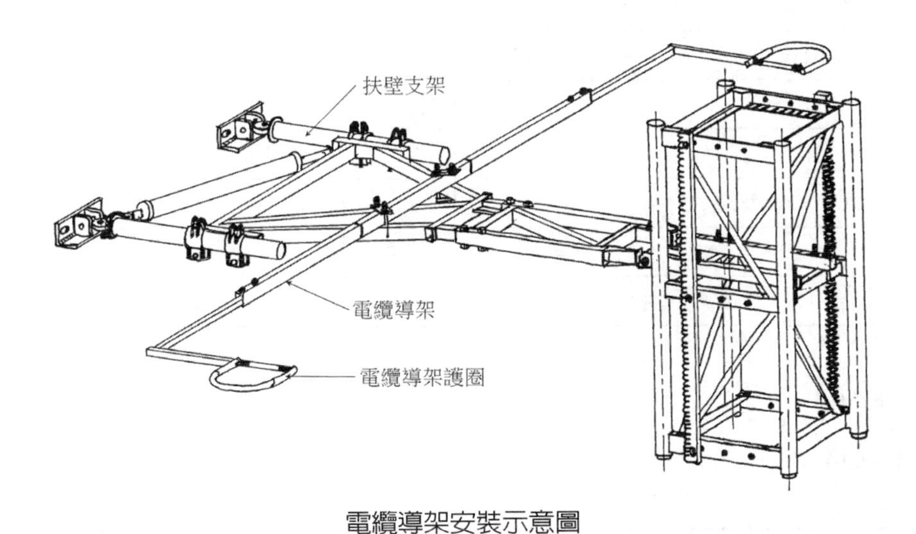

電纜導架安裝示意圖

四、車廂墜落試驗

建議凡新安裝完成之施工電梯均應進行車廂額定載荷墜落試驗，爾後每三個月進行一次。墜落試驗時車廂內不得乘載人員，置入配重後以遙控方式將車廂上升離地面 10m，按下墜落按鈕不放鬆，此時驅動單元制動器鬆脫，車廂成自由落體墜落，達預設墜落速度後防墜安全器啓動並剎停車廂。若車廂離地 4m 仍未剎停，應立即鬆脫墜落按鈕，使驅動單元制動器恢復動作，避免車廂撞底造成損壞。

施工電梯邀商報價說明書案例

項次	項目	數量	單位	單價	複價	備註
1	施工電梯租金	18	月			
2	施工電梯安裝	1	次			
3	施工電梯爬升	8	次／台			
4	施工電拆除	1	次			
5	運輸	1	式			
6	定期保養維護	17	月／台			
7	樓層連動門	24	座			
8	結構計算及安檢	1	式			
9	操作員薪資（備證照）	18	月			
10	樓層門邊圍籬	24	組			
11	逾期租金	1	月／台			
	小計					
	稅金					
	合計					
合計新台幣： 佰 拾 萬 仟 佰 拾 圓整						

【報價說明】

一、設備規格

項次	項目	規格及性能（以下各欄由報價廠商填寫）
1	廠牌及型號	
2	產地	
3	出廠年份	
4	車廂尺寸	
5	載重	
6	爬升速率（m/min）	
7	安全裝置	
8	用電需求	
9	安檢作業天數	

二、工地地址：○○市○○區○○路○○號。

三、本案建築地上 24 層，自 1FL 至屋頂版總高 74.5m。

四、檢附 A3 平面圖 14 張、剖面圖 2 張。（略）

五、本案施工電梯採外爬式、單柱（單導軌架）單車箱。

六、各樓層設置無線叫車按鈕。

七、電力由甲方提供 3Ø380V 電力，若需求電力爲 440V，應由乙方自備變壓器且不另計費。

八、操作人員每日工作時間爲 08：00 至 12：00 及 13：00 至 17：00，月休四天。

九、機具故障致人員、材料運輸作業停頓，報修後，未於 3 小時內排除，每次罰款 5000 元。

十、付款辦法

1. 每月十五日爲計價日，次月一日爲領款日。乙方於計價前開立足額當月發票交工地辦理計價。
2. 安裝及試車完成，計價支付 25%。
   合格證取得，計價支付 25%。
   爬升至 13F，計價支付 20%。
   爬升至 24F，計價支付 20%。
   施工電梯拆除運離工地，計價支付 10%。
   樓層門邊圍籬，依實作數量、配合爬升至 13F 及 24F 計價。
   操作手薪資（操作手薪資及加班費以現金支付）、逾期租金，每月計價。

3,.每期計價金額之 1/2 以現金、1/2 以六十天期票支付。

第 19 章 塔式吊車

塔吊是高層建築工程常用的起重設備。1930 年德國開始生產塔吊（tower crane）機具應用於建築工程。1941 年頒布德國工業標準 DIN 8770，並訂定以吊重（T）× 吊幅（M）= 力矩（TM）表示塔吊的性能。經近百年之應用及改良，已研發、生產多種類型塔吊。

一、常用塔吊型式

1. 依移動方式區分

【俯仰式】

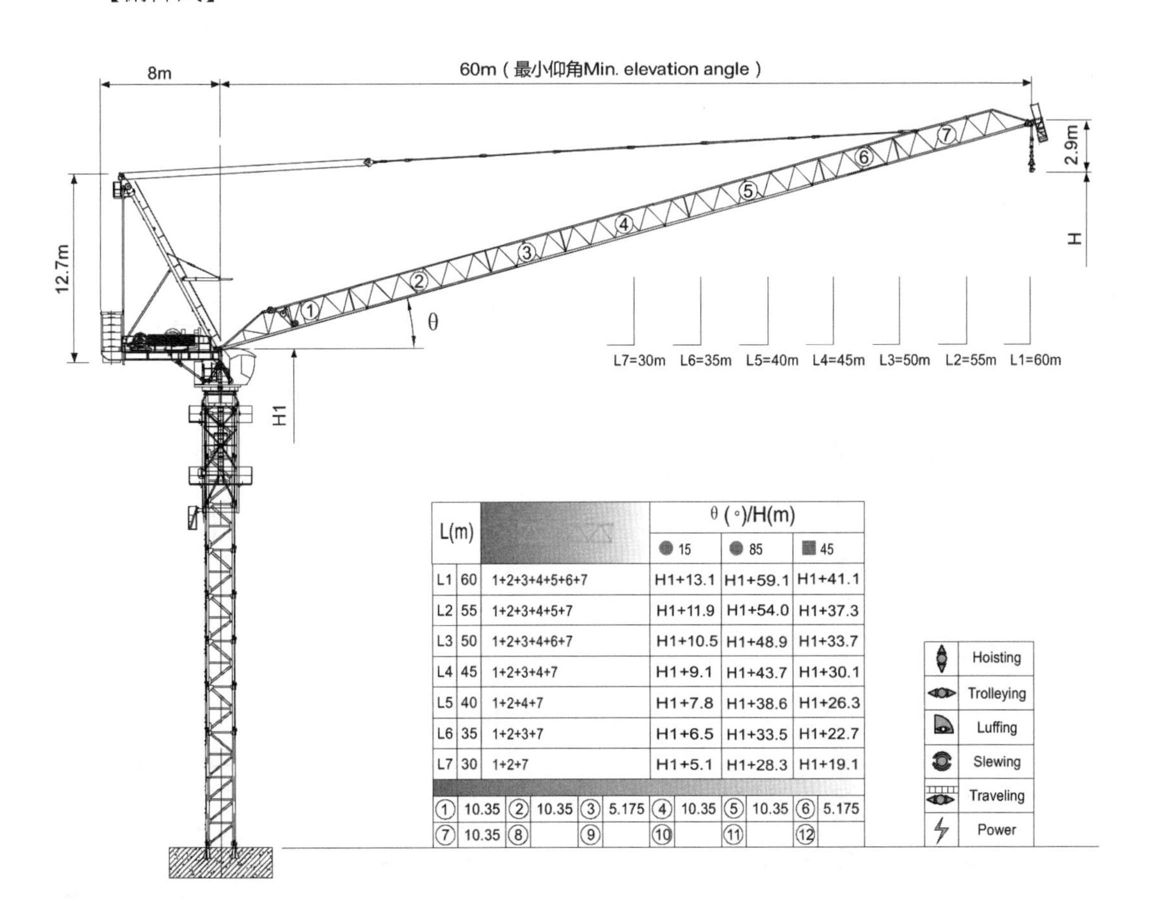

L(m)			θ (°)/H(m)		
			● 15	● 85	■ 45
L1	60	1+2+3+4+5+6+7	H1+13.1	H1+59.1	H1+41.1
L2	55	1+2+3+4+5+7	H1+11.9	H1+54.0	H1+37.3
L3	50	1+2+3+4+6+7	H1+10.5	H1+48.9	H1+33.7
L4	45	1+2+3+4+7	H1+9.1	H1+43.7	H1+30.1
L5	40	1+2+4+7	H1+7.8	H1+38.6	H1+26.3
L6	35	1+2+3+7	H1+6.5	H1+33.5	H1+22.7
L7	30	1+2+7	H1+5.1	H1+28.3	H1+19.1

①	10.35	②	10.35	③	5.175	④	10.35	⑤	10.35	⑥	5.175
⑦	10.35	⑧		⑨		⑩		⑪		⑫	

	100LVF45	二索倍率	m/min	0～50	0～74	75kW	
			t	9	4.5		
		三索倍率	m/min	0～33	0～49		820m >820m※ 鋼索總長
			t	13.5	6.75		
		四索倍率	m/min	0～25	0～37		
			t	18	9		
	75VVF45	m/min		2min40s		55kW	
	RCV145	rpm		0～0.7		2×7.5kW	
	RT443	m/min		0～25		4×5.2kW	
	380V 50Hz(±5%) 440V 60Hz(±5%)			200kVA		kVA	

塔吊之吊臂桁架除迴旋外亦可上舉約 80°，於緊臨鄰房建築，致吊臂桁架有碰撞鄰房或侵範鄰房領空疑慮之建案應採俯仰式。

【水平式】

塔吊之吊臂桁架僅可水平迴旋，吊臂下方安裝變幅小車，移動吊鉤與塔柱之距離，適用於較開闊基地之建案。水平式塔吊又分塔帽式（尖頭式）及平頭式。

①塔帽式（尖頭式）塔吊

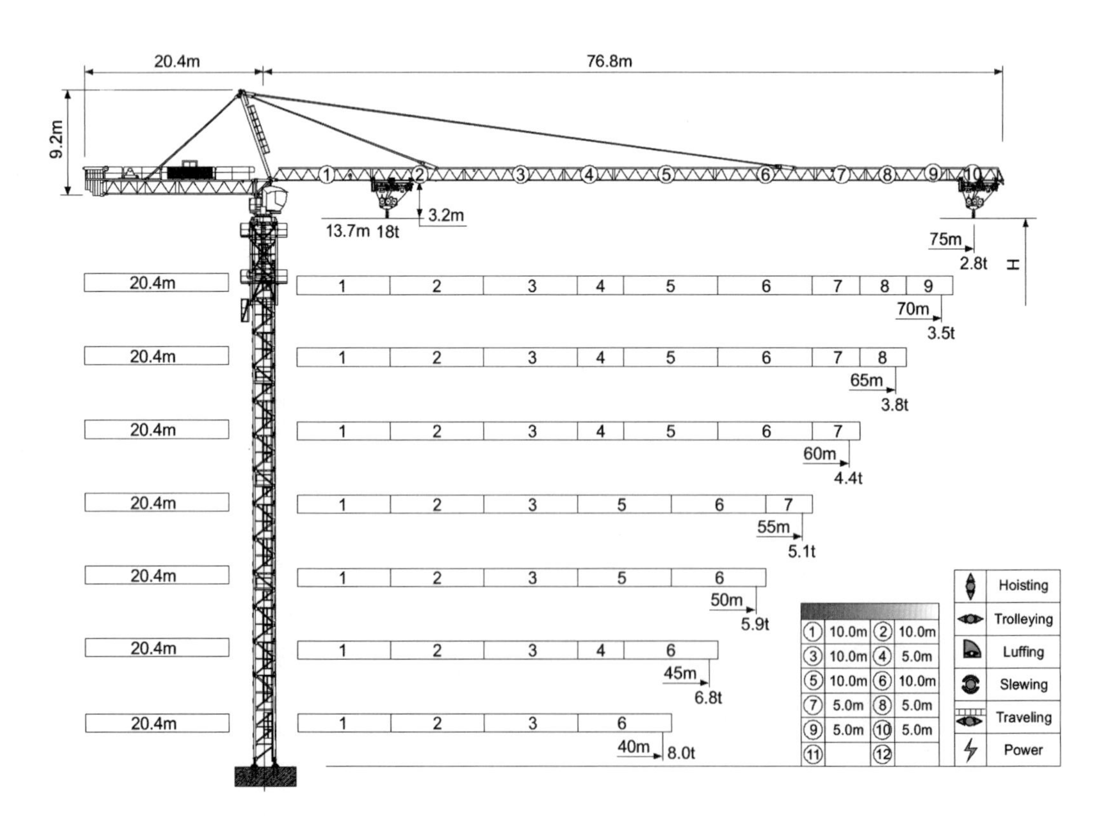

	100LVF45		m/min	0～40	0～80	75kW	820m >820m※
			t	9	4.5		
			m/min	0～20	0～40		
			t	18	9		
	185JXL	m/min		0～65		185Nm	
	RCV145	rpm		0～0.8		2×7.5kW	
	RT443	m/min		0～25		4×5.2kW	
	380V 50Hz(±5%) 440V 60Hz(±5%)			145kVA		kVA	

②平頭式塔吊

平頭式塔吊是最近幾年發展應用的一種新型塔式吊車，其特點是取消了塔帽（俗稱 A 架）及其前後拉杆部分，其單元重量小，塔吊總高度較同級塔帽式塔吊約低 10m。塔帽式塔吊安裝吊臂須於地面先行結合吊臂桁架及拉桿等構件後進行整體吊裝，因構件數量多、重量大，對吊裝設備性能要求高，又於安裝吊臂桁架末端插銷栓入孔後須將吊臂桁架前端斜向拉高方能連結拉桿，增加施工危險性。平頭式塔吊無拉桿，可分段於空中結合，每次安裝吊臂構件之重量均遠低於塔帽式，可節省安裝費用亦可提高安裝之安全性。

平頭塔吊吊臂桁架拆裝較爲簡易，可於空中作業增長或縮短吊臂桁架，可適應特殊環境。

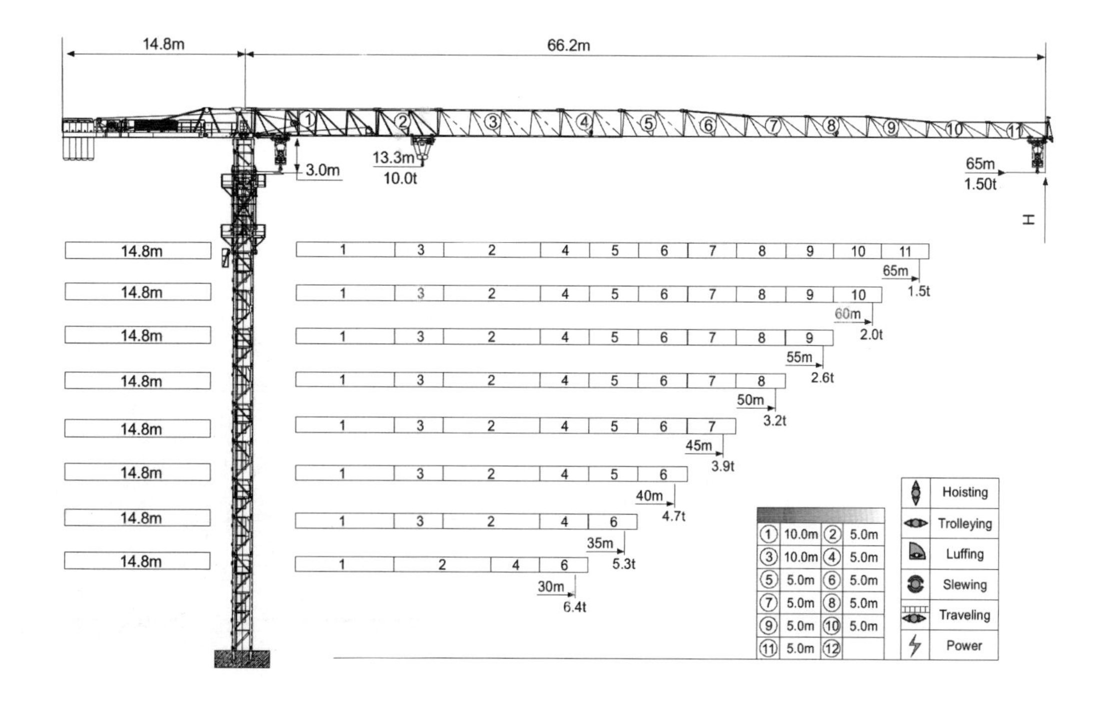

	60LVF25A		m/min	0～49	0～74	45kW	
			t	5	2.5		500m >500m※
			m/min	0～25	0～37		
			t	10	5		
	95JXL	m/min		0～60		95Nm	
	RCV95	rpm		0～0.7		2×5.5kW	
	RT324	m/min		0～25		2×5.2kW	
	380V 50Hz(±5%) 440V 60Hz(±5%)			90kVA		kVA	

2. 依爬升位置區分

【外爬式】

外爬式塔吊之塔柱（由塔節組成）總長須大於建築物總高，安裝於建築結構體外側，使用側撐（扶壁支架）連結建築結構體以維持塔吊穩定。因塔柱結構強度及成本因素等限制，不利於超高層建案使用。又因緊鄰建物外側結構安裝，難免影響外部裝修作業。

【內爬式】

內爬式塔吊之塔柱由固定數量塔節組成，安裝於建築結構體內部，塔柱底部以型鋼座樑承托，塔柱腰部以夾樑圍束以抵抗傾倒力矩。工程期間塔柱總長不變，隨施作完成之結構樓層向上爬昇。因隨結構爬昇，故適用於任何高度建物。又因安裝於建築結構體內部，將影響內部裝修作業。又於拆除塔吊時須使用大型輪式吊車（全吊）。若無充足空間架設大型全吊或高度超出全吊作業範圍，則需於屋頂另行架設 SDD 塔吊拆除機或人字臂起重設備分解大型塔吊後卸落地面運離，將增加工期及成本。

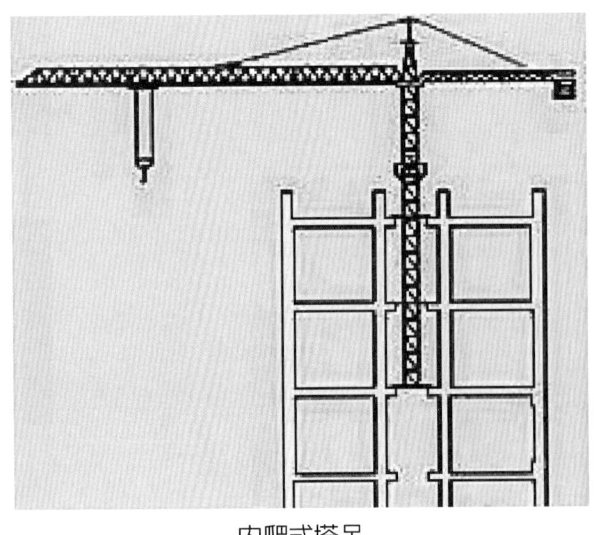
內爬式塔吊

外爬式塔吊

二、塔吊部件名稱

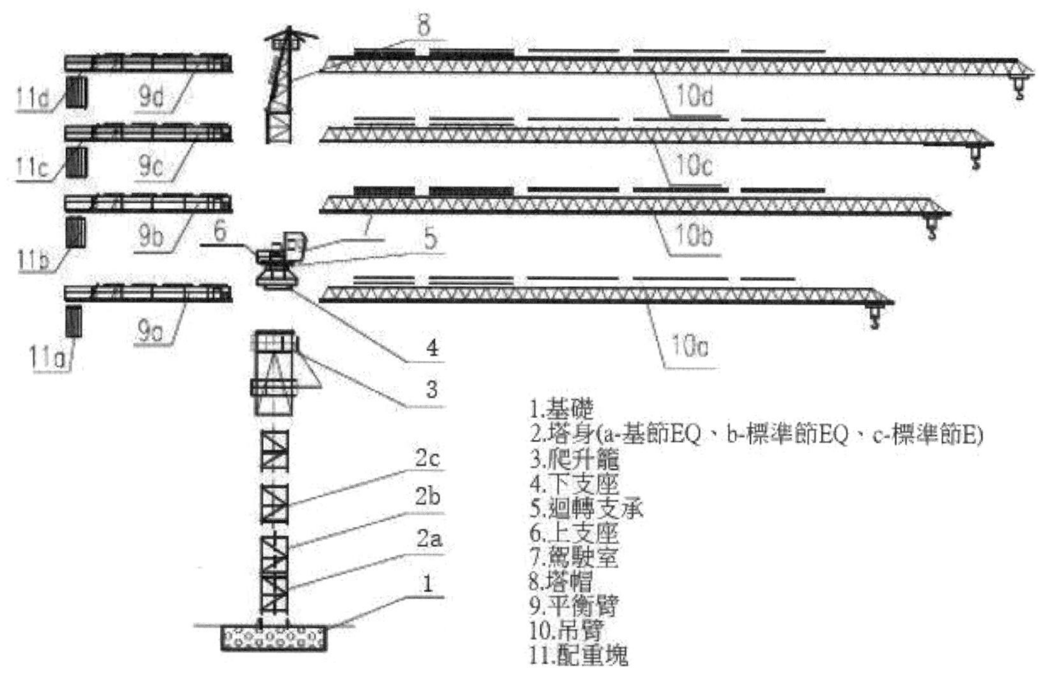

水平式塔吊主要部件

三、變幅及倍率變換

俯仰式塔吊以鋼索拉動吊臂改變吊臂仰角，並藉此改變吊勾與塔身距離（幅度）。水平式塔吊藉由吊臂下方安裝變幅小車，沿吊臂移動以改變吊勾與塔身距離。又因塔吊須配合不同物件重量而改變鋼索支數；即同等功率捲揚機，四索捲揚物件重量為雙索捲揚物件重量二倍、為單索捲揚物件重量四倍，但升降速度減低為 1/2 及 1/4。為便於改變鋼索支數，設計倍率變換裝置，避免拆除鋼索重新纏繞，以較便捷方式變更滑輪組鋼索配置（約耗三人半天時間）。

又因各製造廠設計理念各有不同，故有單小車倍率變換裝置及雙小車倍率變換裝置，鋼索纏繞方式亦有差異，下圖為例舉，不代表全部狀況。

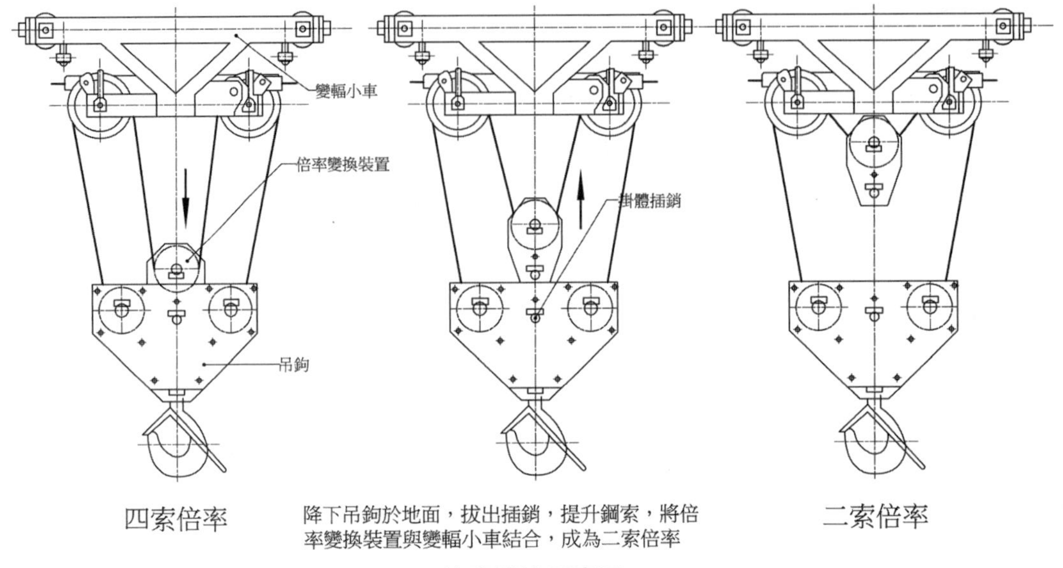

倍率變換示意圖

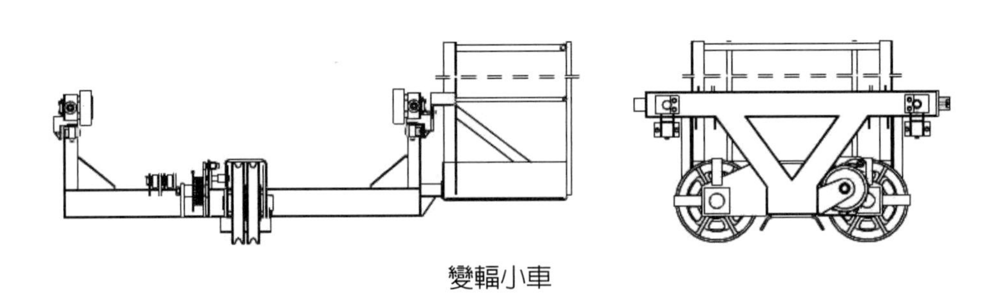

變幅小車

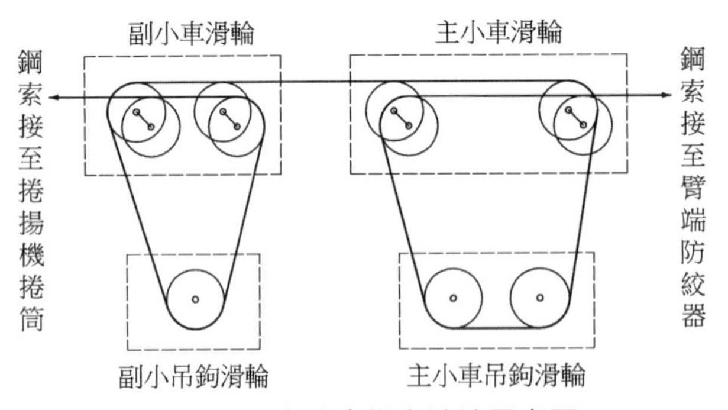

雙小車四索倍率鋼索纏繞示意圖

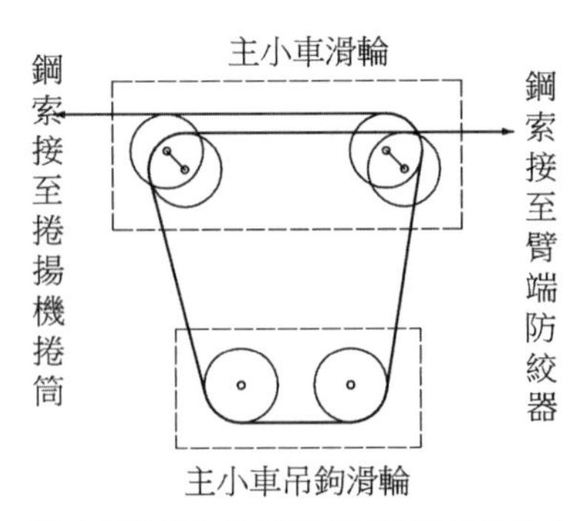

雙小車二索倍率鋼索纏繞示意圖

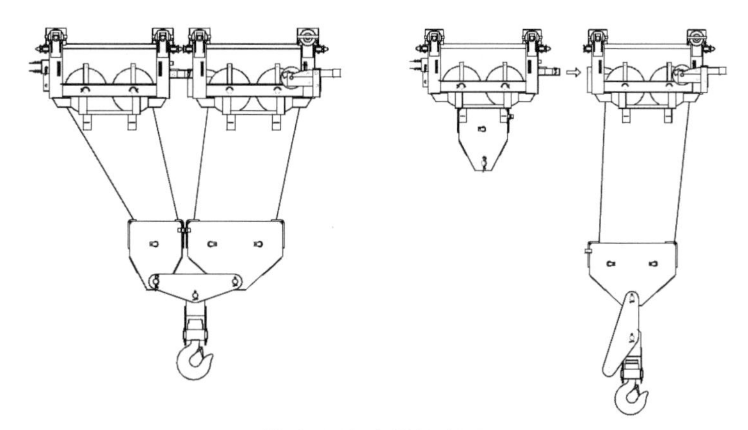

雙小車倍率變換裝置

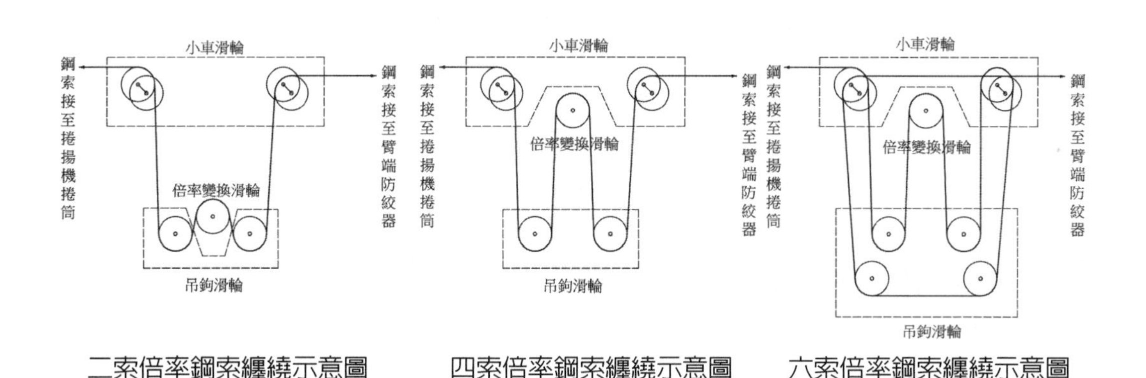

二索倍率鋼索纏繞示意圖　四索倍率鋼索纏繞示意圖　六索倍率鋼索纏繞示意圖

四、外爬式塔吊爬升流程

1. 預埋螺栓於結構體，待結構體澆置混凝土並完成養生。
2. 側撐安裝。
3. 吊升一新塔節至爬升吊桿。
4. 上升爬升籠、結合塔吊轉盤，分離塔吊轉盤與原有柱節。
5. 爬升籠上升一塔結高度。
6. 移入新塔節，結合於原有塔節頂部。
7. 重複 4～6 作業，至塔柱上升至預定高度。

爬升籠及千斤頂

爬升籠與轉盤結合

爬升籠上升一塔節高度

移入新柱節

結合新舊柱節

爬升完成

五、塔吊安全裝置

揚重力矩限制器：

塔吊結構均依最大載荷力矩設計，限制吊臂小車相應位置起重量，使用時均不得逾越。揚重力矩限制器原理爲量測特定位置結構金屬構件之微小變型量，經由兩塊彎曲鋼板放大、觸動切斷控制電路，停止吊勾上升及小車向外變幅，僅允許吊勾下降、小車向內變幅動作，避免超力矩作業。

揚重量限制器：

塔吊捲揚機等機構、零件均依據最大起重量設計，爲防止吊載超過最大設計荷重而安裝揚重量限制器。揚重量限制器又稱測力環，安裝於吊重鋼索支撐滑輪輪軸兩端，鋼索吊重後測力環產生變形，並藉測力環內放大器放大顯示變形量，當載荷大於限制，測力環放大器觸動行程開關、切斷捲揚機構電源。

揚升高度限位器、迴轉限位器、幅度限位器，其構造及原理相同，爲渦輪減速器、凸輪軸及微動開關多功能行程限位器構成。

揚升高度限位器：

安裝於吊升機構捲筒支承座軸承，使限位器輸入軸和捲筒作同向、同速旋轉，鋼索在捲筒上捲繞長度訊號進入限位器，達設定值時，凸輪軸觸動微動開關，切斷吊升機構（捲揚機）上升電源，停止吊鉤上升動作。

迴轉限位器：

用以控制塔吊向左及向右迴轉圈數，以防止電纜扭絞損壞。迴轉限位器安裝於塔吊上轉盤，其輸入軸齒輪與迴轉齒輪圈契合，塔吊迴轉時，感測迴轉圈數（角度），當向左或向右迴轉達 1.5 圈時觸動微動開關，切斷該迴轉方向之電源，停止該方向之旋轉，強迫操作手迴轉至相反方向。

幅度限位器：

防止變幅小車運行超出吊臂前、後端，損壞或拉斷變幅小車牽引鋼索，或限制俯仰式吊臂俯仰角度。幅度限位器安裝於變幅小車鋼索捲筒支承承軸，其原理與揚升高度限位器相同，以感測小車鋼索捲繞長度控制電源達成限位功能。

風速儀：

當風吹動風杯帶動風速儀內永磁發電機旋轉，發電機輸出與風速成正比之直流電壓訊號，當風速大於設定限制時發出聲光警報或啓動保護功能（斷電）。

鋼索防脫裝置：

防止鋼索脫離滑輪。

小車防斷索裝置：

防止變幅鋼索斷裂，小車自由滑動。

小車防斷軸裝置：

防止小車滑輪斷軸墜落。

六、鋼索

鋼索是由數條至數十條鋼線（素線）纏繞成股（strand），再由數股纏繞成鋼索。圖 1 的鋼索是由 6 股 / 每股 7 條鋼線組成，以 6X7 表示。

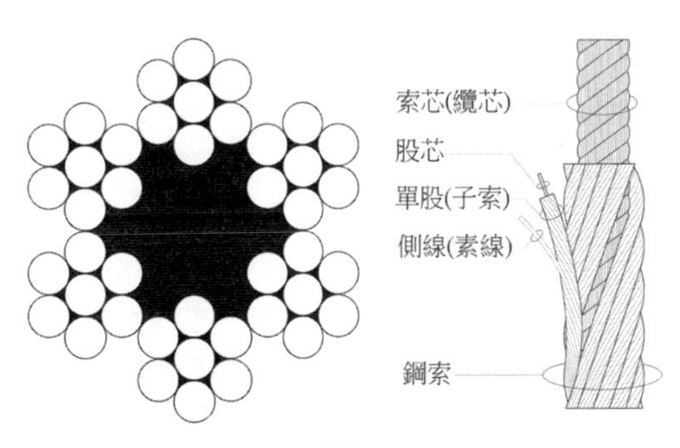

圖 1

鋼線與鋼線撚繞成鋼股，鋼股與鋼股撚繞成鋼索，其撚繞方向分為 Z 撚及 S 撚；以順時鐘方向撚繞者稱 Z 撚，以逆時鐘方向撚繞者稱 S 撚。鋼線與鋼線依 Z 撚、S 撚撚成鋼股，鋼股與鋼股亦依 Z 撚、S 撚撚成鋼索。若鋼線以 Z 撚成股、股以 Z 撚成索，則稱 ZZ 撚繞，故鋼索撚繞組合共四種，ZS、SZ、ZZ、SS。

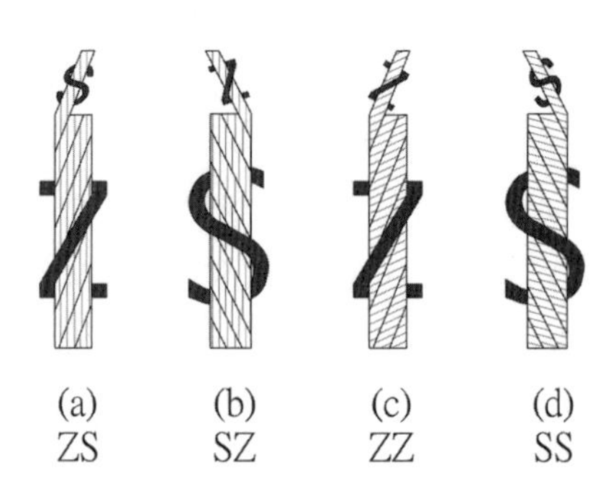

1. 正常撚、蘭氏撚

鋼線撚法與鋼股撚法相反者，稱正常撚，如 ZS（a）及 SZ（b），鋼線撚法與鋼股撚法相同者稱蘭氏撚（LANG'S LAY）如 ZZ（c）及 SS（d）。蘭氏撚較為密實，強度亦較高。

2. 點接觸、線接觸、面接觸

當構成鋼股之鋼線支數多時，鋼線將分數層撚繞，若內層與外層鋼線撚繞斜率不同，鋼線與鋼線間是以「點接觸」者稱為交叉撚，其各層單線可移動空間大，故柔性大。若內層與外層鋼線撚繞斜率相同，呈「線接觸」者稱平行撚，具不易變形、不易位移、荷重大之特性。異形股面接觸鋼索是使用異形斷面鋼線撚繞成鋼股，使鋼線成為「面接觸」的高強度接觸鋼股，此種鋼索與滑輪、捲筒接觸面積增大，減緩滑輪、捲筒老化。在鋼股與鋼股間隙添加塑膠層，減少鋼股間之摩擦，亦防止水分滲入，可提高鋼索耐蝕性能。

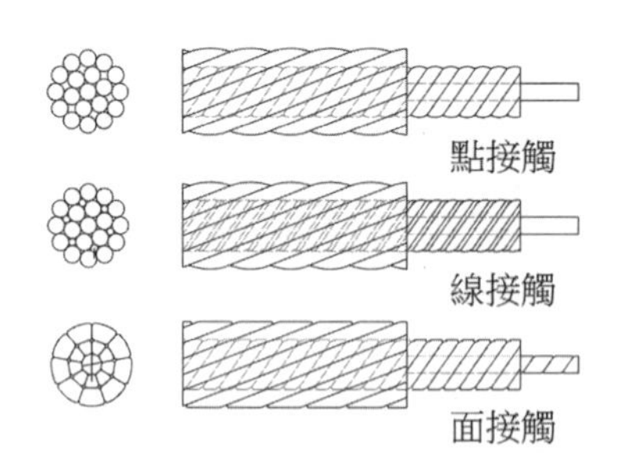

3. 緊密型

鋼線分多層纏繞時，鋼線間存有較大縫隙，若以不同線徑分配於各層纏繞，可減少間隙，稱緊密型（Seal Type），如圖 2【6×S19】，S 即代表緊密型。

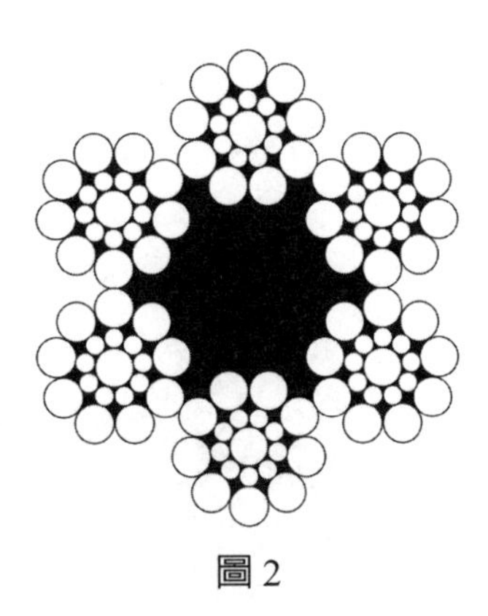

圖 2

4. 華氏型

同層間，以不同線徑的鋼絲纏繞，來達到密實效果者，則稱爲華氏型（Warrington Type），如圖 3【8×W19】，W 即代表華氏型。

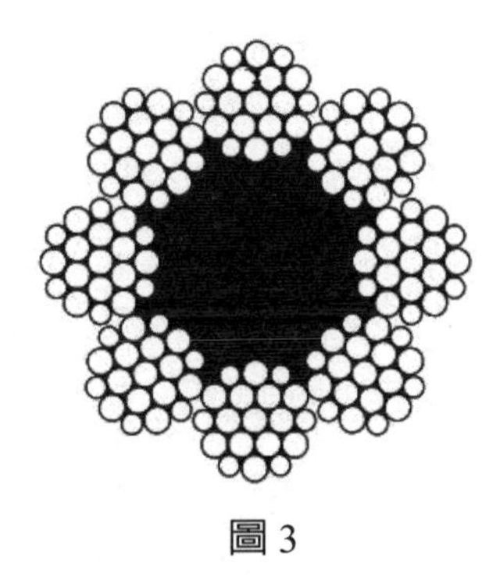

圖 3

5. 華氏緊密型

將同層間較小線徑的鋼絲，改以纖維索（麻芯）塡充時，則稱爲塡充型（FillerType），如圖 4【6×Fi25】，Fi 即代表麻芯替代鋼線塡充於鋼股內。

將華氏型與緊密型合併，則成爲華氏緊密型，如圖 5【6×WS26】。

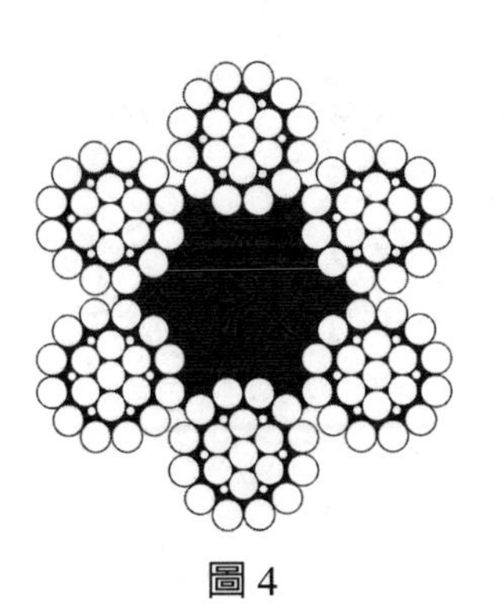

圖 4

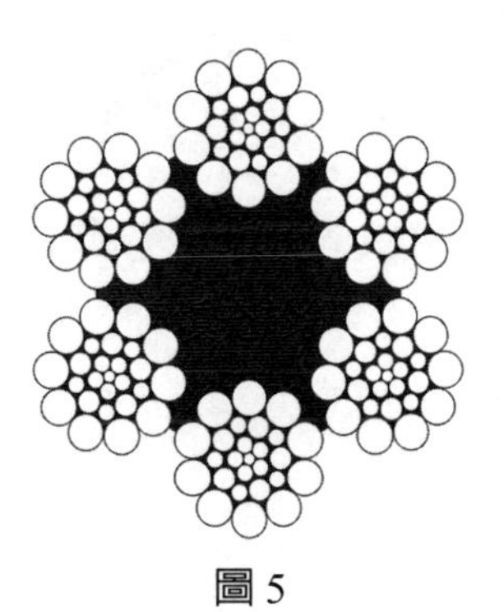

圖 5

6. 鋼纜芯

以鋼股（或鋼索）取代纖維芯，稱為鋼纜芯鋼索（Independent Wire Rope Core），如圖 6【IWRC 6×Fi25】。

圖 6

7. 填充麻芯

鋼線支數愈多（或股數愈多），代表鋼線間、鋼股間的縫隙愈多，易遭水分及灰塵侵入，鋼線間、鋼股間的填充保護相形重要。上圖，鋼索芯部（各鋼股索維繞支中心）黑色部分代表填充麻芯，除了固定各鋼股位置外同時注入潤滑油，減少鋼線、鋼股摩擦，亦提供防蝕。

8. 非自旋鋼索

為減少鋼索自轉性，將各層鋼股以相反方向撚繞，或再於部分鋼股設置纖維股芯，以提高鋼索柔性，稱為非自旋鋼索（或非自轉性鋼索），如圖 7【35×7】、圖 8【35×P.7】。非自旋鋼索之各層鋼股為點接觸，摩擦力集中於點，易生摩損，但難以目視察覺，須由經驗豐富人員以手彎折鋼索，傾聽是否有不正常摩擦聲音判斷其內部鋼線是否斷裂。

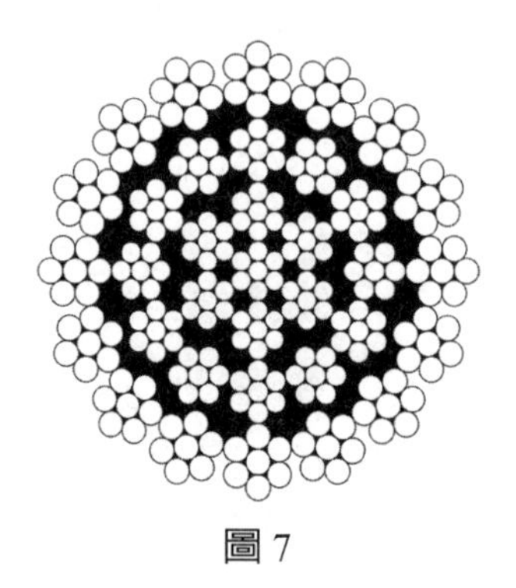

圖 7

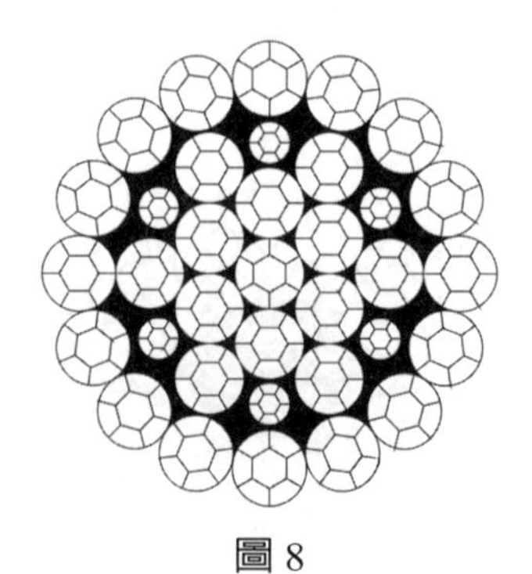

圖 8

9. 鋼索強度

依 CNS941 區分鋼索強度等級：E 種（1320N/mm^2）、G 種（1470N/mm^2）、A 種（1620N/mm^2）、B 種（1770N/mm^2）、T 種（1910N/mm^2），共五種。

鋼索強度，以 35×7 及 35×P.7 爲例，如下表。

構造符號	鋼纜直徑（mm）	拉斷負荷 無鍍鋅．鍍鋅						（參考）概算單位品質 kg/m
		1770 N/mm^2（180 kgf/mm^2）		1960 N/mm^2（200 kgf/mm^2）		2160 N/mm^2（220 kgf/mm^2）		
		kN	(tf)	kN	(tf)	kN	(tf)	
35(W)×7	10	68.8	(7.0)	77	(7.9)	82	(8.42)	0.457
	11	83.2	(8.5)	94	(9.6)	100	(10.2)	0.553
	12	99.0	(10.1)	111	(11.4)	119	(12.2)	0.658
	13	116	(11.9)	131	(13.3)	140	(14.3)	0.772
	14	135	(13.8)	152	(15.5)	163	(16.6)	0.986
	15	155	(15.8)	174	(17.8)	186	(19.0)	1.03
	16	176	(17.9)	197	(20.2)	211	(21.6)	1.17
	18	222	(22.7)	250	(25.5)	268	(27.3)	1.48
35(W)×P.7	10	80.0	(8.3)	91	(9.3)	97	(9.91)	0.51
	11	97.0	(10.0)	110	(11.2)	111	(12.0)	0.617
	12	116	(11.0)	131	(13.4)	140	(14.3)	0.734
	13	137	(14.0)	154	(15.7)	165	(16.8)	0.862
	14	159	(16.2)	178	(18.2)	191	(19.5)	1.00
	15	182	(18.6)	205	(20.9)	219	(22.4)	1.15
	16	207	(21.1)	233	(23.8)	249	(25.5)	1.30
	18	262	(26.7)	295	(30.1)	314	(32.0)	1.65

七、安全注意事項

1. 塔吊駕駛應具備證照。

2. 依行政院勞動部起重升降機具安全規則第 65 條規定：雇主對於起重機具之吊掛用鋼索，其安全係數應在六以上。前項安全係數爲鋼索之斷裂荷重值除以鋼索所受最大荷重值所得之值。
3. 起重升降機具安全規則第 90 條：雇主對於營建用提升機，瞬間風速有超過每秒三十公尺之虞時，應增設拉索以預防其倒塌。
4. 起重升降機具安全規則第 92 條：雇主對於營建用提升機，遭受瞬間風速達每秒三十公尺以上或於四級以上、地震後，應於再使用前就其制動裝置、離合器、鋼索通過部分狀況等，確認無異狀後，方得使用。
5. 起重升降機具安全規則第 6 條規定：不得以有下列各款情形之一之鋼索，供起重吊掛作業使用。
   (1) 鋼索一撚間有百分之十以上素線截斷者。
   (2) 直徑減少達公稱直徑百分之七以上者。
   (3) 有顯著變形或腐蝕者。
   (4) 已扭結者。
6. 每日操作塔吊前應進行空載運行，檢查：迴轉、吊升、變幅等設備之制動、限位、防護等，確認正常後方可進行揚重作業。
7. 嚴禁超重、斜拉、吊運人員。
8. 塔吊駕駛必須依指揮操作，若指示未臻明確，應停止操作並再次確認。
9. 操作塔吊時應逐檔變速，不得越檔調速或反檔制動。
10. 休息時間、工作結束時間，吊鉤不得吊載任何物件，並應將吊勾上升至接近變幅小車之高度。
11. 更換鋼索後必須重新調整吊勾高度限制器（起升高度限位器）及幅度限位器。
12. 配置多台塔吊之現場，應防止吊臂桁架碰撞。
13. 檢修、保養均需切斷電源，不得帶電檢修。

八、塔吊拆除機（SDD）

當建築物高度高於全吊作業高度時、或建築物周邊空間不適停靠設置全吊時，拆除內爬式塔吊必須於建築屋頂層架設中、小型起種設備以拆解、吊送塔吊組件。此類起種設備通常爲人字臂起重機或塔吊拆除機（SDD）。人字臂吊臂迴旋角度無法大於 180°。SDD 吊臂可 360° 迴旋，其功能等同小型塔吊，但無塔柱（或短塔柱），僅可固定於屋頂層，無爬升功能。近年逐漸改採 SDD 拆除超高樓層塔吊。

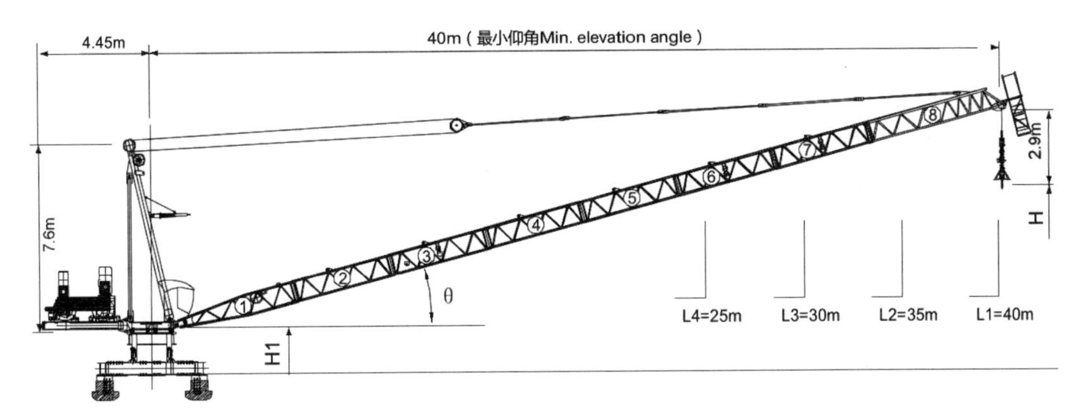

R	falls	R(CMAX)	CMAX	m	10	12	15	17	20	22	25	27	30	32	35	37	40
40m		4.6~22.6	10	t	10.0	10.0	10.0	10.0	10.0	10.0	8.7	7.8	6.6	5.9	5.1	4.6	4.0
		4.6~16.6	15	t	15.0	15.0	15.0	14.6	11.8	10.4	8.7	7.8	6.6	5.9	5.1	4.6	4.0
		4.6~13.1	20	t	20.0	20.0	17.1	14.6	11.8	10.4	8.7	7.8	6.6	5.9	5.1	4.6	4.0
35m		4.1~22.9	10	t	10.0	10.0	10.0	10.0	10.0	10.0	8.9	7.9	6.8	6.1	5.2		
		4.1~16.8	15	t	15.0	15.0	15.0	14.8	12.1	10.1	8.9	7.9	6.8	6.1	5.2		
		4.1~13.2	20	t	20.0	20.0	17.2	14.8	12.1	10.1	8.9	7.9	6.8	6.1	5.2		
30m		3.7~23.2	10	t	10.0	10.0	10.0	10.0	10.0	10.0	9.0	8.1	6.9				
		3.7~16.9	15	t	15.0	15.0	17.4	14.9	12.2	10.7	9.0	8.1	6.9				
		3.7~13.3	20	t	20.0	20.0	17.4	14.9	12.2	10.7	9.0	8.1	6.9				
25m		3.2~23.3	10	t	10.0	10.0	10.0	10.0	10.0	10.0	9.1						
		3.2~17.0	15	t	15.0	15.0	15.0	15.0	12.3	10.8	9.1						
		3.2~13.4	20	t	20.0	20.0	17.5	15.0	12.3	10.8	9.1						

	100LVF50		m/min	0~44	0~67	75kW	
			t	10	5		700m >700m※
			m/min	0~29	0~44		
			t	15	7.5		
			m/min	0~22	0~33.5		
			t	20	10		
	60VVF45	m/min		2min		45kW	
	RCV95	rpm		0~0.6		2×5.5kW	
	380V 50Hz(±5%) 440V 60Hz(±5%)			160kVA		kVA	

塔式吊車邀商報價說明書案例

項次	項目	數量	單位	單價	複價	備註
1	塔式吊車租金及保養	18	月			外爬式
2	安裝、試車費	1	台			
3	爬升費	2	次			
4	側撐安裝工料	3	組			
5	座樑安裝費	1	式			
6	拆除費	1	次			
7	運輸費（來回）	2	次			
8	結構計算及工檢	1	式			
	小計					
	稅金					
	合計					
合計新台幣： 佰 拾 萬 仟 佰 拾 圓整						
9	操作手薪資	18	月			週休二日
10	操作手加班費	1	HR			
11	塔吊逾期租金	1	月			未稅

【報價說明】

一、設備規格

項次	項目	規格及性能（以下各欄由報價廠商填寫）
1	廠牌及型號	
2	製造地	
3	出廠年份	
4	揚重能力	請附表或圖
5	變幅速率	請附表或圖
6	揚升速率	請附表
7	吊臂迴轉速度（R.P.M）	

項次	項目	規格及性能（以下各欄由報價廠商填寫）
8	用電需求	
9	安全裝置	
10	座樑規格、數量	
11	鋼索規格、總長	
12	安裝天數	
13	試車天數	
14	安檢天數	
15	拆除天數	

二、工地地址：○○市○○區○○路○○號。

三、本案建築地下五層、地上 26 層、屋突 3 層，自 1FL 至屋突頂版總高 95.95m。

四、檢附 A3 平面圖 xx 張、剖面圖 x 張。（略）

五、本案報價應含運費、交通維持費、保養費。借用道路申辦、危險性機械合格證取得、配合危評施工計畫及結構計算均屬乙方承攬範圍，其費用均含於本報價相關項目。

六、電力由甲方提供 3Ø380V 電力，若需求電力為 440V，應由乙方自備變壓器且不另計費。

七、本案塔吊應俱超重限制、小車限制、力矩限制、吊鉤極限等功能。應附避雷針、航空警示燈、風速計等設備。

八、本案為 SRC 結構，18FL 以下鋼構採 M440 塔吊（以下簡稱 A 塔吊，由鋼構廠商提供），僅 18FL 以上鋼構及全棟 RC 結構及裝修吊料使用之塔吊（以下簡稱 B 塔吊）於本次發包。B 塔吊之安裝使用 A 塔吊，不另派全吊。A 塔吊之拆除使用 B 塔吊，不使用全吊或 SDD 拆除機。B 塔吊之拆除使用 SDD 拆除機。

九、吊臂須配合安裝 8 座 500W 投光燈（燈具、線材由甲方提供），塔柱須張掛廣告帆布二片（廣告帆布由甲方題供），其安裝費用均含於本報價相關項目。

十、機具故障致吊料作業停頓，報修後，未於 4 小時內排除，每次罰款 10000 元。

十一、付款辦法

1. 每月十五日為計價日，二十五日為領款日。乙方於計價前應開立足額當月發票交工地辦理計價。
2. 訂金 10%。

安裝及試車完成 25%。

合格證取得支付 25%。

合格證取得滿八個月支付 20%。

拆除塔吊支付 20%。

逾期租金、塔吊操作手加班費（操作手加班費以現金支付），每月計價。

3. 每期金額之 1/2 以現金、1/2 以六十天期票支付。

第 20 章 電梯工程

電梯是指運行於各樓層之固定式升降設備，以捲揚機及鋼索或液壓設備帶動電梯車廂沿導軌做垂直運行，供人員、貨物運輸使用。

19 世紀中期開始安裝電梯於建築物，以蒸汽機推動。1853 年，美國人艾利莎．奧迪斯（Elisha Otis）發明了電梯車廂防墜落裝置，大爲提高鋼索捲揚電梯的安全性，自此，電梯安全性獲得肯定，市場逐漸普及。1880 年，德國人西門子發明以電力爲動力的電梯。經多年應用、研發，電梯已不僅止於垂直運行升降，亦可沿斜坡以鋼索或齒條運行車廂。近年德國蒂森克虜伯電梯公司研製出「多重電梯」，可同時具備水平及垂直運行功能，以配合更自由的建築規劃設計。

一、電梯種類

1. 依速度分類

低速電梯：45m/min 以下。

中速電梯：60m/min～105m/min。

高速電梯：120m/min～210m/min。

超高速電梯：210m/min 以上。

2. 依用途分類

乘客電梯（Passenger Elevator）：

用於運送人員爲主，適用於高層建築。運行舒適感及車廂內部裝飾要求較高，車廂寬、深比接近 1，以利於人員出入。爲提高運行效率，其運行速度應較快。

景觀電梯（Observation Elevator）：

爲乘客電梯之一種，電梯管道和車廂壁至少有一側透明（管道壁和車廂透明材料須爲同側），乘客可觀看車廂外景觀。

載貨電梯（Freight Elevator）：

用於運送貨物爲主，一般運行速度較低，以節省設備投資和電能消耗。

病床電梯（Bed or Hospital Elevator）：

用於醫療單位運送病人、醫療救護器械，其特點爲車廂深度大於或等於 2.4m，以利容納病床，要求運行平穩、噪音小、樓層定位精度高。

3. 依驅動方式分類

鋼索式（Rope）、油壓式（Hydraulic Elevator）、齒條式、氣梭式（眞空氣動梭）。本章以鋼索式爲討論重點。

二、鋼索式電梯構造

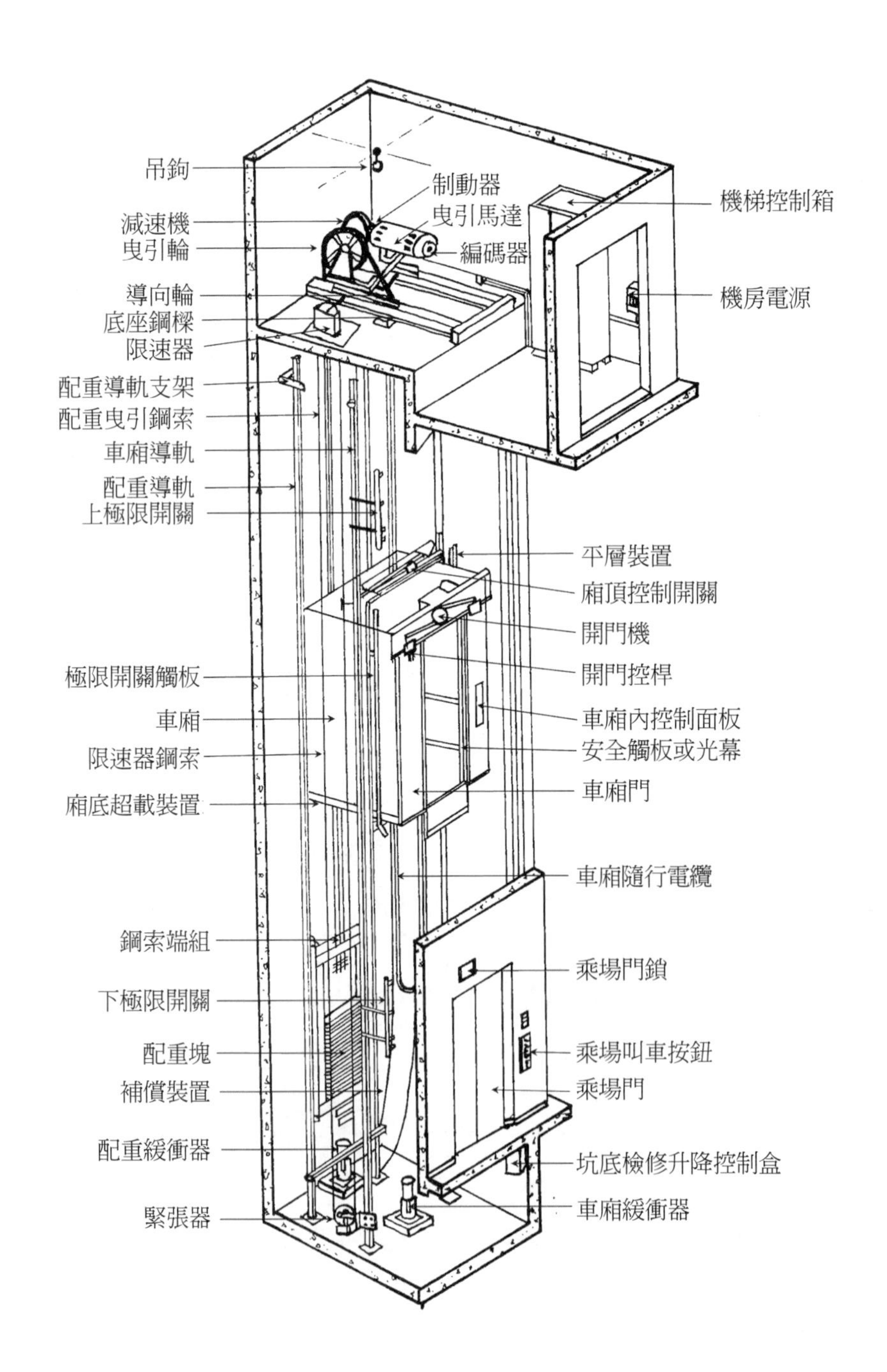

三、電梯功能八大系統

系統	功能	構件與裝置
1. 曳引系統	傳遞動力、驅動電梯運行	捲揚機、曳引鋼索、曳引輪、導向輪
2. 電機系統	提供動力、控制速度	電動馬達、供電系統、編碼器（速度檢測裝置）、減速機
3. 電氣系統	操縱、控制	操作面板、顯示面板、乘場按鈕、機房控制箱、樓層定位感應設備、減速限位極限開關
4. 導向系統	引導車廂、配重運行方向	車廂導軌、配重導軌、導軌架、導滑器
5. 平衡系統	平衡車廂、鋼索重量	配重、平衡索
6. 安全系統	保障安全、防止意外	機械保護系統、電氣保護系統
7. 車廂	運送人員（或貨物）	車廂架、車廂體
8 門系統	乘場及車廂內人員保護、門扇開關運行	車廂門、乘場門、門機

四、捲揚機

捲揚機是電梯的心臟，是由電動馬達經渦桿驅動減速器渦輪，再由減速器驅動曳引輪，曳引鋼索帶動車廂及配重。車廂及配種經由鋼索連接，各自於導軌（車廂導軌及配重導軌）作相反方向滑動。馬達需能快速、精準執行電梯運行指令。減速器由渦桿、渦輪組合，將馬達高轉速轉換為適於電梯車廂升降之轉速。制動器（煞車系統）配合訊號將電梯車廂定位在應有之樓層高程（此動作稱為平層）。

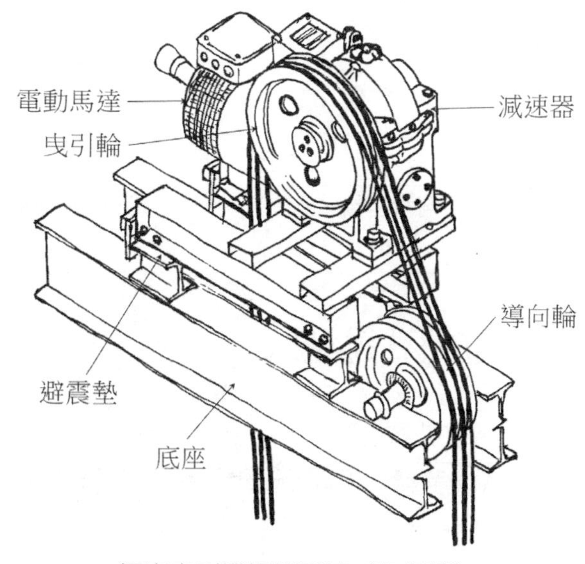

鋼索曳引捲揚機系統（有齒輪）

捲揚機又稱電梯主機，為電梯動力設備。捲揚機分為齒輪式及無齒輪式。捲揚機由電動馬達、制動器、減速器、曳引輪等組成。「齒輪式」專指有減速器之捲揚機，「無齒輪式」專指無減速器之捲揚機。無齒輪捲揚機之電動馬達為永磁馬達，俱備調速功能，不需加裝齒輪減速機。

齒輪式：電動馬達動力通過減速器傳遞力矩至曳引輪。其減速器通常採用渦桿渦輪傳動，亦有採斜齒輪、行星齒輪傳動。電動馬達電源有交流式及直流式。

無齒輪式：電動馬達為永磁無齒輪式（PMSM），動力直接傳遞至曳引輪，不經減速器傳遞。

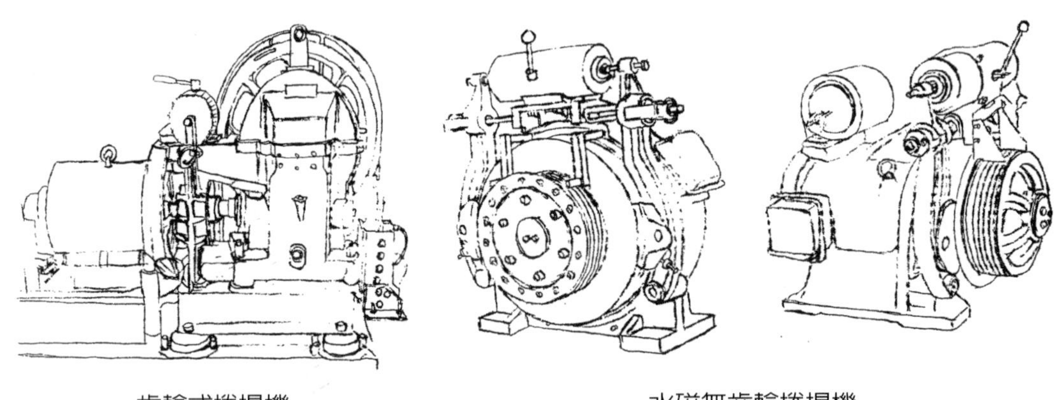

齒輪式捲揚機　　水磁無齒輪捲揚機

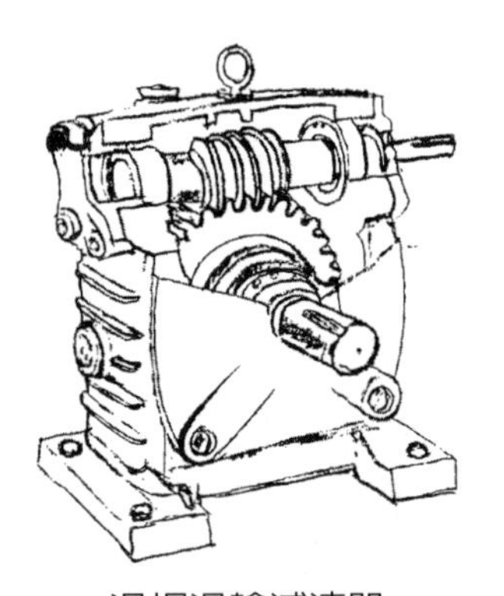

渦桿渦輪減速器

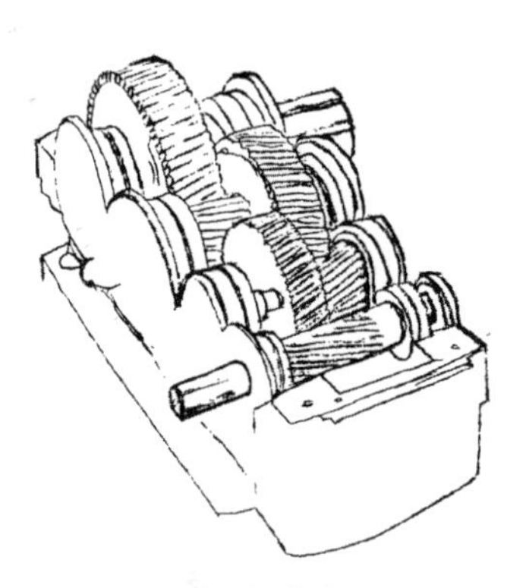

斜齒輪減速器

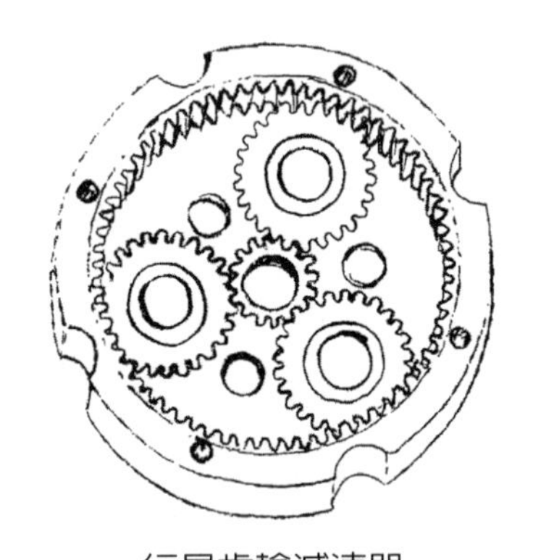

行星齒輪減速器

五、電動馬達型式

電梯電動馬達形式更迭依序為：單速控制（AC1）→雙速控制（AC2）→電子控制（ACVV，又稱交流無段變速）→交流變頻（ACVF）→變頻調速（VVVF）→永磁無齒輪（PM）。

早期電動馬達效率低、耗電高、壽命短，直至變頻調速（VVVF）馬達才獲得較大改善，以變頻變壓變速控制電梯定速運轉、線性減速、無感停止。

無齒輪電梯主機採用了永磁同步電動機，取代了傳統的感應電動機，具有高磁通密度的永磁技術，能使電梯主機造得更小更輕巧、更節省能源。永磁無齒輪電梯主機漸有獨占客梯市場之趨勢。

無機房電梯須將電梯主機安裝於電梯管道內，需將電梯主機盡可能縮小避免形成障礙，而永磁馬達主機正符合此項要求，順勢推廣無機房電梯。

註：無機房電梯將電梯主機安裝於管道內，因制動器動作產生噪音，對頂層住户造成困擾。又因無機房電梯鋼索纏繞方式爲1：2，故鋼索用量加倍，電梯管道內施工困難性增高。

六、制動器

當電梯處於靜止狀態時，電梯主機電動馬達、電磁制動器（磁力器）的線圈中均無電流通過，此時因電磁鐵芯間沒有吸引力、制動臂及來令片受制動桿彈簧推力作用，將制動輪抱緊，強制制動輪停止，連帶制動電梯曳引輪停止轉動。當電梯主機馬達通電旋轉的瞬間，磁力器中的線圈同時通上電流，電磁鐵芯迅速吸合，抵銷制動桿彈簧推力，使制動臂及來令片脫離制動輪，電梯得以運行。當電梯車廂到達所需停層時，主機馬達、電磁制動器電磁鐵線圈也同時失電，在制動桿彈簧的作用下制動臂、來令片再次抱夾制動輪，電梯再次停止升降。

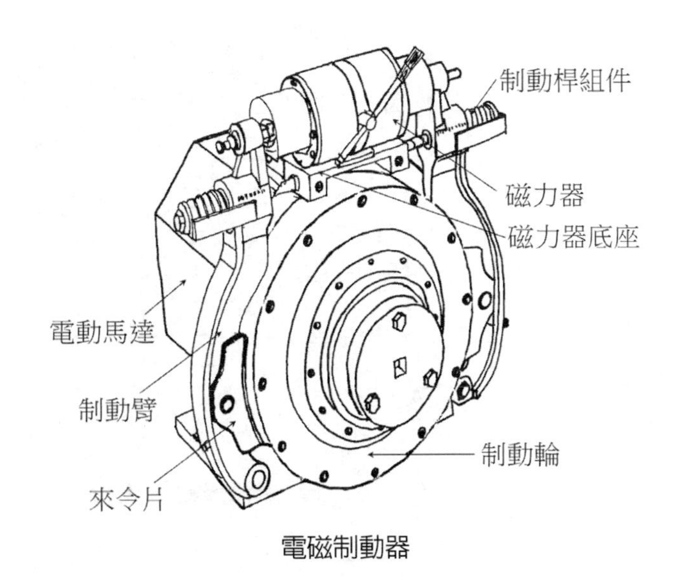

電磁制動器

七、調速機、安全鉗

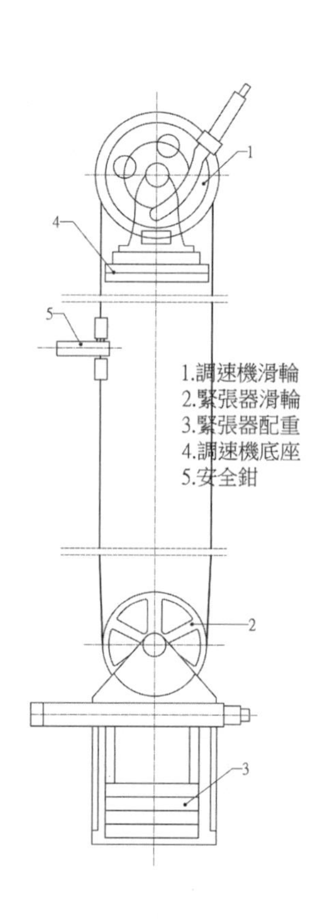

調速機爲升降機的安全裝置，當電梯車廂運行超速、打滑、失速、斷索時，調速機啓動安全鉗夾緊車廂導軌，制動電梯車廂墜落。此裝置設置於機房，由調速機鋼索連接調速機滑輪、機坑漲緊器滑輪、固定於車廂底部安全鉗，形成調速機鋼索迴圈，由電梯車廂帶動運作。

調速機以離心力運作，車廂帶動調速器鋼索令調速器滑輪轉動，當轉速超過所設定速度時，調速器滑輪會被鎖死，車廂底部安全鉗受傳動鋼索拉動安全鉗楔塊夾緊車廂導軌使車廂止動。若電梯機坑下方空間仍供人員使用（如走廊、庫房），配重亦須安裝調速器及安全鉗。

新式調速機會在車廂向下運行超速達額定速度 115% 時傳遞訊號至控制板調整捲揚機減速，若及時減速，調速器會被釋放；若未達成減速，致達額定速度 130% 時，啓動安全鉗刹停車廂。調速機發送指令，安全鉗執行命令，需兩者配合方能達成安全保障。

單向調速器

雙向調速器

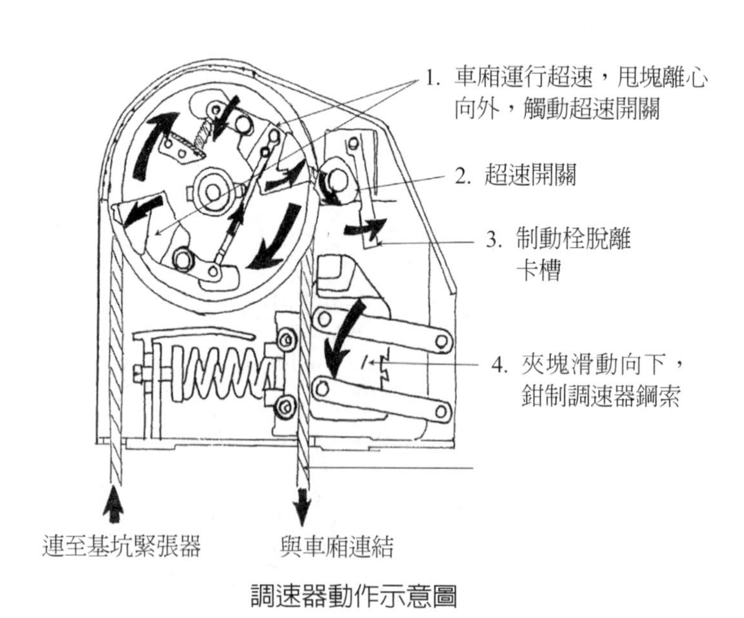

調速器動作示意圖

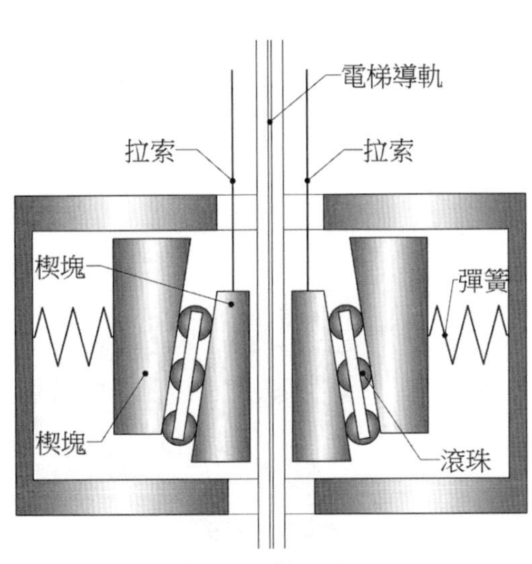

安全鉗構造示意圖

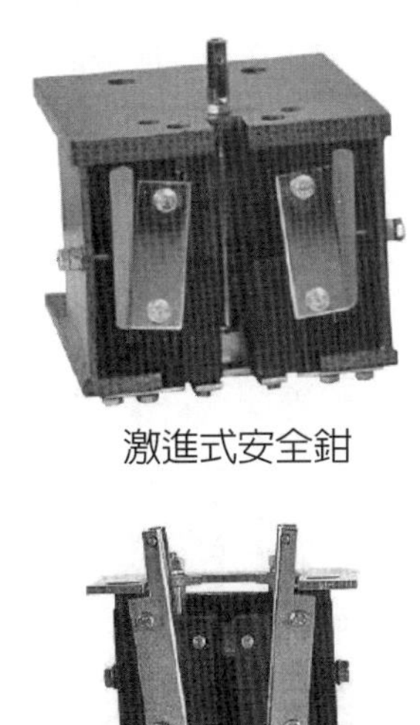
激進式安全鉗

雙向激進式安全鉗

八、上、下極限開關

為防止電梯車廂於上、下運行過程越過導軌設定高程造成衝撞管道頂部或底部構造，須於導軌上下端設置控制裝置。限位開關系統分為三部分。

1. 減速開關：電梯車廂沿導軌上下運行至末端，最先觸及減速開關，傳遞訊號至控制板強制捲揚機減速。
2. 限位開關：再觸及限位開關，即停止車廂繼續運行，但仍可接受反向運行召喚指令繼續運行。
3. 極限開關：若再觸及極限開關，強制電梯停止，需俟障礙排除後於機房將此開關短路、以手動方式將車廂移離此段範圍後方能恢復系統運行。

配重設備導軌亦可比照車廂導軌設置極限開關。

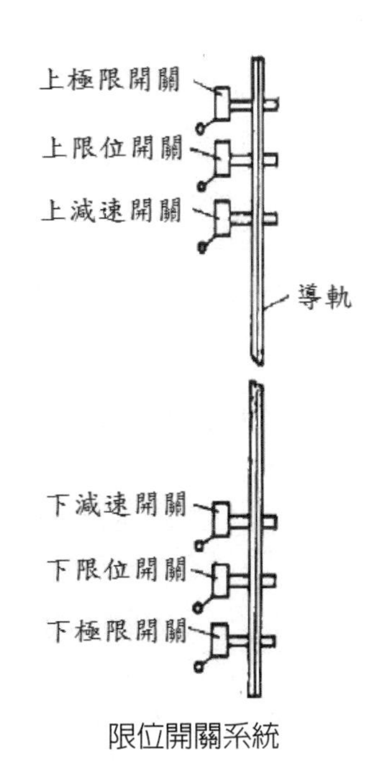

限位開關系統

九、導滑器（導靴）

導滑器是為防止車廂及配重上下運行時發生偏斜，保證電梯平穩運行的裝置。導滑器安裝於車廂及配重上、下（車廂大樑或配重框）端部，楔合導軌滑動。車廂下方導滑器又結合安全鉗，於車廂超速時由安全鉗夾緊導軌強制剎停車廂運行。

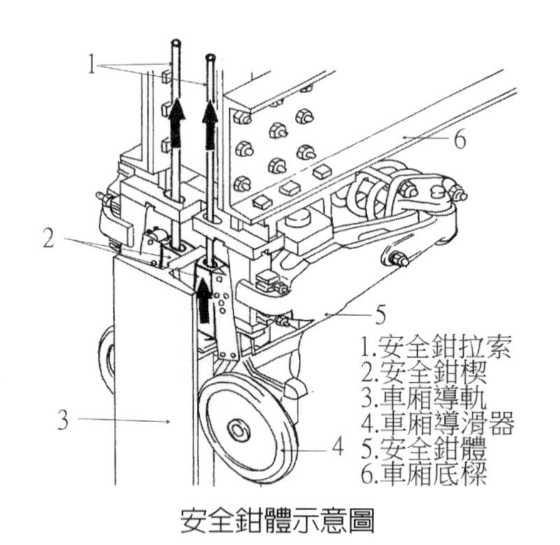

安全鉗體示意圖

輪式導滑器

導滑器分為剛性導滑器、彈性導滑器、輪式導滑器；因輪式導滑器運行滑順、噪音小，漸取代剛性及彈性導滑器。

輪式導滑器之滑輪直徑應配合電梯速率安裝，電梯速率（額定速度）150m/min，車廂導滑器輪直徑至少為150mm，配重導滑器輪直徑至少為75mm。當電梯速率（額定速度）達300m/min時，車廂導滑器輪直徑至少為250mm，配重導滑器輪直徑至少為150mm。

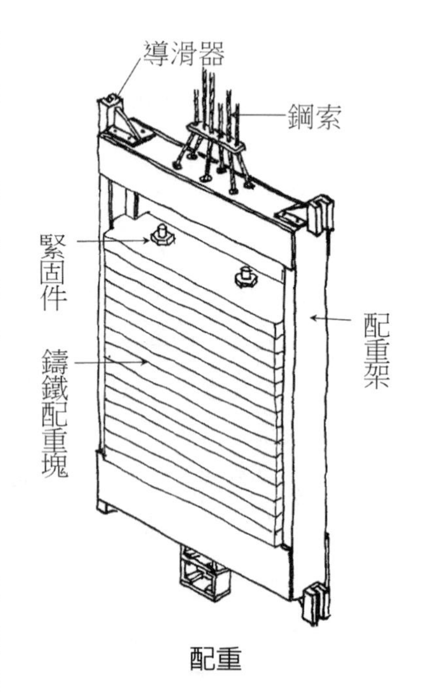

配重

十、配重裝置

配重與電梯車廂相對吊掛於曳引輪兩側，以自重提升鋼索與曳引輪之摩擦力，有利於曳引輪帶動鋼索運行，且使曳引輪兩側重量平衡，減少電動馬達負擔，節約耗能。當電梯車廂自重及乘員重量等於配重重量時為最佳配重，最節省電力。但此為理想狀態，因乘員數量、重量為變數，於額定載重範圍內內變動，因此配重重量通常依下式設定。

$$W = G + KQ$$

W：配重重量，G：車廂自重，Q：電梯額定載重，K：平衡係數（0.4～0.5）

十一、平衡索

平衡索，或稱平衡鍊，為重量補償裝置。當電梯車廂上、下移動，懸掛在捲揚機曳引輪兩側之鋼索隨車廂及配重高程改變兩側長度，當兩側鋼索長度相差大於 30m 時，其對捲揚機功率及耗能之影響已無法忽略，須對鋼索長度差所造成之重量差進行平衡，因此於車廂及配重底部連結平衡索，使鋼索與平衡索形成迴圈，維持曳引輪兩側鋼索等重。

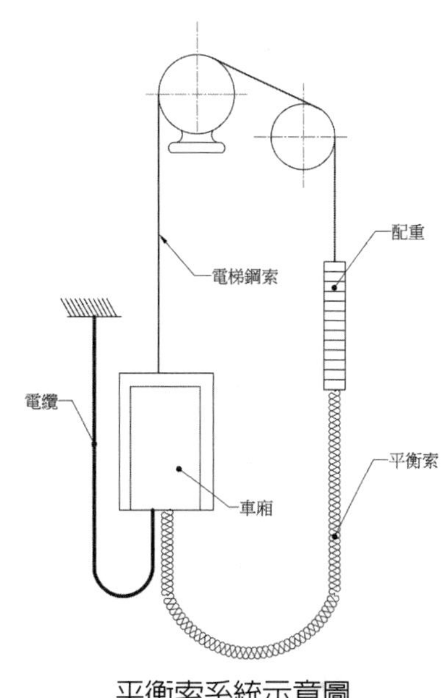

平衡索系統示意圖

早期平衡索使用鐵鍊並於每只鐵環穿繞麻繩，減少鐵鍊環相互摩擦碰撞發出噪音，其結構簡單，成本低廉，如下圖左所示。近年將聚乙烯或橡膠包覆鐵鍊，噪音更小。下圖中為包覆鍊條，下圖右為全塑平衡鍊條。

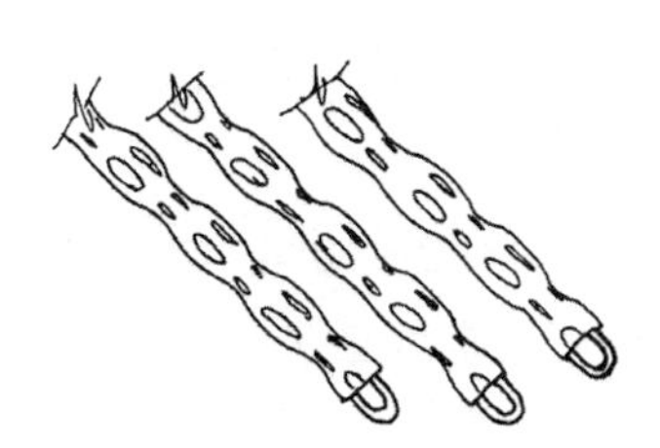

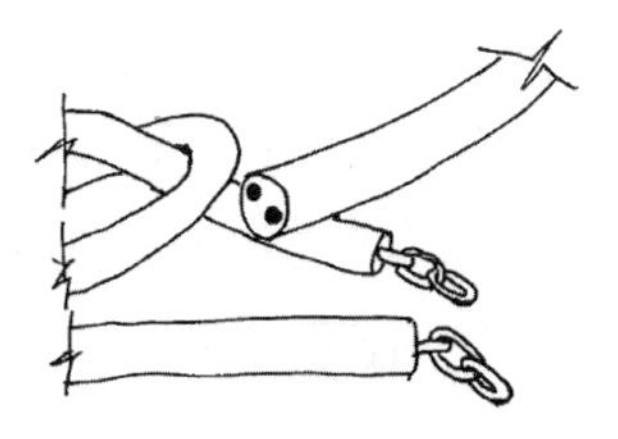

十二、緩衝器

緩衝器裝設於管道底部，是最後一道安全設施，當主機制動器、安全鉗失效或尚未達成停止墜落時用以吸收電梯車廂或配重墜落之衝擊力。

緩衝器分為彈簧式及油壓式。

彈簧式緩衝器適用於低速電梯，其壓縮行程必須在承受車廂及乘員 2.5 倍重量、1.15 倍額定速度狀況下制停之行程距離，且不得小於 65mm。

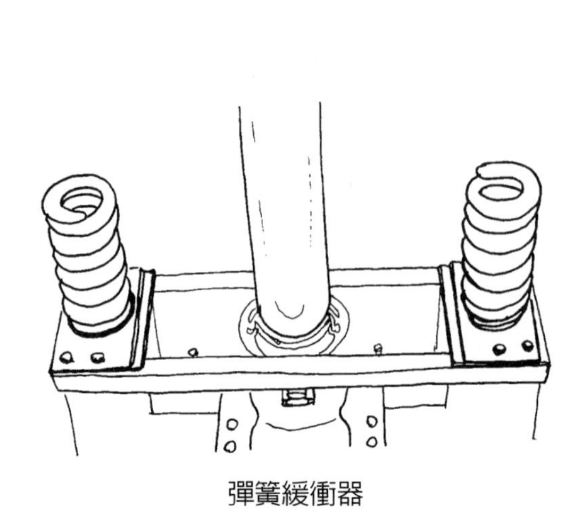
彈簧緩衝器

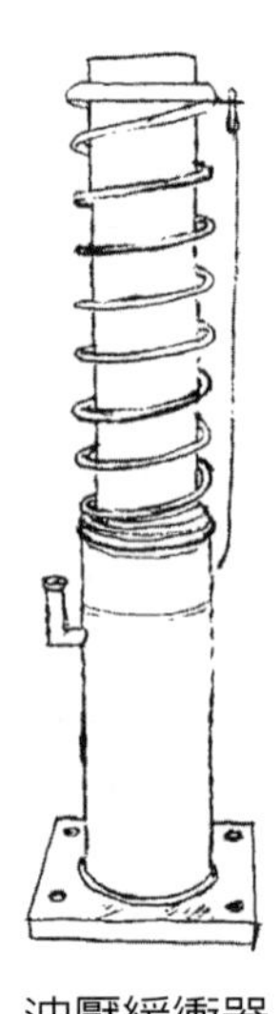
油壓緩衝器

油壓式緩衝器適用於中、高速電梯，由復進彈簧維持油壓缸高程並可吸收部分衝擊力，以小孔節流進行壓縮行程及速率控制，滿足車廂墜落速率小於 4m/s 時制動行程，且不得小於 420mm。

十三、編碼器

編碼器為速度控制或位置控制之檢測元件，安裝於捲揚機電動馬達轉軸端部，量測馬達轉速及旋轉方向，計算電梯運行速度、判斷電梯運行方向、計算判斷電梯車廂在電梯管道中所在位置。

編碼器有精度之差別，有 300、600、1024、2048HZ／轉。因編碼器精度之差異亦造成電梯定位精準之差異。

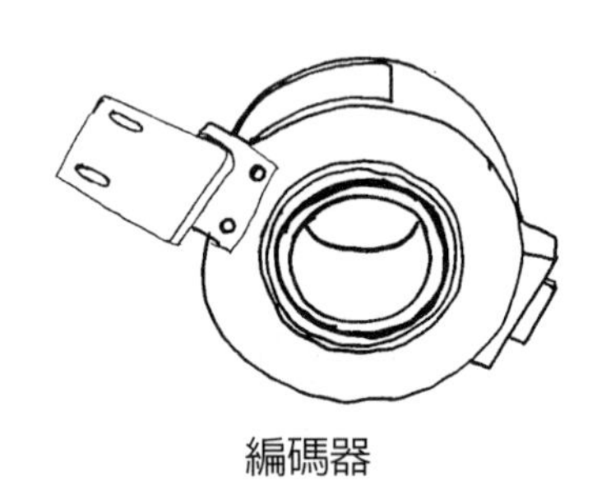
編碼器

十四、安全觸板及光幕

安全觸板及光幕是限制關門（防夾）及制止車廂運行的安全裝置。安全觸板為機械式安全裝置，光幕為紅外線感應式安全裝置。關門過程中，物體觸動安全觸板或遮斷紅外線光源，控制板接收訊號後立即發出指令開啓電梯門。

安全觸板或光幕紅外線發射、接收器安裝於電梯車廂門側，安全觸板亦有安裝於單側者。

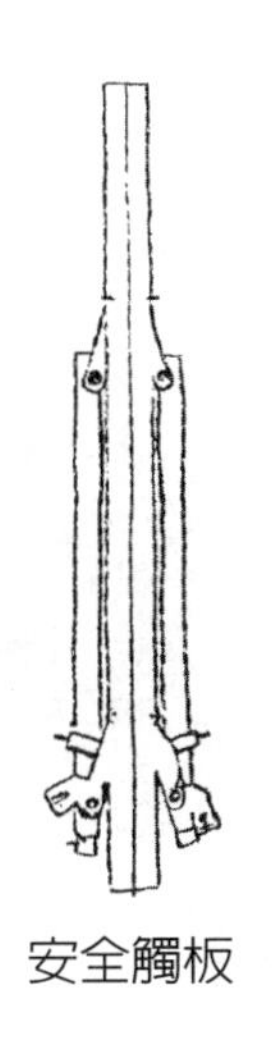

安全觸板

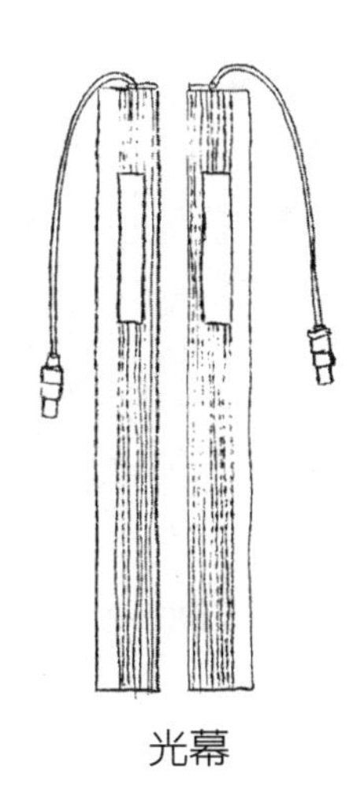

光幕

十五、秤重裝置

爲確保電梯安全可靠運行，不發生超載情形，電梯必須裝設秤重設備，當秤重設備發現電梯超載時，發出警告聲響，並阻止電梯門關閉及後續運行程序，直至車廂載重小於額定載重爲止。

秤重裝置最常設於車廂下方或車廂頂部或機房，安裝於車廂底之感應器較利於直接感應載種狀況。

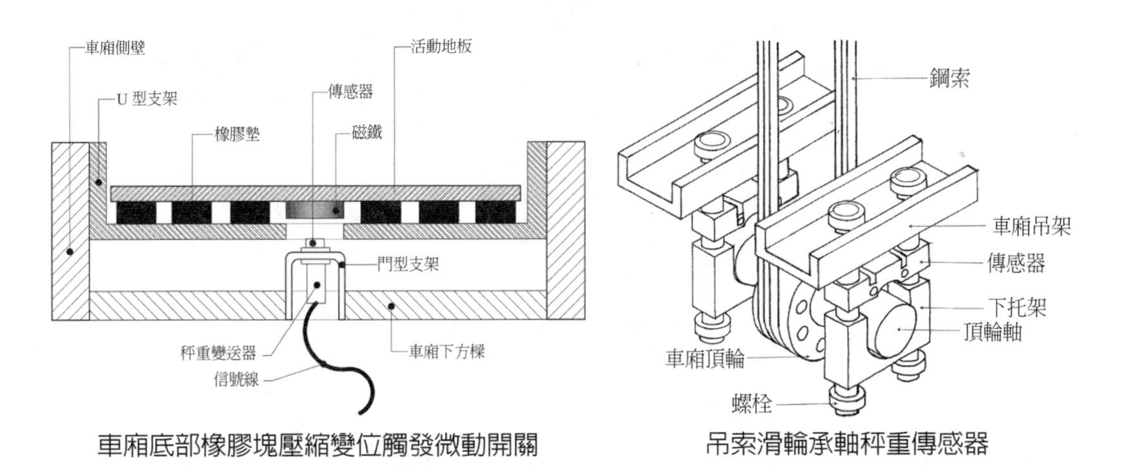

車廂底部橡膠塊壓縮變位觸發微動開關　　吊索滑輪承軸秤重傳感器

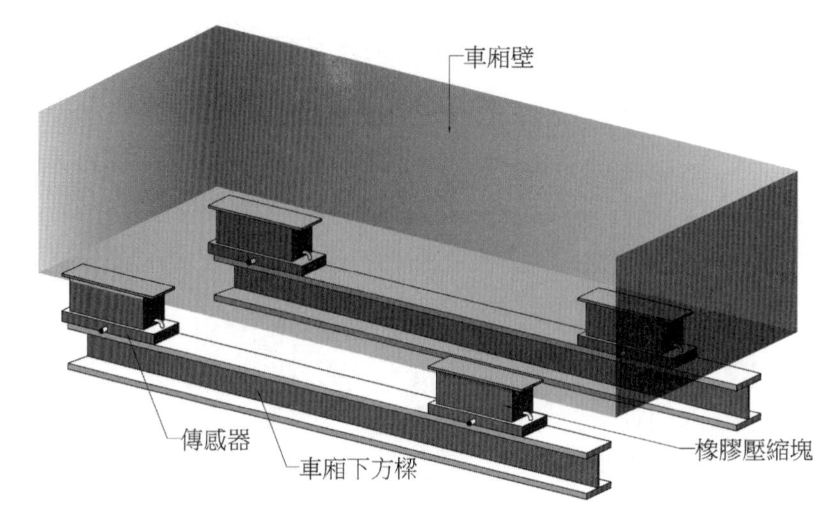

車廂底部橡膠壓縮塊傳感壓力至傳感器

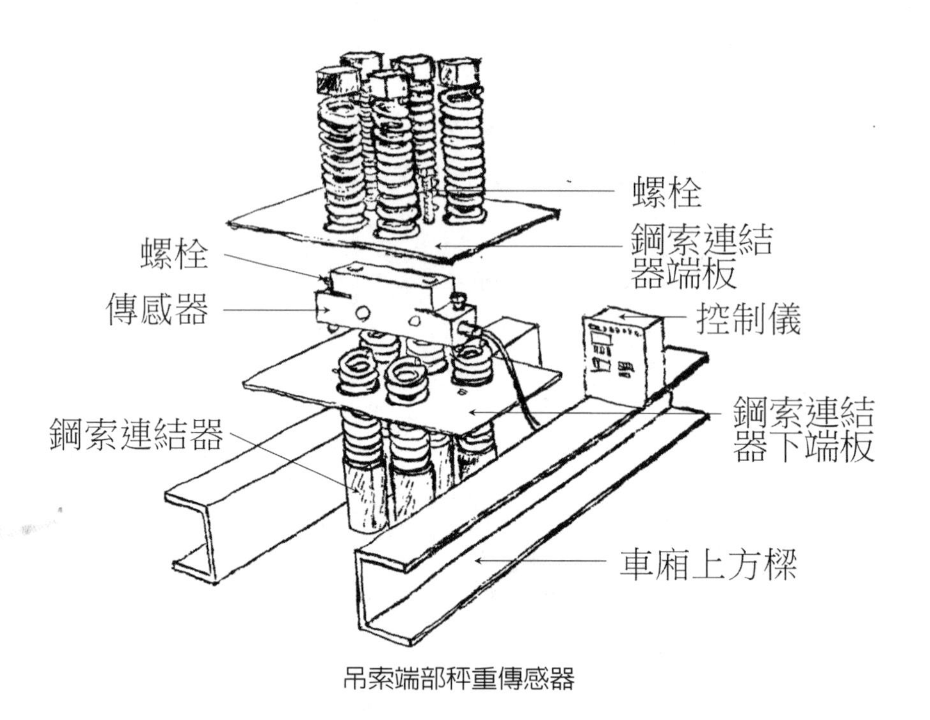

吊索端部秤重傳感器

十六、門機

電梯門機是負責電梯門開、關的設備，當門機接收開、關指令，門機自身控制系統控制門機馬達，開、關電梯門。當阻止關門力量大於設定，或接收安全觸板、光幕指令後門機自動停止關門，並反向打開門，發揮安全保護作用。

早期門機為機械式門機、目前已改進為變頻門機和永磁同步門機，使電梯門開關動作更平順、更節能。

變頻門機，其構成主要分為三部分：1. 控制系統、2. 交流馬達、3. 傳動機械系統。變頻門機有兩種運動控制方式：1. 速度開關控制、2. 編碼器控制。速度開關控制精度差，平滑性不佳，因此多使用編碼器控制。

電動馬達都以電磁感應為基礎，在馬達中需要有磁場，磁場可以由永久磁鐵產生，也可以電磁鐵在線圈中通過電流來產生。電機中專門為產生磁場而設置的線圈組稱為勵磁線圈。以往因永久磁鐵建立的磁場較弱，主要用於小型電機。但隨著釹鐵硼永磁材料的出現，高磁能容量的永磁電機已大量應用，電梯門機亦升級，將交流馬達升級為永磁同步馬達。

永磁同步馬達及其驅動系統在電梯門機上的應用具有低轉速、大轉矩、高效率、控制精度高、噪音低、振動小等優點，已逐漸成為取代非同步馬達的傳動系統。

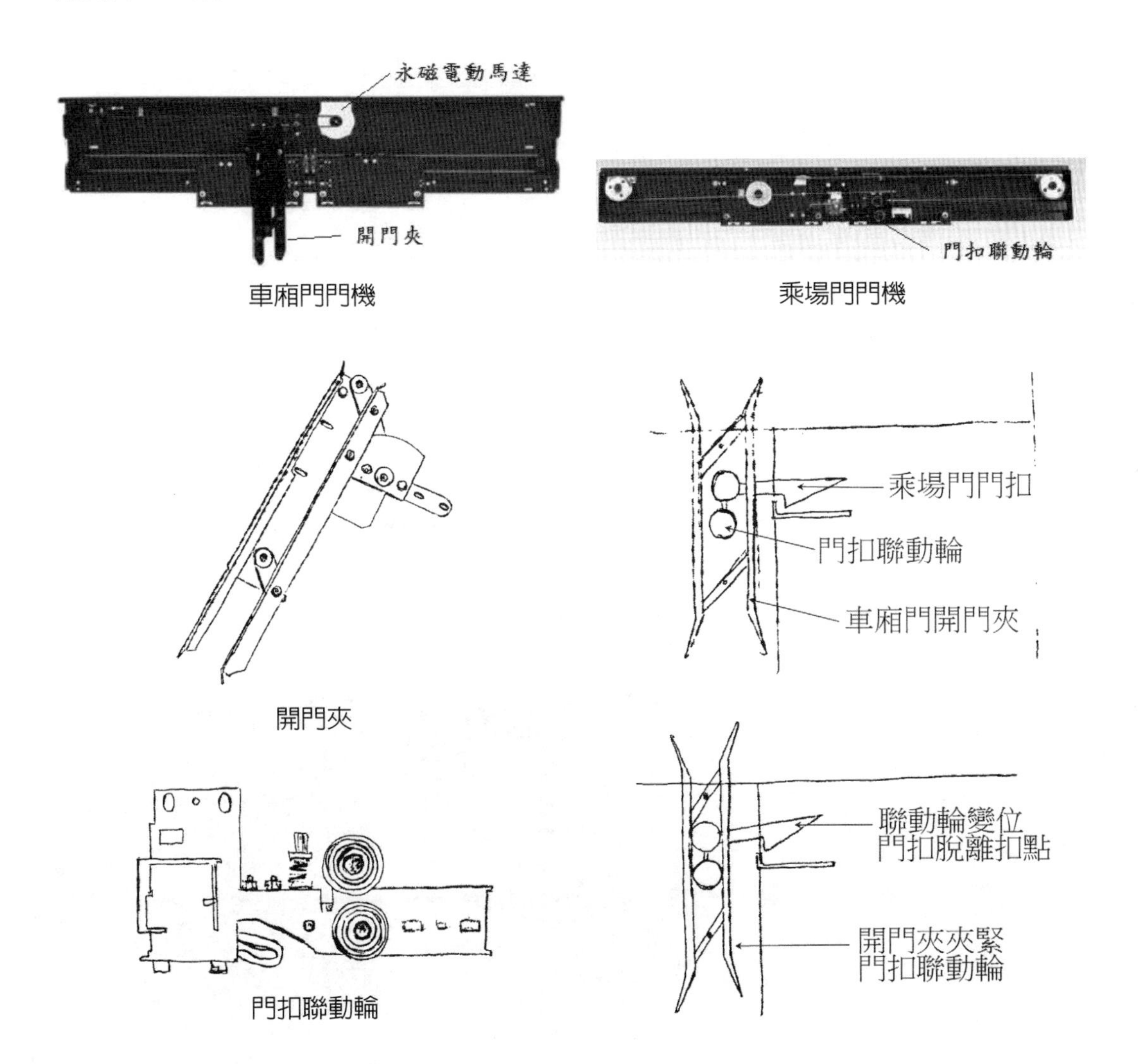

車廂門門機

乘場門門機

開門夾

門扣聯動輪

十七、曳引比

曳引比（繞繩比）是指曳引輪的圓周速度（鋼絲繩運動速度）與車廂速度之比。

有機房電梯採 1：1 繞索方式，最節省鋼索，捲揚速度最快。無機房電梯通常採 2：1 繞索方式，鋼索用量加倍，管道內設備較複雜，技術層次及成本均較高。3：1 繞索通常用於大載種、低楊程、慢速度之升降機，如重型貨梯。

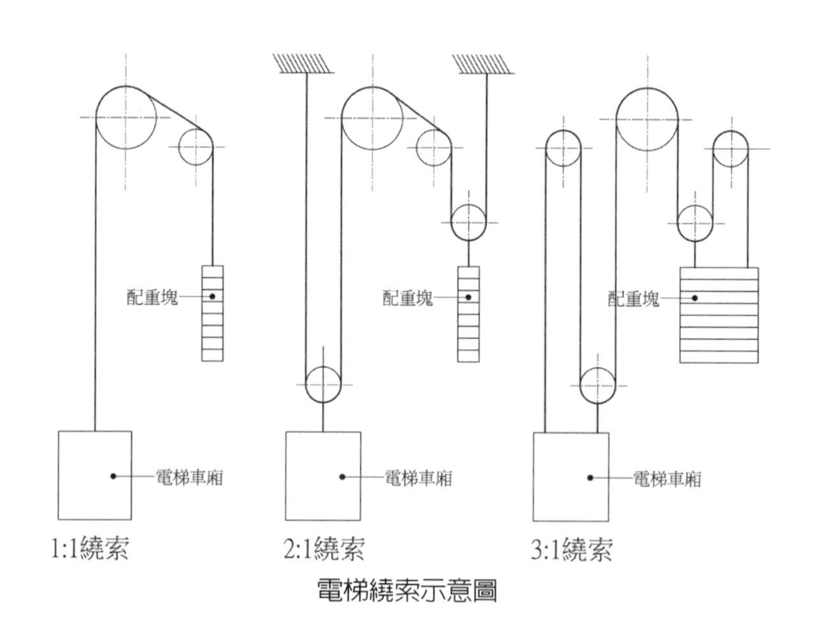

電梯繞索示意圖

十八、樓層定位（平層）

電梯車廂頂安裝樓層定位光電感知器，車廂導軌安裝遮板或者其他阻隔裝置，光電感知器隨車廂上、下移動，遮板遮斷光電感知器，以判斷是否到達目的樓層，並傳訊至捲揚機伺服馬達轉軸端部之旋轉編碼器，計算高程定位。

十九、車廂護腳板

車廂樓層定位發生誤差時，當車廂位置高於樓層地板，車廂與樓地板產生間隙，可能造成人員腳尖伸入車廂下方發生人體傷害，故於車廂門下方裝設護腳板，避免上述狀況發生。護腳板寬度與開門寬度相同，垂直高度應大於 75cm。

二十、選配功能

1. 停電自動到樓裝置（MELD）：當電梯電源斷電後約 6 秒鐘，MELD 會自動啓動蓄電池提供電梯電源，並使電梯在最近的樓層開門，以便乘客離開車廂。
2. 地震管制運轉裝置：當地震發生，其強度達管制運轉裝置設定時，電梯自動停止，在最近的樓層開門停機，讓乘客儘速離開車廂。
3. 電能回生轉換：具備電力再生功能，能將電梯運行時所產生的再生電力，重新送回大樓電力系統再利用，節省電力。
4. 不滴水冷氣：利用冷凝水散熱，免於坑底設置排水設備。
5. 選配功能甚多，建議參考各廠型錄。

二十一、緊急升降梯

建築技術規則建築設計施工編

第 55 條，升降機之設置依下列規定：

一、六層以上之建築物，至少應設置一座以上之升降機通達避難層。建築物高度超過十層樓，依本編第一百零六條規定，設置可供緊急用之升降機。（以下款、目，略）

第 106 條：（緊急用升降機之設置標準）依本編第五十五條規定應設置之緊急用升降機，其設置標準依下列規定：

一、建築物高度超過十層樓以上部分之最大一層樓地板面積，在一、五〇〇平方公尺以下者，至少應設置一座：超過一、五〇〇平方公尺時，每達三、〇〇〇平方公尺，增設一座。

二、左（下）列建築物不受前款之限制：

（一）超過十層樓之部分爲樓梯間、升降機間、機械室、裝飾塔、屋頂窗及其他類似用途之建築物。

（二）超過十層樓之各層樓地板面積之和未達五〇〇平方公尺者。

第 107 條：緊急用升降機之構造除本編第二章第十二節及建築設備編對升降機有關機廂、升降機道、機械間安全裝置、結構計算等之規定外，並應依下列規定：（第一款、第二款、第三款，略）

四、應有能使設於各層機間及機廂內之昇降控制裝置暫時停止作用，並將機廂呼返避難層或其直上層、下層之特別呼返裝置，並設置於避難層或其直上層或直下層等機間內，或該大樓之集中管理室（或防災中心）內。

五、應設有連絡機廂與管理室（或防災中心）間之電話系統裝置。

六、應設有使機廂門維持開啓狀態仍能升降之裝置。

七、整座電梯應連接至緊急電源。

八、升降速度每分鐘不得小於六十公尺。

註：第 107 條第四款所規定功能為「一次消防」。第六款所規定功能為「二次消防」。

參考資料

二十二、其他支出

1. 電梯車廂內裝：視裝潢內容而定，每車廂約 15 萬元至 50 萬元。
2. 電梯車廂地坪石材工料：每車廂約 2 萬元至 5 萬元。
3. 第一次車廂保護工料：施工期間保護，每車廂約 3500 元至 5000 元。
4. 第二次車廂保護工料：交屋前至多數住戶裝潢完成，每車廂約 5000 元至 35000 元。
5. 電梯選配設備另計。

電梯工程邀商報價說明書案例

項次	項目	數量	單位	單價	複價	備註
1	12人乘電梯-105m/min-16停（NO.1）	1	台			
2	12人乘電梯-105m/min-16停（NO.2）	1	台			附殘盲設備
	小計					
	稅金					
	合計					
合計新台幣： 佰 拾 萬 仟 佰 拾 圓整						

【報價說明】

一、案名：　　地點：　　。

二、本案議定總價分別歸屬於設備採購、安裝工程二份合約。設備採購合約總價爲議定總價85%，安裝工程合約總價爲議定總價15%。

三、簽約後30天內完成圖面簽認、選樣、選色。

四、甲方應於材料進場及安裝日期前90天前通知乙方材料進場及安裝日期。但材料進場及安裝日期不應早於簽約後300天，亦不應晚於簽約後360天。

五、規格、飾材、配備及配合事項

1. 包含電梯免費保養24個月（自交車次日起算）。
2. B1F、1F採無指紋鏡面不鏽鋼標準門框，其他樓層採髮紋不鏽鋼標準門框。
3. B1F、1F乘場門採無指紋鏡面不鏽鋼蝕刻。
4. 2F以上樓層乘場門採髮紋不鏽鋼蝕刻。
5. B2F、B3F乘場門採髮紋不鏽鋼。
6. 車廂門採無指紋鏡面不鏽鋼。
7. 車廂天花淨高250cm（自車廂地坪飾面頂緣計算）。
8. 車廂正面、側面壁採彩妝鋼板（甲方視需求另貼飾材）。
9. 車廂操作盤面板採髮紋不鏽鋼。
10. 車廂地板預留2.5cm，甲方自貼石材（不得因地板石材重量而減少乘客人數）。
11. 採光幕門擋。
12. 乙方配合CCTV施工及刷卡管制接點、車廂外部對講機安裝於管理員櫃台。

13. 車廂牆面附保護毯掛勾。

14. 乙方提供車廂及乘場替代門，俟正式門安裝後由乙方回收替代門。

15. 試車期間三相變壓器由乙方提供。

六、付款辦法（包含設備採購、安裝工程）

1. 訂金 20%，簽約後計價，以 90 天期票支付。

2. 設備進場前，計價 40%，設備材料進場前兌現。

3. 安裝完成，計價 30%，交車前兌現。

4. 驗收交車完成，計價 10%，以 60 天期票支付。

第21章 整體粉光

進度及成本壓力使混凝土濕治養護及相關施工要求流於形式，樓版混凝土完成面粗糙、起砂、塑性龜裂等現象不足為奇。整體粉光原意在促使混凝土完成面之平整、細緻；但整體粉光之特性亦針對混凝土完成面粗糙、起砂、塑性龜裂等缺失大幅改善。

整體粉光又名「隨打拍漿粉光」。早年為求混凝土完成面平整、細緻，配合灌漿時機，調派泥作師傅以木質刮尺整平，並於初凝階段以鏝刀細修。當混凝土表面硬化即以鏝刀及刮尺鏝壓混凝土壓擠孔隙，使孔隙內多餘水分及空氣溢於表面。此工序不但使混凝土完成面平整細緻，更使混凝土密實、降低自由水含量、減少乾縮塑性龜裂。

汽油引擎小型化後，機械鏝光機隨之應用，大量節省人力，又以手持鏝光機30～45kg重量加壓鏝磨混凝土收水表面，使混凝土更加密實、平整。

一、先做法、後做法

所謂先做法，配合結構體混凝土澆置同時施作整體粉光。後做法，於結構體混凝土或舊有混凝土之上，專為施作整體粉光而增築新拌混凝土之做法。

先做法，於模板面澆置混凝土，拆模後因混凝土自重將造成樓版沉陷變形，儘管模板先行預拱仍無法保證樓版水平。又如地下室地坪，若僅採整體粉光而無其他面飾；中間樁孔洞必須做二次灌漿，無法確保平整銜接，亦無法避免色差。

近年建設大量自動倉儲、精密廠房，對地坪平整度、耐磨度等要求極為嚴苛，此類地坪甚至冠名為「精密地坪」，除非於夯實地面澆置混凝土外，其他範圍之灌漿，先做法整體粉光通常難以達成要求。

二、麻面處理

若地坪有後續泥作裝修，素地應維持粗糙，以利後續水泥材料接著。若又顧及表面平整、質地密實、減少龜裂而施作整體粉光，應於鏝光機粉光後使用木質鏝刀刮糙，即為麻面處理。

三、水泥地坪硬化劑

整體粉光地坪最為人所詬病處即為包裹粗骨材及金鋼砂的水泥硬度不足，易起砂及粉塵。為避免起砂、揚粉塵，可於整體粉光完成後至少養護五天再噴塗水泥硬化劑。

水泥的基本成分為 C_3S（= 3CaO、SiO_2 矽酸三鈣）、C_2S（= 2CaO、SiO_2 矽酸二鈣）、C_3A（= 3CaO、Al_2O_3 鋁酸三鈣）、C4AF（= 4CaO、Al_2O_3、Fe_2O_3 鋁鐵酸四鈣）；遇水後發生水化作用，反應生成水化矽酸鈣 $CaO\text{-}SiO_2\text{-}H_2O$（= C-S-H = CSH 膠體）、水化鋁酸鈣 $CaO\text{-}Al_2O_3\text{-}H_2O$（= C-A-H = CAH 膠體）、水化矽鋁酸鈣 $CaO\text{-}Al_2SiO_5\text{-}H_2O$（= C-AS-H = CASH 膠體），混凝土強度即由上述膠體膠結粗細骨材硬化而得。游離石灰（又稱氫氧化鈣 $Ca(OH)_2$）是混凝土在水化反應過程中產生的副產物，是多餘的鈣離子（Ca^{2+}）和水的氫氧根離子（OH^-）結合生成。游離石灰可溶於水，會降低混凝土強度，造成表面起砂。氫氧化鈣與空氣中二氧化碳結合後形成碳酸鈣和水，會降低混凝土的 pH 值，形成混凝土中性化，破壞鋼筋鈍化層而加速鏽蝕。

鋰基水泥硬化劑主要成分為矽酸鋰（Li_4SiO_4，亦稱鋰水玻璃），其中之氧化矽（SiO_2），藉觸媒反應滲入混凝土孔隙，與氫氧化鈣進行反應，形成水化矽酸鈣膠體（C-S-H）及矽酸鹽晶體，連結並填充於混凝土孔隙，提升混凝土強度、硬度、亮度。但水泥硬化劑無法逆轉混凝土之中性化。

四、鏝光機

鏝光機又稱拍漿機，分成手持式及座騎式，用於夯壓研磨初凝混凝土，使混凝土內粗細骨材緊密排列、減少孔隙、擠出多餘泥漿及水分的設備。鏝光機分為手持式及座騎式，座騎式重量大，維持水平之能力佳，適用於平整度要求高之地坪。但因機具自重 250～300kg，於模板面施工應考慮模板支撐補強。

座騎式鏝光機

手持式鏝光機

五、金鋼砂

應用於地坪止滑、耐磨之材料，通稱爲金鋼砂，但金鋼砂並非學名，僅屬商業名稱或工程術語，甚至有以氧化鐵冒充者。

應用於地坪耐磨材料之「金鋼砂」通常採用石榴石礦砂、剛玉礦砂、石英砂、碳化矽、矽鈦合金砂、錫鈦合金砂等。礦石中以剛玉之硬度最高，達莫氏硬度（Mohs scale of mineral hardness）9，除鑽石外爲硬度最高之天然礦石，剛玉礦石又依色澤分爲白剛玉、棕剛玉、黑剛玉，白剛玉含三氧化二鋁（Al_2O_3）達 97% 以上，接近純三氧化二鋁（三氧化二鋁爲白色結晶性粉末）；黑剛玉雜質稍多，莫氏硬度約爲 8，黑剛玉及棕剛玉較常用於地坪耐磨材。石榴石礦砂之莫氏硬度 7.5，石英砂主要成分爲氧化矽（SiO_2），莫氏硬度 7。碳化矽以高純度石英砂及焦炭爲原料，於電爐中經高溫冶煉而成，莫氏硬度 9，耐磨、耐腐蝕，常用於製造砂輪、噴砂材料。

應用於地坪止滑、耐磨之商品「金鋼砂硬化材」，通常採粒徑 0.8～1.6mm 之天然黑剛玉礦砂或天然石榴石礦砂，另以增進卜作嵐反應，確保金鋼砂與混凝土膠合之理由添加水泥、爐石、石英等成分。

常見施工說明中規定「金鋼砂應含三氧化二鋁 50% 以上……」，但並未說明是要求天然礦石成分中含有三氧化二鋁 50% 以上？或是含有三氧化二鋁之天然礦石應占「金鋼砂硬化材」體積（或重量）50% 以上？筆者建議規定：金剛砂硬化材應使用非金屬質，硬度應高於莫氏硬度 7.5 以上，其他添加物重量不得大於 25%。

註：常用之金剛砂硬化材包含碳化矽、石榴石砂。碳化矽不含三氧化二鋁且非天然礦砂。石榴石砂三氧化二鋁含量約 17～25%。

六、平整度及 F number

業界對整體粉光地坪平整度之檢核標準通常爲：以 1.8m 壓尺平放於整體粉光完成面任意二點，壓尺下方間隙不得大於 3mm，或有更嚴格者：以 3m 壓尺平放於整體粉光完成面任意二點，壓尺下方間隙不得大於 3mm。

細究上述檢核方式雖簡單明確，但僅證明壓尺二點間之凹陷程度，完全未考慮斜率及累積差距。

美國材料試驗協會於 1996 年提出 ASTM E1155（Standard Test Method for Determining Floor Flatness and Levelness Using the F-number system——以 F 數值確認地坪平整度及水平度的標準試驗方法），以 F 數值取代「10 呎距離內高差爲 1/8 吋」的規範。

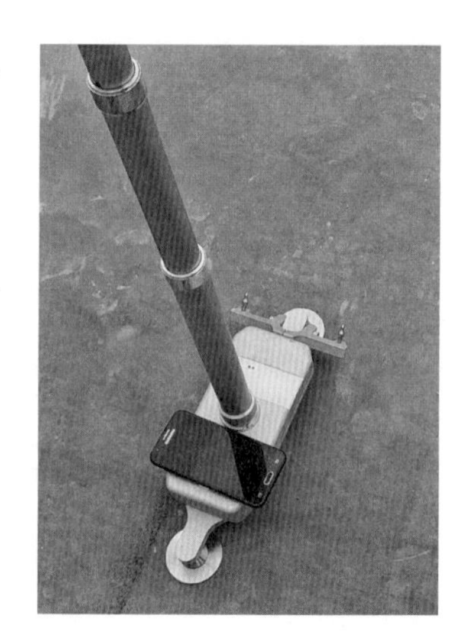

ASTM E1155 規範設定兩組 F 數值，例如 FF 20/ FL 20；第一組 FF 為平整度，用以表達地坪的隆起與凹陷。第二組 FL 為高差值，用以表達地坪面斜度或高差。F 數值愈高，平整度愈佳。例如 F20 優於 F10，但劣於 F30。

F 數值之量測是使用地坪探測器（Dipstick Floor Profiler）如右圖，於地坪上以順時鐘或逆時鐘旋轉其柱腳之方式移動探測器，每步移動距離 1ft（柱腳距離為 1ft），量測取得二柱腳距離之斜率，連續量測之斜率經電腦計算得出FF及FL，每次量測不得少於10步（10ft）。

各種用途地坪平整度／水平度建議值請參考 ACI 302.1R-04，Fig.8.7-Typical use guide for flatness and levelness。

參考資料

ASTM E1155(M)F 數值系統介紹與討論 _ 廖慶德
展煜實業有限公司施工照片

整體粉光工程邀商報價說明書案例

項次	項目	數量	單位	單價	複價	備註
1	室內地坪整體粉光，麻面		m^2			先做法，不含標高器
2	1F 室外地坪整體粉光		m^2			先做法，含標高器
3	地下室停車場地坪整體粉光＋$4kg/m^2$ 金鋼砂硬化材		m^2			後做法，含標高器
4	地下室停車場噴塗地坪硬化劑		m^2			$4m^2/kg$
5	鋸縫		m			3mm 寬 ×15mm 深
	小計					
	稅金					
	合計					
合計新台幣　　拾　　萬　　仟　　佰　　拾　　圓整						

【報價說明】

一、施工地點：台北市區路段號新建工程。

二、工程範圍：詳附圖（略）。

三、施工要求

1. 安裝標高器：本步驟僅針對「含標高器」之項目。先作法，於樓板混凝土澆置前一日（鋼筋綁紮及水電配管完成），以水準儀測定高程。於模板完成面安裝標高器，每 1.5m（雙向）安裝一支標高器，樓版厚度 24cm，自版模四邊緣線訂定高程基準，以 1/150 坡度向中心提升高程、安裝標高器。模板之預拱由模板工包配合。樹穴範圍不施作整體粉光。
2. 室內地坪整體粉光，不安裝標高器，於混凝土澆置後，初凝前以刮尺刮平混凝土表面，作初步整平。俟混凝土收水（人員踩踏後之足印深度 0.5～1cm），使用手持式鏝光機來回施壓粉鏝，將混凝土內孔隙壓實並排出空氣及多餘水份，直至表面平整，再以人工手持木質鏝刀刮糙，作麻面處理。
3. 室外地坪整體粉光；先行安裝標高器完成，於混凝土澆置後，初凝前以刮尺刮平混凝土表面，作初步整平。俟混凝土收水（人員踩踏後之足印深度約 1cm），使用手持式鏝光機來回施壓粉鏝，將混凝土內孔隙壓實並排出多餘水分，直至表面平整，再以人工手持金屬薄鏝刀作細鏝催光處理，去除粉光面之水漬及鏝痕。

4. 地下室停車場地坪整體粉光：先行鋪設符合 CNS-6919 肋形 WFR 規格點焊鋼絲網，∮6mm 線徑，10cm×10cm 網目，搭接一網目。安裝標高器（4000psi 混凝土澆置厚度 7.5cm），不作預拱，但以地板落水頭爲中心，半徑 1.5m 範圍內，作斜坡降打 1.5cm。於混凝土澆置後，以刮尺刮平混凝土表面，作初步整平。俟混凝土收水（人員踩踏後之足印深度 0.5～1cm），分二次灑布金鋼砂；第一次灑布 2.5kg/m^2，第二次灑布 1.5kg/m^2，第二次灑布方向應與第一次灑布方向成正交。使用手持式鏝光機來回施壓粉鏝，將混凝土內孔隙壓實並排出空氣及多餘水分，直至表面平整，再以人工手持金屬鏝刀去除粉光面之鏝痕。維持現場淨空，養護 7 天後噴灑或塗布水泥硬化劑，再維持淨空 7 天後開放停車使用。
5. 地下室停車場地坪澆置混凝土前，於既有樓版噴塗壓克力樹脂系新舊水泥接著劑，噴塗劑量由承攬廠商依原廠材料規範噴塗。
6. 地下室停車場地坪於整體粉光完成，噴塗水泥硬化劑前進行鋸縫，鋸縫寬度 3mm，深度 15mm，雙向縫距 3m（以平分柱心距離爲原則）。柱周邊，平行距柱邊 20cm 亦須具鋸縫。
7. 整體粉光過程一律不得灑布水泥乾粉。
8. 金剛砂硬化材應使用非金屬質，硬度應高於莫氏硬度 7.5 以上，其他添加物重量不得大於 25%。
9. 乙方（承攬廠商）應確實依甲方指定灌漿日期派工施作整體粉光，若因甲方或天氣因素無法如期灌漿，甲方應支付乙方出工費 12,000 元／次，若乙方未如期配合施工，須罰款 50,000 元／次。

四、付款辦法

1. 本案工程依實際完成數量計價。
2. 每月一日及十五日爲計價日，十日及二十五日爲領款日。乙方於計價前應開立足額當月發票（含保留款）交工地辦理計價。
3. 每月依工程實際完成數量計價 100%，實付 90%（即完成數量 × 單價 ×90%×1.05），本項金額 1/2 以現金支付，1/2 以六十天期票支付。
4. 保留款 10%，1/2 於全案工程完成後支付（即全案保留款金額 ×0.5×1.05），1/2 於公共設施點交管委會後支付（即全案保留款金額 ×0.5×1.05）。概以 60 天期支付。

第22章 樹脂砂漿硬化地坪

樹脂砂漿爲商業名稱，並無嚴格定義，凡含有樹脂及細骨材之混合物均可稱爲樹脂砂漿，自平水泥、彈性水泥防水材亦屬樹脂砂漿。

樹脂砂漿常用之樹脂爲環氧樹脂、亞克力樹脂、EVA（乙烯-醋酸乙烯共聚物）樹脂。常用之細骨材爲石英砂（矽砂）、金鋼砂。

環氧樹脂地坪最早引用國內，以塗料型式應用於停車場、倉儲、廠房等空間，以其富色彩及光澤、無接縫、無塵（不起砂）而蔚爲時尚，但因耐磨度差，易起殼、破損、剝落，須經常維修。又經廠商引用水性環氧樹脂、亞克力樹脂並添加細骨材、耐磨骨材等製作各型樹脂砂漿用以塗佈地坪，均以彩色、耐磨、無塵、止滑、抗裂爲訴求。

一、環氧樹脂及硬化劑

依 CNS 13063 環氧樹脂及硬化劑試驗總則，用語釋義 -2.1 環氧樹脂：分子中具有環氧基之合物，以其他化合物作用，而能硬化者。2.2硬化劑：可使環氧樹脂硬化之化合物。

環氧樹脂指分子含兩個或兩個以上環氧基團的高分子化合物，主劑與硬化劑依適當比例混合，產生鏈結硬化，固化後的環氧樹脂具有優異黏合性。

環氧基團：具有—CH(O)CH—結構的官能基。反應性強，開環聚合或與其他化合物加成反應後分子鏈增長。含兩個以上的環氧基與多官能團化合物反應之後生成具有交聯結構的固化物。

官能團和原子團的區別在於，前者不帶電，不能夠穩定存在，而後者帶電，可以穩定存在。

環氧樹脂主劑通常使用環氧氯丙烷（epichlorohydrin）或雙酚 A（bisphenol A，台灣慣稱酚甲烷）及其衍生物爲原料，經反應聚合，可得不同分子量之環氧樹脂。

環氧值（Epoxy value）是 100g 環氧樹脂中所含環氧當量。它與環氧當量的關係爲環氧值 = 100 / 環氧當量。它是鑒別環氧樹脂性質的最主要的指標。環氧值可用以鑒定環氧樹脂的品質，或計算固化劑的用量。

依 CNS 13063 環氧樹脂及硬化劑試驗總則所列之環氧樹脂試驗項及試驗方法如下：

試驗項目	試驗方法	適用標準
比重	比重瓶法，比重計法，比重杯法，水中置換法	CNS 13064 環氧樹脂及硬化劑比重測定法
黏度	單一圓筒旋轉黏度計法，氣泡黏度計法，毛細管黏度計法	CNS 13065 環氧樹脂及硬化劑黏度測定法
軟化點	環球法，汞取代法	CNS 13066 環氧樹脂之軟化點測定法
不揮發	加熱減量法	CNS 13069 溶劑稀釋型環氧樹脂不揮發分測定法
環氧當量	電位差滴定法，指示劑滴定法	CNS 13067 環氧樹脂之環氧當量檢驗法
總胺價	電位差滴定法，指示劑滴定法	CNS 13068 環氧樹脂之胺系硬化劑的總胺價檢驗法

環氧樹脂材料不耐日光中紫外線照射，經日光照射將發黃、粉化、龜裂，不宜於室外使用，若於表層塗布抗光性材料可稍微提高其抗紫外線能力。

二、亞克力樹脂

亞克力樹脂（Acrylic Emulsion），即丙烯酸樹脂；分溶劑型熱塑性丙烯酸樹脂和溶劑型熱固性丙烯酸樹脂、水性丙烯酸樹脂、高固體丙烯酸樹脂、輻射固化丙烯酸樹脂及粉末塗料用丙烯酸樹脂等。應用於土木建築工程者通常爲水性丙烯酸樹脂（或稱水性亞克力樹脂、乳化亞克力樹脂）。

水性亞克力樹脂係以亞克力單體（MMA）爲主，搭配水（溶劑）、乳化劑及起始劑，經由乳化聚合而得到之乳白色高分子乳膠（PMMA）。具優良接著力與耐水性，可用於水泥砂漿強化劑、水泥介面劑、彈性水泥、乳膠漆添加劑。

三、EVA 樹脂

EVA 樹脂（ethylene-vinyl acetate copo，乙烯 - 醋酸乙烯共聚物），以醋酸乙烯和乙烯單體爲基本原料，與其它輔料通過乳液聚合方法共聚而成高分子乳液。EVA 樹脂主要用於膠黏劑、塗料、水泥強化劑。EVA 樹脂中的醋酸乙烯含量高時可視爲增塑型的聚醋酸乙烯，它在聚醋酸乙烯分子中引入了乙烯分子鏈，使乙烯基產生不連續性，增加了高分子鏈的旋轉自由度，空間阻礙小，高分子主鏈變得柔軟。EVA 樹脂在弱酸和弱鹼存在條件下均能夠保持穩定性能，EVA 樹脂能夠耐紫外線老化，成膜後同樣可保持此一特點。

EVA 樹脂可以用作塗料的基料（以聚醋酸乙烯乳液、丙烯酸乳液、EVA 乳液、丁苯乳液、丙苯乳液、醋苯乳液等爲基料製造的塗料統稱爲乳膠漆）。EVA 乳膠漆可用作內外牆塗料、屋面防水塗料、防火塗料、防鏽塗料。

EVA 樹脂可用於水泥強化劑；水泥是建築工程中應用最廣泛的材料之一。但是單純的水泥製品存在容易龜裂和耐水性、耐衝擊力、耐酸性差的缺點，經實務應用確認，許多合成樹脂在水泥改性上有良好效果，其中 EVA 樹脂由於具有良好的耐水性、耐酸鹼性和耐候性（EVA 耐候性弱於亞克力樹脂，EVA 延展性優於亞克力樹脂），價格亦相對低廉，因此已被廣泛應用於土建工程中。

四、石英砂

石英石（quartz rock）亦稱矽石，是一種質地堅硬、耐磨、化學性質穩定的矽酸鹽類礦物。在自然界中以石英砂岩、石英岩、脈石英存在。石英砂岩是固結的碎屑岩石，來源於各種岩漿岩，沉積岩和變質岩，伴生礦物爲長石、雲母和黏土礦物。石英岩分沉積成因和變質成因兩種，沉積岩碎屑顆粒與膠結物的界限不明顯，變質岩指變質程度深、質純的石英岩礦石。脈石英是由岩漿形成，幾乎全部由石英組成，緻密塊狀構造。

石英砂中礦物含量變化較大，以石英爲主，其次爲長石、雲母、岩屑、重礦物、黏土礦物等。

石英砂是一種堅硬、耐磨、化學性能穩定的矽酸鹽礦物，其主要礦物成分是 SiO_2，石英砂的顏色爲乳白色、或無色半透明狀，莫氏硬度 7，性脆無解理，密度爲 2.65，不溶於酸，微溶於氫氧化鉀溶液，熔點 1750℃。

樹脂砂漿中石英砂常用規格有 10～20 目、20～40 目、40～80 目、100～120 目。金鋼砂亦可以目數指定規格。

五、試驗篩

一系列篩網、篩號、孔徑及線徑的標準規格。有中華民國 CNS（Chinese National Standards）規格、日本工業標準 JIS（Japanese Industrial Standards）規格、德國 DIN（Deutsche IndustrieNormen）規格、美國泰勒（Tyler）標準篩、美國材料試驗協會 ASTM（American Society for Testing & Materials）規格、英國標準協會 BSI（British standard institute）規格等。篩號及 mesh 即網目數（mesh number），如 100 目，爲每英吋線段距離平分爲 100 段間隙，亦即每平方英吋面積有 100×100 = 10000 個篩孔。篩號（目數）愈大，篩孔愈小。CNS

係以（標稱）孔徑作爲篩號名稱。

各種篩網之線徑有一定規格，如 100 目篩，每英吋直線段包含 100 目孔隙寬度及 100 條篩網線線徑。例如下表，泰勒 100 目篩網孔徑爲 0.147mm，而 0.147*100 = 14.7mm，小於 25.4mm，25.4 – 14.7 = 10.7mm，即篩網之線徑爲 10.7/100 = 0.107mm。

篩網規格對照表

CNS		JIS	DIN	Tyler		ASTM		BSI	
孔徑（mm）	線徑（mm）	孔徑（mm）	孔徑（mm）	mesh	孔徑（mm）	篩號	孔徑（mm）	mesh	孔徑（mm）
0.038	0.027	0.038							
0.045	0.032	0.045	0.045	325	0.043	325	0.045	350	0.045
			0.05						
0.053	0.037	0.053		270	0.053	270	0.053	300	0.053
0.063	0.045	0.063	0.063	230	0.061	230	0.063	240	0.063
0.075	0.052	0.075		200	0.074	200	0.075	200	0.075
			0.08						
0.09	0.063	0.09		170	0.088	170	0.09	170	0.09
		0.1							
0.106	0.075	0.106	0.1	150	0.104	140	0.106	150	0.106
0.125	0.088	0.125	0.125	115	0.124	120	0.125	120	0.125
0.15	0.104	0.15		100	0.147	100	0.15	100	0.15
		0.16	0.16						
0.18	0.126	0.18		80	0.175	80	0.18	85	0.18
0.212	0.151	0.212	0.2	65	0.208	70	0.212	72	0.212
0.25	0.173	0.25	0.25	60	0.245	60	0.25	60	0.25
0.3	0.208	0.3		48	0.295	50	0.3	52	0.3
			0.315						
0.355	0.25	0.355		42	0.351	45	0.355	44	0.355
			0.4						
0.425	0.29	0.425		35	0.417	40	0.425	36	0.425
0.5	0.34	0.5	0.5	32	0.495	35	0.5	30	0.5
0.6	0.39	0.6		28	0.589	30	0.6	25	0.6
			0.63						
0.71	0.45	0.71		24	0.701	25	0.71	22	0.71
0.85	0.523	0.85	0.8	20	0.833	20	0.85	18	0.85

CNS		JIS	DIN	Tyler		ASTM		BSI	
孔徑 (mm)	線徑 (mm)	孔徑 (mm)	孔徑 (mm)	mesh	孔徑 (mm)	篩號	孔徑 (mm)	mesh	孔徑 (mm)
				16	0.991				
1	0.588	1	1			18	1	16	1
1.18	0.634	1.18		14	1.168	16	1.18	14	1.18
			1.25						
1.4	0.717	1.4		12	1.397	14	1.4	12	1.4
1.7	0.84	1.7		10	1.651	12	1.7	10	1.7
2	0.953	2	2	9	1.981	10	2	8	2
2.36	1.03	2.36		8	2.362	8	2.36	7	2.36
			2.5						
2.8	1.11	2.8		7	2.794	2	2.8	6	2.8
			3.15						
3.35	1.27	3.35		6	3.327	6	3.35	5	3.35
4	1.4	4	4	5	3.962	5	4	4	4
4.75	1.6	4.75		4	4.699	4	4.75	3½	4.75
		5	5						
5.6	1.66	5.6		3½	5.613	3½	5.6	3	5.6
6.3			6.3				6.3		
6.7	1.8	6.7		3	6.68		6.7		6.7
8	2	8	8	2½	7.925		8		8
9.5	2.24	9.5			9.423		9.5		9.5
			10						
11.2	2.5	11.2			11.2		11.2		11.2
12.5			12.5				12.5		
13.2	2.8	13.2			13.33		13.2		13.2
16	3.15	16	16		15.85		16		16
19	3.15	19			18.85		19		
			20						
22.4	3.55	22.4			22.43		22.4		
25			25				25		
26.5	3.55	26.5			26.67		26.5		
31.5	4	31.5	31.5				31.5		
37.5	4.5	37.5					37.5		

CNS		JIS	DIN	Tyler		ASTM		BSI	
孔徑（mm）	線徑（mm）	孔徑（mm）	孔徑（mm）	mesh	孔徑（mm）	篩號	孔徑（mm）	mesh	孔徑（mm）
			40						
45	4.5	45					45		
50		50	50				50		
53	5	53					53		
63	5.6	63					63		
75	6.3	75					75		
			80						
90	6.3	90					90		
100							100		
106	6.3	106					106		
125	8	125	125				125		

上表內容摘錄自 CNS386

依 CNS386 規定，標稱孔徑 0.063mm 以上之篩網採平織，標稱孔徑 0.063mm 以下之篩網採斜紋織。標稱孔徑 3.35mm 以上之篩網，爲防止使用後金屬線滑動使網孔變形，可將金屬線製成彎曲後編織。

樹脂砂漿硬化地坪工程邀商報價說明書案例

項次	項目	數量	單位	單價	複價	備註
1	車道止滑耐磨地坪		m^2			Epoxy＋金鋼砂
2	停車場樹脂砂漿耐磨地坪		m^2			彩色，選色
	小計					
	稅金					
	合計					
合計新台幣：　拾　萬　仟　佰　拾　圓整						

【報價說明】

一、施工地點：台北市區路段號新建工程。

二、工程範圍：詳附圖（略）。

三、車道止滑耐磨地坪施工順序及要求：

1. 車道版清掃、沖洗。
2. 塗佈新舊水泥接著劑（水性壓克力樹脂），於接著劑硬化前進行水泥砂漿（添加壓克力樹脂）粉光（粗底）。
3. 養護至少 14 天。
4. 以上步驟由業主自理。
5. 以下施工步驟及相關工、料均屬承攬廠商報價、承攬範圍。
6. 距車道側牆 20cm 處，平行牆面釘設木質壓條。
7. 以吸塵器清潔地坪施作面。
8. 於施作面塗佈 Epoxy 樹脂，0.6kg/m^2（主劑、硬化劑配比依原廠指定）。
9. 車道止滑耐磨地坪採金鋼砂（非金屬，硬度不低於莫氏 8，水洗後曝乾，不得含其他添加物或卜作嵐材料），本色，不加染劑。以 Epoxy 樹脂添加於金鋼砂中確實攪拌（拌合比例：Epoxy 樹脂 0.8kg：金鋼砂 6kg），以刮板及金屬鏝刀塗布於底塗表面。塗布量：6.8kg/m^2（含 Epoxy 樹脂 0.8kg 及金鋼砂 6kg）。
10. 養護 2 日後拆除木質壓條。

四、停車場樹脂砂漿耐磨地坪施工順序及要求：

1. 以磨石機研磨，作素地整理，清除浮渣、泥塊、刮糙。
2. 素地含水率測試，含水率不得高於 8%（使用電子含水率測定儀）。
3. 底塗環氧樹脂，主劑、硬化劑依原廠指定比例拌合均勻，依 0.3kg/m^2 用量塗布於素地。

4. 中塗；將環氧樹脂依原廠指定比例拌合均勻，再依 1：1 重量比加入石英砂充分攪拌，以流梳鏝刀或推板攤平樹脂砂漿。3mm 厚度，使用量 5.3kg/m^2（環氧樹脂 2.65kg、石英砂 2.65kg）。
5. 面塗；將面漆環氧樹脂依原廠指定比例拌合均勻（顏色依甲方簽認色板），以流梳鏝刀或推板塗布於中塗層，形成色澤一致、厚度均勻之面塗。面塗樹脂漆用量 1kg/m^2。
6. 養護 7 天（甲方負責淨空管制）。

五、報價前，報價廠商應赴工地確實了解施作範圍、現場狀況及進度要求。

六、報價廠商應隨本報價說明提供環氧樹脂原廠型錄及金鋼砂、石英砂之規格說明。

七、施工電源由甲方供應，其餘材料及工具由乙方自備。

八、保固期限：保固一年，自管委會點收次日起算。

九、付款辦法

1. 本案工程依實際完成數量計價。
2. 每月一日及十五日為計價日，十日及二十五日為領款日。乙方於計價前應開立足額當月發票（含保留款）交工地辦理計價。
3. 每月依工程實際完成數量計價 100%，實付 90%（即完成數量 × 單價 ×90%×1.05），本項金額 1/2 以現金支付，1/2 以 60 天期票支付。
4. 保留款 10%，1/2 於全案工程完成後 60 天支付（即全案保留款金額 ×0.5×1.05），1/2 於公設點交管委會後支付（即全案保留款金額 ×0.5×1.05）。概以 60 天期票支付。

第23章 鋁門窗

集合住宅常見之門窗為鋁門窗、塑鋼門窗、不鏽鋼門窗，其中不鏽鋼門窗多用於公共空間或商用空間，住宅空間則採用鋁門窗或塑鋼門窗，但以鋁門窗為主流。

鋁門窗以鋁合金擠出型桿件併接並搭配各種五金構件（如輥輪、鉸鏈、鎖扣、把手）而成。各廠牌鋁門窗採用之鋁合金通常採用 6063-T5 耐蝕鋁合金（因 6063-T5 之擠製性能佳，可擠製複雜斷面之構件），無過多差異，但各廠使用之鋁擠型斷面設計、防蝕處理、塗裝方式、加工組合精密度、五金品質則關係各品牌產品優劣，價格亦差異甚巨。

一、風速、風壓

選購鋁門窗時應對抗風壓強度、水密性、氣密性、遮音性訂定標準；否則價格高低將無法比較。優良之鋁門窗廠商將樂於為業主規劃鋁門窗性能需求，但採購者對其規劃原則卻不能不稍加了解，以免使用超高級數而浪費金錢。

依建築技術規則、建築構造篇、第四節各條文；對風力已作概略說明與規範，不再贅述，僅就風速與風壓換算記述如後。

蒲福風級（Beaufort Scale）表

風級	名稱	陸地可見之象徵	速率（m/sec）	備註
0	無風	煙垂直上升	0.0～0.2	
1	軟風	煙歪斜上升，風力尚無法轉動風向儀	0.3～1.5	
2	輕風	風向儀轉動，人面感覺有風，樹葉微響	1.6～3.3	
3	微風	旌旗舒展，樹葉及小樹支擺動不止	3.4～5.4	
4	和風	塵土紙片飛揚、小樹幹搖動	5.5～7.9	
5	清風	有葉小樹搖擺、海面有波紋	8.0～10.7	
6	強風	大樹支擺動、電線呼呼有聲、舉傘困難	10.8～13.8	
7	疾風	全樹搖擺、迎風前進覺有困難	13.9～17.1	

風級	名稱	陸地可見之象徵	速率（m/sec）	備註
8	大風	微支折斷、迎風前進阻力甚大	17.2～20.7	輕度颱風
9	烈風	小屋及煙囪頂部微有損壞	20.8～24.4	
10	暴風	樹木被拔、屋宇吹倒	24.5～28.4	
11	強烈暴風	稀有的風災、破壞廣泛	28.5～32.6	
12	颶風（颱風）	嚴重風災，區域廣大	32.7～36.9	中度颱風
13	颶風（颱風）	嚴重風災，區域廣大	37.0～41.4	
14	颶風（颱風）	嚴重風災，區域廣大	41.5～46.1	
15	颶風（颱風）	嚴重風災，區域廣大	46.2～50.9	
16	颶風（颱風）	嚴重風災，區域廣大	51.0～56.0	強烈颱風
17	颶風（颱風）	嚴重風災，區域廣大	56.1～61.2	

風壓計算式：$P = k \times V^2$

P＝風壓 kg/m^2，k＝空氣密度，可視爲常數，CGS 制時爲 0.125

例如 V＝61.2m/sec 之風速；可對物體產生風壓＝$0.125 \times 61.2^2 = 468.18 kgf/m^2$

二、鋁門窗相關性能

CNS3092 表 13：鋁窗之必要性能項目

依性能分類	性能項目					
	抗風壓性	氣密性	水密性	隔音性	隔熱性	開啓力 [3]
普通窗	○	○	○			○
隔音窗	○	○	○	○		○
隔熱窗	○	○	○		○	○

註 [3] 適用於時常使用之拉窗。

備考：性能分類未指定時，以普通窗爲準。

CNS7477 表 17：鋁門之必要性能項目

依性能分類	依開閉形式分類	性能項目								
		抗風壓性	氣密性 (6)	水密性 (6)	隔音性	隔熱性	防火性	開啓力	耐衝擊性 (7)	邊料強度 (8)
普通門	推門	○	○	○				○	○	
	拉門	○	○	○				○	○	○
隔音門	推門	○	○	○	○			○	○	
	拉門	○	○	○	○			○	○	○
隔熱門	推門	○	○	○		○		○	○	
	拉門	○	○	○		○		○	○	○
防火門	推門	○	○	○			○	○	○	
	拉門	○	○	○			○	○	○	○

註 (6) 依使用條件，得省略氣密性及水密性。
(7) 如主要部分爲板玻璃之框構門時得省略之。
(8) 適用於抗風壓性等級 240 以上者。

抗風壓性

依 CNS3092 及 CNS7477 規範所列之鋁門窗抗風壓強度級數爲 80、120、160、200、240、280、360 七種等級，所謂抗風壓 360 級，即依 CNS11526 門窗抗風壓性試驗法，於門窗兩側最大壓力差 360kgf/m^2 時，門窗各部位變形量不得大於規定值。目前較常使用者爲 280 級、360 級，又因近年建物高度愈有增高趨勢，360 級似已不敷需求，故 400kgf/m^2、450kgf/m^2 及更高級數之鋁門窗均有廠商接單生產。

氣密性

都市高噪音地區建築常以氣密門窗爲促銷訴求，氣密性、水密性與遮音性雖成正比但終究不成等號。又因，同一樘鋁門窗於不同壓力差時之漏氣量必然不同，故 CNS3092 及 CNS7477 對鋁窗之氣密性以「氣密性等級線」區分，將氣密性區分爲 120、30、8、2 四種等級線。所謂氣密性 2 等級線，即鋁窗內、外側壓力差 1 kgf/m^2 時之通氣量不大於 2m^3/h.m^2 且符合一系列壓力差、通氣量之要求者（依 CNS11527 圖 5 所示，如下圖）。當鋁窗之氣密性符合氣密性 2 等級線，市場慣稱該等級鋁窗爲「氣密窗」。

因氣密鋁門窗單價較高，製造廠商爲配合客戶預算而開發多種型式不同之氣密門窗，包含壓條式、連動式與推開式氣密門窗。

壓條式氣密窗爲橫拉門扇、窗扇之縫隙處增設橡膠氣密條，窗扣採大型把手鎖扣迫緊縫隙，使其氣密性符合 $2m^3/hr\text{-}m^3$ 之氣密要求。連動式氣密窗採連動式氣密把手鎖扣，緊扣時連桿傳動上下插銷使內頁窗扇緊貼窗框達至氣密，其氣密性符合 $2m^3/hr\text{-}m^2$ 之氣密要求。又因窗扇緊貼外框；強風時亦無窗扇振動碰撞聲。推開式氣密窗之原理爲窗扇疊合窗框處裝設氣密壓條，構造簡單但效果最佳。因向外推開；紗窗須裝於內側向內開，或採捲紗、摺紗。

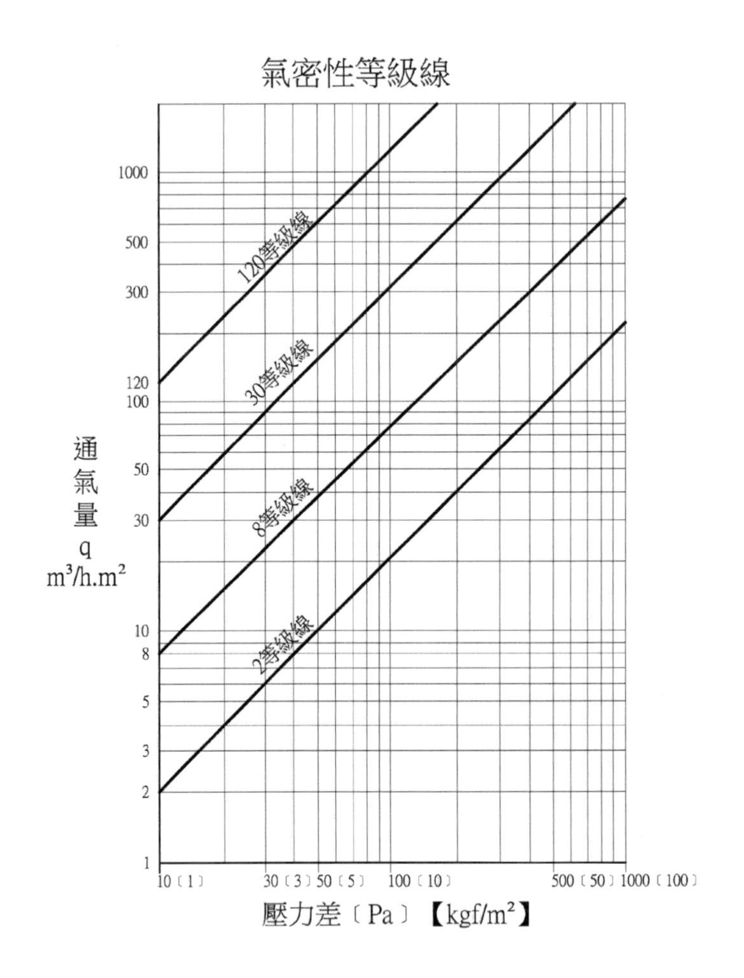

水密性

依 CNS3092 及 CNS7477 規範所列之鋁窗水密性級數 10、15、25、35、50 五種等級，所謂水密性級數 50，即依 CNS11528 門窗水密性是驗法，符合壓力差 $50kgf/m^2$，於一側以每分鐘 $4L/m^2$ 水量均勻噴灑門窗，門窗另一側不得有溢水、濺水等現象發生者。高層建築之鋁門窗除抗風壓強度須採較高級數外；氣密性與水密性亦須相對提高，筆者建議位於開擴地區十五層以上之大樓鋁門窗氣密性應優於或等於 $2m^3/hr.m^2$、水密性應優於或等於 $50kgf/m^2$。否則空有強度仍無法抵擋颱風時之雨水自縫隙及下槽滲入。

隔音性

CNS3092 及 CNS7477 對鋁窗之隔音性分為 25、30、35、40 四種等級，依 CNS15160-3 聲學 - 建築物及建築構件之隔音量測 - 建築構件空氣音隔音之實驗室量測規定方式，測定門窗於各種頻率（Hz）下之音響透過損失（dB），應符合 CNS3092 圖 4 之 Ts 等級線（如下圖），25 等級應符合 Ts-25 等級線、30 等級應符合 Ts-30 等級線，依此類推。

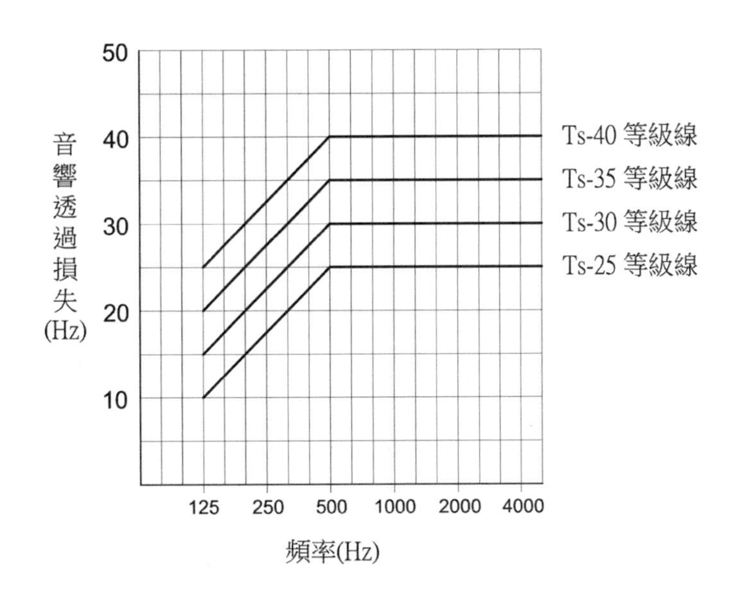

音量單位為 dB，故遮音量之單位為 dB。高噪音地區建築鋁門窗之遮音量應≧ 35dB 為宜。當然；此種遮音等級鋁門窗之氣密性能亦較佳。訂購之隔音門窗應檢具國立大學音響實驗室[1、2、3]開立之穿透損失測試報告。

隔熱性

CNS3092 及 CNS7477 對鋁窗之隔熱性區分為 0.25、0.29、0.33、0.40 四種等級，依 CNS15813-1 門窗熱性能 - 熱傳透性熱箱測定法 - 第 1 部：完整門窗規定方式，0.25 等級之熱阻應達 $0.25m^2.h.℃/kcal$，0.29 等級之熱阻應達 $0.29m^2.h.℃/kcal$，0.33 等級之熱阻應達 $0.33m^2.h.℃/kcal$，0.40 等級之熱阻應達 $0.40m^2.h.℃/kcal$。

一般狀況下，訂購鋁門窗多未指定其隔熱性；而綠建築對節能減碳所要求之項目為玻璃隔熱性能。

---

[1] 國立臺灣大學工程科學及海洋工程學系暨研究所聲學實驗室
[2] 國立成功大學建築音響實驗室
[3] 國立臺灣海洋大學系統工程暨造船學系音響實驗室

防火性

CNS7477 對鋁門防火性區分爲 A 種防火門（30A、60A、120A）及 B 種防火門（30B、60B、120B），並依 CNS11227 建築用防火門耐火試驗法所規定方式測試其防火性能。但使用鋁合金門作防火用途較屬罕見。

開啓力

依 CNS3092 第 9.6 節規定施作開啓力試驗，以質量 5kg 之重錘牽引窗扇，視門、窗扇是否圓滑開始啓動。

三、外拆窗、內拆窗

往昔鋁門窗基於排水因素；下框料之內側均高於外側（高差愈大則水密愈佳），以免雨水內灌，因此拆卸窗扇均須先拆外扇再拆內扇，先取內扇再取外扇，致窗扇有向外墜落之風險。內拆式鋁窗即針對此缺失改良，可先拆內扇，其價格與外拆式相近。

四、鋁框固定方式

鋁門（或落地鋁窗）框料之厚度多爲 10cm，鋁窗框料之厚度多爲 7cm。常有業主除指定抗風壓強度外；再指定鋁窗框料之厚度爲 8cm，筆者以爲該項等級提升對售屋爲有利訴求，對強度提升應無幫助，因框料受剛性固定；無變形故慮（若有；亦屬施工問題）。

依歷年風災損害統計，鋁門窗框料之損壞多爲固定不良，損壞鋁框多未安裝固定片；僅以水泥砂漿嵌縫了事。鋁門窗框料之安裝固定方式有採後裝固定片及預埋固定件二種。固定片與外框嵌合後以鋼釘將固定片釘附於結構體，其牢固性必定劣於預埋固定件，但方便性、準確性卻遠大於預埋方式。

爲改善預埋固定件之方便性與準確性，並保有其剛性與牢固，均指定以電焊連結繫件，繫件與結構體之連結點或爲大頭鋼釘、槍擊釘、膨脹螺栓或打鑿牆面使鋼筋外露。若以大頭鋼釘爲焊接連結點倒不如採固定片較有效且價廉。以打鑿牆面使鋼筋外露作焊接連結點最爲有效；成本亦最高。

五、嵌縫與塞水路

嵌縫及塞水路工程可委由鋁門窗承攬廠商施作，亦可另行發包。若由鋁門窗承攬廠商施作；爾後滲漏責任歸屬易於界定，另行發包則可得較低之成本，各有利弊。亦有營造公司將鋁門窗材料、安裝工程分別發予不同廠商施作，雖取得最低成本，但工、料之配合卻甚不協調，爾後滲漏責任歸屬必有爭議。

早年塞水路多採填縫膠泥，結合性差、易老化、成本低，至民國 75 年後矽膠使用普遍，多採 silicone 塞水路。因曾有廠商對【塞水路】定義為：以填縫膠泥填塞，故為避免爾後爭議；建議採【silicone 塞水路】為工程項目名稱。

六、玻璃槽

鋁門窗之遮音性能與玻璃厚度及玻璃安裝方式有連帶關係，玻璃愈厚其遮音愈佳，silicone 固定較 PVC 壓條固定之遮音性佳。又因橫拉窗扇預留之玻璃安裝槽溝厚度約為 16mm，若以 PVC 壓條則安裝玻璃之最大厚度為 10mm，若改以 silicone 則安裝玻璃之最大厚度為 8mm。若門窗採中空玻璃；應於發包前說明，確認玻璃槽厚度符合需求。

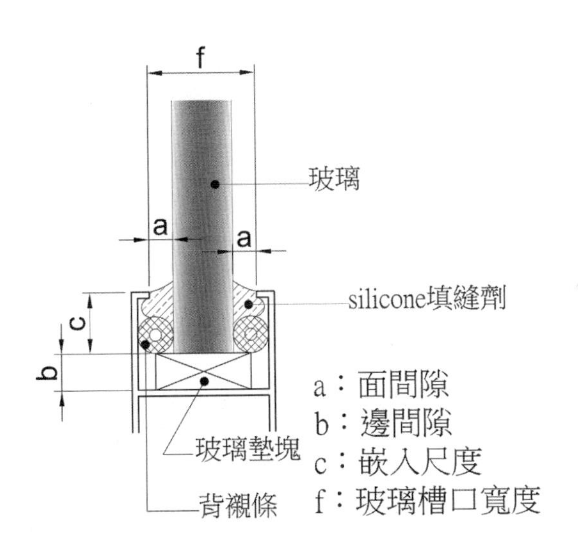

橫拉窗之隔音性能受玻璃厚度影響，橫拉窗之玻璃厚度增加，可有效提高鋁窗在中低頻之隔音性能，但對阻隔高頻聲音之效能有限。橫拉窗安裝之玻璃由 3mm 厚度增加為 5mm 時，其透過損失值在低頻 125Hz 提高約 3db，中頻 1000Hz 提高約 2db，高頻 4000Hz 提高約 0.5db。

玻璃安裝規格表（單位：mm）

板玻璃		使用密封劑			使用玻璃壓條		
種類	厚度	開口間隙	底部間隙	嵌入深度	開口間隙	底部間隙	嵌入深度
普通玻璃 浮式玻璃	3	3	5	6	2	3	6
	4,5,6	3	6	8	2	3	6
	8 10	4 4	8 8	10 12	3 -	3 -	6 -
	12 15	5 5	10 10	14 18	- -	- -	- -
	19	6	12	22	-	-	-
複層玻璃	12～18	5	8	15	3.5	3	12
膠合玻璃	5～20	比照浮式玻璃			-	-	-
強化玻璃	5,6 8	4 5	10 12	10 10	- -	- -	- -
	10 12	5 5	12 12	12 14	- -	- -	- -

七、表面處理

CNS3092、CNS7477 對鋁合金門窗表面處理區分爲陽極氧化膜及合成樹脂塗膜二種。鋁門窗之表面處理通常先做陽極氧化膜再塗布合成樹脂塗膜，稱爲複合皮膜。依CNS8405 鋁及鋁合金之陽極氧化與塗裝複合皮膜，表 1：複合皮膜種類，規定如下。

種類	陽極氧化膜厚度 (1) (μm)	塗膜厚度 (1) (μm)	塗膜	參考 主要用途
A	9.0 以上	12.0 以上	透明系列	建築材料（屋外嚴苛環境）
B	9.0 以上	7.0 以上		建築材料（屋外）、車輛材料等
C	6.0 以上	7.0 以上		建築材料（屋內）、家電材料等
P	6.0 以上	15.0 以上	著色系列	建築材料（屋外）、車輛材料等

註 (1)：陽極氧化膜厚度及塗膜厚度爲最小皮膜厚度
註 (2)：mm（millimeter. 毫米），μm（micrometer 微米），nm（nanometer 奈米）

1mm = 1,000μm = 1,000,000nm

備考 1. 透明系列塗膜是指不會損及鋁及鋁合金底層材料及陽極氧化膜所保有之底材感及色調，或只抑制其光澤之塗膜。

備考 2. 著色系列塗膜是指在各種樹脂系塗料中加入著色爲目的之顏料而製成之著色塗料，於塗裝後所得之塗膜。

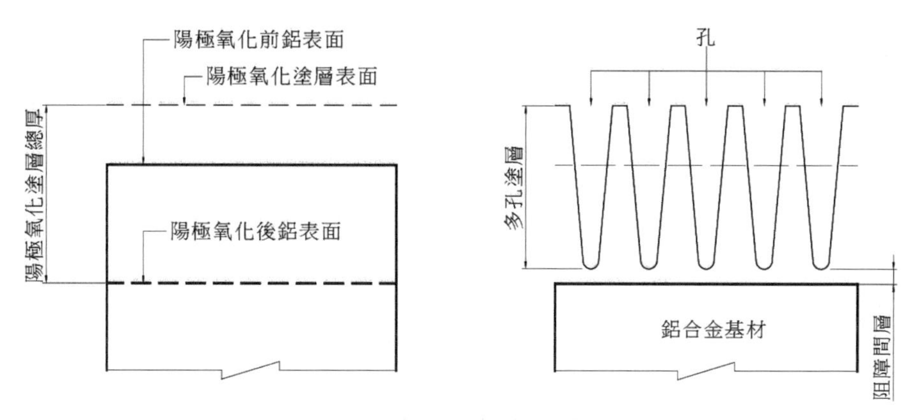

陽極氧化塗層示意圖

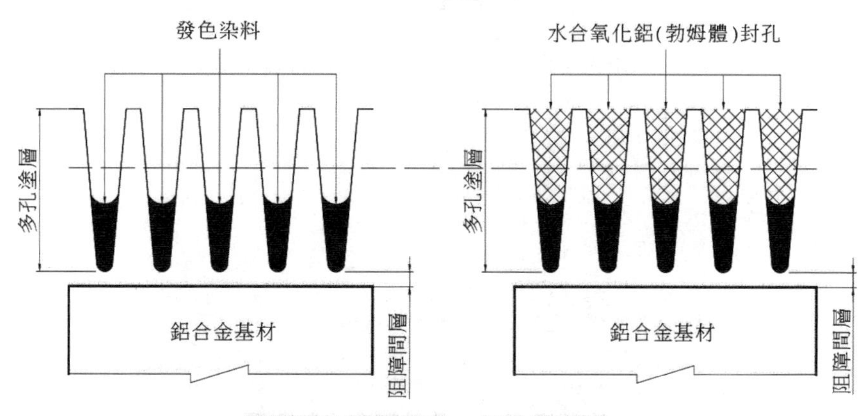

陽極氧化塗層發色、封孔示意圖

陽極發色鋁擠型構件常循構件擠出方向於表面存在縱向紋路色差，稱「模痕」，是因模具與擠出構件摩擦造成，無可避免，愈大型構件，模痕愈明顯，可於陽極處理前作噴砂處理，以消除模痕（雖有部分廠商將該噴砂處理列入正常製造程序，但仍建議於發包前確認，避免爾後爭議）。

八、陽極氧化膜

鋁或鋁合金暴露於空氣中會形成氧化膜，該氧化膜阻斷鋁材與空氣接觸而造成耐蝕特性。於工廠內經由電解處理方式使鋁材表面快速形成緻密、均勻、超薄之氧化膜（陽極氧化塗層）之程序，營建界稱之爲陽極處理。陽極氧化塗層可利用交流電或直流電經由多種電解液形成。鋁金屬之陽極氧化塗層具二層次，爲阻障層與多孔塗層。最終形成之阻障層極薄，界於鋁合金母材與多孔塗層間，無孔隙，對耐蝕性能之提升具有關鍵性。最初形成之氧化塗層位於表層，因與電解液長時間接觸，有較多之溶解作用，形成海棉狀組織，稱多孔塗層。

陽極氧化表層之多孔管狀組織層具有吸收顏料的能力，爲得長久之染色效果並避免污染應再進行封孔處理。封孔使氧化鋁和水生成 $Al_2O_3 \cdot H_2O$ 而使多孔外層封閉。封孔的方式有沸水封孔、蒸氣封孔、金屬鹽封孔、有機物封孔、塗裝封孔。若採消光透明塗料塗裝（又稱艷消塗裝）不僅可產生霧面金屬感，亦可兼具封孔之效果。

早年沸水封孔曾是唯一封孔處理方式。沸水封孔是在接近沸點的純水中，氧化鋁經水合反應將非晶態氧化鋁轉化成水合氧化鋁（又稱勃姆體 Bohmite），即 $Al_2O_3 \cdot H_2O$。因水合氧化鋁爲原陽極氧化膜分子體積 1.3 倍，使陽極氧化膜孔隙堵塞封閉，並提升陽極氧化膜抗汙染性、耐蝕性。

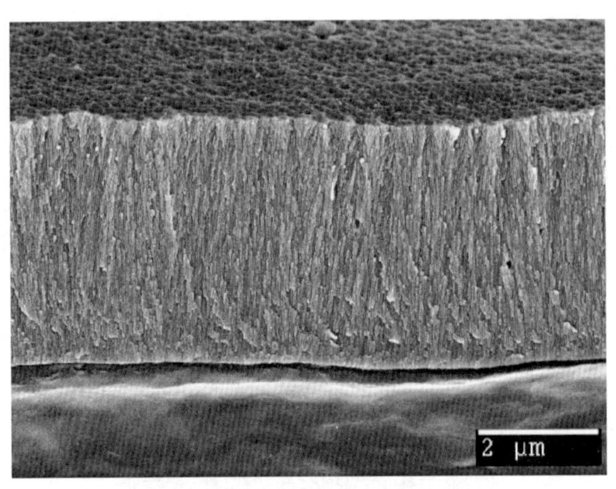

鋁合金陽極氧化膜

九、陽極發色處理

陽極處理可分爲硫酸本色處理及自然發色處理。自然發色處理方式有四種：

1. 利用特殊合金發色：如 5.5% 矽合金在硫酸處理中會產生灰色。
2. 利用特殊電解液發色：如單獨的磺基水楊酸可產生淺黃色的陽極氧化塗層。
3. 合併 1. 與 2. 之發色：草酸處理可得黃色氧化塗層，但合金的成分可影響顏色重疊，在黃色之上而呈棕色、棕黃色、深棕色，這就是合金成分所導致的重疊效果。

4. 利用交流電及金屬鹽溶液發色：發色成本較低，且色澤不受膜厚限制。

鋁料陽極發色處理常見昭和色（咖啡色）、香檳色（不鏽鋼色）、金色。另有粉體塗裝與氟碳烤漆塗裝，價格以氟碳烤漆最貴，使用年限亦以氟碳烤漆最久，據聞可維持三十年不退色。

十、粉體塗裝

粉體塗裝是在金屬與樹脂塗料粉末間導入電壓，再藉由靜電使塗料粉末附著於金屬表面。其優點為：減少環境汙染，塗料可回收再利用，成本較低，有多種顏色可供選擇。缺點為：易龜裂、脫漆、褪色。依 JIS-K-5400 規範，粉體塗裝模厚度應達 40μm 以上。

十一、氟碳烤漆

氟碳烤漆是在烤漆塗料中添加氟，以增益塗膜耐候性能，國內市場主要採用以商標名稱 Kynar 500 之 PVDF 樹脂為基材（含量 50% 或 70%）。其優點為：耐候、耐汙染、耐磨耗。缺點為：氟具有毒性，須於符合環保法規場所施作、價格高。依 AAMA2605-05 規範規定：主要暴露面總乾膜厚度，應採用 ASTM D 1400 測試方法，80% 的檢測結果應等於或大於 30μm。

十二、鋁合金編號

常見規範記載「本案鋁門窗一律採 6063-T5 耐蝕鋁合金製造」，其中 6063-T5 代表何種規格？我國目前通用的是美國鋁業協會（Aluminium Association）的編號，編碼規則如下：

第一位數：表示主要添加合金元素

1：純鋁

2：主要添加合金元素為銅

3：主要添加合金元素為錳或錳與鎂

4：主要添加合金元素為矽

5：主要添加合金元素為鎂

6：主要添加合金元素為矽與鎂

7：主要添加合金元素爲鋅與鎂

8：不屬於上列合金系的新合金

第二位數：表示原合金中主要添加合金元素含量或雜質成分含量經修改的合金

0：原合金

1：原合金經第一次修改

2：原合金經第二次修改

第三及四位數：第三位與第四位數字表示不同化學成分之合金識別。

-Hn：表示非熱處理合金的鍊度符號

-Tn：表示熱處理合金的鍊度符號

6063 鋁合金化學成分

Si	Fe	Cu	Mn	Mg	Cr	Zn	Ti	其他元素
0.20～0.6	0.35	0.10	0.10	0.45～0.9	0.10	0.10	0.10	0.05

鍊度

若添加合金元素尚不足以完全符合要求，尚須藉冷加工、淬水、時效處理及軟燒等處理，以獲取所需要的強度及性能。這些處理的過程稱之爲調質，調質的結果便是鍊度。依CNS2068 鎂、鋁及其合金之鍊度符號定義：在製造過程中，依加工、熱處理條件之差異所獲得機械性質之區分。鍊度符號區分爲；H（經加工硬化而增加強度）、T（經熱處理使材質更加安定）、O（經退火處理以提升伸長率或尺度穩定性）、W（經固溶處理）四大類。

鋁門窗工程邀商報價說明書案例

項目	數量	單位	鋁門窗單價	紗門窗單價	安裝	清潔	Silicone塞水路	單價	複價	備註
DW1 橫拉門		樘								160×230
DW2 橫拉門		樘								180×230
DW3 橫拉門		樘								260×230
DW4 橫拉門＋橫拉氣窗		樘								180×230＋180×60
D1 推開門		樘								90×230
D2 推開門		樘								80×230
D3 推開門		樘								180×230
W1 橫拉窗＋下固定窗		樘								145×100＋145×70
W2 橫拉窗		樘								145×100
W3 橫拉窗＋下固定窗		樘								130×100＋130×70
W4 固定窗		樘								50×100
W5 推開窗		樘								60×100
W6 鋁百葉窗		樘								60×100
W7 鋁百葉窗		樘								45×45
嵌縫		M								
小計										
稅金										
合計										

【報價說明】

一、本案鋁門窗一律採 6063-T5 耐蝕鋁合金製造並採古銅發色艷消塗裝。

二、陽極處理膜厚 12μ，艷消塗裝透明樹脂膜 12μ。

三、承攬廠商應備有檢測鋁門窗風壓、水密、氣密、膜厚之設備，交貨前依甲方要求作抽樣試驗；合格標準如下列。

1. 抗風壓性：360 級。
2. 水密性：符合水密性 50 等級。
3. 氣密試驗：符合氣密性 2 等級線。
4. 輥輪試驗：40000 次以上無異狀（以經濟部中央標準局或商品檢驗局測試報告爲驗收依據）。
5. 公差：邊長及對角均不得大於 2mm。
6. 複合皮膜厚度：陽極氧化膜厚 12μ、合成透明樹脂膜 12μ。

四、固定螺絲均採無磁性不鏽鋼材質。

五、框料接合處一律襯墊防水墊片。

六、橫拉門窗上緣一律安裝防滑落卡榫，下緣一律安裝輥輪。

七、成品應以 PE 膠布包裝（與結構體接觸部份不得包覆）、角隅加覆瓦楞紙板，成品一律加貼標籤註記規格。

八、橫拉門、窗一律附紗門、紗窗、不鏽鋼鎖扣，紗門均附防滑落卡榫及輥輪，紗窗附防滑落卡榫。

九、推開門均採天地型自由鉸鍊。

十、D1、D2 推開門應附紗門（附不鏽鋼旗型鉸鍊、鎖栓、拉把）。

十一、D3 推開門應加裝天地栓、門弓器。乙方應於門框內預先補強並預裝不鏽鋼螺栓（焊接固定，避免螺栓脫落於門框槽內），螺牙位於門弓器撐臂固定處。門弓器本體裝於門扇上緣，以不鏽鋼螺栓貫穿門扇固定門弓器本體，不得以自攻牙螺絲安裝。

十二、D1、D2、D3 推開門應附喇叭鎖、推拉板。

門弓器、門鎖由甲方供應。

天地栓、門弓器、門鎖、推拉板均由乙方安裝。

鑰匙應編號點交甲方。

十三、W6、W7 百葉窗應於是內側附不鏽鋼防蟲網。

十四、紗網（含不鏽鋼防蟲網）不得少於 16 目 / 2.5cm。

十五、採電焊立框之門窗應附電焊固定片，其材質應爲 2.5mm 厚之鍍鋅鐵片，其間距不得大於 50cm。

乙方應於每處電焊位置相對應之結構體鑽孔拴入外徑 12mm 膨漲螺栓（植入深度不得小於 4.5cm）並以短鋼筋二支連接點焊於固定片（固定片與短鋼筋應呈三角形配置。

採一般安裝之門窗應於現場安裝固定片並以鋼釘固定，其間距不得大於 50cm。

十六、本案門窗使用中性 Silicone 或變性 Silicone 塞水路，需貼膠紙施作。

中性 Silicone 採道康寧（DOW CONING）991，變性 Silicone 採橫濱（HAMATITE）SUPER- Ⅱ。

Silicone 由乙方提供色板交甲方選色。

十七、甲方於塞水路位置預留之木壓條，由甲方負責挖除。

十八、承攬廠商應於簽約後繪製門窗詳圖交甲方工地主任簽認，依簽認圖製作。

簽認尺寸與簽約尺寸面積差距小於或等於 5% 者不辦追加減。

例：簽約尺寸爲 100cm*100cm；簽認尺寸爲 110cm*110cm。

簽約尺寸面積 = $10000cm^2$，簽認尺寸面積 = $12100cm^2$，面積差異 $2100cm^2$。

2100/10000 = 21%，增減尺寸之面積已逾 5%，應由甲、乙雙方就變更尺寸門窗重新議定價格。

十九、承攬廠商應於簽約前配合甲方工地主任訂定進度表，該進度表爲合約附件。

二十、若因乙方因素造成進度延滯，每逾期一日完成應罰款工程總價之 $^1/_{100}$、依此類推。

二一、承攬廠商應指派專人協調配合工地進度、品質管制及人員調度。工程進行期間須派駐專人領導工程進行，並負責人員、物料、安全管理。

二二、除特定五金（詳說明十一）、施工用水電、固定用水泥外其餘工料均屬乙方承攬範圍。

二三、門窗嵌縫、玻璃安裝工料屬甲方自理項目。

二四、水平基準線、外牆灰誌由甲方施作，乙方依該項基準及甲方指示安裝。

水平及垂直誤差不得大於 3mm。

二五、進場材料須依甲方指示堆放，乙方自負保管責任。

二六、承攬廠商須製做樣品經甲方工務部簽認後存放於工地，供爾後驗收比對。

二七、本案工程應由乙方保固貳年（保固期自管理委員會點收日起算）。

二八、付款辦法

1. 每月一日及十五日爲計價日，每月十日及二十五日爲放款日。
2. 計價時乙方應附足額當月發票，否則不予計價。
3. 依實做數量計價。
4. 簽約後由工地計價支付訂金 10%；以 60 天期票支付。領款時；乙方應對開同等金額之保証支票交甲方財務部。

5. 每期依當期安裝完成數量（計價項目如前表）100%，回沖訂金 10%、保留款 10%、實領 80%。工資（安裝、清潔）概以現金支付，工料部分（鋁門窗、紗門窗、塞水路）以 40% 現金、60% 60 天期票支付。
6. 取得使用執照後退還 1/2 保留款、管理委員會點收後退還剩餘保留款，保留款概以 90 天期票支付。
7. 保證支票於保固期滿後退還。

第24章 玻璃工程

玻璃是非結晶材料，多以無機礦物，如石英砂、硼砂、重晶石等為主要原料製成，應用於建築物以阻風、透光。

建築門窗使用之平板玻璃依生產製造方式分為：引上法平板玻璃、平拉法平板玻璃和浮式平板玻璃。由於浮式平板玻璃具有厚度均勻、表面平整等優點，更因產量高及利於管理等因素，浮式玻璃已成為玻璃製造方式的主流。

一、玻璃原料

普通玻璃的成分主要是二氧化矽（SiO_2，即石英）。純矽石熔點約攝氏2000℃，須加入碳酸鈉（Na_2CO_3，即蘇打）與碳酸鉀（K_2CO_3），以促進玻璃熔融，可將矽土熔點降低至攝氏1050℃左右。又因碳酸鈉溶於水，須再添加氧化鈣（CaO）使玻璃不溶於水。另添加其他功能副原料，如澄清劑用以釋放玻璃液中殘留氣泡、消色劑用以去除氧化鐵造成之染色、著色劑用以製成色板玻璃等。

二、平板玻璃

各種建築用玻璃加工製造多以平板玻璃為素材，再經強化、鍍膜、烤彎、膠合等加工。早年平板玻璃之製造採福柯特（E.Fourcault）法及庫邦（I.W.Colburn）法，福柯特法將玻璃膏擠出長孔引導裝置後向上方拉引以製成玻璃平板。庫邦法以滾筒擠壓玻璃膏後向上方拉引製成玻璃平板。上述方式無論產量、品質均無法與浮式平板相比，均已淘汰。

浮式平板玻璃（Float Glass）是將玻璃原料加溫至1550℃後形成熔融狀之玻璃膏，經控制閘門進入錫槽，由於地心引力及本身表面張力作用浮於融鎔錫床上（錫比重7.3，玻璃比重2.5）形成平整接觸面，使玻璃兩面平滑均勻，波紋消失，再進入緩冷窯降溫至50℃，經品質檢驗後裁切為6m×3.21m庫存尺寸。如果在錫槽內高溫玻璃的表面上設置銅鉛等合金作為陽極，以錫液作為陰極，接通直流電，可使銅等金屬離子附著於玻璃表面形成各種色澤，亦可於錫槽出口與退火窯中間以熱噴塗濺鍍金屬膜著色或形成反射玻璃、LOW-E玻璃。浮式平板玻璃生產設備造價高昂，非中小型企業所能建置。

三、玻璃種類及加工

1. 清玻璃

無色透明玻璃。

2. 色板玻璃

在玻璃中加入各種金屬和金屬氧化物，以改變玻璃的顏色。

3. 特白玻璃

因玻璃含微量鐵，使玻璃呈現淡綠色。特白玻璃亦稱低鐵玻璃，原料含鐵量低，以提高透光率及透明質感。

4. 化學強化玻璃

將玻璃浸入熔鹽池中進行離子交換，玻璃內的鏤分子（人造元素）與鹽分子交換，大量鹽離子壓迫玻璃表面以增加其強度，耐衝擊及抗壓強度爲普通玻璃 5 倍。適用於厚度 2 mm 以下之玻璃。因爲內層離子未交換，僅玻璃表面進行離子交換，故可以切割、鑽孔、鍍膜等後加工。

5. 物理強化玻璃：（即建築最常用之強化玻璃）

以單層普通玻璃加熱接近軟化點時，在玻璃表面急速冷卻，使壓縮應力分布在玻璃表面，而引張應力則在中心層，玻璃便因表面應力分布的改變而提升了強度，物理強化抗壓強度及耐衝擊力達普通玻璃 3～4 倍。玻璃破碎時，顆粒成鈍角，較不易傷害人體。玻璃強化後無法再做鑽孔或切割。又因熱處理過程中，輸送玻璃輥輪痕跡造成尚未完全硬化之玻璃表面造成波痕，故物理強化玻璃平整度稍差。因難以避免波痕產生，CNS 似乎有意規避強化玻璃有關波痕之規範。物理強化方式適合製做厚度 2 mm 以上之強化玻璃。

6. 反射玻璃

反射玻璃屬鍍膜玻璃之一，依鍍膜方式分離線鍍膜及在線鍍膜（LVC 反射玻璃）。

離線鍍膜反射玻璃採眞空濺鍍，於眞空室內將金屬或金屬化合物以電擊等方式加溫、霧化，使霧化金屬沉積於玻璃表面形成均匀的金屬氧化膜，依厚度差異呈現不同之反射效果，如微反、半反、全反。反射玻璃於隔熱亦具良好效果，反射愈強則隔熱性也相對增加，但亦相對減損透光率致增加室內照明耗能，反射光亦對周邊環境製造光害。

在線鍍膜（LVC）反射玻璃於浮式玻璃生產過程中（即在生產線上），在熱玻璃的表面上噴塗錫（Sn）的化學溶液或粉末，使玻璃表面反應形成薄膜。在線鍍膜以有色玻璃爲基板，有色玻璃本身的顏色　定成品色彩。其鍍膜層僅由單層氧化物構成，無法有效反射太陽熱輻射，隔熱性能差。又因鍍膜較眞空濺鍍厚，其鍍膜均匀度亦不及眞空濺鍍，單片玻璃不同部位即可能發生色差。

7. 低輻射（Low-E）玻璃

Low-E 玻璃亦屬鍍膜玻璃，製程與反射玻璃相同，分離線鍍膜與在線鍍膜二種。

離線鍍膜又稱軟鍍，即以眞空濺鍍方式，將玻璃表面鍍上多層不同材質的鍍膜。其中銀鍍層爲提供低輻射性能之主要鍍層，反射紅外線以斷熱。鎳鉻合金鍍層用以保護鍍銀層。其低反射率亦減少建築物對周邊環境造成光害。其熱傳導値（U-Value）及遮蔽係數（SC）均優於在線鍍膜 Low-E 玻璃，但因其金屬鍍膜易氧化，須膠合製成雙層玻璃隔絕空氣。成本高於在線鍍膜 Low-E 玻璃。

在線鍍膜又稱硬鍍，使用化學氣相沉積法（CVD）將鍍膜材料噴灑於成型的浮式玻璃上，使玻璃表面沉積一層極薄的氧化金屬層，形成鍍膜。爲避免鍍膜刮傷，仍應膠合製成雙層玻璃提供保護。

無論離線鍍膜或在線鍍膜，無論是否採雙層玻璃膠合，Low-E 玻璃之金屬鍍層均將隨時間造成氧化而逐漸減損其遮斷紅外線之能力。近年，國內廠商配合中央大學開發 UVIR 隔熱膜，以奈米等級粒徑中空透明陶瓷取代金屬鍍膜，可有效避免金屬鍍膜氧化問題，亦無遮斷手機訊號之虞。

8. 熱硬化玻璃

熱硬化玻璃又稱熱處理增強玻璃，亦屬玻璃強化方式之一，以較和緩的降溫速率冷卻玻璃，其強度低於物理強化玻璃，約爲普通玻璃強度 2 倍。10mm 以上厚度玻璃無法進行熱硬化處理，但物理強化玻璃則不受限制。熱硬化玻璃與物理強化玻璃雖同屬熱處理玻璃，但因和緩降溫，波紋問題較不易發生。

9. 膠合玻璃

膠合玻璃是以兩層或多層普通或強化玻璃組成，中間的夾層多爲 PVB 膜（Polyvinvlbutyral，聚乙烯醇縮丁醛），加熱至攝氏 70 度，再以滾軸將空氣擠壓排出並緊密黏合玻璃。膠合之玻璃層數愈多（厚度愈厚）則強度愈強（但計算膠合玻璃抗風壓強度時僅依較薄層之玻璃強度計算）。當膠合玻璃受外力衝擊時，膠膜仍黏著玻璃，碎片不至散落，屬安全玻璃。防彈玻璃亦屬多層膠合玻璃，所黏合之 PVB 膜韌性更優。

10. 複層玻璃

複層玻璃亦稱中空玻璃，即於兩層玻璃間以鋁條間隔於玻璃周邊，注入乾燥空氣或惰性氣體，形成中空的乾燥氣室，四周再以矽膠密封，以降低兩側溫度、音波傳遞，亦可避免結露、起霧現象發生。同理，將氣室內空氣抽除造成氣室眞空，稱眞空玻璃，其隔音、斷熱、防起霧結露效果更佳。

11. 烤漆玻璃

烤漆玻璃，亦稱漆板玻璃，是以陶瓷漆料噴塗於平板玻璃表面，乾燥後以強化爐加溫使玻璃接近熔點，使漆料滲入玻璃熔合結爲一體，其色彩鮮明不易褪色。

12. 彎曲玻璃

彎曲玻璃，亦稱烤彎玻璃。將玻璃置於弧形模具加熱至玻璃軟化，以玻璃自重造成變形，循模具弧度彎曲，再經自然冷卻後製成。烤彎成形後亦可再做強化處理。大面積之彎曲強化玻璃以結構型矽膠黏著於隱框金屬窗或帷幕牆時，因熱膨脹係數差異過大，若未以較厚之結構矽膠吸收變形量，其自爆機率將增加。

13. 噴砂玻璃

以水混合金剛砂，高壓噴射在玻璃表面造成之效果。因噴砂面較粗糙，易沾留油脂造成汙染，且不易清除。

14. 磨砂玻璃

用砂輪對表面進行打磨，薄玻璃不適於磨砂。

15. 酸洗玻璃

酸洗玻璃，亦稱蒙砂玻璃。使用強酸（如氫氟酸）浸泡腐蝕玻璃表面，造成極密緻之砂霧面效果，抗汙染性較噴砂、磨砂玻璃強。

16. 防火玻璃

以雙層或多層強化玻璃夾合透明防火膜組成之膠合玻璃。各製造廠之防火膜材質及原理未必相同。如矽酸蘇打，遇火後會膨脹阻熱，可達到 f60a 防火等級要求。其防火功能取決於透明防火膠膜之厚度及層數。

另有鋼絲網玻璃，以鋼絲網爲骨架，採壓延法製造，於玻璃熔融狀態下將預熱的鋼絲壓入玻璃中間，經退火切割而成。高溫時玻璃雖爆裂但因嵌入金屬絲網而仍能保持固定阻斷高溫。但鋼絲網玻璃無法符合 f60a 防火等級要求，稱爲防爆玻璃較爲恰當。切割玻璃時需先以鑽石刀切割、折斷玻璃，再以工具剪斷金屬網。

17. 結晶化玻璃

組成物質之基本單位爲其原子、分子或離子，在三度空間排列整齊所構成之晶格。玻璃凝結速度快於結晶生成速度，其分子排列不規則，近似液體分子排列，分子與分子以共價結合。故定義玻璃爲黏度極高之過冷狀態液體，在分子構造上是特殊的物質，屬非結晶。當在玻璃混料中加耐高溫微小粒子，經過適當的熱處理後結晶附著於微小粒子排列生成。此種結晶體的玻璃稱爲玻璃陶瓷，應用於建築外牆飾材時多稱結晶化玻璃。

18. 壓花玻璃

玻璃依外觀可分平板玻璃與壓花玻璃，早年常見之壓花玻璃有雙方格、小鑽格、鑽光花與海棠花，近年多爲平板玻璃取代。

19. 熱浸處理

爲降低強化玻璃自爆機率而施作。其步驟是將強化玻璃緩慢地加熱至 290℃，持溫 4 小時後緩慢降至常溫。其目的即促成硫化鎳轉換態相，亦藉高溫儘早誘發其他自爆因素將瑕疵玻璃於爐中破碎以降低強化玻璃安裝後自爆機率。

四、自爆

玻璃本身自發性的破壞，主要因素爲玻璃中含微量硫化鎳（NiS）所致。NiS 以 α-type 及 β-type 兩種型態存在。β-type 存在於常溫（常溫態），當溫度上升時便轉換爲 α-type（高溫態）。普通玻璃所含之硫化鎳屬 β-type，不對玻璃產生不良影響。但玻璃強化過程高溫將 β-type 硫化鎳轉換爲 α-type，經急速降溫，硫化鎳不及轉換成穩定態 β-type，仍以 α-type 存在於強化玻璃中。β-type 體積大於 α-type 約 4%，常溫下其轉換態相須耗時數年，當 α-type 存在於強化玻璃張應力區時，其變相過程膨脹變化對玻璃產生集中應力，導致玻璃自爆，又以新裝強化玻璃自爆機率更高。

自爆多發生於強化玻璃，少發生於熱硬化玻璃，是因爲熱硬化玻璃雖同樣採加熱步驟強化，但其降溫速率和緩，α-type 硫化鎳可隨溫度下降而轉換 β-type，故自爆機率降低。

五、熱傳導值（U-Value）

亦稱熱傳導係數。因玻璃兩側的溫度差而產生的熱流失或熱獲得，其公制單位爲 W/m^2K，即每一平方公尺面積的玻璃在溫度差爲絕對溫度一度時每一秒會傳遞多少瓦熱量，英制單位爲 $BTU/hr\text{-}ft^2{}^\circ F$。即每一平方英尺面積的玻璃在溫度差爲華氏一度時每小時會傳遞多少 BTU 的熱量。單層玻璃的熱傳導係數約爲 $5.8W/m^2K$。U 值愈小表示該玻璃的熱絕緣性愈佳。

註：「K」色溫單位，亦稱卡氏或開氏溫度，或稱絕對溫度的單位。–273℃ = 0K，0℃ = 273K，100℃ = 373K。

六、遮蔽係數

遮蔽係數（Shading Coefficient，簡稱 SC）。玻璃的太陽能因子在相同的環境情況下與一片厚度 3mm 清玻璃的太陽能因子的比值。SC 值愈小，代表對太陽熱能的遮蔽效果愈佳。

註：太陽能因子（Solar Factor），亦稱太陽能係數，即陽光穿透玻璃進入室內的總能量與室外陽光總能量之比值。

七、玻璃板耐風壓面積之計算

1. 設計風壓

$p = c \times q$

p = 設計風壓（kg/m^2）

c = 風力係數（查表）

q = 速度壓（kg/m^2）

速度壓依地面至建物高之距離 h 計算

$q = 60\sqrt{h}$（當 $h < 16m$ 時）註：$\sqrt{X} = X^{\frac{1}{2}}$

$q = 120\sqrt[4]{h}$（當 $h \geqq 16m$ 時）註：$\sqrt[4]{X} = X^{\frac{1}{4}}$

註：右圖，建築立面，灰色塊遮覆範圍即為負風壓影響範圍，可依下表求得 a、b。

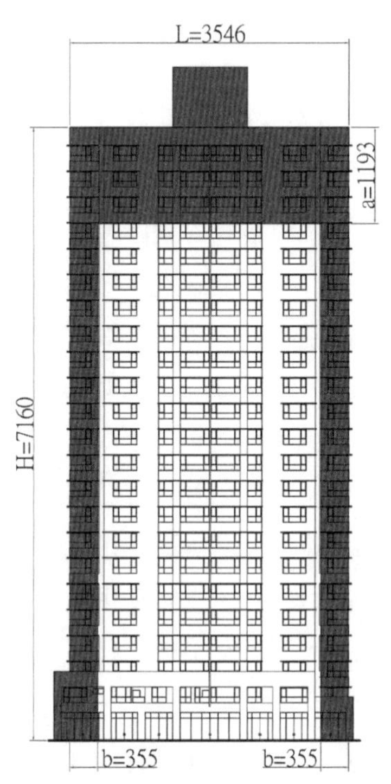

風力係數選擇表

細長比	正面風力係數	負面風力係數	須計算負面風力係數之建物範圍
$0.1 < L/H \leqq 0.2$	1.0	–1.5	a = H/15、b = L/6
$0.2 < L/H \leqq 0.4$	0.9	–1.5	a = H/10、b = L/8
$0.4 \leqq L/H$	0.8	–1.5	a = H/6、b = L/10

註 L：建築立面總寬 H：建築立面總高

2. 玻璃強度計算公式

$P=\frac{30a}{A}\left(t+\frac{t^2}{4}\right)$	玻璃種類別	強度係數
P＝設計風壓（kg/M^2） a＝玻璃強度係數 A＝使用玻璃面積 t＝玻璃厚度（m/m）	普通平板玻璃	1.0
	浮式平板玻璃 3、5、6m/m 厚	1.0
	浮式平板玻璃 8、10、12、15、19m/m 厚	0.8
	強化玻璃	3.0
	嵌網玻璃	0.7
	膠合玻璃	1.6
	複層玻璃	1.5

玻璃板耐風壓之可能使用面積（單位：m^2）

風壓	風力係數	地上高度（m）	風壓力（kg/m^2）	玻璃厚度（m/m）								嵌網玻璃	
				3	5	6	8	10	12	15	17	6.8	10
正壓	0.8之場合	5	10.7	1.47	3.15	4.2	5.38	7.85	10.76	15.78	24.5	3.6	6.86
		10	15.2	1.03	2.22	2.75	3.78	5.52	7.57	11.25	17.25	2.53	4.83
		16	17.2	0.83	1.75	2.33	3	4.37	6	8.7	13.65	2	3.82
		20	20.3	0.77	1.66	2.21	2.83	4.13	5.67	8.42	12.72	1.87	3.62
		25	21.5	0.73	1.57	2.1	2.67	3.72	5.38	7.97	12.25	1.8	3.43
		31	22.7	0.67	1.47	1.78	2.54	3.71	5.07	7.56	11.58	1.7	3.25
		40	24.2	0.65	1.37	1.85	2.38	3.47	4.76	7.06	10.83	1.57	3.03
		50	25.5	0.61	1.32	1.76	2.25	3.29	4.51	6.7	10.28	1.51	2.88
		75	28.3	0.55	1.17	1.58	2.03	2.76	4.07	6.04	9.26	1.36	2.57
		100	30.4	0.51	1.11	1.48	1.87	2.76	3.78	5.62	8.62	1.26	2.41
		150	33.6	0.46	1	1.33	1.71	2.5	3.42	5.08	7.8	1.14	2.18
		200	36.1	0.43	0.73	1.23	1.59	2.32	3.17	4.73	7.26	1.06	2.03
		225	37.2	0.42	0.7	1.2	1.54	2.25	3.07	4.57	7.05	1.03	1.77
	0.9之場合	5	12.1	1.3	2.78	3.71	4.76	6.44	7.52	14.13	21.66	3.18	6.07
		10	17.1	0.92	1.97	2.62	3.36	4.91	6.73	10	15.33	2.25	4.27
		16	21.6	0.72	1.56	2.07	2.66	3.88	5.33	7.91	12.13	1.78	3.4
		20	22.9	0.68	1.47	1.76	2.51	3.66	5.03	7.46	11.44	1.68	3.2
		25	24.1	0.65	1.4	1.86	2.37	3.48	4.78	7.09	10.89	1.59	3.04
		31	25.5	0.61	1.32	1.76	2.25	3.29	4.51	6.7	10.28	1.51	2.88
		40	27.1	0.57	1.24	1.65	2.11	3.08	4.23	6.28	7.63	1.41	2.7

風壓	風力係數	地上高度（m）	風壓力（kg/m²）	玻璃厚度（m/m）								嵌網玻璃	
				3	5	6	8	10	12	15	17	6.8	10
		50	28.7	0.54	1.17	1.56	2	2.7	4.01	5.75	7.13	1.34	2.56
		75	31.7	0.47	1.06	1.41	1.81	2.64	3.63	5.37	8.27	1.21	2.31
		100	34.2	0.46	0.98	1.31	1.68	2.45	3.36	5	7.66	1.12	2.14
		150	37.8	0.41	0.89	1.18	1.52	2.2	3.04	4.52	6.93	1.02	1.74
		200	40.6	1.38	0.83	1.1	1.41	2.06	2.83	4.21	6.45	0.94	1.81
		225	41.8	0.37	0.8	1.07	1.37	2	2.75	4.07	6.27	0.92	1.75
	1.0之場合	5	13.4	0.17	2.51	3.35	4.29	6.26	8.09	12.76	19.56	2.87	5.48
		10	19.0	0.82	1.77	2.36	3.03	4.42	6.06	9	13.8	2.02	3.86
		16	24.0	0.65	1.4	1.87	2.4	3.5	4.8	7.12	10.92	1.6	3.06
		20	25.4	0.62	1.32	1.76	2.26	3.3	4.53	6.73	10.32	1.51	2.87
		25	26.7	0.58	1.25	1.66	2.14	3.12	4.28	6.35	9.74	1.43	2.73
		31	28.3	0.55	1.17	1.58	2.04	2.96	4.07	6.04	9.26	1.36	2.57
		40	30.2	0.52	1.11	1.48	1.9	2.78	3.81	5.66	8.65	1.27	2.43
		50	31.7	0.49	1.05	1.4	1.85	2.63	3.61	5.36	8.01	1.2	2.3
		75	35.3	0.44	0.95	1.26	1.63	2.37	3.26	4.84	7.4	1.08	2.08
		100	38.0	0.41	0.88	1.17	1.51	2.21	3.03	4.5	6.7	1.01	1.93
		150	42.0	0.37	0.8	1.06	1.37	2.1	2.74	4.07	6.24	0.91	1.75
		200	45.1	0.34	0.74	0.78	1.27	1.86	2.55	3.79	5.81	0.85	1.62
		225	46.5	0.33	0.72	0.96	1.23	1.8	2.47	3.67	5.63	0.82	1.58
負壓	1.5之場合	5	20.1	0.78	1.67	2.23	2.86	4.17	5.73	8.5	13.04	1.91	3.65
		10	28.5	0.55	1.18	1.57	2.02	2.94	4.04	6	7.2	1.34	2.57
		16	36.0	0.43	0.93	1.25	1.6	2.33	3.2	4.75	7.28	1.06	2.54
		20	38.1	0.41	0.88	1.17	1.51	2.2	3.02	4.48	6.88	1	1.72
		25	40.2	0.37	0.83	1.11	1.43	2.08	2.8	4.25	6.52	0.75	1.82
		31	42.5	0.37	0.79	1.05	1.35	1.97	2.71	4.02	6.16	0.7	1.72
		40	45.3	0.34	0.74	0.98	1.27	1.85	2.54	3.77	5.78	0.84	1.62
		50	47.9	0.32	0.7	0.93	1.2	1.75	2.4	3.56	5.47	0.8	1.53
		75	53.0	0.29	0.63	0.83	1.08	1.58	2.17	3.22	4.94	0.72	1.38
		100	56.7	0.27	0.57	0.78	1.01	1.47	2.02	3	4.6	0.67	1.27
		150	63.0	0.25	0.53	0.71	0.91	1.33	1.82	2.71	4.16	0.61	1.16
		200	67.7	0.23	0.49	0.66	0.85	1.24	1.7	2.52	3.87	0.56	1.08
		225	69.7	0.22	0.48	0.63	0.82	1.2	1.65	2.45	3.76	0.55	1.05

3. 計算例

一建築之某向立面之 L = 20m、H = 75m，有橫拉窗二樘，位置如下圖所示，計算該二窗各應選擇何種厚度之玻璃。

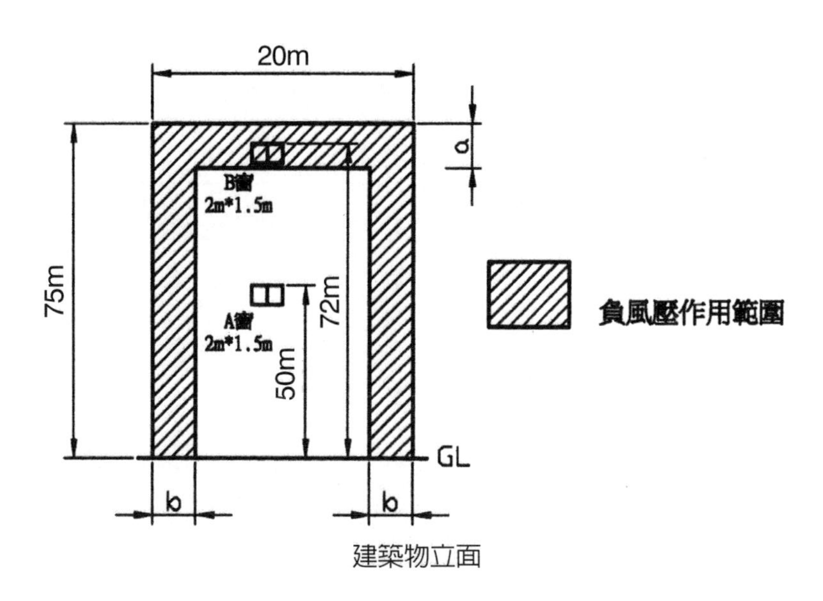

(1) A 窗位於正風壓帶，每片玻璃面積約為 $1.5m^2$。

設計風壓 $P = c \times q$

因建物立面細長比為 L/H = 20/75 = 0.27，查表得知其正風壓係數 C = 0.9。

因窗高位於 h = 50m 處（h > 16m）。

故 $q = 120\sqrt[4]{h} = 120\sqrt[4]{50} = 120 \times 2.659 = 319kg/m^2$。

代入公式 $P = c \times q = 0.9 \times 319kg/m^2 = 287kg/m^2$。

代入公式 $P = \frac{30a}{A}\left(t + \frac{t^2}{4}\right) = 30a(t + t^2/4)/A$。

$287 = 30 \times 1.0\ (t + t^2/4)\ /1.5 = 30t/1.5 + 30t^2/6 = 20t + 5t^2$

$\rightarrow 5t^2 + 20t - 287 = 0$

$\rightarrow t = \frac{-B \pm \sqrt{B^2 - 4AC}}{2A} = \frac{-20 \pm \sqrt{20^2 - (4 \times 5 \times -287)}}{2 \times 5}$

t = 5.836m/m 或 t = -9.836m/m 取正值 t = 5.836m/m ≒ 6.0m/m。

(2) B 窗位於負風壓帶，每片玻璃面積約為 $1.5m^2$。

設計風壓 $P = c \times q$

因建物立面細長比為 L/H = 20/75 = 0.27，查表得知其正風壓係數 C = 1.5。

因窗高位於 h = 72m 處（h > 16m）。

故 $q = 120\sqrt[4]{h} = 120\sqrt[4]{72} = 120 \times 2.913 = 120 \times 2.913 = 350kg/m^2$。

代入公式 $P = c \times q = 1.5 \times 350kg/m^2 = 525kg/m^2$。

代入公式 $P = \frac{30a}{A}\left(t + \frac{t^2}{4}\right) = 30a(t + t^2/4)/A$。

$525 = 30 \times 1.0(t + t^2/4)/1.5 = 30t/1.5 + 30t^2/6 = 20t + 5t^2$

$\rightarrow 5t^2 + 20t\text{-}525 = 0$

$\rightarrow t = \frac{-B \pm \sqrt{B^2 - 4AC}}{2A} = \frac{-20 \pm \sqrt{20^2 - (4 \times 5 \times -525)}}{2 \times 5}$

$t = 8.44m/m$ 或 $t = -12.44m/m$ 取正值 $t = 8.44m/m$

但因玻璃厚度大於 6mm，厚度 > 6mm 浮式平板玻璃之強度係數 $a = 0.8$，故重新代入公式

$P = \frac{30a}{A}\left(t + \frac{t^2}{4}\right) = 30a(t + t^2/4)/A$

$525 = 30 \times 0.8(t + t^2/4)/1.5 = 24t/1.5 + 24t^2/6 = 16t + 4t^2$

$\rightarrow 4t^2 + 16t - 525 = 0$

$\rightarrow t = \frac{-B \pm \sqrt{B^2 - 4AC}}{2A} = \frac{-16 \pm \sqrt{16^2 - (4 \times 5 \times -525)}}{2 \times 4}$

$t = 9.63m/m$ 或 $t = -13.63m/m$ 取正值 $t = 10.0m/m$

(3) B 窗改採強化玻璃，應採厚度爲何？

設計風壓 $P = c \times q$

因細建物立面細長比爲 $L/H = 20/75 = 0.27$，查表得知其正風壓係數 $C = 1.5$。

因窗高位於 $h = 72m$ 處（$h > 16m$）。

故 $q = 120\sqrt[4]{h} = 120\sqrt[4]{72} = 120 \times 2.913 = 350kg/m^2$。

代入公式 $P = c \times q = 1.5 \times 350kg/m^2 = 525kg/m^2$。

代入公式 $P = \frac{30a}{A}\left(t + \frac{t^2}{4}\right) = 30a(t + t^2/4)/A$。

$525 = 30 \times 3.0(t + t^2/4)/1.5 = 90t/1.5 + 90t^2/6 = 60t + 15t^2$

$\rightarrow 15t^2 + 60t - 525 = 0$

$\rightarrow t = \frac{-B \pm \sqrt{B^2 - 4AC}}{2A} = \frac{-60 \pm \sqrt{60^2 - (4 \times 5 \times -525)}}{2 \times 15}$

$t = 4.245m/m$ 或 $t = -8.245m/m$ 取正值 $t = 4.245m/m \fallingdotseq 5.0m/m$。

平板玻璃與嵌網玻璃可使用查表方式選擇厚度。

玻璃工程邀商報價說明書案例

項次	項目	數量	單位	單價	複價	備註
1	陽台 10mm 強化色板玻璃 + 10mm 強化清玻璃膠合及安裝工料		才			雙面 silicon 施作
2	5mm 清玻璃安裝工料		才			單面 silicon 施作
3	6mm 強化色板玻璃安裝工料		才			雙面 silicon 施作
4	8mm 強化色板玻璃安裝工料		才			雙面 silicon 施作
5	6mm 強化色板 LOW-E 玻璃 + 6mm 強化清玻璃膠合及安裝工料		才			雙面 silicon 施作
6	8mm 強化色板 LOW-E 玻璃 + 8mm 強化清玻璃膠合及安裝工料		才			雙面 silicon 施作
	小計					
	稅金					
	合計					
合計新台幣　佰　拾　萬　仟　佰　拾　圓整						

【報價說明】

一、才積定義：1 才 = 30.3cm × 30.3cm = 918cm^2。

二、數量計算：為便於現場丈量，僅計算露明部分（嵌入鋁框部分不計數量，其成本應含於玻璃單價中），損料不計價。

三、W3 之 FIX 部份均採 5mm 清玻璃，以單面 silicon 施作。

四、西北向、西南向立面鋁窗一律採強化色板 LOW-E 膠合玻璃。東北向、東南向鋁窗一律採強化色板玻璃。

五、包裝材料及破損材料由乙方自行清運。

六、付款辦法：

1. 每月計價二次。每月一日及十五日為請款日，每月十日及二十五日為放款日。請款廠商應於請款前將足額發票交工地辦理計價。
2. 每期均依該期完成數量計價 90%（概以 1/2 現金，1/2 60 天期票支付），保留款 10%。
3. 保留款於取得使用執照後 120 天支付（概以 60 天期票支付）。
4. 每日收工前應將施工廢棄物清運至甲方指定地點。施作時嚴禁汙染或損毀工地設施，否則應由乙方賠償，不得異議。

玻璃工料行情諮詢表

單位：元／才報價日期：年月日

種類／厚度	浮式平板玻璃					反射加工（成品）		加工品（工資）			玻璃安裝及 silicone 工資		
	清玻璃	茶色	藍或綠	深灰色	LOE-E	全反射	半反射	強化	膠合安全	烤彎	PVC 壓條	單面 silicone	雙面 silicone
3mm													
5mm													
6mm									(3 + 3)				
8mm									(5 + 3)				
10mm									(5 + 5)				
12mm									(6 + 6)				
16mm									(8 + 8)				
19mm									(10 + 10)				

明鏡	國產	進口
5mm（含磨 3 分邊）		
6mm（含磨 3 分邊）		

上下加框強化玻璃門裝框工資（含 AB 膠）	元／扇
強化玻璃門鑽孔工資	元／孔
玻璃磨邊工資、特殊加工、噴砂處理	議價

第 25 章　金屬門（玄關門、防火門）

金屬門最早應用於庭院門，多以鐵板或鐵條加工製作，表面塗飾油性漆。因社會經濟逐年富裕，鋁門窗、玄關金屬門漸成建築標準配備，鐵捲門亦取代拆裝式門板成爲店鋪標準配備。又因消防法規要求，金屬防火門又成建築不可或缺之設備。金屬門不只具備實用功能亦具有美觀裝飾之價值。各種用途、適用場合之金屬門種類繁多，本章僅針對玄關門、防火門介紹說明。

一、玄關門種類

玄關門自早期流行之實木門、壓花金屬門（因多爲古銅色故又稱古銅門）、硫化銅門、皮爾登門、琺瑯門、門中門、透視門等，沿至近年常見之鑄鋁板門、銅雕們、鋼木門等，種類之多不勝枚舉，但總不脫鋼板門之範圍，最大不同之處僅於塗裝、面飾之差異而以。

早年，中低價位之住宅基於成本因素，玄關門多採價格較低之硫化銅門。硫化銅門之名詞來自日本，乃將銅板以硫化鉀做染黑處理，而國內所稱之硫化銅門均採鋼板製造，亦未經硫化處理，僅顏色類似，將「硫化銅門」視爲商品名稱即可，不必深究。近年以鑄鋁板飾面之玄關門及實木飾面之鋼木門較爲流行。

二、金屬門構造

金屬門扇主要由骨架、面板組合而成。骨架採 1.2mm、1.5mm 或 1.6mm 之鍍鋅鋼板（或鋼板）壓軋而成，斷面有 U 形、方管、扁鋼，各廠商之骨架形狀及排列方式各有不同但接合多採焊接方式。

骨架空格中均以玻璃棉、岩棉、氧化鎂板、珍珠岩板或蜂巢板嵌入。玻璃棉與岩棉之主要用途爲吸音與斷熱。眞珠岩板之斷熱效果最佳，但屬酸性物質，易造成鋼板鏽蝕。氧化鎂板厚度僅 6mm，斷熱能力不足，須再內襯珍珠岩板。蜂巢板之作用爲增加門扇札實感。玻璃棉應以指定 R 值（R 值定義註記於輕隔間報價說明部分）爲其隔音斷熱等級，R 值愈高者之隔音斷熱性能愈佳（玻璃棉較不耐高溫）。岩棉應以指定其每立方公尺之公斤數（K 數）爲其密度，公斤數愈重者之隔音斷熱性愈佳。蜂巢板又分一般蜂巢板與耐火蜂巢板，耐火蜂巢板多屬進口，價格較高。

若屬防火門等級，其材質均需依防火試驗構造試體所使用、登錄之材質（包含五金），不得任意更換。

防火門各部名稱，請上網參閱 http://www.fpsrc.ncku.edu.tw/fpsrc/word／防火門／技術文件範本 960907.pdf。

三、防火門之定義

依經濟部標準檢驗局「防火門標準局商品檢驗規定」文件定義如下：

1. 能夠共同提供開口部在一定時間內，包括門扇、門樘、五金及其他配件之組合等能夠有一定程度防火保護。
2. 設置於建築物內之門或閘門，連同門樘及配件，用來抵抗火焰、燃物氣體產物之通過，且能符合特定性能基準者。
3. 在一定時間內，包括門扇、門樘、五金配件等能滿足耐火穩定性、完整（遮焰）性或阻熱性要求之完整門組件。

四、防火門之一般規定

依建築技術規則第七十六條規定如下：

防火門窗係指防火門及防火窗，其組件包括門窗扇、門窗樘、開關五金、嵌裝玻璃、通風百葉等配件或構材；其構造應依下列規定。

1. 防火門窗周邊十五公分範圍內之牆壁應以不燃材料建造。
2. 防火門之門扇寬度應在七十五公分以上，高度應在一百八十公分以上。
3. 常時關閉式之防火門應依下列規定：
   (1) 免用鑰匙即可開啓，並應裝設經開啓後可自行關閉之裝置。
   (2) 單一門扇面積不得超過三平方公尺。
   (3) 不得裝設門止。
   (4) 門扇或門樘上應標示常時關閉式防火門等文字。
4. 常時開放式之防火門應依下列規定：
   (1) 可隨時關閉，並應裝設利用煙感應器連動或其他方法控制之自動關閉裝置，使能於火災發生時自動關閉。
   (2) 關閉後免用鑰匙即可開啓，並應裝設經開啓後可自行關閉之裝置。

(3) 採用防火捲門者，應附設門扇寬度在七十五公分以上，高度在一百八十公分以上之防火門。

5. 防火門應朝避難方向開啓。但供住宅使用及宿舍寢室、旅館客房、醫院病房等連接走廊者，不在此限。

五、防火玄關門加鎖

防火門並未規定不得裝鎖（多數集合住宅玄關門亦屬防火門），但防火門為包含五金之完整組件，使用之門鎖亦應經過防火測試且不得任意替換。因此，玄關門若屬防火等級，可裝鎖，但需使用經防火測試配套之門鎖。

六、CNS11227 由 CNS11227-1 取代

防火門需通過 CNS 防火門耐火試驗法測試合格，並取得經濟部標準檢驗局核發驗證登錄證書，及授權標識。原使用 CNS 11227「建築用防火門耐火試驗法」因新版標準 CNS 11227-1「耐火性能試驗法－第 1 部：門及捲門組件」已於 105.11.10 公告，依營建署規定，自 106.11.10 起防火門（3 m×3 m 以上者）及捲門組件均須依新版標準 CNS 11227-1 試驗通過後，方可取得審核認可通知書。3 m×3 m 以下之防火門，經濟部標準檢驗局則已於 107.08.23 公告可依新版標準 CNS 11227-1 試驗；惟在 110 12 31 前可同時採用新、舊版標準試驗，111.01.01 起才全面適用。

七、CNS11227 與 CNS11227-1 之差異比較

（下表摘錄自中華民國防火門商業同業公會 107/12/28 防火門說明會手冊）

要求項目／規範類別	CNS 11227（舊版）	CNS 11227-1（新版）
加熱℃→ 30min	840	841
加熱℃→ 60min	925	945
加熱℃→ 120min	1010	1049
加熱℃→ 180min	1050	1110
加熱℃→ 240min	1095	1153

要求項目 / 規範類別	CNS 11227（舊版）	CNS 11227-1（新版）
遮焰性能	1. 未產生防火上認為有害之變形、破壞、脫落、玻璃等變化者。 2. 試體非加熱面未產生持續超過10秒之燃燒火焰。	1. 以測隙規測試： (a) ∮6mm 可移動距離 150mm 以下。 (b) ∮25mm 不可深入。 2. 不致引燃棉花墊框。 3. 試體非加熱面未產生持續超過 10 秒之燃燒火焰。
變形量要求	試驗體周邊任何一邊垂直於門面方向之變形不得超過門扇厚度之 1/2。	須量測但不列入判定合格與否之依據。
阻熱性能要求	門扇與門樘之背溫均不得超過 260℃。	1. 門扇背溫（五心點）之平均溫度不得超過 T_0 + 140℃；（1 環）。 2. 門扇背溫最高溫度不得超過 T_0 + 180℃；（1&2 環）。 3. 門樘之最高溫度不得超過 T_0 + 360℃；（3 環）。
噴水試驗	須施作	免施作
衝擊試驗	須施作	免施作

八、甲種、乙種防火門

依內政部 88.5.24 台內營字第 8873296 號函解釋

一、（略）。

二、屬前開檢驗範圍者，本部自五月一日起不再受理審核認可申請案，原已核發之審核認可通知書至所載有效期限屆滿，不再重新認可。經該局檢驗合格者，依防火門本體上型式核准標示，防火性能為 30A 或 30B 者，屬建築技術規則所稱之「乙種防火門」，防火性能為 60A、60B、120A、120B 者，屬建築技術規則所稱之「甲種防火門」，至防火性能識別方式，詳建築用防火門型式核准標示方法。

九、常時關閉式防火門及常時開放式防火門

常時關閉式防火門，隨時保持關閉狀態，於進入排煙室、安全梯、特別安全梯、垂直管道間等位置設置。

常時開放式防火門，於平時（無火災時）爲開啓門扇。當發生火災或有濃煙時，消防系統受偵煙感知器、溫度感知等偵測設備訊號啓動常時開放式防火門進行磁扣鬆脫而自行關閉。常時開放式防火門設置於通道、防火區劃、梯廳等位置。

防火捲門亦屬常時開放式防火門。

十、防火門等級及合格標準

依據中華民國國家標準 CNS 11227-1「耐火性能試驗法－第 1 部：門及捲門組件」試驗結果，若防火門試體通過遮焰、阻熱測試，爲Ａ種（具阻熱性）防火門，依其測試時間標示 f30A、f60A、f120A。若防火門試體僅通過遮焰測試，未通過阻熱測試，依其測試時間標示 f30B、f60B、f120B。

十一、金屬門塗裝

金屬門塗裝分靜電粉體塗裝與液體噴塗。粉體塗裝係將門扇通電並懸掛慢速通過塗裝室，以表面之靜電吸附粉末而達成塗裝目的。液體噴塗則以噴漆塗裝後再以乾燥高溫烤乾而成，但需選擇耐火漆爲宜。

十二、其他注意事項

門扇採 1.2mm 之鍍鋅鋼板（或鋼板）製作，多採拉釘搭配焊接方式與骨架接合。焊接處金屬易鏽蝕，應於該處塗刷防鏽塗料。門扇封板前應依門鎖、門弓器、門止安裝位置預做補強，對地鉸鏈、自由鉸鏈、旗形鉸鏈亦須預留安裝位置或先行安裝部分構件。

門框採 1.6mm、1.8mm 之鍍鋅鋼板（或鋼板）製作，以折角方式製成框形，標準斷面寬度爲 15cm，開口緣之折邊約 5mm。因門框斷面寬爲 15cm，小於 15 公分 RC 牆加牆面裝修之厚度，致門框一側（或二側）留有一細長泥作處理面，不甚美觀。可依特殊需求加大門框斷面規格，或依牆面裝修後之厚度加大門框斷面規格，均應於報價前提出要求，避免爾後因需追加費用而生爭議。

常爲配合消防法規將玄關門設爲向外開啓或 180° 開啓，俟交屋前改爲向內開啓或 90° 開啓。該項修改均屬收費服務，應先議定該項修改之方式與工料費用。180° 改 90° 開啓之門扇，通常於門框增設壓條阻止門扇旋轉範圍之方式達成目的，但常因上框壓條裝設位置設計不良，門扇上角與門框壓條常有擠壓現象或需切除受擠壓部分之壓條，大樣圖不易察覺，建議先觀看實物再行定案。

不鏽鋼門扇有亮面面板、毛絲面面板、蝕花面板及鏡面面板，因價位不同，應視安裝位置決定板材以免浪費。但建議凡安裝於室外者，均採不鏽鋼門（含框、扇、骨架），以維持較長之使用年限。

天地鉸鏈多爲二金屬環，分別固定於門框與門扇成疊合狀，以插銷串連而成。泥作施工時應注意預留安裝插銷及安裝插銷固定簧片之空間。若要求較高品質之自由鉸鏈，可採內附鋼珠之培林鉸鏈。若甲方指定採用其它型式之非自動鉸鏈，須預先嵌裝於門扇上下角，應請乙方先行檢討及規範門扇面板切槽規格，以免成品切槽過大造成破口。

地鉸鏈依托臂位置分中心型與偏心型。金屬門扇採中心型地鉸鏈者（多爲 180° 開或欲改爲 90° 開者），不宜安裝門檻。

地鉸鏈完成面須配合未來地坪裝修高程，必要時應由乙方打鑿樓版嵌入並以水泥砂漿填補整平。地鉸鏈無論是否嵌入樓版，均須由乙方採電焊方式固定於版筋或膨脹螺栓。地坪裝修高程應由甲方指示。地鉸鏈面板可調升約 5mm 但無法調降。

雙扇或子母扇、90° 開之防火門應採連桿天地插銷式防火門鎖，180° 開之防火門應採中心型地鉸鏈。

依建築技術規則設計施工篇第 97 條第一項第一款第二目規定：「進入安全梯之出入口，應裝設具有一小時以上防火時效及半小時以上阻熱性且具有遮煙性能之防火門，並不得設置門檻；其寬度不得小於九十公分」。故安全梯防火門不得裝設凸出地面之門檻，以免妨礙逃生。

金屬門邀商報價說明書案例

項次	項目	數量	單位	單價	複價	備註
1	D1 玄關門 (100*230cm) − 60B		樘			雙玄關門、90°
2	D8 防火門 (120*220cm) − 60A		樘			梯間防火門、90°
3	D8' 防火門 (120*190cm) − 60B		樘			90°
4	D9 防火門 (195*220cm) − 60B		樘			雙扇，180°
5	D10 防火門 (160*220cm) − 60B		樘			雙扇，90°
6	玄關門鎖及安裝工資		組			
7	防火門鎖及安裝工資		組			
8	門弓器安裝工資		組			
9	地鉸鏈安裝工資		台			
10	門止安裝工資		組			
	小計					
	稅金					
	合計					
合計新台幣　佰　拾　萬　仟　佰　拾　圓整						

註：廠商須開立下列證明文件：1. 出廠證明書、2. 商品驗證登錄證書、3. 防火門型式試驗測試報告、4. 金屬製防火標識（貼於門上）。

【報價說明】

一、使用材料：

門框：1.6mm 厚鍍鋅鋼板。

門扇內骨架：1.2mm 厚鍍鋅鋼板，或依防火試驗體構造，取高標。

門扇面板：1.2mm 厚鍍鋅鋼板，或依防火試驗體構造，取高標。

固定聯結片：3mm 厚鍍鋅鋼板，或依防火試驗體構造，取高標。

中心材：依防火試驗體構造。

玄關門：靜電粉體塗裝、室外側鑄鋁板（選樣）、室內側六堵木紋夾板。

防火門塗裝：依防火試驗體構造。

門檻：1.5mm 厚不鏽鋼板（SUS #304 HL）。門檻採後安裝法施作（甲方自行派工安裝）。

報價廠商應於報價同時提供各型門之正立面圖（1/20）、背立面圖（1/20）、各部斷面大樣圖（1/3）、門扇框架立面圖（1/20）、門檻大樣圖（1/3）。圖面應明確標註尺寸、材料規格、塗裝膜厚、補強位置及方式。

二、施工步驟：

1. 由甲方於牆面彈繪 FL + 100cm 水平墨線及地坪放樣線，放樣線應明確標示立框位置及門扇開啓方向。
2. 由甲方提供 A3 規格平面圖一份，於圖面標示各戶地坪裝修完成面與 FL + 100cm 水平墨線之對應關係。承攬廠商據以確定自由鉸鏈托環之固定位置。
3. 甲方提供地鉸鏈、門弓器各一組供承攬廠商預留開孔及預設補強。
4. 甲方工地主任通知承攬廠商立框日期及規格、數量、施作樓別。
5. 承攬廠商於立框日前三天依上列內容將門框運抵工地（膨脹螺栓、焊條、工具由安裝人員自行攜帶）。門框外露緣應以 0.2mm 厚 PE 透明膠膜包覆並貼標籤註明型號、尺寸、戶別。
6. 承攬廠商於立框日前二天派員將門框分配吊運至安裝戶。
7. 立框日，安裝人員會同工地主任至安裝現場，由工地主任說明 FL + 100cm 水平墨線、放樣線與立框高程、門框出入之對應關係。
8. 安裝人員依放樣線及 FL + 100cm 水平墨線立框，並以水秤校正高程、水平，以垂球校正垂直，任意二點之水平及垂直誤差不得大於 3mm。立框完成後承攬廠商應以 3mm 厚之硬質 PVC 蓋板保護門框下緣（H = 90cm）。
9. 門框應採電焊立框固定，電焊時應採有效方式遮護，防止焊渣燙傷漆面及現場設施。若因固定不良而變形、位移，應由承攬廠商隨時派員補強或校正，若因其它工班施作不當造成損毀或位移則由甲方協調貼補工料費用。
10. 工地主任通知承攬廠商門扇、地鉸鏈安裝日期。爲配合地坪裝修高程而須打鑿樓版嵌埋，其費用已含於單價。
11. 承攬廠商於門扇安裝日期前四十五天派員至現場逐樘量測門扇尺寸並於平面圖做成紀錄。
12. 承攬廠商於門扇安裝日期前四天將門扇成品運抵工地妥善置放於甲方指示位置，會同工地主任抽驗一片（鋸剖檢驗），凡有與圖說不符者一律全數退貨，若經檢驗與圖說相符則所抽驗門扇應於五日內補抵工地，並依合約單價計價支付該門 90% 材料費。
13. 門扇進場前應以瓦楞紙板覆蓋面板、外側貼標籤註明型號、尺寸、戶別，再以 0.2mm 厚 PE 透明膠膜包覆、角隅另以瓦楞紙保護（安裝門扇時拆除角隅瓦楞紙）。

14. 門扇安裝日期前二天，承攬廠商應派員將門扇搬運至各安裝戶。
15. 門扇與門框邊緣（門碰頭）於不加壓狀態下應密合。門扇邊緣（無鉸鏈側）與門框間距不得大於 5mm（門扇愈厚，門扇邊緣與門框間距愈大。若門扇邊緣為圓弧形，該處間距可縮減至 1mm，但無法通過防火測試）。
16. 工地主任通知承攬廠商門止、門弓器安裝日期、工期。
17. 承攬廠商於門鎖、門止安裝日派員至工務所領取門鎖等配件，依工地主任指示安裝。鑰匙應依戶別分袋並加標示後點交甲方。
18. 工地主任通知承攬廠商拆除保護材料日期。承攬廠商依指示日期進場施作。
19. 使用材料凡經檢驗不合格者一律全數退貨重新製造，且依原協議之期限計算工期。
20. 保固期限內，凡屬非人為之損壞、變形、色差、脫漆、生鏽等均屬瑕疵，承攬廠商應負責賠償全部損失及復原。
21. 工地主任通知承攬廠商門檻材料之進場日期。
22. 地鉸鏈、門弓器、門止由甲方供料，其它五金配件由承攬廠商自理。

三、工程期限由工地主任協調乙方訂定，並由工地主任製表，雙方簽認後列為合約附件。

四、逾期罰則：依上項所述之進度為準，每階段凡有逾期均採罰款，每逾期一日應罰合約總價之 3/1000，依此類推。若因甲方因素造成延誤則不罰。若因甲方未妥善安排進度且未於事先知會乙方，致乙方雖按時派工進場但無法施作，應由甲方賠償當日出工之工資。

五、乙方應指派專人領導施工、協調進度、控制品質、管理工料、維護安全。

六、施工廢棄物、包裝材料應由乙方自行清運，一般垃圾如便當盒、飲料罐應由乙方自行集中置於甲方指定地點，否則由甲方派工清運，所需費用自工程款內優先抵扣，不得異議。現場設施嚴禁損毀、汙染，凡有損毀、汙染應由承攬廠商負責賠償全部損失並復原，否則由甲方派工修復，所需費用自工程款內優先抵扣，不得異議。

七、施工機具及材料應由乙方自行保管。

八、保固期限：一年（自公設點交完成次日起算）。

九、付款辦法：

1. 無預付款，依實做數量計價。
2. 每月一日及十五日為請款日，十日及二十五日為領款日。請款前乙方應開立當月之足額發票交工地辦理請款。
3. 計價比例

(1) 玄關門立框完成，依玄關門單價計價 10%，以 50% 現金、50% 60 天期票支付。

(2) 防火門立框完成，依防火門單價計價 15%，以 50% 現金、50% 60 天期票支付。

(3) 玄關門門扇安裝完成且門檻送抵工地，依玄關門單價計價 75%，以 50% 現金、

50% 60 天期票支付。

(4) 防火門門扇安裝完成，依防火門單價計價 70%，以 50% 現金、50% 60 天期票支付。

(5) 保護材料拆除清運完成，依防火門、玄關門單價計價 5%，以 50% 現金、50% 60 天期票支付。

(6) 五金安裝完成，依安裝工資單價計價 90%，以 100% 現金支付。

4. 交屋達 1/3 後計價支付 1/2 保留款，概以 60 天期票支付。
5. 管理委員會點收後計價支付剩餘保留款，概以 60 天期票支付。
6. 簽約前乙方應開立保固書交甲方（不押日期）併爲合約附件。

註：五金配置表（※ 爲甲方供應材料，§ 爲乙方自備材料，◎爲乙方安裝不另計價）

	D1	D8	D8'	D9	D10
§ 玄關門鎖	1 組				
§ 防火門鎖		1 組	1 組		1 組
§ ◎ 3D 重力鉸鏈	4 組				
§ ◎天地鉸鏈		1 付	1 付	2 付	2 付
※ 地鉸鏈				2 台	
※ 門弓器		1 組	1 組		2 組
§ ◎天地栓				1 付	1 付
※ 門止	1 組				

第26章 金屬捲門

大約民國六十年之前，商店騎樓通常有數片木質門板倚靠廊柱重疊併立，夜晚打烊時分，店家逐片搬移嵌入門槽，次日再逐片拆卸靠立於騎樓廊柱，日復一日，甚爲不便。民國六十年後店鋪逐漸將嵌板門改爲鐵捲門，只需將活動鐵門柱（滑槽）以人力安裝於插孔後使用鐵鉤將捲門片自上方門箱拉下，並以鐵栓將捲門片固定於門柱，省去逐片搬運安裝門片之人力與時間。每至夜間9點，下拉捲門之聲響宛如熄燈號，宣告晚安。民國七十年後，捲門設備及技術提升，採用電動馬達捲動門片，捲片強度提升，捲門寬幅亦大爲增加，取消中間門柱，僅需按鈕啓動電源即可啓閉，靜音、省力。

一、重型捲門、輕型捲門

CNS4166 輕型捲門組件；1. 適用範圍：……以彈簧及電動方式上下捲動開閉，且其葉片厚度在 1.0mm 以下之鋼製或金屬輕型捲門組件。

CNS4212 重型捲門組件；1. 適用範圍：……葉片厚度在 1.2mm 以上，其淨寬度在 8.0m 以下、淨高度在 4.0m 以下之重型捲門組件。

二、捲門種類

1. 依用途分：一般捲門（又分防颱捲門及一般捲門）、防火捲門、防煙捲帘、防水捲門。
2. 依材質分：鍍鋅鐵捲門、不鏽鋼捲門、鋁合金捲門。
3. 依速度分：一般捲門、快速捲門。
4. 依捲片分：捲片式（即密封式）、鋼管鏤空式（銀行式）、可調透光式（捲片內含透氣孔，可自由選擇捲片氣孔全閉或開啓）。
5. 依捲動方向分：橫式捲門（傳統式捲門）、直式捲門。

三、捲門片

鐵質及不鏽鋼捲片寬度有 7cm、10cm 等多種，10cm 寬之捲片鋼性較佳，但捲動時較 7cm 捲片不順暢，所占捲箱空間亦較大。以捲片連結之捲門因重量大、金屬磨擦面積大，捲動時噪音大、速度慢，使用頻繁處之故障率高，升降遇障礙時感知傳遞慢。

使用鋼管鏤空式（俗稱銀行式）捲門或鋁合金快速捲門，因其重量輕，捲動較順暢、噪音低，故障機率較低。鋁合金捲門重量最輕、升降速度快，遇障礙時感知傳遞性能佳，安全性較佳，但鋁合金捲片抗撓曲性能弱（剛性差），捲門寬度不宜過大。

因捲門必須上、下捲動，故需選擇地面水平處安裝捲門，否則捲門與地面無法密合，無法達成防火與防盜之目的。捲箱上方是否水平則無關緊要（捲箱須維持水平），縫隙可以金屬板或其它板材遮斷。

鋁合金捲門亦有擠型空心捲門片，強度高。阻熱型防火捲門之捲門片需內填隔熱材（如珍珠岩隔熱砂漿），亦非薄片狀捲門片。

四、捲門構造及傳動

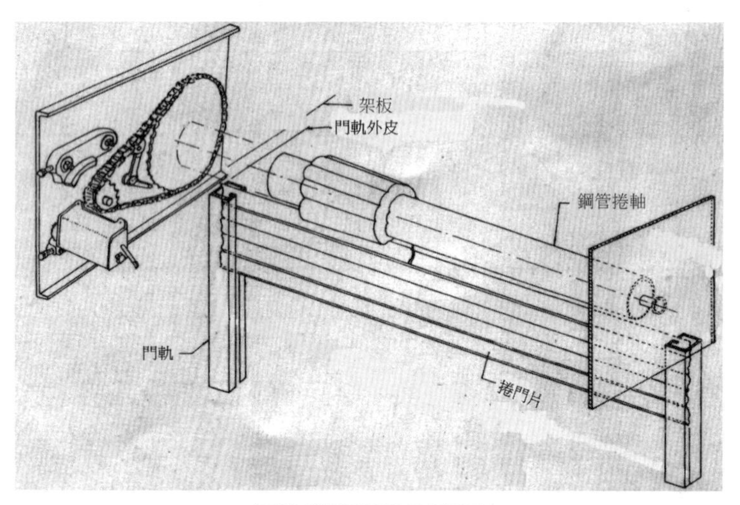

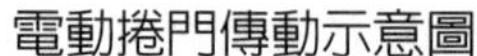
電動捲門傳動示意圖

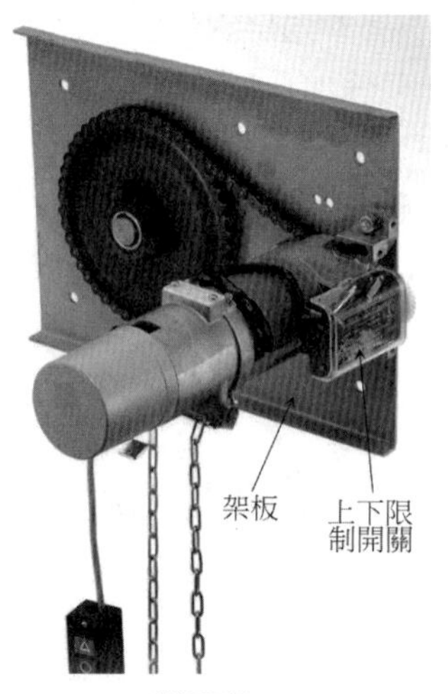

捲門機

捲門重量由捲軸支承，借由滾珠軸承固定於架板，以膨脹螺栓將架板鎖固於結構體，故架板宜採較厚者爲佳（通常採 4.5mm）。

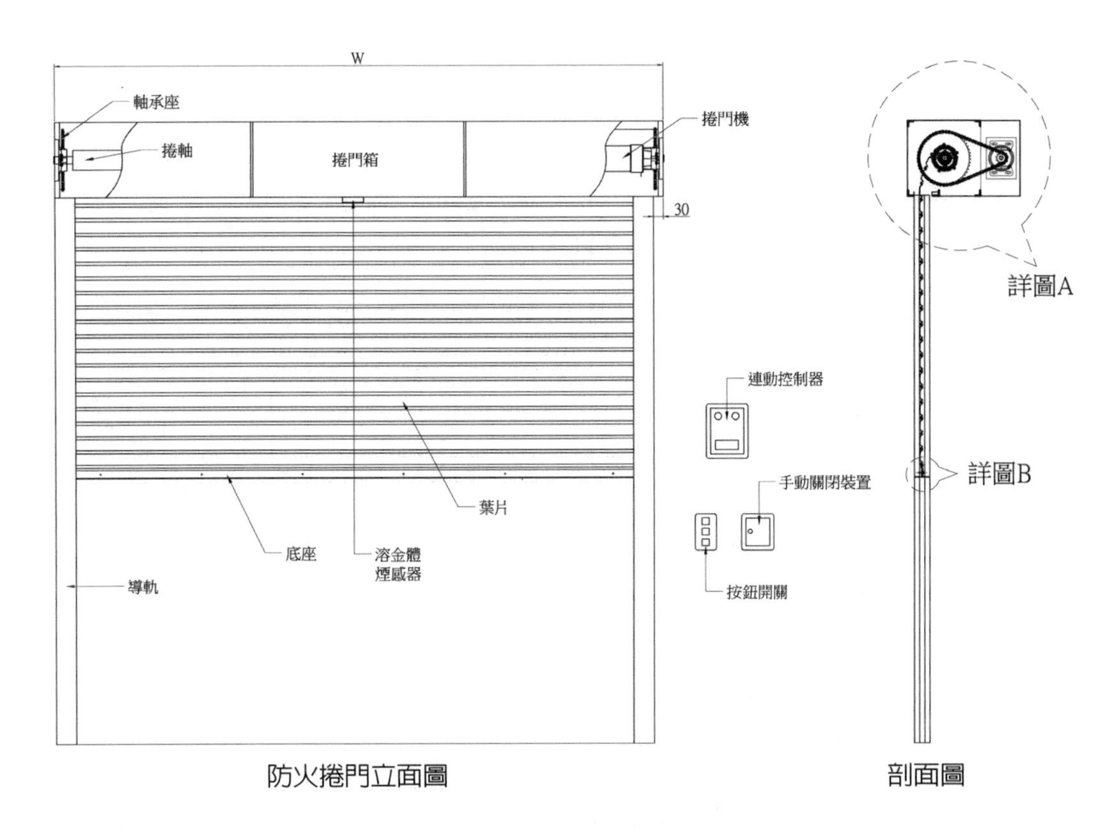

防火捲門立面圖　　剖面圖

導軌與葉片之嚙合長度須符合 CNS 4212 之規定：捲門淨寬度 3 公尺以下，左右兩端嚙合「總長度」須有 90mm 以上；超過 3 公尺低於 5 公尺以下，須有 100mm 以上；超過 5 公尺低於 8 公尺以下，須有 120mm 以上。

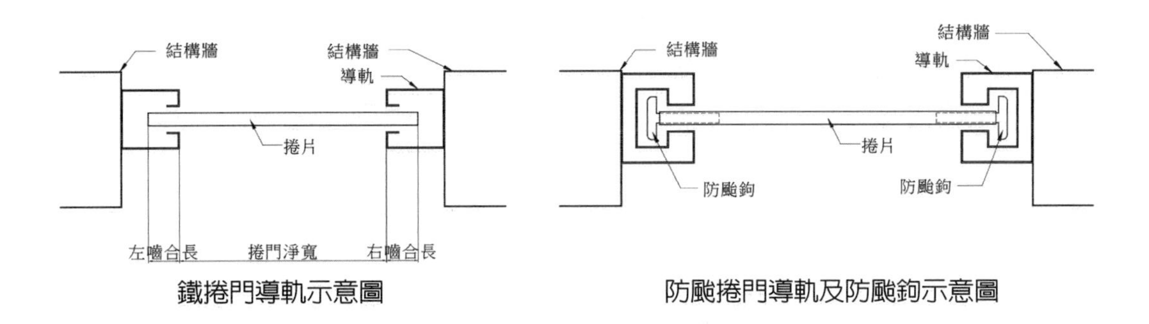

鐵捲門導軌示意圖　　防颱捲門導軌及防颱鉤示意圖

因門機傳動齒輪及鍊條運轉空間，捲門片與箱頭板間隙需加大約 30mm，故導軌無法緊貼結構體裝設，爲避免該間隙裝修困擾，需加寬導軌封閉間隙。

若因現場因素，例如捲門室內側有玻璃門或 RC 樑占據空間，致捲門機必需安裝於室外側，則捲門片亦須將凸面貼向捲軸安裝，方能維持捲門片凸面向室外側，如此稱逆捲，捲門升降較不順暢、故障率較高、捲箱尺寸亦須加大。

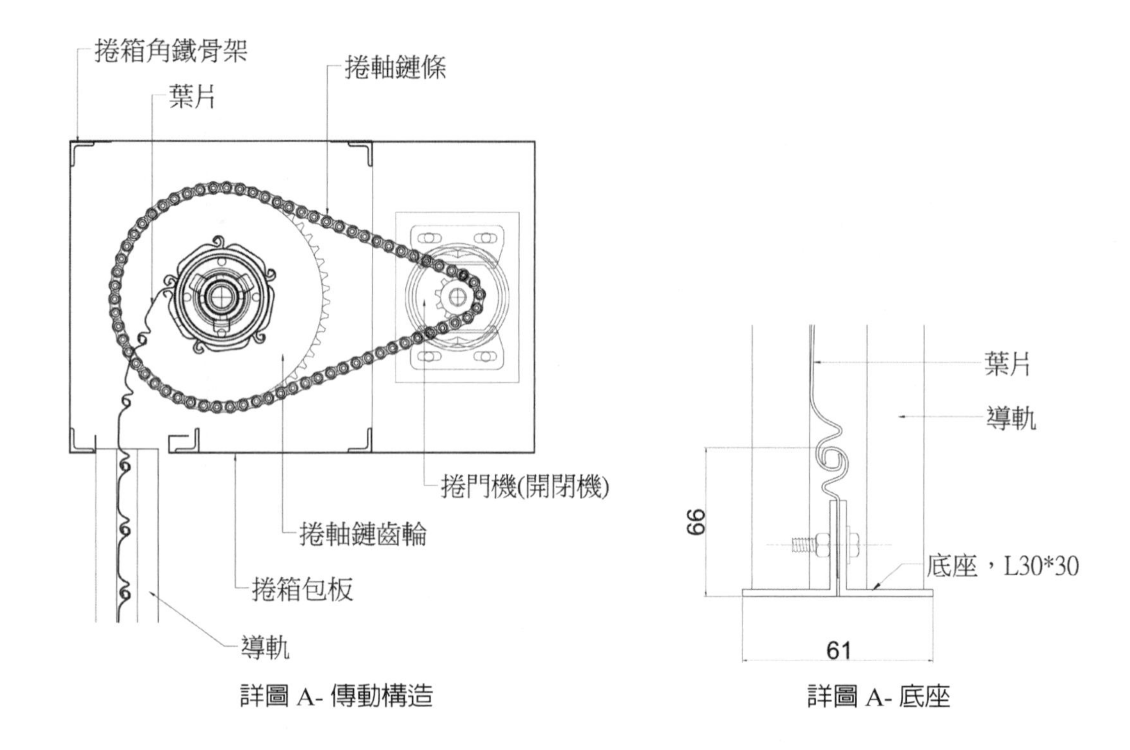

詳圖 A- 傳動構造

詳圖 A- 底座

五、傳統捲門與快速捲門比較

	傳統捲門	快速捲門
升降速度	6～9cm/sec	15～60cm/sec
捲軸彈簧	手動捲門有捲軸彈簧，電動捲門無捲軸彈簧	有（簧片式捲軸彈簧，線圈式捲軸彈簧）
馬達種類	外置交流馬達	內置直流馬達
手動裝置	鍊條拉動	切換後手推動
捲片材質	1. 鍍鋅鋼板 2. 不鏽鋼	1. 鍍鋁鋅鋼板 2. 鋁合金
防摩擦噪音裝置	不一定安裝	安裝塑膠織帶
線障礙物探測裝置	不一定安裝	有

快速捲門之捲軸及彈簧

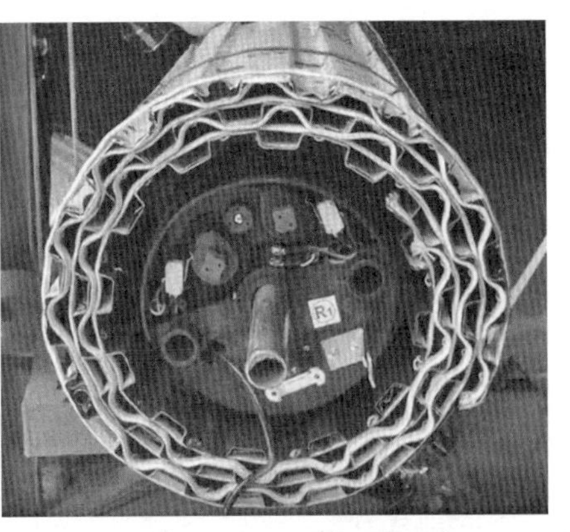

快速捲門捲片及內置馬達

六、障礙感知設備

障礙感知設備（CNS4166 及 CNS4212 稱之爲障礙物探測裝置）通常採氣壓式防壓條或壓條式感應片（雙銅片導通迴路包覆於橡膠內）裝設於捲門底座，或採光電感應偵測器，裝設於門軌側，遇障礙時橡膠條受擠壓變型，使金屬感應片接觸傳遞訊號至捲門機馬達斷電。鋁合金快速捲門因重量輕，感應靈敏。

內置馬達（DC24V）

七、防火捲門

防火捲門之證書文件「內政部建築新技術、新工法、新設備及新材料認可通知書」並無 F60A、F60B 之字樣，僅稱「防火阻熱鐵捲門」，只因與防火門均適用 CNS11227-1 耐火性能試驗法，且以 F60A、F60B 之代號說明已爲慣例且意義明確，故成爲防火捲門防火等級之稱呼方式。

防火等級說明如下，以 60A 及 60B 爲例。

F：代表此產品爲「防火」產品。

60（數字）：代表此產品的「防火時效」或「阻熱時效」（單位：分鐘）。

A 代表具有「防火時效」且具有「阻熱時效」之性能。

B 代表具有「防火時效」但不具有「阻熱時效」之性能。

八、消防、自動閉鎖裝置

自動防火捲門應裝設煙感器、熔金體與遮煙條。煙感器可於相鄰之數樘捲門中擇一安裝並連控，溶金體應每樘安裝（搭配於捲門馬達）。當火災發生時，全數捲門自動下降以阻斷火勢漫延，為恐有人員受困，依法規定須擇適當捲門開設逃生門。為避免逃生門阻礙交通動線或妨礙觀瞻，通常於牆面另行規劃安裝防火門取代。

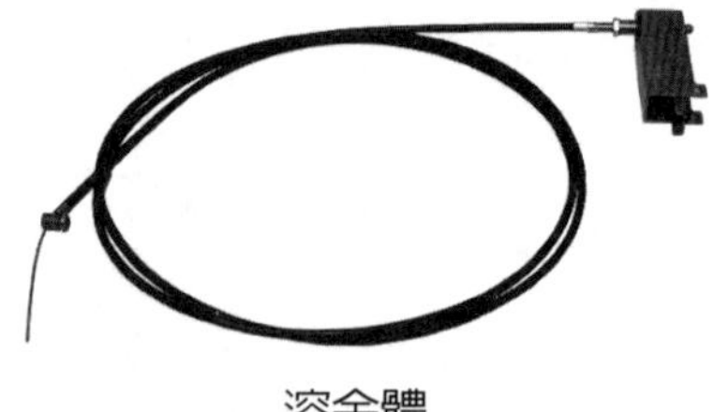

溶金體

顧名思意，煙感器用於偵測濃煙，遇煙時煙感器產生訊號，經電子控制器控制捲門下降，以隔斷煙火。

自降器

火災現場溫度高於 75℃時熔金體溶斷，彈簧式防火串撞擊馬達自動下降拉桿，捲門以自重下降關閉。或採自降器於熔金體溶斷（或消防中控系統火災訊號啓動），自降器滑塊撞擊馬達自動下降拉桿，捲門以自重下降關閉，以隔斷火源。

通常規劃消防中控系統連結室內安裝之偵煙感知器，將發煙訊號傳送至自降器啓動捲門下降，故取消於防火捲門安裝煙感器，由消防系統之偵煙感知器取代。

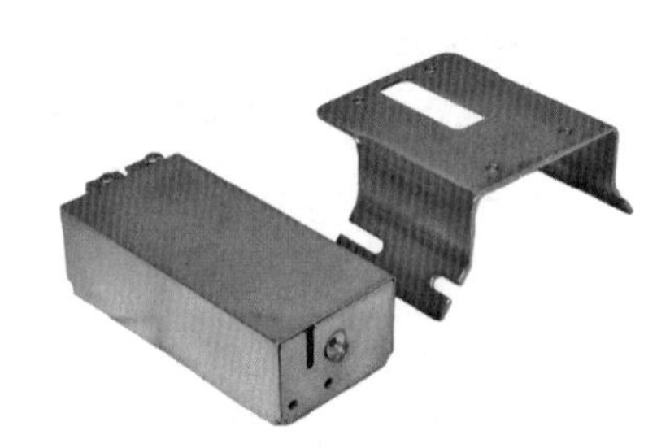

彈簧式防火串

九、相關 CNS 規範

CNS4166 輕型捲門組件

CNS4167 輕型捲門檢驗法（96/09/14 廢止，由 CNS4166 取代）

CNS4212 重型捲門組件

CNS4213 防火捲門檢驗法（83/09/26 廢止，由 CNS4212 取代）

CNS11227-1 耐火性能試驗法

CNS13433 防火捲門檢驗標準

CNS14803 建築用防火門試驗法（105/11/10 廢止，由 CNS11227-1 取代）

金屬捲門邀商報價說明書案例

項次	項目	數量	單位	單價	複價	備註
1	60A 不鏽鋼自動防火捲門 SD1		樘			580*280cm
2	60A 不鏽鋼自動防火捲門 SD2		樘			325*280cm
3	60A 不鏽鋼自動防火捲門 SD3		樘			465*285cm
4	60A 不鏽鋼自動防火捲門 SD4		樘			300*285cm
5	60A 不鏽鋼自動防火捲門 SD5		樘	時'十		380*285cm
6	60A 不鏽鋼自動捲門 SD6		樘			485*285cm
7	不鏽鋼自動捲門 SD7		樘			445*340cm
8	不鏽鋼自動捲門 SD8		樘			465*340cm
9	不鏽鋼自動捲門 SD10		樘			600*340cm
10	不鏽鋼自動捲門 SD11		樘			570*340cm
11	鋁合金快速捲門 SD12		樘			580*280cm
	小計					
	稅金					
	合計					
合計新台幣：　佰　拾　萬　仟　佰　拾　圓整						

【報價說明】

一、使用材料：以下所列規格僅適用於非防火捲門（不含快速捲門）。防火捲門使用材料規格，依各廠商提送耐火性能試驗並取得「內政部建築新技術、新工法、新設備及新材料認可通知書」所列規格為準。

1. 門片（含端夾）：均採內連鉤式，且依下表規定。

捲門種類及門寬	W < 3m	3m < W < 5m	5m < W < 8m
室內鐵捲門	1.0mm ZN1	1.2mm ZN1	1.5mm ZN1
室外鐵捲門	1.2mm ZN1	1.5mm ZN1	2.0mm ZN1
防火鐵捲門	1.2mm ZN1	1.5mm ZN1	1.5mm ZN1
不鏽鋼捲門	0.8mm SUS#304	1.0mm SUS#304	1.5mm SUS#304

註：【ZN1】依 CNS 10568 電鍍法鍍鋅鋼片及鋼帶之乙種 3 級以上處理者。

2. 底座：詳附圖（略）。
3. 捲軸：依下表規定（且需符合捲門機規格）。

捲門種類及門寬	W < 3m	3m < W < 5m	5m < W < 8m
室內鐵捲門	4" ∮	5" ∮	6" ∮
室外鐵捲門	5" ∮	6" ∮	8" ∮
防火鐵捲門	4" ∮	5" ∮	6" ∮
不鏽鋼捲門	4" ∮	5" ∮	6" ∮

4. 軸承座單側錨定鐵件總斷面積：依下表規定。

單側軸承座承受重量 N {kgf}	單側錨定螺栓總斷面積（cm^2）
2000｛200｝以下	1.0 以上
超過 2000｛200｝ 3000｛300｝以下	1.5 以上
超過 3000｛300｝ 4000｛400｝以下	2.0 以上
超過 4000｛400｝ 5000｛500｝以下	3.0 以上
超過 6000｛300｝ 10000｛1000｝以下	3.5 以上

5. 導軌：詳附圖（略），材質仝門片，厚度及單側門片嵌入長度（min）如下表。

捲門種類及門寬	W < 3m 厚度嵌入		3m < W < 5m 厚度嵌入		5m < W < 8m 厚度嵌入	
室內鐵捲門	1.5mm	45mm	1.5mm	50mm	1.5mm	55mm
室外鐵捲門	1.5mm	50mm	2.0mm	60mm	2.0mm	60mm
防火鐵捲門	1.5mm	45mm	2.0mm	50mm	2.0mm	60mm
不鏽鋼捲門	1.5mm	45mm	1.5mm	50mm	2.0mm	60mm

6. 門楣：詳附圖（略），防火捲門一律設遮煙條。
7. 捲門箱：詳附圖（略），材質仝門片，厚度均採 1.2mm。捲門箱金屬板採壓折填縫槽打 silicone 填縫接合。
8. 遮煙條：耐高溫、不自燃、自熄材質。
9. 捲門機：依下表及註記規定。

門片重量及門機規格	350kg 以下	480kg 以下	720kg 以下
1 ∮ 220V 捲門機	1/4HP	1/2HP	1HP

註一：防火捲門門機均附溶金體及自降器，並連動消防主機（消防主機連結線路由甲方留設）。
註二：馬達均採㊣產品。
註三：捲門機均附連動鍊條、電磁押扣開關、不鏽鋼鎖盒、自動關閉器、上下限制開關、防逆捲功能。
註四：捲片式不鏽鋼門片厚度與單位重量。
a. 0.8mm：11kg/m^2。
b. 1.2mm：15.5kg/m^2。
c. 1.5mm：21kg/m^2。
d. 2.0mm：28.5kg/m^2。

二、SD12（車道入口鋁合金快速捲門）內外側均裝設紅外線障礙物探測裝置、遙控主機並附遙控發射器 122 只。捲門升降速度不得低於 20cm/sec。需安裝手動切換開關，停電或緊急時可採手動升降。

除 SD12 以外之捲門一律安裝氣動式安全保護壓條，觸動壓力不得大於 1.5kg。

SD7、SD8、SD10、SD11 捲門，每樘均安裝 UPS 斷電系統、滾動變碼遙控主機、附遙控發射器 3 只。

非防火捲門均採防颱導軌，捲片端部均附防颱鉤、防噪音條。中度颱風不得發生毀損。

防火捲門應提送 CNS14803 建築用防火捲門耐火試驗法認證文件、符合 CNS4212 及 CNS13443 之相關計算與文件。

捲門機均附溫度保護裝置，捲門機溫度升高時能自動切斷電源。

三、施工步驟：

1. 工地主任於牆面泥作粉光前三十日通知承攬廠商進場安裝門軌日期、工期。
2. 承攬廠商於安裝門軌日期前赴現場協調安裝位置、數量、規格。
3. 承攬廠商於安裝門軌日進場依序安裝（門軌固定方式詳附圖），門軌於安裝時應以垂球不斷校正各向垂直並輔以水線確認對應門軌之位置。鎖盒應依甲方指示位置埋設，鑰匙須編號點交甲方。門箱支架應同時完成安裝。
4. 承攬廠商依工地主任指定日期將門片等材料運至工地安裝。
5. 承攬廠商依工地主任指定日期進行試車。
6. 保固期限內，凡屬非人為之破壞、變形、生鏽等均屬瑕疵，承攬廠商應負責賠償全部損失或復原。

四、工程期限：由工地主任協調乙方訂定，並由工地主任製表，雙方簽認後列為合約附件。

五、逾期罰則：依上項所述之進度爲準，每階段凡有逾期均採罰款，每逾期一日應罰合約總價之 1/100，依此類推。

六、乙方應指派專人領導施工、協調進度、控制品質、管理工料、維護安全。除工程用水用電外其餘工料均由乙方自備。

七、施工廢棄物、包裝材料應由乙方自行清運，一般垃圾如便當盒、飲料罐應由乙方自行集中置於甲方指定地點，否則由甲方派工清運，所需費用自工程款內優先抵扣，不得異議。現場設施嚴禁損毀、污染，凡有損毀、污染應由承攬廠商負責賠償全部損失並復原，否則由甲方派工修復，所需費用自工程款內優先抵扣，不得異議。

八、驗收點交前，施工機具及材料應由乙方自行保管。

九、保固期限：壹年，自管委會公設點收次日起算。

十、付款辦法：

1. 無預付款，依實做數量計價。
2. 每月一日及十五日爲請款日，十日及二十五日爲領款日。請款前乙方應開立當月之足額發票交工地辦理請款。
3. 計價比例

   A. 門軌等安裝完成，依單價計價 5%，以 50% 現金、50% 60 天期票支付。

   B. 門片等安裝完成，依單價計價 45%，以 50% 現金、50% 60 天期票支付。

   C. 試車完成，依單價計價 40%，以 50% 現金、50% 60 天期票支付。
4. 交屋達 1/2 後計價支付 5%，概以 60 天期票支付。
5. 管理委員會點收後計價支付 5%，概以 60 天期票支付。
6. 簽約前乙方應開立保固書交甲方（不押日期）併爲合約附件。

十一、報價廠商凡有疑問應於報價前提出，若有異議應於報價單註明。

十二、請以本報價單報價，其它格式概不受理。廠商資料欄請確實塡寫並加蓋公司章、負責人章。報價單頁、附件頁、附圖頁應依 A4 紙張規格折疊以釘書機釘訂並加蓋騎縫章。

第27章 門鎖五金

金、銀、銅、鐵、錫謂之五金，又泛指以各種金屬製造，應用於建築、裝潢、傢俱、機械之製品、零件，如門鎖、鉸鏈、鐵釘、螺栓等不勝枚舉。

五金種類繁多，若未指定品牌型號實無從比價，若從嚴指定又恐有綁標圖利少數廠商之嫌，筆者建議一般用途之小五金，如防盜栓、活頁鉸鏈、天地栓、門止等，指定規格及材質，不指定品牌型號。室內用水平把手鎖可指定大衆化（即多數廠商均可輕易取得者）之品牌及型號。門弓器、地鉸鏈可指定機械性能，且須具備㊣標記者。玄關門鎖、防火門鎖因須配合防火門試燒，應採防火門廠商配合試燒之門鎖爲宜。防火門鎖應符合 UL 標準（防火門鎖目前尚無 CNS 標準）。特殊場合之五金則以選樣取抉。

一、門鎖防火認證單位

UL（保險業實驗室公司，Underwriters Laboratories Inc）爲非營利財團法人，專門檢定測試與生命安全、火災、意外相關之產品與材料。對經檢定合格之產品給予登錄並授予 UL 合格標誌。

FM（工廠互助保險實驗室，Factory Mutual Laboratories），由美國麻州 Allendale、Akwright、Protection Mutual Insurance Company 三家保險公司合作成立，專門研究探討火災性質，利用各種滅火設備控制火災，並擬定標準及對各種防火滅火設備及材料作相關測試並頒予合格證明。

二、玄關門鎖

雖建議玄關門鎖以廠商配合防火門試燒之門鎖爲宜，但是否採整組套件，或採併裝，各有廠商運用。目前玄關門鎖主要分爲機械式水平鎖及電子鎖；機械式水平鎖構件分別爲把手、鎖匣（俗稱彈匣）、鎖芯三部分組合而成。不同廠商生產之部件多可互相搭配組合。或以國產把手搭配進口鎖匣與鎖芯，或以進口把手搭配國產鎖匣與鎖芯，亦有以國產把手與鎖匣搭配進口鎖芯者，只因鎖芯與鑰匙有打鑄廠牌、商

玄關門機械式門鎖把手

鎖芯

鎖匣

標於明顯位置，故採進口鎖芯即可使不知情者誤以爲整組皆爲世界名牌。進口鎖亦有正廠貨與水貨之差異，因無定期保養之顧慮，向一般供應商購買之價格或可低於代理商甚多。如某廠商自行進口 Yale 鎖芯，雙面皆爲鑰匙插孔，於國內自行翻模鑄造旋鈕改裝，即成外側鑰匙孔、內側旋鈕之慣用形式，其價格低於代理商。

鎖匣俗稱彈匣，用於存納鎖舌插銷之構造，配合鎖芯及把手傳動鎖舌及插銷，使之深入鎖孔形成閉鎖或脫離鎖孔形成開鎖之功能。部分鎖匣不僅傳動本體鎖舌、插銷，亦經由天地鉤、傳動桿連動天地栓，形成聯體鎖，或稱聯動鎖。門鎖防暴力破壞性能取決於鎖匣，門鎖防萬能鑰匙開啓能力取決於鎖芯。

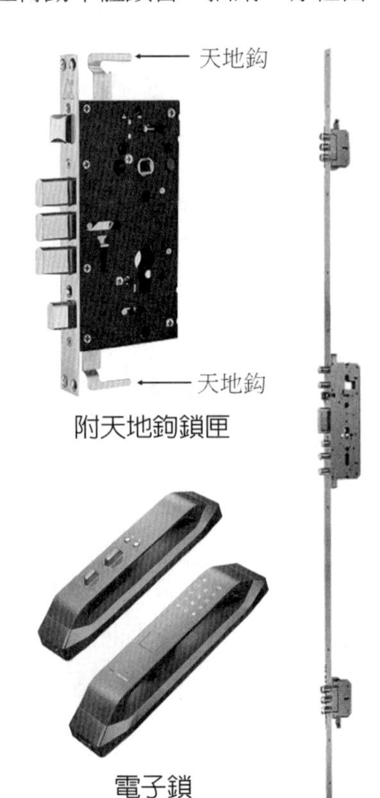

附天地鉤鎖匣

電子鎖

玄關門把手材質有純銅、不鏽鋼、合金電鍍、合金烤漆等。若採合金鍍銅把手，因褪色快，宜儘遲安裝，發包時應要求廠商以收縮膠膜裹覆後交貨。

近年於玄關門安裝電子鎖已成流行趨勢。電子鎖又稱智能鎖，種類及功能繁多，包含指紋鎖、密碼鎖、晶片鎖、藍芽鎖、虹膜辨識鎖，較高階者兼具多種功能，其鎖匣構造與機械式鎖匣相同，但通常芯距不同，未必可混用。

電子鎖本質上也是個機械鎖，只是內置了一個電機，搭載一個面板，可以用指紋、密碼、刷卡等方式控制電機開鎖。也可以將這些方式集於一體，想用哪種方式開鎖就用哪種，最後還可以用鑰匙。

關於指紋識別，有光學識別和活體指紋識別兩種，光學識別靈敏度低，指紋膜即可複製指紋開鎖。而活體指紋識別採用半導體電容式指紋感應器，有生命的活體指紋才能被識別開鎖，不易發生指紋被複製開鎖的可能。

爲防止密碼被人窺視或側錄，可以選擇具備「虛位元密碼」的電子鎖。如密碼爲 6 位元數的，那麼輸入時可以輸 10～20 個數位，只要包含著 6 位元眞實密碼就可以，最好每個數位都按一遍，亦可防止最常接觸之數字鍵留有汙漬而增加遭破解機率。

電子鎖需要由電池供電，一般採用 4～8 枚電池供電，大約可使用一年，電量不足時會發出警報提醒更新電池。通常電子鎖具有外置供電接頭，在緊急情況下可以用外接電池開鎖。

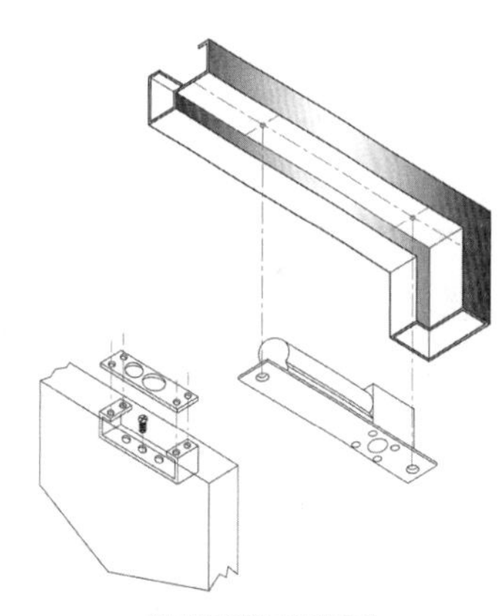

陽極鎖安裝圖

若玄關門採自動鎖就應避免安裝貓眼，因爲自動鎖的插銷是隨門自動上鎖的，不用鑰匙反鎖。在室內側轉動把手即可解鎖。當竊賊拆卸貓眼將工具（長桿）伸入貓眼孔即可推動把手解鎖。近年多改採電子貓眼（攝影機），這種貓眼從根本上防止了從門外偷窺的可能，亦無洞可鑽，而且以錄影存證，必要時作爲證據，安全性更高。

三、陰極鎖、陽極鎖、磁力鎖

不鏽鋼玻璃門多採陰極鎖或陽極鎖（金屬門、木門均可安裝陰極鎖及陽極鎖），二者均屬電鎖，可自遠處以電流控制開啓。二者差異爲，陽極鎖以電流控制鎖舌或插銷動作（通常設定爲斷電解鎖），使其脫離或插入鎖孔，屬公端動作，故稱陽極鎖。陽極鎖亦可裝設於門框上橫檔內。老式公寓 1F 鐵門由對講機線控開啓之外露式電鎖亦屬公端動作（屬通電解鎖），但其單價低於陽極鎖。

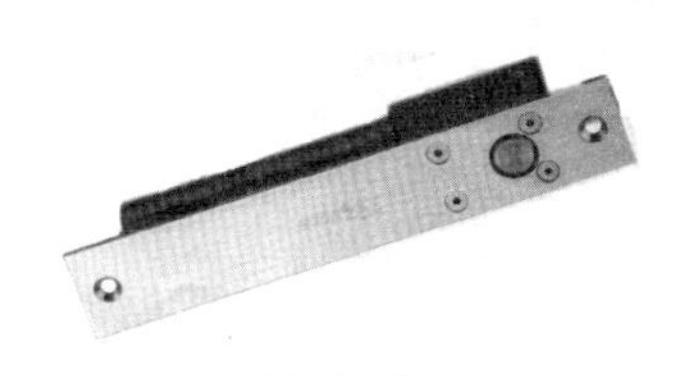

陽極鎖

陰極鎖

陰極鎖以電流控制鎖孔擋桿以達鬆脫（通常設定爲通電解鎖）、或固定鎖舌之目的，因屬母端動作，稱陰極鎖。陰極鎖裝設於門框內，其構造不包含鎖舌部，須另行搭配機械式鎖舌。故單就陰極鎖而言（不含機械式鎖舌），其價格低於陽極鎖。

磁力鎖（Magnetic lock），是利用電生磁原理，當電流通過矽鋼片時，電磁產生強大的吸力吸附鋼板達到閉鎖之功能（視不同之規格，吸力最高者可達 600kg），斷電後吸力消失即可開鎖。磁力鎖與吸附鋼板的作用力必須是面對面而且是平整接觸，如此磁力鎖

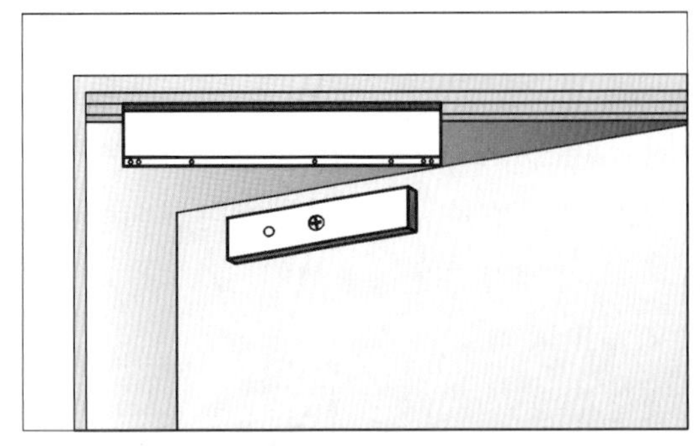
外開門 - 帶 L 型支架

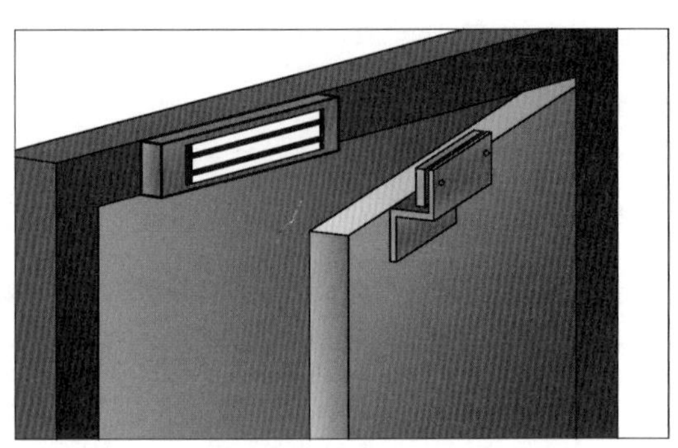
內開門 - 帶 Z 型支架

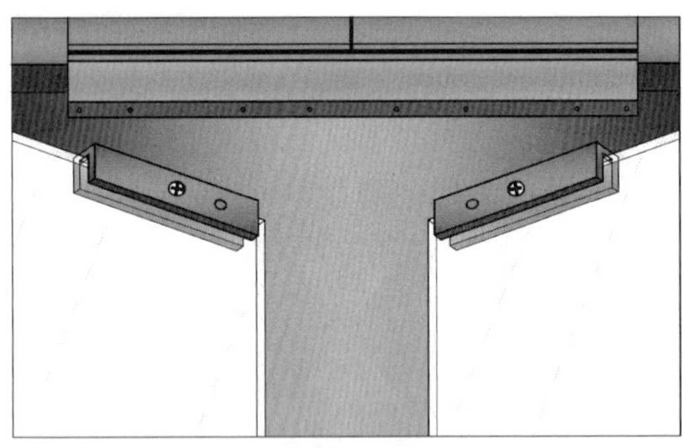
雙扇無框玻璃門 - 帶 L 型支架

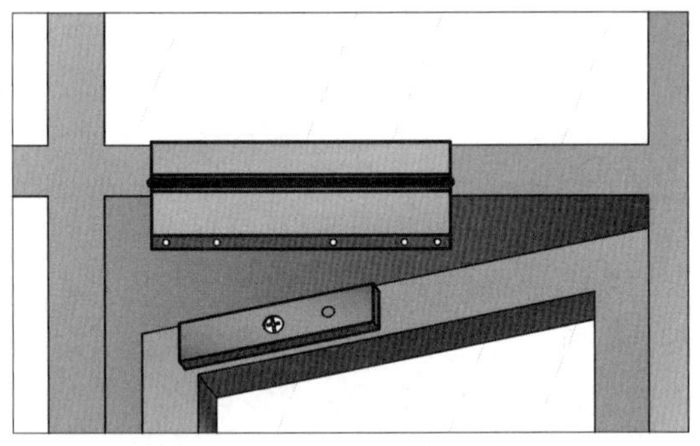
單扇有框玻璃門 - 帶 L 型支架

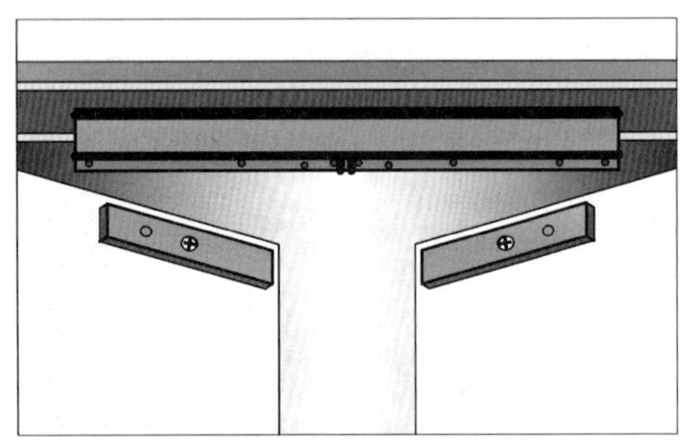
雙扇外開門 - 帶 L 型鎖體支架

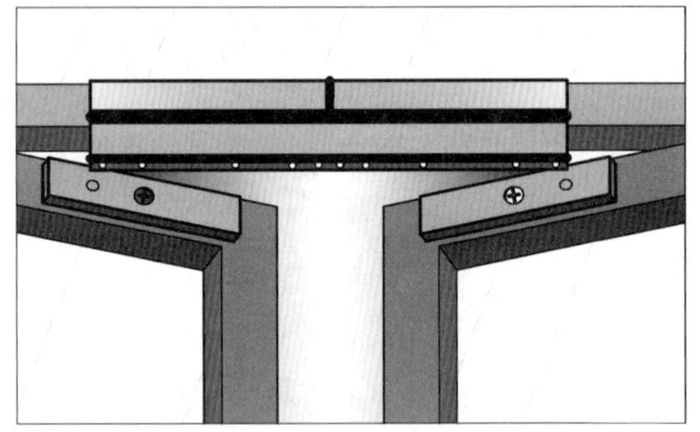
雙扇有框玻璃門 - 帶 L 型支架

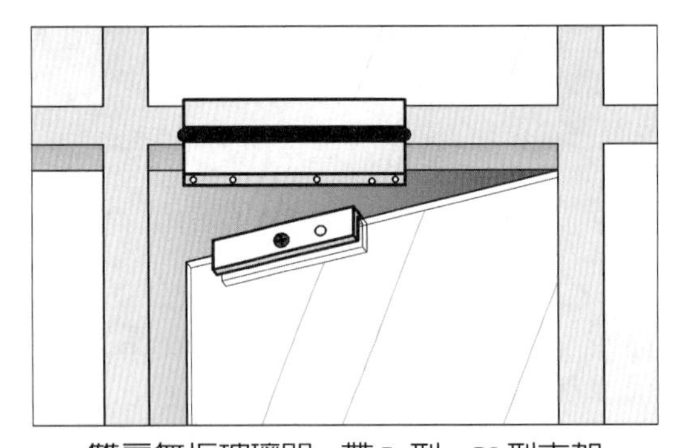
雙扇無框玻璃門 - 帶 L 型、U 型支架

才能獲得最大磁吸力。若以剪切方式接觸（磁力鎖與吸附鋼板以滑動方式接觸或脫離），其磁吸力僅達原設計之 20%。另外，吸附鋼板不可固定過於緊密，必須讓吸附鋼板保留些許浮動角度，以供調整其與磁力鎖平整吸附。若磁力鎖與吸附鋼板間稍有間隙，吸力亦會大幅降低。

近年廠商開發剪切型磁力鎖，其吸附鋼板可做垂直方向微動，磁力鎖主體具有外凸約 5mm 之固定鎖芯，當吸附鋼板向上微動吸附於磁力鎖主體時，鎖新嵌入吸附鋼板之凹槽內，形成剪力榫閉鎖門扇。

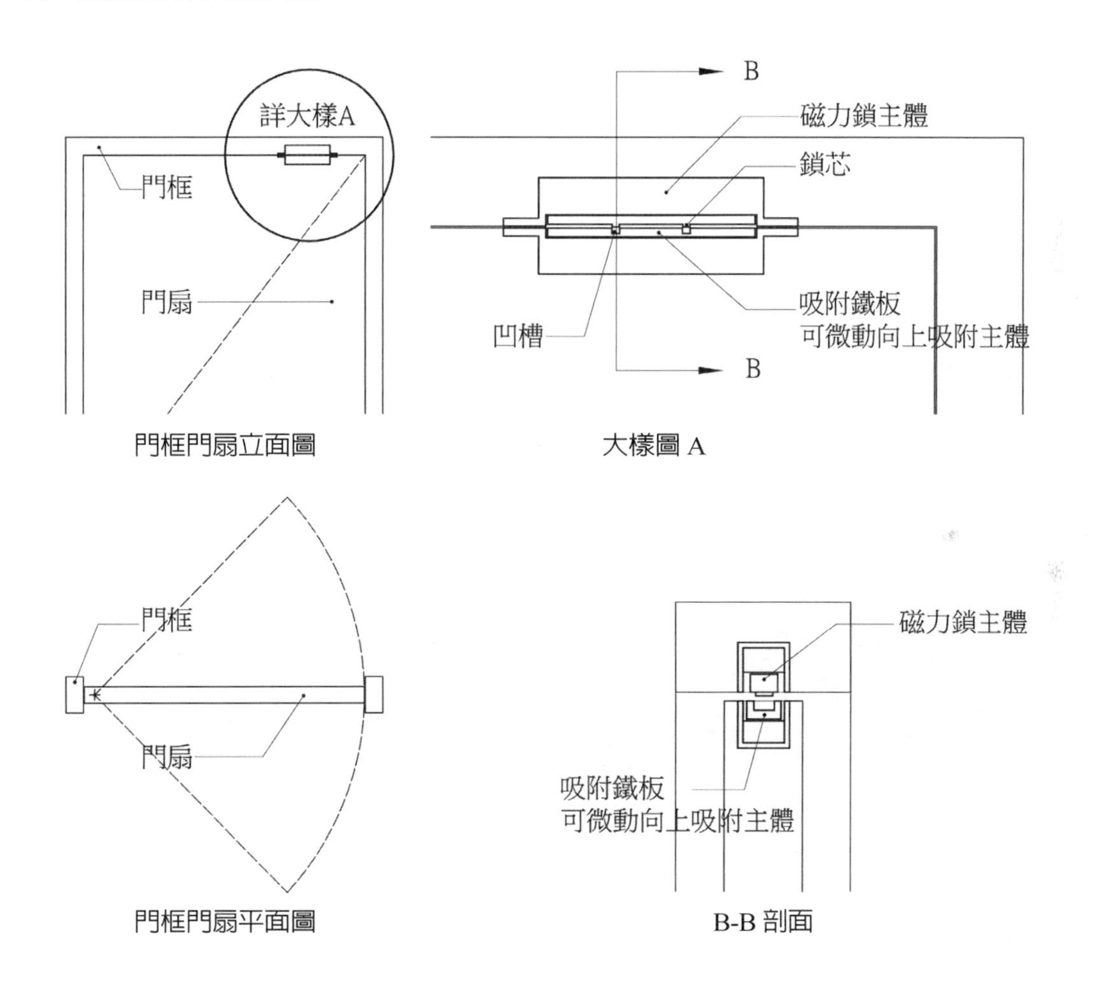

四、室內門水平鎖

以往室內門多安裝圓型把手之喇叭鎖，近年則流行使用水平把手鎖。水平鎖須分左開及右開，又分單體及分離式，其構造類似玄關門鎖，亦由鎖匣、鎖芯、把手組成，但其防暴強度較玄關門鎖為低。

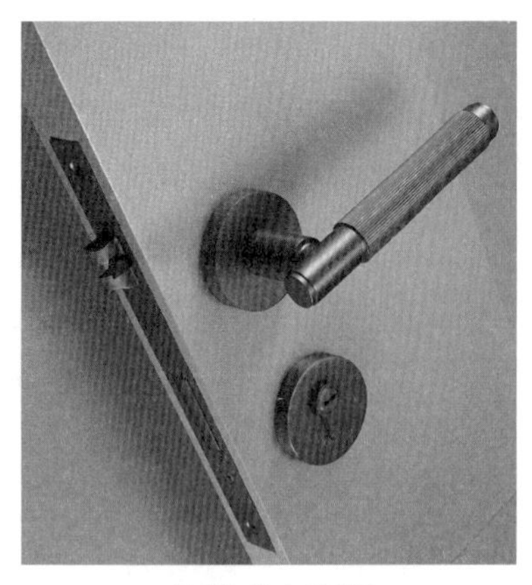

分離式水平鎖

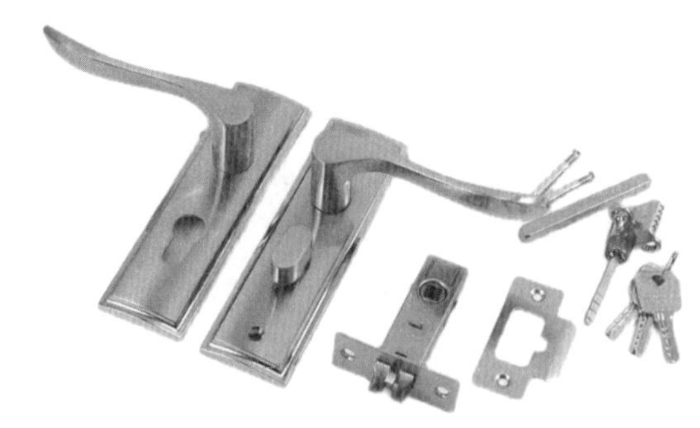

單體式水平鎖

五、室內門喇叭鎖

喇叭鎖構造簡單，成本低於水平把手鎖，依耐用程度分重型、中型、輕型三等，價格亦稍有高低。就機械構造區分為筒鎖及管鎖。筒鎖之機組均包覆於金屬殼，呈圓筒狀，稱筒鎖（如下圖右）。管鎖機組外露，內、外側把手以內牙金屬管栓螺絲聯結，稱管鎖（如下圖左）。筒鎖較管鎖構造複雜，亦較堅固耐用，其單價亦稍高。

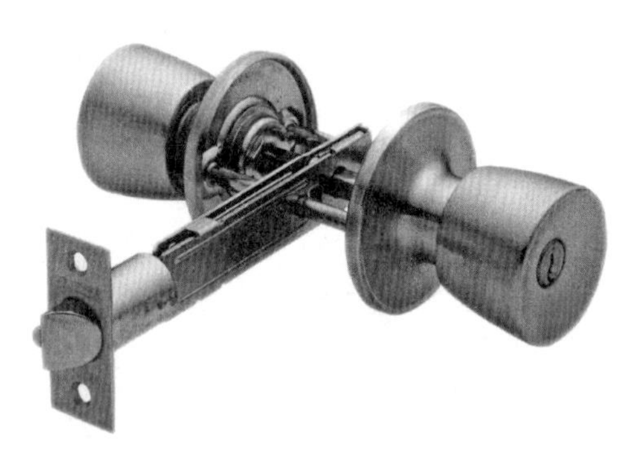

管型喇叭鎖

筒型喇叭鎖

六、防火門鎖

防火門鎖依外型分平推鎖及舊式圓管狀之下壓鎖，下壓鎖已少有採用。雙扇開啓之防火門，經常開啓之一側裝設一般平推鎖（單扇門專用），較少開啓之一側須裝設雙扇門專用（附天地栓）平推鎖，或兩扇皆裝設雙扇門專用平推鎖。

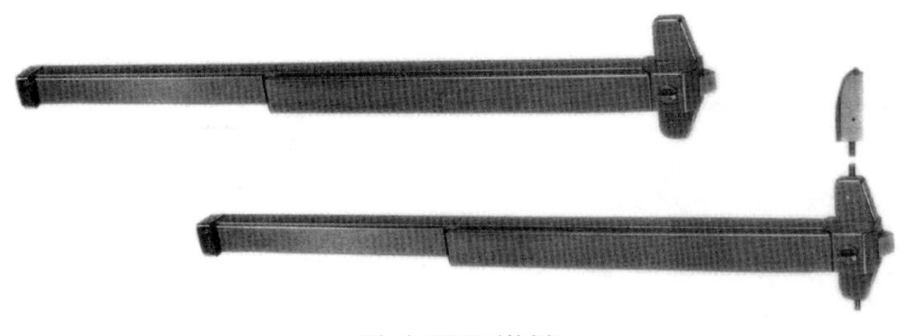

防火門平推鎖

七、非自動鉸鏈

非自動鉸鏈依開啓角度而有中心型與偏心型，每組均含上、下支臂，上支臂預組於門框上橫檔，下支臂有預埋於地坪者（如下圖所示），亦有以螺絲鎖於門框立柱之型式。預埋式需點焊於樓版鋼筋，安裝費工但耐用，可承受較大之門扇重量。外露式適用於木門、鋁門。因無機械動力提供自動歸位功能故稱非自動鉸鏈（雖然蝴蝶鉸鏈、旗型鉸鏈、天地鉸鏈均無自動歸位功能，但依慣例及便於分辨，均不以非自動鉸鏈稱之）。

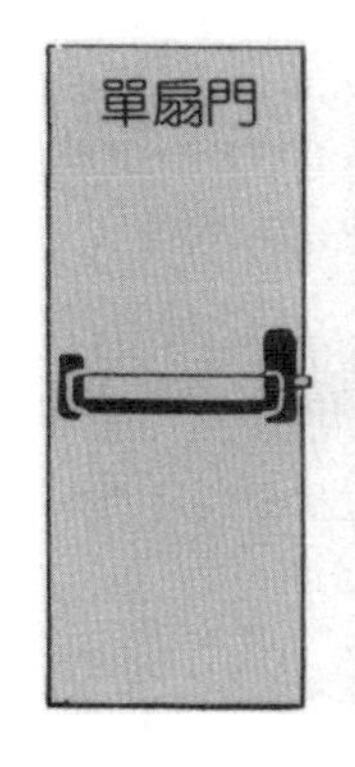

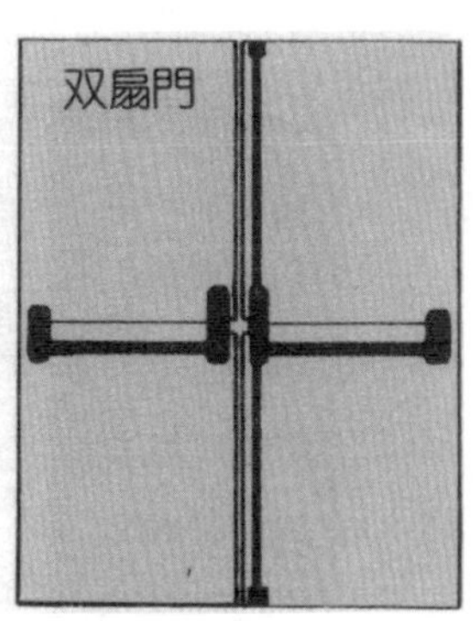

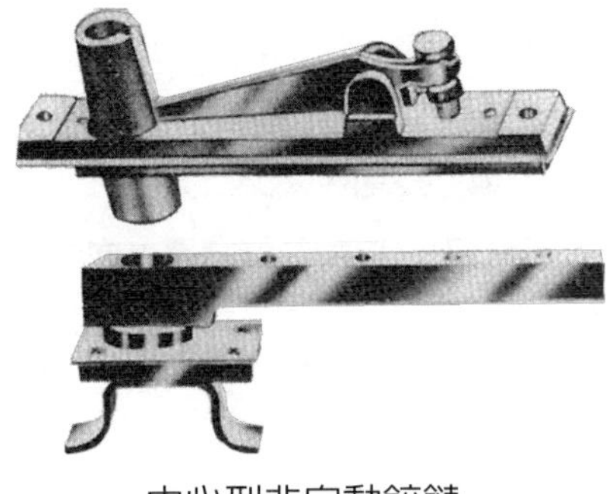

中心型非自動鉸鏈

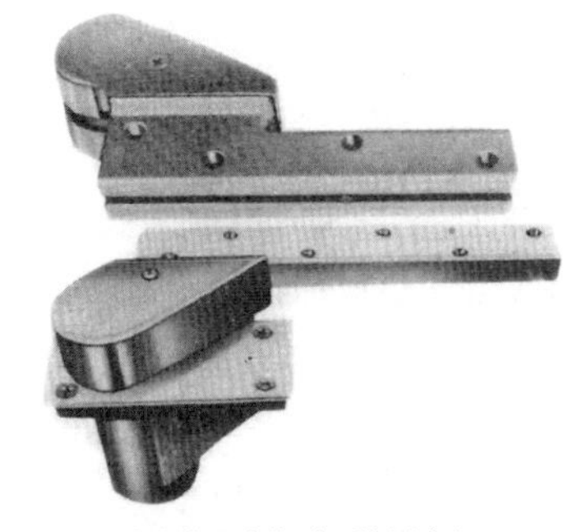

偏心型非自動鉸鏈

八、地鉸鏈、門弓器

地鉸鏈亦如非自動鉸鏈，依開啓角度而有中心型與偏心型，每組均含上、下支臂，上支臂預組於門框上橫檔，下支臂轉軸聯結於機盒之傳動機構，均須預埋地坪點焊於樓版鋼筋。因傳動扭力差異，須配合門扇重量選購地鉸鏈。

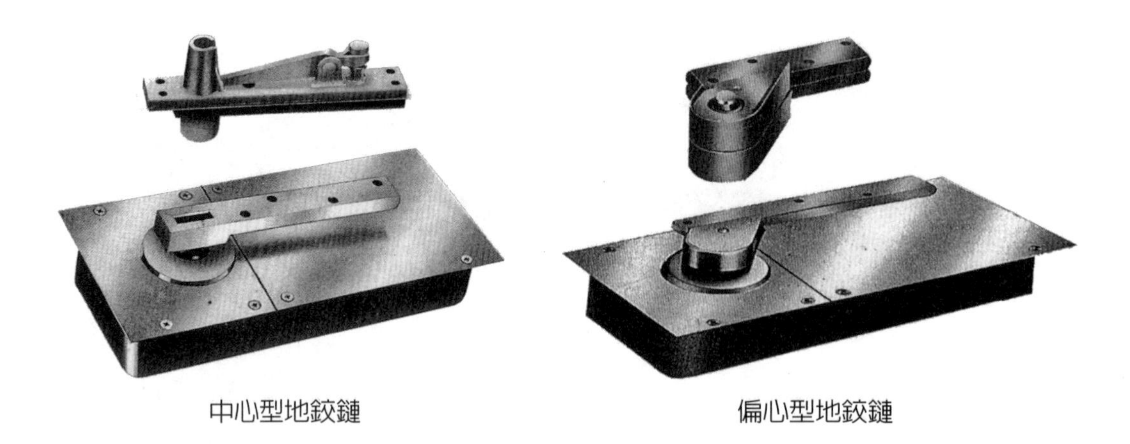

中心型地鉸鏈　　偏心型地鉸鏈

因地鉸鏈安裝費工且單價較高、換修不易、不適宜安裝門檻，常有業主以門弓器取代提供自動歸位功能。門弓器因連動桿占用空間，若開啓後方緊貼牆壁則該門扇無法開啓90°。

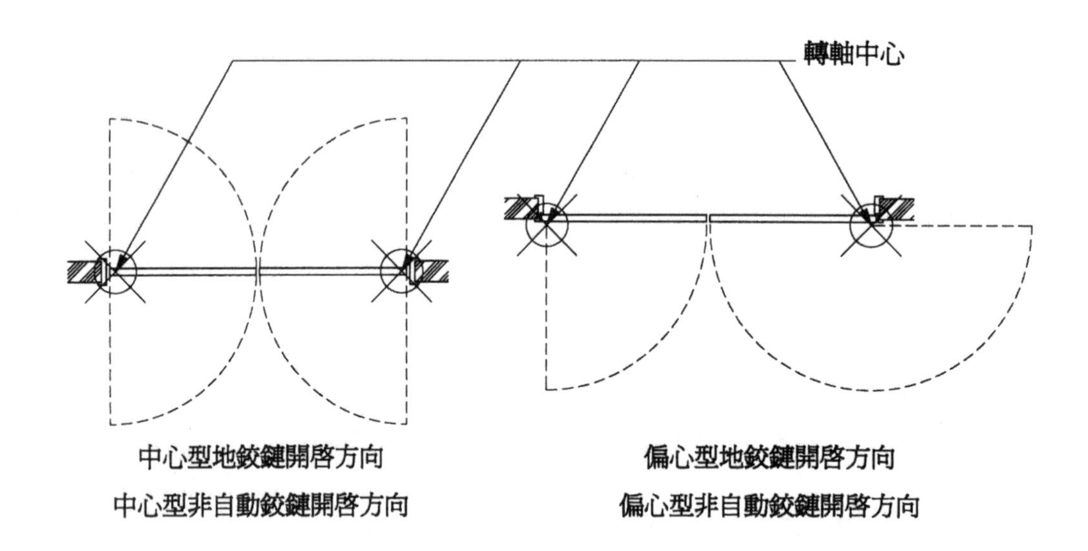

中心型地鉸鏈開啓方向
中心型非自動鉸鏈開啓方向

偏心型地鉸鏈開啓方向
偏心型非自動鉸鏈開啓方向

門鎖五金邀商報價說明書案例

項次	項目	數量	單位	單價	複價	備註
1	水平把手鎖		組			
2	浴室門水平把手鎖		組			
3	門弓器		組			
4	中心型地鉸鏈		組			
5	磁石門止		組			
6	不鏽鋼鉸鏈（SUS#304）		片			4"*4"×2.5mm
	小計					
	稅金					
	合計					
合計新台幣　拾　萬　仟　佰　拾　圓整						

【報價說明】

一、地鉸鏈採中心型、含上下支臂、180° 開啓、承重 200kg。

二、門鎖、五金應由報價廠商檢附型錄、樣品。

三、本案報價應內含運費。請報價廠商塡列報價商品之廠牌型號。

四、承攬廠商應義務配合寄送樣品至甲方指定之金屬門製造工廠，並憑金屬門製造工廠之簽收單向甲方計價（樣品之項目、數量應由甲方工地主任指示）。

五、承攬廠商應對交送貨品保固壹年。人爲之破壞不在保固範圍。水平把手鎖應由承攬廠商保不退色壹年。保固期自第一戶交屋完成後 100 天起算。

六、交貨期限由甲方工地主任指示（應於指定交貨日前三十日通知乙方。但零星之追加，應於三日內送達）。

七、每逾期交貨一日，罰款合約總價之 1% 並依此累加。

八、付款辦法

1. 本案工程依實際交貨數量計價。
2. 每月一日及十五日爲計價日，十日及二十五日爲領款日。乙方於計價前應開立足額當月發票（含保留款）交工地辦理計價。
3. 全部工程完成後依實做數量計價 90%（即完成數量 × 單價 ×90%×1.05）。

   乙方實領金額：(完成數量 × 單價 ×1.05) − (完成數量 × 單價 ×0.1)。本項金額概以 60 天期票支付。

保留款：完成數量 × 單價 ×10%。

4. 保固期滿後退還剩餘保留款，概以 60 天期票支付。

第28章 房間門

少數裝潢個案以手工鑿榫、鑲嵌、刻飾製作木門，以彰顯特殊文化蘊涵。絕大多數建築、裝修案場均採木作工廠內以機械裁切、刨削、黏壓、研磨、塗裝等工序製造之木門，概稱機製木門，依其使用材質及加工難易致價格有所差異。

機製木門多用於室內、乾燥空間，通常採複合材料搭配組成，如實木角材製作門扇框架、內嵌蜂巢板提升扎實感、外側熱壓黏著夾板或木紋板等面飾封板而成，亦有以實木製作邊梃、冒頭、堵板榫接者，均屬機製木門。

一、木門各部名稱

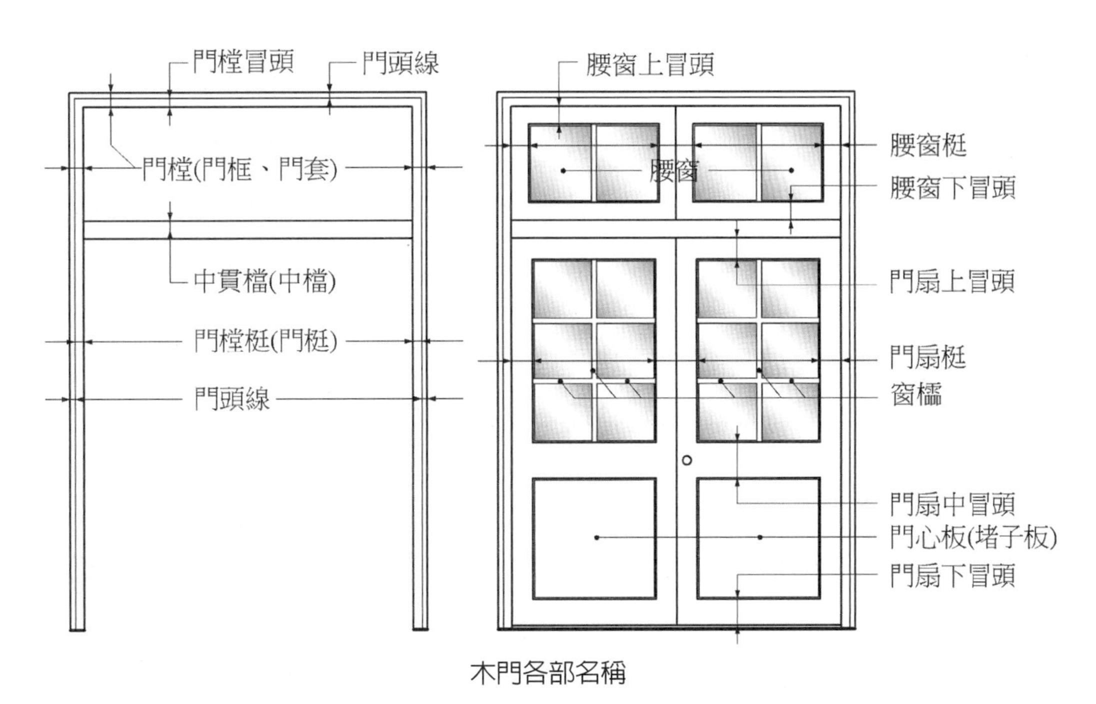

木門各部名稱

註：依CNS 7931木製嵌板門（已作廢）圖一所標示：「上檔」即上圖之門扇上冒頭、「間檔」即爲上圖之門扇中冒頭、「下檔」即爲上圖之門扇下冒頭、「邊梃」&「中梃」即爲上圖之門扇梃、「嵌板」即爲上圖之門心板。依CNS 7932木製門樘（已作廢）圖一所標示；「上樘」即爲上圖之門樘冒頭、「豎樘」即爲上圖之門樘梃。

二、門框木材種類

1. 冰片木

俗稱 KAPUR，學名 Dryobalanops spp 龍腦香科（Dipterocarpaceae），木材呈淡紅褐色至深紅褐色，具有類似樟腦之香味，材質略重，質地堅硬，無明顯木紋。

2. 南洋櫸木

俗稱 BATU 或 SeleganBatu，學名 Shorea spp，龍腦香科（Dipterocarpaceae），邊、心材區別明顯，木材呈黃、黃褐或紅褐色，邊材色澤較淡，原木切片有脆心材，但脆心材面積較小，木質堅硬、纖維細密、色均勻、穩定性高、不易龜裂、不易長蟲。木材生長較慢，價格較 KEMPAS 高，若材齡不足易扭曲變形。

3. 南洋鋼柏木

俗稱 KEMPAS，學名 Koompassia malaccensis Maing（馬來甘巴豆），豆科，價格低於南洋櫸木、進口量多；多以其製做低價位門框。耐濕性較差，接地部分易腐朽。該種門框多於南洋完成加工後船運進口，爲減緩水分散失；成品多披覆黃土以減少乾裂。

4. 台灣紅檜

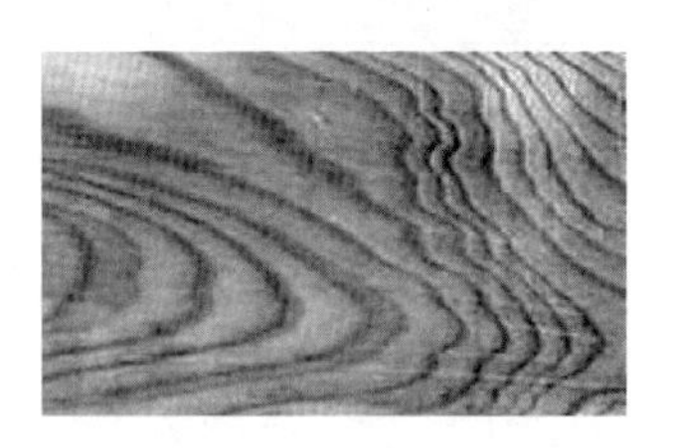

紅檜學名 Chamaecyparis formosensis Mats，俗稱 Meliki，台灣特產，分布於海拔 850～2800m 間，爲台灣主要造林樹種。心材淡紅色故名「紅檜」，邊材黃灰色。材質輕軟、紋理分明、耐濕性強、耐腐性強、有香味，爲優質木材。

5. 台灣扁柏

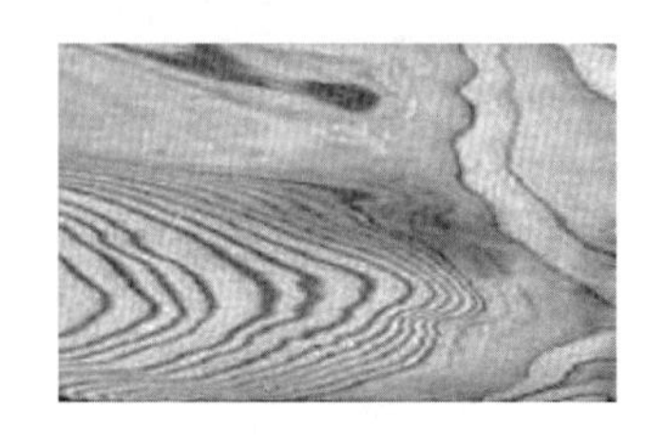

台灣扁柏學名 Chamaecyparis taiwanesis Masam，俗稱 Hinoki，台灣特產，分布於海拔 1300～2800m 間，生長較紅檜慢。心材黃褐色故名「黃檜」，邊材顏色稍白。材質輕軟適中、橫切面常有小龜裂、耐濕性強、耐腐性強、有香味，爲優質木材。

註：台灣扁柏與紅檜通稱台灣檜木，爲台灣最具經濟價值之針葉木。扁柏早已列爲林務局禁伐與列管之樹種，僅漂流木爲合法來源，其餘均屬盜採。

6. 杉木

杉木學名 Cunninghamia lanceolata，邊材由淡黃色至黃白色，心材淡黃褐色，材質輕軟，挺直，易於施工，適合做建築房屋的樑、柱及一般家具之用。

7. 樟木

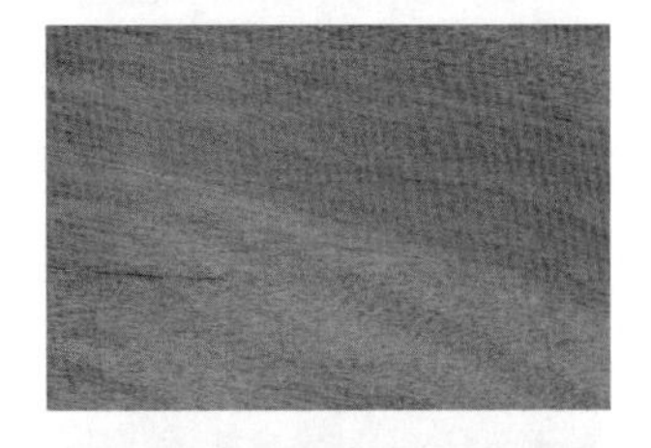

學名 Cinnamomum camphora，邊材、心材分界不大顯著，邊材由灰色至淡紅，心材帶黃褐色，材質較檜木堅硬，有樟腦氣味，能防蟲蛀，製作傢俱居多。

8. 柳安

學名 Meranti，生長快速，木質鬆軟，無明顯木節、無紋理、質感粗糙，優點爲不易翹曲、龜裂，材質堅硬加工性稍差。柳安種類甚多，色澤亦略有不同，由南洋輸入。多製成角材、夾板。

9. 柚木

學名 Tectona grandis，闊葉喬木，馬鞭草科。邊材灰白色，心材黃褐色，紋理優美，具耐水性，收縮率低。生長於南亞、東南亞。緬甸柚木樹齡皆達 50 年，油質多，紋理最爲美觀，品質最佳，近年限制出口量，價格最高，多用於製作傢俱。印尼柚木含油量與緬甸柚木相當，達 6%，但屬人工造林，材齡僅 20～30 年，爲市場最大來源。泰國柚木蘊藏漸枯竭，亦用於製作門框。

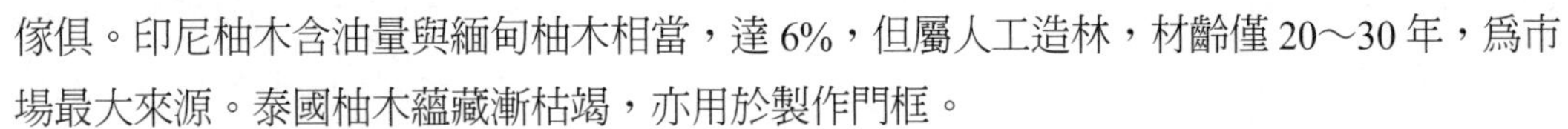

非洲柚木取自印尼原生種，因非洲氣候過於溼熱，樹木生長速度較快，10 年即可成材，但油質含量遠低於南洋柚木，易裂，價格較低。

10. 鐵刀木

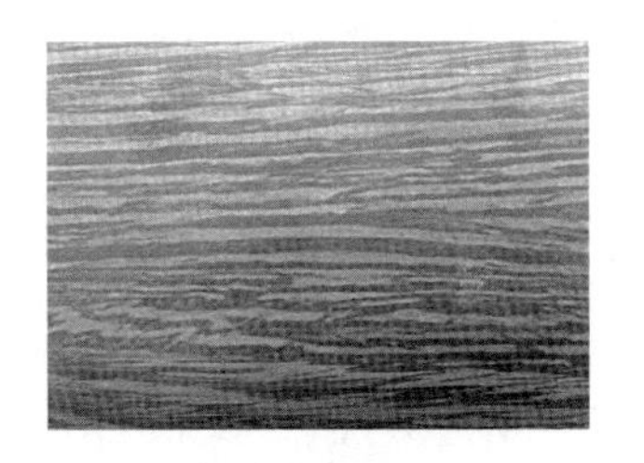

學名 Senna siamea，常綠闊葉中喬木，蘇木科（Caesalpiniaceae）。分布於華南部及東南亞。邊、心材區別明顯，邊材黃色略帶白，心材暗褐至紫黑，具有鐵褐色的紋路且質地堅硬沉重（比重 0.816），故稱鐵刀木。木質粗糙、不易乾燥、易裂、加工困難，含有毒物質，耐腐性強。日據時期引進台灣種植，製作槍托及鐵路枕木，故又名鐵道木。

11. 烏心石

學名 Micheliaformosana。常綠闊葉大喬木，雲葉科，台灣特有種。分布全台海拔

200～2200m 間。邊、心材區別明顯，邊材淡黃灰，心材紅褐至暗黃。質地細膩、堅硬、色澤沉穩木紋明顯、富光澤。易乾燥，收縮率低，耐腐性、抗蛀性強。製作傢俱為主。

12. 花梨木

學名 Pterocarpus spp。蝶形花科 Papilionaceae，分布於東南亞。樹皮受傷時會分泌紫色樹液，故稱紫檀，商業名稱爲花梨木，亦稱紅木。邊、心材區別明顯，木材多呈橘紅褐色。邊材淡黃褐色，有香氣，依其色澤分爲黃花梨及紅花梨。硬度高，比重變化大，約爲 0.34～0.95。加工及乾燥性質良好。用於中式家具、雕刻、地板及裝潢。

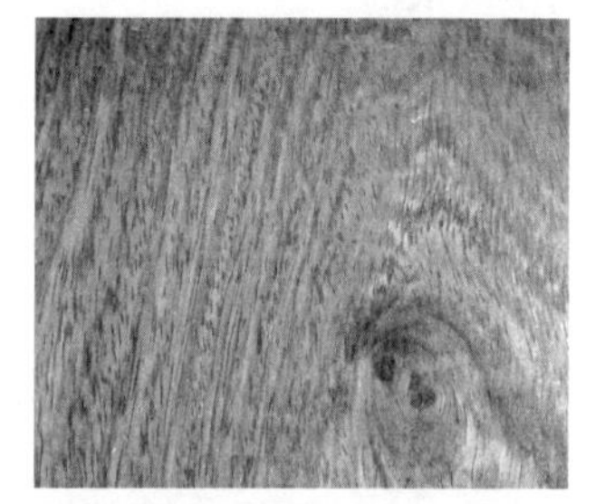

13. 鐵杉

學名 Tsuga chinensis。紋理頗直，結構中而勻，輕至中，質軟，強度和衝擊韌性中。木材堅實，紋理細緻而均勻，抗腐力強，尤耐水濕，可供建築、飛機、舟車、家具及木纖維工業原料等用。無邊、心材之分，色黃白或黃灰色。

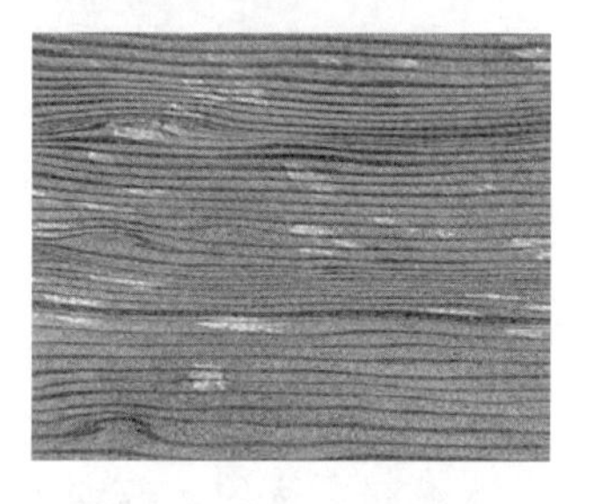

14. 美西側柏

學名 Thuja plicate。柏科、側柏屬，常綠大喬木，又名香杉、美檜。生長於美加西部太平洋沿岸，分布於美國太平洋海岸至阿拉斯加。邊材近純白色，心材由暗紅棕色到淡黃色。有特殊辛辣氣味，木理通直，木肌均一而粗糙，弦面板具明顯木紋；徑面板無木紋。木材輕軟，加工容易，強度低，抗衝擊力低，平刨易變形，製榫時易生劈裂。重量極輕（比重 0.32），穩定性高，收縮率低，耐濕、耐腐。常有業者以較低價位之花旗松取代美檜，故應明確指定北美側柏或花旗松，期能物有所值。

15. 越南檜木

學名 Fokienia hodginsii。柏木科（Cupressaceae），分布於中國大陸南部、東南亞。越南檜木並非檜木，正名福建柏。邊材淺黃褐色或灰黃褐色，心材黃褐或淺紅褐色。木紋明顯，具香氣，木質細緻，易乾燥，安定性良好。耐腐抗蟻性佳。加工性亦佳。不劈裂。

16. 花旗松

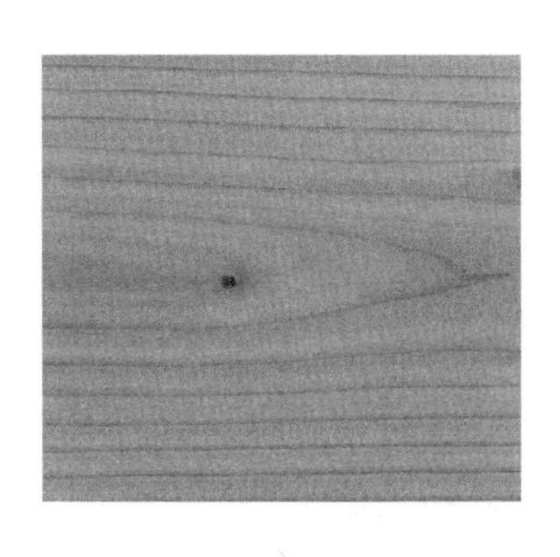

學名 Pseudotsuga menziesii。松科，常綠大喬木，材窄，心材黃色至褐色或紅色，通常海岸型之木材心材顏色深，心材紅色至橙紅色；落磯山脈型則呈黃色。邊、心材與春、秋材區別明顯，木理通直，木肌粗。乾燥容易。分布範圍東自洛磯山脈，西至太平洋沿岸。生長於太平洋沿岸，為海岸型。生長於洛磯山脈，為內陸型。強度與重量隨產區而異，內陸型比重大、強度較佳。花旗松木紋明顯、質地軟、保釘性差、耐腐性、耐蟲性差，須考慮做防腐處理。花旗松以透明漆塗裝後常有白斑（油脂）浮現，不建議採透明塗料塗裝。

三、門框材質

1. 實木門框

以實木製做之門框。等級依木材材質而定，為最常使用之室內門框。較常用於門框且稍平價之實木為冰片木、南洋櫸木、南洋鋼柏木。

2. 複合木門框

以夾板或塑合木搭配實木或集成材組合，外貼木皮等面飾。因可自由搭配木皮，取其木紋及色澤多樣，多用於裝潢場合。

3. 塑鋼門框

塑鋼又稱為纖維強化塑膠 FRP（Fiber Reinforced Plastic），是屬於一種以塑料為基底加上玻璃纖維所混合製成的複合材料；具高機械強度和剛性、耐疲勞性佳、耐候、耐有機溶劑、耐衝擊、耐磨；但長時間高溫加工易發生熱分解、燃燒時通常無法自熄、耐酸性差。

市場稱為塑鋼門之塑鋼材料並非專指 FRP 或 POM，亦無標準定義，僅指化學合成塑料製造，且具有高強度之材料。常見用於門框材料之塑鋼，包含 PVC 發泡門框、ABS 門框、POM 門框，均具備防水之特性。

PVC 發泡門框：

PVC（PolyVinyl Chloride）聚氯乙烯，高分子材料。其發泡是在生產時加入發泡劑，使材料內部產生一些緻密小孔，可採射出成型或模壓成型（Sheet Molding Compound），如南亞實心發泡 PVC 押出門框。高密度 PVC 發泡門框保釘性能較佳，可搭配各種材質門扇安裝於浴室等潮濕空間。

註：保釘性之試驗方式，建議參考 CNS 6719 木材鐵釘引拔抵抗試驗法。

ABS 門框：

ABS（Acrylonitrile butadiene styrene）丙烯青丁二烯苯乙烯，模壓成型。材質堅硬、具韌性、耐低溫、抗衝擊性佳、耐磨損，但易老化。

POM 門框：

POM（Polyoxymethylene）聚甲醛，以聚氯乙烯爲主原料，以高溫擠出成型材，再通過切割、焊接的方式製成門框。爲增加強度與剛度，超過一定長度的型材須內襯鋼鐵材料補強。門框型材爲多腔式結構，熱傳導係數小，具有良好的隔熱性能。

四、先裝型、後裝型門框

先裝型門框於磚牆砌築前立框安裝，工程期間易遭損壞且保護不易，又因砌磚等圬工施作易使木質門框吸水而變形，修護困難，故有後裝型門框之開發。後裝型門框可於牆面圬工完成後安裝，可降低損傷、變形機率。

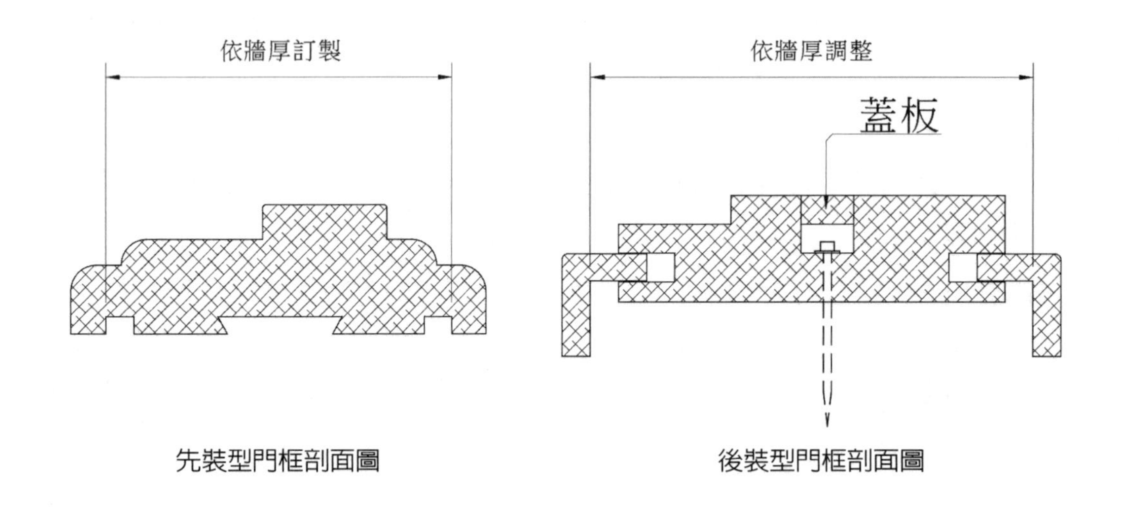

先裝型門框剖面圖　　後裝型門框剖面圖

五、門頭線

早年製作稍工整之門框多加裝門頭線，以稍加造形之木條線板夾合門框與壁體，藉以遮敝相異材質之接縫，目前建築業多採一體車鉋之門框料，使有門頭線之外觀而無門頭線遮蔽縫隙之功能。

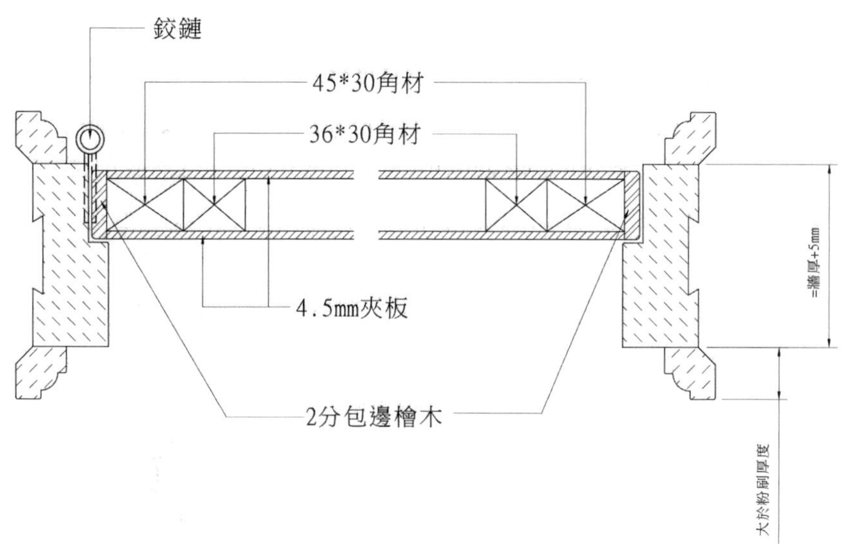

木門剖面（外加線板）大樣圖

六、門框固定件

爲避免門框與牆壁貼合處因變形、地震、鬆脫而產生縫隙，通常以長釘將門框固定於牆面（或有於牆邊預埋木磚受釘），亦可另裝固定片於門框背側，栓螺絲釘連繫，或於門框背側開鳩尾槽，嵌入固定片並埋設於砌磚灰縫等方式，各有利弊。

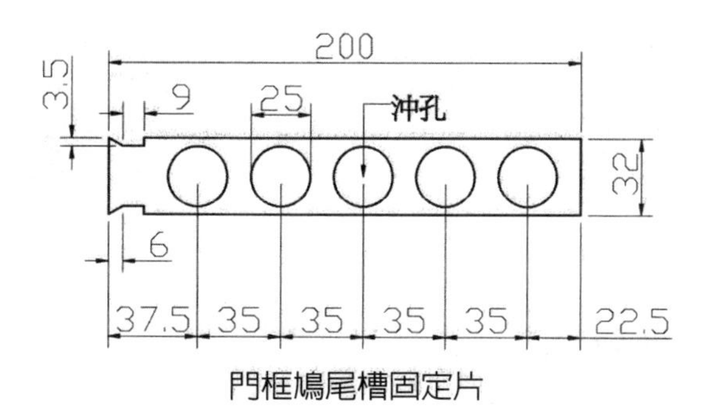

門框鳩尾槽固定片

七、門扇

依門扇材質與加工方式之不同；門扇名稱不勝枚舉，常見者有實木門、實心門、木纖板門、電腦雕刻門、塑鋼門、慶祥門、夾板門、壓花門等。簡介如下。

1. 實木門扇

市場所謂之實木門扇多有意混淆，或以複合木門扇、實心門芯木門扇冠銘實木門扇。筆者以爲實木門扇之門梃、堵板皆以天然原木製做，經過乾燥處理，然後經下料、刨光、開榫等加工而成。實木門扇若稱爲「純實木門扇」或「原木門扇」或許更爲貼切。其價格依木料不同而有差異。但實木門扇因屬天然木材難免因溫度、濕度變化而產生接縫處開裂，翹曲變形機率亦高，客訴較多。

2. 實心木門扇

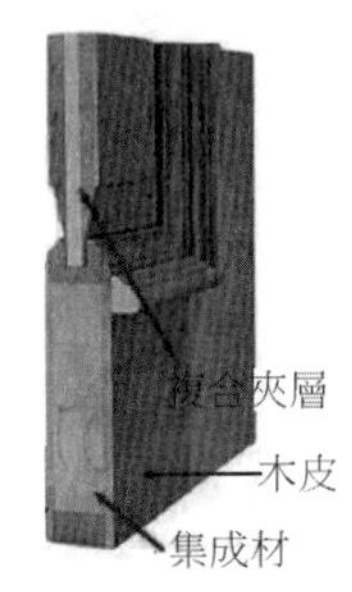

實心木門扇亦稱「實木複合門扇」。門梃及冒頭堵板多以松木、杉木或集成木製作，門心板則以夾板、密迪板製作，外表貼原木薄片，經熱壓製成。其外觀及質感與實木門扇甚難分辨。實心木門扇重量較實木門扇稍重，含水率較容易控制，不易變形、開裂。實用性優於實木門扇。

3. 木纖維板門扇

以木質角料組合框架，外側黏覆木質纖維板而成。木纖維板爲木漿與化學樹脂加壓合成，表面可壓成木材紋路，板片又可依門扇規格再壓製爲立體狀，噴漆後具有實木感。保釘力與防潮能力較差爲其缺點。木纖板門多由製造商於工廠噴漆塗裝。

4. 電腦雕刻門扇

以人工合成之密迪板製造，因材質軟；可使用 CMC 機具車削立體線板。

5. 塑鋼門扇

以塑膠材料製造，防水性佳，但材質感簡陋。

6. SMC（Sheet Molding Compound）模壓成型門扇

以樹脂、填充料、硬化劑與改質劑之混合物，含浸於玻璃纖維網或玻璃纖維紗束中，將此片狀預浸材料在上下鋼模內疊放數層，將模具加熱、加壓，使樹脂軟化流動充滿於模具硬化，數分鐘即可得製品。目前國內僅南亞慶祥門明確標示爲 SMC（模壓成型門扇），面板爲立體造形，色澤、木紋幾可亂眞，具實木門之造形與塑鋼門之防水優點。早期，慶祥門門扇包邊處理粗糙爲其主要缺點，近年已改善。

7. 壓花門扇

以木質角料組合框架，框架間填充輕質材料，外側黏覆板材而成。依工法及材質有先壓立體線板與後壓立體線板之區別。表面亦有噴塗與貼皮之差異。品質、優劣差異大，但均屬低階建材。

8. 夾板門扇

以木質角料組合框架，外側黏覆夾板及線板而成，曾爲主流建材。價廉、不易變形爲優點，隔音差、無立體感爲其缺點。夾板厚度及角材數量爲品質重點。

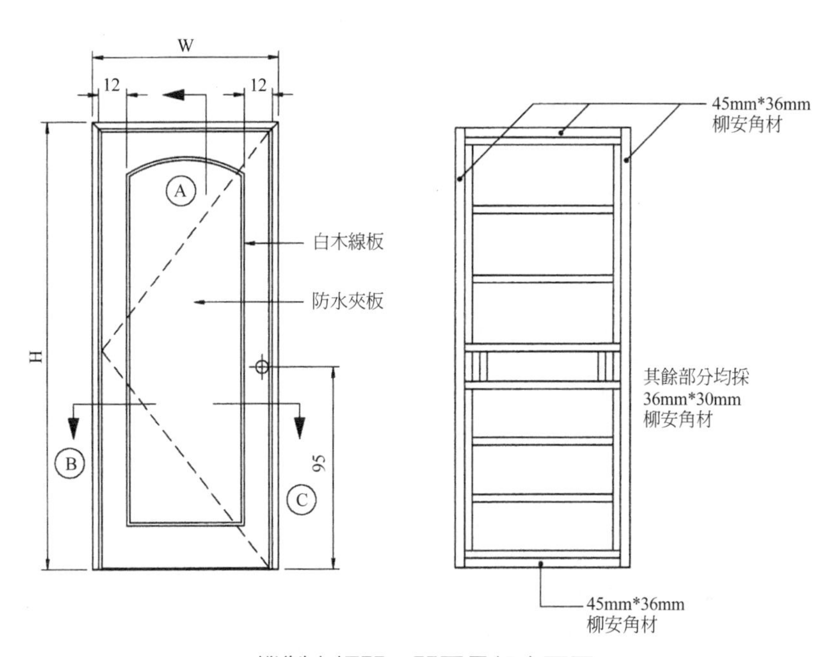

機製夾板門、門扇骨架立面圖

夾板門扇價廉，早年廣受採用，近年僅安裝於地下室、儲藏室等空間。

門扇骨架爲柳安角材，骨架角材通常不使用鐵釘固定聯結，多以樹脂與面板（夾板）加壓黏結，故夾板厚度與門扇使用壽命關係甚大。加壓方式分冷壓與熱壓，適用樹脂應區別。內銷門扇多爲冷壓，外銷門扇方見熱壓。熱壓效果優於冷壓。

門扇外圈骨架角材須聯結鉸鏈，且與門扇是否翹曲變形直接發生關係，故採較大斷面角材，甚至增加一圈配置。當門扇尺寸稍大於門框淨距，可鉋削門扇邊緣調整。

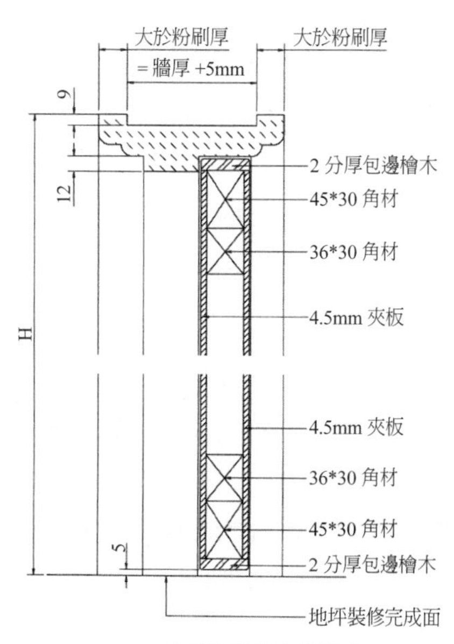

A-A 木門剖面大樣圖

門扇骨架橫料支數應於發包時指定。支數多，耐用性、扎實感較佳，單價稍增。預定安裝門鎖處須加短料塡實。因工廠大量生產，未區分左開與右開之別，故多於兩側塡加短料。

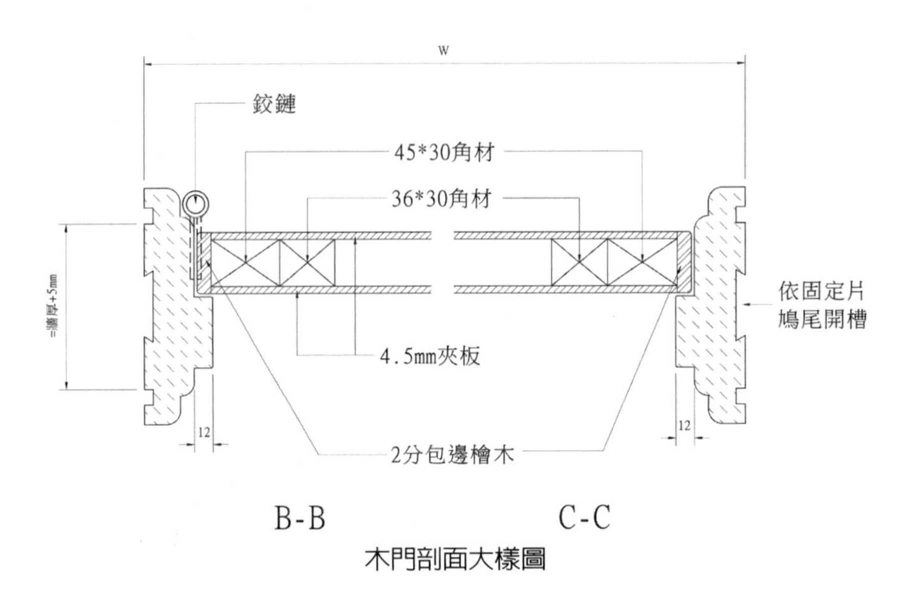

木門剖面大樣圖

八、面飾板

美耐皿：以美耐皿爲表面材質，貼飾於夾板或木心板。防水、防焰、耐刮（美耐皿，請參閱第 38 章：廚具）。

波音軟片（Intertor Film）：最外側爲 PVC 薄膜，貼合保護中間印刷層而成（印刷層列印於第二層 PVC 薄膜上），再進行背膠，故波音軟片具自黏性，現場施工不需再行布膠，可直接貼飾（貼飾於夾板、塑合板等粗糙面底材仍需布膠，若底材爲密迪板、光滑金屬板則不需再布膠）。

木紋板：又稱美麗板或波麗（poly）板，是於工廠內由夾板或木芯板再加工黏上一層木紋塑膠面層，故稱木紋板。木紋板不耐刮、不耐熱。常見規格爲 4 尺 ×8 尺 ×2.7mm，4 尺 ×8 尺 ×3.6mm，4 尺 ×8 尺（2440）×18mm（貼於木芯板）。

美耐板（High-Pressure Decorative Laminates，高壓裝飾層壓板或 HPL）：爲優良材質，但因材質較硬，不利貼飾於較複雜造型，通常用於櫥櫃門板，較少應用於木門面飾（美耐板，請參閱第 38 章：廚具）。

原木皮板：將原木鋸切成薄片（厚度約 2～4mm），再黏貼於木料的表面。其價格遠低於原木。早年原木紋木作均由木工師傅以刨製的木皮（厚度約 0.2～0.3mm）使用白膠黏貼於較廉價之實木或木芯板面，經過熨燙、染色、研磨、上漆而成，耗時耗力。原木皮板於工廠內完成木皮黏貼，大量生產，以半成品型態銷售。但原木皮板於現場尚需再進行底漆、面漆等工序，仍需專業技術。市面亦有已完成漆面之原木皮板、手刮原木皮板（如kd板），品質更優、更省工時、工序，但價格亦更高。

九、開門方向

業界通常依鉸鏈位於左側或右側稱呼左、右開。如立於室內側面對門扇，鉸鏈裝於門扇左側、門扇向內開，該開門方向稱爲左內。如鉸鏈裝於門扇右側、門扇向外開，該開門方向稱爲右外。

十、木材乾燥

木材多因濕度變化而產生變形及龜裂，建議製做門窗木材之最佳含水量爲12%。磚牆隔間之場合均先立門框再砌磚，立框時木料挺直，合門扇時門框多因吸入圬工用水而變形，門扇需稍加壓力鎖舌方可彈入鎖孔，建議立框前先行塗刷油性底塗漆料以隔絕部分水氣，若改乾式隔間效果更佳。

木材所含之水分主要爲游離水與吸著水，游離水又稱毛細管水，存在於木材細胞間隙與細胞腔之水分，生材中；游離水含量約爲木材全乾重量之60%。吸著水爲細胞壁中所含之水分，含量約爲木材全乾重量之20～35%。一般木材強度隨吸著水減少而增強。針葉樹之含水量通常較闊葉樹爲多，邊材含水量多於心材，樹幹上部含水量多於下部。邊材含水量可達100%、心材含水量爲30～40%。

乾燥過程中游離水較吸附水先行蒸發，當游離水完全蒸發而吸附水尚呈飽和時，木材含水量對其全乾重量而言；稱纖維飽和點。若木材含水量在纖維飽和點以上，稱爲生材。含水量在纖維飽和點以下，稱爲氣乾材。若水分完全排除，稱爲全乾材。將全乾材置於空氣中，木材將吸收空氣中之水分，當木材中之蒸氣壓力與大氣中之蒸氣壓力平衡時含水量不再增加，此時之含水量稱爲平衡含水量。

爲減少木材製品乾縮及龜裂、防止腐朽，木材必須作乾噪處理。乾燥處理又分自然乾燥與人工乾燥。自然乾燥係將木材堆置於空曠通風處，借溫度、風等自然力量蒸發水分；可得平衡含水量之木材，但費時長久。若採水浸乾燥法；將原木浸泡於水池，一至二年後樹體內之樹脂樹液完全溶解排出，再將木材置於通風空曠處作自然乾燥，所得之木材防蟲、防腐、不易龜裂變形，但質脆、抗彎強度較差。人工乾燥係將木材置於乾噪室，以機械加溫並循環空氣，加速木質乾燥，可於數週內取得全乾木材，但乾燥過程中易生龜裂。

十一、原木鋸剖方式

原木鋸剖方式（即製材方法）有四種，爲弦切、刻切、徑切、旋切。

弦切，鋸切與年輪成切線方向，稱弦鋸或平鋸，損料最少，最具成本效益，鋸成之板材木紋最寬，俗稱「大花紋」或「山水紋」，但弦切板材變形量最大。

刻切，又分傳統刻切及現代刻切。均需先將原木對剖成 1/4 圓。傳統刻切大致正交年輪鋸切成板材。現代刻切則平行半徑切成板材。刻切木紋密緻通直並帶有木髓斑紋與年輪花紋正交。刻切較弦切費工，損料亦多於弦切，但變形量亦較低。

徑切，其切割方向與傳統刻切大致相似，但切割方向與年輪垂直，切成板材紋理教刻切更加通直密緻，損料最多，但最不易變形。

旋切，旋轉原木，以固定刀片貼原木刨切薄片，薄片厚度可自 0.3mm 至 4mm，供裝飾木皮或製造夾板使用。

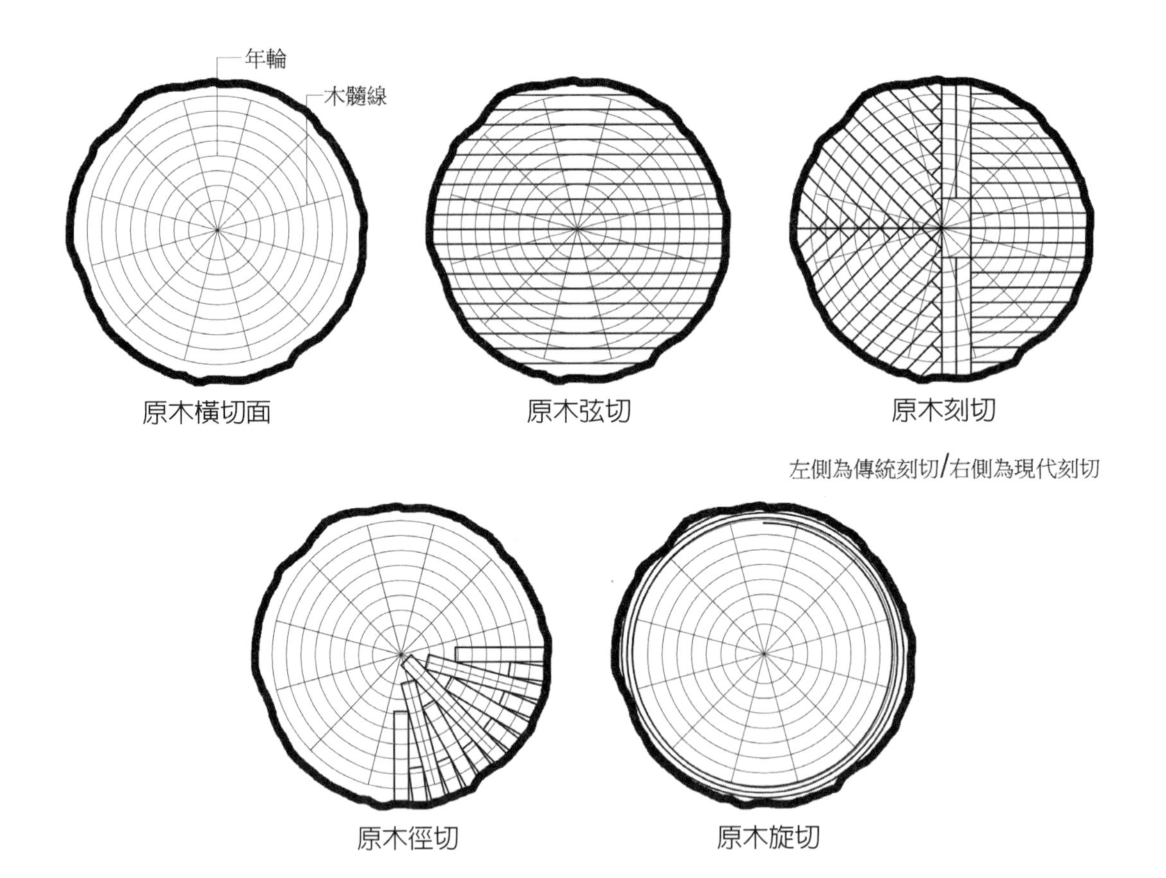

十一-1、才積計算

台灣以「才」爲木材體積單位，國外以英制「板呎」（B.M.F 或 B.F）爲材積單位。計算式如下。

製材（板材或方木）之材積公式

英制：1 呎 ×1 呎 ×1 吋 = 1 板呎

臺制：1 寸 ×1 寸 ×1 丈 = 100 立方寸 = 1 才；口訣爲「寸寸丈」

1 尺 ×1 尺 ×1 寸 = 100 立方寸 = 1 才；口訣爲「尺尺寸」

圓木之材積公式

台灣民間算法

材積 = 梢徑 2× 長度

材積單位：才，1 才 = 100 立方寸

梢徑單位：台寸，1 台寸 = 3.03cm

長度單位：丈，1 丈 = 10 尺 = 100 寸

若圓木長度大於 12 尺；應加定數 0.5 寸，每增 4 尺再加定數 0.5 寸。

增計定數後；修正公式爲：材積 = (梢徑 + 定數)^2× 長度。梢徑 = (上梢徑 + 下梢徑)/2。

市場對梢徑之零星小數採三八進位計算，即 1.3 寸進位爲 1.5 寸，1.8 寸進位爲 2.0 寸。

林務局計算法

天然生針葉樹

材積 = (末端直徑 + 定數)^2×0.79× 長度

末端直徑：幹頂直徑

前端直徑：幹底直徑

若前端直徑小於末端直徑，改以前端直徑代入公式。

單位與民間算法相同

上式之定數

末端直徑小於 50cm 者，其每公尺材長加算末端直徑定數 0.9cm。

末端直徑大於 52cm 者，其每公尺材長加算末端直徑定數 1.0cm。

材長未滿公尺之尾數採四捨五入，材長未滿 2 公尺者不加定數。

若覺測定末端直徑不妥；可採中央直徑或採前、末端直徑之平均值依下列公式計算。

材積 = (中央直徑或前、末端直徑平均值)^2×0.79× 長度

造林針葉樹、天然生闊葉樹、造林闊葉樹

材積 = (末端直徑)^2× 長度

造林針葉樹長度大於 5 公尺時；依下列公式計算

材積 = (中央直徑)^2×0.79× 長度

機製木門邀商報價說明書案例

項次	項目	單位	數量	單價	複價	備註
1	美西側柏門框（90×210cm）	樘				配合 14cm 牆厚
2	美西側柏門框（85×210cm）	樘				配合 16cm 牆厚
3	實心門扇（90×210cm 門框用）	片				
4	實心門扇（85×210cm 門框用）	片				
5	夾板門扇	片				臨時工務所用
6	立框工料	樘				
7	合門工資	片				
8	門鎖安裝工資	組				水平把手鎖
9	門止安裝工資	組				磁石門止
	小計					
	稅金					
	合計					
合計新台幣： 拾 萬 仟 佰 拾 圓整						

【報價說明】

一、使用材料：

門框：北美側柏，一等品，先裝型。全乾材回潮至平衡含水量。順紋加工。框料以 45° 採榫接或螺栓接合。含 PU 透明漆塗裝。

門扇：複合實心木門扇，實木薄片飾面，選樣，選色。含 PU 透明漆塗裝。

夾板門扇：柳安角材，雙面膠合 1 分夾板，不含塗裝。

二、施工步驟：

1. 甲方工地主任通知承攬廠商立框日期及規格、數量、施作棟別。
2. 由甲方於牆面彈繪 FL + 100cm 水平墨線及放樣線，放樣線應明確標示立框位置及門扇開啓方向。
3. 承攬廠商於立框日前三天依上列內容將門框半成品（尚未組合之門框材料）、固定用角材運抵工地（鋼釘、鐵釘、工具由安裝人員自行攜帶）。
4. 承攬廠商於立框日前二天派員將門框半成品及固定用角材分配吊運至安裝戶並組合門框。

5. 立框日，安裝人員會同工地主任至安裝現場，由工地主任說明 FL + 100cm 水平墨線與立框高程之對應關係。
6. 安裝人員依放樣線及 FL + 100cm 水平墨線立框，並以水秤校正高程、水平，以垂球校正垂直，任意二點之水平及垂直誤差不得大於 3mm。
7. 門框應以角材、木楔及底座金屬片做妥善固定。若因固定不良而變形、位移，應由承攬廠商隨時派員補強或校正，若因其它工班施作不當造成損毀或位移則由甲方協調貼補工料費用。門框安裝完成後應由乙方立即以厚度 2cm 之發泡 PU 材料包覆門框下緣（H = 120cm）。
8. 工地主任通知承攬廠商門扇安裝日期。
9. 承攬廠商於門扇安裝日期前四十五天派員至現場逐樘量測門扇尺寸並於平面圖做成記錄（由甲方提供 A3 規格平面圖一份）。
10. 承攬廠商於門扇安裝日期前十五天將門扇成品運抵工地妥善置放於甲方指示位置，會同工地主任抽驗（抽驗之門扇均依合約單價計價支付材料費），凡有與圖說不符者一律全數退貨，若經檢驗與圖說相符則所抽驗門扇應於五日內補運工地。
11. 門扇安裝日期前三天，承攬廠商應派員將門扇搬運至各戶安裝位置。
12. 門扇安裝日，承攬廠商應派安裝人員至工務所領取鉸鏈依序安裝。
13. 鉸鏈安裝位置應依鉸鍊厚度於門框、門扇切鑿凹槽。鉸鍊螺釘應先行以敲擊方式固定，但擊入深度不得超過釘長之 1/2，外露部分再以旋入方式固定。
14. 門扇與門框邊緣（門碰頭）於不加壓狀態下應密合。門扇邊緣（無鉸鍊側）與門框間隙不得大於 5mm。

    註：門扇邊緣（無鉸鍊側）與門框間隙應視門扇厚度決定，門扇預厚，間隙愈大。
15. 工地主任通知承攬廠商門鎖、門止安裝日期、工期。
16. 承攬廠商於門鎖、門止安裝日派員至工務所領取門鎖等配件，依工地主任指示安裝。鑰匙應依戶別分袋並加標示後點交工務所。
17. 使用材料凡經檢驗不合格者一律全數退貨重新製造，且依原協議之期限計算工程期限。
18. 保固期限內，凡屬非人為之破壞、變形均屬暇疵，承攬廠商應負責賠償損失或復原。

三、工程期限：由工地主任協調乙方訂定，並由工地主任製表，雙方簽認後列為合約附件。

四、逾期罰則：依上項所述之進度為準，每階段凡有逾期均採罰款，每逾期一日應罰合約總價之 3/1000，依此類推。若因甲方因素造成延誤則不罰。若因甲方未妥善安排進度且未於事先知會乙方，致乙方雖按時派工進場但無法施作，應由甲方賠償當日出工之工資。

五、乙方應指派專人領導施工、協調進度、控制品質、管理工料、維護安全。

六、施工廢棄物、包裝材料應由乙方自行清運，一般垃圾如便當盒、飲料罐應由乙方自行集中置於甲方指定地點；否則由甲方派工清運，所需費用自工程款內優先抵扣，不得異議。

七、施工機具及材料應由乙方自行保管。

八、保固期限：壹年（自公設點交次日起算）。

九、付款辦法：

1. 簽約後由工務所計價支付預付款（材料總價之 10%），概以 60 天期票支付。乙方領款時應開立同額保証支票（不押日期）繳交甲方財務部。
2. 每月一日及十五日爲請款日，十日及二十五日爲領款日。請款前乙方應開立當月之足額發票（含保留款金額）交工地辦理請款。
3. 每期均依實際安裝完成數量計價 100%，實付 90% 概以 1/2 現金、1/2 60 天期票支付（材料部份實付 80%、回沖預付款 10%），保留 10%。
4. 完成第一戶交屋後 60 天計價支付 5%，概以 60 天期票支付。
5. 管理委員會點收後計價支付 5%，概以 60 天期票支付（保證支票於本期無息退還乙方）。
6. 簽約前乙方應開立保固書交甲方（不押日期）併爲合約附件。

註：單價表所列項次 1、2、3、4 視爲材料，應付預付款。

十、報價廠商凡有疑問應於報價前提出，若有異議應於報價單註明，簽約後一切爭議均依甲方解釋爲準。

十一、請以本報價單報價，期它格式概不受理。廠商資料欄請確實填寫並加蓋公司章、負責人章。報價單頁、附件頁、附圖頁應依 A4 紙張規格折疊以釘書機釘訂並加蓋騎縫章。

十二、第一次報價廠商請附公司執照、營利事業登記證、近三月完稅資料影本。

十三、本案報價單另附 A3 規格影印圖 X 張。

第29章 瓷磚

瓷磚，舊版CNS依其吸水率區分爲瓷質、石質或陶質面磚，建材市場慣以「磁磚」稱之，或專指陶質面磚爲磁磚。新版CNS-9737概以「陶瓷面磚」稱之；並定義：主要用於牆面及地面具裝飾及作爲保護用之裝修材料，以黏土或其他無機質原料加以成形、經高溫燒結而成、厚度未滿40mm之板狀不燃材料。

一、CNS中有關陶瓷面磚之規範如下列

CNS-9737：陶瓷面磚

CNS-3299-1：陶瓷面磚檢驗法　第1部：取樣檢驗及合格判定基準（規定陶瓷面磚之檢驗方式、取樣方法、檢驗方法及合格判定基準）。

CNS-3299-2：陶瓷面磚試驗法　第2部：表面品質、尺度及尺度收縮不齊、翹曲及直角性、背溝之形狀及深度，以及異型磚角度之試驗法（規定陶瓷面磚表面品質、尺度及尺度收縮不齊、翹曲及直角性、背溝之形狀及深度、以及異型磚角度之試驗方法，惟不適用於不定形磚之尺度收縮不齊、翹曲及直角性，以及異型磚角度之檢查）。

CNS-3299-3：陶瓷面磚試驗法　第3部：吸水率、視孔隙度及體密度試驗法（規定陶瓷面磚之吸水率、視孔隙度及體密度之試驗方法。其測定方法有煮沸法及眞空法二種，測定時得採用任一種方法。又製造條件與平型磚相同之異型磚，得省略本試驗）。

CNS-3299-4：陶瓷面磚試驗法　第4部：彎曲破壞載重及抗彎強度試驗法（規定陶瓷面磚之彎曲破壞載重及抗彎強度測定方法。惟各邊長度在50mm以下者不適用本標準）。

CNS-3299-5：陶瓷面磚試驗法　第5部：無釉地磚耐磨耗性試驗法（規定屋外地面及屋內地面所使用陶瓷無釉面磚之耐磨耗性試驗方法）。

CNS-3299-6：陶瓷面磚試驗法　第6部：施釉地磚耐磨耗性試驗法（規定屋外地面及屋內地面所使用陶瓷施釉面磚之耐磨耗性試驗方法）。

CNS-3299-7：陶瓷面磚試驗法　第7部：耐熱衝擊性試驗法（規定陶瓷面磚之耐熱衝擊性試驗方法。惟本試驗僅適用於局部可能受到熱衝擊場所所使用之

面磚。爲裝飾而故意在釉面做成釉裂面磚之釉裂，不能視爲缺點）。

CNS-3299-8：陶瓷面磚試驗法　第 8 部：施釉面磚耐釉裂性試驗法（規定陶瓷施釉面磚之耐釉裂性試驗方法。惟不適用於爲裝飾而故意施予釉裂之面磚）。

CNS-3299-9：陶瓷面磚試驗法　第 9 部：耐汙染性試驗法（規定陶瓷面磚表面（有釉、無釉）之耐汙染性試驗方法及分級）。

CNS-3299-10：陶瓷面磚試驗法　第 10 部：耐藥品性試驗法（規定陶瓷面磚之耐藥品性試驗方法。惟以次氯酸鈉（NaOCl）溶液所做之試驗，僅適用於使用在游泳池之面磚）。

CNS-3299-11：陶瓷面磚試驗法　第 11 部：施釉面磚溶出鉛及鎘定量試驗法（規定與食物直接接觸所使用之施釉面磚，測定從面磚釉料溶出鉛及鎘含量之試驗方法。又製造條件與平型磚相同之異型磚，得省略本試驗）。

CNS-3299-12：陶瓷面磚試驗法　第 12 部：防滑性試驗法（規定使用於潮濕地面之陶瓷面磚，當人在其上面行走時之防滑性能試驗方法。其防滑係數分爲穿鞋時評定爲防滑係數 C.S.R 值，赤腳時評定爲防滑係數 C.S.R．B 值）。

CNS-3299-13：陶瓷面磚試驗法　第 13 部：面磚單元品質試驗法（規定陶瓷面磚單元之表面品質、尺度、貼紙之接著性、表貼紙之剝離性、背貼紙之耐水接著性、背貼網材之剝離性及背貼紙或背貼網材開口率之試驗方法）。

以下 CNS 瓷磚相關規範已廢止：CNS-3298- 陶質壁磚、CNS-9737- 陶瓷面磚總則、CNS-9738- 陶質地磚、CNS-9739- 石質地磚、CNS-9740- 瓷質地磚、CNS-9741- 石質壁磚、CNS-9742- 瓷質壁磚、CNS-9743- 瓷質馬賽克面磚、CNS-9744- 石質馬賽克面磚、CNS-10631- 擠出面磚、CNS-13431- 窯燒花崗石面磚、CNS-13487- 玻璃馬賽克面磚、CNS-14909- 瓷質拋光磚、CNS-13487- 玻璃馬賽克面磚。

二、陶瓷面磚相關測試標準

因磁磚商品日新月異，CNS 規範已無法鉅細靡遺完整分類、制定規範、標準，故廢除上述各類名稱規範，僅以陶瓷面磚、馬賽克面磚攏統定義各種陶瓷磚。

使用者購置磁磚材料，通常以美觀爲選購首要條件，而外觀符合要求者，其吸水率、彎取破壞載重、磨耗等級卻未必符合 CNS 標準，且 CNS 標準亦未必符合標準施工要求，故由買賣雙方視需求協議定訂各項標準較爲務實。

1. 表面品質之判定基準

表面品質之判定基準（參照 CNS3299-2 表 2）

檢查項目	缺點之種類	判定基準
1 個面磚之缺點	釉裂、坯裂、夾層	距離約 30cm 觀察時，無法認定
	缺損、針孔、縮釉、凸凹、毛邊、刮傷、附著雜質、印刷不均匀、顏色不均匀、色斑、光澤不均匀、翹曲、直角性、尺度收縮不齊	距離約 1m 觀察時，不顯著
面磚與面磚相互間之缺點	顏色不均匀、光澤不均匀	距離約 2m 觀察時，不顯著
面磚與異形磚相互間之缺點		
備考 1. 面磚之背面，不得有顯著之缺損或會妨礙接著性之顯著異物。 備考 2. 爲裝飾上施予顏色不均匀、釉裂等，不能視爲缺點之對象。		

2. 平型磚表面品質

平型磚表面品質（參照 CNS9737-5.1.1- 表 1）

項目	基準
1 個面磚之缺點	不合格品之比率 (2)，須在 5% 以下
面磚與面磚相互間之缺點	不得存在
註 (2) 對附表 1 所示取樣面積或個數與不合格個數之比率	

3. 異型磚表面品質

異型磚表面品質（參照 CNS9737-5.1.1- 表 2）

項目	基準
1 個面磚之缺點	不合格品之比率 (3)，須在 5% 以下
平型磚與異型磚相互間之缺點	不得存在
註 (3) 對附表 1 所示取樣面積或個數與不合格個數之比率	

4. 面磚單元之表面品質

面磚單元之表面品質（參照 CNS9737-5.1.2- 表 3）

項目	基準
1 張面磚單元之缺點	不得存在
面磚單元與面磚單元相互間之缺點	不得存在

5. 長度及寬度之許可差

長度及寬度之許可差（參照 CNS9737-5.3.1- 表 4）

依主要用圖之區分	面磚之製作尺度 (4) 單位：mm							
	50 以下	超過 50 105 以下	超過 105 155 以下	超過 155 235 以下	超過 235 305 以下	超過 305 455 以下	超過 455 605 以下	超過 605
內裝壁磚 內裝地磚	±0.6	±0.8	±1.0	±1.2	±1.4	±1.6	±2.0	±2.4
外裝壁磚 外裝地磚	±1.2	±1.6	±2.0	±2.4	±2.4	±2.8	±2.8	±3.0
馬賽克 面磚 (5)	±0.8	±1.2	±1.6	±2.0	±2.0			
備考：超過 605mm 未加工修邊面磚之尺度許可差，由買賣雙方協議之 註 (4) 不定形磚時，係指製造廠商所訂定作爲製作尺度部分之尺度 註 (5) 馬賽克面磚時，不限主要用途之區分，全部適用於馬賽克面磚欄之許可差及基準								

6. 厚度之許可差

厚度之許可差（參照 CNS9737-5.3.2- 表 5）

依主要用圖區分	許可差單位：mm
內裝壁磚 內裝地磚	±0.5
外裝壁磚 外裝地磚	±1.2
馬賽克面磚 (6)	±0.7
註 (6) 馬賽克面磚時，不限主要用途之區分，全部適用於馬賽克面磚欄之許可差及基準	

7. 尺度收縮不齊之基準

尺度收縮不齊之基準（參照 CNS9737-5.4- 表 6）

依主要用圖之區分	面磚之製作尺度[7] 單位：mm							
	50 以下	超過 50 105 以下	超過 105 155 以下	超過 155 235 以下	超過 235 305 以下	超過 305 455 以下	超過 455 605 以下	超過 605
內裝壁磚 內裝地磚	0.6	0.8	1.0	1.2	1.4	1.6	2.0	2.4
外裝壁磚 外裝地磚	1.2	1.6	2.0	2.4	2.4	2.8	2.8	3.0
馬賽克面磚[8]		1.0	1.4	1.6	2.0	2.0		

備考：超過 605mm 未加工修邊面磚之尺度許可差，由買賣雙方協議之
註[7] 面磚之製作尺度，係指在長方形時，對各個相對之長邊及短邊
註[8] 馬賽克面磚時，不限主要用途之區分，全部適用於馬賽克面磚欄之許可差及基準

8. 翹曲

翹曲（參照 CNS9737-5.5- 表 7）

依主要用途之區分	項目	面磚之製作尺度[9] 單位：mm						
		超過 50 105 以下	超過 105 155 以下	超過 155 235 以下	超過 235 305 以下	超過 305 455 以下	超過 455 605 以下	超過 605
內裝壁磚 內裝馬賽克壁磚 內裝地磚 內裝馬賽克地磚 馬賽克面磚	面翹曲[10]	±0.6	±0.8	±1.0	±1.0	±1.2	±1.2	±1.4
	扭曲[10]	0.5 以下	0.6 以下	0.8 以下	0.8 以下	1.0 以下	1.0 以下	1.2 以下
	邊翹曲[10][11]	±0.6	±0.8	±1.0	±1.0	±1.2	±1.2	±1.4
	側翹曲[12]	±0.8	±1.2	±1.6	±1.6	±2.0	±2.0	±2.4
外裝壁磚 外裝馬賽克壁磚 外裝地磚 外裝馬賽克地磚	面翹曲[10]	±0.9	±1.2	±1.5	±1.5	±1.8	±1.8	±2.0
	扭曲[10]	0.7 以下	1.0 以下	1.2 以下	1.2 以下	1.4 以下	1.4 以下	1.6 以下
	邊翹曲[10][11]	±0.9	±1.2	±1.5	±1.5	±1.8	±1.8	±2.0
	側翹曲[12]	±0.8	±1.2	±1.6	±1.6	±2.0	±2.0	±2.4

備考 1. 基準值之（+）係表示凸翹曲；（-）係表示凹翹曲
備考 2. 超過 605mm 未加工修邊面磚之尺度許可差，由買賣雙方協議之
註 (9) 面磚之製作尺度，係指在長方形時之邊長
註 (10) 不適用於故意爲使表面做成凹凸者
註 (11) 不適用於長邊超過短邊 2 倍之長方形面磚
註 (12) 適用於長方形面磚時之長邊，正方形面磚時之各邊

9. 直角性之基準

直角性之基準（參照 CNS9737-5.6- 表 8）

依主要用途之區分	面磚之製作尺度單位：mm						
	超過 50 105 以下	超過 105 155 以下	超過 155 235 以下	超過 235 305 以下	超過 305 455 以下	超過 455 605 以下	超過 605
內裝壁磚 內裝地磚	0.8	1.0	1.2	1.4	1.6	2.0	2.4
外裝壁磚 外裝地磚	1.6	2.0	2.4	2.4	2.8	2.8	3.0
馬賽克面磚 (13)	1.4						

備考：超過 605mm 未加工修邊面磚之尺度許可差，由買賣雙方協議之
註 (13) 馬賽克面磚時，不限主要用途之區分，全部適用於馬賽克面磚欄之許可差及基準

10. 背溝深度之基準

背溝深度之基準（參照 CNS9737-5.7.2- 表 9）

面磚表面之面積 (14)	背溝之深度 (h) 單位：mm
未滿 15cm^2	0.5 以上
15cm^2 以上，未滿 60cm^2	0.7 以上
60cm^2 以上	1.5 以上 (15)

註 (14) 具有複數面之異型磚石，適用於最大面之面積
註 (15) 在 CNS9737 附圖 5 所規定之面磚模矩標稱尺度爲 M150×50 及 M200×50，須爲 1.2mm 以上
參考：背溝之深度 (h)，最大爲 3.5mm

11. 異型磚之角度許可差

異型磚之角度許可差（參照 CNS9737-5.8）

依 CNS3299-2 第 8 節（異型磚角度之測定方法）之規定，須為 ±1.5°。異型磚角度之許可差，適用於以複數之面所構成，且其鄰接面之角度為直角關係者。惟不適用於不定形磚、故意為使表面做成凹凸之面磚及各面或最小面之長度未滿 45mm 之面磚。

12. 吸水率之基準

吸水率之基準（參照 CNS9737-5.9- 表 10）

依吸水率之區分	吸水率單位：%
Ⅰ a 類	0.5 以下
Ⅰ b 類	3.0 以下
Ⅱ類	10.0 以下
Ⅲ類	50.0 以下

13. 彎曲破壞載重之基準

彎曲破壞載重之基準（參照 CNS9737-5.10.1- 表 11）

依主要用途之區分	彎曲破壞載重單位：N
內裝壁磚	108 以上
內裝馬賽克壁磚	
內裝地磚	540 以上
內裝馬賽克地磚	
外裝壁磚	720 以上
外裝馬賽克壁磚	540 以上
外裝地磚	1080 以上
外裝馬賽克地磚	540 以上
馬賽克面磚	540 以上

14. 無釉地磚磨耗體積之基準

無釉地磚磨耗體積之基準（參照 CNS9737-5.11.1- 表 12）

使用場所之區分	磨耗體積 (16) 單位：mm^3
屋外地磚	345 以下
屋內地磚	540 以下 (17)
註 (16) 使用於行人眾多場所之地磚，宜在 $175mm^3$ 以下 註 (17) 不適用於赤腳行走之場所	

15. 施釉地磚耐磨耗評定之等級分類

施釉地磚耐磨耗評定之等級分類（參照 CNS9737-5.11.2- 表 13）

認定有變化時之磨耗回轉數	等級
100	0
150	1
600	2
750，1500	3
2100，6000，12000	4
磨耗迴轉數於 12000 迴轉時無法認定有變化時	5

16. 耐熱衝擊性

耐熱衝擊性（參照 CNS9737-5.12）

使用於面磚局部受到熱衝擊處之耐熱衝擊性，依 CNS3299-7 之規定試驗，不得產生坏裂或釉裂等缺陷。

17. 耐釉裂性

耐釉裂性（參照 CNS9737-5.13）

施釉面磚之耐釉裂性，依 CNS3299-8 之規定試驗，不得產生釉裂，惟不適用於爲裝飾而施予釉裂之面磚。

18. 耐汙染性

耐汙染性（參照 CNS9737-5.14）

面磚表面之耐汙染性，依 CNS3299-9 之規定試驗，將其試驗結果，依如下所示之分類級數記錄之。參考：使用於行人衆多場所之地磚，得依 CNS3299-6 規定之磨耗迴轉數試驗後，再依 CNS3299-9 之規定試驗，將其試驗結果，依下圖之分類級數記錄之。

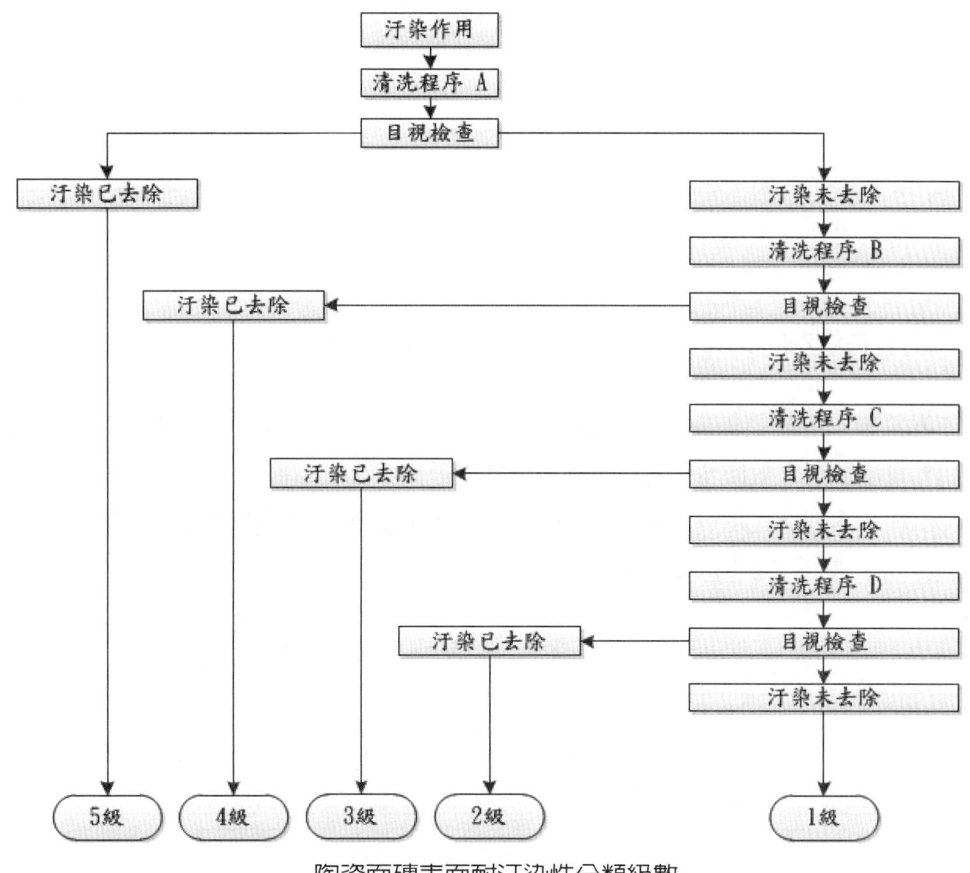

陶瓷面磚表面耐汙染性分類級數

19. 藥品性之等級分類

為評定面磚耐藥品性之等級分類（參照 CNS9737-5.15- 表 14）

切割面[18]、非切割面、表面是否有變化	等級
不認定有變化[19]	A
僅認定切割面[18]有變化	B
認定切割面[18]、非切割面、表面有變化	C
註[18] 切割面之觀察，適用於無釉面磚 註[19] 輕微之變色，不認定爲有變化	

20. 鉛及鎘之溶出性

鉛及鎘之溶出性（參照 CNS9737-5.16）

使用於直接接觸食物之施釉面磚，其鉛及鎘脂溶出性，依 CNS3299-11 之規定試驗，記錄其試驗結果。備考：試驗結果應符合行政院衛生福利部公布「食品器具容器包裝衛生標準」之規定。

21. 防滑性

防滑性（參照 CNS9737-5.17）

使用於潮濕地面面磚之防滑性，依 CNS3299-12 之規定試驗，記錄其試驗結果。

備註：試驗結果其評定基準由買賣雙方協議之。

三、防滑係數

防滑係數、靜摩擦係數通用。通常「靜摩擦係數」用於理論、實驗數據，「防滑係數」用於實地測試之數據（受各種不確定影響因子作用後之數據）。靜摩擦係數量測原理大致分二種，為拖橇式及變角式，如右圖所示。其中變角式係將物體置於可變角度坡面，逐步調升 θs 角度，至試體開始滑動，tanθs 即為靜摩擦係數。

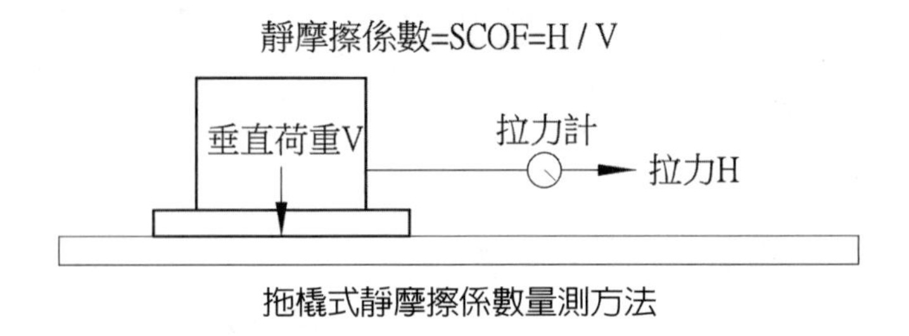

拖橇式靜摩擦係數量測方法

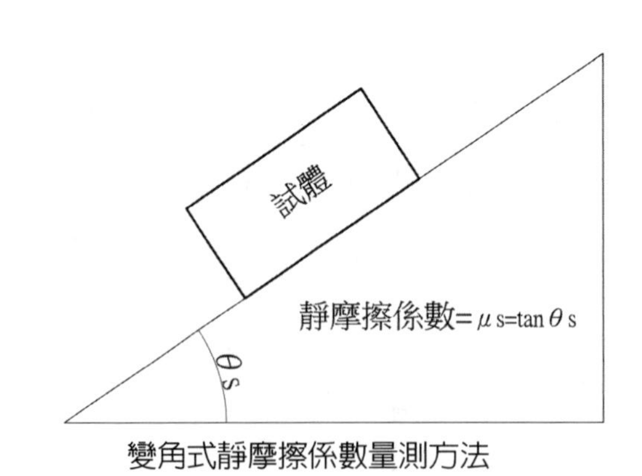

變角式靜摩擦係數量測方法

依 CNS3299-12 陶瓷面磚試驗法第 12 部：防滑性試驗法，測定橡膠滑片在面磚表面上，滑動時之防滑係數，以評定面磚之防滑性能。

如下圖，本試驗使用滑片台座及其附屬配件重量應為 34.3±2N。使用 3 片面磚為試樣，式樣尺度須為長度 135mm 以上，寬度 90mm 以上。若面磚尺度太小無法滿足所規定

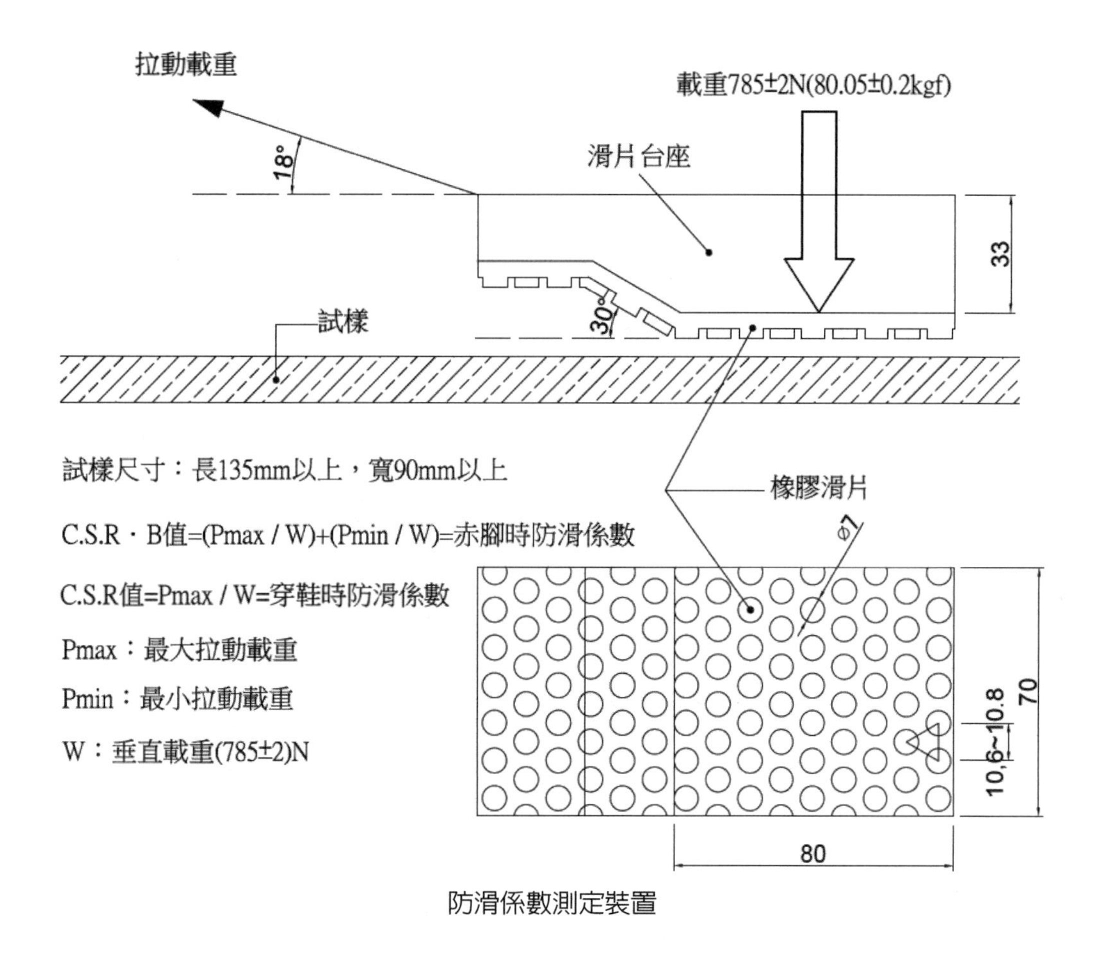

防滑係數測定裝置

之尺度時，將複數之面磚依製造廠商事先所定之面磚接縫寬度排列在合板上貼著之，並將接縫材[1]填充後作爲試樣。

測定「模擬穿鞋時之防滑係數」C.S.R（coefficient of slip resistance）値，使用自來水作爲媒介物，以 400g/m^2 以上之份量散布在試樣表面。測定「模擬赤足時之防滑係數」C.S.R・B（coefficient of slipe resistance-bath）値，將中位徑（質量基準）之範圍爲 7.2μm～9.2μm 之滑石粉體，加入約 300 倍質量之自來水混合成懸濁液作爲媒介物，以約 100g/m^2 之份量散布在試樣表面。

當滑片全面接觸試樣表面之瞬間，測定以 785±2N/s 之拉動載重速率，求取以初期約 18° 之角度向斜上方拉動時所得之最大拉動載重 Pmax[2]，滑片施加垂直載重包含滑片台座應爲 785±2N。測定 C.S.R・B 値時，需測定最大拉動載重 Pmax 及最小拉動載重 Pmin[3]。

1　接縫材得使用既製調和接縫材，或水泥砂漿接縫。
2　滑片開始動作時之拉動載重最大值。
3　滑片動作後之拉動載重最小值。

C.S.R = Pmax /W

C.S.R：模擬穿鞋時之防滑係數，Pmax：最大拉動載重，W：荷重 V

C.S.R・B =（Pmax + Pmin）/W

C.S.R・B：模擬赤腳時之防滑係數，Pmin：最小拉動載重

ANSI 依 ASTM C1028 測試之建議	
測試值	風險性
0.6 ≦ μ	非常防滑
0.5 ≦ μ < 0.6	適中
≦ μ < 0.4	必須小心

ASTM F1679 參照標準	
地坪摩擦係數	安全等級
0.00～0.34	極度危險
0.35～0.39	非常危險
0.40～0.49	危險
0.50～0.59	很安全
0.60 以上	非常安全

CNS 並未對「防滑係數」訂定合格數值，以上二表安全等級、風險性均爲參考國際慣用之標準，但以 ANSI 依 ASTM C1028 測試之建議較具彈性，

可減少爭議空間。

美國材料和實驗協會（ASTM）的 F1679 規範地坪防滑係數分級，亦依照上表數據分類，其實驗數據所對應的安全性。但 ASTM F1679 測試方法已於 2006 年廢止。

德國標準化協會（簡稱 DIN）所制定的防滑係數分級，分爲赤腳止滑測試（DIN51097）及穿鞋止滑測試（DIN51130）。即於某個角度斜坡上，測試赤腳及穿鞋站立時不發生滑動之角度。

DIN 51097- 赤腳防滑測試	
等級	傾斜角度
A 級	12°～18°
B 級	≥ 18°～24°
C 級	≥ 24°

DIN 51130：穿鞋防滑測試	
等級	傾斜角度
R9	> 6°～10°
R10	> 10°～19°
R11	> 19°～27°
R12	> 27°～35°
R13	> 35°

DIN 51097 述及：通過 B 級測試之地磚適用於游泳池、淋浴間、泳池周邊，進入泳池階梯則需使用 C 級地磚。故應用 DIN 51097 規範之廠商多以此推論：浴室、淋浴間、廚房等有潮濕可能之地面應採用 B 級防滑磚。

建議居室地磚之防滑等級不低於 R10，陽台、公共室內空間地磚之防滑等級不低於 R11，騎樓、人行道地磚之防滑等級不低於 R12。

美國 ASTM E303-93 及英國 BS7976 採英式擺錘測試儀（如下圖）測試 BPN（British Pendulum Number）擺錘數值。適用於實驗室、現場、乾燥、潮濕、水平、斜坡等環境之測試。目前台北市等直轄市即規定道路標線應達 BPN65 以上（舊有規範爲 BPN45 以上），路面金屬孔蓋應達 BPN50 以上。

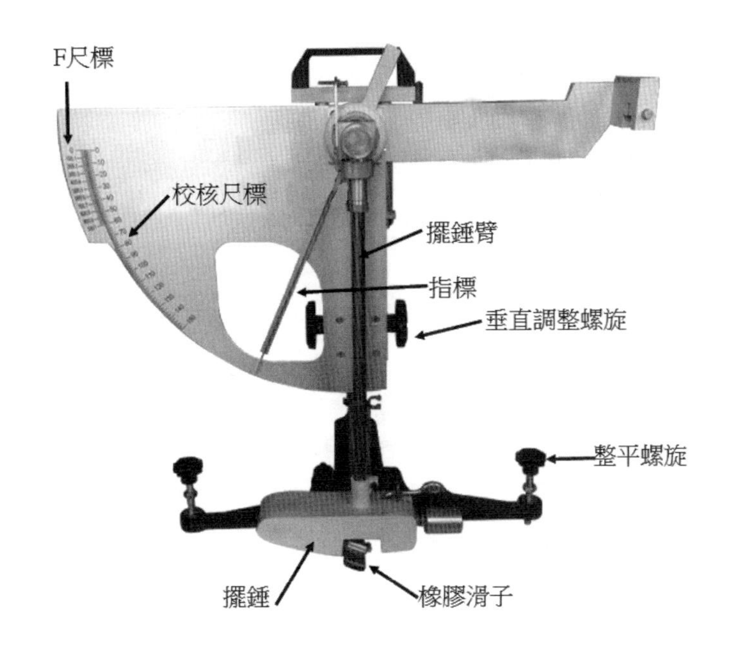

四、製造

依 BS 7976 測試值與風險評估	
測試值	滑倒風險
0～24	高
25～35	中等
36～64	低
65～	很低

磁磚之製造過程係將原土粉碎、清除雜質、拌合添加物、烘乾至 7% 之含水率、細磨、成型（生胚）、乾燥、二度燒瓷磚素燒（素胚）、印花、噴釉、燒成。

瓷磚胚土依拌合方式可分乾式拌合與濕式拌合，乾式係將乾土磨碎後直接成型。濕式即如上列程續，其過程較複雜，成本亦較高，但品質較穩定。

一度燒與二度燒之差異爲；一度燒於生胚乾燥後即行印花、噴釉、燒成。二度燒於生胚乾燥後先做素燒；製成素胚，於素胚施行印花、噴釉、燒成。一度燒之製造過程較簡，但所需技術層次較高。一度燒之燒成溫度較二度燒高，故吸水率低、硬度高、釉裂少；但釉面光澤較差。

瓷磚成型方式爲油壓成型與射出成型二種。油壓成型係以油壓機擠壓鋼質模具，使土料依模型緊密壓實成胚。油壓噸數依瓷磚面積成正比。射出成型又稱擠出成型，因屬連續擠出；故初爲連續之條狀胚，須依定尺切斷與對剖，故射出磚多爲長條丁掛磚，且僅長邊爲弧角、短邊爲切斷之直角。又因屬擠出成型；無脫模之限制，其背溝可製成內寬外窄之倒勾狀，有利於附著。其土胚未經壓實，係自眞空射出成型機內以眞空抽出氣泡後自模具擠壓射出，磚質較油壓成型磚酥鬆爲其缺點，但射出磚多使用傳統窯（台車窯）燒成；窯燒時間久，吸水率相對降低。

瓷磚吸水率、收縮與窯燒溫度、時間成正比。不同之胚土、釉料對窯燒溫度、時間亦有不同之需求。瓷磚依胚土顏色分紅胚與白胚。紅胚燒成之溫度較低，吸水率高、硬度低，收縮小、釉面光澤佳。白胚燒成之溫度較高，吸水率低、硬度高，收縮較大、釉面光澤較差。因紅胚瓷磚燒成溫度低；收縮小，超大型地磚多採紅土胚。相同大小之瓷磚以白胚瓷磚成本較高。

五、磁磚種類

（市場商品衆多不勝枚舉，僅列舉部分磁磚種類）

方塊磚：皆爲油壓成型，近年因惡性競爭、減少窯燒時間，用於民間建築之吸水率多爲 1.5%～3.0%。規格多爲 100mm×100mm、98mm×98mm、97mm×97mm、95mm×95mm、80mm×80mm。但通稱 10×10 方塊磚或 8×8 方塊磚。流行多年後已漸淘汰，低階產品已淪爲蓄水池內貼飾之面磚。

二丁掛：多爲油壓成型，用於民間建築之吸水率多爲 1.5%。規格多爲 52mm×240mm、50mm×230mm、60mm×230mm，其中 60mm 寬者屬日式二丁掛、50mm 及 52mm 寬者屬歐式二丁掛。因日式二丁掛之模距對縫較難，使用者較少。1988 年後曾被方塊磚取代，現又成市場主流。

還原磚：常應用於射出丁掛磚，不施釉，以傳統窯（台車窯）燒成。利用悶燒造成窯內缺氧致陶土內之氧化鋁、氧化鐵等還原爲金屬，使磚面形成深淺不同之漸變色澤。因其化學物質之還原過程稱還原磚。亦有人稱其爲窯變磚。

近年因價格競低；有以傳統窯燒製之還原磚搭配快速窯燒製之不施釉磚；摻雜銷售，比價前應確認。另有以數種釉料作不均勻噴塗於生胚，以造成深淺不同之漸變色澤者，應列爲施釉磚，不應視爲還原磚。

馬賽克：油壓成型，多採傳統窯燒製，依 CNS 定義，單片面積應小於 $50cm^2$，爲便於貼飾必須裱貼於牛皮紙或纖維網面，爲易於計算面積，多依近似 30cm×30cm 之規格裱貼，以「才」爲計算單位。

若單片面積大於 $50cm^2$ 者仍稱陶瓷面磚，但對裱貼陶瓷面磚則另行歸類爲「表貼面磚單元」及「背貼面磚單元」。

依市場慣例；裱紙（或網）之陶瓷面磚交貨後除非品質瑕疵否則不得退貨。因裱貼之膠材易變質失效，退貨後非經重新裱貼無法再售，但重新處理工資頗高，不符經濟效益，故應詳細計算用量與使用時機再決定進貨數量，以免進料過量或放置過久。裱貼膠材受潮後將老化失效，亦勿將該類建材存放於地下室等潮濕空間。

玻璃馬賽克：玻璃馬賽克係以溶融之玻璃液體注入模具而成，因凝結收縮及脫模等因素，無法得整齊之外型，貼飾位置不宜近觀。為得較多之色採變化，多以數種顏色之玻璃馬賽克混合後裱黏，故須告知廠商各色顆粒所占之百分比，或請廠商依不同比例各試貼數才以供選擇。又因玻璃馬賽克具透光性，應採白色黏著劑黏貼，以襯托其色澤。

高亮釉瓷磚：二次燒，修邊磚（燒製完成後，再將四邊修成90度角，使磚面平整無弧角，貼飾於牆面之視覺較接近石材），吸水率約為18%。市場主力規格為30×60cm壁磚。

全釉拋瓷磚：在瓷磚生產製程中，以數位噴墨方式，或與滾筒印刷併用方式於瓷質坯體作紋理印刷，再於其表面厚塗透明玻化釉，經1250℃高溫燒結後結晶玻化（此種印刷施釉方式稱為「釉下彩」），再於釉面進行拋光，拋除一部分厚度之結晶玻化層，使面磚花色、亮度可比擬高亮釉瓷磚，但吸水率、彎曲破壞載重、耐熱衝擊性、耐釉裂性卻優於高亮釉瓷磚。亦屬修邊磚，市場主力規格為30×60cm壁磚，漸有取代高亮釉瓷磚之趨勢。

克硬化磚：或稱窯燒花崗石，材質類似石英磚，依舊版CNS定義：透心材質、添加耐磨骨材、表面不施釉。常壓製成凹凸面以增加粗曠感與止滑性，適用於室外地坪及造景。

石英磚：石英磚其英文為Homogeneous Tile（同質磚或透心磚），一般係指表理色澤一致磁磚，以石英砂為主要添加骨材，色料直接拌合於生胚；故硬度高、表理色澤與材質一致（俗稱透心），吸水率低。為避免汙漬滲入磚面孔隙，廠商多於表面噴施薄層亮釉，不宜用於室外地坪，室外應採立體面之止滑石英磚。

拋光石英磚：大型石英磚燒成後以機具打磨拋光，可得如水磨石材般之平滑亮面，再依規格尺寸裁切、周邊磨倒角（整邊），貼成後媲美天然花崗石、硬度高於花崗石、成本近似貼飾人造石。因表面未施釉，無法以肉眼察覺之微小孔隙甚多，為避免汙漬滲入磚面孔隙，製造廠商均於出貨前於磚面塗布水蠟。

六、拋光石英磚種類

滲透印花：以平版印刷方式，將紋路印製於已成形之枉體表面，並使用助滲劑使紋路深入枉體後，再經窯燒、研磨成型。由於採平版印刷，故磚面紋路固定不變。因使用助滲劑滲透，故紋路僅深入表面約 3mm，花色單調，單價最低，其亮度、硬度、耐磨度、使用年限均不及其他種類拋光磚，已淘汰。

多管下料：以多種有色粉末，經電腦控制，以多支餵料管做不規則下料，再經高壓壓模成型。由於下料過程爲多管粉末同時餵料，故稱「多管下料」。因電腦隨機變化餵料，花色稍有變化，但紋路具方向性，屬透心材質，以雲紋爲主要花紋，價位低，孔隙較大，易吃色。

二次微粉：底層、面層材質及色澤不同，先以多種細微顆粒之有色粉末經電腦控制做不規則下料（約爲 4～5mm），再以一般粉末下料於底層，經高壓成型、窯燒、拋光研磨而成。因經過兩次下料，故稱「二次微粉」，亦稱「微粉下料」。具層次感紋理，模擬木紋化石效果佳，紋路變化多。硬度、亮度及耐磨度均有提升。但因下料分爲粗細兩種不同密度之粉末，燒成後略有翹曲之現象。魔術布料亦屬二次微粉。

聚晶微粉：製程與二次微粉相似，但於面層微粉中添加玻璃顆粒，於磚面燒結出「晶包」顆粒。因微粉層含有玻璃成份之微顆粒組成，故亮度較高、具立體層次感，屬近年主流地磚。

奈米拋光石英磚：以二氧化鈦塗層將拋光石英磚表面毛細孔全部覆蓋，達到防汙的方式。經此道處理之拋光石英磚即稱奈米拋光石英磚。二氧化鈦塗層有窯燒固結與冷塗二種，窯燒固結防汙染年限較長，冷塗之防汙染年限約半年。

七、磁磚批號

調配釉料比例稍有不同、燒成速度或溫度稍有變化；瓷磚顏色即有不同，外牆瓷磚若未嚴格管理瓷磚批號而混貼，必有嚴重色差。最理想之方式爲全部瓷磚一次燒成，否則應於同一立面採同一批號瓷磚。故應有計畫與計算之訂料、進料與置料。

八、磁磚磨角

瓷磚磨角可於工廠以鋸台或水刀切割，亦可於工地以鎢鋼電鋸切割，工廠切割品質較佳但搬運費事，又須對各種切割規格預作計算，以免過多或不足。若於工地磨角則可依泥作工之要求項目及數量切割，但品質較差。

依磨角位置可分單斜（如方塊磚單邊磨角）、長斜（如丁掛磚長邊磨角）、短斜（如丁掛磚短邊磨角）、文武（如丁掛磚長邊短邊均磨角）、切斷等。其單價又依材質與長度而有不同。材質愈硬單價愈高、瓷磚磨邊長度愈長單價愈高。

九、瓷磚瑕疵名稱簡述

釉裂：釉面成不規則狀之龜裂，吸水後更爲明顯。

胚裂：胚體出現裂痕。

脫釉：施釉不均勻，無法完全遮覆胚體。

流釉：施釉不均勻，釉料局部集中。

針孔：釉面有細小孔洞。

刮痕：磨、擦、劃、刮等痕跡。

斑點：不潔物沾附於釉面。

翹曲：磚面成凹凸弧面之變形。

大小頭：對角長度不同。

十、瓷磚吐油

俗稱瓷磚癌，指磁磚表面或磚縫處滲出類似油水之液體，異體內夾雜黑色或褐色粉狀物。

上述瓷磚吐油機理爲水泥砂漿的鹼骨材反應（Alkali-Aggregate reaction），即水泥、砂、雜質的鹼性成分：氧化鉀（K_2O）、氧化鈉（Na_2O）與含有二氧化矽（SiO_2）、氧化鋁（Al_2O_3）等成分之活性骨材吸收空氣中水份後產生膨脹膠體，膠體自瓷磚填縫處或裂痕處滲出，形成汙染。使用潔淨砂、潔淨拌合水、選用低吸水率瓷磚即可避免鹼骨材反應，若採乾式鋪貼瓷磚更降低發生鹼骨材反應之可能。

瓷磚材料邀商報價說明書案例

項次	項目	數量	單位	單價	複價	備註
1	外牆山型丁掛磚		片			
2	80×80cm 拋光石英磚		片			
3	30×60cm 高亮釉壁磚		片			浴、廚壁磚
4	30×30cm 止滑地磚		片			浴、廚地磚
5	10×10cm 石英磚		片			
	小計					
	稅金					
	合計					
合計新台幣：　佰　拾　萬　仟　佰　拾　圓整						

【材質說明】（規格、廠牌、型號由報價廠商自行填寫）

項次	名稱	說明	規格、廠牌、型號
1	外牆山型丁掛磚	廠牌、型號	
		尺度 mm（寬 × 長 × 厚）	
		長度之容許誤差	（建議 ±1.5mm）
		寬度之容許誤差	（建議 ±1.0mm）
		厚度之容許誤差	（建議 ±0.6mm）
		吸水率	（建議 < 3.0%）
		翹曲之容許誤差	（依 CNS 9737）
		彎曲破壞載重	（建議 > 720N）
		耐汙染性	（建議 4 級或 5 級）
		背溝深度	（建議≥ 2mm）
2	80×80cm 拋光石英磚	廠牌、型號	
		尺度 mm（寬 × 長 × 厚）	
		長、寬之容許誤差	（建議 ±1.5mm）
		厚度之容許誤差	（建議 ±1.0mm）
		吸水率	（建議 < 3.0%）

項次	名稱	說明	規格、廠牌、型號
		翹曲之容許值	（建議 ±0.8mm）
		彎曲破壞載重	（建議 > 720N）
		無釉地磚磨耗體積	（建議 < 300mm^3）
		耐汙染性	（建議 5 級）
		背溝深度	（建議 > 1.5mm）
3	30×60cm 高亮釉壁磚	廠牌、型號	
		規格 mm（寬 × 長 × 厚）	
		長、寬之容許誤差	（建議 ±1.0mm）
		厚度之容許誤差	（建議 ±0.6mm）
		吸水率	（建議 < 14%）
		翹曲之容許誤差	（建議 ±0.6mm）
		彎曲破壞載重	（建議 > 300N）
		耐汙染性	（建議 5 級）
		鉛及鎘容出性	（建議：鉛 < 17μg/cm^2、鎘 < 1.7 μg/cm^2）
4	30×30cm 止滑地磚	廠牌、型號	
		規格 mm（寬 × 長 × 厚）	
		長、寬之容許誤差	（建議 ±1.5mm）
		厚度之容許誤差	（建議 ±0.6mm）
		吸水率	（建議 < 6.0%）
		翹曲之容許誤差	（依 CNS 9737）
		彎曲破壞載重	（建議 > 540N）
		耐藥品性	（建議 A 級或 B 級）
		耐汙染性	（建議 4 級或 5 級）
		施釉地磚磨耗等級	（建議 3、4 級）
		防滑係數 C.S.R・B	（建議 > 0.5）

項次	名稱	說明	規格、廠牌、型號
5	10×10cm 石英磚	廠牌、型號	
		規格 mm（寬 × 長 × 厚）	
		長、寬之容許誤差	（建議 ±0.8mm）
		厚度之容許誤差	（建議 ±0.5mm）
		吸水率	（建議 < 1.0%）
		翹曲之容許誤差	（依 CNS 9737）
		彎曲破壞載重	（建議 > 720N）
		耐汙染性	（建議 4 級）
		防滑係數 C.S.R	（建議 > 0.5）

註：「規格、廠牌、型號」欄（）內數據爲筆者建議值，不需填入。

【報價說明】

一、報價應附資料：

1. 本報價單。
2. 樣品及色板。

二、其它說明：

1. 各項單價內應含材料、包裝、運輸、小搬運及管銷利潤。
2. 稅金外加。
3. 每月計價一次。
4. 合約數量爲預估數量，甲方有追加減 10% 之權利。

三、交貨期限：由工地主任訂定（廠商應於報價前勘查工地並協調交貨期限）。

四、付款辦法：

1. 無預付款。
2. 每月計價二次（每月一日及十五日爲請款日，十日及二十五日爲領款日）。
3. 請款前乙方應將當月之足額發票（含保留款金額）交工地辦理請款。
4. 每期均依實際交貨數量計價。
5. 實付金額：單價 × 該期交貨數量 ×90%。
6. 保留款：單價 × 該期完成數量 ×10%。
7. 每期計價款概以六十天期票支付。
8. 保留款分二期退還：

   第一期取得使用執照後退還 1/2 之保留款。

公設點交後退還剩餘之保留款（剩餘材料應於本期完成退貨並結算減賬金額，但退貨運費由甲方支付）。

保留款概以 90 天期票支付。

五、逾期罰則：應依甲方工地主任通知後 100 個日曆天完成交貨，若逾此期限則每逾一日完成應罰款總價之 3/1000（依合約總價爲準），並依此類推，乙方不得異議。

六、其它規定：交貨時，承攬廠商應檢附公證單位檢測報告，若甲方對測試報告內容執疑，應會同乙方於現場取樣送交甲方所指定之檢驗單位檢驗，所需費用由乙方支付。

第30章 泥作工程

泥作工程即建築物之包裝工程，除面飾材料品質與配色；所考究者即爲泥作師傅之手藝。建築工程之進度快慢又多關鍵於泥作工程，故發包時須慎選廠商，施作前須周詳規劃，施作時須確實管理，計價時更須清楚明白。

台灣地區砂石資源日亦枯竭，根據以往結案統計；清砂及海菜粉使用量遠高於預算數量，檢討原因多屬不當損耗，非但材料用量增加，垃圾清運成本亦相形增加，可謂雙重損失。因此已有工地將泥作用砂與海菜粉一併委由泥作工包承攬，作業人員基於自身利益不得不減少損耗與浪費。對監工人員卻更易於管理、對成本也更易於掌控。

一、泥作與模板工包爭議點

傳統高層建築爲縮短工期，除提高工率外最有效之方法即爲合理提早作業開始時間；增加作業重疊以縮短要徑。裝修工程可謂始於泥作、止於油漆，故唯有提早泥作工程開始時刻方能全面縮短要徑。裝修要徑中；外牆泥作工程直接關係使照申請之要徑，故將外牆裝修分割爲二段或三段施工已爲衆所周知之不二法門，但各段銜接品質如何則多仰仗泥作師傅吊線精準否，打石工則聽命於泥作師傅指示；指哪打哪，現場監工惟恐配合不周而影響進度，反正打石工資由模板工包支付。

泥作工包外牆吊線之基本動作多於建物四角依粉刷厚度吊落垂球作爲基準，相鄰基準以水線連接即成基準面，水線無法通過處即稱誤差，隨即以打鑿排除。若水線與結構縫隙稍大亦屬誤差，隨即要求補貼工資。現場監工人員此時之應對通常爲通知模板工包、協調泥作工包協議補貼金額。又爲顯示立場公正而避免參與協議，遇雙方無法妥協時對雙方施壓，再無法妥協時依合約規定以模板工程保留款優先抵付。少有現場工程人員能仲裁吊線是否正確。

地面一層及退縮樓層放樣時；監工人員除須核對放樣尺寸、位置及直角精度；尚須依外牆墨線彈繪一固定距離之平行墨線於外側（稱外牆裝修基準線），其平行間距以裝修打底層厚度或以可架設測量儀器且不爲鷹架阻礙之距離爲宜，每二樓層即向上引升（或依模板工程一節所述於外牆留孔吊線方式），不但有利於灰誌施作、確保瓷磚計畫可行，亦可經常檢測模板精準度。當發生上述爭端亦不難公正仲裁。於外牆裝修之各種狀況均被掌控並得正確預判時；進度、品質才較易獲得。

二、內部裝修基準線

內牆泥作工程對裝修基準線之依賴需求不低於外牆，基準線均配合外部放樣時機由現場監工人員彈繪，此時監工人員當以核對放樣正確性爲優先；內裝基準線則以簡單明確爲主，但應堪供爾後彈繪粉刷線之基準用途。

粉刷線之作用爲貼設灰誌及捧角之依據，如何將粉刷線自地面精確引至牆面則爲關鍵重點。點、線若設於平頂；以垂球向下引伸甚爲容易，若設於地面需向上引伸則使用垂球效率較低，若貼近牆面亦無法架設儀器引點。基於單一樓層之樓高有限，不妨以水準氣泡壓尺爲引線工具，以兼顧速度與正確。

三、外牆瓷磚計畫計算例

自民國七十年代二丁掛大爲流行後，外牆瓷磚計畫已爲建築人的嘴邊話題，曾有建築師應業主要求將各外牆立面依比例套繪方塊磚，洋洋灑灑數十張交付工地後即作壁紙用。蓋因與現場狀況脫節。筆者建議於放樣平面圖外牆各線段標示結構長度、打底粉刷後之長度、面飾完成之長度 = 瓷磚塊數 × 瓷磚長 + 灰縫寬 × 灰縫數之計算式即可精確表達。立面分割以剖面圖標示；兼可將陽台內牆、欄杆內側、倒吊垂牆及外露樑一併納入規劃。

瓷磚計劃施作時機應於結構體施作前，因建物尺寸多未配合瓷磚模距；未必可得完整分割。如相鄰二陽台；中央以 12cm 厚 RC 牆隔斷，今欲貼飾 10cm×10cm 方塊磚，如何可得完整面飾之正立面？

Phase.1 **估計 12cm 厚度 RC 牆貼瓷磚後最小厚度：**

牆厚 120mm + 兩側打底厚 25mm×2 + 兩側瓷磚厚及黏著劑厚 10mm×2 = 190mm

Phase.2 **計算，貼幾片方塊磚爲宜：**

假設灰縫寬 = 8mm、已知方塊磚長 = 100mm

因兩側爲陽角；故灰縫數較瓷磚塊數少一

概算，貼瓷磚後最小厚度可貼幾片方塊磚 = 190mm/(100mm + 8mm) = 1.76 塊

1.76 塊，若取整數；大值爲二塊、小值爲一塊，代入算式如下

計算，若貼方塊磚二片、灰縫一道，面飾完成後之厚度 = 100mm×2 + 8mm = 208mm

貼方塊磚二片，RC 牆厚度 = 208mm – 25mm×2 – 10mm×2 = 138mm

計算，若貼方塊磚一片、無灰縫，面飾完成後之牆厚 = 100mm

貼方塊磚一片，RC 牆厚度 = 100mm – 25mm×2 + 10mm×2 = 30mm

Phase.3 **決定貼方塊磚片數：**

若選擇貼一片方塊磚，RC 牆厚度必須縮減爲 30mm，極不宜。因此必然選擇貼二

片方塊磚。

Phase.4 **決定是否切磚：**

若 RC 牆厚度維持 12cm、瓷磚硬底厚度維持 2.5cm 不作改變，方塊磚寬度必須切割爲 91mm，如下列 B 大樣左圖所示。

若不欲切割方塊磚寬度，則調整 RC 牆厚度爲 138mm，如上列 B 大樣右圖所示。或加厚瓷磚硬底厚度爲 34mm。

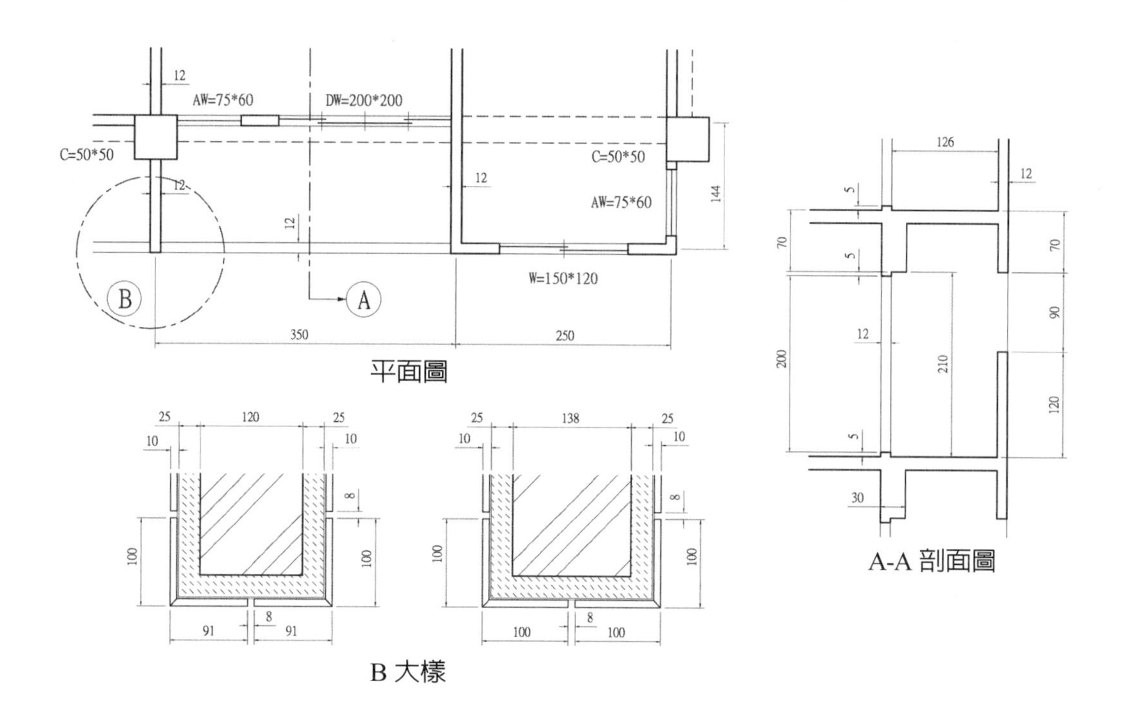

平面圖

B 大樣

A-A 剖面圖

四、配置例

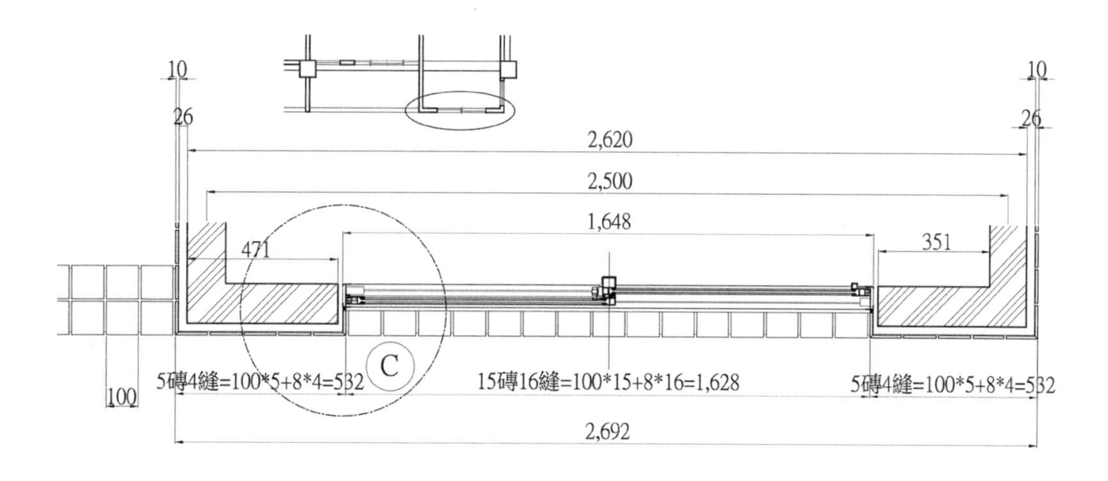

上圖爲開窗部份牆面之瓷磚配置例。

5磚4縫代表五片瓷磚以四道灰縫間隔（即兩端無灰縫，陽角瓷磚以45度磨角接合）。

100×5＋8×4 代表 100mm 瓷磚 5 片＋8mm 灰縫 4 道＝532mm。

1648mm 爲鋁窗寬度（原寬度爲 1500mm，無法配合瓷磚模距）。

10mm 爲瓷磚厚度 8mm＋黏著劑厚度 2mm。

26mm 爲打底粉刷層厚度（原計劃厚度爲 25mm）。

2500mm 爲牆心間距，爲避免影響容積計算，不可調整。

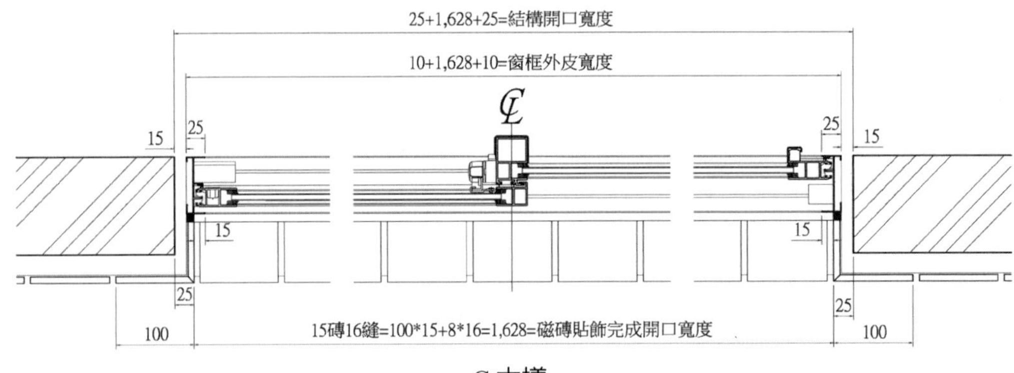

C 大樣

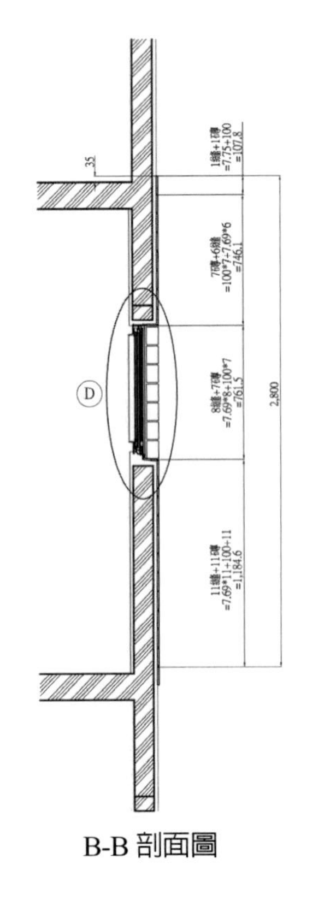

B-B 剖面圖

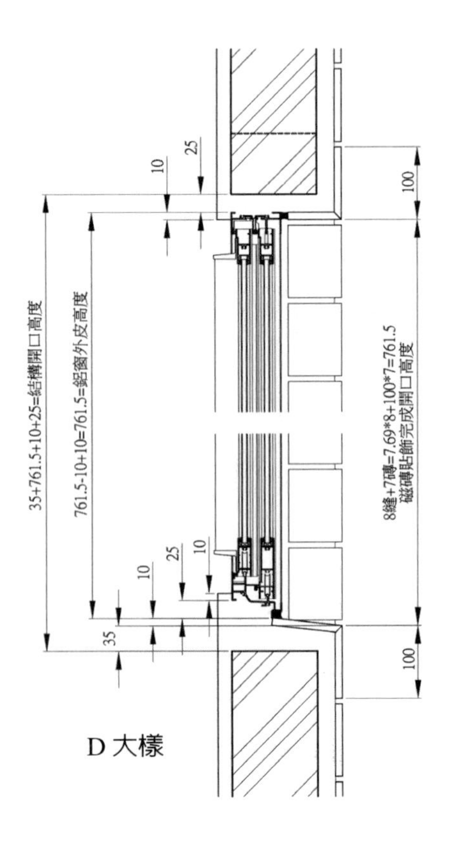

D 大樣

五、配置例

下圖爲陽台部分牆面之瓷磚配置例，以不同灰縫寬度作調整。

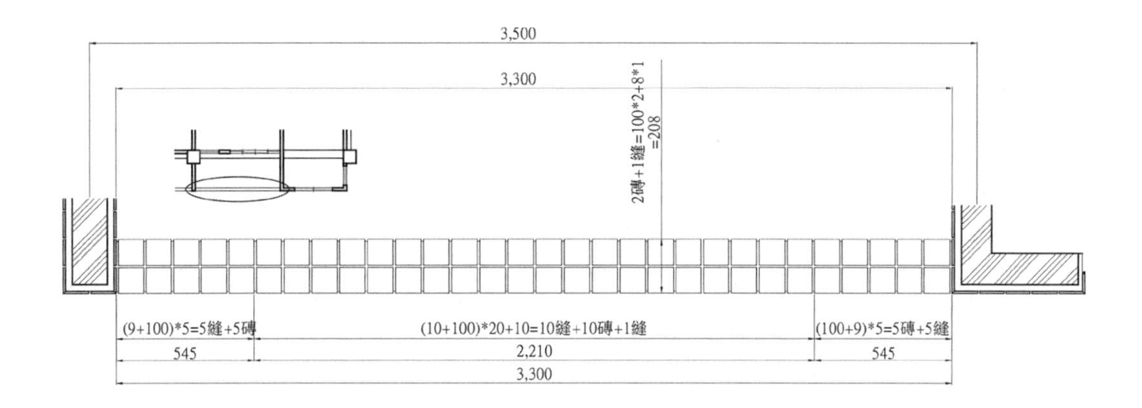

自左向右依序

(9 + 100)×5 →自左向右爲（9mm 灰縫 + 100mm 方塊磚）×5 = 5 縫 5 磚。

(10 + 100)×20 + 10 →自左向右爲（10mm 灰縫 + 100mm 方塊磚）×20 + 最右方爲 10mm 灰縫 = 21 縫 20 磚。

(100 + 9)×5 →自左向右爲（100mm 方塊磚 + 9mm 灰縫）×5 = 5 磚 5 縫。

因右側開窗牆面瓷磚灰縫均爲 8mm（詳配置例五），左側隔牆正面瓷磚灰縫亦爲 8mm，陽台段牆面餘 3300mm，無法爲 108mm 或 109mm 之模距完整分割，故以漸變方式，先將相鄰於 8mm 灰縫之 5 道灰縫調寬爲 9mm，再將相鄰於 9mm 灰縫之 21 道灰縫調寬爲 10mm，以免突兀。

六、配置例

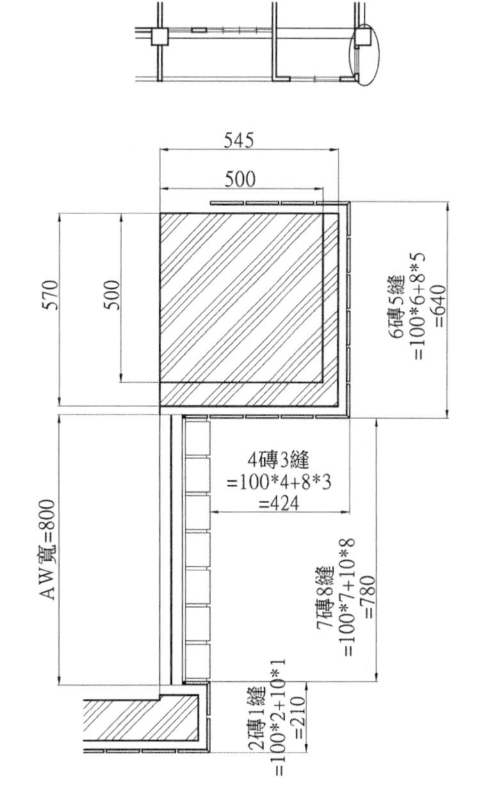

右圖爲柱位及冷氣窗開口處牆面之方塊磚配置。

柱寬 500mm，配置 5 磚 4 縫，完成面寬度爲 100×5 + 8×4 = 532mm，扣兩側打底 25×2 = 50mm、扣兩片方塊磚及黏著劑厚度 (8 + 2)×2 =

20mm，則須將柱結構寬度縮減為 532－50－20＝462mm，縮小住斷面尺寸實屬不宜。

若配置 6 磚 5 縫，完成面寬度為 100×6＋8×5＝640mm。

為配合整磚，作以下二種檢討。

1. 不改變柱結構尺寸，以增加打底厚度填補，每側打底層厚度將增加為 [640 － 500 －(8＋2)×2]/2＝60mm。
2. 加大柱結構尺寸：640mm 扣兩側打底 25×2 ＝ 50mm、扣兩片方塊磚及黏著劑厚度 (8＋2)×2＝20mm，則須將柱結構寬度加加為 640－50－20＝570mm。

圖例採加寬柱結構尺寸方式，虛線代表加大後之柱結構斷面為 545mm×570mm。

AW 冷氣窗原寬 750mm，配合瓷磚模距變更寬度為 800mm。

柱心及牆心不得更動。

七、配置例

右圖為陽台開口處剖面之瓷磚配置。

因考慮建築外凸樑，樑頂緣應粉刷打底貼瓷磚，需使用 25＋2＋8＝35mm 厚度，故每樓層瓷磚配置單元高度應自當層 FL＋35mm 至上層 FL＋35mm。

因原設計外凸樑深度 700mm，倒吊牆應配合外凸樑一致深度，不應減少倒吊牆深度。故調整倒吊牆深度。又為倒吊牆下緣及欄杆牆頂緣為整磚，以調整牆結構厚度。虛線為欄杆及倒吊牆之原設計厚度。

註：為整磚而調整倒吊牆、欄杆牆厚度，或有矯枉過正之嫌，切磚亦無不可。

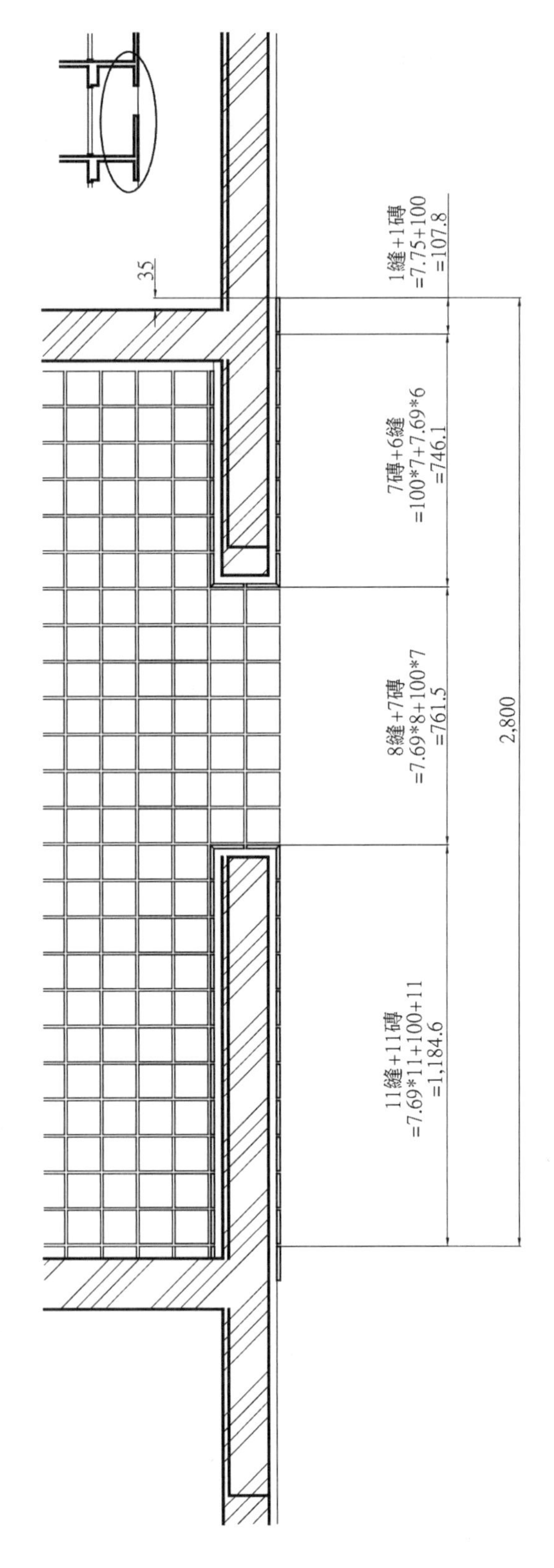

八、瓷磚配置原則

1. 隔戶牆、外牆牆心位置不得更動。
2. 柱心位置不宜更動。
3. 結構斷面不宜減小。
4. 粉刷層厚度不宜小於 15mm 或大於 50mm。
5. 灰縫寬度增減不宜大於 3mm，且相鄰灰縫寬度差異不宜大於 1mm
6. 外牆門窗尺寸亦須配合瓷磚模距調整。

九、樓梯踏步飾面

近年通常以 20cm×27cm 石英磚或 10cm×10cm 窯燒花崗石貼飾於樓梯地坪；樓梯踢腳則以油漆取代。磨石子早已退出營建市場，但磨石子耐久、易清洗、無模距限制爲其優點。

樓梯磨石子踏步因轉角過多，無法以大型磨石機研磨，踢腳板爲豎立牆面亦無法以大型磨石機研磨；故多年來均使用手持式砂輪機乾磨，其光澤遠遜於水磨。早年無電動工具時代使用磨刀石手工水磨反倒無此缺失，但人力成本已難負荷。

十、再談拋光石英磚貼飾

近年，室內地坪面磚愈趨大型化，除石材、木質地板外拋光石英磚已爲主流。又因房價節節高漲及資訊流通，購屋客戶對拋光石英地磚多有挑剔，常以拋光石英地磚缺失作爲抗爭說詞，故須探究缺失及對策，期使品質提升並降低後續維修。

拋光石英磚地坪常見缺失：

1. 空心

成因概分爲施工方式失當、樓版潛變變形、水泥砂漿乾縮。

施工方式；建議採石材鋪貼方式鋪設底層砂漿，再以高分子樹脂瓷磚黏著劑稀釋後澆淋於砂漿打底層作爲黏著介面，並於清潔拋光磚背面粉塵後全面鏝塗高分子樹脂瓷磚黏著劑約 5mm 厚再行鋪設。

樓版潛變變形；多因樓版跨距過大、混凝土水灰比過高、拆模過早或配筋量稍低等因素造成。跨距及配筋量屬設計面，混凝土水灰比及拆模時間屬施工面，應分別克服。

水泥砂漿乾縮；因水泥砂漿硬化時，水泥砂漿體積乾縮量約爲 0.2%，應添加膨漲劑回補乾縮量。膨漲劑選用應與供應廠商討論並作測試，若回補量大於乾縮量亦將造成空心或膨拱。

膨漲劑種類繁多，如氧化鈣（CaO，俗稱生石灰）即為價廉且有效之膨脹劑，但與水結合後之反應式為 $CaO + H_2O \rightarrow Ca(OH)_2$，產生氫氧化鈣 $Ca(OH)_2$。而氫氧化鈣即屬白華，應避免採用。

地磚抹縫前以打診棒確實檢查是否仍存有空心情形並即時處理。

2. 拱起（膨拱）

成因多為密縫鋪貼、或未於牆緣留設伸縮縫隙，當氣溫變化產生冷縮熱脹造成。

密縫鋪貼誠屬美觀，但其後遺症卻難以承受，若客戶堅持密縫鋪貼，建議退其工料由客戶自行雇工鋪貼。

地磚膨拱、爆裂，多發生於冬季。因氣溫驟降，室外溫度低於室內，建築外側結構收縮量大於室內樓版收縮量，對地坪面飾材產生擠壓，致地磚隆起、膨拱、爆裂。故須於牆緣留設 8～10mm 寬之伸縮縫（底層砂漿亦應留設伸縮縫）以避免擠壓。伸縮縫應於底層砂漿徹底乾燥後以矽膠填補，避免形成積水空間。拱起（膨拱）為大型地磚共有現象，非針對拋光石英磚產生。

3. 接縫不平

因拋光石英磚周緣未留設弧角，鋪設後相鄰磚片即使有些微高差亦可明顯察覺。除施工需格外嚴謹，對拋光磚之品質亦需嚴格要求，凡有翹曲即應淘汰，否則難達接縫平整之要求。

4. 色差

窯燒陶瓷，每次原料調配皆存在些許差異，即使氣溫、濕度之變化亦可造成色差，故須就每批號材料數量作貼設區域分配與紀錄，並就每批號材料保留餘裕數量以供修繕。

5. 刮痕、缺口

拋光磚硬度高於石材，但因表面亮度高，凡有刮傷、瑕疵，於側光照射下難以隱藏，鞋底所沾附砂粒即可造成刮痕。於拋光磚鋪設後應嚴格管制人員進出，於底層砂漿乾燥後清潔磚面並鋪設保護材。保護材應分二層，底層需採軟質、透氣、不褪色材料，面層應採一分夾板為理想。保護層鋪設後仍應管制，非必要人員不得進出。

6. 灰縫汙染

建議採本色填縫劑，或於交屋清潔前施作抹縫。

7. 吐油（鹼性骨材反應）

瓷磚表面或填縫處滲出液態的膠體，液態膠體附著黑色或深褐色懸浮物質，俗稱瓷磚癌或吐油。此現象爲鹼骨材反應（Alkali-Aggregate reaction）。

水泥、砂中 K_2O、Na_2O 與含有 SiO_2、Al_2O_3 等活性細骨材產生化學反應，吸附空氣中之水分，形成具膨漲性之透明液態膠體，自瓷磚灰縫滲出形成吐油。建議採低鹼水泥取代一般水泥、嚴格檢驗砂質或採袋裝乾拌水泥砂、採自來水拌和、儘量延遲抹縫、斷絕水源。

8. 水斑

漏水、鹼骨材反應，均爲造成瓷磚水斑因素，建議依上述方式預防。

9. 白華

俗稱壁癌，一般依據產生的原因與成分的不同，可概分爲幾種型態：

水分與水泥中游離鈣〔氧化鈣（CaO）〕結合成氫氧化鈣（$Ca(OH)_2$）之含水結晶。其反應過程中體積膨脹，致粉光層龜裂，結晶溢出形成白華。稱乾式白華。

當水分滲入粉光層，將 $Ca(OH)_2$ 釋出，水分蒸發後形成之結晶體，或其沉澱物，稱濕式白華，必須截斷水源方能防治。

混凝土粗、細骨材、拌和水含帶水溶性鹽類形成之結晶。此種白華將造成混凝土中性化致鋼筋鏽蝕，減損結構壽命。如海砂屋所生白華即屬此類。

十一、水泥砂漿中，水泥：砂，是重量比？容積比？

依 CNS 1010 水硬性水泥墁料抗壓強度檢驗法

2. 方法概要

試驗用水泥墁料由一份水泥及 2.75 份之砂按重量比組配而成。

依公共工程施工綱要規範第 04061 章水泥砂漿

3.1 施工方法

3.1.1 砂漿

(1) 除另有規定外，均用 1 份水泥、3 份砂（以容積比例計）之配比加適量清水拌和至適用稠度。1 次拌和量以能於 1 小時用完爲止。

依公共工程施工綱要規範第 07112 章防水水泥砂漿粉刷

3.1 施工方法

3.1.1 砂漿拌和

除另有規定外，均用 1 份水泥、2 份砂（以容積比例計）之配比加適量水並依添加劑製造廠商之施工說明規定拌和至適用稠度。一次拌和量以能於一小時用完爲止。

因重量比通常應用於試驗室中製作水泥砂漿，工程合約若無特別規定，建議於施工現場依共工程施工綱要規範之規定，採容積比製作水泥砂漿較爲合宜。

註：

水泥：砂容積比 1：2，對應重量比約爲 1：3

水泥：砂容積比 1：3，對應重量比約爲 1：4

泥作工程邀商報價說明書案例

項次	項目	數量	單位	單價	複價	備註
1	外牆 1：3MT 打底		m^2			丁掛磚硬底
2	外牆 1：3MT 粉光		m^2			含打底
3	外牆貼丁掛磚		m^2			
4	內牆 1：3MT 打底及粉光		m^2			含樓梯間牆
5	內牆 1：3MT 粉光		m^2			二次工程
6	室內獨立樑 1：3MT 粉光		m^2			
7	內牆 1：3MT 打底		m^2			室內瓷磚硬底
8	內牆 1：3MT 打底		m^2			二次工程
9	樓梯底版 1：3MT 粉光		m^2			含打底
10	樓梯踏步打底		m^2			含嵌銅條
11	樓梯踏步貼石英磚		m^2			
12	磨石子踢腳		m			不含打底
13	砌玻璃磚		m^2			
14	水箱內 1：3MT 打底貼方塊磚		m^2			
15	內牆貼 30×60 高亮釉壁磚		m^2			不含硬底
16	內牆貼 30×60 壁磚		m^2			二次工程
17	地坪貼 30×30cm 地磚		m^2			軟底
18	地坪貼 80×80cm 拋光地磚		m^2			改良式石材貼法
19	地坪貼 10×10 石英磚		m^2			硬底
20	地坪 1：3MT 打底		m^2			
21	地坪 1：3MT 粉光		m^2			硬木地板範圍
22	車道地坪 1：3MT 打底		m^2			
23	金屬門框嵌縫		樘			
24	電梯門框嵌縫		樘			
25	砌 B/2 紅磚牆		m^2			
26	砌防水壓緣磚		m			

項次	項目	數量	單位	單價	複價	備註
27	浴缸側砌2寸磚牆		座			
28	大理石門檻安裝工資		支			
29	點工		工			
	小計					
	稅金					
	合計					
合計新台幣 佰 拾 萬 仟 佰 拾 圓整						

【施工說明】

項次	項目	說明
1	外牆1：3MT打底	1. 本項報價含外牆、花台飾面硬底。 2. 外牆泥作施作前應由乙方先行吊線，凡有面層突出需打石修鑿處應由乙方標示範圍（標示用噴漆由甲方供應），甲方調派打石工修鑿。各階段之打石以一次爲限（含陽臺退縮部分），若因標示不詳需再度調工修鑿則該次打石工資應由乙方支付10%，並逐次累加（即第三次調工修鑿之打石工資應由乙方支付20%）。 3. 牆面一律由乙方黏貼灰誌，灰誌間距（雙向）不得大於120cm。 4. 陽角需捧角，陰角及陽角均應確實拉直，要求水平及垂直，不得傾斜。 5. 打底粉刷厚度小於4cm（含4cm）不得要求補貼工資。 6. 若以PVC或金屬壓條捧角，需以泥漿確實充填黏著，至泥漿自孔隙溢出後以鏝刀刮平，打底粉刷時須確實覆蓋並加壓粉鏝，以避免脫層。 7. 粉刷工程施作前，混凝土面需以高壓清水沖洗，使混凝土充分吸水並清除粉塵（紅磚亦同）。本項工程應俟外牆門窗立框及嵌縫完成後進行施作，若因甲方進度無法配合應先行報備工地主任，依指示施作。 8. 打底粉刷完成初凝時，應先【刮糙】，避免面層脫層。 9. 窗台轉角不得有大小頭。 10. 外牆面飾瓷磚以不切磚爲原則，故打底粉刷厚度應配合整磚規格。

項次	項目	說明
2	外牆 1：3MT 粉光	1. 本項報價含外牆 1：3MT 粉光打底。 2. 外牆泥作施作前應由乙方先行吊線，凡有面層突出需打石修鑿處應由乙方標示範圍（標示用噴漆由甲方供應），甲方調派打石工修鑿。各階段之打石以一次爲限（含陽臺退縮部分），若因標示不詳需再度調工修鑿則該次打石工資應由乙方支付 10%，並逐次累加（即第三次調工修鑿之打石工資應由乙方支付 20%）。 3. 牆面一律由乙方黏貼灰誌，灰誌間距（雙向）不得大於 120cm。 4. 陽角需捧角，陰角及陽角均應確實拉直，要求水平及垂直，不得傾斜。 5. 打底粉刷厚度小於 3cm（含 3cm）不得要求補貼工資。 6. 若以 PVC 或金屬壓條捧角，需以泥漿確實充填黏著，至泥漿自孔隙溢出後以鏝刀刮平，打底粉刷時須確實覆蓋並加壓鏝，以避免脫層。 7. 粉刷工程施作前，混凝土面需以高壓清水沖洗，使混凝土充分吸水並清除粉塵（紅磚亦同）。本項工程應俟外牆門窗立框及嵌縫完成後進行施作，若因甲方進度無法配合應先行報備工地主任，依指示施作。 8. 打底粉刷完成初凝時，應先【刮糙】，避免面層脫層。 9. 窗台轉角不得有大小頭，並應以金屬鏝確實粉鏝。
3	外牆貼丁掛磚	1. 一律採硬底施工（本項報價不含硬底）。 2. 稜角．稜線應平直（水平．垂直）。 3. 陽角丁掛磚均採磨角接合。 4. 窗台瓷磚完成面不得高於鋁窗框排水孔下緣，向外瀉水坡度：1/100（冷氣窗台比照施作）。 5. 外牆分割墨線應確實彈繪（甲方僅提供內牆水平基準墨線）並經工地主任認可後方可施作面磚黏貼。 6. 乙方應於外牆門框、窗框立框前吊線施作灰誌，嵌縫完成後方可施作打底工程（內牆泥作工程比照本項規定）。 7. 門窗塞水路位置應預留溝槽，不得抹縫填塞。
4	內牆 1：3MT 粉光	1. 本項報價爲室內牆、梯間牆、室內柱之打底及粉光。 2. 內牆泥作施作前應由乙方先行吊線，並施作灰誌及捧角（比照外牆 1：3MT 粉光）。 3. 粉刷工程施作前，混凝土面需以高壓清水沖洗，使混凝土充分吸水並清除粉塵（紅磚亦同）。 4. 打底粉刷完成初凝時，應先【刮糙】，避免面層粉光脫層。

項次	項目	說明
		5. 打底粉刷層確實乾燥後再進行面層粉光，避免因乾縮造成粉光層龜裂（本案粉光均採二次粉光，即打底粉刷後再進行面層粉光）。 6. 牆、柱及倒吊面應平整，且水平、垂直、不得有波紋鏝刀痕。 7. 地下室停車場地坪整體粉光已施作完成，若牆、柱粉刷時造成地面汙染，必須於當天清理。 8. 窗台轉角不得有大小頭，並應以金屬鏝確實粉鏝、開關盒等開口部位應於打底層之砂漿初凝後以金屬鏝或金屬片切割修齊。 9. 牆面粉刷，表面平整度，容許誤差 2.0mm/1.8m。 10. 表面粉光時不得加石粉施作。 11. 凡有水泥砂漿沾附於門窗框、錶箱等設備，均應立即以毛刷清除。
5	內牆 1：3MT 粉光	1. 本項報價屬二次工程。 2. 施作規定比照項次 4。
6	室內獨立樑 1：3MT 粉光	1. RC 牆及磚牆上方之臥樑不屬本項所指之獨立樑。 2. 施作規定比照項次 4。
7	內牆 1：3MT 打底	1. 本項報價爲浴室牆面、廚房牆面、水箱瓷磚硬底。 2. 施作規定比照項次 4（省略面層粉光）。
8	內牆 1：3MT 打底	1. 本項報價屬二次工程。 2. 施作規定比照項次 4（省略面層粉光）。
9	樓梯底版 1：3MT 粉光	1. 本項報價爲樓梯底版（斜頂）部分。 2. 施作規定比照項次 4。
10	樓梯踏步打底	1. 本項報價含樓梯、樓梯間、樓梯轉角平台。 2. 樓梯踏步一律嵌金屬止滑條（止滑銅條由甲方供應）。 3. 不施作色帶亦不嵌銅條。 4. 樓梯及地坪應依工地主任指示之高程施作底層粉刷，踏步級深、級高。 5. 踏步面應水平，且不得有大小頭。
11	樓梯磨石子	1. 本項報價含樓梯、樓梯間、樓梯轉角平台。 2. 俟打底完成後施作磨石子，其配比如下： 一分石：7.5kg/m^2 七厘石：3.5kg/m^2 一分墨石：依工地指示添加 白水泥：10kg/m^2 石粉：4～4.5kg/m^2 色粉：依工地主任指示添加（乙方先行施作色板供甲方選色）

項次	項目	說明
		3. 磨石面於粗磨完成後，應俟工地主任通知方可進行細磨、清洗及打蠟（地板蠟由甲方供應）。 4. 均採乾磨施作。 5. 打蠟時應以噴燈加熱施蠟面。
12	磨石子踢腳	1. 本項施作應俟梯間牆面 1：3MT 打底完成後施作。 2. 應依現場人員指示高程釘設木壓條（壓條、鐵釘由甲方供應）。 3. 其它施作規定比照項次 11。 4. 木壓條由乙方拆除。所拆除之壓條應集中於甲方指示位置。
13	砌玻璃磚	1. 本項施作應於內、外牆 1：3MT 打底完成前先行完成。 2. 甲方供應玻璃磚固定架。 3. 磚面應平整，砌築須滿漿，灰縫應平直、等寬。
14	水箱內 1：3MT 打底貼方塊磚	1. 本項施作應於防水膜施作完成後進行（防水膜由甲方另行發包施作）。 2. 以順平、堅固爲原則。
15	內牆貼 30×60cm 高亮釉壁磚	1. 均採硬底施作。 2. 瓷磚黏貼前應先標示中間基準線，並依工地主任指示彈繪分割墨線。 3. 完成面應平整、垂直，灰縫亦應保持垂直及水平，且灰縫寬度一致。 4. 若瓷磚品質有瑕庛（彎翹、大小頭等）應立即反應，否則拆除重做。 5. 抹縫後，瓷磚面不得殘留泥漿，若瓷磚面殘留硬化泥漿，應以刀片清除。 6. 凡遇管洞，落水頭，須依開口形式刻鑿瓷磚後嵌入，不得切割併接。 7. 其它規定比照項次 4 之規定。
16	內牆貼 30×60cm 壁磚	1. 本項施作屬二次工程。 2. 施作規定比照項次 15。
17	地坪貼 30×30cm 透心止滑地磚	1. 均採軟底施工。 2. 陽台、露台、浴室、廚房之地磚底層砂漿須加防水劑（本項施作使用之防水劑由甲方供應）。 3. 鋪貼地磚應依落水頭位置施作瀉水坡度，完成面不得積水。 4. 廚房，廁所地坪與牆面瓷磚至少兩面對縫。 5. 凡遇門框，需依開口形式刻鑿後嵌入，不得切割併接。 6. 依甲方現場人員指示分割。

項次	項目	說明
		7. 飾材貼飾完成應立即抹縫。 8. 完成面應平整、垂直，灰縫亦應平直，且灰縫寬度一致。 9. 若瓷磚品質有瑕庛（彎翹、大小頭等）應立即反應，否則拆除重做。 10. 抹縫後，瓷磚飾材面不得殘留泥漿，若瓷磚面殘留硬化泥漿，應以瓷磚清潔劑清洗。 11. 其它規定比照地坪 1：3MT 粉光。
18	地坪貼 80×80cm 拋光石英地磚	1. 均採改良式石材貼法施工。 2. 凡遇門框，需依開口形式開鑿後鑲入，不得切割併接。 3. 依甲方現場人員指示分割。 4. 飾材貼飾完成不得立即抹縫。 5. 完成面應平整、垂直，灰縫亦應平直，寬度一致。灰縫 1.5mm。 6. 若瓷磚品質有瑕庛（彎翹、大小頭等）應立即反應，否則拆除重做。 7. 牆緣留設 10mm 寬伸縮縫。 8. 貼設前須以清水擦拭拋光磚背面粉塵。 9. 拋光磚背面全面鏝塗 5mm 厚之黏著劑。 10. 其它規定比照地坪 1：3MT 粉光。 11. 交屋前抹縫。
19	地坪貼 10×10 石英磚	1. 本項工程所定義之石英磚含克硬化磚。 2. 本項工程所定義之分割不含扇型拼花。 3. 採硬底施作。 4. 依甲方現場人員指示彈繪基準墨線及分割。 5. 飾材貼飾以整磚爲原則。 6. 本項工程應於地坪 1：3MT 粉光完成七天後施作。 7. 飾材貼飾完成應立即抹縫。 8. 完成面應平整、垂直，灰縫亦應平直，且灰縫寬度一致。 9. 若瓷磚品質有瑕庛（彎翹、大小頭等）應立即反應，否則拆除重做。 10. 抹縫後，飾材面不得殘留泥漿，若瓷磚面殘留硬化泥漿，應以瓷磚清潔劑清洗。 11. 凡遇管洞，落水頭，須依開口形式刻鑿瓷磚後嵌入，不得切割併接。
20	地坪 1：3MT 打底	1. 本項施作含騎樓克硬化磚硬底、地下室頂版防水層硬底。 2. 地坪 1：3MT 打底依甲方現場人員指示高程施作。 3. 應就排水位置施作洩水坡，坡度以 1/150 爲原則。 4. 地坪泥作施作前應全面以磨石機打磨除渣並清掃。

項次	項目	說明
21	地坪 1：3MT 粉光	1. 本項工程屬室內硬木地板硬底。 2. 室內地坪粉光依甲方現場人員指示高程施作。 3. 每戶牆緣之地坪 1：3MT 粉光完成面應全戶呈水平，其餘位置以順平爲原則，但其順平坡度不得陡於 1/300，房門內外地坪不得高低差。 4. 地坪泥作施作前應全面以磨石機打磨除渣並清掃。 5. 室內水平基準墨線由甲方彈繪（高程約爲 FL + 100cm）。 6. 地坪水泥砂漿層厚度大於 7.5cm 且超厚面積大於該戶地坪泥作面基 1/3 時，得協議工地主任就該戶狀況補貼工資
22	車道地坪 1：3MT 打底	1. 水泥砂漿應採稀釋之亞克力樹脂拌和（亞克力樹脂由甲方供應），粉光前應以稀釋之亞克力樹脂潤濕 RC 素地表面。 2. 車道面以順平爲原則，但除彎道超高範圍外；均以車道中心向兩側設置 2/100 排水坡度。 3. 其它規定比照地平 1：3MT 粉光。
23	金屬門框嵌縫	1. 本項所指金屬門爲玄關門、防火門。 2. 本案金屬門規格、數量如下： 100cm×220cm = 樘 90cm×210cm = 樘 120cm×210cm = 樘 90cm×190cm = 樘 3. 門框之臨時固定件（如木楔等）應由乙方拆除。 4. 嵌縫應滿漿；但不得使門框變形，砂漿不得溢出框緣。嚴禁填塞雜物。 5. 若甲方認有添加防水劑之必要時；應依指示照辦。防水劑由甲方提供。
24	電梯門框嵌縫	1. 本案電梯門框 1F 採寬斜型（豪華型）門框，其餘各層均採窄框（標準型），無幕板。 2. 其它規定均比照金屬門框嵌縫。
25	砌 B/2 紅磚	1. 本項工程施作範圍含零星隔牆、工做孔填塞、中庭設施、管道封牆、RF 通風管道。 2. 砌磚前一日應澆水，使紅磚充分含水。 3. 每皮紅磚均要求平直，灰縫交錯，轉角砌磚五皮一勾丁接合，完成面應平整，垂直。 4. 磚牆與 RC 牆及木門框相接位置應安設金屬固定件以 1¹/₄" 鋼釘固定，每只固定件之間距不得大於 60cm（固定件由甲方供應）。 5. 砌磚之灰縫（含橫縫、直縫），溢出之砂漿應以掃帚刷平。

項次	項目	說明
26	砌防水壓緣磚	1. 砌 B/4 磚，飽漿砌築，每磚勾丁。 2. 紅磚與壓頂（俗稱 KASA）間隙不得過大且須以砂漿填實。 3. 灰縫溢出之砂漿須以掃帚刷平。 4. 砌磚前一日應澆水，使紅磚充分含水。
27	浴缸側砌 2 寸磚牆	1. 以飽漿砌築，每磚勾丁。 2. 砌築位置應預留面磚硬底及面磚厚度。 3. 砌磚之灰縫（含橫縫、直縫），溢出之砂漿應以掃帚刷平。 4. 砌磚前一日應澆水，使紅磚充分含水。
28	大理石門檻安裝工資	1. 採軟底施作。 2. 大理石門檻安裝位置由甲方指示。 3. 完成面應呈水平。 4. 乙方自備電動碳鋼切割工具，依現場尺寸切割 5. 應以飽漿黏置，灰縫泥漿須抹平，完成後應以清水擦拭石材。 6. 砂漿應添加防水劑（甲方供應防水劑）。

【其它規定】

一、每日剩餘水泥須妥善放置，勿使受潮，並需於次日先行使用。

二、剩餘材料應於當層施作完成時搬運至指定地點放置。

三、泥水不得任意漫流或倒入水管中。

四、預留之水管，電管，不得任意打斷或鑿孔。

五、地坪泥作施工前一律以磨石機打磨，將黏浮之砂、土、石等雜物清除。

六、地坪泥作施作前，須澆水沖洗，以免脫層。

七、應於指定場所清洗工具。

八、甲方供應物料如後：水泥、砂、紅磚、瓷磚黏著劑、瓷磚填縫劑、海菜粉、石粉、色粉、砌磚用之金屬固定件、門頂預鑄 RC 楣樑、磨石子壓條、鋼釘、鐵釘、磨石地坪銅條、樓梯止滑銅板、特白石、墨石、瓷磚磨角（瓷磚陽角均採磨角接合）、施工用水電（每一樓層預留水源及電源）、外牆鷹架（甲方架設）、跳板 10 片、瓷磚、大理石門檻、地板蠟。

上列材料應由乙方自行吊運。其餘工料概由乙方自理。

九、簽約前由乙方協調工地主任訂定（報價廠商於報價前應對工程進度加以了解），並以書面做成記錄由工地主任及乙方代表簽認。本項記錄列為合約附件。若因乙方因素造成進度延滯，每逾期一日完成應罰款工程總價之 3/1000、依此類推。

十、挑高部分單價不變。樓層高度如下：

1F = 420cm、2F～5F = 320cm、6F～11F = 360cm、P1 = 270cm、P2 = 270cm、P3 = 300cm。

地下室：B1 = 420cm、B2 = 320cm。

十一、承攬廠商對現場設施應妥善維護，凡有毀損、汙染，經查屬乙方所爲者應由乙方復原並賠償損失，其費用自乙方工程款抵扣。

十二、乙方應於指定地點清洗工具及容器。並有義務維持工地整潔，若未依規定棄置垃圾或造成汙染，甲方得僱工清運，費用自乙方工程款中扣除，乙方不得異議。

十三、甲方不搭設工作架，必要時得向甲調借金屬框架十組由乙方自行架設。

十四、承攬廠商應指派專人協調配合工地進度、品質管制及人員調度。工程進行期間須派駐專人領導工程進行，並負責人員安全管理、進度配合。若派駐現場人員無法達成上列要求，甲方得要求撤換，乙方不得拒絕。

十五、進入工地之人員一律戴安全帽（安全帽由甲方供應，乙方應付押金每頂 250 元，工程結束時依歸還數量無息退押）。若未依規定使用安全帽或安全帶得由甲方工地主任訂定罰則，乙方不得異議。

十六、外牆施工一律配掛安全帶（安全帶由甲方供應，免押金，若有遺失應照價賠償）。

十七、簽約時乙方應同時具結安全責任切結書，自負一切安全責任。

十八、本案工程應由乙方保固壹年（保固期自管理委員會點收日起算）。凡屬非惡意所致之損壞、龜裂均爲乙方保固範圍，應由乙方負責復原及賠償損失。

十九、報價廠商若有任何異議或意見應於報價時提出，否則一切爭議均依甲方解釋爲準。

二十、付款辦法

1. 依完成數量計價，付款 90%，保留款 10%。
2. 每次計價款均以即期支票支付。
3. 取得使用執照後退還保留款之 50%。概以 60 天期票支付。
4. 住戶管理委員會點收後退還 45%。概以 60 天期票支付。
5. 保固壹年期滿後（自管理委員會驗收合格日起算）退還5%。概以60天期票支付。

註一：報價廠商應於報價前勘察工地狀況，了解施作內容、施工動線並向工地主任領取進度說明。進度說明應由報價廠商詳閱後加蓋公司印章及負責人印章，並就異議加註說明，於報價時一併送交本公司發包單位。

註二：承攬廠商之施工進度不得落後於進度說明所列之各節點日期，凡有落後均以逾期論。

註三：報價廠商應以本件報價單報價，各頁均加蓋騎縫章，其它格式報價單本公司概不受理（缺進度說明亦不受理）。

第 31 章　瓷磚黏著劑

自瓷磚製造技術提升，瓷磚吸水率愈來愈低，瓷磚燒成面積愈來愈大，貼飾樓層愈來愈高，市場對瓷磚黏著要求愈來愈嚴苛，以水泥添加海菜粉作爲瓷磚黏著劑之施工方式已無法提供足夠之接著強度，當高樓外牆瓷磚剝落，更造成安全問題。爲提高瓷磚接著強度，添加高分子樹脂於水泥增進接著強度爲最直接之方式。

一、抗拉拔強度

國內廠商對磁磚黏著劑之工程性能多以抗拉拔強度標示，如 5kg/cm^2（每平方公分之抗拉拔強度爲 5kg）等，但現實狀況中，牆面磁磚少有受拉拔力所作用，通常所受外力爲剪力，如冷縮熱漲、如地震力等，故對磁磚黏著劑所要求之工程性能爲抗剪強度（但對黏著劑而言，抗剪強度與抗拉拔強度爲正比，故以抗拉拔強度稱呼其工程性能亦不算離譜）。

早期磁磚均以純水泥漿添加海菜粉黏貼，其抗剪強度約爲 1.5kg/cm^2。近年磁磚規格已愈有加大、加重之趨勢，所要求之吸水率亦多有降低，水泥膠體結晶難以滲入磁磚孔隙造成充分鍵結，剝落、膨拱多有發生，故近年均以磁磚黏著劑取代傳統黏著材。

二、黏著劑成分

磁磚黏著劑通常以細砂、水泥乾粉、樹脂、海菜粉混合而成，其中樹脂種類及多寡爲成本最大變數。

磁磚黏著劑所添加樹脂有 EVA（乙烯 - 醋酸乙烯共聚物）系、水性亞克力樹脂系、環氧樹脂系三大類，添加環氧樹脂系之磁磚黏著劑於國內較少見，價格最高。EVA 系及水性壓克力樹脂系磁磚黏著劑又分雙劑型與單劑型，於標準配比下，雙劑型之工程性能優於單劑型，但就施工便利性而言，單劑型又優於雙劑型。

三、樹脂

EVA 樹脂與亞克力樹脂均爲液態之乳劑，爲避免現場施作人員配比失當、亦爲求施工方便性，通常將樹脂固化製成粉劑（加水即可還原），與細砂、水泥乾粉、海菜粉等材料拌合後包裝成單劑型出售。就化工技術而言，將亞克力樹脂固化之技術層次高於固化EVA樹脂，故市面所見之單劑型磁磚黏著劑多屬EVA系，其價格亦較亞克力樹脂系為低。

四、韌性黏著劑

韌性磁磚黏著劑樹脂含量高於一般磁磚黏著劑，因價格較高，通常用於振動頻繁之場合或輕質隔間板片。

五、磁磚填縫劑

磁磚填縫劑之成分類似磁磚黏著劑，但配比不同，填縫劑之工程性能更重視吸水率。為配色又需添加染色劑，因染色劑之品質造成價差。填縫劑品質參差不齊，廉價品之單價與水泥相差無幾，僅為水泥、細砂、染色劑拌合而成，工程性能堪慮。

若外牆使用黑色填縫劑，其染色劑有黑煙、氧化鐵、化學顏料等種類。黑煙最黑、價格最低、品質最差，使用數月即造成磁磚嚴重汙染（黑煙顆粒細、帶油脂、遇水即自骨材滲出），切勿使用。氧化鐵不溶於水，最安定，但呈深灰色，單價較高，若添加過量則硬脆。化學顏料品質及價格落差大。較理想之黑色填縫劑通常混合氧化鐵及化學顏料為染色劑。

六、海菜粉

海菜粉為保水劑，僅為延遲水泥硬化、提增工作方便性、避免乾裂等，無法增進水泥強度。

海菜粉是一種俗稱（僅台灣稱為海菜粉，其他國家、地區稱為保水劑、纖維素醚、或化學物學名，如甲基纖維素、羥丙基甲基纖維素），因在纖維素醚（Cellulose Ether）發明前，工程人員以海菜（如石花菜）加熱熬成濃稠膠液，添加於石灰漿中作為保水劑使用。現今台灣營建工程業使用之海菜粉通常為甲基纖維素（Methyl Cellulose，簡稱MC），是一種非離子纖維素醚，完全不含海菜成分，其原料為具木質天然纖維素、木漿或棉花，通過醚化在纖維素中引入甲基醚化劑（甲基氯烷）產生甲基纖維及其他化合物，為白色纖維狀或顆粒狀粉末，可於水中溶漲成膠體溶液。

纖維素是不溶解於水及有機溶劑的高分子化合物。纖維素經醚化後成為纖維素醚則能溶解於水、稀酸、稀鹼或有機溶劑。隨所用醚化劑的不同而有甲基纖維素、羥乙基甲基纖維素（MHEC）、羧甲基纖維素、乙基纖維素、 基纖維素、羥乙基纖維素、羥丙基甲基纖維素（MHPC）、氰乙基纖維素、 基氰乙基纖維素、羧甲基羥乙基纖維素和苯基纖維素等。纖維素醚的主要功能即爲保水，不同種類的纖維素醚各具適用特性。甲基纖維素、羥乙基甲基纖維素、羥丙基甲基纖維素均可添加於水泥砂漿及混凝土中。

纖維素醚之保水性能通常可就其黏度（單位：mPa.s）作爲判斷依據，黏度愈高則保水性愈佳，但因各廠海菜粉配比差異，且再添加增稠劑增加粉體體積、重量，並增加其黏度，提升工作性能，故不宜以其黏稠程度判別優劣及保水性能。可採比較方式，對數種品牌、型號海菜粉，同時以相同份量拌合相同份量清水，至少泡製 4 小時後（海菜粉完全溶解水中需耗時約 20 小時），同時以毛筆分別塗刷於白紙，先乾燥者爲劣。

其他保水劑尚有聚丙烯醯胺（PAM，Polyacrylic amide）是水溶性的有機高分子絮凝劑，可作爲保水劑。磷酸酯澱粉，是改性澱粉的一種，基本原料是玉米澱粉或馬鈴薯澱粉，其 0.5% 溶液即有明顯保水效果，亦可作爲膠黏劑、絮凝劑使用。

註、絮凝：使水中懸浮微粒集聚集變大，或形成絮團，從而加快粒子的聚沉，達到固 - 液分離的目的，這一現象或過程稱爲絮凝。

磁磚黏著劑邀商報價說明書案例

項次	項目	數量	單位	單價	複價	備註
1	磁磚黏著劑		kg			EVA 系，乾粉單劑型
2	韌性磁磚黏著劑		kg			
3	磁磚填縫劑		kg			深灰色
4	海菜粉		kg			甲基纖維素
	小計					
	稅金					
	合計					
合計新台幣： 拾 萬 仟 佰 拾 圓整						

【報價說明】

一、材料規格

項次	項目	補充說明（以下各欄由報價廠商填寫）
1	磁磚黏著劑	A. 產品名稱及產品代號：
		B. 比重：
		C. 拉拔強度： kg/cm^2
		D. 抗剪強度： kg/cm^2
		E. 乾燥收縮率（線收縮率）：
		F. 硬化後之熱膨漲係數：
		G. 建議水灰比（W/C）：
		H. 硬化後之吸水率：
		I. 可工作時間：
2	韌性磁磚黏著劑	A. 產品名稱及產品代號：
		單劑型或雙劑型：
		B. 粉劑之比重：
		C. 拉拔強度： kg/cm^2
		D. 抗剪強度： kg/cm^2

項次	項目	補充說明（以下各欄由報價廠商填寫）
		E. 建議配比或水灰比（W/C）：
		F. 彈性模數：psi
		G. 最大伸長率：
		H. 可工作時間：
3	磁磚填縫劑	A. 產品名稱及產品代號：
		B. 粉劑之比重：
		C. 乾燥收縮率（線收縮率）：
		D. 硬化後之熱膨脹係數：
		E. 建議水灰比（W/C）：
		F. 硬化後之吸水率：
		G. 可工作時間：

二、承攬廠商應俟甲方現場人員通知後送貨。

三、材料運抵現場後應先行通知甲方現場人員並依指示位置整齊堆放。

四、全部材料卸放完成後方得要求簽收。

五、本案報價之各項單價均應含運費。

六、甲方得會同乙方於現場抽樣送合格試驗室測試（依材料規格表所列內容挑選測試項目），經測試；其工程性能低於乙方所承諾者，一律退貨。

七、付款辦法

1. 每月一日及十五日爲計價日，十日及二十五日爲領款日。乙方於計價前應開立足額當月發票交工地辦理計價。
2. 依簽收數量計價。
3. 每期均依當期簽收數量計價 100%，概以 60 天期票支付。

第 32 章 地下室防水粉刷工程

國內工程慣例，視地下室連續壁爲永久結構體使用，故除邊坡自立開挖工法（俗稱 OPEN CUT）可於地下室牆外側施作防水，其它開挖工法之防水多需施作於地下室牆內側，若空間不足以施作複牆，防水粉刷則爲多數人之選擇。但無論採防水粉刷或施作複牆，確實抓漏爲絕對必要之步驟，否則爾後複牆內水聲潺潺，甚或夾泥帶砂均非樂見。

常見之地下室擋土工法有鋼軌嵌板、鋼板樁、擋土柱、預壘樁、連續壁等，除連續壁可作永久結構外；其餘工法均需另行配筋、組立模板構築 RC 外牆，但也因重新組立模板其外牆之平整度遠優於連續壁，又因其施工縫遠少於連續壁單元接頭，其止水性亦應優於連續壁。

依地下室用途考量其牆面平整度、垂直度之需求。若其用途爲機房、水箱室或無人進入之機械停車空間，牆面平整度、垂直度之要求可稍作放寬，免彈繪粉刷線及貼灰誌、牆面打底採壓尺刮平（俗稱順平）即可。若其用途爲停車場、活動中心則須採較高之標準；相鄰之牆面亦採相同基準之粉刷線，依本節報價說明之標準施作。

一、地下室滲漏因素

凡滲漏必須存在水源、水路、動力三因素，除去任何一項因素即可達成防水目的。水源爲雨水、地下水；水路包含裂縫、施工縫、混凝土蜂窩、混凝土毛細孔；動力包含水壓、表面張力、虹吸力。水源、動力屬大自然因素，不列入本章討論。水路則牽涉施工方法、現場管理、應用材料等工程問題，可歸屬人爲因素，亦屬可克服因素。

二、複牆

近年新建社區常於地下室規劃豪華活動中心及交誼廳，亦有將辦公、商業場所設於地下室者，爲易得最佳之乾燥性、平整度，建議施作複牆，無論複牆材質爲何；其下方均應施作截水溝及排水管，以免外牆滲水時損害豪華裝潢。

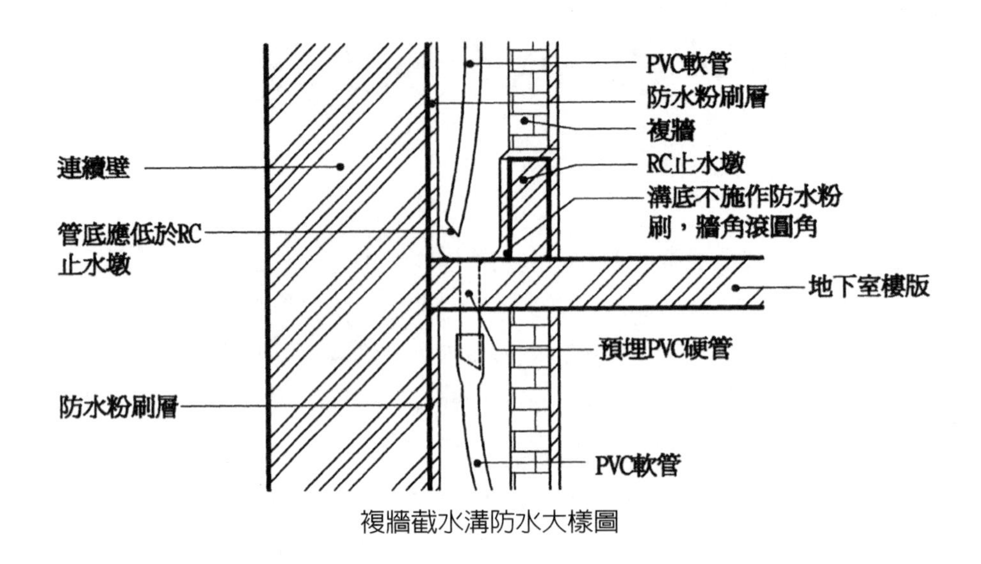

複牆截水溝防水大樣圖

三、筏基內粉刷

筏基消防池防水粉刷因無所謂觀瞻，防水即可，不需非常平直。停車機械、升降機基坑雖無觀瞻顧慮，但是否影響機械運行應先行確認，以免敲除重新施作。汙水處理池防水粉刷為必須施作項目，但可委由汙水處理廠商施作較易界定責任。

建築結構體逐層施作後建物自重相形增加，筏基沉陷量隨之增加，故可儘早完成抓漏，防水粉刷則稍事延後，俟沉陷穩定並觀察抓漏處無滲漏之虞後再行施作，以免防水粉刷層龜裂。

四、防水材

1. 水泥防水劑

防水劑，添加於水泥砂漿，填塞水泥砂漿孔隙，以達防水效果。依其成分可分為無機質系、有機質系、聚合物系等。矽酸鈉（水玻璃）系及氯化鈣系價格較低，但氯化鈣系對鋼筋造成腐蝕，應避免採用。

當地下室外圍牆因停車空間等因素無足夠空間施作複牆時，亦有導水板粉光、矽酸質系塗佈防水材工法。

2. 導水板

導水板一般係由聚乙烯（HDPE）、聚苯乙烯（HIPS）或聚丙烯（PP）材料壓鑄成型。釘附於連續壁或地下室外圍牆面（室內側），再做水泥粉光之工法，可將滲漏水導流於導

導水板

水板孔隙，流至牆腳截水溝排放。

3. 矽酸質滲透結晶防水材

矽酸質系塗布防水材，亦稱結晶滲透防水材。美國營建規範協會（Construction Specification Institute，簡稱 CSI）稱其爲水泥結晶防水材（cementitious crystalline waterproofing），於第 07160 章將其列爲正規主流工法。日本將「矽酸質系塗布防水材」視爲目前唯一可使用於背水壓面施工之防水材，並明訂於 JASS 8（1993）[4] 之規範中。

結晶滲透防水材主要以波特蘭水泥、矽砂、矽酸質粉末混合製成灰色粉體，稱爲 I 型。灰色粉體添加聚合物分散劑者稱爲 P 型。加水拌合後通常以噴塗、刷塗、滾塗或鏝塗於混凝土表面，其活性化學物質，循水源於混凝土孔隙進行滲透、擴散、塡充於混凝土之孔隙，並與混凝土內之氫氧化鈣進行化學作用，產生不溶解的矽酸鈣結晶體，達成防水效果。此結晶體可滲透深度約 10mm（亦有廠商宣稱其材料滲透達 30mm 者），可塡塞 0.3mm 之縫隙，且具自行癒合之能力，但塗佈後須進行 72 小時水霧養生。其殘留未反應的成分乾燥析出，再遇水分供給會再次溶解，和氫氧化鈣再次發生反應性。

P 型矽酸質滲透結晶防水材所摻和之聚合物，可分類爲亞克力樹脂系、EVA 樹脂系、SBR（丁苯烯合成橡膠）樹脂系三種。P 型矽酸質滲透結晶防水材因添加高分子樹脂較 I 型有更佳之結合性、塡充性、阻水性。但因其活性受高分子樹脂拘束，滲透能力較差。

近年亦有添加活性天然火山灰於預拌混凝土作軀體防水，或添加於水泥砂漿對連續壁等混凝土結構背水側進行粉光，其原理與矽酸質滲透結晶防水相同。據材料廠商宣稱，此類材料的活性矽與水泥漿體拌和後與水泥中的氫氧化鈣結合，反應式 $SiO_2 + Ca(OH)_2 \rightarrow CaSiO_3$（膠體）$+ H_2O$，生成矽酸鈣膠體塡塞混凝土孔隙，從而起到防水、防潮作用，並且，拌入砂漿或混凝土中之活性矽酸質成分在初凝至終凝僅 20% 發生反應、消耗，剩餘 80% 活性矽酸質分子仍休眠在混凝土中，處於靜止狀態，一旦建築物開裂進水，未反應的活性矽酸質分子與氫氧化鈣重複進行反應，使裂縫癒合，達到永久的防水、防潮作用。

防水粉刷工程邀商報價說明書案例

項次	項目	數量	單位	單價	複價	備註
1	中間柱孔填塞防水		孔			
2	連續壁整平打石及清運		式			
3	端板切除		m			
4	連續壁抓漏及防水粉刷		m^2			
5	筏基消防池、化糞池防水粉刷		m^2			
6	停車機械、升降機基坑防水粉刷		m^2			含抓漏
	小計					
	稅金					
	合計					
合計新台幣： 佰 拾 萬 仟 佰 拾 圓整						

【報價說明】

工程名稱	施工說明
中間柱孔填塞防水	施作範圍：地下室中間柱孔。
	施工步驟： 1. 抽除積水。 2. 清除中間柱孔內積土及模板（深同筏基底）。 3. 清洗孔壁、並於中間柱孔外緣以砂漿等材料砌築臨時阻水遮護。 4. 填塞急結防水水泥漿並壓實，至無滲漏。 5. 由甲方現場人員觀察二週並確認無滲漏之虞後通知乙方再次進場，復原上層預留鋼筋，以混凝土將中間柱孔填實並與筏基頂緣平齊。 6. 清除臨時阻水遮護。
	檢驗基準：無滲漏。
連續壁整平打石及清運	施作範圍： 1. 本案連續壁防水全部施作範圍，含牆面打毛、陰角（含牆腳、柱角）、壁頂與壓樑銜接處、端板邊緣打 V 形槽。 2. 打石廢棄物清理並運離工地。
	施工步驟： 1. 牆面突出部分噴漆標示。 2. 打石。 3. 壁面雜物清除、高壓水沖洗壁面。 4. 打石廢棄物清理並運離工地。

工程名稱	施工說明
	檢驗基準： 1. 打石平整度應配合防水粉刷檢驗基準爲原則。 2. 混凝土面應無泥砂、鬆動混凝土塊、帆布、雜物。
端板切除	施作範圍：依工地主任指定範圍。
	施工步驟： 1. 俟打石完成後施作（端板兩側打鑿各 10×10cm V形溝）。 2. 端板切割。 3. 清洗 V 型溝。 4. 以防水水泥砂漿填補 V 型溝。
	檢驗基準：無滲漏。
連續壁抓漏及防水粉刷	施作範圍：地下室連續壁內側牆面 施工步驟： 1. 滲漏水處打鑿清洗止漏。 2. 牆面凹陷處分次填補。 3. 彈繪粉刷線、黏貼灰誌（牆面未臻平整處由乙方自行打石修鑿）。 4. 底層防水粉刷（底層度數由施作廠商自行考量），底層粉鏝（或噴漿）厚度應以粉刷線爲準。 5. 底層防水粉刷完成面應以六尺鋁質押尺依灰誌刮平，並以木質鏝刀刮糙。
	6. 觀察四周，若無滲水現象方可進行面層粉鏝。 7. 完成面應平整垂直。陰角、陽角應筆直。 8. 粉刷廢棄物應於當日收工前清理集中於甲方指定位置。
	檢驗基準： 1. 粉刷平整度以單手持六尺鋁質押尺中央，以窄邊依任意角度及位置貼靠粉刷完成面，於不施壓狀態以二枚壹圓硬幣（膠水貼合，厚度約 3.25mm）無法通過其縫隙爲合格。 2. 垂直度檢驗工具：於六尺長鋁質押尺寬邊中央刻劃軸線（與押尺邊緣平行），軸線末端左右兩側均刻劃一標線，標線與軸線平行，間距 4mm，軸線頂端栓結鋼絲，鋼絲長度應長於押尺約 10cm，鋼絲下端吊掛垂球。
	檢驗方法： 豎持鋁質押尺，標線端向下，以押尺貼靠砌磚完成面（不得加壓致押尺屈曲變形），俟垂球靜止後檢視鋼絲，鋼絲未超出末端標線範圍者爲合格（即垂直誤差不得大於 1/450）。本項檢驗得由甲方以押尺依任意位置及高程豎向貼靠砌磚完成面。

<table>
<tr><th>工程名稱</th><th>施工說明</th></tr>
<tr><td rowspan="3">筏基消防池、汙水池防水粉刷</td><td>施作範圍：筏基消防水池、汙水池之牆面、池底。</td></tr>
<tr><td>施工步驟：
1. 打石前甲方派工清除垃圾。
2.（以下均屬乙方施作範圍）抽除積水。
3. 清除混凝土面雜物、高壓水沖洗混凝土面。
4. 防水粉刷。</td></tr>
<tr><td>檢驗基準：順平、無滲漏。</td></tr>
<tr><td rowspan="3">停車機械、升降機基坑防水粉刷（含電梯基坑）</td><td>施作範圍：停車機械、汽車升降機、電梯之基坑牆面及地坪。</td></tr>
<tr><td>施工步驟：
1. 打石前甲方派工清除垃圾。
2.（以下均屬乙方施作範圍）抽除積水。
3. 牆面凹陷處分次填補。
4. 底層防水粉刷（底層度數由施作廠商自行考量），底層粉鏝（或噴漿）厚度應以容納機械爲準。
5. 底層防水粉刷完成面應以六尺鋁質押尺刮平，並以木質鏝刀刮糙（地坪應依排水孔、集水井位置設置 3/100 洩水波度）。
6. 觀察二週，若無滲水現象方可進行面層粉鏝。
7. 完成面應平整。</td></tr>
<tr><td>檢驗基準：順平、無滲漏且不得影響機械運轉空間。</td></tr>
</table>

一、補充說明

1. 甲方提供物料如下：水泥、砂、施工用水源、電源（3∮220V & 1∮110V）、金屬活動施工架十組，其餘工料及搬運概由乙方自理。
2. 本案由乙方採責任施工，防水添加劑由乙方自行選用。
3. 保不漏期限三年（自住戶管理委員會點收日起算），保證期限內凡有滲漏均由乙方無償檢修並賠償該項滲漏所造成之損失。
4. 施工廢棄物、泥漿、水泥渣、便當盒、飲料罐等垃圾應於當日收工前清掃集中於甲方指定位置，由甲方統一運棄，若未依規定清掃集中於指定位置則由甲方派工清掃，所需工資由乙方工程款優先抵扣。
5. 乙方對現場設施應妥善維護，凡有損毀或汙染經證實爲乙方所爲者應由乙方復原並賠償，所需工資及材料由乙方工程款優先抵扣。
6. 由甲方調借十組金屬框架（施工架）予乙方，乙方自行搭設。
7. 施工機具、材料應由乙方自行保管，甲方不負保管責任。

二、施工期限

報價廠商應於報價前勘察施工現場並對工期加以了解，簽約前由甲方工地主任通知乙方訂定工期（應明確訂定各階段之啓始與完成日期）並做成記錄，由工地主任及乙方代表簽認，本項記錄納爲合約附件。

三、逾期罰則

依雙方簽認之工期及階段爲準，凡屬乙方因素未能如期啓始或完成均裁以罰（扣）款，每逾期一日即罰（扣）款合約總價之 3/1000，並依此類推。

四、付款辦法

1. 中間柱孔塡塞防水
   (1) 依實做數量計價。
   (2) 施作完成後依完成數量計以單價之 85%，概以 1/2 現金、1/2 60 天期票支付。
   (3) 取得使用執照後計以單價之 15%，概以 60 天期票支付。本期領款乙方應開立保證支票（不押日期），金額爲工程總價（含罰、扣款金額）之 15% 交甲方財務部，保不漏期滿後無息退還。
2. 連續壁整平打石及清運：
   (1) 本項工程採總價承攬。
   (2) 施作完成後依本項複價計價 85%，概以 1/2 現金、1/2 60 天期票支付。
   (3) 取得使用執照後依本項複價計價 15%，概以 60 天期票支付。本期領款乙方應開立保證支票（不押日期），金額爲工程總價（含罰、扣款金額）之 15% 交甲方財務部，保不漏期滿後無息退還。
3. 端板切除：
   (1) 依實做數量計價。
   (2) 連續壁牆面防水粉刷施作完成後，依端板切除數量計以單價之 85%，概以 1/2 現金、1/2 60 天期票支付。
   (3) 取得使用執照後依本項複價計價 15%，概以 60 天期票支付。本期領款乙方應開立保證支票（不押日期），金額爲工程總價（含罰、扣款金額）之 15% 交甲方財務部，保不漏期滿後無息退還。
4. 連續壁抓漏及防水粉刷、停車機械、升降機基坑防水粉刷：
   (1) 依實做數量計價。
   (2) 依底層防水粉刷完成（以刮糙完成爲準）數量計以單價之 45%，概以 1/2 現金、1/2 60 天期票支付。
   (3) 依面層防水粉刷完成數量計以單價之 40%，概以 1/2 現金、1/2 60 天期票支付。
   (4) 取得使用執照後計以單價之 15%，概以 60 天期票支付。本期領款乙方應開立保證支票（不押日期），金額爲工程總價（含罰、扣款金額）之 15% 交甲方財務部，保不漏期滿後無息退還。

5. 筏基消防池、化糞池防水粉刷筏基消防池防水粉刷：

(1) 依實做數量計價。

(2) 本項施作完成後依完成數量計以單價之80%，概以1/2現金、1/2 60天期票支付。

(3) 取得使用執照後計以單價之20%，概以現金支付。本期領款乙方應開立保證支票（不押日期），金額爲工程總價（含罰、扣款金額）之15%交甲方財務部，保不漏期滿後無息退還。

註一：應以本文件報價（每頁加蓋騎縫章），其它格式報價單概不受理。

註二：報價廠商凡有疑問或異議應於報價時填註於報價單，簽約後一切爭議均以甲方解釋。

第33章 防水隔熱工程

防水、隔熱分屬不同之工程項目，但二者施作順序及位置關聯性甚高，又因以往對隔熱效果多有忽略，而對隔熱工程未多做要求，僅聊備一格，故部分防水承攬廠商亦兼而承攬隔熱工程。

早年，屋頂平台於清理素地後鋪設防水層，於防水層上方鋪設保護層，保護層上方鋪設空心磚或五角磚作爲隔熱層兼面飾層。或於防水層上方鋪設點焊鋼絲網後直接澆置泡沫混凝土達成防水與隔熱效果。近年建案充分利用屋頂平台，多於隔熱層上方鋪設點焊鋼絲網，再澆置混凝土作爲壓層，最後鋪設面飾瓷磚或石材作爲休憩、景觀空間。

上述施工方式，防水層均位於隔熱層下方，而面飾材、壓層均非完全防水；發泡樹脂隔熱材雖不易吸水，但接縫仍將滲透水分至防水層表面，使滲透水成爲導熱介質，大幅降低隔熱效果。建議於隔熱層上方增設防水層（如下圖），防止水分滲透導熱。

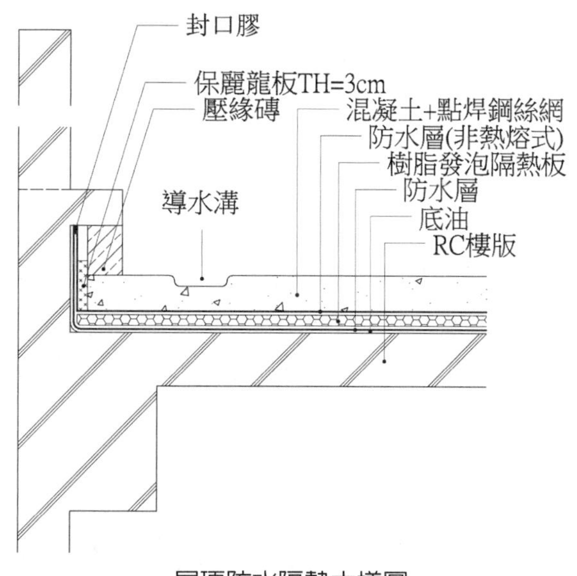

屋頂防水隔熱大樣圖

勞動部丙級營建防水技術士，依防水施工種類區分爲 1. 填縫系防水、2. 水泥系防水、3. 烘烤系防水、4. 薄片系防水、5. 塗膜系防水、6. 瀝青油毛氈系熱工法防水，共計六大類，概述如後。

一、填縫系防水

填縫系防水主要指應用於帷幕牆、外牆門窗塞水路工程，其他包含介面填縫、伸縮縫填縫等均屬之。

填縫材料包含矽膠（silicone，俗稱矽利康）、變性矽膠（modified silicone）、聚氨酯（pu）、聚硫膠（Polysulfide）、亞克力乳膠（acrylic emulsion）、乳化橡膠（SBR）、丁基橡膠（IIR）、油性灰泥等。

近年外牆多使用無汙染型 silicone（如 DOW CORNING-991）及 modified silicone。Pu 價格較低，但耐紫外線能力差，多用於雙層填縫之內層材料（近年已開發出變性 Pu，可耐候）。亞克力乳膠，水性，材料零售商多誤導稱為水性 silicone，表面可塗漆，耐久性不及 silicone，多使用於室內填封材。聚硫膠（Polysulfide）不會造成石材表面汙染，有自行癒合能力，二戰時用於盟軍戰機油箱內襯，曾大量使用於外牆石材填縫，曾因發生塑化劑含量超標而銷聲匿跡，近年已改善達標，且開發出變性聚硫膠，未來或成填縫材料主流。SBR（乳化橡膠）、油性灰泥已退出填縫材料市場。丁基橡膠，耐候性、附著性及彈性佳，製造廠多推薦用於外牆門窗嵌縫後第一道防水（塗抹）材料，但未被廣泛採用。

二、水泥系防水

水泥系防水工法包含防水劑、彈性水泥、結晶滲透型防水工法。

1. 防水劑

防水劑與水泥的化學結合，促進水泥凝結及硬化，增進水泥凝膠的生成以提高水泥砂漿緻密程度、填補空隙、阻斷水路，提高防水性、抗透水性、降低吸水性之工法。水泥砂漿添加防水劑為最早應用之水泥系防水工法，屬剛性材料工法。適用於不易發生結構沉降、振動之環境。

防水砂漿添加材料分類如下表：

類別		功能
有機系	金屬皂類	以硬脂酸、氨水、碳酸鈉或氫氧化鉀等鹼金屬化合物混合加熱皂化加入水泥砂漿，使砂漿顆粒間形成憎水、不溶性之脂肪酸鈣，以填塞砂漿孔隙，阻斷水路，使砂漿具防水性。
	石蠟	石蠟乳液具撥水性，可降低水泥砂漿吸水率。

類別		功能
無機系	氯化物	爲氯化鈣、氯化鋁等金屬鹽和水依一定比例混合配製，加入水泥砂漿中與水泥、水作用，生成含水氯矽酸鈣、氯鋁酸鈣等化合物，填充於水泥砂漿空隙以提高砂漿的緻密性、防水性。 以氧化鐵、鹽酸、硫酸鋁製成氯化鐵防水劑，呈深棕色。加入水泥、砂中攪拌，砂漿中氯化鐵與水泥析出之氫氧化鈣作用生成氯化鈣、氫氧化鐵。氯化鈣促進水泥活性，提高砂漿強度，氫氧化鐵膠體可降低砂漿透水性，產生防水性能。 氯化物具腐蝕金屬特性，不宜使用於鋼筋混凝土結構。
	矽酸鈉	矽酸鈉即水玻璃，與水泥中之氫氧化鈣形成不易溶解之矽酸鈣，填充水泥砂漿孔隙，阻斷水路。
水溶性樹脂	EVA 乳膠	EVA 乳膠爲乙烯 - 醋酸乙烯共聚物，常用於接著劑或塗料，亦應用於水泥之增強劑、水泥防水劑。具提高水泥砂漿初期保水性、接著性，並以高分子聚合物填充於水泥砂漿孔隙，增進其耐水性能。
	亞克力乳膠	丙烯酸（亞克力）共聚樹脂乳膠，常用於防水膜塗料、黏著劑、水泥之增強劑、水泥防水劑。其效能與 EVA 乳膠相同，但其耐候性、耐水解性能優於 EVA。

CNS 3763 規定摻和防水劑之水泥砂漿及混凝土之品質應符合下表規定：

項目	品質規定
凝結時間	初凝在一小時以後，終凝在 10 小時以內（水泥砂漿及新拌混凝土經濕篩所得水泥砂漿仿水泥砂漿之測試法）。
安定性	不得發生收縮性、膨脹性龜裂或翹曲。
強度比	強度試驗所得摻和有防水劑者與未摻和者之試體強度比，水泥砂漿用及混凝土用兩者均應達 85% 以上。
吸水比	$\frac{\text{摻和防水劑水泥砂漿吸水量（g）}}{\text{未摻和防水劑水泥砂漿吸水量（g）}} = 0.50$ 以下
透水比	$\frac{\text{摻和防水劑試體之透水量（g）}}{\text{未摻和防水劑試體之透水量（g）}} = 0.50$ 以下 水泥砂漿用及混凝土用兩者之透水比標準均爲相同。

2. 彈性水泥

彈性水泥正式名稱是「水和凝固型複合防水材」，就是「樹脂」+「水泥」的水泥基底防水材，刷塗或鏝塗於素地形成具有彈性、可撓曲之防水膜。其添加樹脂（乳膠）通常爲

EVA 乳膠或亞克力乳膠（亦有合成橡膠乳膠、乳化瀝青，但於實務並不多見）。雖稍具有彈性，卻不足以抵抗素地龜裂造成防水膜撕裂。但因屬水泥基，可直接於彈性水泥防水膜表面附著水泥砂漿、瓷磚黏著劑（貼磁磚），故於近年大量應用於浴室、廚房、外牆層間接縫、外牆門窗開口周緣、水池內側（正水壓側）之防水。

彈性水泥防水膜應塗佈於結構體表面，以避免粉刷層與結構體表面可能暗藏滲漏水路。若素地凹凸不平（未達夾板模板之平整度），應使用機具研磨平整，或使用樹脂砂漿批補平整再行塗布彈性水泥防水層。又因彈泥塗膜表面較爲平滑，影響後續粉鏝之水泥砂漿接著強度，故多數案場仍選擇將彈性水泥塗佈於水泥砂漿粗底完成面（層縫、門窗開口周緣因塗布寬度較窄，對後續粉光接著強度影響較少，應直接塗布於混凝土表面），再於彈泥完成面塗布磁磚黏著劑貼飾磁磚。

EVA 樹脂系彈泥防水材質地柔軟、彈性較佳，但易老化水解。亞克力樹脂系彈泥防水材質地較硬、彈性較差，但是抗滲透性、附著性較佳，較 EVA 系不易水解。

塗布彈泥前，應於素地塗布底漆（Primer）。底漆通常採稀釋亞克力乳膠底漆，塗布量約 0.3kg/m^2。陰角、陽角應採不織布或纖維網補強。彈性水泥之乾膜厚度至少應達 0.7mm 至 1.0mm（每 1mm 乾膜厚度之彈性水泥使用量約爲 1.4kg/m^2），且須分二度塗布，每度塗布量約爲 0.7kg/m^2。

日本防水事業協會對多數使用彈性水泥防水材之環境建議於第一度彈泥塗布後全面貼附纖維補強網，再塗布第二度彈泥。

彈性水泥與結構體之結合強度稱爲「接著強度」，應大於 8kg/cm^2。彈性水泥防水層與後續材質之結合強度稱爲「被接著強度」，應大於 6kg/cm^2。

彈性水泥防水材屬建築用塗膜防水材，其各項性能及測試方法應符合 CNS 8644 建築用塗膜防水材之規定。

3. 結晶滲透性防水材

結晶滲透性防水材亦可歸類爲矽酸質系塗布防水材，是在水泥中加入活性矽、細砂等添加劑拌合而成，請參閱「第 32 章：地下室防水粉刷工程」。

三、烘烤系防水

烘烤系防水材料通常使用改質瀝青防水毯（國內多稱熱溶毯）。傳統之瀝青材料具高溫熔化、低溫脆裂、疲勞開裂等缺點，無法完全符合防水、道路鋪面等實務需求，致有改質需求。「改質材」係指添加於瀝青中之天然或人工材料，改質材必須可熔融、分散於瀝青中，藉以改變瀝青性質。所謂「改質瀝青」（Modified Bitumen），係指在傳統瀝青中添加改質材，如橡膠（Rubber）、樹脂（Resin）、高分子聚合物（Polymer）或其他可改變其原有性質之添加物，而達成特定工程之特定性質，如高溫穩定性、低溫抗裂性、附著性、耐候性等。

改質瀝青防水毯又分 SBS 系及 APP 系及混合型。SBS（Styreneic Block Copolymers，苯乙烯系熱塑性彈性體，是世界產量最大、與橡膠性能最為相似的一種熱塑性彈性體）改質瀝青係將苯乙烯塑性彈性體添加於瀝青，以提高其耐候性、耐壓性、耐高低溫、耐溶劑分解，材質較軟，適用於較低溫地區，為市場主流產品。APP（Attactic Poly Propylene，不規則聚丙烯，是生產聚丙烯的黏稠副產物）改質瀝青係將不規則聚丙烯添加於瀝青，以增進其抗高溫流延、抗低溫龜裂、提高撓曲及韌性，材質較硬，適用於較高溫地區。混合型添兼具二系特性，適用於各種溫度環境，但價格亦較高。

改質後之瀝青再以纖維網等材料複合夾層補強製成片狀捲材，如自黏防水毯、熱熔防水毯等。

JASS 8 將烘烤系防水毯工法分類為 T-PF2、T-MF1、T-MF2、T-MT2 四類。其中英文字母及數字意義為 T：烘烤式改質瀝青工法，P：非露出（有保護層），M：露出（無保護層或僅塗刷耐候漆），F：貼著工法，數字：防水毯層數。

如 T-PF2 施工程序為：塗佈瀝青底油 0.3kg/m^2 →烘烤貼附厚度 2.5mm 以上改質瀝青防水毯第一層→烘烤貼附厚度 2.5mm 以上改質瀝青防水毯第二層→保護層施作（如澆置混凝土）。

如 T-MT2 施工程序為：塗佈瀝青底油 0.3kg/m^2 →塗布接著劑→鋪設耐高溫隔熱板→貼附厚度 2.0mm 以上自黏改質瀝青防水毯第一層→烘烤貼附厚度 4.0mm 以上改質瀝青防水毯第二層。其第一層防水毯採用自黏式，系避免烘烤高溫造成保溫板損壞、變形。

四、薄片系防水

以塑膠或橡膠類材料製造成薄片防水材，或添加纖維補強之複合材料以強化其抗拉、抗撕裂強度。

薄片材料施工方式一般為接著及機械式固定 2 種方式，接著工法以接著劑全面接著於素地及防水膜之搭接範圍。機械式固定工法以鋼釘固定溶接盤（板），再由溶接盤熱溶接合防水膜。塑膠類之防水膜搭接亦有採熱風熔化塑膠膜之接合工法。

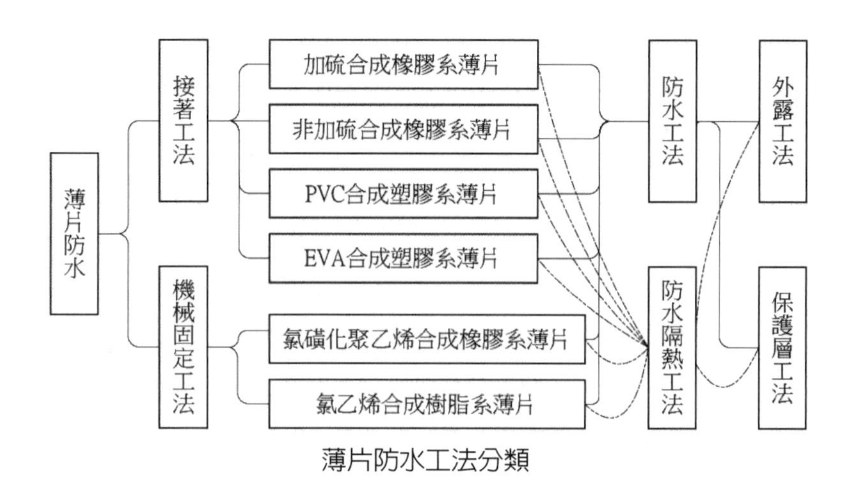

薄片防水工法分類

1. 天然橡膠（ASTM 簡稱 NR）

天然橡膠：由橡膠樹幹切割口，收集所流出之橡漿，經去雜質、凝固、煙薰、乾燥等加工程序形成的生膠料。是一種有彈性的碳氫化合物異戊二烯聚合物。或因成本因素，未見應用於防水捲材、薄片。

2. 合成橡膠（synthetic rubber）

合成橡膠指任何人工製成彈性體的高分子材料（高分子是由數十個至數萬個小分子聚合而成的高分子量物質）。品類極多，包含聚氨酯（PU）、EVA、Silicone 亦可廣義稱爲合成橡膠。合成橡膠總產量已遠大於天然橡膠。

3. 橡膠系防水薄片（膜）常用之合成橡膠

名稱（ASTM簡稱）	三元乙丙（EPDM）	氯磺化聚乙烯（CSM）	氯丁膠（CR）	丁基橡膠（IIR）
化學構造	乙烯、丙烯共聚物	氯磺化聚乙烯	氯丁二烯	昇丁烯與少量異戊二烯之聚合物
主要特徵	耐老化、耐臭氧，耐候、耐藥品、耐磨、抗水，耐醇及酮類，不可用於食物用途或是暴露於芳香氫之中	耐候、耐老化、臭氧、藥品、磨，且可使用於水中防滲漏	彈性佳且耐候、臭氧、熱、藥品、磨、大氣老化及動、植物油	耐候、耐臭氧、耐動物或植物油及可氧化的化學物中
其他主要用途	電線被覆外皮	墊片、滾輪	耐 R12 冷媒、耐候耐蝕耐化學藥劑密封件	眞空設備的構件

4. 硫化

天然橡膠、合成橡膠遇熱變軟、遇冷變硬、變脆、易磨損、易溶於汽油等有機溶劑、易老化。爲改善橡膠性能，須使生膠與硫化劑進行化學反應，使其由線型高分子結構交聯成爲立體網狀結構高分子，這種處理方式稱爲硫化，用以提高橡膠強度、彈性、耐磨性、耐腐蝕性。

5. 塑膠定義

主要由碳、氧、氫和氮及其他有機或無機元素所構成，在製造過程中是熔融狀的流體，經模塑而成各種形狀，冷卻後固化，此龐大而變化多端的材料族群稱爲塑膠。又依其性質分爲熱固型及熱塑型二類。

熱固型塑膠於第一次加熱時可軟化成爲流體，當到達一定溫度產生交鏈固化化學反應而硬固，此變化是不可逆的，爾後再加熱已無法再軟化成爲流體。熱固性塑膠的基本組分是體型結構（分子鏈與分子鏈之間有許多鏈節相互交聯，形成網狀或立體結構。體型結構有機物不易溶解於有機溶劑中）的聚合物。

熱塑型塑膠在一定的溫度條件下能軟化成熔融狀流體，經模塑可成任意形狀，冷卻後固化，再次加熱可再軟化成熔融狀流體並重複塑型製造。

6. 塑膠系防水薄片（膜）種類

(1) PVC 薄片：PVC（Poly-vinyl Chloride），聚氯乙烯。PVC 薄片軟化點 160℃，熱融接合性最佳，常用於屋頂外露工法之防水膜。內含塑化劑，經長期使用後塑化劑流失造成硬化、脆化、劣化，且 PVC 燃燒後會產生有毒氣體，就環保立場應避免使用。

(2) EVA 薄片：EVA（Ethylene-vinyl acetate），乙烯（E）／醋酸乙烯酯（VA）共聚物，又稱乙烯／乙酸乙烯酯共聚物，亦簡稱 E/VAC。柔軟性較 PVC 更佳，−50℃仍具有韌性，化學穩定性佳，無毒性。多使用於隧道防水工程。又因 EVA 薄片與纖維不織布複合，表面不織布絨纖能與水泥膠漿結合，故使用水泥膠漿爲黏著劑（W/C = 0.4），號稱可直接貼附磁磚之防水薄片，可應用於浴廁牆面及地坪（筆者不曾嘗試）。

EVA 性能由熔融指數（簡稱 MI）及醋酸（VA）含量控制。當 MI 固定，VA 含量愈高，彈性、柔軟性愈高，VA 含量減少，剛性、耐磨性、絕緣性愈高。當 VA 固定，MI 增加，軟化點、強度下降。MI 降低則分子量增大，愈耐衝擊、抗裂。

(3) ECB 薄片：ECB（EthyleneCopolymerBitumen），柏油乙烯醋酸乙烯共聚物，其性能隨乙酸乙烯含量的比例調節，經擠出輥壓生產的片材，具有柔韌性、彈性、耐寒性、耐應力開裂，適用於拱頂內面的防水材料。耐化學腐蝕、耐紫外線、耐老化、耐磨、抗穿刺，多應用於地工、汙水處理、垃圾掩埋場、化工酸鹼處理池、環保工程的防滲及耐腐蝕襯墊。台灣甚少應用。

(4) PE 薄片：PE（Polyethylene），聚乙烯。分爲 LDPE（低密度聚乙烯）及 HDPE（高密度聚乙烯）。LDPE 質軟，現場融接較易，但強度低，耐用性差。HDPE 質硬，強度高，現場融接困難。PE 薄片多應用於土木工程，如水池及垃圾處理場。

(5) TPO 薄片：TPO（Thermal PlasticPolyolefen），熱塑性聚烯烴。TPO 薄片質地稍硬，無添加塑化劑。爲乙丙橡膠與聚丙烯結合的熱塑性合成樹脂，加入抗氧劑、軟化劑製成的防水材，可添加聚酯纖維網複合製成增強型防水卷材。強度高、耐候性佳，多用於外露型屋面防水，屬環保建材。

7. 接著工法

即是利用接著劑和底油將薄片防水材黏貼於素地。適用之薄片包含合成橡膠系薄片（加硫橡膠薄片、非加硫橡膠薄片）、合成塑膠系薄片（PVC 塑膠薄片、EVA 塑膠薄片）。室內、地下室及通風不良處不宜採用溶劑型接著劑施工。

8. 機械固定工法

多應用於 PVC、PE、TPO 薄片，且多應用於外露型工法。係於素地鋪設鋪設絕緣布、放樣、鑽孔、安裝圓盤狀固定金屬片（如右圖右上、下）、鋪設薄片、薄片搭接處塗刷溶著劑接合、落水頭及轉角處貼附薄片成型材（如圖左上）、以熱風機熱溶薄片收邊及搭接處並加壓密實、以誘導加溫裝置於薄片表層加溫圓盤狀固定金屬片以熱溶結合薄片與圓盤狀固定金屬片（注意不得溶穿薄片）、於薄片接合縫隙塡注溶著劑使其完全密合。

五、塗膜系防水

塗膜防水是用刷子、滾筒、刮板或噴塗方式將液態聚氨酯，丙烯酸橡膠，FPR 等防水材塗布以形成防水膜的方法，即使在表面型狀複雜的情況下亦較其他工法易於施工，且無接縫大幅降低滲漏機率。

常見塗膜系防水材料包含聚氨酯（PU）、橡化瀝青、聚脲、半聚脲等，分別說明如後。

1. 聚氨酯（Polyurethane）

聚氨酯與固化劑或空氣中的水分接觸後產生固化，形成一層無縫防水膜，其延展性、附著性均佳，可吸收基層微量龜裂，常用於屋面防水。聚氨酯又分爲 (1) 焦油系聚氨酯、(2) 非焦油系聚氨酯及 (3) 水性聚氨酯。

(1) 焦油系聚氨酯耐候性差、耐水解性能較佳，其上方應採水泥砂漿粉光或澆置混凝土作爲保護層。煤焦油中含有大量的脂肪族和芳香族化合物，具有刺激性氣味，其中蒽〔ㄣ，俗稱綠油腦，爲稠環芳香烴（ㄑㄧㄥ），有毒性〕、萘（ㄋㄞ丶，俗稱焦油腦，爲多環芳香烴，有毒性及致癌性）等成分會對人體造成危害。

(2) 非焦油系聚氨酯，是雙組劑反應固化型防水材，A 劑（主劑）爲聚氨酯，B 劑（硬化劑）爲多元醇、胺。A 劑（主劑）：B 劑（硬化劑）= 2：1，混合後塗布固化形成無接縫、富彈性的防水膜，曾經是台灣最常使用之防水材料。依南亞提供數據，5mm 乾膜厚度，每 m^2 需使用 A 劑（主劑）4kg、B 劑（硬化劑）2kg。因 A 劑（主劑）價格高於 B 劑（硬化劑），部分廠商以 A 劑：B 劑 = 1：1 之配比降低單價，但其成品柔韌性較差、使用壽命亦較短，發包時應確認其配比。現場依施作面積計算備料數量，每施作 1mm 厚度應備置濕料主劑 0.8kg/m^2、硬化劑 0.4kg/m^2，不得有剩餘材料。

依日本聚氨酯建材工業會所訂聚氨酯防水塗膜施工法及施工步驟概分六種，如下表所列。

步驟	通氣工法		密著工法			直立面
	#1	#2	#3	#4	#5	
1	底油 0.2～0.3 L/m^2	底油 0.2～0.3 L/m^2	底油 0.2～0.3 L/m^2	底油 0.2～0.3 L/m^2	底油 0.2～0.3 L/m^2	底油 0.2～0.3 L/m^2
2	PU 防水材 0.3kg/m^2	PU 防水材 0.3kg/m^2	補強材	補強材	補強材	補強材
3	通氣薄片	通氣薄片	PU 防水材 0.3kg/m^2	PU 防水材 0.3kg/m^2	PU 防水材 0.3kg/m^2	PU 防水材 0.3kg/m^2
4	PU 防水材 1.5kg/m^2	PU 防水材 1.5kg/m^2	PU 防水材 1.5kg/m^2	PU 防水材 1.5kg/m^2	PU 防水材 1.5kg/m^2	PU 防水材 1.5kg/m^2

步驟	通氣工法		密著工法			直立面
	#1	#2	#3	#4	#5	
5	PU 防水材 2.0kg/m^2	PU 防水材 2.0kg/m^2	PU 防水材 1.7kg/m^2	PU 防水材 1.7kg/m^2	PU 防水材 1.7kg/m^2	PU 防水材 1.0kg/m^2
6	面材 0.2～0.4L/m^2	PU 彈性鋪裝 2.5kg/m^2	面材 0.2～0.4L/m^2	砂漿保護層厚度 4cm	PU 彈性鋪裝 2.5kg/m^2	面材 0.2～0.4L/m^2
7		面材 0.2～0.4L/m^2			面材 0.2～0.4L/m^2	

上表雖未明確註記 PU 採焦油系或非焦油系，但 #4 工法宜採焦油系 PU，#1、#2、#3、#5 工法宜採非焦油系 PU。蓋因非焦油系 PU 耐水解性能較差，不宜以壓層（砂漿或混凝土保護層）覆蓋，且需注意底層洩水坡度，以免長時間處於高濕度環境加速水解。非焦油系 PU 應最外層應塗布面材（耐候型塗料 + 隔熱塗料）阻斷紫外線，增益其使用壽命。

(3) 水性聚氨酯（Water based PU, WPU）是可在水中分散的聚合物，因揮發性物質含量低，屬環保型防水材，且具備溶劑型聚氨酯的彈性、韌性、耐低溫性等優點，亦克服溶劑型聚氨酯無法於潮濕面塗布之缺點，減少等候素地乾燥之時間，但水性聚氨酯耐水解性能劣於溶劑型。

聚氨酯應鋪設於平整之底材，如整體粉光混凝土、水泥砂漿粉光面。施作前應以磨石機研磨清除水泥渣等異物，並以吸塵器確實清除粉塵，保持施作面乾燥。若施作面含水量高於 8% 不應勉強施作。立面塗布應使用非垂流型 PU（硬化劑含量較高）。

聚氨酯（不含水性聚氨酯）塗佈前應於素地塗布底油。底油通常使用單液型聚氨酯系底油，以強化後續接著性能。

依日本行業規範建議，塗佈底油後須全面貼附補強材（玻纖網或不織布）。台灣施工慣例則僅於陰角處貼附補強材。

無論焦油系聚氨酯、非焦油系聚氨酯或水性聚氨酯，均含有毒性物質，不宜應用於飲用水水槽防水。

註：南亞 PU 防水材具綠建材標章，原料皆屬環保材料，不含有毒化學物質 MOCA（4,4'-二氨基 -3,3'- 二氯二苯甲烷，聚氨酯橡膠的硫化劑）、DEHP（鄰苯二甲酸二辛酯，塑化劑）、DINP（鄰苯二甲酸二異壬酯，塑化劑），故南亞宣稱其 PU 可應用於飲用水水槽之防水。

2. 橡化瀝青

橡化瀝青屬改質瀝青防水塗料，以石油瀝青為基材，添加橡膠及高分子樹脂為改性劑經混合而成之防水塗料，同時兼具瀝青及橡膠之特性。橡化瀝青防水塗料又分水性及油性，均屬單液型防水塗料，其固化膜強韌、耐候、耐水解。

改質用橡膠有天然橡膠與合成橡膠二類，天然橡膠採橡膠粉末或天然橡膠乳膠等不同之添加型態。常用於橡化瀝青防水材之合成橡膠有丁苯橡膠、氯丁膠乳、乙丙橡膠等。

依據改質用橡膠種類及其性質之差異，改質後之橡化瀝青特性亦產生差異，但大致是由橡膠吸收瀝青質發生溶脹，且橡膠局部溶解於瀝青中，因此提高瀝青黏度、並降低瀝青對溫度之敏感性。

改質劑（天然橡膠或合成橡膠）與瀝青間無顯著化學反應發生，僅改質劑以微細的顆粒均勻分布於瀝青中，不發生分層、凝聚或者互相分離現象的性質。

3. 純聚脲（JNC）、半聚脲（JNJ）

美國聚脲協會（PDA）對噴塗聚氨酯（PU）家族之定義		
噴塗聚氨酯家族	A 組份	B 組份（或稱 R 組份，Resin）
噴塗聚氨酯	端羥基化合物與異氰酸酯反應製成的預聚物及半預聚物	端羥基樹脂＋端氨基擴鏈劑＋催化劑
高彈噴塗聚氨酯／脲（俗稱半聚脲）簡稱 JNJ	端氨基化合物或端羥基化合物與異氰酸酯反應製成的預聚物及半預聚物	端羥基樹脂或【端羥基樹脂＋端氨基樹脂＋端氨基擴鏈劑】＋催化劑
高彈噴塗聚脲（俗稱純聚脲）簡稱 JNC	端氨基化合物或端羥基化合物與異氰酸酯反應製成的預聚物及半預聚物	端氨基樹脂＋端氨基擴鏈劑

上表，純聚脲與半聚脲（聚氨酯／脲）最大差異在於 B 組份，半聚脲 B 組份中含有催化劑，純聚脲 B 組份中完全不含催化劑。

A、B 組份在專用噴槍內混合噴出，迅速反應、固化成爲韌性防水膜。美國聚脲協會 PDA 大力推廣純聚脲材料，稱純聚脲反應活性高、無化學發泡傾向、耐久性佳、硬化快速、可於 0℃以下及高濕熱環境施工，是優於聚胺酯與半聚脲之材料。歐洲及日本聚氨酯製造廠商則認爲純聚脲、半聚脲均屬聚胺酯家族成員，各有優缺點，且各有適用領域。

青島理工大學功能材料研究所黃微波、李寶軍、呂平 2011 年 2 月於新型建築材料期刊發表報告：聚脲和聚氨酯／脲的對比研究，認爲「聚脲」與「聚氨酯／脲」的微觀結構存在明顯差異，「聚氨酯／脲」微結構疏鬆，存在明顯缺陷；而「聚脲」結構平整緻密，更適合於惡劣工況條件下的使用。

100%（氨基）純聚脲缺乏韌性，缺少實用價值（100% 純聚脲商品並不存在）。調節氨基與羥（ㄑㄧㄤ ˇ）基比例可調節其韌性，亦屬調節其硬化反應速率最簡易、廉價之方式。俗稱 JNC 純聚脲的 A 組份中含有端羥基聚醚約 40%，相比 JNJ 半聚脲僅端氨基成分稍高而已。故上表聚脲及聚氨酯／脲 A 組份改爲「**端氨基化合物＋端羥基化合物與異氰酸酯反應製成的預聚物及半預聚物**」較爲貼切。

由於端羥基聚醚的反應速度比端胺基聚醚慢，所以需要添加催化劑來提高端羥基聚醚與異氰酸酯的反應速度。「聚脲」與「聚氨酯／脲」於實用上之差異即在於聚氨酯／脲的 R 組份需添加催化劑，催化劑在完成加速聚合反應後會長期殘留於防水膜中，受陽光紫外線、氧氣、水分侵蝕後產生**自由基**加速材料老化。故「聚脲」之材料壽命大於「聚氨酯／脲」。

註：自由基（Free Radical），又稱游離基，是化合物的分子在光熱等外界條件下，共價鍵發生斷裂而形成不成對電子的原子或基團。自由基是具有奇數電子的分子或離子，具有活潑的化學性質，會催化化學反應，加速材料老化。

「聚脲」優點：脲鍵極性強，故其抗拉強度、硬度、剛性較高，耐熱性亦較高（可於 −20℃～+120℃之環中長期使用，亦可承受 350℃短時間熱衝擊），硬化速度快，故無化學發泡傾向。

「聚脲」固成份高，不含溶劑（VOC），符合綠建材重金屬檢測要求。具疏水性，可於潮濕面噴塗（於潮濕面噴塗會降低附著力。若不考慮附著力，噴塗於冰或水面亦可快速凝固成膜），快速凝固，可在不規則表面、垂直面上噴塗成型，無垂流現象，8～15 秒即可表層固化（約 60 秒可步行），60 分鐘後，即可進行後續施工。具有抗紫外線、耐酸鹼、耐衝擊、耐磨等性能。

註：因具耐磨性，可應用於工廠地坪、無塵室地坪、停車場地坪。但耐磨性不等於止滑性，仍須採用其他加工方式確保止滑性能。

聚脲材料的物性優秀，可耐多數腐蝕介質的長期浸泡，下表爲聚脲在不同腐蝕介質中的浸泡結果。

介質名稱	浸泡結果	介質名稱	浸泡結果	介質名稱	浸泡結果
醋酸（10%）	良好	氫氧化鉀（20%）	輕微變色	礦物油	良好
鹽酸（20%）	良好	氨水（25%）	良好	液壓油	良好
硫酸（20%）	良好	次氯酸	良好	乙醇（50%）	良好
硫酸（50%）	輕微變色	硝酸銨	良好	二甲苯	輕微變色
檸檬酸	良好	汽油	良好	正己烷	良好
磷酸（10%）	良好	柴油	良好	異丙酮	良好
氫氧化鈉（50%）	良好	煤油	良好	飽和鹽水	良好
氫氧化鉀（10%）	良好				

「聚脲」缺點：其彈性、韌性、伸長率較低。又因其硬化速度快，對素地浸潤能力差，致其附著性變差，易造成剝落。

「聚脲」須使用大型機具採用高溫（50℃～70℃）、高壓（> $100kg/cm^2$）噴塗，機具重量大於 500kg，無論機具購置成本或機具運輸費用均屬可觀，小面積施作之單價將為天價。

鑑於機具購置費用高昂且運輸困難，近年已有二液型小量噴塗系統設備問世，設備重量小於 5kg，單人即可操作（大型機具須由 3 人操作），每次裝藥 1.5kg（大型機具藥液採 53 加侖桶裝，二桶），可大幅降低設備及運輸成本，但其成效仍待檢驗。

六、瀝青油毛氈系熱工法防水

瀝青油毛氈是最老式、最受信任之防水工法。素地通常為板材或混凝土。傳統作法為五皮或七皮。所謂五皮油毛氈，即塗布瀝青底油（$0.3kg/m^2$）→澆置第一皮熱熔瀝青（$1.0kg/m^2$）→同步鋪設第二皮油毛氈→澆置第三皮熱熔瀝青（$1.0kg/m^2$）→同步鋪設第四皮油毛氈→澆置第五皮熱熔瀝青（$2.0kg/m^2$，分二次澆置），後續施作混凝土或瀝青混凝土壓層。其中底油不得算為第一皮。七皮油毛氈，即塗布瀝青底油（$0.3kg/m^2$）→澆置第一皮熱熔瀝青（$1.0kg/m^2$）→同步鋪設第二皮油毛氈→澆置第三皮熱熔瀝青（$1.0kg/m^2$）→同步鋪設第四皮油毛氈→澆置第五皮熱熔瀝青（$1.0kg/m^2$）→同步鋪設第六皮油毛氈→澆置第七皮熱熔瀝青（2.0kg/m，分二次澆置 ^{2}），後續施作混凝土或瀝青混凝土壓層。

油毛氈依 CNS 分類概述如下：

油毛紙：依 CNS 10410 定義，以有機天然纖維為主要原料做成原紙（以下簡稱原紙），浸透瀝青者。再依其單位面積質量將油毛紙成品稱呼為 430 級（$430g/m^2$）、650 級（$650g/m^2$）。

油毛氈：依 CNS 10410 定義，將原紙浸透瀝青並被覆，在表面及背面附著礦物質粉末者。再依其單位面積質量將由毛氈成品稱呼為 940 級（$940g/m^2$）、1500 級（$1500g/m^2$）。

附粗砂粒油毛氈：依 CNS 10410 定義，將原紙浸透瀝青並被覆，在表面撒布密著礦物顆粒（但一側須留 100mm 不撒布，做為後續搭接用途）使用。附粗砂粒之目的為抗拒紫外線照射減緩老化，使油毛氈防水層得以外露於大氣中。搭接範圍及背面應附著礦物質粉末，以避免於儲存時互相沾黏。其單位面積質量為 $3500g/m^2$。

網狀油毛氈：亦稱織物油毛氈，即以網狀纖維織物取代原紙之油毛氈。CNS 10414 將網狀油毛氈依網布材質區分為棉質網狀油毛氈、麻質網狀油毛氈、合成纖維網狀油毛氈。

抗拉油毛氈：以有機纖維爲主要原料做成不織布（基布），取代原紙，浸透瀝青並被覆之油毛氈。CNS 10416 就其表面是否沾附粗砂粒，將抗拉油毛氈區分爲抗拉油毛氈及附粗砂粒抗拉油毛氈，再依抗張積（抗張積 = 抗拉力 × 最大載重時之伸長率，測試方法請參考 CNS 10416-6.7 節）將抗拉油毛氈稱呼爲 1000 級及 1800 級。將附粗砂粒抗拉油毛氈稱呼爲 800 級。

穿孔油毛氈：以有機纖維爲主要原料做成不織布（基布），浸透瀝青並被覆之，油毛氈開設圓孔，開孔面積比 8% 以上。CNS 10418 就其表面是否沾附粗砂粒，將穿孔油毛氈區分爲穿孔油毛氈及附粗砂粒穿孔油毛氈。穿孔油毛氈用於絕緣工法，直接鋪設於底油（不澆置熱熔瀝青黏著固定，故稱絕緣工法。當素地發生龜裂，其張力無法經黏著瀝青層傳遞至油毛氈防水層造成撕裂而滲漏），又因穿孔油毛氈底部具空氣穿透之條件，可於開孔位置裝設疏氣筒（或撐托氣筒）排出素地因潮濕蒸發之水蒸氣，減少膨拱、脫殼之因素。

依 CNS 10410、10414、10416、10418 比較各種類油毛氈

油毛氈種類	原紙、基布材質	成品單位面積質量（g/m^2）	長度方向抗拉強度（kgf）	寬度方向抗拉強度（kgf）
油毛紙 -430	有機天然纖維	430 以上	4.1 以上	2.0 以上
油毛紙 -650	有機天然纖維	650 以上	4.1 以上	2.0 以上
油毛氈 -940	有機天然纖維	940 以上	4.1 以上	2.0 以上
油毛氈 -1500	有機天然纖維	1500 以上	5.1 以上	2.6 以上
附粗砂粒油毛氈	有機天然纖維	3500 以上	5.1 以上	2.6 以上
棉質網狀油毛氈	棉質纖維網	170 以上	15 以上	15 以上
麻質網狀油毛氈	麻質纖維網	160 以上	10 以上	10 以上
合成纖維網狀油毛氈	合成纖維網	180 以上	30 以上	30 以上
抗拉油毛氈 -1000	有機合成纖維不織布	1500 以上	8.2 以上	8.2 以上
抗拉油毛氈 -1800	有機合成纖維不織布	1500 以上	12.2 以上	12.2 以上
附粗砂粒抗拉油毛氈	有機合成纖維不織布	3000 以上	8.2 以上	8.2 以上
穿孔油毛氈	有機合成纖維不織布	1100 以上	4.1 以上	2.0 以上
附粗砂粒穿孔油毛氈	有機合成纖維不織布	2500 以上	6.1 以上	3.1 以上

底油：

塗布底油使其成爲滲入素地之皮膜，成爲提高素地與防水層接合強度之介面。底油包含瀝青底油、焦油環氧樹脂系底油、橡膠瀝青系底油（以上均屬溶劑系底油）、乳化亞克力系底油（屬乳化系底油）。

瀝青底油系將地瀝青溶解於揮發性溶劑之稀釋瀝青液體，是最常使用於油毛氈防水工程的底油。焦油環氧樹脂系底油，因環氧樹脂接著性特佳，多用於 ALC 等接著性較差之素地底油。橡膠瀝青系底油爲橡膠混入瀝青、溶劑製成，對不易滲透的光滑表面黏著性較佳，多用於金屬表面之底油。乳化亞克力系底油，屬水性底油，不含揮發性溶劑，適用於通風不良處，以避免人員中毒或氣爆火災。

瀝青：

JIS K2207 將防水工程用瀝青材料就其物性分爲四種，如下表所示

種類＼項目		軟化點（℃）	針入度（25℃）1/10mm	針入度指數	蒸發點量變化率（%）	閃火點（℃）	三氯乙烷可溶率（%）	佛萊氏脆化點（℃）	垂流長度（mm）	加熱安定性（℃）
防水用瀝青	第 1 種	≧ 85	≧ 25 ≦ 45	≧ 3	≦ 1	≧ 250	≧ 98	≦ -5	–	≦ 5
	第 2 種	≧ 90	≧ 20 ≦ 40	≧ 4	≦ 1	≧ 270	≧ 98	≦ -10	–	≦ 5
	第 3 種	≧ 100	≧ 20 ≦ 40	≧ 5	≦ 1	≧ 280	≧ 95	≦ -15	≦ 8	≦ 5
	第 4 種	≧ 95	≧ 30 ≦ 50	≧ 6	≦ 1	≧ 280	≧ 92	≦ -20	≦ 10	≦ 5

註：現場澆置用瀝青之加熱溫度應低於閃火點 10℃。

JIS K2207 對四種防水工程用瀝青材料用途區分如下表所示

種類		用途
防水工程用瀝青	第 1 種	軟質，一般感溫性，適用於室內及地下構造
	第 2 種	感溫性低，適用於緩和坡度可步行之屋頂
	第 3 種	感溫性低，適用於氣溫較高地區（適用於台灣）
	第 4 種	軟質，感溫性最低，適用氣溫較寒冷地區

早年黏貼油毛氈多使用台灣中油股份有限公司生產 #7 柏油，經查詢台灣中油網頁，只見鋪路柏油及塗料柏油相關資料，卻不見屋頂柏油之規格及報價。台灣位處亞熱帶，依上表應選用第 3 種瀝青之規格作爲黏貼油毛氈之防水黏結材，取其軟化點最高，烈日高溫下較不易融化垂流。

油毛氈捲材質地稍硬，不宜作直角轉折以免接著不良、產生氣穴等瑕疵，應以水泥砂漿或成型轉角壓條（需耐高溫）將直角轉折修塡爲弧角或 135° 鈍角。

因瀝青需加熱至 270℃，澆淋於牆面損料較多，應以 1.5kg/m^2 計算用量。又因於牆面澆淋溶融瀝青、貼附油毛氈困難度遠大於平面施工，建議於牆面施作之高度以女兒牆高度爲極限。

封口膠：

封口膠通常爲不垂流常溫塗抹材或灌注材，如 SILICONE、聚硫膠、橡化瀝青等。用於防水層（包含油毛氈防水層）末端，落水頭、貫通管周圍等相異材料交接介面，防止日久防水層硬化剝離形成滲漏水路。油毛氈轉折於牆面收頭末端應以金屬壓條固定後再塗布封口膠，避免油毛氈老化翹曲產生滲水水路。

乳化瀝青：

瀝青與水的表面張力差異甚大，常溫或高溫下都不會互相混溶。將加溫熱熔之瀝青以機械作高速離心、剪切、衝擊等處理，使其成爲粒徑 0.1～5μm 的細微顆粒，並分散到含有表面活性劑（乳化劑）的水溶液中，使乳化劑附著於瀝青微粒表面，以降低水與瀝青的界面張力，使瀝青微粒能在水中形成穩定的分散體，成爲水包油的瀝青乳液，其中瀝青爲分散狀態，水爲連續狀態，常溫下具流動性。乳化瀝青爲常溫施工，僅有水分蒸發，安全性提升、空氣汙染近零。

將瀝青乳化成爲黑色的水溶性防水材料，俗稱爲黑膠或 RV。使用時不需混合攪拌，可直接塗布，對施作面乾燥程度要求不高，施工簡便，適用於防水局部補修，若應用於全面防水，則須加設補強材料，如玻纖網、不織布。

七、撥水劑

撥水劑不應視爲防水材，通常應用於牆面或洩水坡面，以加速排水、減少水分積留及滲透、降低粉塵油脂隨水分滲入裝飾材孔隙造成汙染，又因撥水劑非塡充孔隙之塗料，有利於內部水分蒸發。因塗布撥水劑之物體仍存有孔隙，無法抵抗水壓力，聚積之水分仍會自物體孔隙滲入，故不應視爲防水材。

常用的撥水劑概分爲三類：1. 石蠟系（Paraffin）撥水劑、2. 有機矽系（Silicon）撥水劑、3. 氟素（Fluoro carbon）撥水劑。

石蠟系撥水劑透氣性差、易老化。有機矽系撥水劑又分溶劑型（油性）及乳化型（水性），溶劑型之撥水效果及耐久性優於乳化型，但溶劑揮發易造成空氣汙染。氟素撥水劑撥水效果最佳，甚至達撥油之程度，但其價格較高，營建工程多使用有機矽系撥水劑。

撥水原理：

液體在物體表面是否易於擴散並濕潤物體，決定於二者之表面張力，當液體表面張力小於物體表面張力，液體即擴散濕潤物體表面，若液體的表面張力大於物體表面張力則液體凝聚成水珠狀，不易於擴散浸濕物體，此爲撥水現象，亦稱荷葉現象，筆者戲稱爲鐵氟龍不沾鍋原理。

水的表面張力約爲 55dyne/cm，汽油的表面張力約爲 20dyne/cm，食用油的表面張力約爲 30 dyne/cm，混凝土面之表面張力約爲 145dyne/cm，故水分可快速擴散於混凝土表面並滲入其孔隙。將混凝土表面塗佈石蠟系撥水劑，其表面張力約爲 30 dyne/cm。混凝土表面塗佈有機矽系乳化型撥水劑，其表面張力約爲 26dyne/cm。混凝土表面塗布氟素撥水劑，其表面張力約爲 12dyne/cm。故前述三型撥水劑均可達成撥水效果，但僅氟素撥水劑可達撥油效果。

八、隔熱材

於建築工程所稱之隔熱材通常指鋪設於屋頂之隔熱材料，如泡沫混凝土、五腳磚、樹脂發泡板等。近年亦有牆面保溫材，如噴塗現場發泡樹脂、保溫沙漿粉光等。

泡沫混凝土、五腳磚均已應用於屋頂隔熱多年，不再贅述，僅概述樹脂發泡板保溫材、保溫沙漿。

發泡樹脂多採聚苯乙烯、聚氨酯、酚醛。多於噴塗發泡樹脂硬化後遮覆石膏板、水泥纖維板等輕隔間板材飾面。

1. 聚苯乙烯

Polystyrene，簡稱 PS，是無色透明的熱塑性塑料，其中發泡聚苯乙烯俗稱保麗龍（簡稱 EPS），熱導係數 0.04 W/(m.K)。

2. 聚氨酯

Polyurethane，IUPAC 縮寫爲 PUR，簡稱 PU，是指主鏈中含有氨基甲酸酯特徵單元的一類高分子，發泡 PU 熱導係數 0.022 W/(m.K)。

3. 酚醛樹脂

爲無色或黃褐色透明固體，常用於電氣設備，俗稱電木。酚醛發泡板（簡稱 PF）是以酚醛樹脂和其他助劑製成的閉孔型硬質發泡板，具有耐燃、發煙量低、燃燒發煙無毒性、耐高溫、耐化學性佳（但不耐鹼）等特點，是目前較理想之輕質保溫材，熱導係數 0.035W/(m.K)。噴塗於牆面之發泡樹脂保溫材宜使用酚醛樹脂（耐燃、燃燒發煙低且無毒）。

4. 泡沫混凝土

泡沫混凝土爲早期被廣泛應用於平面屋頂之隔熱材。10cm 厚度，每坪使用水泥 3～4 包，不加砂，清水約 100～140kg，28 天抗壓強度約 25kg/cm^2，重質泡沫混凝土每包水泥添加細砂約 25kg，28 天抗壓強度約 90kg/cm^2。

泡沫混凝土比重小於 1，可漂浮於水面，未完成硬化附著前澆置面不得積水，亦不得於雨天施作，否則失敗率極高。施工廠商於報價時通常附加條件：出車後，因天候等因素無法施作，應由甲方支付出車費 ×××× 元。

水泥發泡劑添加於水泥，水泥砂漿即可發泡，氣泡需均勻細緻。膨脹時間以發泡劑與水泥漿體接觸後約 10 分鐘開始發泡，約 2～3 小時完成最終發泡膨脹。施作泡沫混凝土亦可添加清砂，硬化後抗壓強度增加，熱傳導性亦增加（即隔熱能力降低）。

5. 隔熱（保溫）砂漿

我國地處亞熱帶，夏季溼熱（冬季偶有低溫），住宅外牆於夏季傳導室外高溫至室內，冬季傳導室內溫度至室外，均造成室內溫度過高或過低，須耗用電力啓動空調設備，故保溫沙漿應運而生，多用於外牆室內側之粉光層（大陸地區應用於外牆室外側之粉光層）。

保溫沙漿爲空心細骨材＋水泥＋樹脂之泥作粉光材料，其中重點爲空心細骨材（空心沙）。近年保溫沙漿多採玻化微珠、膨脹珍珠岩、中空玻璃微珠爲細骨材。

玻化微珠爲商品名稱，依行業慣例專指由松脂岩（pitchstone）礦砂製造者。松脂岩爲酸性玻璃質火山噴出岩，具松脂光澤（類似瀝青光澤）和貝殼狀斷口，含水量 4～10%，與珍珠岩、黑曜岩通常爲共生礦脈。當松脂岩在電爐加熱至礦砂膨脹，其表面溶融，氣孔封閉，而內部爲蜂窩狀結構，外觀呈微細球型。以密布於沙漿中之微細獨立空心球體（氣室）達成隔熱效果。

珍珠岩（Perlite）是火山噴發的酸性熔岩，經急劇冷卻而成的玻璃質岩石，因其具有珍珠裂隙結構而得名。珍珠岩礦包括珍珠岩，黑曜岩和松脂岩。珍珠岩水分含量爲 3～5%，將珍珠岩加熱至玻璃質軟化，其中水分蒸發，造成膨脹，爲膨脹珍珠岩。膨脹珍珠岩其顆粒外型爲不規則狀，應用於砂漿拌合時易生阻力而破損，致閉孔率低於玻化微珠，故其吸水率較高，應用於防火材（如防火門使用之珍珠岩板）較爲廣泛。

中空玻璃微珠是一種由矽砂製成的通用填料，耐熱、耐化學性佳，可應用於建築材料和工業產品。生產廠商較少，多分布於歐洲、北美、日本、大陸。近年台灣亦有廠商以回收廢玻璃破碎後加入發泡劑，於高溫下將玻璃顆粒熔融、發泡，成爲中空且密閉之顆粒。該項技術已於台灣取得專利。

九、熱導係數

熱導係數（thermal conductivity 或 heat conductivity）又有譯爲導熱度、熱導性、熱傳率、熱傳導係數等。熱導係數（thermal conductivity）是在同一物質內從高溫處傳到低溫處的傳熱性能。熱導係數愈低，導熱能力愈差，保溫隔熱能力愈佳。

熱導係數 $k = (Q/t) \times L/(A \times T))$

k：熱導係數。Q：熱量。t：時間。L：長度。A：面積。T：溫度差。

SI 制 k 單位：W/(m.K)。英制 k 單位：$Btu.ft/(h.ft^2.°F)$。

上式單位中，大寫 K，稱爲「開爾文度」（Degree Kelvin），爲熱力學溫度單位，其零點爲「絕對零度」，等於 –273℃，而開爾文度每變化 1K，相當於變化 1℃，如 10℃ = 283K。故上式單位 K 亦可以℃取代。

鋁合金：熱導係數 237 W/(m.K)。混凝土：熱導係數 0.57W/(m.K)。水：熱導係數 0.55W/(m.K)。空氣：熱導係數 0.025W/(m.K)。PS 板：熱導係數 0.04W/(m.K)。聚苯乙烯（保麗龍）：熱導係數 0.08W/(m.K)。

由以上數據得知，水的熱傳導係數是保溫隔熱材料數倍的導熱體，故建議屋頂隔熱層上方應施作防水層，避免隔熱層浸泡於潮濕環境而降低隔熱效果。

PU 防水及泡沫混凝土工程邀商報價說明書案例

項次	項目	數量	單位	單價	複價	備註
1	地下室頂版防水 PU		m^2			3mm 厚
2	RF 防水 PU		m^2			3mm 厚
3	花台防水 PU		m^2			4mm 厚
4	泡沫混凝土 TH = 10cm		m^2			
5	泡沫混凝土鋸縫（3×30mm）		m			@120cm 雙向
	小計					
	稅金					
	合計					
合計新台幣　拾　萬　仟　佰　拾　圓整						

【報價說明】

一、本案 PU 一律採用㊣雙液型，施作厚度 3mm（濕料用量不得小於 3.6kg/m^2）。施作厚度 4mm（濕料用量不得小於 4.8kg/m^2）。

二、PU 材料進場時應檢附原廠出廠證明。

三、PU 防水膜之底層處理採整體粉光或 1：3 水泥砂漿粉光（該項工程由甲方施作）。

四、PU 防水膜施作前須以水分測定器測定施作面濕度，其濕度高於 8% 時不得施作。

五、PU 防水膜施作前應將施作面徹底清掃並以吸塵器除塵。

六、牆緣折起部分之 PU 防水膜施作完成後方可施作平面部分（地坪）。

七、牆角及開口（如落水管、罩）部位均須分二次塗布 PU 防水膜（第一次塗佈完成後鋪貼纖維網，纖維網寬度不得小於 20cm）。

八、地坪 PU 防水膜須分二次塗布，3mmPU 每次均以 1.8 kg/m^2 濕料塗布，兩次塗布應間隔一日，第二次塗布完成 3 小時後撒布七厘石（甲方供應七厘石，七厘石應清洗並曬乾後使用）。

九、第一層 PU 防水膠膜施作前應於混凝土全面塗布底層黏著劑（PRIMER）0.15kg/m^2。

十、花台結構爲 RC 或磚砌，於 PU 防水層施作前由甲方以水泥砂漿粉光，PU 完成面須撒七厘石（供爾後接著水泥砂漿保護層）。轉折處鋪貼纖維網（30cm 寬）。

十一、施作完成之 PU 防水膜若有起泡、硬化不良、剝離等現像一律挖除重做。挖除重做時除應依上列要求外；其新舊 PU 應搭接 15cm，搭接處應以粗砂紙或鋼刷作面層粗糙處理。

十二、防水膜施作完成後應會同甲乙雙方於現場取樣量測防水膜厚度（每 100m² 取樣三處）。三處防水膜之平均厚度不得小於規定厚度 95%，且任何一處厚度不得小於規定厚度 80%。若不符上述要求，應由廠商提報補救措施，經甲方核可後進行改善。若廠商所提補救措施不爲甲方認可，應解除合約並不予支付任何費用。

十三、割挖取樣部位應由乙方無條件修補。修補方式仝第十一項說明。

十四、泡沫混凝土施作前應於女兒牆緣遮覆保麗龍板（3cm 厚、20cm 高）以 PU 或水性壓克力塡縫膠黏固。

十五、泡沫混凝土之水泥配比爲 9 包／m³。澆築時應依排水位置設置洩水波度。凡有積水或施作不良均應由乙方無償改善。

十六、泡沫混凝土灌注 48 小時後方可鋸縫（3mm 寬、30mm 深）。鋸縫前應彈繪分割墨線（縫間距爲 @120cm、雙向）。

十七、除水泥及施工水電外，一切工料皆由乙方自理。

十八、本案工程依實做數量計價。

十九、付款辦法

1. 每月計價二次。每月一日及十五日爲請款日，每月十日及二十五日爲放款日。請款廠商應於請款前將足額發票交工地辦理計價。
2. 每期均依該期完成數量計價 90%（概以 60 天期票支付）；保留款 10%。
3. 保留款於取得使用執照後 60 天支付（概以 90 天期票支付）。
4. 乙方請領保留款時應繳同額保証支票（不押日期）及保固書，保固期滿後無息退還。
5. 保固期限二年（自點交住戶管理委員會日起算）。

註一、施工廢棄物應由乙方自行清運。施作時嚴禁汙染或損毀工地設施，否則應由乙方賠償；不得異議。

註二、泡沫混凝土之施作範圍含電梯機房地坪。

第34章 石材工程

石材經加工後呈現高雅色澤，質感穩重，或古樸、或華麗，通常被視為高等建材。國內建築工程通常將石材作為面飾材，幾無作為結構材者，概因國內缺乏石礦，多為進口石材，因運輸費用致成本居高不下，故業者多進口原石，於國內大剖廠裁鋸為 3cm 或 2cm 厚度之大片石板售予石材工程公司，並依買方要求作研磨、打鑿、燒烤、噴砂等表面處理後，運至加工廠，依工程現場需求裁切、加工再運至工地安裝。或以石條、石塊、厚板作異型加工。

有關石材選材、加工、安裝、維護等事項之專業書籍為數甚多，本節不再贅述，但建議讀者參考經濟部工業局出版之「石材工程施工工法彙編」一書。於此僅就本節範例提出說明。

一、人造崗石

人造崗石係將粗、細骨材、顏料及樹脂置於大型模具槽內，抽除空氣，俟硬化後大剖、磨光、切割成所需規格出售，並可依客戶要求研磨倒角。近年使用量已愈減少。

因使用大量樹脂為黏結材料，其耐燃性差，硬度亦低於多數天然石材，較不耐磨損，故多應用於室內壁材。又因屬工廠量產，通常以便材規格出售，如 60cm×60cm×15mm、50cm×50cm×15mm。

二、國產石材

常見之國產天然石材為花蓮大理石（和平白）、臺灣蛇紋石。和平白屬較廉價石材，近年亦少用於建築主要面飾。全世界翠綠色石礦為數不多，臺灣蛇紋石無論色澤、材質均屬上選，近年上等蛇紋石多外銷日本，國內多以其下腳料貼飾人行道、庭園等低預算設施，故常誤以為蛇紋石屬次等石材。

三、大陸石材

大陸石材之花崗石多以編碼命名，如 603、423 等。第一碼為產地，二三碼為石材代號。以603爲例，6代表產地爲福建省，03爲石材代號。

近年所用之大陸石材以花崗石居多，部分石種氧化鐵含量偏高，採濕式工法貼飾後常有棕色鏽斑滲出，選材前應參考專業人士意見。大陸石材色美質佳者亦爲數甚多，但產地多非沿海省份，因運輸成本過高取得不易。

四、岩石分類

岩石是組成地殼的主要物質，岩石可以由一種礦物或多種礦物組成。岩石概分三大類：火成岩、沉積岩、變質岩。在適當條件下，火成岩、沉積岩、變質岩均有可能循環改變的。

目前地球物理學研判地球內部所有物質均爲熔融狀態，即岩漿。火成岩即是由岩漿溢出地表冷卻凝固後形成，爲岩石最原始之型態，花崗岩、玄武岩即爲代表。

沉積岩又稱水成岩，占地表最大宗之岩類（約60%以上，但僅占地殼岩石2%左右）。是由原始火成岩受風化後成碎小顆粒，或由古生物殘骸經水侵蝕、沉澱、疊壓形成的岩石（或化石）。

火成岩、沉積岩經地殼運動遭遇高溫、高壓改變岩石組織、礦物質而成其他性質、紋理、色澤的岩石，稱爲變質岩。

五、輕隔間牆貼飾

輕隔間牆勁度較差，地震時撓曲變形量大，即使石材採樹脂膠泥黏貼亦有剝落之虞，故以乾式吊掛、半乾式補強吊掛（蝴蝶釦加糰貼）較爲適宜。

六、外牆乾式吊掛

外牆石材多採乾式吊掛施工。除採特殊扣件外，石材厚度不宜小於28mm。固定鐵件宜採SUS-304不鏽鋼材質。化學螺栓之適用性亦優於膨漲螺栓，但其單價高於膨漲螺栓。

乾式石材多以插梢（PIN）聯結石材與固定鐵件。國內通常採活動插梢，因其容許誤差值大於固定插梢，但當石材偶有破損脫落，插梢亦隨之脫落，可能造成上層石片陸續鬆脫，建議插梢與固定件厚塗silicone黏結。

日系規範於乾式石材固定件多採用固定插梢，即插梢焊接於固定件，可避免上述缺失，但石片鑽孔（插入插梢）孔位、垂直度所要求之容許誤差亦較低，施作工班通常排斥此種施作方式。

常見乾式吊掛圖說於固定鐵件靠牆側繪註「背填無收縮水泥」（如圖一），此係依循日系規範圖說（如圖二），期能襯平於 RC 牆凹凸面，使固定式插梢維持垂直並取代舌片微調距離。國內最常使用之乾式吊掛方式如圖三所示。最底層（接地層）乾式石材應採固定 PIN 安裝（如圖四），石材背面應以砂漿或混凝土或碎石背填，以防止衝擊碰撞而破裂。背填範圍應以防水材塗布，防止水垢、白華發生。

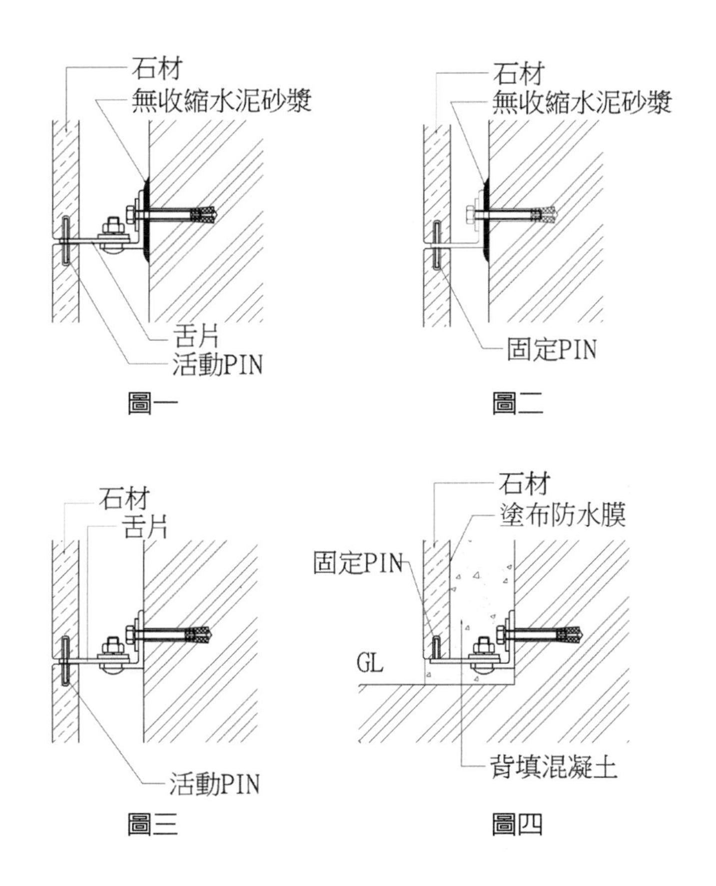

圖一 圖二

圖三 圖四

依重量傳遞之行為檢討，乾式石材應自上向下吊裝，使每層石片重量完全由其下方固定鐵件承受，但因施作不便，國內均自下向上吊裝，難免有部分重量遞累加於下層固定件。

乾式吊掛石材板片以固定鐵件之伸縮片（舌片）承托，故上下板片間隙至少等於舌片厚度，又因石材切割容許誤差、冷縮熱漲、吸收層間變位等因素，間隙應大於舌片厚度 1～2mm。

七、填縫膠

爲施作時方便取得等寬間隙，通常放置壓克力墊片（截面尺寸 = 間隙，長度 3～5cm）維持等寬間隙。間隙必須以填縫材遮飾及減少雨水滲入，故填縫材需具備優良耐候性、彈性（延展性）、附著性、防水性等。

外牆填縫材多採 Polysulfide（聚硫膠）、PU、Silicone 三類。

單劑型 Polysulfide 於空氣中硬化速度甚慢，故均使用雙劑型（主劑 + 硬化劑）以加速硬化。聚硫膠不汙染石材表面。

PU 耐候性差，不宜用於室外。

Silicone 有單劑型與雙劑型可供採用（Silicone 尙有三劑型，可應用於石材填縫）。

單劑型 Silicone 多屬濕氣硬化（濕氣硬化型，俗稱中性 Silicone），即與空氣中水分產生化學反應硬化。最早期所研發之 Silicone 以醋酸爲硬化劑，俗稱酸性 Silicone，硬化速度快，但有腐蝕金屬之虞，且酸氣嗆鼻，已少使用。

雙劑型填縫材於施工前進行拌和，拌合應以專用攪拌機操作，速度不宜過快，避免攪入空氣無法排出。

無論單劑或雙劑填縫膠，被附著之母材表面均須先行確實除塵及塗佈 Primer（底漆），否則無法達成期望之附著強度。

有甚多案例因 Silicone 選用不當而造成石材表面汙染，近年外牆石材多採道康寧 991 低汙染矽力康，而市售各大廠之變性矽力康（modifiedsilicone）亦爲優良選項。

八、加工及安裝術語

1. 倒角

爲整修石材毛邊，於石材邊緣研磨斜角，斜角邊長有 1mm、2mm 甚至達 10 餘 mm 者。所謂 1mm 倒角，是以手持氣動砂輪研磨機研磨一次，2mm 倒角，是以手持氣動砂輪研磨機研磨二次，此爲慣例，不宜認眞量測。

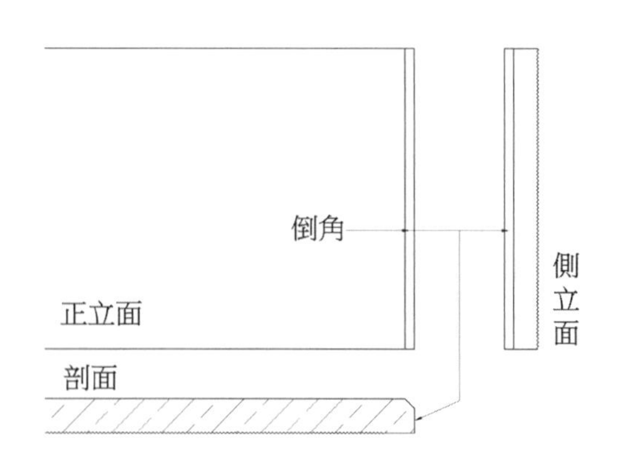

1～2mm 倒角，通常採乾磨，依慣例不另行加價；3mm 以上倒角多屬裝飾目的加工，應計較加工尺寸，且應依加工 m 數計

價，採水磨為佳。

2. 定厚

牆面轉角若未使用角材或異型角材遮飾石板厚度，應將石板外露厚度研磨一致以求整齊美觀。定厚加工未必專指轉角牆面，樓梯踏板等處亦有定厚之需求。

定厚應依加工 m 數計算加工費用。

3. 小邊（小面）磨光

石材定厚後，石板厚度外露側稱小邊或小面。因外露，需考慮是否磨光（燒面、鑿面等粗糙面不需磨光）；若作小邊磨光則需考量採乾磨或水磨。小邊水磨單價約為小邊乾磨單價三倍，但視覺效過優於小邊乾磨。

定厚應依加工 M 數計算加工費用。

小邊磨光與定厚通常為連帶關係，故多合併為單一計價項目，如「定厚＋小邊水磨」或「定厚＋小邊乾磨」。

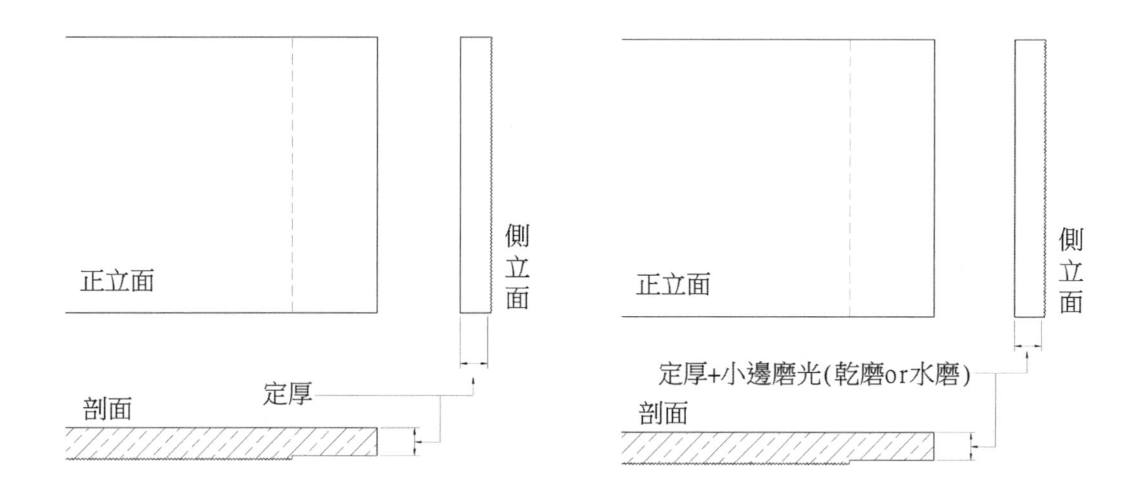

4. 鳥仔嘴

鳥仔嘴為濕式貼掛石材陽角接合慣用之加工方式，接縫處不需填縫，視覺效果清爽；其中包含兩側定厚及兩側小邊磨光。

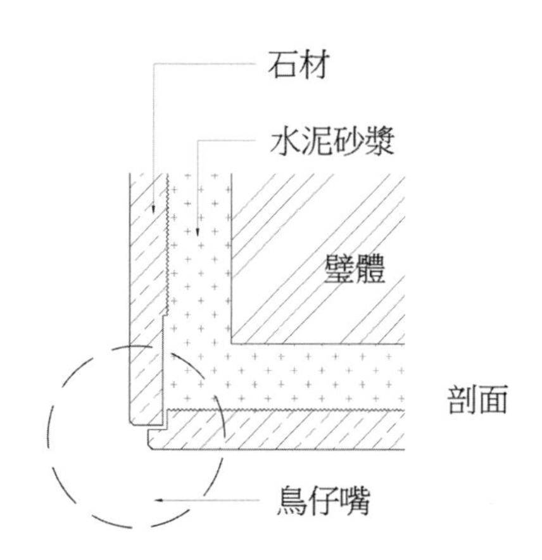

5. 船型溝

船型溝亦為增加石材面立體感之修飾方式，加工價格稍高，常用於樑帶或柱面，應採水磨磨光。

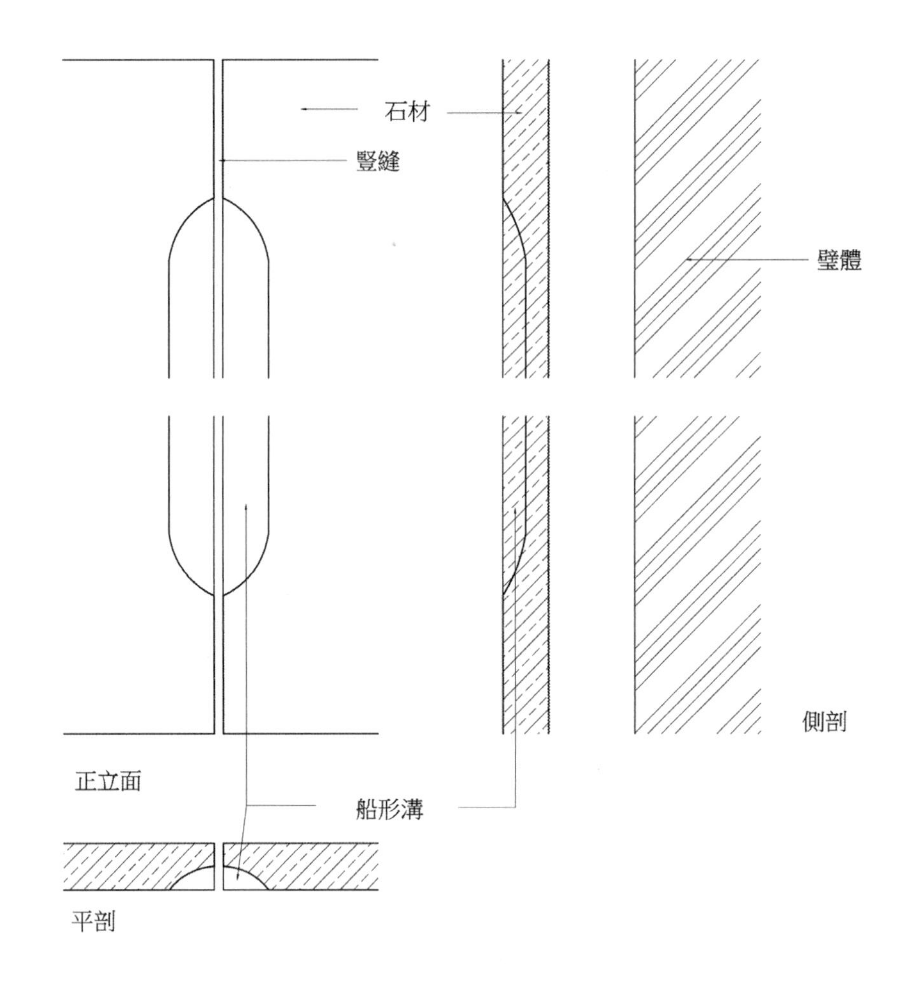

6. 鋸溝

鋸溝為增加石材面立體感之修飾方式，加工價格較其他修飾方式為低，若搭配得宜效果頗佳。通常鋸溝深度 6～9mm、鋸溝寬度 20～40mm，不再磨光。

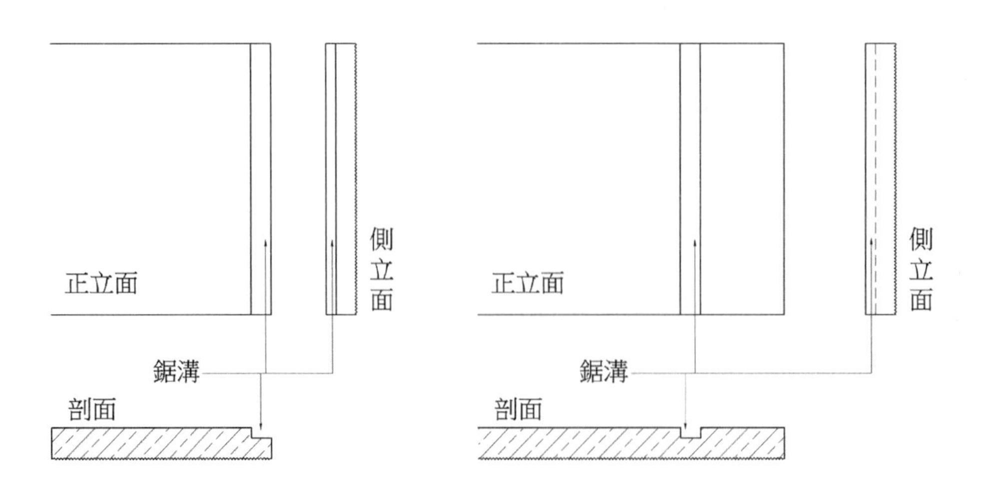

7. 見光

見光為工程術語，未嚴格定義，一般指材料外露部分，例如外牆鋁窗框料寬度30mm，其中10mm被磁磚遮覆，框料外露20mm，即稱見光20mm。石材工程亦有「見光」之謂，如下圖所示。

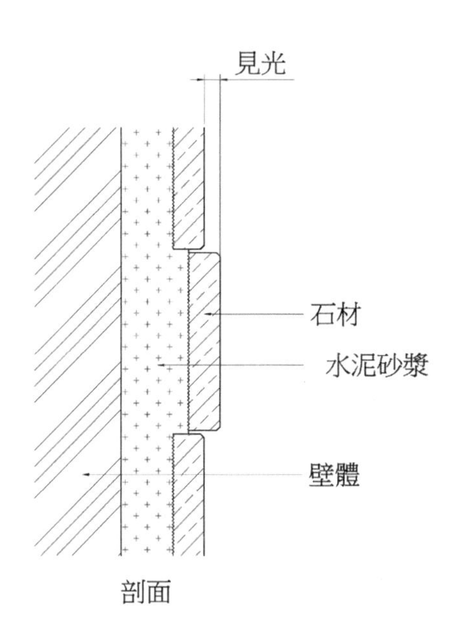

8. 圓角

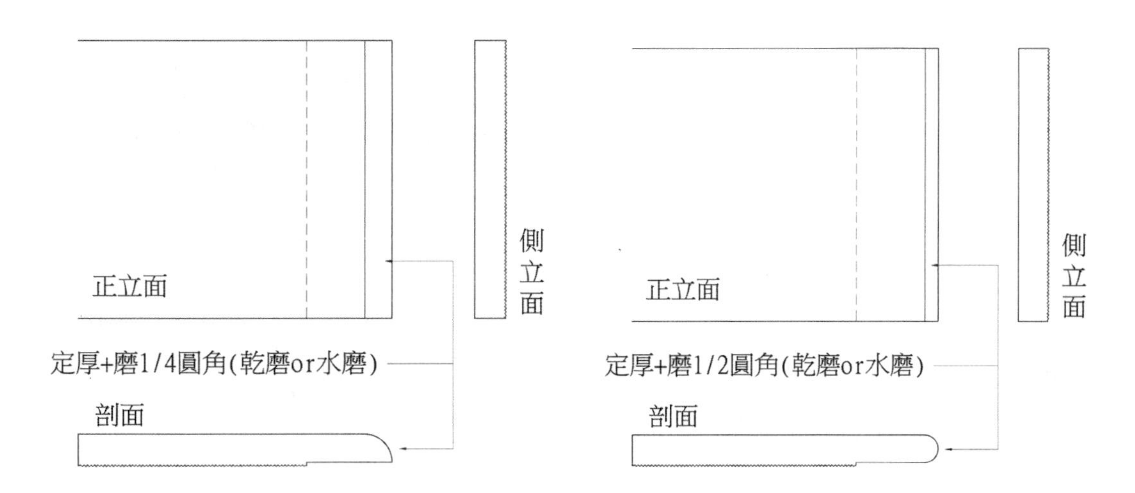

9. 平板弧切 & 弧形板（異形）

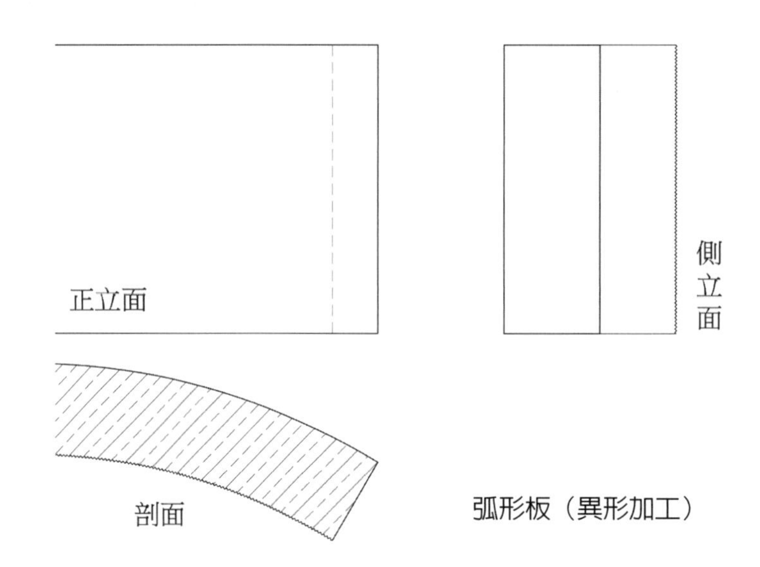

弧形板（異形加工）

10. 異形線板（異形角材）

於石材工程中，凡不屬平板及方形角材者，其加工均屬異形加工。加工費用視其難易程度有所差異，無標準價格。

異形線板（角材）圖例

九、計價原則

1. 面積材

石材面積計算通常採「材或才」或「m^2」計算。

1 材 = 1 台尺 ×1 台尺 = 30.3cm×30.3cm

1 m^2 = 10.89 材

2. 展開圖

依展開圖計算材積，若擔心展開圖尺寸標示與現場不符，擇數片安裝於現場石材核對即足供確認。

3. 現場切割

矩形板配合現場狀況切割。如牆面安裝開關蓋板之缺口，或樓梯側牆下緣於量繪展開圖時尚未打底整平，於貼飾牆面石材石時卻已完成硬底泥作而須切除部分石材，或地坪石材遇門框須切修契合時不扣材積。如圖例 1 所示，計價材積 A = X×Y。若於 Xc 或 Yc 緣依設計須作小邊磨光、磨圓角加工時應扣除 Xc×Yc 之材積（非量繪展開圖時無法預期，不應遺漏該處裁切）。

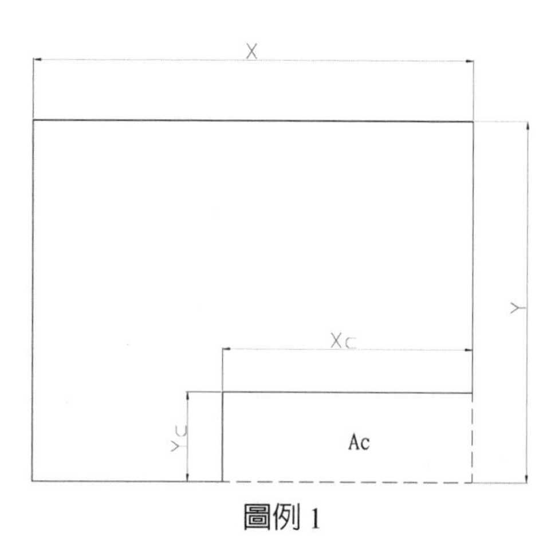

圖例 1

4. 弧切 -1

弧切板配合現場狀況切割。如圖例 2 所示，計價材積 A = X×Y。若於 Rc 緣依設計須作小邊磨光、磨圓角加工時應扣除 Ac 之材積（非量繪展開圖時無法預期，不應遺漏該處裁切）。

5. 梯形裁切 -1

梯形板。如圖例 3 所示，計價材積 A = (Y1 + Y2)×X×0.5。

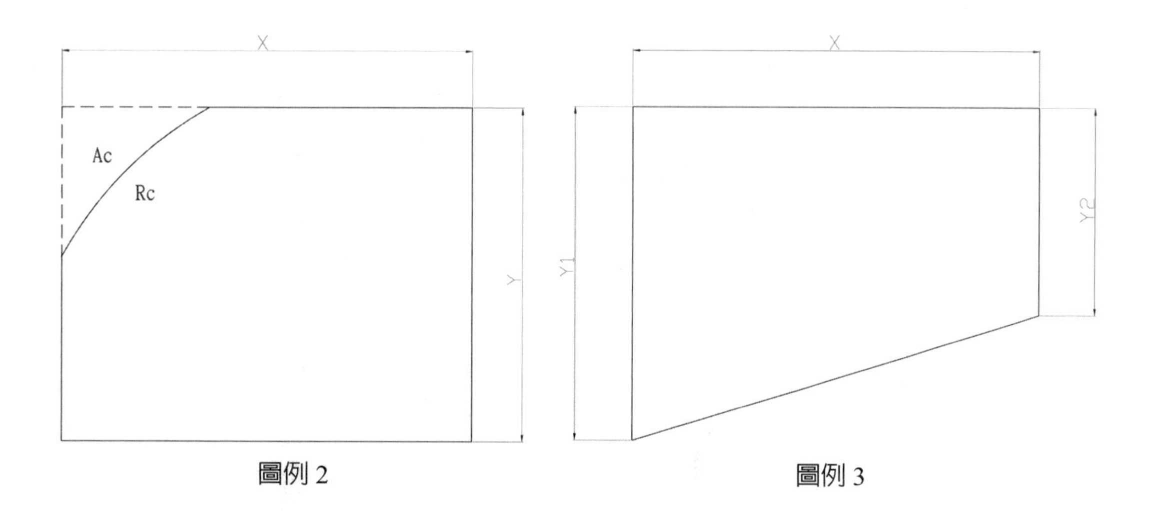

圖例 2　　圖例 3

6. 梯形裁切 -2

梯形板配合現場狀況切割。如圖例 4 所示，計價材積 A = (Y1 + Y2)×X×0.5。若於 Xc 或 Yc 緣依設計須作小邊磨光、磨圓角加工時應扣除 Xc×Yc = Ac 之材積（非量繪展開圖時無法預期，不應遺漏該處裁切）。

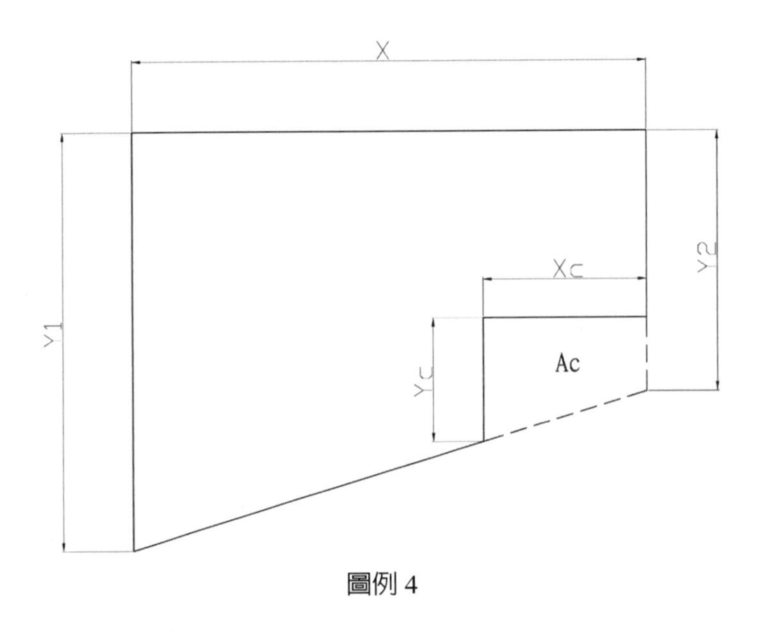

圖例 4

7. 弧切 -2

弧切板未另定單價而須配合現場狀況切割。如圖例 5 所示，計價材積 A = X×Y。若於 Ro、Ri、Yc1、Yc2 緣依設計須作小邊磨光、磨圓角加工時應扣除 Ac1、Ac2、Ac3、Ac4、Ac5 之材積（非量繪展開圖時無法預期，不應遺漏該處裁切），每材單價另定。

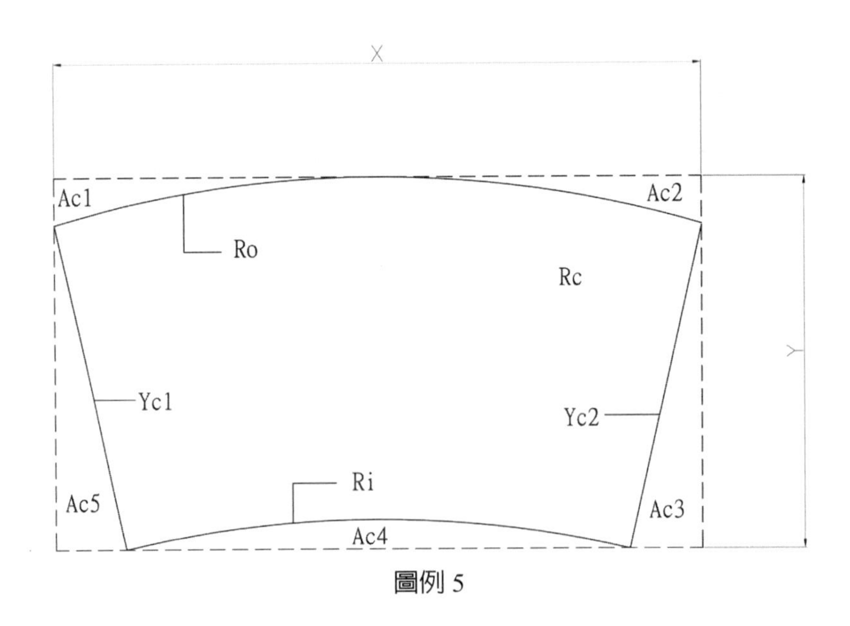

圖例 5

8. 其他加工計價原則

造形拼花。通常依每「座」訂定單價，不以材積計算。

填縫處不扣材積，亦不另計填縫單價。石材小邊不計入材積。如圖例6所示。

定厚、鋸溝、小邊磨光、磨圓角以m數計價。1mm倒角不另計費用，2mm倒角應可於發包時先行協調不另計費用，2mm以上之倒角以「m」計價。

弧形板屬異型加工，應另訂單價，以材計價。異形線板（角材）以「cm或m」計價。

濕式石材牆面陽角通常以截角接合（俗稱鳥仔嘴），依二側小邊磨光+定厚單價，以「m」計價。

船形溝。另行協議以「m」或以「處」計價。

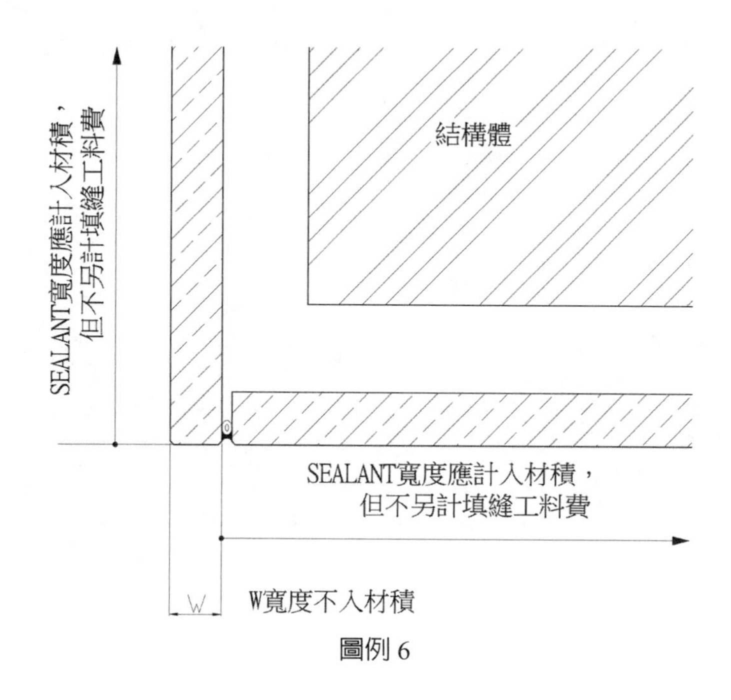

圖例6

十、無縫處理

將石材接縫處以鑽石刀作精密切割，使石材縫隙的寬度維持一致。清除粉塵後以專用樹脂調色、填充縫隙，硬化後進行研磨，使石材成爲無視覺接縫之整體。因填充樹脂材料，抗紫外線性能視廠牌有所差異，但仍避免於太陽經常照射處採用無縫處理爲宜，以免接縫填充樹脂變質泛黃。

磨光

原石

燒面處理

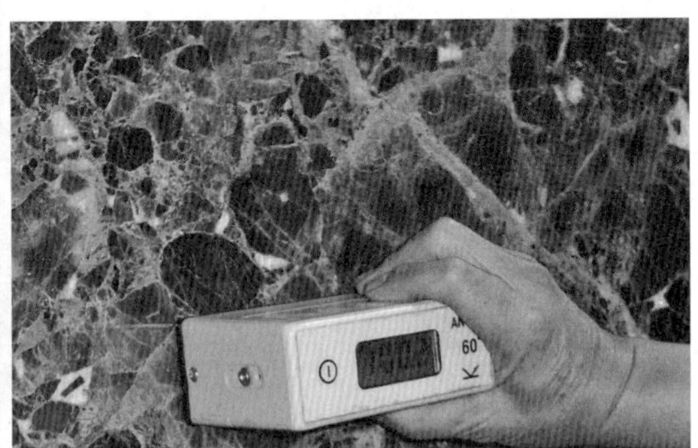

亮度檢測

十一、晶化處理

屬於石材拋光養護工法之一，其原理是將晶化劑（氟酸化合物）打磨加溫並與石材的碳酸鈣產生化學變化，於石材表面形成氟矽化鈣結晶層，以增加石材硬度及光澤。

但氟化氫的水溶液及氣體具有高腐蝕性，甚至可溶解玻璃、不鏽鋼，當吸入氫氟酸氣體，將導致心、肝、腎和神經系統的嚴重破壞，甚至致命，嚴重危害人體健康。

十二、光澤度

光澤度是一種光學特性，爲物件表面反射光的能力。光澤度檢測，亦稱亮度檢測，是以光澤度儀（gloss meter），又稱亮度儀、光澤機、測光器測光儀等，測定石材（或瓷磚、金屬等材料）表面光澤度的方式。

其量測原理爲儀器內光源射出光束，經過透鏡 1 聚光到達受測物表面，受測物表面將光束反射到透鏡 2，透鏡 2 將鏡像光束聚集至光電池，光電池將光能轉換成電能，由處理器量測、判讀、計算，再由儀器顯示計算結果。而光澤度計算是依標準面（以屈折率 1.567 之玻璃爲反射光澤度基準，將其光澤度定爲 100%）與受測物反射值之比值，故其單位爲 %，或無單位。CNS 7773 光澤度測量方法 5.5(2) 對光澤度試驗紀錄範例所列之單位爲 %，且應加註量測角度，如 Gs(60°) = 42%。

光澤度儀依入射角（入射角亦等於反射角，儀器之測角依用途分爲 0 度、20 度、45 度、60 度、75 度、85 度。）角度愈小，適用於光澤度愈高之反射物體，依 CNS 7773 光澤度測量方法 5.2 表 1「鏡面光澤度之種類」如下。

測量方法之種類	方法 1	方法 2	方法 3	方法 4	方法 5
方法名稱	75 度鏡面光澤	60 度鏡面光澤	45 度鏡面光澤	20 度鏡面光澤	0 度鏡面光澤
適用例	紙面及其他	塗裝面及其他	琺瑯面瓷磚面等	塗裝面及其他	金屬面及其他
適用範圍	依方法 1，光澤度超過 15 之表面（但如以白紙依方法 1，其光澤度 15 以下時，用 6.3 結規定之方法 6）	依方法 2 光澤度 70 以下之表面		依方法 2 光澤度 70 以上之表面	

CNS 14447 天然飾面石材表面光澤度測定法及 CNS 7773 光澤度測量方法規定，每次檢測應抽取五片石材受測，每片石材規格 30cm×30cm，以 60 度測角之光澤度儀依上表規定之方法 2，於每片石材量測四角及中心，共五點，計算其平均值。若石材光澤度大於 70% 則改採 20 度測角光澤度儀量測。故前頁「亮度檢測」照片中以 60 度測角量得石材光澤度 100.2% 爲錯誤示範。

常見之拋光石英磚光澤度約爲 75% 以上，全拋釉瓷磚光澤度約爲 85%。

常有文件將光澤度單位標示爲 GU（Gloss Unit，譯爲「光澤度單位」），亦無不可，但仍建議依 CNS 所列「%」爲準。

十三、注意事項

外牆乾掛石材最下層（與地坪交接層），應於地坪面飾完成後再行安裝，以避免於牆腳形成集水溝，造成室內滲水。牆面最底層石板下緣不塡縫或局部塡縫，以利排水。

濕式或加強濕式之黏著材料均應採用瓷磚黏著劑（或稱高分子樹脂瓷磚黏著劑），不宜使用水泥砂漿，以避免產生白華。

濕式石材安裝後不可立即塡縫，應俟黏著材徹底乾燥後再行塡縫。

外牆乾掛石材施作前應徹底檢查外牆出線盒是否有進水可能，應避免雨水自牆面循線管滲入室內。勿將外牆石材視為防水層。

石材工程邀商報價說明書案例

項次	項目	數量	單位	單價	複價	備註
1	梯間走道地坪鋪人造崗石		才			含色帶及拼花
2	電梯間地坪鋪金峰石及銀帝石		才			含色帶及拼花
3	LOBBY 地坪鋪金峰石及銀帝石		才			含色帶及拼花
4	B1 地坪鋪金峰石及銀帝石		才			含色帶及拼花
5	B1 廁所地坪鋪花崗石		才			#603 燒面
6	B1 地坪鋪人造崗石		才			含色帶
7	電梯間牆面貼金峰石及銀帝石		才			含色帶及踢腳
8	LOBBY 牆面貼金峰石及銀帝石		才			含色帶及踢腳
9	B1 牆面貼人造崗石		才			
10	B1 牆面貼菊花崗		才			
11	B1 牆面貼南非黑		才			
12	B1 牆面貼天鵝石（板岩）		才			番仔堵
13	夾板底材貼人造崗石踢腳板		M			EPOXY 黏著，小邊乾磨
14	外牆乾式花崗石		才			菊花崗，含 SEALANT
15	外牆乾式花崗石弧形板		才			菊花崗，含 SEALANT
16	外牆欄杆濕式蓋板		才			菊花崗，TH = 18mm
17	外牆欄杆濕式蓋板小邊水磨		M			TH = 18mm
18	外牆欄杆濕式蓋板小邊乾磨		M			TH = 18mm
19	外牆乾式花崗石定厚		M			概估數量
20	水池牆頂緣濕式蓋板		才			菊花崗，TH = 30mm
21	水磨 1/2 圓角		M			30mm ∮
22	外牆 30cm ∮ 半圓形飾材		M			菊花崗

項次	項目	數量	單位	單價	複價	備註
23	內牆 20cm ∮半圓形飾材		支			金峰石， L = 90cm
24	室外地坪圓形拼花		處			∮ = 440cm
25	外牆乾式花崗石小邊水磨		M			
26	外牆乾式花崗石小邊乾磨		M			
	小計					
	稅金					
	合計					
合計新台幣 佰 拾 萬 仟 佰 拾 圓整						

【補充說明】：如下表

註：水泥、砂、抹縫用白水泥、施工用水源、電源由甲方提供，其餘工、料、搬運概由乙方自理。

項次	項目	補充說明
1	梯間走道地坪鋪人造崗石	TH = 15mm，四周倒角 1mm，本項報價含色帶及拼花，詳圖 A18（略）
2	電梯間地坪鋪金峰石及銀帝石	TH = 18mm，四周倒角 1mm，本項報價含色帶及拼花，詳圖 A18（略）
3	LOBBY 地坪鋪金峰石及銀帝石	TH = 18mm，四周倒角 1mm，本項報價含色帶及拼花，詳圖 A17（略）
4	B1 地坪鋪金峰石及銀帝石	TH = 18mm，四周倒角 1 mm，本項報價含色帶及拼花，詳圖 A8（略）
5	B1 廁所地坪鋪花崗石	TH = 18 mm，四周倒角 1 mm，燒面處理
6	B1 地坪鋪人造崗石	TH = 15 mm，四周倒角 1 mm，本項報價含色帶及拼花，詳圖 A8（略）
7	電梯間牆面貼金峰石及銀帝石	TH = 18 mm，四周倒角 2 mm，本項報價含陽角定厚乾磨、色帶、踢腳及拼花，詳圖 A18（略）
8	LOBBY 牆面貼金峰石及銀帝石	TH = 18 mm，四周倒角 2 mm，本項報價含陽角定厚乾磨、色帶、踢腳及拼花，立面參照圖 A18，平面詳圖 A17（略）
9	B1 牆面貼人造崗石	TH = 15 mm 四周倒角 2 mm，本項報價含陽角定厚乾磨，詳圖 A7（略）

項次	項目	補充說明
10	B1 牆面貼菊花崗	TH = 18 mm，四周倒角 2 mm，本項報價含陽角定厚乾磨，詳圖 A14（略）
11	B1 牆面貼南非黑	TH = 18 mm，四周倒角 2 mm，本項報價含陽角定厚乾磨及水池內牆，詳圖 A14（略）
12	B1 牆面貼天鵝石（板岩）	詳圖 A14（略）
13	夾板底材貼人造崗石踢腳板	TH = 15 mm 外露緣倒角 2 mm，本項報價含小邊乾磨，詳圖 A18（略）
14	外牆乾式花崗石	TH = 30 mm，四周倒角 2 mm，本項報價含 SEALANT、不鏽鋼固定件底層石材背面塗刷 EPOXY 防水材及該層之背填砂漿，不含定厚及小邊水磨，詳圖 A16（略）
15	外牆乾式花崗石弧形板	TH = 30 mm，四周倒角 2 mm，本項報價含 SEALANT、不鏽鋼固定件底層石材背面塗刷 EPOXY 防水材及該層之背填砂漿，不含定厚及小邊水磨
16	外牆欄杆濕式蓋板	本項報價含定厚，詳大樣圖 S1（略）
17	外牆欄杆濕式蓋板小邊水磨	詳大樣圖 S1（略）
18	外牆欄杆濕式蓋板小邊乾磨	詳大樣圖 S1（略）
19	外牆乾式花崗石定厚	本項報價適用於 TH = 30 mm 乾式施工石材
20	水池牆頂緣濕式蓋板	詳圖 A14（略）
21	水磨 1/2 圓角	水池牆頂緣濕式蓋板，詳圖 A14（略）
22	外牆 30cm ∮ 半圓形飾材	詳大樣圖（略）
23	內牆 20cm ∮ 半圓形飾材，L = 90cm	詳大樣圖（略）
24	室外地坪圓形拼花	詳圖 A16（略）
25	外牆乾式花崗石小邊水磨	施作位置由甲方工地主任指示
26	外牆乾式花崗石小邊乾磨	施作位置由甲方工地主任指示

【報價說明】

一、本案使用之石材須為無疤痕、龜裂、缺角等色澤均整之石材。

二、加工製做前應先繪製施工展開圖，標明細部尺寸及石材分割並編號（乾式石材應於展開圖標示固定件安裝位置及種類），完成後送工地簽認，核可後始可加工。

三、經大鋸切割後之毛板應以高壓水沖洗。

四、加工完成之石材應配合工地現場進度依次將石材運至工地，並做適當之保護以防止破損。

五、進場石材應抽查及核對尺寸並核對編號無誤後再行檢核石材厚度，正負差不得大於 1mm，對角線正負差不得大於 1.5mm，凡不符上述精度或有裂縫、色澤不均、汙點、孔洞修補不良者均不得入場。

六、施工前應先行檢查施工區域，若確有影響工程品質或不宜施工之因素時應先行知會甲方立即改善，不得逕行施工，否則拆除改善之費用由廠商自行負責。

七、乙方於石材安裝前須先行於 RC 牆或柱面彈繪控制線方可施工。

八、吊掛外牆石材之配件均須爲 SUS304 不鏽鋼材質（含膨脹螺絲）。

九、外牆石材加工完成之厚度不得小於 28mm。

十、面積大於 $1M^2$ 之石材（10.89 才）其固定件厚度不得小於 6mm，其間距不得大於 45cm。

十一、各部石材（含垂吊面）均須以不鏽鋼固定件固定，AB 膠、環氧樹脂或其它彈性接著劑僅可用於輔助。

十二、乾式石材與結構體之適當間距爲 5～10cm，若經檢討必需大於上述間距時乙方應以厚度大於 6mm 之固定件固定，其水平向間距不得大於 45cm。

十三、乾式石材最底層須於背面塗佈環氧樹脂系防水材。

十四、臨街道側乾式石材最底層須於背面塗佈防水材後灌注水泥砂漿並確實填塞（應預留排水管路，避免於石材背側積水）。

十五、固定件於螺栓旋緊後必須以 AB 膠黏著以防止鬆動。

十六、石材安裝完成後廠商須將表面清潔乾淨，以維持石材之自有光澤，不得以化學性之腊品或清潔劑汙染石材。

十七、石材自進場至驗收完畢均由乙方負責保管。

十八、現場整修時若需作磨光處理，須以水磨機打磨，並以不減少其表面光澤爲準。

十九、牆面石材邊緣一律磨 2mm 倒角（含濕式施工石材），地坪石材邊緣一律磨 1mm 倒角。

二十、乾式花崗石均留縫 6mm，並以棕色變性矽膠填縫（貼遮護膠帶施作），填縫之寬深比例應爲 2：1 = 寬：深。變性矽膠施作範圍包含石材接縫及石材與其它裝修材接縫。

二一、濕式施工石材（含牆面、地坪）之厚度不得小於 16mm。

二二、室內牆面石材一律採濕式施工，石材應以 #20 不鏽鋼絲固定於牆柱面上，每片石材之鋼絲固定點不得少於二處。

二三、石材安裝時須將接縫對齊，各部邊緣及接縫均須以水平尺校正平整度後始可進行灌漿。

二四、牆面灌漿時須以木棒或鋼棒搗實之，並採分段搗實，不得一次滿漿，以免產生孔隙及蜂巢現象。

二五、地坪花崗石一律採軟底施工，並於石材鋪實後以橡皮槌由外向內來回敲擊至紮實為止。其餘規定仝說明第二十三。

二六、牆面及地坪完成後應立即以清水擦拭附著之水泥漿及汙染物。

二七、地坪施作完成後嚴禁踐踏。

二八、現場檢修之規定仝說明第十八。

二九、施工用水泥、砂、水源及電源由甲方供應，其餘材料及工具均由乙方自備。

三十、材料及工具均由乙方自行吊運（含水泥、砂）。

三一、乙方應於現場派駐監工，負責管理施工人員之安全、調度、材料管制及施工協調。

三二、乙方應備置高空作業安全索，鷹架、高架作業人員一律配戴使用。

三三、每日收工前乙方應清理施作現場，廢棄物應集中於甲方指定位置，工具應於甲方指定位置清洗，嚴禁損毀、污染工地設施。凡有違反規定，概由甲方購料僱工改善，所需費用均由乙方工程款中扣除，乙方不得異議。

三四、報價前，報價廠商應赴工地確實了解施作範圍及進度要求。

三五、濕式石材陽角應採定厚磨光（乾磨）處理，本項加工不計價（外牆欄杆濕式蓋板小邊乾磨應另行計價）。

三六、乾式吊掛石材陽角應採定厚磨光。

三七、人造崗石踢腳板應俟走道牆面裝修底材（底材為三分夾板襯板，由甲方另行發包施作）施作完成後以 EPOXY 黏著。人造崗石踢腳板頂緣應採乾磨處理。

三八、結構體與石材淨距大於 20cm 者應由甲方僱工燒焊鋼架，乙方安裝石材吊掛件及安裝石材。

三九、內牆之 20cm ∮半圓形角材及外牆 30cm ∮半圓形角材安裝大樣圖應由報價廠商於報價時一併提出。

四十、平板弧切、非矩形切之材數計算參照附圖所示。

四一、工程期限：簽約前由乙方協調工地主任訂定，並作成記錄文件，由工地主任及乙方代表簽認，本項文件須納入合約（其餘事項詳說明三十四）。

四二、逾期罰則：每逾期完成一日，罰款合約總價千分之三並依此類推。若因甲方因素得順延工期，但須由甲方工地主任於當日以書面簽認並向上級核備，核可後方得扣除該日工期。

四三、付款辦法

1. 本案工程依實做數量計價。
2. 簽約後由工務所計價支付定金（即合約總價 ×10%），概以 60 天期票支付。乙方於領取定金時應開立同額保證支票（不押日期）交甲方財務部。該保證支票於發放尾款（即保留款）時無息退還。
3. 每月一日及十五日爲計價日，十日及二十五日爲領款日。乙方於計價前應開立足額當月發票（含保留款）交工務所辦理計價。
4. 每期均依實做數量計價 90%（即當期完成數量 × 單價 ×90%×1.05）
   乙方實領金額：當期完成數量 × 單價 ×80%×1.05。
   本項金額以 50% 現金、50% 60 天期票支付。
   保留款：當期完成數量 × 單價 ×10%×1.05。
   最後一期計價，應核算預付款是否溢付，若有溢付應於本期扣回。
5. 全部工程完成並經甲方初驗核格後退還 1/2 之保留款，概以 60 天期票支付。
6. 經住戶管理委員會點收後退還剩餘保留款，概以 60 天期票支付（保證支票於本期退還）。
7. 每期計價乙方應檢附完成部份展開圖，以色筆明確標示計價範圍並依圖詳列計算式。

註：本說明文件爲承攬合約附件。

第 35 章 硬木地板

實木地板又稱原木地板，是砍伐原木後經浸泡除脂、乾燥、裁切、乾燥、回濕等加工程序之地板。實木地板不耐潮濕，多數木料易翹曲變形，若未經防蟲蛀處理，易生蛀蟲。

早年實木地板多爲寬度 4.5～6cm、長度 30～36cm、厚度 1.2～1.5cm 之平口木片，於現場直接以樹脂黏貼於水泥粉光地坪，現場研磨、整平、抛光、上漆，研磨時產生大量木屑粉塵汙染周遭環境。爲克服研磨汙染，目前市場均採無塵實木地板，於工廠完成定厚、企口榫槽加工、研磨、上漆，現場僅需併接安裝，無粉塵及塗料揮發性氣體汙染。且多數經防蟲處理，蟲蛀情形已愈少見。工廠塗裝效果亦優於現場塗裝。

實木地板常見尺寸，寬 3 寸、4 寸、5 寸（1 寸 = 3.03cm），厚度 5～6 分（1.5～1.8cm），定尺長度多採 90cm、120cm，亂尺長度則爲 30～75cm（占 60～70%）、搭配 90cm（占 30～40%）。

一、常見之實木地板樹種

1. 柚木

含油脂，材質穩定，不易產生縮脹，耐潮，紋理細緻。印尼爲柚木主要來源產地。

2. 美洲柚木

紋路明顯，色澤均勻，耐潮，品質不及緬柚、印柚。

3. 紫檀木

紋理明顯、硬度高，耐潮，南美爲主要產地。

4. 橡木

具鮮明山形木紋，韌性強，質地堅實，穩定性佳。北美爲主要產地。市場偶有以橡膠木代替橡木之不良廠商，而橡膠木之品質、價格均不及橡木。

5. 白蠟木

堅韌富彈性，紋理均勻粗糙，邊材呈淡乳白色故名白蠟木。加工性能良好，主要產地爲俄羅斯、北美。

6. 水曲柳

與白蠟木均爲木樨科，白蠟樹屬，但不同種，顏色呈黃白色至灰褐色，紋理平直，弦面有山水圖形紋路，光澤強，具蠟質感。主要產地爲大興安嶺東部、小興安嶺、長白山。

7. 番龍眼

俗稱唐木、小菠蘿格，分佈於東南亞和南太平洋地區，因果實像龍眼，故名番龍眼。材質具金色光澤，心材暗紅褐色，紋理直，結構細緻均勻，強度中等，穩定性佳，耐磨，抗白蟻，漆面光滑。

8. 越南檜木

木紋精細，香味較淡，防蟲蛀，穩定性高。

9. 山毛櫸

山毛櫸地板爲質感優良的淺色系地板，有白山毛櫸與紅山毛櫸，白山毛櫸顏色較淡，呈規則毛絲紋路，紅山毛櫸帶粉紅色，紋理略帶斜線，耐壓、耐潮，歐洲爲主要產地。

10. 北美楓木

楓木，屬槭樹科、槭樹屬，故亦稱槭木。楓木依硬度分爲硬楓（亦稱爲白楓、黑槭）及軟楓（亦稱紅楓、銀槭）。軟楓的強度要比硬楓低20%左右。因此硬楓價格高於軟楓。而楓木中最著名的品種是產自北美的糖槭和黑槭，俗稱加拿大楓木，硬度適中，木質緻密，花紋美麗，光澤良好。

二、海島型地板

實木薄片貼附於夾板即爲海島型地板。海島型地板穩定性良好，不易起翹變形，適宜台灣溫暖潮濕的海島型氣候，故名海島型地板。

將實木切削成0.6～8mm薄片（5mm以上厚度通常用於浮雕及手刮表面處理），與10～14mm夾板膠合成型，表面塗佈UV或PU漆。耐潮濕，穩定性佳，具備實木地板質感，無實木地板翹曲、變形、蟲蛀等缺點，價格低於實木地板。但海島型地板無木材香氣，表面實木片太薄時易生剝離情形。選購海島型地板應注意底才夾板及膠合劑之游離甲醇應符合CNS1349 F2等級。

海島型地板規格：寬度3、4、5寸，長度2、2.5、3、4尺，厚度3～6分，實木皮厚度0.6～4mm（100條以下稱薄皮，200條以上稱厚皮。1條爲1/100mm）。可採高架或平鋪，不宜直鋪。

三、耐磨地板

台灣地板建材業稱「超耐磨地板」，GB 規範稱「浸漬紙層壓木質地板」，是以一層或多層木紋印花紙浸漬熱固性氨基樹脂形成之面飾材料，俗稱美耐皿（Menamine Paper）。

美耐皿表面塗布三氧化二鋁耐磨層，具高耐磨性，其耐磨性能爲 UV 漆 3 倍，貼附於高密度纖維板基材表層，背面加平衡層，經熱壓而成的地板。安裝時不需擊釘、上膠，以鎖扣型式接合，價格低，款式豐富，面層耐燃。

基材爲高密度纖維板，由回收木材磨成木屑粉，膠合壓製而成，俗稱密集板（MDF），應符合歐規 E1 級，環保性佳，但遇水易變形。

耐磨地板規格：寬度約 6 寸，長度 4 尺，厚度 8～16mm，通常不規定美耐皿厚度，僅規定耐磨系數之使用規範及轉數（不同規範採用之測試方式不同，耐磨轉數亦有差異）或磨耗量。可採高架、平鋪、直鋪。若地板厚度小於 12mm，鎖扣榫槽易損壞，不宜直鋪。

四、海島型耐磨地板

以木紋美耐皿取代實木薄片貼附於耐潮夾板，以改良耐磨地板以高密度纖維板（MDF）遇水易變形之缺點。因係針對台灣海島型氣候之耐磨地板，故名爲「海島型耐磨地板」。其側邊多採企口榫槽接合。

海島型耐磨地板規格與耐磨地板相似：寬度約 6 寸，長度 4 尺，厚度 9～16mm，通常不規定美耐皿厚度，僅規定耐磨系數之使用規範及轉數。可採高架、平鋪。不宜直鋪。

五、銘木地板

銘木地板是將厚度 0.2～0.3mm 之木皮膠合於厚度 9mm 夾板之複合式木質地板。尺寸爲寬 30cm、長 182cm（1 尺 ×6 尺）。因木皮過薄，質感不佳，已爲市場淘汰。

以上二～五所列地板均屬複合式木地板，若稱其爲海島型木質地板亦無不妥之處（適宜海島型氣候之地板）。

六、耐磨度

常見地板商品標示之耐磨度（或稱耐磨係數）爲 10000 轉、15000 轉不等，深究耐磨度試驗通常依據 EN 438-2、EN 13329、CNS11367、CNS 10785。

EN 13329 僅量測試片之磨耗起點（IP）迴轉數。

EN 438-2 量測試片磨耗起點（IP）迴轉數 + 磨耗終點（FP）迴轉數之平均值。

CNS11367 量測試片磨耗起點（IP）迴轉數 + 磨耗終點（FP）迴轉數之平均值（與 EN 438-2 相同）。

CNS 10785 量測試片磨耗量（質量損失）。合格標準依 CNS 11342- 表 3 所規定。

1. EN 13329 Laminate Floor coverings - Elements with a surface layer based on amino plastic thermosetting resins - Specifications, requirements and test methods（EN 13329 **熱固性樹脂飾面複合地板 - 規格，要求和測試方法**）

表 2【分類要求和使用等級】

項目	使用等級						測試方法
	家用			商用			
	輕度使用	中度使用	重度使用	輕度使用	中度使用	重度使用	
	21	22	23	31	32	33	
耐磨等級	AC1	AC2	AC3		AC4	AC5	附錄 E
以下內容（略）							

EN 13329 附錄 E 所規定之磨耗試驗（Wear Test）方法概述如下：

· 用 TABER-S42 或同等性能之儀器

· 固定試片之轉盤，轉速採 58～62rpm（磨耗輪無旋轉動力，由安裝於轉盤之試片旋轉帶動磨耗輪轉動）。

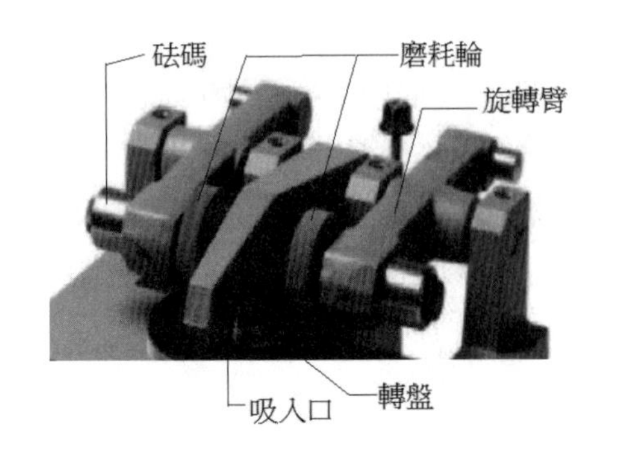

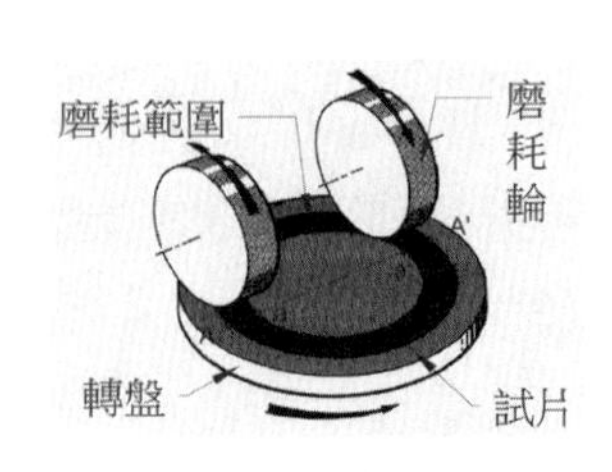

· 兩個磨耗輪，經貼附砂紙、配重，每一磨耗輪加載配重後對試片產生 5.4±0.2N 之壓力

· 將一批砂紙及試片置於標準環境條件下調製 24HR

· 先以鋅片基準板作爲試片，測試試驗用砂紙是否符合要求；將鋅片基準板秤重，精確至 1mg，固定鋅片基準板於轉盤，啓動吸塵器，啓動轉盤，當轉盤轉動達 500 轉，取鋅片擦拭後秤重，精確至 1mg，將磨耗輪之砂紙換新，再將鋅片固定於轉盤，再研磨 500 轉，再秤重，精確至 1mg，每一次量秤鋅板重量之損失，均須在 120±20mg 範圍內，若超出此範圍，該批砂紙不得使用。

· 轉數計數器歸零，磨耗輪安裝新砂紙，將第一片試片固定於轉盤，啓動吸塵器，啓動轉盤，每 100 轉即停機檢查試片，每 200 轉更換新砂紙，持續至磨耗起點（IP）。磨耗起點（IP）指首次清晰的三個區域看見磨損穿透印刷表層並使第二層暴露，且每一區域面積應達 $0.6mm^2$。

· 連續測試三片試片，將三片試片 IP 點之迴轉數平均，對照 EN13329 附錄 E.6 節 - 表 E1 依據三片試片於 IP 點時之迴轉數平均值（精確至 100 轉）所評定之耐磨等級，如表列

耐磨等級	AC1	AC2	AC3	AC4	AC5
三個試片 IP 平均數	≧ 900（轉）	≧ 1500（轉）	≧ 2000（轉）	≧ 4000（轉）	≧ 6000（轉）

2. EN 438-2 High-pressure decorative laminates (HPL)- Sheets based on thermosetting resins (usually called laminates)-Part 2: Determination of properties) includes Amendment A1: 2018)〔EN 438-2 **高壓裝飾層壓板（HPL）- 熱固性樹脂片材（通常稱爲層壓板）- 第 2 部分：性能測定（包括 A1：2018 修正案）**〕

EN 438-2 第 6 章節所規定之表面抗磨強度試驗方法概述如下：

· 未指明使用儀器規格型號，但圖示之儀器類似 TABER-S42 或同等性能之儀器。固定試片之轉盤，轉速採 58～62rpm/min。

· 砂紙質量 70～$100g/m^2$，氧化鋁顆粒粒徑 63～100μm。使用雙面膠帶貼附於磨耗輪橡膠環。

· 兩個磨耗輪，經貼附砂紙、配重，每一磨耗輪加載配重後對試片產生 5.4±0.2N 之壓力

· 將一批砂紙及試片置於恆溫恆濕室調製（標準大氣壓、溫度 23±2℃、相對濕度 50±5%）72HR 以上。

· 砂紙評定：將鋅片基準板秤重，精確至 1mg，固定鋅片基準板於轉盤，啓動吸塵

器，啓動轉盤，當轉盤轉動達 500 轉，取鋅片基準板擦拭後秤重，精確至 1mg，鋅片基準板重量損失（於試驗前、後所秤重量之差）必須在 130±20mg 範圍內方為合格，若第一次試驗合格，再以另一對砂紙重複操作一次，若兩次均合格，該批砂紙方可作爲試驗用。

· 磨耗測試：磨耗輪換裝新砂紙，架掛砝碼後與施予受測試片接觸載重爲 5.4±0.2N（即 0.55±0.02kgf），將調製好之第一片試片固定於轉盤，轉數計數器歸零

· 啓動吸塵器，啓動轉盤，每迴轉 25 轉即停機檢查試片的磨耗狀況及砂紙是否爲粒子所阻塞，當砂紙被阻塞或已迴轉 500 轉時都要更換新砂紙，並繼續測試。

· 當試片每個 1/4 圓內表層之顏色或印刷圖案開始被磨掉時，是爲磨耗起點（IP），記錄其迴轉數。當試片磨耗範圍表層之顏色或印刷圖案約有 95% 被磨掉時，是爲磨耗終點（FP），亦記錄其迴轉數。

· 重複對第二片、第三片試片進行磨耗測試。依 (IP + FP)/2 = 耐磨耗迴轉數，將三片試之耐磨耗迴轉數再平均，以每 50 轉爲單位，取較接近之值作爲試片之耐磨耗迴轉數（精確至 50 轉）。

3. CNS11367 熱固性樹脂裝飾板檢驗法 2.3 節「表面耐磨性」所列之試驗方法概述如下：

· 試驗機（未指定型號，但圖示與 BS EN13329 使用儀器相同）。固定試片之轉盤，轉速採 58～62rpm

· 兩個磨耗輪，經貼附砂紙、配重，每一磨耗輪加載配重後對試片產生 5.4±0.2N 之壓力

· 將一批 AA 180 砂紙及試片置於恆溫恆濕室調製（標準大氣壓、溫度 23±2℃、相對濕度 65±5%）72HR 以上

· 砂紙評定：將鋅片基準板秤重，精確至 1mg，固定鋅片基準板於轉盤，啓動吸塵器，啓動轉盤，當轉盤轉動達 500 轉，取鋅片基準板擦拭後秤重，精確至 1mg，鋅片基準板重量損失（於試驗前、後所秤重量之差）必須在 130±20mg 範圍內方爲合格，若第一次試驗合格，再以另一對砂紙重複操作一次，若兩次均合格，該批砂紙方可作爲試驗用。

· 磨耗測試：磨耗輪換裝新砂紙，架掛砝碼後與施予受測試片接觸載重爲 5.4±0.2N（即 0.55±0.02kgf），將調製好之第一片試片固定於轉盤，轉數計數器歸零

· 啓動吸塵器，啓動轉盤，每迴轉 25 轉即停機檢查砂紙是否爲粒子所阻塞，當砂紙發熱、被阻塞或已迴轉 500 次時都要更換新砂紙。

· 當試片表層之顏色或印刷圖案開始被磨掉時，是爲磨耗起點（IP），記錄其迴轉

數。當試片表層之顏色或印刷圖案約有 95% 被磨掉時，是爲磨耗終點（FP），亦記錄其迴轉數。

· 重複對第二片、第三片試片進行磨耗測試。依 (IP + FP)/2 = 耐磨耗迴轉數，將三片試之耐磨耗迴轉數再平均，以每 50 轉爲單位，取較接近之值作爲試片之耐磨耗迴轉數（精確至 50 轉）。

4. CNS 10785 **建築材料級建築組件磨耗試驗法（砂紙法）。試驗方法概述如下。**

· 試驗機（未指定型號，但圖示與 BS EN13329 使用儀器相同）。固定試片之轉盤，轉速採 60±rpm。

· 兩個磨耗輪，經貼附砂紙、配重，每一磨耗輪加載配重後對試片產生 5.4±0.2N 之壓力。

· 砂紙材質及品質依 CNS 10785 附錄 A.1：(1) 基材：砂紙基材參照 CNS 1458 規定，一般用牛皮紙或同等品以上，基重 95g/m^2 以上，未滿 140g/m^2 者。(2) 磨料依下列規定，①採氧化鋁材質磨料 A，粒度爲 CNS 3787 所規定之 P180。②磨料塗布量爲 5.0mg/cm^2 以上，6.0mg/cm^2 以下。

· 將試片置於恆溫恆濕室調製（標準大氣壓、溫度 20±5℃、相對溼度 65±20%）72HR 以上。試驗環境亦同前述。

· 砂紙評定：依 CNS 10785 附錄 A 所規定方法施作。將鋅片基準板置於轉盤，預研磨 100 轉，秤重，精確至 1mg，換新砂紙後正式進行。固定鋅片基準板於轉盤，啓動吸塵器，啓動轉盤，每迴轉 100 轉後，以毛刷、鋼刷等輕輕除去附著之研磨顆粒，當轉盤轉動達 500 轉，取鋅片基準板擦拭後秤重，精確至 1mg，鋅片基準板重量損失（於試驗前、後所秤重量之差）必須在 130±20mg 範圍內方爲合格，若第一次試驗合格，再以另一對砂紙重複操作一次，若兩次均合格，該批砂紙方可作爲試驗用。

· 外觀變化率及磨耗終點計算法：依 CNS 10785 附錄 B 規定：

磨耗總面積 $A = \pi(R^2 - r^2)$

R：磨耗圓外環半徑（mm），如圖示 AA' 連線長度 1/2。
r：磨耗圓內環半徑（mm），如圖示 aa' 連線長度 1/2。

外觀變化率 $Pa = (a_n/A) \times 100$

A：磨耗總面積（mm^2）。An：轉 n 次後，因摩擦致基材層露出之面積（mm^2）

· 質量變化及磨耗深度計算法：依 CNS 10785 附錄 C 規定：

質量變化 $w_n = (W_0 - W_n)/A$

w_n：質量變化（mm）。W_0：試驗開始前之質量（mg）。W_n：轉 n 次後之質量（mg）。A：磨耗總面積（mm^2）。

磨耗深度 $d_n = (W_0 - W_n)/(A - \beta)$

d_n：磨耗深度（mm）。A：磨耗總面積（mm^2）。β：試片之密度（mg/mm^3）。

5. CNS 11342 複合木質地板

3.1 節，定義複合木質地板：單層木質地板以外之木質地板。

5.4.1節，表面貼以天然木材化粧者：貼面單板厚度未滿 1.2mm 者，依 6.6.2.1 試驗（即磨耗 A 試驗），應符合表 3 之規定。

5.4.2節，表面施以特殊化妝加工者：依 6.6.2.1 試驗（即磨耗 A 試驗）或 6.6.2.2 試驗（即磨耗 B 試驗），應符合表 3 之規定。

表 3 磨耗試驗

試驗項目	品質
磨耗 A 試驗	迴轉 500 次後，仍留有表面化粧單板材料、基本未顯露，且每迴轉 100 次之磨耗量在 0.15g 以下。
磨耗 B 試驗	迴轉 100 次後，表面狀態與試驗前之表面狀態相比，應無顯著變化。

6.6.2.1 磨耗 A 試驗：依 CNS 10785 之規定，迴轉 500 次後，觀察試片表面之變化，並求出每迴轉 100 次之磨耗量。此時，施加在試片上面之總質量包含橡膠輪之質量共 1000g。

6.6.2.2 耐磨 B 試驗：依 CNS 10785 之規定，迴轉 100 次後，觀察試片表面之變化。此時，施加在試片上面之總質量包含橡膠輪之質量共 1000g。

七、地板塗料

實木地板（包含海島型地板）塗料主流爲 PU 漆及 UV 漆。

PU（polyurethane）漆，俗稱優利但漆，通常爲雙液型，A 劑（主劑）爲聚醇樹脂（Polyol Resin），B 劑（硬化劑）爲聚異氰酸酯（Polyisocyanate）之透明面漆，以香蕉水作爲稀釋劑。其硬化過程除化學反應外，仍需大氣中的濕氣參與反應，故屬濕氣反應硬化。可採噴塗、刷塗。

PU漆（優利但）表面具有高亮度、高硬度（達2H硬度）、耐熱（不易受煙蒂燙傷）、耐酸鹼、不易爲溶劑浸蝕。

PU漆及硝化纖維漆（噴漆）又分別生產頭度底漆及二度底漆，頭度底漆功能爲防止木材吐油、析出色素。二度底漆功能則是填塞木材微小孔隙，使完成面平滑。

UV漆（Ultraviolet Curing Paint），爲紫外線光固化油漆、光固化塗料。它是使用專業塗裝機器設備，以自動噴塗、淋塗而成，以紫外線（波長爲320～390nm）照射下引發樹脂反應，瞬間固化成膜。不含任何揮發物質，是符合環保要求的塗料。

UV漆膜硬度高，硬度達6H以上，透明佳，耐刮、耐摩擦，經久不變質。但必須於專業工廠內塗裝。

八、角材

角材分爲實木角材與合板（集成）角材；實木角材是原木經乾燥後裁切的整支木料。未乾燥完全的角材易發霉、扭曲變形；未作防腐藥水浸泡處理之木材易殘留蟲卵產生蛀蟲。

市場所稱柳安，並非指單一樹種，被稱爲柳安的木材爲龍腦香科（Bipeerocarpaceae）中的娑羅雙屬（Shoreaspp）及柳安屬（Parashorea）的紅柳安（Gerutu）。或梅蘭蒂族（Meranti），包含紅梅蘭蒂（Dark Red Meranti）、淺紅梅蘭蒂（Merantimerah）和黃梅蘭蒂（Yellow meranti）；市場常以紅肉柳安、白肉柳安和黃肉柳安稱呼。黃肉柳安是柳目中的黃梅蘭蒂，木材顏色偏黃，乾燥後顏色淡化轉白，俗稱白肉柳安，蛀蟲較易發生於白肉柳安。

實木角材纖維密度高，保釘力強，易於膠合、加工，回收之舊料實木角材經長時間氣乾，達平衡含水率，材質更加穩定，不發生翹曲、變形、開裂之情形。

集成角材由旋切單板膠合裁切而成，爲人工加工角材，亦稱單板積層材LVL（Laminated Veneer Lumber）因其材質穩定、平直、不易翹曲變形、材料來源多元，已大量取代實木角材。

集成角材採用樹種多元，主要爲產於智利、紐西蘭之放射松；因屬人工造林培植，樹種單一，材質穩定。亦有取材於柳安、樺木、杉木、白楊木等。以旋切取板、烘乾、冷壓膠合、依需求規格裁切成角材。

集成角材爲薄板膠合，取材率高，供貨來源充足，價格較低。但樹種及加工製造技術直接關係角材品質，最低價者未必適用。

合板、集成角材均採樹脂膠合，選用時應注意游離甲醛量是否符合規範要求。

九、排列對縫

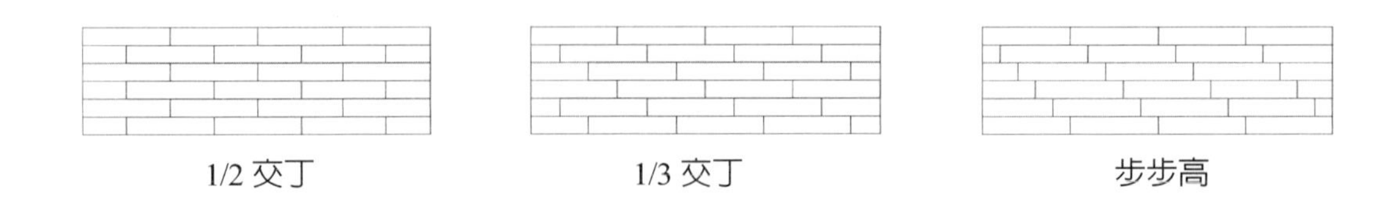

1/2 交丁　　1/3 交丁　　步步高

十、鋪設方式

木質地板鋪設方式分爲直鋪、平鋪、高架三種方式。

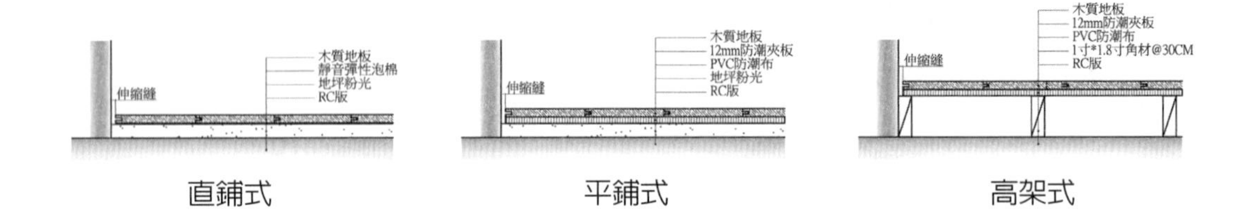

直鋪式　　平鋪式　　高架式

直鋪式又稱漂浮式工法，成本最低。直接於粉光整平之地坪鋪設 PVC 防潮布、泡棉減震墊、木質地板。直鋪方式不適用於實木地板；最適用鎖扣式卡槽接合使用高密度纖維板（MDF）基材之耐磨地板。對使用夾板基材企口榫槽之海島型地板、海島型耐磨地板亦非完全適宜。

平鋪式：於粉光整平之地坪鋪設 PVC 防潮布、釘設 12～15mm 防潮夾板（甲醛游離量符合 F2 或 F1 級）、釘設木質地板。平鋪法適用各種木質地板。成本介於直鋪式與高架式之間。

高架式：素地可不加粉光整平，以 1 寸 ×1.8 寸角材 @30cm 架設骨架並整平、鋪設 PVC 防潮布、釘設 12～15mm 防潮夾板（甲醛游離量符合 F2 或 F1 級）、釘設木質地板。高架式成本最高，但緩衝性最佳，適宜年長者及兒童使用空間。

硬木地板邀商報價說明書案例

項次	項目	單位	數量	單價	複價	備註
1	韻律教室實木地板	m^2				高架
2	兒童遊戲室耐磨地板	m^2				高架
3	會議室耐磨地板	m^2				平鋪
	小計					
	稅金					
	合計					
合計新台幣　　拾　　萬　　仟　　佰　　拾　　圓整						

【報價說明】

一、本案之報價應含一切工、料、損耗、運費、利潤。

二、韻律教室採印尼A級柚木企口實木地板，每片長度90cm（定尺）、寬度≧9cm、厚度≧1.6cm。底塗及面塗均採UV漆（紫外線光固化油漆），高架施工，步步高對縫。

三、兒童遊戲室採柚木紋耐磨地板，每片長度≧4尺、寬度≧6寸、厚度＝1.2cm，耐磨度應符合EN13329 AC4等級。甲醛釋出量符合歐規E1級，吸水膨脹率符合EN13329 ≦ 18%，耐衝擊性符合EN13329 IC2等級。高架施工，步步高對縫。

四、會議室耐磨地板採橡木紋耐磨地板，每片長度≧4尺、寬度≧6寸、厚度＝1.2cm，耐磨度應符合EN13329 AC4等級，甲醛釋出量符合歐規E1級，吸水膨脹率符合EN13329 ≦ 18%，耐衝擊性符合EN13329 IC2等級。平鋪施工，步步高對縫。夾板下層鋪設PVC防潮布。

五、高架骨架採柳安防腐角材1.8寸×1寸，@30cm。骨架上鋪PVC防潮布、12mm厚夾板，夾板甲醛釋出量符合CNS1349 F2等級。

六、高架地板骨架不得以擊釘或鋼釘固定於地面，應使用萬用膠（萬用免釘膠）黏著於地面。

七、保固期限，自管委會點收次日起算，一年。

八、保固期間不得發生翹曲、開裂、變色、蟲蛀、鬆脫、浮動等現象。若發生前述現象，乙方應無條件於十日內完成改善。

九、報價說明二～五條所列標準，除長、寬、厚規格於現場查驗外，其餘標準應由承攬廠商於材料進場同時提送證明文件。

十、付款辦法：

1. 依實做數量計價。
2. 每月依實際完成數量計價 100%，實付 90%（1/2 現金，1/2 60 天期票），保留款 10%。
3. 保固期滿，無息退還保留款（概以 60 天期票支付）。

第36章 油漆工程

以漆塗物，謂之「髹」（ㄒㄧㄡ），用漆繪圖，謂之「飾」。1978 年浙江餘姚的河姆渡遺址發現一只木碗，距今 7000 年，塗飾紅漆，是爲迄今發現最古老的漆器。

油漆工程亦稱粉刷工程，凡以刷塗、滾塗、噴塗方式將塗料塗裝於物體表面之工程項目均屬之。爲避免與泥作粉光混淆，本章一律以油漆工程稱之。

一、營建工程塗裝方式

建築塗裝方式分噴塗、刷塗二種。

噴塗分無氣噴塗、壓氣噴塗二種。

無氣噴塗：利用動力工具將漆料加壓，推送至噴嘴噴出的塗裝方式。由於空氣不與漆料混合送出，故稱爲無氣式噴塗。無氣噴塗顆粒較粗、膜厚大、損料少，可噴塗較高黏度之塗料，設備費用較高。

壓氣噴塗：是利用壓縮空氣的氣流，流過噴槍噴嘴孔形成負壓，負壓使漆料從吸管吸入，經噴嘴噴出。壓氣噴塗顆粒較細，膜厚小、損料多、易汙染環境，適於噴塗黏度較低之塗料。

刷塗之工具爲滾筒毛刷、長毛刷、羊毛排筆三種。

滾筒毛刷施工省力、快速，但品質不及長毛刷、羊毛排筆，多用於 DIY。長毛刷多用於專業施工，品質需視技術而論。羊毛排筆因刷毛細密柔軟，不易顯現刷痕，但沾容漆量少，施作效率不及長毛刷，適用於工藝品質要求較高處。

二、披（批）土材料

泥作粉光完成面塗裝前須將其表面孔隙以白土披補磨平，使表面視覺平整、觸覺細滑。披土用之白土（碳酸鈣）均添加樹脂（聚乙烯酯酸脂，俗名白膠）、海菜粉。白土之黏著力主要來自於樹脂，海菜粉主要提供保水性（保持較長時間之濕潤以利施作）。市面有調配完成之白土，但爲降低成本其樹脂添加量通常不足，造成爾後漆面剝落，故可約定配比，要求廠商於現場調配白土。

建議於 5 介侖空桶注入泡製完成之海菜粉濃漿 1/4 桶、加入白土至 8 分滿、加入樹脂

1.5kg 攪拌調配。

三、水泥漆與乳膠漆

水性水泥漆與乳膠漆並無明確定義，CNS4940／水性水泥漆（乳膠漆），亦未加以區分，僅就其種類依用途分三種。第一種：室內用，第二種：室外用，第三種：抗黴用。原CNS2070／乳化塑膠漆。已於 102 年 6 月 26 日廢止，由 CNS4940 取代。

油漆製造業多以漆體填充材之粗細、添加樹脂之耐水性、耐擦拭性做區分。即乳膠漆填充材顆粒細緻、添加樹脂性能優異、耐水性高、耐候性強，優於水性水泥漆。

部分施工廠商爲降低材料成本，以水性水泥漆取代乳膠漆作底塗材料，若漆料未採原廠包裝，工程監造人員對油漆完成面亦無從分辨，應於合約明確規定。

任何重視品管之塗料製造廠均於包裝處加貼封籤，爲避免魚目混珠，應於材料進場時檢視包裝標示之品牌、名稱、型號、封籤（若無封籤應檢視包裝桶是否爲全新桶），核對無誤後集中管理，現場或庫房不應有其它品牌、型號之材料或空桶出現。

乳膠漆簡介

1. 主要成分及作用

基料（成膜物）：

合成樹脂乳液（通常使用水性壓克力樹脂乳液，如苯丙、醋丙、純丙、矽丙等）。乳液是塗料不揮發部分，又稱黏結材，是塗膜的基礎，將顏料、塡料黏合在一起並附著在物體表面形成塗膜。塗料之優劣，大部分取決於樹脂乳液之性能。

顏料：

鈦白粉（二氧化鈦）、氧化鋅、鋅鋇白等。粉末狀有色物質，不溶於水、油，可均勻分散懸浮於介質中，賦予塗膜遮蓋及著色性能。

塡料：

碳酸鈣、高嶺土、滑石粉、二氧化矽等。爲實體骨材，通常不具遮蓋及著色性能之白色粉末，用以增加塗膜厚度、耐久性、耐磨性，可降低塗料成本。

溶劑：

溶解、稀釋塗料，降低塗料黏稠度，增益塗料工作度。揮發性物質，例如，乳膠漆之溶劑爲水。

助劑：

(1) 分散劑：用以增進顏料、塡料顆粒均勻分散之能力。

(2) 成膜助劑：降低成膜所需溫度，使塗料於寒冷氣溫中仍可順利成膜。

(3) 防霉劑：防霉、防腐。

(4) 增稠劑：羥基纖維素，溶於水，水溶液有黏性。提高塗料黏稠性。

(5) 消泡劑：減少製造、施工過程中產生氣泡。

2. 樹脂乳液作用機理

樹脂乳液在乾燥過程中形成透明薄膜，將顏料、塡料固結黏合於基料。樹脂乳液優、劣直接關係塗料之附著、耐水、耐候、耐汙、耐洗刷、抗發黃、保色等基本性能。

3. 水性壓克力樹脂乳液（丙烯酸）

丙烯酸樹脂是用於乳膠漆的主要基料，而根據單體組成分爲純丙乳液、苯丙乳液、醋丙乳液、醋叔乳液等。與傳統的油性塗料相比，具價廉、安全、少汙染公害（釋放溶劑）等優點。

水性壓克力樹脂乳液比較				
項目	純丙	苯丙	醋丙	醋叔
應用範圍	外牆塗料	內牆塗料	內牆塗料	內牆塗料
抗紫外線	5	3	2	3
耐鹼	5	5	2	3
耐水	4	5	2	3
耐風化	5	5	2	3
耐汙染	5	4	1	3
保色性	5	2	3	3
以上數字，1 爲最差，5 爲最優				
價格	最高	低	最低	高

四、洋灰漆

洋灰漆係水泥基，不受水泥的鹼性腐蝕，與水泥牆面具有親和性，耐潮、抗黴、透氣、不脫落，潮濕表面亦可施工，底層稍微潮濕有助於底材及面材結合。

洋灰漆漆膜顆粒較粗糙，適用地下室粉刷，直接噴漆，節省成本，如欲趕工時，不必等牆面水泥粉光層完全乾透亦可施工。

五、紅丹漆

紅丹漆以犧牲陽極原理用於防鏽。紅丹學名四氧化三鉛（Pb_3O_4），爲有毒物質。紅丹漆防鏽性能取決於紅丹用量多寡，故自行調配添加紅丹用量可確保防鏽效果。塗刷紅丹漆前須確實除鏽。塗刷紅丹漆後需再刷面漆保護方可維持較佳防鏽時效。

紅丹漆調配方法（1 介侖）

#900 紅丹粉 4kg。

地板用金油（油性亮光漆）3L。

松香水 0.5L。

以松香水調拌紅丹粉成糊狀。

加入金油（油性透明漆）調和即完成。

六、木材塗料

木材塗料源遠流長，品類繁多，較常見者有樹漆、洋干漆（蟲膠漆）、Cashew 漆（卡秀漆、腰果漆）、優利但（聚胺脂塗料、PU 漆）、噴漆（硝化纖維塗料）、油漆、磁漆、凡立水等。其中多種塗料又分爲底漆及面漆；優利旦以及噴漆（硝化纖維塗料）的底漆又再分爲頭度底漆及二度底漆，頭度底漆塗刷於木材後形成透明隔離層，用以封閉木材，防止吐油或吐色。二度底漆則用以填塞木材纖維孔隙，經數次塗刷及研磨，使塗刷面平滑。面漆用以提供光澤、硬度、色彩。上述漆種各有適用之稀釋劑，不可混用。木材塗料概如下列。

1. 金油

泛指光亮、透明的塗料；水性聚酯漆、油性聚酯漆、天然樹漆（lacquer）、凡立水（Varnish）、洋干漆、cashew 漆均屬之。

2. 凡立水（Varnish）

是清漆（Clear coating）的俗稱，由樹脂和溶劑製造，是不含顏料的塗料，易乾耐用、耐酸、耐溶解。將清漆加入顏料，稱磁漆。

3. 洋干漆

即爲蟲膠漆，蟲膠漆由昆蟲分泌物溶解於酒精製成。蟲膠漆精煉後成爲片狀細粒，稱蟲膠片。將蟲膠片重新浸泡酒精溶解還原爲蟲膠漆，由蟲膠片重新浸漬酒精之蟲膠漆透明度更勝於昆蟲分泌物溶解於酒精製成之蟲膠漆。蟲膠不耐紫外線照射、不耐高溫、不耐酒精、硬度差、附著性差。不宜厚塗，應分多次塗布並使用 #400 砂紙研磨。除特殊木製藝品外，多數木器多未再使用洋干漆塗裝。

4. 樹漆（lacquer）

樹漆專指採割於漆樹之天然樹脂塗料，通常稱爲生漆；但生漆爲廣義名稱，泛指生漆、熟漆等，故於本章以「樹漆」取代廣義之生漆。漆樹採割樹汁即爲生漆，經過濾即可塗刷於器物。生漆爲乳白色，接觸空氣後逐步轉爲褐色、黑色，爲透明漆，質感油亮而厚重，加顏料成爲色漆。生漆主要由漆酚、漆酶、樹膠質、水份組成。漆酚含量占生漆 40～70%，是主要的成膜物質，可溶於有機溶劑和植物油，但不溶於水。漆酶是氧化酶，生漆中含量大約占 10%，可促進氧化、聚合，是促乾劑，適於溫度 40℃、相對濕度 80%、pH 6.7 的環境中促乾。樹膠質是多糖化合物，可促使生漆中各成分形成膠乳，含量約佔生漆 3.5～9%，其含量多寡會影響生漆黏度及品質。水分含量通常占 20～40%，它是乳液的分散劑，增進漆酶的促乾作用。

生漆保存期僅爲一年，需再加工。生漆經加溫或攪動曝曬蒸發水分成爲熟漆，熟漆保存期約爲三年。熟漆分爲「有油熟漆」及「無油熟漆」。有油熟漆由生漆經加熱脫水並添加乾性油（桐油、亞麻仁油）混合；無油熟漆由生漆經加熱脫水製成。有油熟漆又稱廣漆，不易留存刷痕，漆面平整。無油熟漆塗膜光亮如鏡。

漆樹，無患子目、漆樹科、漆屬，落葉喬木，多於深夜至黎明時採割，以避免割口樹汁於日間高溫狀態迅速乾涸，一人一夜可採割樹漆約 300 道，收成約一公斤樹汁。漆樹樹汁成分包含漆酚及多種揮發物，經皮膚接觸或呼吸吸入可造成過敏，俗稱漆瘡，致極度發癢，以「七日暈」樹葉煮水沐浴可加速痊癒。樹漆耐溶劑溶解、不含有害物質、亮度高、附著力強。有漆器已流傳達千年之久。缺點爲不耐刮。

5. cashew 漆（卡秀漆、腰果漆）

腰果樹，無患子目、漆樹科、腰果屬，其花托膨脹形成附果（或稱假果），俗稱腰果蘋果，多汁可食用。果實生於附果端部，果實外部爲果殼，可分泌「漆酚」，殼內果仁即爲食用之腰果。腰果漆由腰果果殼提煉，與苯酚、甲醛等有機化合物聚合後再與溶劑調配而成。精煉製後之腰果漆不致引發漆瘡。腰果漆對多數色粉不排斥，多可調製成腰果漆色漆，調製之色樣多，透明度優於樹漆，無毒性，乾燥硬化快。

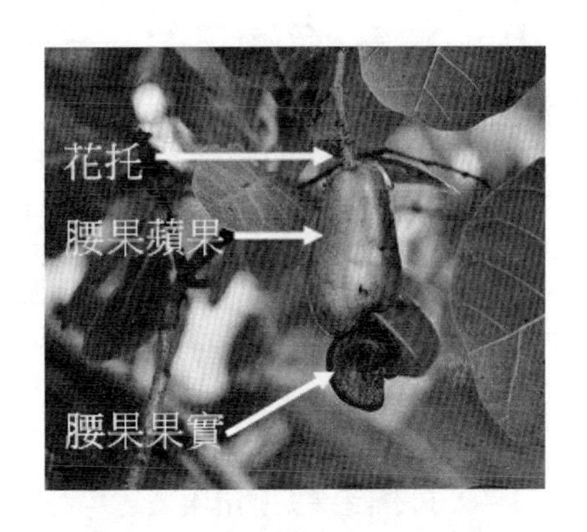

光澤度、硬度、耐水性略遜於樹漆。價格低於樹漆及洋干漆。大多數廠商所生產的腰果漆含有甲醛和苯類，不屬於綠建材，亦應注意使用場所通風。

樹漆、洋干漆、Cashew 漆爲天然漆，優利但（PU 漆）、噴漆（硝化纖維塗料）、油漆、磁漆、凡立水為化學漆。

透明漆塗刷例

原木及貼木皮之材料通常塗刷透明漆以強調木紋。其步驟如下：

以砂紙將木質打磨光滑、除塵。

以羊毛排筆厚塗「二度底漆」，靜待乾燥。

以細砂紙打磨光滑、除塵。

以羊毛排筆厚塗「透明漆」，待乾燥即完成。

七、塗料反光程度

塗料依據反射光線的程度，分為亮光型、平光型、消光型三種。

亮光型，視覺華麗，木質裝潢即家俱應用較多。平光型，微量反光，質感樸實。消光型，完全不反光，不傷視力，適用於大面積範圍。

八、清水模頂版油漆

建築業多年來均以夾板作為樓版之模板，俗稱清水模，取其混凝土完成面平整之優點，免除平頂 1：3 粉光之工料成本。但將增加油漆前期作業，如除渣磨平、披水泥純漿等。如此做法，平頂之平整度均取決於模板，其成果通常不及 1：3 水泥粉光平整，但就成本而言確有助益，且無粉刷層龜裂、起殼、剝落之缺點。

九、粉光面油漆

牆、樑表面通常於 1：3 粉光完成後再進行油漆工程，其表面遠較清水模灌築之樓版平頂面平整細緻，免除砂輪機磨平、披水泥純漿之程序，故其油漆單價低於清水模 RC 平頂油漆單價。部分廠商於合約未明確規範時要求樑面油漆單價視同平頂油漆單價，是曲解原意。

十、附著力測試

百格刮刀測試：

以百格刮刀在試樣表面劃出 10 格 ×10 格（100 格），1mm×1mm 的網格，刮線劃痕應深及油漆底層，通常以「3M600 測試膠帶」黏貼於網格漆面，以 180 度方向迅速撕下膠帶，依試樣面漆脫落狀況判定附著力等級。

ISO 0 級 = ASTM5B：刻線的邊緣極爲平滑且正方形格子的塗層沒有任何脫離。

ISO 1 級 = ASTM 4B：刻線交錯處有小片塗層脫離，百格範圍受到影響的面積小於 5%。

ISO 2 級 = ASTM 3B：刻線邊緣及交錯處有小片塗層脫離，百格範圍受到影響的面積爲 5% 至 15%。

ISO 3 級 = ASTM 2B：刻線邊緣及百格內部有小片塗層脫離，百格範圍受到影響的面積爲 15% 至 35%。

ISO 4 級 = ASTM 1B：刻線邊緣的塗層成帶狀成片脫離，且整個格子也有脫離的現象，百格範圍受到影響的面積爲 35% 至 65%。

ISO 5 級 = ASTM 0B：成片剝離或脫落，比 1B 級更差。

1B（4 級）與 0B（5 級）的附著力的爲不合格。甲方可依需求指定更高等級附著力。但百格刮刀試驗需由專業人員施作及判讀，以免爭議。

百格刮刀測試對試樣底材有所限制，不完全適用於工程現場完成面測試，例如塗刷於水泥牆之塗料即不宜作百格刮刀測試。

附著力簡易對比方法：

使用 3M Scotch Cellophane Film Tape 600 測試膠帶，黏貼於乾燥之塗裝完成面，撕下後未脫漆者附著力佳。

十一、建議拆分計價比例

油漆工程自泥作尚未完成即可能進場開始施作，至交屋前方能完成面漆施作，每一工項均可能分數階段施作，若未先對各工項各階段之計價比例訂定標準，現場爭議必多，對現場管理人員造成不必要之困擾。故有必要檢討各工項於各階段之成本比例，依此訂定計價比例。

油漆工程邀商報價說明書案例

項次	項目	數量	單位	單價	複價	備註
1	牆面刷乳膠漆		m^2			
2	樓梯間牆面刷水性水泥漆		m^2			
3	樓梯間平頂刷水性水泥漆		m^2			
4	地下室牆面刷洋灰漆		m^2			
5	平頂刷乳膠漆		m^2			
6	平頂刷水性水泥漆（版）		m^2			
7	平頂刷水性水泥漆（樑）		m^2			
8	陽台平頂刷水性水泥漆（第二種）		m^2			
9	矽酸鈣板天花刷乳膠漆		m^2			
10	夾板造型天花刷乳膠漆		m^2			
11	線板乳膠漆		m			
12	木質門框刷油性調和漆		樘			
13	夾板門扇刷油性調和漆		樘			
14	停車位及車道熱溶膠畫線		式			
15	柱腳畫斑馬紋		柱			
	小計					
	稅金					
	合計					
合計新台幣　佰　拾　萬　仟　佰　拾　圓整						

【報價說明】

工程名稱	牆面刷乳膠漆
施作範圍	1. 室內牆面（含樑側及樑底）。天花及踢腳板遮敝部分不施作。 2. 牆面種類含 RC 牆及磚牆之粉刷面。 3. 門框、窗框一律貼遮護膠紙施工。

施工步驟	1. 依規定之配比於現場調製白土，以金屬披刀全面披布於牆面（本項施工爾後均簡稱：披白土），披白土之完成面應無凹凸；刮痕。 2. 白土乾燥後以 #150 砂紙研磨光滑，並隨時以白土修補瑕疵。俟現場人員查驗後方可進行後續施工。 3. 以長毛刷塗刷乳膠漆底度。瑕疵處披白土修補。俟現場人員查驗後方可進行後續施工。 4. 以長毛刷塗刷乳膠漆（原廠調色）第一度面漆，乾燥後以 #300 或 #320 砂紙研磨光滑，俟現場人員查驗後方可進行後續施工。 5. 應俟現場人員通知方可塗刷第二度面漆。 6. 以長毛刷塗刷乳膠漆（原廠調色）第二度面漆。完成面應平整光滑且色澤均勻，不得沾染雜質異色及刷毛，不得有刷痕；發霉；孔隙；裂痕；起殼。
計價比例	1. 披白土及研磨完成，依完成數量計價 25%。 2. 底漆；第一度面漆及研磨完成，依完成數量計價 35%。 3. 第二度面漆完成，依完成數量計價 30%。 4. 保留款 10%（退保留款時機另訂）。

工程名稱	樓梯間牆面刷水性水泥漆
施作範圍	1. 樓梯間牆面（含樑側樑底）。 2. 牆面底材爲水泥粉光面。 3. 門框、窗框一律貼遮護膠紙施工。
施工步驟	1. 依規定之配比於現場調製白土，以金屬披刀全面披布於牆面，披白土之完成面應無凹凸、刮痕。 2. 白土乾燥後以 #150 砂紙研磨光滑，並隨時以白土修補瑕疵。俟現場人員查驗後方可進行後續施工。 3. 以長毛刷塗刷水性水泥漆度漆，俟現場人員查驗後方可進行後續施工。 4. 應俟現場人員通知方可塗刷面漆。 5. 以長毛刷塗刷水性水泥漆面漆。完成面應平整光滑且色澤均勻，不得沾染雜質異色及刷毛，不得有刷痕；發霉；孔隙；裂痕；起殼。
計價比例	1. 披白土及研磨完成，依完成數量計價 25%。 2. 底漆及完成，依完成數量計價 30%。 3. 面漆完成，依完成數量計價 35%。 4. 保留款 10%。（退保留款時機另訂）。

工程名稱	樓梯間平頂刷水性水泥漆
施作範圍	樓梯間平頂
施工步驟	1. 以電動砂輪機將平頂混凝土面磨平，並清除一切雜物。 2. 將水泥調和海菜粉濃漿，以金屬披刀或金屬薄鏝全面披布於混凝土面，並確實填塞於孔洞及粗糙面（本項施工爾後均簡稱：披水泥）。

	3. 披布之水泥漿硬化後，以 #120 或 #150 砂紙研磨光滑，俟現場人員查驗後方可進行後續施工。 4. 俟平頂上方一樓層之污工完成並確實乾燥後方可進行後續施工。 5. 依規定之配比於現場調製白土，以金屬披刀全面披布於平頂，披白土之完成面應無凹凸；刮痕。 6. 白土乾燥後以 #150 砂紙研磨光滑，並隨時以白土修補瑕疵。俟現場人員查驗後方可進行後續施工。 7. 以長毛刷塗刷水性水泥漆底度。瑕疵處披白土修補。俟現場人員查驗後方可進行後續施工。 8. 應俟現場人員通知方可塗刷第二度面漆。 9. 以長毛刷塗刷水性水泥漆面漆。完成面應平整光滑且色澤均勻，不得沾染雜質異色及刷毛，不得有刷痕；發霉；孔隙；裂痕；起殼。
計價比例	1. 披水泥及研磨完成，依完成數量計價 10%。 2. 披白土及研磨完成，依完成數量計價 15%。 3. 底漆完成，依完成數量計價 30%。 4. 面漆完成，依完成數量計價 35%。 5. 保留款 10%（退保留款時機另訂）。
工程名稱	地下室牆面刷洋灰漆
施作範圍	地下室牆面，包含連續壁防水粉光面
施工步驟	1. 以金屬批刀、長柄刷清潔牆面。孔洞處批補水泥並整平。 2. 以養生膠帶遮護管線、門窗及一切設備，以 PVC 帆布遮護地坪。 3. 以滾筒、毛刷塗刷或以噴槍噴塗洋灰漆。完成面應平整且色澤均勻、完全遮覆底材。
計價比例	1. 施工完成，依完成數量計價 70%。 2. 申請使用執照前進行檢補，計價 20%。 3. 保留款 10%（退保留款時機另訂）。
工程名稱	RC 平頂刷乳膠漆
施作範圍	室內 RC 平頂（不含釘天花部份及地下停車場）
施工步驟	1. 以電動砂輪機將平頂混凝土面磨平，並清除一切雜物。 2. 將水泥調和海菜粉濃漿，以金屬披刀或金屬薄鏝全面披布於混凝土面，並確實填塞於孔洞及粗糙面。 3. 披佈之水泥漿硬化後，以 #120 或 #150 砂紙研磨光滑，俟現場人員查驗後方可進行後續施工。 4. 俟平頂上方一樓層之污工完成並確實乾燥後方可進行後續施工。 5. 依規定之配比於現場調製白土，以金屬披刀全面披佈於平頂，披白土之完成面應無凹凸、刮痕。 6. 白土乾燥後以 #150 砂紙研磨光滑，並隨時以白土修補瑕疵。俟現場人員查驗後方可進行後續施工。

<table>
<tr><td></td><td>7. 以長毛刷塗刷乳膠漆底度。瑕疵處披白土修補。俟現場人員查驗後方可進行後續施工。
8. 以長毛刷塗刷乳膠漆（原廠調色）第一度面漆，乾燥後以 #300 或 #320 砂紙研磨光滑，俟現場人員查驗後方可進行後續施工。
9. 應俟現場人員通知方可塗刷第二度面漆。
10. 以長毛刷塗刷乳膠漆（原廠調色）第二度面漆。完成面應平整光滑且色澤均勻，不得沾染雜質異色及刷毛，不得有刷痕、發霉、孔隙、裂痕、起殼。</td></tr>
<tr><td>計價比例</td><td>1. 披水泥及研磨完成，依完成數量計價 15%。
2. 披白土及研磨完成，依完成數量計價 15%。
3. 底漆完成，依完成數量計價 20%。
4. 第一度面漆及研磨完成，依完成數量計價 20%。
5. 第二度面漆完成，依完成數量計價 20%。
6. 保留款 10%（退保留款時機另訂）。</td></tr>
<tr><td colspan="2"></td></tr>
<tr><td>工程名稱</td><td>平頂刷水性水泥漆</td></tr>
<tr><td>施作範圍</td><td>地下室停車場 RC 平頂</td></tr>
<tr><td>施工步驟</td><td>1. 以電動砂輪機將平頂混凝土面磨平，並清除雜物。
2. 將水泥調和海菜粉濃漿，以金屬披刀或金屬薄鏝披布於混凝土表面及中間樁補孔處。乾燥後以砂紙磨平。
3. 以長毛刷塗刷水性水泥漆二度，完成面應色澤均勻且完全遮覆 RC 平頂。
4. 塗刷作業應於其上方樓層污工施作完成後方得進行。施作時應由乙方以適當方式保護其它設施。</td></tr>
<tr><td>計價比例</td><td>1. 披水泥及研磨完成，依完成數量計價 30%。
2. 全部完成，依完成數量計價 60%。
3. 保留款 10%（退保留款時機另訂）。</td></tr>
<tr><td colspan="2"></td></tr>
<tr><td>工程名稱</td><td>平頂刷水性水泥漆（樑）</td></tr>
<tr><td>施作範圍</td><td>地下室停車場 RC 樑。</td></tr>
<tr><td>施工步驟</td><td>1. 清除雜物。
2. 以長毛刷塗刷水性水泥漆二度，完成面應色澤均勻且完全遮覆 RC 平頂。
3. 塗刷作業應於其上方樓層污工施作完成後方得進行。施作時應由乙方以適當方式保護其它設施。</td></tr>
<tr><td>計價比例</td><td>1. 全部完成，依完成數量計價 90%。
2. 保留款 10%（退保留款時機另訂）。</td></tr>
<tr><td colspan="2"></td></tr>
</table>

工程名稱	陽台平頂刷水性水泥漆（第二種）
施作範圍	陽台平頂
施工步驟	1. 以電動砂輪機將平頂混凝土面磨平，並清除一切雜物。 2. 將水泥調和海菜粉濃漿，以金屬披刀或金屬薄鏝全面披布於混凝土面，並確實填塞於孔洞及粗糙面。 3. 披佈之水泥漿硬化後，以 #150 砂紙研磨光滑，俟現場人員查驗後方可進行後續施工。 4. 以長毛刷塗刷油性水泥漆底漆，瑕疵處披白土修補。俟現場人員查驗後方可進行後續施工。 5. 以長毛刷塗刷水泥漆面漆。完成面應平整光滑且色澤均勻，不得沾染雜質異色及刷毛，不得有刷痕、發霉、孔隙、裂痕、起殼。 6. 本項工程應於外牆磁磚抹縫完成後、拆架前完成。 7. 平頂刷漆面之邊緣與立面之磁磚距離應一致，且不得大於 1cm。
計價比例	1. 披水泥及研磨完成，依完成數量計價 30%。 2. 全部完成，依完成數量計價 60%。 3. 保留款 10%（退保留款時機另訂）。
工程名稱	矽酸鈣板天花刷乳膠漆
施作範圍	矽酸鈣版天花及包管
施工步驟	1. 以水性 EPOXY 補土將矽酸鈣板之接縫及釘孔填平。 2. 依規定之配比於現場調製白土，以金屬披刀全面披布於夾板，披白土之完成面應無凹凸、刮痕。 3. 白土乾燥後以 #150 砂紙研磨光滑，並隨時以白土修補瑕疵。俟現場人員查驗後方可進行後續施工。 4. 以長毛刷塗刷得膠漆底度。瑕疵處披白土修補。俟現場人員查驗後方可進行後續施工。 5. 以長毛刷塗刷乳膠漆（原廠調色）第一度面漆，乾燥後以 #300 或 #320 砂紙研磨光滑，俟現場人員查驗後方可進行後續施工。 6. 應俟現場人員通知方可塗刷第二度面漆。 7. 以長毛刷塗刷乳膠漆（原廠調色）第二度面漆。完成面應平整光滑且色澤均勻，不得沾染雜質異色及刷毛，不得有刷痕、發霉、孔隙、裂痕、起殼。
計價比例	1. 披白土及研磨完成，依完成數量計價 25%。 2. 底漆完成，依完成數量計價 30%。 3. 面漆完成，依完成數量計價 35%。 4. 保留款 10%（退保留款時機另訂）。
工程名稱	夾板造型天花刷乳膠漆
施作範圍	木質夾板造型天花。

施工步驟	1. 以水性 EPOXY 補土將夾板之接縫及釘孔填平。 2. 以長毛刷塗刷全光油性漆一度。俟現場人員查驗後方可進行後續施工。 3. 依規定之配比於現場調製白土（嚴禁購買現成品使用），以金屬披刀全面披佈於夾板，披白土之完成面應無凹凸、刮痕。 4. 白土乾燥後以 #150 砂紙研磨光滑，並隨時以白土修補瑕疵。俟現場人員查驗後方可進行後續施工。 5. 以長毛刷塗刷得膠漆底度。瑕疵處披白土修補。俟現場人員查驗後方可進行後續施工。 6. 以長毛刷塗刷乳膠漆（原廠調色）第一度面漆，乾燥後以 #300 或 #320 砂紙研磨光滑，俟現場人員查驗後方可進行後續施工。 7. 應俟現場人員通知方可塗刷第二度面漆。 8. 以長毛刷塗刷乳膠漆（原廠調色）第二度面漆。完成面應平整光滑且色澤均勻，不得沾染雜質異色及刷毛，不得有刷痕、發霉、孔隙、裂痕、起殼。
計價比例	1. EPOXY 填縫；刷油性漆；披白土及研磨完成，依完成數量計價 40%。 2. 底漆；第一度面漆及研磨完成，依完成數量計價 25%。 3. 第二度面漆完成，依完成數量計價 25%。 4. 保留款 10%（退保留款時機另訂）。
工程名稱	木質線板刷乳膠漆
施作範圍	木質線板
施工步驟	1. 以白土填塞上、下緣縫隙及釘孔。 2. 以 #200 砂紙研磨光滑。 3. 比照牆面塗刷乳膠漆（不含研磨及披土）。
計價比例	1. 底漆完成，依完成數量計價 45%。 2. 面漆完成，依完成數量計價 45%。 3. 保留款 10%（退保留款時機另訂）。
工程名稱	木質門框刷油性調和漆
施作範圍	木質門框。（門框頂緣不得遺漏）
施工步驟	1. 拔釘。 2. 以木材專用補土填補釘孔及瑕疵。 3. 以 #200 砂紙研磨光滑。 4. 以清潔之抹布沾溫水擦拭除塵。 5. 乾燥後以長毛刷塗刷油性調和漆底度（全光，原廠調色）。 6. 底度漆乾燥後以 #300 砂紙研模光滑。 7. 以長毛刷塗刷油性調和漆面漆（全光，原廠調色）。完成面應光亮平滑，不得起霧、脫殼或產生氣泡。

計價比例	1. 底漆完成，依完成數量計價 40%。 2. 面漆完成，依完成數量計價 50%。 3. 保留款 10%（退保留款時機另訂）。
工程名稱	木門扇刷油性調和漆
施作範圍	木質門扇（門扇頂緣應於安裝完成後刷漆）
施工步驟	1. 以木材專用補土填補釘孔及瑕疵。 2. 以清潔之毛刷擦拭除塵後披白土。 3. 以 #200 砂紙研磨光滑。 4. 以清潔之毛刷擦拭除塵。 5. 以長毛刷塗刷油性調和漆底度（全光，原廠調色）。 6. 底度漆乾燥後以 #300 砂紙研模光滑。 7. 以長毛刷塗刷油性調和漆面漆（全光，原廠調色）。完成面應光亮平滑，不得起霧、脫殼或產生氣泡（依現場指示施作時機）。
計價比例	1. 底漆完成，依完成數量計價 40%。 2. 面漆完成，依完成數量計價 45%。 3. 門扇頂緣補漆完成，依完成數量計價 5%。 4. 保留款 10%（退保留款時機另訂）。
工程名稱	停車位及車道熱溶膠畫線及編號
施作範圍	地下室停車場
施工步驟	1. 熱溶膠採用熱塑性塑膠。 1. 甲方於施工前應概略清掃一次，使施工位置無雜物及建材堆積。 2. 灰塵、散砂及局部之積水由乙方自行清掃。 3. 現場人員提供停車位平面圖，乙方自行放樣，俟現場人員查驗後方可進行後續施工。 4. 以白色熱塑性塑膠進行標線（線寬 10cm）。另以預製數字模板遮護塗佈車位編號。 5. 本項工程應俟現場人員通知方可施作。 6. 經熱熔標線機調合及適當舖設之標線，必須形成均勻光滑、連續之厚膜。漆線應平直，線寬一致（10cm 寬），轉角 90 度，行進方向箭頭依工地指示施作。
計價比例	1. 上列步驟完成後依完成數量計價 90%。 2. 保留款 10%（退保留款時機另訂）。
工程名稱	柱腳畫斑馬紋
施作範圍	停車場柱腳

施工步驟	1. 彈繪墨線標高（H = 120cm）。 2. 塗刷黃色油性水泥漆二度。 3. 塗刷黑色油性水泥漆（45 度斜紋，寬 10cm@30cm）。
計價比例	1. 全部完成，依完成數量計價 90%。 2. 保留款 10%（退保留款時機另訂）。

【其它規定】

1. 披水泥漿所用之水泥由甲方供應，其餘一切工料及工具均由乙方自備。
2. 不得因施作高度改變而另列單價或追加價格。
3. 漆料品牌指定如下：

   乳膠漆：（略）

   水性水泥漆（第一種）：（略）

   水性水泥漆（第二種）：（略）

   油性水泥漆：（略）

   調和漆：（略）

   洋灰漆：（略）
4. 各項工程之單價均含前列施工步驟所列之工料。
5. 乙方應對工地之一切設施及工程妥善維護，凡有毀損、汙染應賠償一切損失。
6. 乙方應於指定地點清洗工具及容器。並有義務維持工地整潔，若未依規定棄置垃圾或造成汙染，甲方得僱工清運，費用自乙方工程款中扣除，乙方不得異議。
7. 超高部分乙方自行搭架（甲方提供金屬框架及滑動輪二組）。
8. 窗框及門框邊緣一律由乙方貼遮護膠紙施工。交屋前由甲方僱工撕除。
9. 計價數量不扣除線板遮敝部分。不計算門窗轉角緣。
10. 進場之材料須經甲方查驗方可入庫，查驗不合格之材料應立即運離工地，未經許可任何材料不得進、出工地。
11. 漆料應為原廠包裝，封籤完整。
12. 報價廠商若有任何異議或意見應於報價時提出，否則一切爭議均依甲方解釋為準。

第37章 輕隔間

輕質隔間牆之成本通常高於砌築紅磚牆之費用，但因輕隔間免除水泥粉光施作，其成本仍低於砌磚加雙面粉光之費用。近年因環保要求，北台灣紅磚窯廠多數已停止生產，又因施工速率、工地清潔、耐震等因素，新建工程多數已棄紅磚牆而改採輕質隔間牆。

國內常用之輕隔間以輕鋼架封板牆、輕鋼架封板灌漿牆、白磚（ALC）牆三種爲主流，其他如快堅牆、陶粒牆、石膏磚牆、空心陶磚牆等不勝枚舉，但使用案場均少於前述主流。以下就主流輕隔間牆及其材料加以說明。

一、線規

金屬薄板之厚度及金屬線直徑常以 GA（Gage 或 Gauge）標示，Gauge 即「量測儀器、量規」之意。

300 年前，工業製造技術不如今日，量測工具亦不如今日，歐洲地區製造金屬線之方式採抽拉製造，先以鍛造方式製造金屬線胚，再將金屬線胚逐次插入孔徑遞減之模具中，以抽拉方式延展縮小線徑，依抽拉模具號數表示其線徑粗細；線胚以 0 號表示，線胚第 1 次置入 1 號模具進行抽拉，抽出之金屬線以 1 號表示其線徑，1 號線再依序插入 2 號模具進行抽拉，抽出之金屬線以 2 號表示其線徑，依此類推，因此發展出線號標記法。線號又稱線規（wire gauge），按 0、1、2、3……數字順序表示，數字愈大，線徑愈細。因各製造廠商技術、模具不同，成品亦有差異，故各廠商均設置其專屬之線規，至今仍被採用且具標準性之線規有 AWG（American Wire Gauge 又稱 Brown & Sharpe wire gauge，美制線規）、SWG（Standard Wire Gauge，British 英制線規）、BWG（Birmingham Wire Gauge，伯明罕線規）。

AWG 線徑標示：如 24AWG、26AWG。SWG 線徑標示：如 24SWG、26SWG。BWG 線徑標示：如 24BWG、26BWG。

二、AWG、SWG線規直徑對照表

Gage 編號	AWG		SWG		Gage 編號	AWG		SWG	
	inch	mm	inch	mm		inch	mm	inch	mm
0	0.3249	8.25	0.324	8.23	23	0.0226	0.574	0.024	0.610
1	0.2893	7.35	0.300	7.62	24	0.0201	0.511	0.022	0.559
2	0.2576	6.54	0.276	7.01	25	0.0179	0.455	0.020	0.508
3	0.2294	5.83	0.252	6.40	26	0.0159	0.404	0.0180	0.457
4	0.2043	5.19	0.232	5.89	27	0.0142	0.361	0.0164	0.417
5	0.1819	4.62	0.212	5.38	28	0.0126	0.320	0.0148	0.376
6	0.1620	4.11	0.192	4.88	29	0.0113	0.287	0.0136	0.345
7	0.1443	3.67	0.176	4.47	30	0.0100	0.254	0.0124	0.315
8	0.1285	3.26	0.160	4.06	31	0.0089	0.226	0.0118	0.295
9	0.1144	2.91	0.144	3.66	32	0.0080	0.203	0.0108	0.274
10	0.1019	2.59	0.128	3.25	33	0.0071	0.180	0.0100	0.254
11	0.0907	2.30	0.116	2.95	34	0.0063	0.160	0.0092	0.234
12	0.0808	2.05	0.104	2.64	35	0.0056	0.142	0.0084	0.213
13	0.0720	1.83	0.092	2.34	36	0.0050	0.127	0.0076	0.193
14	0.0641	1.63	0.080	2.03	37	0.0045	0.114	0.0068	0.173
15	0.0571	1.45	0.072	1.83	38	0.0040	0.102	0.0060	0.152
16	0.0508	1.29	0.064	1.63	39	0.0035	0.089	0.0052	0.132
17	0.0453	1.15	0.056	1.42	40	0.0031	0.079	0.0048	0.122
18	0.0403	1.02	0.048	1.22	41	0.0028	0.071	0.0044	0.112
19	0.0359	0.912	0.040	1.02	42	0.0025	0.064	0.0040	0.102
20	0.0320	0.813	0.036	0.914	43	0.0022	0.056	0.0036	0.091
21	0.0285	0.724	0.032	0.813	44	0.0020	0.051	0.0032	0.081
22	0.0253	0.643	0.028	0.711	45	0.0018	0.046	0.0028	0.071

三、金屬板使用線規

量測金屬板厚度一律使用 Standard Metal Gauges（標準金屬厚度規），其中又依金屬種類（如 Steel、Stainless steel、Aluminum 等）及狀況（如 Glvanized steel）分別設置量規標準。標示方式如 24Gauge、26Gauge。輕隔間金屬骨架厚度即依標準金屬厚度規（如下表）中 Glvanized steel（電鍍鋼板）欄所示厚度。

Standard Metal Gauges For Specific Engineering Materials（單位：mm）

特定工程材料的標準金屬量規

Gauge	鋼（Steel）	鍍鋅鋼（Galvanized steel）	不鏽鋼（Stainless steel）	鋁（Aluminum）
3	6.07			
4	5.69			
5	5.31			
6	4.94			4.10
7	4.55		4.76	3.67
8	4.18	4.27	4.37	3.26
9	3.80	3.89	3.97	2.91
10	3.42	3.51	3.57	2.59
11	3.04	3.13	3.18	2.30
12	2.66	2.75	2.78	2.05
13	2.28	2.37	2.4	1.80
14	1.90	1.99	1.98	1.63
15	1.71	1.80	1.80	1.40
16	1.52	1.61	1.59	1.29
17	1.37	1.46	1.40	1.10
18	1.21	1.31	1.27	1.02
19	1.06	1.16	1.10	0.91
20	0.91	1.10	0.95	0.91
21	0.84	0.93	0.86	0.71
22	0.76	0.85	0.79	0.64
23	0.68	0.78	0.71	0.58
24	0.61	0.70	0.64	0.51

Gauge	鋼（Steel）	鍍鋅鋼（Galvanized steel）	不鏽鋼（Stainless steel）	鋁（Aluminum）
25	0.53	0.63	0.56	0.46
26	0.45	0.55	0.48	0.43
27	0.42	0.51	0.43	0.36
28	0.38	0.47	0.41	0.32
29	0.34	0.44	0.36	0.29
30	0.30	0.40	0.33	0.25
31	0.27	0.36	0.28	0.23
32	0.25			
33	0.23			
34	0.21			
35	0.19			
36	0.17			
37	0.16			
38	0.15			

四、輕隔間牆金屬骨架種類、規格

以熱浸鍍鋅鋼板軋壓成型之槽型骨架（熱浸鍍鋅量須符合 CNS 1244 規定），形式及規格如下。

C 型立柱（C-STUD）	型號	規格（mm）	
		A	B
B A	C-41	41	35
	C-51	51	36
	C-65	65	35、45
	C-75	75	35
	C-92	92	35、45
	C-100	100	35、45
	C-150	150	35

上、下槽鐵（RUNNER）	型號	規格（mm）	
		A	B
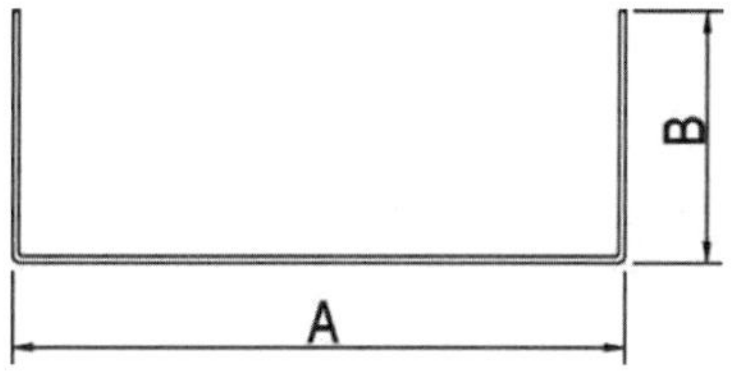	U-42	42	30
	U-52	52	30
	U-67	67	30、40
	U-77	77	30
	U-94	94	30、40
	U-102	102	30、40
	U-152	152	30、40

加強槽鐵（CHANNER）	型號	規格（mm）	
		A	B
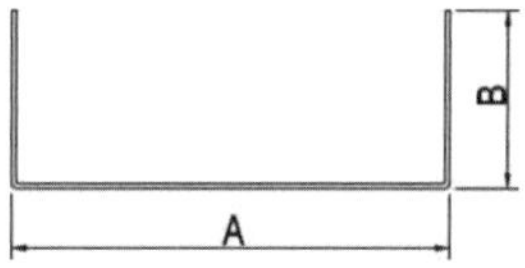	N-38	38	12
	N-25	25	10
	N-19	19	10
	N-19	19	10

CH 型立柱（CH-STUD）	型號	規格（mm）		
		A	B	C
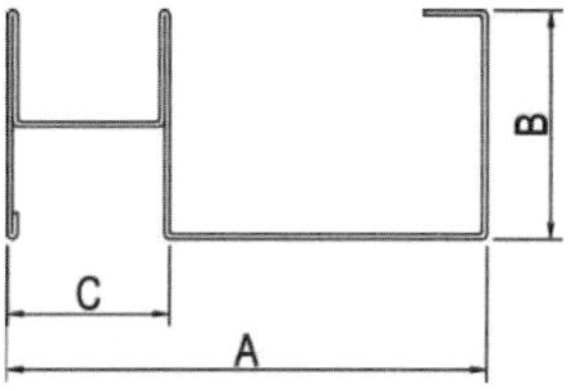	CH-65	65	35	25.4
	CH-92	92	35	24.5
	CH-100	100	35	25.4
	CH-100-17	100	35	17
	CH-150	150	35	25.4

轉角護條（CORNER BEAD）	型號	規格（mm）	
		A	B
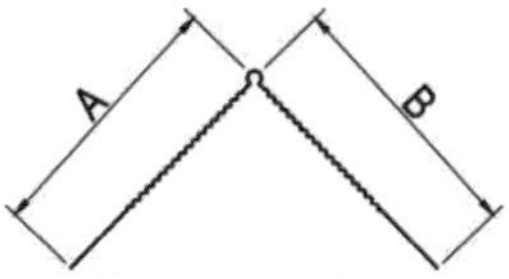	V-9	9	9
	V-32	32	32
	V-40	9	9

彈性槽鐵	型號	規格（mm）		
		A	B	C
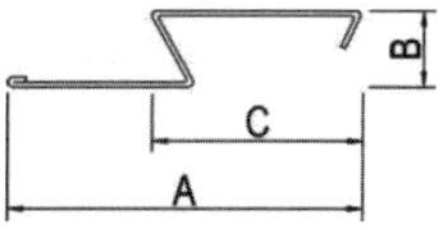	RC-1	57.5	12.5	36

五、金屬骨架高度限制

下表摘錄自 USG gypsum construction handbook。

（https://www.usg.com/content/usgcom/en_CA_east/resource-center/gypsum-construction-handbook.html）

立柱深度		立柱間距		允許偏斜	25Gauge 立柱組立隔間牆允許高度		20Gauge 立柱阻立隔間牆允許高度	
mm	in	mm	in		mm	ft-in	mm	ft-in
41	1-5/8	600	24	L/120	2970	9-9	3350	11-0
41	1-5/8	600	24	L/240	2410	7-11	2670	8-9
41	1-5/8	600	24	L/360	2160	7-11	2670	8-9
41	1-5/8	400	16	L/120	3230	11-10	3680	12-1
41	1-5/8	400	16	L/240	2540	8-4	2950	9-8
41	1-5/8	400	16	L/360	2490	8-2	2570	8-5
64	2-1/2	600	24	L/120	3610	11-10	4520	14-10
64	2-1/2	600	24	L/240	3230	10-7	3530	11-7
64	2-1/2	600	24	L/360	2820	9-3	3050	10-0
64	2-1/2	400	16	L/120	4040	13-3	5000	16-5
64	2-1/2	400	16	L/240	3430	11-3	3910	12-10
64	2-1/2	400	16	L/360	3000	9-10	3400	11-2
92	3-5/8	600	24	L/120	4190	13-9	5640	18-6
92	3-5/8	600	24	L/240	4090	13-5	4500	14-9
92	3-5/8	600	24	L/360	3530	11-7	3890	12-9
92	3-5/8	400	16	L/120	4670	15-4	6300	20-8
92	3-5/8	400	16	L/240	4370	14-4	5000	16-5
92	3-5/8	400	16	L/360	3760	12-4	4340	14-3
102	4	600	24	L/120	4600	15-1	6320	20-9
102	4	600	24	L/240	4320	14-2	5000	16-5
102	4	600	24	L/360	3760	12-4	4340	14-3
102	4	400	16	L/120	5230	17-2	7040	23-1
102	4	400	16	L/240	4670	15-4	5590	18-4
102	4	400	16	L/360	4060	13-4	4850	15-11

六、鍍鋅量

一般輕隔間廠商所提施工規範，常對金屬骨架之鍍鋅量規定爲 Z12，甚至加註 Z12 係依 CNS1244 之規定。

CNS1244 附錄 A「屋頂及建築外牆用鋼片及鋼捲之標稱厚度及鍍層量符號」、附錄 B「浪板之標稱厚度、鍍層量符號及標準尺度」均針對熱浸鍍鋅之鍍層量加以規定。

附錄 A- 表 A.1 標稱厚度及鍍層量符號（使用冷軋原板）摘錄如下：

<table>
<tr><th>用途</th><th>標稱厚度（mm）</th><th>鍍層量符號 (1)</th></tr>
<tr><td rowspan="2">屋頂</td><td>0.35 以上，1.0 以下</td><td>Z25、Z27</td></tr>
<tr><td>超過 1.0</td><td>Z27</td></tr>
<tr><td rowspan="3">建築外牆</td><td>0.27 以上，0.5 以下</td><td>Z18、Z22、Z25、Z27</td></tr>
<tr><td>超過 0.5，1.0 以下</td><td>Z22、Z25、Z27</td></tr>
<tr><td>超過 1.0</td><td>Z27</td></tr>
<tr><td colspan="3">註 (1) 鍍層量 Z30 以上，其適用標准厚度由買賣雙方協議之</td></tr>
</table>

附錄 B- 表 B.1 標稱厚度及鍍層量符號（使用冷軋原板）摘錄如下：

<table>
<tr><th>標稱厚度（mm）</th><th>鍍層量符號 (2)</th><th>備註</th></tr>
<tr><td>0.11 以上，未滿 0.16</td><td rowspan="3">Z12、Z14</td><td>特定用途</td></tr>
<tr><td>0.16 以上，未滿 0.27</td><td>-</td></tr>
<tr><td rowspan="2">0.27 以上，0.30 以下</td><td>特定用途</td></tr>
<tr><td>Z18、Z20、Z22、Z25、Z27</td><td rowspan="3">-</td></tr>
<tr><td>超過 0.30，0.50 以下</td><td>Z18、Z20、Z22、Z25、Z27</td></tr>
<tr><td>超過 0.50，1.0 以下</td><td>Z22、Z25、Z27</td></tr>
<tr><td colspan="3">註 (2) 鍍層量 Z30 以上，其適用標准厚度由買賣雙方協議之</td></tr>
</table>

以常用之金屬骨架厚度自 25Gauge（0.53mm）至 20Gauge（0.91mm）對照上表，其熱浸鍍鋅量應採 Z22（220g/m^2）、Z25（250g/m^2）、Z27（275g/m^2），故上述之「Z12」並不符合 CNS1244 之規定。

七、鍍層種類

CNS1244-5.1 鍍層種類：鍍層之種類分為非合金化及合金化鍍層[1]兩種。

CNS1244-5.2 鍍層量 -5.2.1 鍍層符號：(下表適用於熱浸鍍鋅)

鍍層指兩面等厚鍍層，鍍層量符號依下表之規定。

鍍層的區分	鍍層量符號	兩面三點法平均最小鍍層量（g/m^2）	兩面一點最小鍍層量（g/m^2）
非合金化鍍層	Z06(2)	60	51
	Z08	80	68
	Z09	90	77
	Z10	100	85
	Z12	120	102
	Z14	140	119
	Z18	180	153
	Z20	200	170
	Z22	220	187
	Z25	250	213
	Z27	275	234
	Z30	305	259
	Z35	350	298
	Z37	370	315
	Z45	450	383
	Z50	500	425
	Z55	550	468
	Z60	600	510

1 合金化鍍層係指鍍鋅後經加熱，使鍍層整體均為鋅與鐵的合金層。

鍍層的區分	鍍層量符號	兩面三點法平均 最小鍍層量（g/m^2）	兩面一點 最小鍍層量（g/m^2）
合金化鍍層	F04[2]	40	34
	F06	60	51
	F08	80	68
	F10	100	85
	F12	120	102
	F18[2]	180	153
備考：鍍層量符號爲 Z30、Z35、Z37、Z45、Z50、Z55、Z60、F10、F12、及 F18 均不適用於 SGCD1、SGCD2、SGCD3 及 SGCD4。 註[2] 僅適用於買賣雙方協議時。			

CNS10568 電鍍鍍鋅鋼片及鋼捲鋼片及鋼捲表面鍍鋅分三種：鋼片及鋼捲兩面鍍鋅量相同者（以下簡稱等量鍍鋅），兩面鍍鋅量不同者（以下簡稱差量鍍鋅）及單面鍍鋅。單面鍍鋅量的種類符號及最小鍍鋅量依下表之規定。差量鍍鋅時需依下表之最小鍍鋅量組合使用之。

單面鍍鋅量種類符號	最小鍍鋅量（單面）（g/m^2）		（參考）標準鍍鋅量（單面）（g/m^2）
	等量鍍鋅	差量鍍鋅	
F.S	-	-	-
F.B	2.5	-	3
F.8	8.5	8	10
F.16	17	16	20
F.24	25.5	24	30
F.32	34	32	40
F.40	42.5	40	50

八、輕隔間牆面板

1. 石膏板：石膏板由石膏（硫酸鈣）加入紙纖維或玻璃纖維、增塑劑、防黴劑等，經擠壓成爲板片，再　燒而成，屬環保建材，應用於室內隔間牆面板或天花板。目前市場銷售以國產「環球」石膏板爲主力；曾於新台幣強力升值之年代，市場銷售以美國進口USG、Gold Bond、DOMTAR等品牌石膏板爲主力，USG gypsum construction handbook（USG石膏施工手冊）亦曾爲輕鋼架業者施工準則。

USG大樣圖下載網頁位址：https://www.usgdesignstudio.com/download-details.asp?search = Steel%20Stud%20Framing

石膏板商品種類：（以下內容摘錄自環球水泥股份有限公司網頁）

(1) 普通石膏板，適用於乾燥場所之隔間或天花板，厚度9mm、12mm、15mm，耐燃一級。

(2) 強化（防潮＋鋁箔）石膏板，適用於電梯間及各種水電管路間。配合CH型立柱及J型槽鐵，單面施工，爲省時，經濟之工法，厚度24.5mm，寬度608mm，長度2440mm，耐燃一級。

(3) 防潮石膏板，適用於較潮濕場所之隔間或天花板，厚度9mm、9.5mm、12mm、15mm，耐燃一級。

(4) 抗水纖維石膏板，適用於潮濕場所之隔間或天花板。隔間表面塗布防水層後，即可貼磁磚或石材，厚度9mm、15mm、19mm，耐燃一級。

(5) 管道石膏板，適用於電梯間及各種水電管路間。配合CH型立柱及J型槽鐵，單面施工，爲省時，經濟之工法，厚度25.4mm，耐燃一級。

(6) 鋁箔管道石膏板，適用於電梯間及各種水電管路間，配合CH型立柱及J型槽鐵，單面封板，厚度25.4mm，耐燃一級。

2. Durock水泥板：Durock專指美國USG生產製造，主要適用於外牆、衛浴、高潮濕場所之隔間。在矽酸鈣板、水泥纖維板上市前爲浴室等潮濕空間唯一可選擇之板材。規格1220mm×2440mm×12.7mm。

3. 矽酸鈣板：矽酸鈣板是一種性能穩定的建築材料，最早由美國OCDG公司發表，已應用近40年。以水泥、矽砂、木質纖維（或其他非石綿纖維）爲主要原料，經成型、高溫高壓蒸氣養生、烘乾、裁切等程序製成。因矽、鈣受高溫高壓之作用，生成矽酸鈣（Tober-morite）晶體，物性安定，不易滋生黴菌，具有不燃、耐衝擊、耐潮濕性能。目前常見的矽酸鈣板品牌有：淺野（A&AM）、麗仕（NEWLUX）、南亞、國浦等。厚度以6mm、9mm、12mm較爲常見。

4. 氧化鎂板：氧化鎂板使用氧化鎂（MgO，鎂的氧化物，常溫下爲白色固體）及氯化鎂（$MgCl_2$，無色易潮解晶體，易溶於水）爲主要原料，再以玻璃纖維網加勁，初凝後養生烘乾製成。可作爲輕隔間牆板、天花板，表面可貼磁磚、壁紙。較矽酸鈣板之膨脹率高、易變形，質脆，價格低，避免使用爲宜。因外觀與矽酸鈣板相似，需折斷板材，內含纖維網加勁者爲氧化鎂板。

5. 纖維水泥板：主要原料有水泥、石灰、矽質原料、纖維等，以高壓蒸氣養護所製造之板材，具有不燃、耐衝擊、耐潮濕性能。

   纖維水泥板較矽酸鈣板的水泥含量高、密度高、強度高，膨漲係數低、吸水率低；故纖維水泥板多應用於濕式輕隔間牆（即灌漿牆）。

   纖維水泥板多以商品名稱行銷，常見者如維斯板、普納板、維納板，亦有以纖維水泥板冠以品牌者，如國普纖維水泥板。分別介紹如後。

   (1) 維斯板（Vistaboard）：馬來西亞進口，輕質灌漿牆專用板，主要成分為水泥，細砂，賽路路纖維（Cellulose Fiber），經高溫、高壓蒸氣養生製成，容積比重：1370kg/m^3。

   (2) 普納板（PRIMALINER）：普納板是由馬來西亞 HUME 集團生產的植物纖維水泥板。主要成分為植物纖維素、細石英砂、波特蘭水泥、水，經高壓成型、高壓蒸氣養生、裁切、研磨等製程生產，不含石棉纖維和玻璃纖維。EMC 狀態下容積比重：1390kg/m^3，EMC 狀態下含水率約為 7%，EMC 到飽和狀態吸水線膨脹率 0.06%，乾板抗彎強度 = 14MPa、濕板抗彎強度 = 7MPa，導熱係數 K = 0.30W/Mk，防火等級 A1 級。產品厚度為 6.0mm、7.5mm、9.0mm、12.0mm。BRANZ（紐西蘭建築協會 -Building Association of New Zealand）的報告宣稱：依照廠家推薦的安裝方法，同時對表面裝飾材料及緊固件進行適當的維護，PRIMA 板材的使用壽命在50年以上。

註：EMC 狀態：環境溫度 27℃±2℃，相對濕度 95～65%。

九、濕式輕隔間灌漿牆

濕式輕隔間灌漿牆，係配合台灣地區民眾喜好，對傳統輕質隔間所變革而生，其工法與傳統輕隔間差異甚微，主要以輕質灌漿材取代保溫吸音棉，但需配合濕式灌漿，面板必須選擇耐水材料，如矽酸鈣板、纖維水泥板；又因輕質灌漿材耐火性甚佳，面板厚度可選擇較薄者，約 6mm 至 9mm 即足以承受灌漿側壓。灌漿牆質感扎實、施工快速、預埋管線便利、自重輕、表面平整、造價低於 RC 或磚牆加雙面粉光。

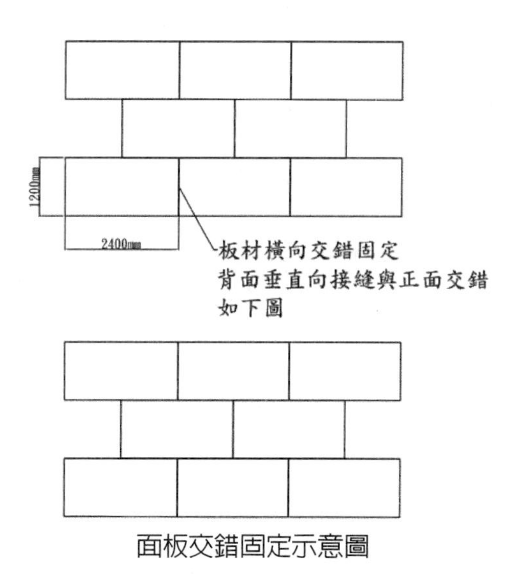

面板交錯固定示意圖

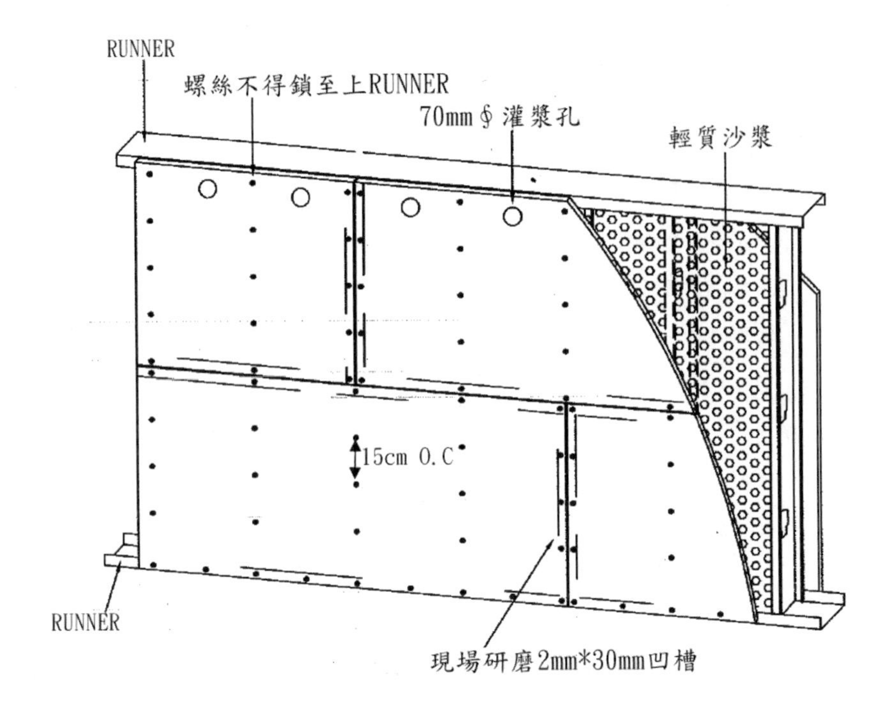

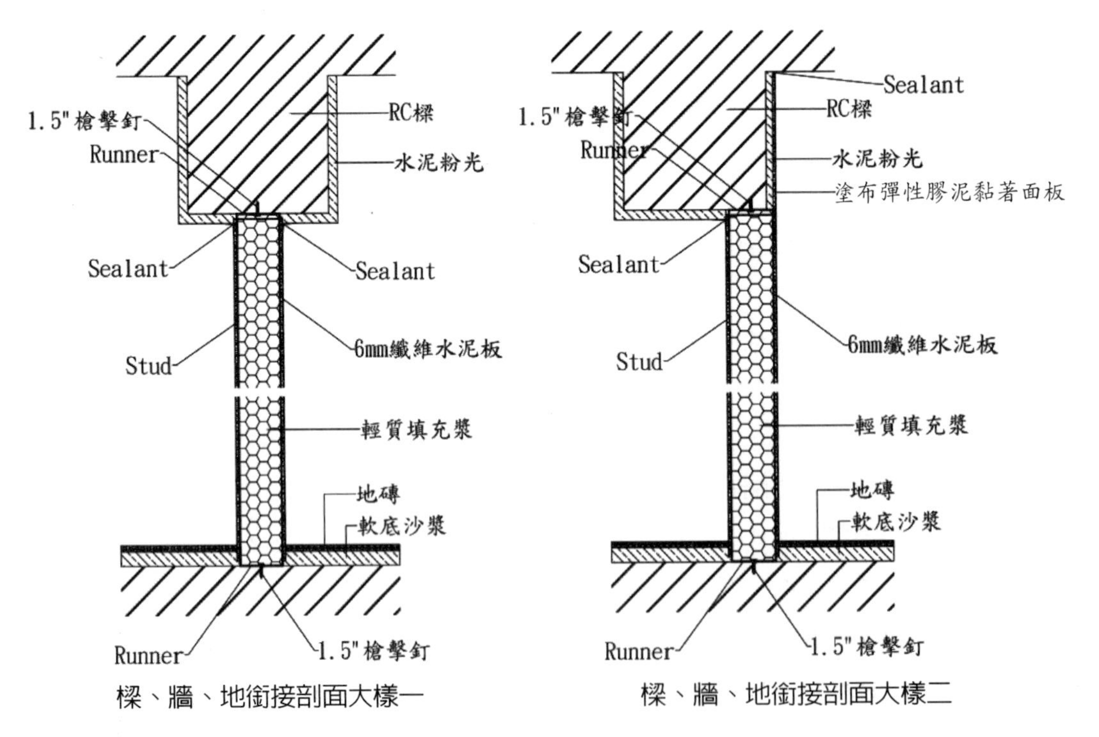

樑、牆、地銜接剖面大樣一

樑、牆、地銜接剖面大樣二

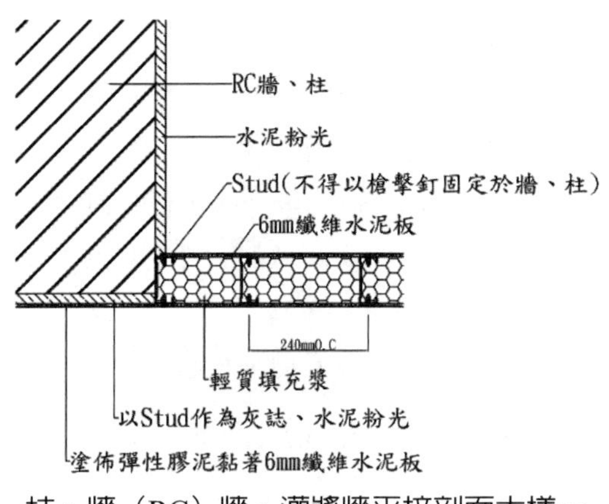

柱、牆（RC）牆、灌漿牆平接剖面大樣一

RC牆、柱
水泥粉光
Sealant
Stud(不得以槍擊釘固定於牆、柱)
6mm纖維水泥板
240mmO.C
輕質填充漿
彈性批土
水泥粉光，以6mm纖維水泥板作為灰誌

柱、牆（RC）牆、灌漿牆平接剖面大樣二

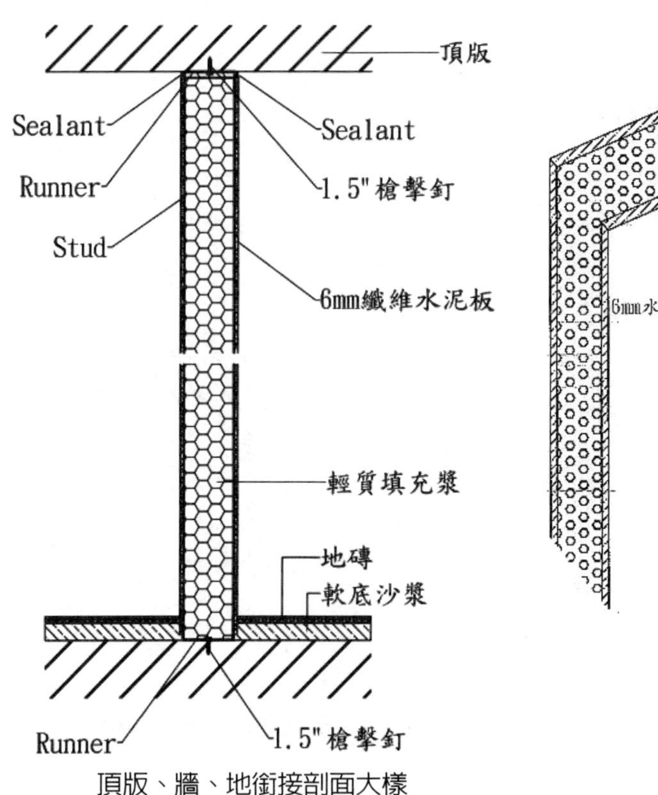

頂版、牆、地銜接剖面大樣

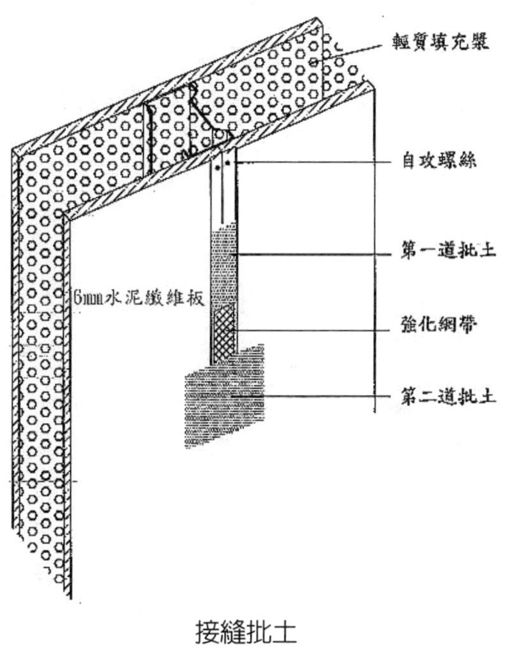

接縫批土

十、白磚

ALC 磚（Autoclaved Lightweight Concrete Blocks），由德國研發的輕質磚構材料，組成原料爲矽砂、水泥、石灰、石膏等，使用鋁粉爲水泥發泡劑，以高溫高壓蒸氣養護後裁切成塊狀。因材質色澤爲白色，俗稱「白磚」。

白磚因質輕（650kg/m^3）、易於裁切、近乾式施工，故施工快速。亦因乾式施工，施工場地易於維護清潔、乾燥；與白磚銜接之木質門框不易發生吸水變形現象。白磚原料取得容易，生產價格低廉，砌牆完成面可直接批土、刷漆，故白磚牆合計成本低於紅磚、RC 牆及其他輕隔間牆（雙面單層石膏板輕隔間牆例外）。但白磚易吸水，且不易蒸發；保釘力不佳，需使用特殊釘具，否則不宜吊掛重物。

爲防止白磚牆吸入地面水分及濕氣，亦有奈米抗滲白磚，推測其原理係將白磚浸入撥水劑或水玻璃液體中，減低白磚表層表面張力，致不易吸附水分達成抗滲效果。此種奈米抗滲白磚通常用於白磚牆最下一皮。

白磚規格有 600×400×100mm、600×400×125mm、600×400×150mm、600×200×200mm。其中 600×400×100mm 最爲常用。

砌築白磚需使用專用黏著劑，以確保接著強度，避免灰縫龜裂。於銜接介面，如柱、RC 牆、樑底、頂板介面處須依設計釘著金屬扣件，以避免位移開裂。

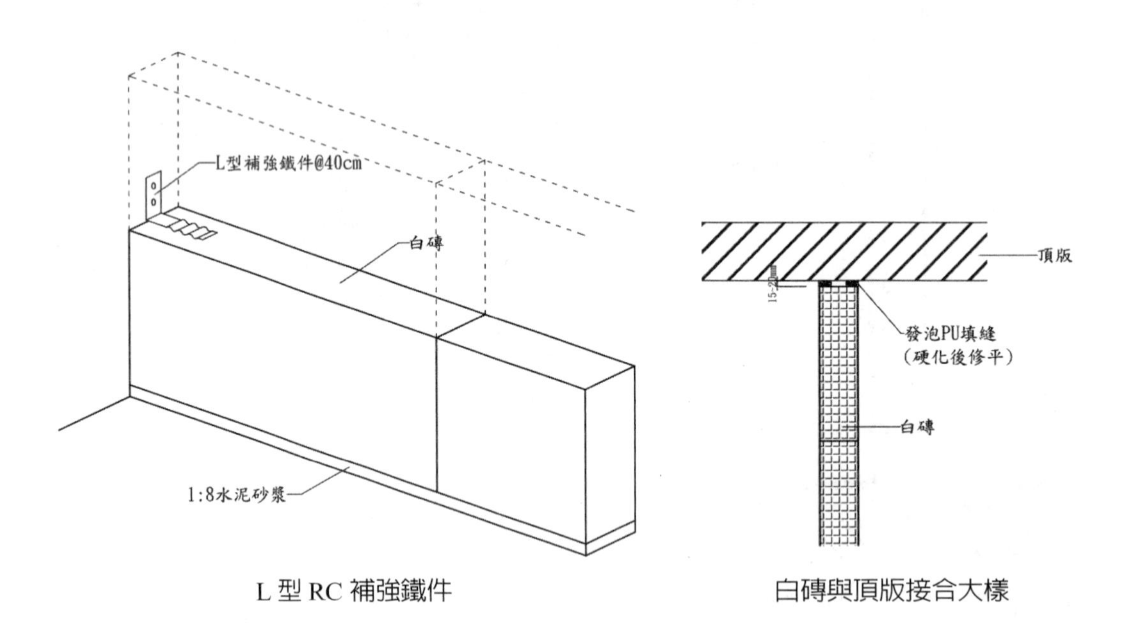

L 型 RC 補強鐵件　　白磚與頂版接合大樣

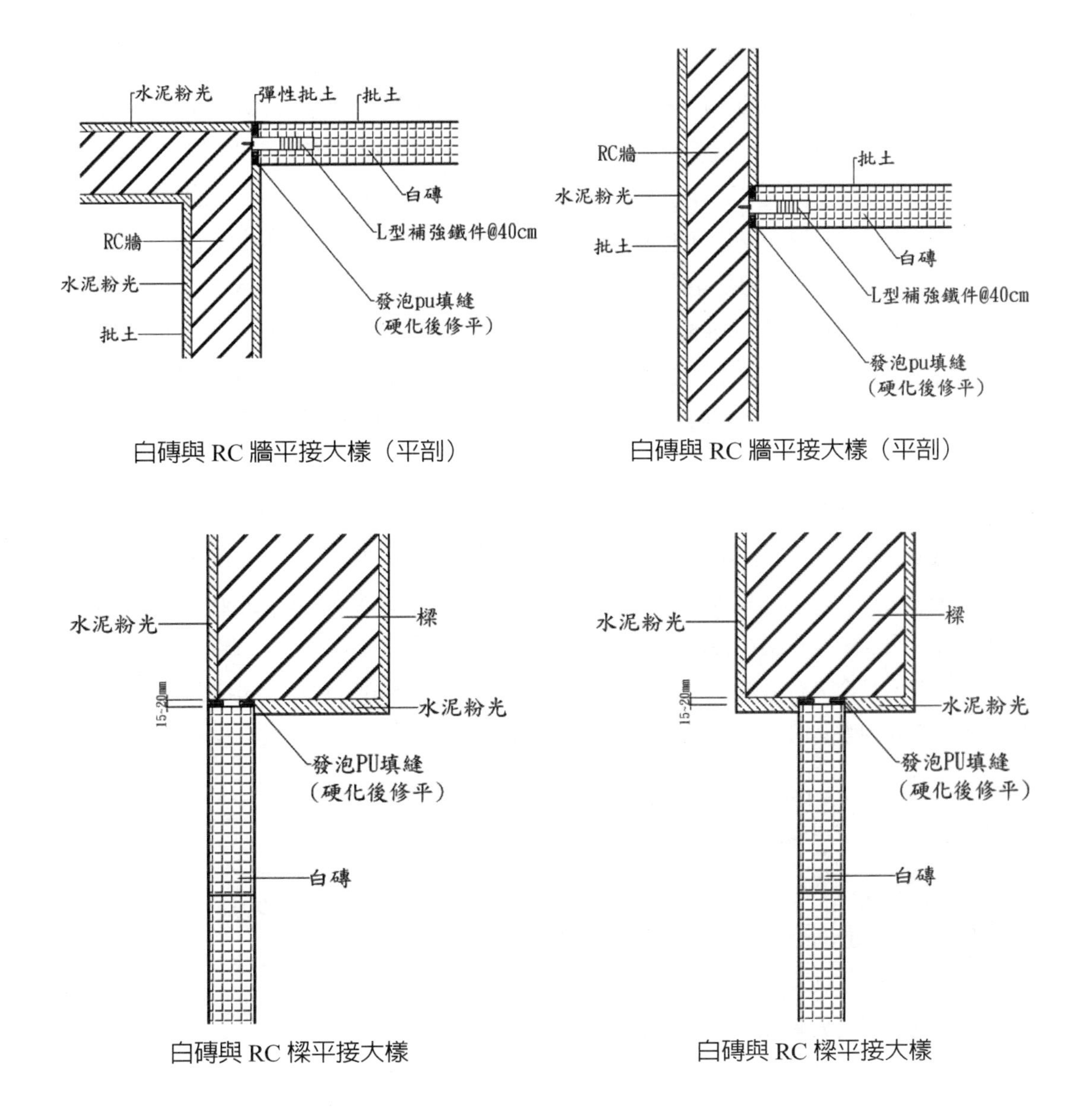

白磚與 RC 牆平接大樣（平剖）　　白磚與 RC 牆平接大樣（平剖）

白磚與 RC 樑平接大樣　　白磚與 RC 樑平接大樣

十一、岩棉、玻璃棉

吸音材料質地鬆散，容易讓聲音穿透，不應稱爲隔音材料。隔音材料質地堅實，容易將聲音反射，但其吸音係數卻不佳。

輕隔間通常使用玻璃纖維棉及岩棉作爲隔音、吸音材料，但岩棉及玻璃棉應屬保溫材料，兼具吸音材料功能。

隔音、吸音對多數人而言並無差別，但事實差距甚遠。隔音係以隔音材料包圍聲源或靜音空間，阻斷聲音穿透包圍圈，而隔音材料質量愈大（密度愈大），愈不易遭聲波穿透，因此石膏板、纖維水泥板、紅磚、混凝土均具隔音效果，可視為隔音材料。雖有少部分聲波穿透隔音材料包圍圈，但多數聲波卻反射迴盪於非靜音空間，為避免反射造成聲波相互干擾，於隔音材表面安裝多孔材料容納聲波，使聲波於吸音材多孔間隙的空氣中反覆壓縮、膨脹，使音能轉換成熱能而消失，又因空氣間隙中之黏滯、材料纖維的摩擦均造成聲波損失，岩棉及玻璃棉正具備上述吸音之特性。當然，吸音材仍可減少聲波穿透，稍具隔音作用，玻璃棉亦有被覆鋁箔者，可稍強化其隔音效果。

岩棉規格為 60kg/m^3、80kg/m^3、100kg/m^3，玻璃棉規格為 12kg/m^3、16kg/m^3、24kg/m^3、48kg/m^3。岩棉融點 1000～1200℃，玻璃棉融點 400～600℃。

無論岩棉或玻璃棉，使用時均不宜壓縮其厚度，以維持其空氣層，確保保溫及吸音性能。

隔音值代表隔音能力，以聲音穿透等級 STC（Sound Transmission Class）標示，（以下內容摘錄自國家教育研究院雙語詞彙、學術名詞暨辭書資訊網）為評定隔板（Partition）之聲音傳送損失，以 500Hz 傳送損失值表示。如一隔音板對 500Hz 的透過損失為 40dB，則該隔音板為 STC40，STC 後之數目愈大，表示該結構體的空氣傳送聲音絕緣愈佳。

吸音率，又稱吸音係數（Absorption Coefficient）。CNS9056 以迴響室法測定吸音率，以量測迴響室內安裝吸音材與未安裝吸音材之殘響時間，帶入下列公式計算吸音率。

$$\alpha = \frac{55.3V}{CS}\left(\frac{1}{Ts} - \frac{1}{Te}\right)$$

V：迴響室容積（m^3）

C：空氣中之音速（m/s）= 331.5 + 0.61t t：溫度（℃）

S：吸音材料面積（m^2）

Ts：迴響室內安裝吸音材之殘響時間

Te：迴響室內未安裝吸音材之殘響時間

降噪係數（Noise Reduction Coefficient, NRC），因吸音材對不同頻率（波長）之聲波有不同的吸音能力，單憑對某一頻率之吸音率實不足以表達吸音材之性能，故指定以 250、500、1000、2000 四種頻率測試吸音材之吸音率，並以其平均值作為該吸音材之降噪係數 NRC。NRC 數值 1.0 代表所有聲波全數被吸收，無聲波反射。NRC 數值 0.0 代表全數聲波均未被吸收，全數反射。

熱導率（thermal conductanc）k **值**，用以表達物質的導熱性能，熱能在同一物質內從高溫處傳到低溫處。公式：熱導率 k = (Q/t)*L/(A.T)，k：熱導率，Q：熱量，t：時間，L：厚度，A：面積，T 是溫度差。SI 制 k 值單位為 W/m.K。

熱導率（thermal conductanc）U **值**，指特定厚度板材的導熱能力，U = k／材料厚度，

U 值單位為 W/m^2.K。熱導率 U 與材料厚度有關。

建材型錄所註記之熱導率、熱傳導係數等，通常為 k 值，但仍須自其單位判斷，k 值單位：W/m.K，U 值單位：W/m^2.K。如某廠牌隔熱砂將之型錄註明「熱傳導係數」≦ 0.14 W/m.K，即代表為 k 值。

熱絕緣（Thermal Resistance）**R 值**：在指定的溫度下，某種材料在單位面積上阻止熱量穿過的能力。材料厚度／ k = R 值，R 值單位為 m^2.K/W，材料的 R 值愈高，就愈適合作為保溫材料。例如於輕隔間材料規範指定保溫玻璃棉為 R8、R10（亦有規範視玻璃棉為吸音材，指定其規格為 16kg/m^3、20kg/m^3、24kg/m^3 之情形）。

註：吸音材料置於輕隔間牆面板外側（音源側），其吸收聲波反射之性能將優於將吸音材料置於輕隔間牆面板內側。

十二、耐燃、防火、防焰

針對「材料」防火性能之等級，以**耐燃等級**評定。但建築技術規則以不燃材料、耐火板、耐燃材料定義其等級。而 CNS 6532 以耐燃一級、耐燃二級、耐燃三級評定。詳如下列。

依建築技術規則設計施工篇第一條各款定義：

第二十八款、**不燃材料**：混凝土、磚或空心磚、瓦、石料、鋼鐵、鋁、玻璃、玻璃纖維、礦棉、陶瓷品、砂漿、石灰及其他經中央主管建築機關認定符合**耐燃一級**之不因火熱引起燃燒、熔化、破裂變形及產生有害氣體之材料。

第二十九款、**耐火板**：木絲水泥板、耐燃石膏板及其他經中央主管建築機關認定符合**耐燃二級**之材料。

第三十款、**耐燃材料**：耐燃合板、耐燃纖維板、耐燃塑膠板、石膏板及其他經中央主管建築機關認定符合**耐燃三級**之材料。

依 CNS 6532 定義：

耐燃一級材料指火災初期，不易產生燃燒發熱及有害的濃煙及氣體，其單位面積的發煙係數低於 30，同時在高溫下，不會具有變形、融化、龜裂等不良現象之材料。

耐燃二級係指在火災初期時，僅會發生極少燃燒現象，燃燒速度極慢，其單位面積的發煙係數低於 60，同時在高溫加熱下，不會具有變形、融化、龜裂等不良現象之材料。

耐燃三級指在火災初期時，僅會發生有限燃燒現象，燃燒速度緩慢，其單位面積的發煙係數低於 120，同時在高溫加熱下，不會具有變形、融化、龜裂等不良現象之材料。

註：「發煙係數」請參閱 CNS 6532 建築物室內裝修材料之耐燃性試驗法。

內政部 84 年 10 月 2 日台內營字第 8480432 號解釋函： 關於建築技術規則建築設計施工編第八十八條有關內部裝修材料規定之不燃材料、耐燃材料及耐火板之耐燃等級，與中國國家標準「CNS 6532」建築物室內裝飾材料之耐燃性檢驗法規定一致，不燃材料應比照耐燃一級，耐火板比照耐燃二級、耐燃材料比照耐燃三級材料辦理認定，請查照轉行。

針對「建築物構造」防火性能，以防火時效分級。依建築技術規則設計施工篇第一條第三十一款定義、**防火時效**：建築物主要結構構件、防火設備及防火區劃構造遭受火災時可耐火之時間。

建築技術規則設計施工篇第三章第七十一條：具有三小時以上防火時效之樑、柱，應依左（下）列規定。

一、樑
（一）鋼筋混凝土造或鋼骨鋼筋混凝土造。
（二）鋼骨造而覆以鐵絲網水泥粉刷其厚度在八公分以上（使用輕骨材時為七公分）或覆以磚、石或空心磚，其厚度在九公分以上者（使用輕骨材時為八公分）。
（三）其他經中央主管建築機關認可具有同等以上之防火性能者。
二、柱：短邊寬度在四十公分以上並符合左列規定者：
（一）鋼筋混凝土造或鋼骨鋼筋混凝土造。
（二）鋼骨混凝土造之混凝土保護層厚度在六公分以上者。
（三）鋼骨造而覆以鐵絲網水泥粉刷，其厚度在九公分以上（使用輕骨材時為八公分）或覆以磚、石或空心磚，其厚度在九公分以上者（使用輕骨材時為八公分）。
（四）其他經中央主管建築機關認可具有同等以上之防火性能者。

第七十二條：具有二小時以上防火時效之牆壁、樑、柱、樓地板，應依左列規定（從略）。

第七十三條：具有一小時以上防火時效之牆壁、樑、柱、樓地板，應依左列規定（從略）。

第七十四條：具有半小時以上防火時效之非承重外牆、屋頂及樓梯，應依左列規定（從略）。

防焰制度係依據消防法第 11 條：地面樓層達十一層以上建築物、地下建築物及中央主管機關指定之場所，其管理權人應使用附有防焰標示[2]之地毯、窗簾、布幕、展示用廣告板及其他指定之防焰物品[3]。

前項防焰物品或其材料非附有防焰標示，不得銷售及陳列。

前二項防焰物品或其材料之防焰標示，應經中央主管機關認證具有防焰性能。

消防法施行細則第 7 條：依本法第十一條第三項規定申請防焰性能認證者，應檢具下列文件及繳納審查費，向中央主管機關提出，經審查合格後，始得使用防焰標示：（以下從略）。

前項認證作業程序、防焰標示核發、防焰性能試驗基準及指定文件，由中央主管機關定之。

防焰物品係採取正面列舉方式，包含地毯、窗簾、布幕、展示用廣告板、其他指定之防焰物品等，非屬上列所規定之物品，如壁紙、床單、椅套等，不屬消防法所稱之防焰物品。

十三、各類牆比較

特性／項目	白磚	輕質灌漿牆	乾式輕隔間牆	1/2B 磚牆	RC 牆
單位重量（kg/m²）	65	70～160 視灌漿材種類及牆厚	50	230	350
厚度（cm）	10	10.4	9.5	10cm	15cm
防火時效（小時）	2	2	1	1	2
管線設置	切割後打鑿	預埋	預埋	打鑿	預埋
現場清潔	易維持清潔 易維持乾燥	易維持清潔	易維持清潔 易維持乾燥	現場雜亂 積水潮濕	隨結構施作
耐震性能	介面及磚縫易龜裂 自重輕較不易倒塌	介面易龜裂 自重輕較不易倒塌	介面易龜裂 幾乎無倒塌之虞	倒塌機率最高	易生剪力裂縫

[2] 防焰標示，請參閱 http://www.fire-retardant.com.tw/uploads/ass/11553753222273.pdf

[3] 「其他指定之防焰物品」明定於「防焰性能認證實施要點」，其他指定之防焰物品，係指網目在十二公釐以下之施工用帆布。

特性／項目	白磚	輕質灌漿牆	乾式輕隔間牆	1/2B 磚牆	RC 牆
施工速度（m²／人日）	12～20	10～12	15～18	4～6	隨結構施作
施工工法	半乾式	半乾式	乾式	溼式	隨結構施作
隔音	34db	33db	37db	45db	50db
防潮性	尚可	佳	視面材而異	佳，受潮易生白華	佳，受潮易生白華
扎實感	可	可	差	佳	佳
造價成本（元／m²）	850	1100	700～1600（視面板襯板而定）	1200～1400（含雙面粉光）	1400～1800（含雙面粉光）

輕隔間工程邀商報價說明書案例

項次	項目	數量	單位	單價	複價	備註
1	地下室複牆		m^2			
2	輕隔間牆		m^2			社區活動空間
3	輕質灌漿牆		m^2			户內分間牆
	小計					
	稅金					
	合計					
合計新台幣： 佰 拾 萬 仟 佰 拾 圓整						

【報價說明】

一、材質規格

工程項目	組件名稱	規格	備註
地下室複牆	封牆板（單面封板）	6mm 水泥纖維板	（廠牌）
	封板螺絲	3.5mm×1" 不鏽鋼螺絲	邊緣 @20cm O.C 中央 @30cm O.C
	Runner	67mm×30mm×22ga	鍍鋅槽鐵
	Stud	65mm×35mm×22ga	鍍鋅槽鐵 @40cm O.C
	Channel	25mm×10mm×22ga	鍍鋅槽鐵 @120cm O.C
	開口補強	如圖	
	Sealant	乙方建議（含施工法）	甲方審核
	Compound	乙方建議（含施工法）	甲方審核
社區活動空間輕隔間牆	牆板（面板）	6mm 矽酸鈣板	（廠牌）
		或 6mm 水泥纖維板	（廠牌）
	牆板（襯板）	12mm 防潮石膏板	（廠牌）
	封板螺絲	3.5mm×1.5" 鍍鋅碳鋼螺絲	邊緣 @20cm O.C 中央 @30cm O.C
	Runner	67mm×30mm×20ga	鍍鋅槽鐵

工程項目	組件名稱	規格	備註
	Stud	65mm×35mm×20ga	鍍鋅槽鐵 @40cmO.C
	Channel	25mm×10mm×22ga	鍍鋅槽鐵 @120cmO.C
	Sealant	乙方建議（含施工法）	甲方審核
	Compound	乙方建議（含施工法）	甲方審核
	面板、襯板黏著材	南寶樹脂	全面塗布
	防火岩棉	60kg/m^3TH = 2" + 20% -0%	
戶內隔間輕質灌漿牆	面板（雙面封板）	6mm 水泥纖維板	（廠牌）
	封板螺絲	3.5mm×1" 鍍鋅碳鋼螺絲	邊緣 @15cm O.C 中央 @20cm O.C
	Runner	94mm×30mm×22ga	鍍鋅槽鐵
	Stud	92mm×35mm×22ga	鍍鋅槽鐵 @24cmO.C
	灌漿材	水泥 1：砂 2：保麗龍 4	容積比
	Sealant	乙方建議（含施工法）	甲方審核
	Compound	乙方建議（含施工法）	甲方審核

二、室內隔間牆（分間牆）墨線採雙線，間距 67mm，已由甲方於地坪彈繪完成，乙方應使用墨線儀將地坪隔間牆墨線引至平頂（或樑底）。

三、Dry wall 上下槽鐵（RUNNER）應以火藥擊釘固定之，槽鐵末端 5cm 處固定第一支擊釘，爾後每 60cm 間距一支。如遇水電管路出口，使用鋼剪或電鋸開口，盡量避免截斷。

四、吸音棉（防火岩棉）及雙面封板一律到頂。

五、吸音棉（防火岩棉）應以 2" 尖頭鍍鋅螺絲固定於石膏板內側，螺絲旋入（不得採擊入）石膏板深度不得大於 10mm。螺絲水平間距不得大於 20cm、垂直間距不得大於 60cm。

六、面板接縫一律依原廠建議補土填縫（上述接縫含橫向、縱向接縫及陰角接縫）。

七、陽角一律以金屬護角補強，且須以補土批平。

八、說明六、七項所列之施作內容，其單價應列於輕鋼架隔牆工料項內。

九、地下室複牆排水孔檢修門由乙方負責安裝及補強（甲方提供不鏽鋼檢修門），該項費用應內含於複牆單價。

十、地下室複牆金屬骨架熱浸鍍鋅量依 CNA1244 附錄 B 規定，採 Z27，社區活動空間輕隔間牆及戶內隔間輕質灌漿牆金屬骨架鍍鋅量依市場慣例採 Z12。

十一、地下室複牆 Channel 開口朝下，避免積水。

十二、社區活動空間輕隔間牆，門框兩側立柱採 16gauge 骨架，立柱上下端以螺絲與上下槽結合。

十三、社區活動空間輕隔間牆採雙面雙層封板，襯板（內層）、面板（外層）接合前，先於襯板全面塗佈樹脂（白膠），再以螺絲鎖固面板。

十四、DRY WALL 計價不扣檢修孔數量、不計補強費用。

十五、戶內隔間輕質灌漿牆每次灌漿高度不得大於 1.5m，俟下層輕質混凝土凝固後再進行後續灌漿。

十六、施工廢棄物、包裝材料應由乙方自行清運，一般垃圾如便當盒、飲料罐應由乙方自行集中置於甲方指定地點；否則由甲方派工清運，所需費用自工程款內優先抵扣，不得異議。

十七、施工機具及材料應由乙方自行保管。

十八、乙方應指派專人領導施工、協調進度、控制品質、管理工料、維護安全。

十九、工程期限：協調工地主任訂定並作成記錄由甲方工地主任及乙方代表簽認存查。

二十、逾期罰則：每逾期一日完成應扣工程總價之 1/100，依此類推。

二一、保固期限：壹年（自管理委員會點收日起算）。

二二、付款辦法：

1. 無預付款，依實做數量計價。
2. 每月一日及十五日爲請款日，十日及二十五日爲領款日。請款前乙方應開立當月之足額發票交工地辦理請款。
3. 每期均依實際完成數量計價 90%（以 1/2 現金、1/2 60 天期票支付）。
5. 管理委員會點收後計價支付 10%，概以 60 天期票支付。

二三、報價廠商凡有疑問應於報價前提出，若有異議應於報價單註明，簽約後一切爭議均依甲方解釋爲準。

二四、請以本報價單報價，期它格式概不受理。廠商資料欄請確實塡寫並加蓋公司章、負責人章。報價單頁、附件頁、附圖頁應依 A4 紙張規格折疊以釘書機釘訂並加蓋騎縫章。

第 38 章 廚具

廚具種類繁多，鍋、碗、瓢、盆均屬之，本章所述之廚具俱備以下四類功能，一、儲藏器物功能，包含餐具、炊具、器皿等。二、洗滌功能，包括冷熱水、排水、洗槽等，部分廚具亦包含廚餘絞碎、廚餘分解設備。三、調理功能，主要包含調理檯面，供整理、切菜、配料、調製等用途。四、烹調功能，包含爐具、排煙和烹調相關設備。

一、常用基材

1. 木芯板

以小塊實木片排列夾貼於二片夾板中構成，分冷壓木芯板及熱壓木芯板，使用尿素樹脂膠合，冷壓加壓 4～24 小時。熱壓使用 80～100℃溫度，加壓 5～8 分鐘。木芯板有單面用及雙面用兩種不同類型，使用前應充分注意。熱壓木芯板之品質較佳。木芯板材質密度低於塑合板，自重較輕，防潮性佳，保釘性能稍遜於塑合板。檯面底材多採 18mm、28mm、36mm 之厚度，筒身、門板等均爲 18mm 厚。台灣廚具採木芯板底材者多屬 F3 級。

2. 塑合板

以木絲膠合加壓而成。依甲醛含量區分爲 E1 級、E2 級，E1 級之甲醛含量低於 E2 級，較符合環保標準。依防潮性區分爲 V20、V100、V313 三級，V20 無防潮性，V100 屬防潮級，V313 防潮性能更優於 V100。因歐美地區氣厚乾燥，進口廚具多採 V100 之塑合板。檯面多採 30mm 之厚度，筒身、門板等均爲 18mm 厚。目前歐規塑合板之防潮等級已依 EN 312 歸屬於 P3、P5、P7 級板材。

3. 密集板

或稱密迪板，由木屑粉末經高溫高壓製成，遇潮易膨脹，耐重性能較差。因爲密集板的質地細密平整，適合烤漆加工，鋼琴烤漆門板必定採密集板爲基材。

4. 實木板

價格高，多用於門板、檯面，屬高等級、高單價產品。

二、甲醛標示

JIS與CNS標準以F值標示，歐盟統一標準EN以E值標示。規格對照如下表。但CNS及JIS甲醛釋出值試驗方式爲板材溶解於水中之甲醛含量甲醛濃度定量法：試料溶液中之甲醛濃度（依乙醯丙酮法利用光電分光光度計或可供測定波長415nm附近之光電比色劑做比色定量），與歐規量測釋放於空氣中之甲醛含量試驗檢測標的不同，故CNS、JIS甲醛釋出值不應與歐規甲醛釋出值作對照比較，亦無法換算。

1. CNS 1349或CNS2215甲醛含量釋出試驗判定標準

等級	甲醛釋放量（水中含量）			板材用途的使用參考
	平均值	最大值	換算值	
F1	0.3mg/L	0.4mg/L	0.24ppm	嬰兒櫃，食器櫃等特需顧慮場所
F2	0.5mg/L	0.7mg/L	0.41ppm	一般傢俱內裝材
F3	1.5mg/L	2.1mg/L	1.22ppm	需顧慮的傢俱內裝材

備註：台灣自2007/10/1起，未達F3級板材不得販售使用。

2. JIS甲醛（弗瑪林）釋出量標準

等級	甲醛釋放量（水中含量）		
	平均值	最大值	換算值
F★★★★	0.3mg/L	0.4mg/L	0.24ppm
F★★★	0.5mg/L	0.7mg/L	0.41ppm
F★★	1.5mg/L	2.1mg/L	1.22ppm
F★	5.0mg/L	7.0mg/L	4.05ppm

3. 歐規游離甲醛（弗瑪林）釋出量標準

等級	甲醛釋放量（空氣中含量）
E1	0.1ppm以下
E2	0.1ppm以上～1.0ppm以下
E3	1.0ppm以上～2.3ppm以下

三、甲醛對人體影響

空氣中甲醛濃度	對人體影響
0.05ppm～0.3ppm	幾乎無感
0.4ppm～0.5ppm	眼睛有刺激感
0.6ppm～0.8ppm	可聞到刺激未
5.0ppm	頭暈、喉嚨開始不舒服
15.0ppm	開始咳嗽、流眼淚、有壓迫感
20.0ppm	刺激呼吸器官系統、心跳加速
50.0ppm	造成肺部水腫最終可能死亡
WHO 公告甲醛爲一級致癌物，長期處於甲醛值 0.5ppm 以上之環境，易罹患血癌等疾病。	

四、歐規塑合板等級

依 EN 312，塑合板分爲 P1、P2、P3、P4、P5、P6、P7 七個等級。P1 爲一般用途，不防潮。P2 適用於家俱及室內裝修，不防潮。P3 適用於非載重結構，可防潮。P4 爲載重結構性板材，適用於乾燥環境。P5 適用於載重結構，可防潮。P6 適用於高載重結構，不防潮。P7 適用於高載重結構性板材，可防潮。

P3 級，18mm 厚度板材，浸水 24 小時，厚度膨脹率不得大於 14%。P5 級 P7 級，18mm 厚度板材，浸水 24 小時，厚度膨脹率不得大於 10%。

V20、V100、V313（濕循環測試方法）塑合板防潮等級已不爲歐規使用，僅臺灣依慣例延用稱呼。

CNS 2215- 粒片板，亦對塑合板訂定各項規格，但較少爲商品應用。

五、常用檯面面材

1. 美耐板

美耐板是由印刷紙、牛皮紙經過含浸漬、烘乾、高溫高壓等加工步驟製作而成。先將印刷紙浸漬三聚氰氨 - 甲醛樹脂，多層牛皮紙浸漬酚醛樹脂，經烘乾、裁切，將浸漬後之印刷紙置於最上層，下方排疊多層浸漬後之牛皮紙，加溫至 145℃、加壓至 1450psi 成爲厚度 0.7mm 至 1.1mm 之美耐板，屬較低階之檯面面材。因美耐板膨脹係數低於檯面襯板，襯板膨脹後將發生翹曲變形，故襯板底部亦需貼飾無花色美耐板（未貼面層印刷紙之美耐板），稱平衡板。

1913 年美國 Herbert A. Faber 及 Daniel O'conon 開發出美耐板，具防潮、耐高溫、清潔、美觀等優點；爲取代當時主流飾材雲母（Mica），故以 Formica（富美家）命名，時至今日儼然成爲美耐板代名詞。

2. 珍珠板

又稱抗倍特板，其工藝與美耐板相同，可視爲加厚之美耐板，防水、耐熱、強度俱佳。厚度有 3mm、5mm、9mm、16mm，以 9mm 較爲適用。其單價高於美耐板。

3. 人造石

人造石種類甚多，品質不一，單價均高於珍珠板。本章所指之「人造石」專指英文名稱爲 Acrylic Surface（壓克力面材）之人造石，如美國杜邦可麗耐、富美家色麗石。其主要成分爲壓克力樹脂、色劑、氰氧化鋁，熱熔後以流平方式製造。長 × 寬爲 780×2400、3050、3650mm，厚度爲 3、6、8、10、12mm。

4. 石英石

本章所指石英石亦屬人造石範圍，英文原名 Quartz Stone，又稱 Engineered Stone。其原料中石英砂（SIO_2）應高於 90%，加入有色石礫、顆粒狀金屬、玻璃顆粒、色劑、樹脂，混合後注模，於眞空狀態進行震動製成。長 × 寬爲 1400、1500×3050、3200mm，厚度爲 12、13、15、20、30mm。

爲與上述之 Acrylic Surface（壓克力面材）人造石做成區分，專以「石英石」稱之。其硬度高，耐磨、耐高溫，熔點高於 1000℃；石英石硬度達莫氏 7 以上，經由水磨處理，可得光滑、亮麗、耐老化、抗菌、易清潔之特質，逐漸成爲高階廚具檯面主流材料，但因耐高溫無法以加熱方式進行軟化彎曲加工，亦無法做成無接縫處理。

石英石因硬度高、重量大，剪裁加工吊運機具多爲天然石材加工廠使用之機具，其加工費將高於人造石。

5. 天然石材

天然石材種類繁多，強度、花色各異，外觀美麗高雅。但天然石材必定有毛細孔，吸水率遠高於前述檯面材料，除非浸漬水玻璃等石材養護劑，否則易積卡油垢、滋生細菌。美觀有餘，實用不足。

6. 不鏽鋼

使用 304 不鏽鋼製作，通常採用厚度 0.6～1.0mm 之不鏽鋼片，內襯木芯板或塑合板。

不鏽鋼易清潔、不滋生細菌、不褪色、不斷裂。不耐撞、不耐刮、震動時產生共鳴爲其缺點。

六、常用門板面材

1. PVC 膠皮

厚度約 0.2mm，花色種類豐富，具熱收縮性，易於配合門板造型貼飾。防水性佳，耐熱性差。

2. 美耐皿（Menamine Paper）

三聚氰胺 - 甲醛樹脂（Melamine resin），俗稱美耐皿，爲合成樹脂，亦屬美耐板原料。美耐皿（Menamine Paper）可視爲薄層美耐板，以 Melamine resin 塗布於牛皮紙所製成之薄片，厚度以 g/m^2 計，門板多採 100～120g/m^2，平價系統家俱多採 50～60g/m^2。花色種類豐富，可彎曲貼飾。不自燃、不助燃，耐熱性優於PVC膠皮，防潮性隨基材而論。

3. 壓克力板

基材面貼壓克力板，即爲目前零售市場銷路甚佳之水晶板、結晶鋼烤板。壓克力之硬度差、不耐磨損，耐熱性亦差，但新品可媲美鋼琴烤漆。

4. 烤漆

通常採鋼琴等級烤漆，屬高級品，適用於無油煙廚房。爲求表面平整如鏡，門板基材必須使用密集板。

5. 玻璃

通常以毛玻璃或壓花玻璃搭配實木邊框或鋁質邊框使用，稍透光，適用於上櫃門。或以 3mm 強化烤漆玻璃貼附於木質門板外側，但易受撞擊損傷。

6. 美耐板

防水、耐熱性佳，花色豐富，使用彎曲板配合左右彎門板貼飾。因美耐板膨脹係數低於門板基材，基材膨脹後將發生翹曲變形，故門扇內側亦需貼飾美耐板，稱平衡板。門板外側通常貼飾 0.8mm 厚美耐板，平衡板採 0.6mm 厚。

七、常用筒身、隔板面材

1. PVC 膠皮：厚度約 0.1mm，多採白色。
2. 美耐皿：MENAMINE PAPER：厚度多採 100g/m^2，白色。

八、常用封邊條

1. ABS：封邊條材質屬 PVC，但因厚度較厚，俗稱 ABS 封邊條以利區別，厚度 2mm、3mm，多用於門板封邊。
2. PVC：封邊條厚度 0.45mm，多用於筒身板、隔板封邊。

九、背板

背板基材均使用夾板，厚度多採 3mm、4mm、5mm 三種。面飾材爲貼 PVC 膠皮或 100g/m^2 MENAMINE PAPER，可貼單面或雙面。

十、防水壓條

1. 鋁壓條：
   俗稱鋁背牆（防水 SILICONE 一道，打設於檯面與牆面之接縫）。
2. 珍珠板壓條：
   俗稱珍珠背牆，用於珍珠板檯面（防水 silicone 二道，打設於壓條上、下緣，即壓條接檯面、牆面之接縫）。
3. 木質壓條：基材、面飾材均配合檯面採相同材質（防水 silicone 二道，打設於壓條上、下緣，即壓條接檯面、牆面之接縫）。
4. 人造石：人造石檯面採一體成型之壓條。
5. PVC 壓條：最低階之防水壓條（防水 silicone 一道，打設於檯面與牆面之接縫）。

十一、抽屜

1. 木抽屜：抽頭板（抽屜門板）基材、面飾材與門板相同，屜牆、抽屜背板爲 12～16mm 厚實木，底板多爲 3～5mm 厚夾板。
2. PVC 抽屜：抽頭板基材、面飾材與門板相同，屜牆、抽屜背板、底板爲 PVC 一體成型。
3. 鋁抽：抽頭板基材、面飾材與門板相同，抽屜爲鋁質（或鐵質）一體成型，均附全展式滾珠滑軌，遮敝於金屬屜牆內。屬目前之高階製品。亦有部分鋁抽之背板、底板採 16mm 厚塑合板。

十二、滑軌

滑軌依材質分烤漆鐵板、鍍鋅鐵板，依滑輪分滾輪滑軌、滾珠滑軌，依抽出程度分半展式、全展式。抽屜品質高低大多取決於滑軌，優良滑軌於使用時輕巧滑順、可承受較大載重（40kg、70kg 等級）、末段自動回歸、緩衝不夾手、安靜無聲。奧地利 BLUM 爲第一品牌，價格頗高。近年部分國產品牌（如川湖）滑軌亦達國際前段水準。

十三、櫥櫃鉸鏈

櫥櫃、傢俱所使用之彈簧鉸鏈由德國所開發，故無論是否爲德國製造均俗稱德國鉸鏈。較知名之進口廠牌爲 BLUM、HETTICH 等，川湖（King slide）、聯青（Unita）爲國產品牌，品質亦佳。

櫥櫃鉸鏈有固定式與可拆卸式（不拆卸螺絲即可分離鉸鏈拆卸門板）。爲配合門板開啓方向、角度，均有專用之鉸鏈搭配。有油壓緩衝式，亦有背包式（非緩衝鉸鍊加掛緩衝棒）。材質多爲鋼質鍍鋅，亦有不鏽鋼材質。

十四、踢腳板

1. PVC 踢腳：單價低、防水性佳，須配合固定夾連結於調整腳。有專用轉角搭配。
2. 鋁質：單價高、防水性佳，須配合固定夾連結於調整腳。有專用轉角搭配。
3. 木質：單價低、防水性差，免配合固定夾。無專用轉角搭配。

十五、水槽

1. 不鏽鋼水槽：早年國產不鏽鋼槽品質不佳、表面拋光不足，俗稱水泥槽，近年因品質提升，已無水泥槽一詞。不鏽鋼水槽耐用、規格齊全。
2. 琺瑯槽：採鋼板烤琺琅漆，單價稍低，已逐漸淡出市場
3. 人造石水槽：價格高，近年台商於大陸設廠生產，價格稍降，逐漸占有市場，但規格不及不鏽鋼水槽完整及多樣化，實用性仍不及不鏽鋼水槽。

註 1：水槽均須配置不鏽鋼提籠使用。且應考率是否需配合安裝檯面式龍頭。金屬水槽亦須考慮背側是否有結露滴水之可能。

註 2：水槽凸緣與檯面之接合面應以 silicone 填縫防水（silicone 不外露）。

註 3：檯面挖孔嵌入水槽，檯面板切鋸緣應塗布 silicone 防潮。

十六、筒身、門板規格

1. 筒身（桶身）

系統櫥櫃（包含系統廚具）之櫃體即由筒身構成；筒身包含頂板、左右側板、背板、隔板、底板，形成開口狀方筒，故稱筒身，為置物空間之結構體，承載置物及工作重量；其開口部另由門板閉合。系統廚具筒身又分上櫃筒身及下櫃筒身，下櫃筒身通常不加頂板，其上方開口逕以檯面封閉。

筒身寬度 W、W2、W3（如下圖所示）可為 120cm 以下之任何寬度，若大於 120cm，應加設立柱等支撐補強，以免變形。

Wd = W − (2mm×2)，Wd2 = W2 − (2mm×2 + 2mm)，Wd3 = W3 − (2mm×2 + 2mm×2)。

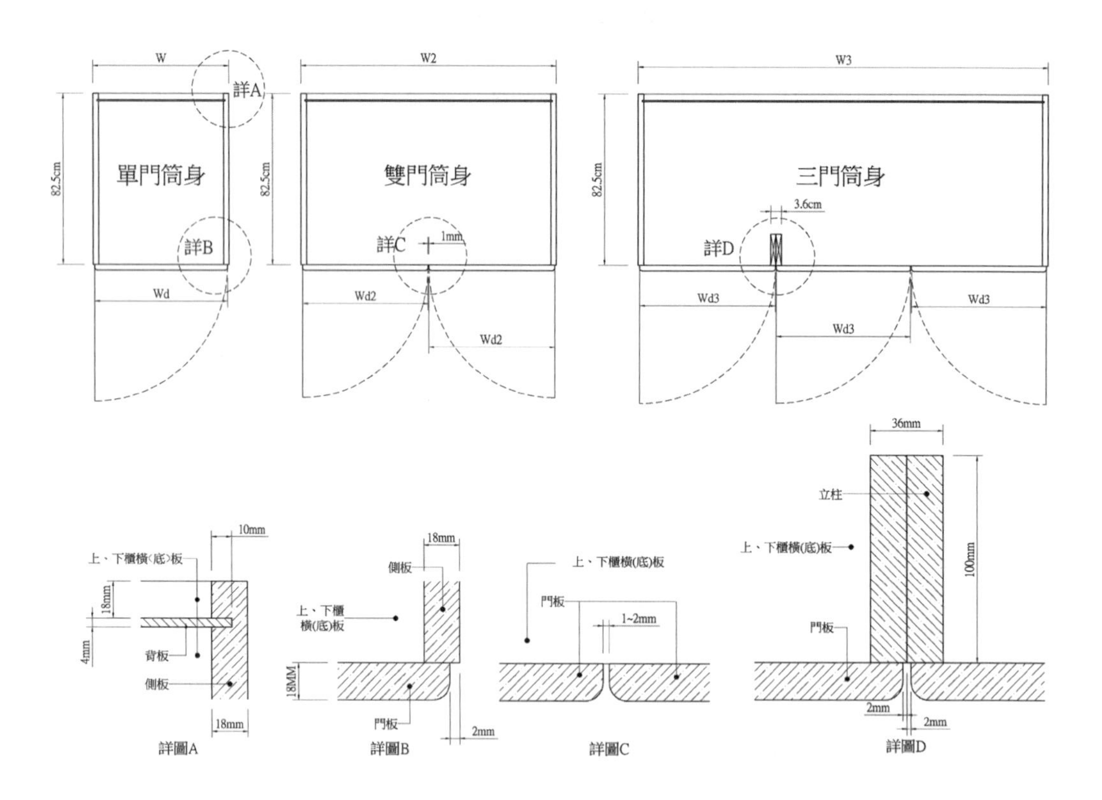

2. 筒身常用高度

塑合板：72cm、70.4cm。

木芯板：68cm。

3. 上櫃常用高度

塑合板：57.6cm、70.4cm、72cm、96cm。

木芯板：60cm、68cm、80cm。

4. **門板高＝筒身高** -2mm。

十七、門板型式

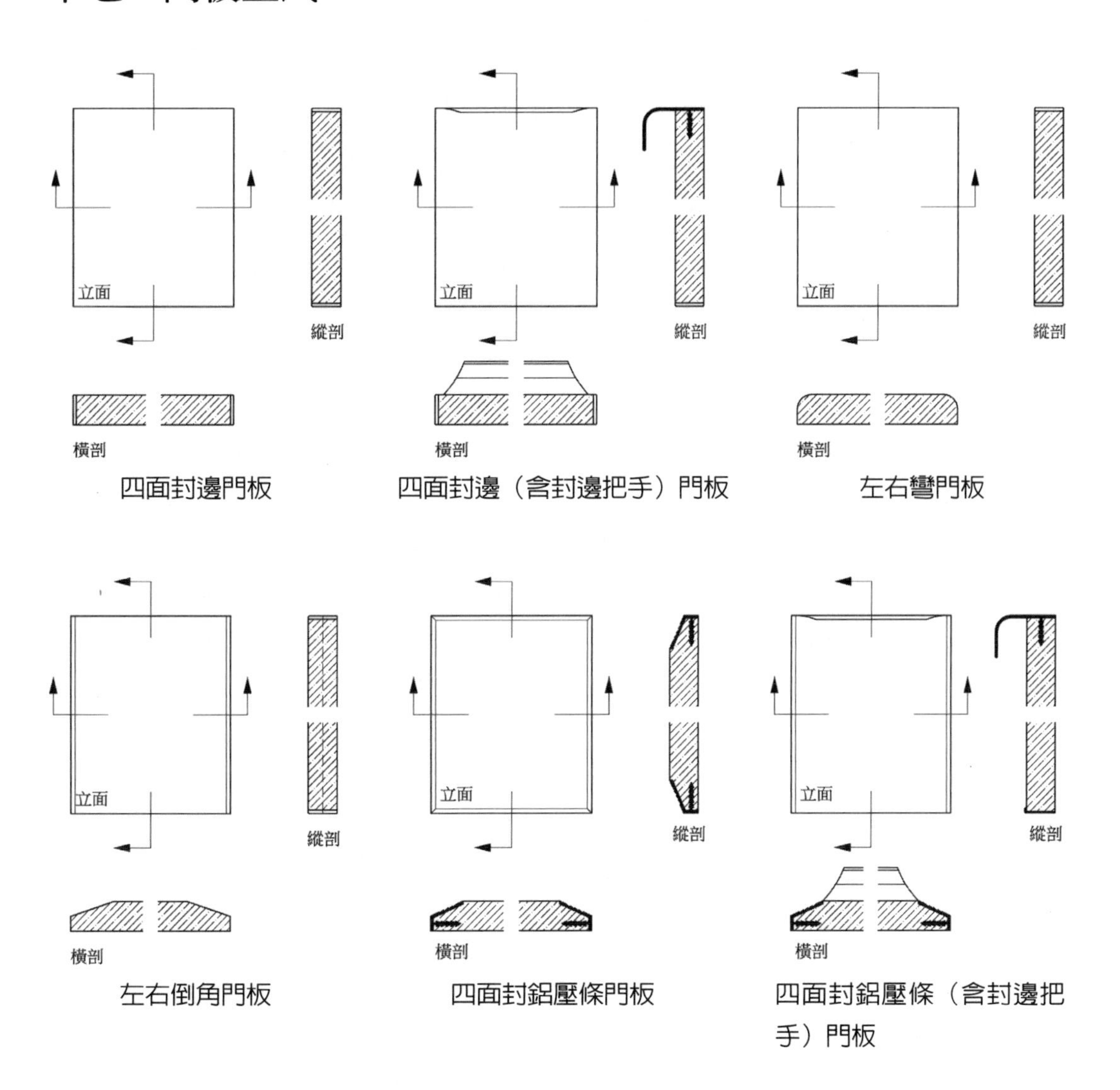

十八、鉸鏈與門板寬度之關係

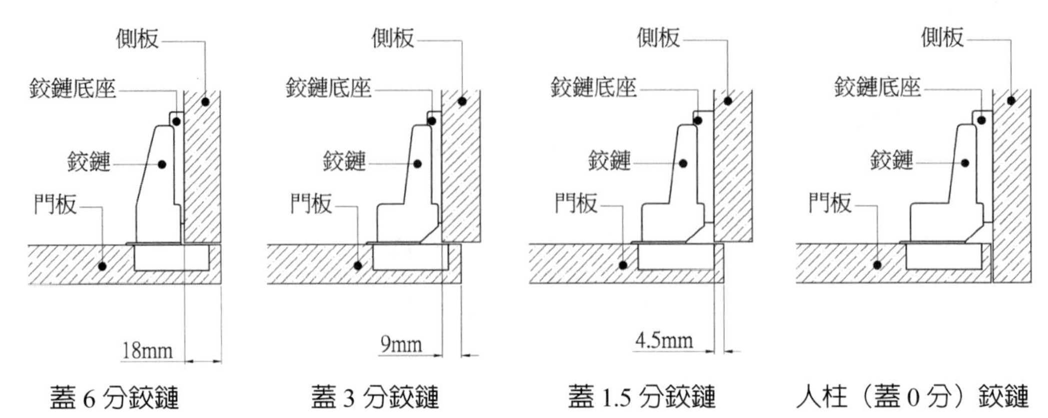

備註：市售鉸鍊並無蓋 1.5 分之規格，均使用蓋 3 分鉸鍊，於側板與鉸鍊間襯墊 1.5 分厚之墊片調整。

十九、L 形檯面接合

L 型廚具，其檯面若以 45° 對角線接合，水平向及縱向檯面均需切除邊長 60cm 之三角形，損料最多，故如上圖左，檯面前緣爲圓弧形者，爲求二圓弧以直角方向平順接合，水平向檯面切一 5～10cm 之截角，縱向檯面切除一梯形，可減少損料。如上圖右，檯面前緣爲直角者，水平向檯面與縱向檯面直接接合，幾乎無料。

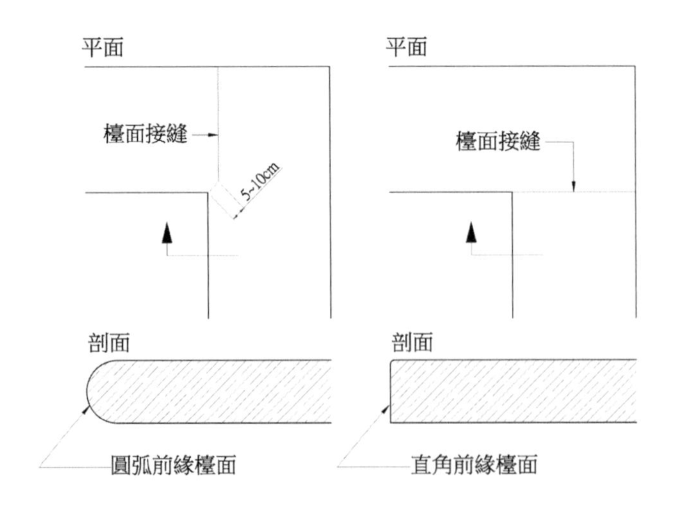

二十、爐與牆之間距

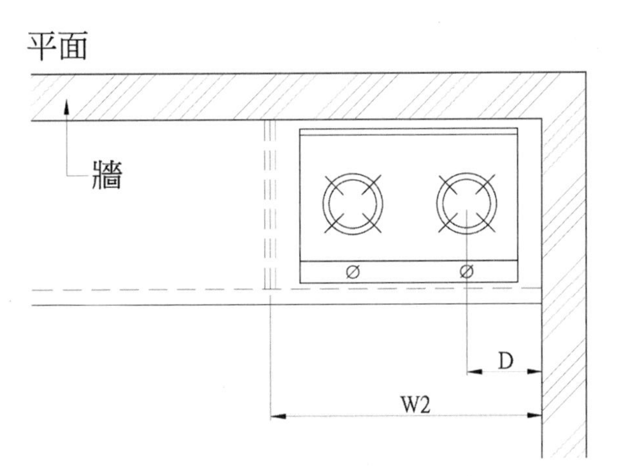

建議D>22cm(以便使用Φ40cm之鍋具)
建議W2≧90cm(以利D≧22cm)

廚具邀商報價說明書案例

項次	項目	數量	單位	單價	複價	備註
1	A、C TYPE 廚具		組			詳材質說明 1～23
2	B、D TYPE 廚具		組			詳材質說明 1～23
3	E TYPE 廚具		組			詳材質說明 1～23
4	L1 TYPE 廚具		組			詳材質說明 1～23
5	L2 TYPE 廚具		組			詳材質說明 1～23
6	L3 TYPE 廚具		組			詳材質說明 1～23
7	52cm 圓形琺瑯水槽		組			
8	檯面單槍水龍頭		組			
9	單口瓦斯爐		台			
10	排油煙機（配合單口爐寬度）		台			
11	雙口瓦斯爐		台			
12	排油煙機（配合單口爐寬度）		台			
13	置物架		組			
	小計					含工料運雜管利費
	稅金					
	合計					
合計新台幣： 佰 拾 萬 仟 佰 拾 圓整						

一、材質說明：

項次	名稱	說明	產地、廠牌、型號
1	上線板	PVC 射出成型，面貼 PVC 皮（與門片同色系）	國產
2	吊櫥固定器	PVC 外殼可調式調整盒（每只容許掛載 35kg）	國產
3	緩衝鉸鍊	德國製（可開啓 100000 次以上）	
4	背板	3.0mm 厚夾板，雙面貼白色 PVC 膠片	國產

項次	名稱	說明	產地、廠牌、型號
5	上櫃隔板	進口 18mmE1-P3 塑合板底材 雙面貼 100g MENAMINE PAPER 周邊採 0.45mm PVC 封邊	
6	上櫃門板	進口 18mmE1-P3 塑合板底材（左右彎） 雙面貼 120g MENAMINE PAPER（左右彎） 上、下緣採 2mm ABS 熱熔封邊	
7	線板轉角接頭	PVC 壓出成型（與門片同色系）	國產
8	上櫃橫板	進口 18mmE1-P3 塑合板底材 雙面貼 100g MENAMINE PAPER 周邊採 0.45mm PVC 封邊	
9	上櫃側板	進口 18mmE1-P3 塑合板底材 雙面貼 100g MENAMINE PAPER 周邊採 0.45mm PVC 封邊	
10	檯面	國產 18mm 厚熱壓木心板底材 面貼 12mm 人造石 底塗防水塗料	
11	止水背牆	進口鋁背牆	
12	下櫃橫桿	進口 18mmE1-P3 塑合板底材 雙面貼 100g MENAMINE PAPER 周邊採 0.45mm PVC 封邊	
13	PVC 成型抽屜	PVC 壓出一體成型無接縫抽屜（附整理盤）	國產
14	滑軌	國產自滑式	
15	抽屜面板	進口 18mmE1-P3 防潮塑合板底材（左右彎） 面貼 120g MENAMINE PAPER（左右彎） 上、下緣採 2mm ABS 熱熔封邊	
16	鉸鍊	德國製，可拆卸式（可開啓 100000 次以上）	
17	下櫃門板	進口 18mmE1-P3 塑合板底材（左右彎） 雙面貼 120g MENAMINE PAPER（左右彎） 上、下緣採 2mm ABS 熱熔封邊	
18	下櫃隔板	進口 18mmE1-P3 防潮塑合板底材 雙面貼 100g MENAMINE PAPER 周邊採 0.45mm PVC 封邊	
19	PVC 踢腳板	國產，H = 12cm	
20	踢腳板固定夾	連接調整腳，固定踢腳板	

項次	名稱	說明	產地、廠牌、型號
21	調整腳	國產品，塑鋼製	
22	下櫃側板	進口 18mmE1-P3 防潮塑合板底材 雙面貼 100g MENAMINE PAPER 周邊採 0.45mm PVC 封邊	
23	把手	國產金屬把手	
24	水槽	進口不鏽鋼 附不鏽鋼提籠、橡膠墊、滴籃、軟管	
25	水龍頭	檯面式（進口精密陶瓷閥）龍頭	國產
26	瓦斯爐	（國產知名品牌）	
27	排油煙機	（國產知名品牌）	
28	置物架	不鏽鋼	

二、報價應附資料：

1. 本報價單。
2. 照片（成品、組件、配件、零件）。
3. 廚房配置平面圖，立面圖（註明尺寸，型號，名稱及預留管線之建議位置）。

三、其它說明：

1. 各項單價應包含一切工料，安裝及管銷利潤。
2. 稅金外加。
3. 設備配置應考慮與牆密接。
4. 廚具與牆面接觸位置應以透明 Silicone 填縫。
5. 踢腳板免填縫。
6. 止水背牆與牆面、檯面接觸位置應以透明 Silicone 填縫防水。
7. 立櫥均附國產大型 ABS 調整腳。
8. 櫥身側板與櫥身側板之聯結一律採螺釘接合（不得共用側板）。

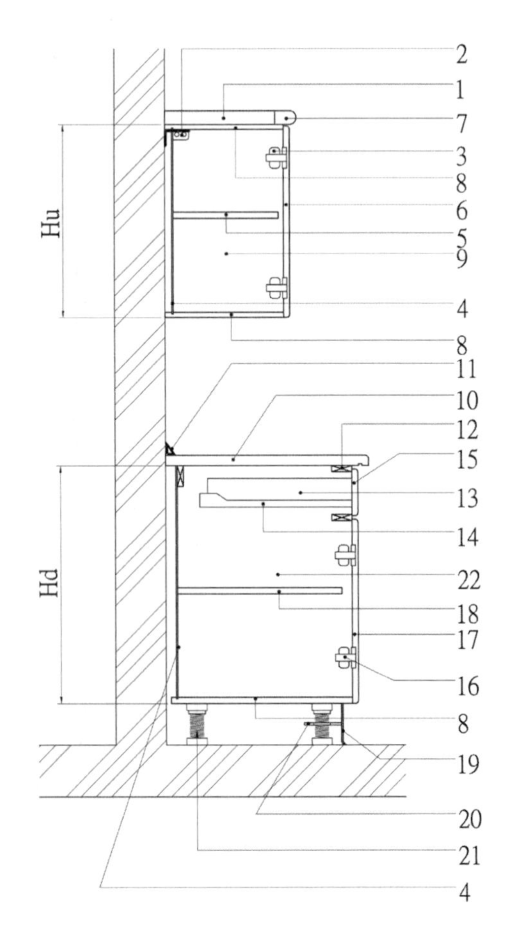

9. 吊櫥及立櫥安裝時應架設雷射水平儀控制水平。
10. 簽約後，乙方應至現場實際仗量空間尺寸後始可下料製作（甲方不爲尺寸誤差負責）。
11. 吊櫥一律附上線板（與門板同色同材質，轉角以 45° 對接），免附下線板。
12. 排油煙機之鋁質旋楞風管或 PVC 風管、PVC 彎管均由乙方供應並負責安裝接至指定之出風口。
13. 爐具之瓦斯軟管由乙方供應並負責安裝。軟管採不鏽鋼編織被覆軟管，不得續接。軟管末端應以不鏽鋼螺旋管束固定於氣閥。
14. 天花板挖孔配置排油煙管應由乙方依管徑挖孔。
15. L1、L2、L3 TYPE 之廚具檯面轉角均採平接，接縫處採同色塡縫防水。
16. 排水管應由乙方插入地板排水孔並以 Silicone 塡縫（防溢水）。
17. 交屋前，甲方不負保管之責任。易拆物件俟甲方通知後安裝。
18. 保固期壹年。
19. 簽約時，甲方付訂金一成，乙方應付同額之保證票。
20. 每月計價一次。
21. 合約數量爲預估數量，甲方有追加及追減之權利，但加減賬之合計金額不得大於合約總價之 15%。
22. 報價廠商若有任何異議應於報價時提出，否則一切爭議均以甲方解釋爲準。

四、施工步驟

1. 俟廚房牆面完成裝修後。經工地人員通知。三日內承攬廠商應派員赴現場丈量尺寸。並繪製簽認圖。
2. 各型廚具平面、立面圖應於七日內繪製完成（自進場丈量日起算）並交工地主任簽認。
3. 圖面完成簽認後。乙方應依工地主任指示日期（自圖面完成簽認日起算。不得少於三十天）將上、下櫥及檯面成品運抵工地並進行安裝。
4. 上下櫥、門板、檯面、上線板、水槽、排水管、抽屜、silicone 應於 30 日內完成安裝及調整（自進料日起算）。
5. 俟甲方通知後，瓦斯爐、排油煙機（含排煙管）、龍頭、隔板、置物架、滴籃、提籠、踢腳板等配件方可進場安裝（備料 20 日。安裝 10 日）。

五、付款辦法：

1. 簽約後由工務所計價，付定金 10%（以 60 天期票支付）。
2. 請款前乙方應將當月之足額發票及同額保證支票交工地辦理計價。
3. 每月計價一次（每月一日爲請款日，十日爲放款日）。

4. 請款前乙方應將當月之足額發票交工地辦理請款。
5. 每期均依實際安裝完成數量計價100%×1.05。（本項所列之1.05爲單價+稅金）。
   實付金額：單價 × 該期完成數量 ×80%×1.05。
   沖回定金：單價 × 該期完成數量 ×10%×1.05。
   保留款：單價 × 該期完成數量 ×10%×1.05。
6. 每期計價款概以 40% 現金，60% 60 天期票支付。
7. 保留款分二期退還：
   第一期：交屋戶數（未安裝廚具者不計）達 50% 時，退還 1/2 之保留款。
   第二期：已售戶交屋完成後 90 天，退還剩餘之保留款。
   保留款概以 90 天期票支付。
8. 保證票於保固一年期滿後退還。

六、追加減辦法：

1. 合約所列之 TYPE 均依合約單價辦理追加減。
2. 新增 TYPE 之立櫥+吊櫥以元 / cm 計價。
3. L 型櫥具以檯面接牆長度減 60cm 計算長度（每增一轉角均再減 60cm）。
4. 配備（爐具，水槽等）均依合約單價辦理追加減。

七、罰則：乙方每階段（參照施工步驟所列）應依甲方工地主任指示之進度施作，若逾此期限則每逾一日完成應罰款總價之 3/1000。乙方不得異議。

八、其它規定：

1. 施工人員每日進場施作前均應至工務所報備當日施工戶別及施工人數。
2. 借用鑰匙應登記。
3. 每日離場前均須關鎖門窗。
4. 隨手關閉電源，水源，火源。
5. 嚴禁汙染，損毀工地設施。
6. 垃圾，廢棄物應當日清除，並集中於甲方指定之地點由甲方運棄。
7. 凡有違反上述規定或造成甲方損失時，乙方應負責賠償。
8. 施工人員之安全責任應由乙方自行負責。

本案報價說明附各 TYPE 平面示意圖、剖面圖

本說明為合約附件

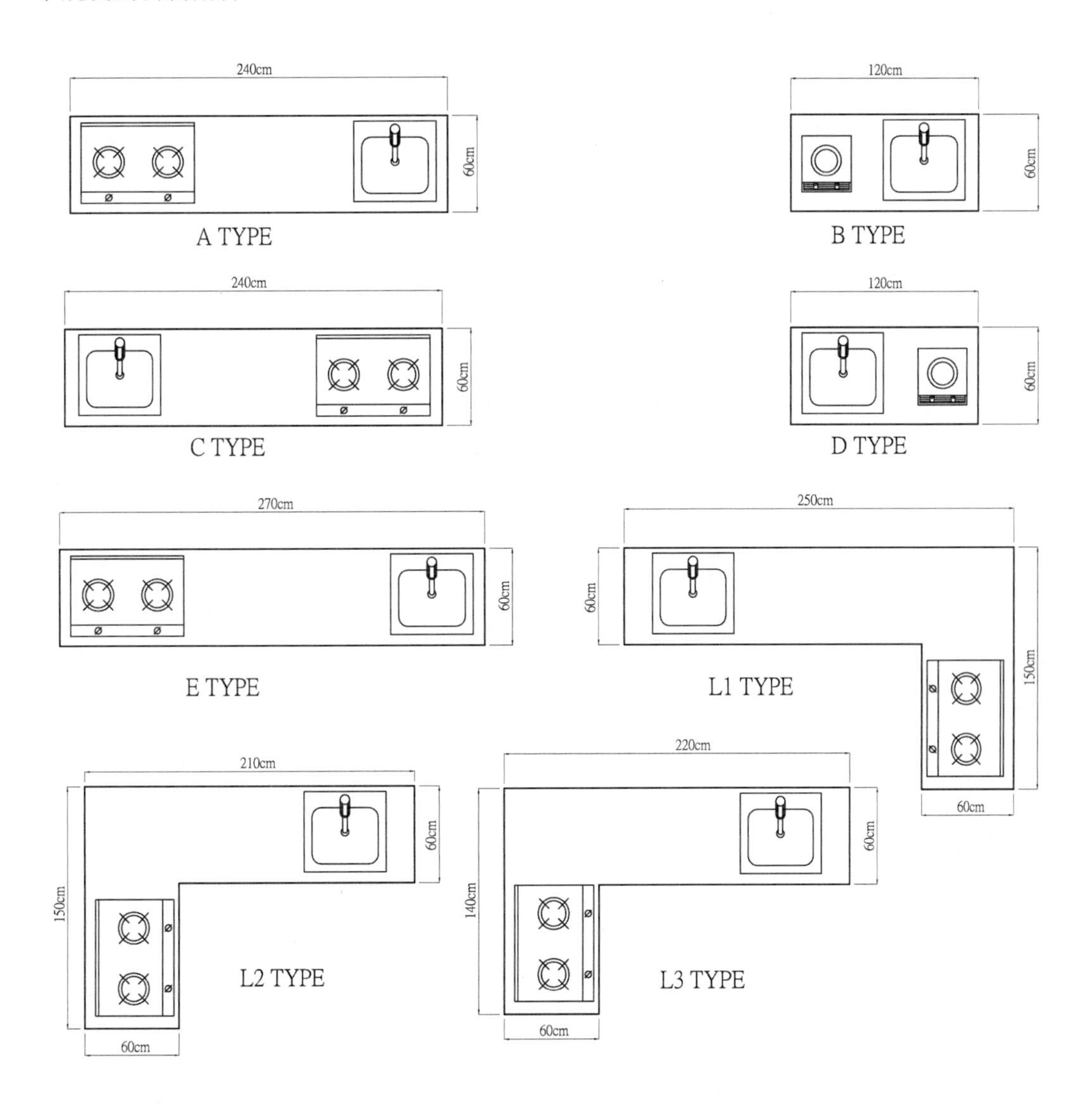

附錄 1 電化學腐蝕——以混凝土中鋼筋腐蝕爲例

腐蝕的基本原因，可分爲化學腐蝕和電化學腐蝕兩大類。化學腐蝕（chemical corrosion）是指材料置於溶液中之溶解現象。氧化作用亦屬化學腐蝕。電化學腐蝕通常是指兩種異質金屬，在以電解液（electrolyte）相連結的環境中，形成陽極金屬持續失去電子的現象稱之爲電化學腐蝕。在這兩類的腐蝕中，以電化學腐蝕較常發生於自然環境中。

依腐蝕型態，概分爲八大類別：

1. 均勻腐蝕（uniform corrosion）：這是最單純的一種腐蝕，金屬表面出現一層均勻的腐蝕物，一般鋼鐵在大氣中所產生之鐵鏽均屬均勻腐蝕。
2. 伽凡尼腐蝕（galvanic corrosion）：或稱爲異種金屬腐蝕。當兩種不同金屬接觸時，化學性質活潑的金屬會加速腐蝕，惰性大的金屬則會減緩腐蝕。譬如銅板和鋼板相接，必然會造成鋼板加速腐蝕。

   以氫氣的標準還原電位作爲基準（±0.00），各種金屬標準還原電位如右表所示。還原電位愈高，其性質愈安定，愈不易腐蝕（兩種金屬接觸，低電位金屬元素之電子流向高電位金屬元素，造成低電位金屬腐蝕）。例如鍍鋅鐵板，鋅金屬還原電位 –0.76V，鐵金屬還原電位 –0.44V，鋅電位低於鐵，故鋅原子中之電子流向鐵，造成鋅金屬腐蝕，但保護鐵金屬不遭腐蝕。
3. 間隙腐蝕（crevice corrosion）：金屬的縫隙處因滯流不通，缺少氧氣，形成氧濃差電池，特別容易腐蝕，如鋼管車牙處。
4. 孔穴腐蝕（pitting corrosion）：簡稱孔蝕，較易發生在鈍性金屬，如不鏽鋼、銅等金屬

半反應			
氧化態		還原態	E°(V)
$Li^+ + e^-$	→	Li（鋰）	−3.0401
$K^+ + e^-$	→	K（鉀）	−2.931
$Mg^+ + e^-$	→	Mg（鎂）	−2.93
$Na^+ + e^-$	→	Na（鈉）	−2.71
$U^{3+} + 3e^-$	→	U（鈾）	−1.66
$Al^{3+} + 3e^-$	→	Al（鋁）	−1.66
$Ti^{2+} + 2e^-$	→	Ti（鈦）	−1.63
$Zn^{2+} + 2e^-$	→	Zn（鋅）	−0.7618
$Cr^{3+} + 3e^-$	→	Cr（鉻）	−0.74
$Fe^{2+} + 2e^-$	→	Fe（鐵）	−0.44
$Ni^{2+} + 2e^-$	→	Ni（鎳）	−0.25
$2H^+ + 2e^-$	→	H_2（氫）	±0.00
$Cu^{2+} + 2e^-$	→	Cu（銅）	+0.34
$Ag^+ + e^-$	→	Ag（銀）	+0.7996
$Hg^{2+} + 2e^-$	→	Hg（汞）	+0.85
$Pt^{2+} + 2e^-$	→	Pt（鉑）	+1.188
$Au^+ + e^-$	→	Au（金）	+1.83

上。在氯離子溶液中會發生點狀位置集中的腐蝕，在金屬表面形成多處孔穴，開始時不易察覺，最終發現腐蝕時難以補救。

5. 晶界腐蝕（intergranular corrosion）：金屬晶體交界處的化學活性比較強，容易發生腐蝕。不鏽鋼焊道兩旁的腐蝕最爲明顯，它是由於焊道附近的晶界處，因加熱而失去不鏽剛特性的結果。
6. 選擇性腐蝕（selective leaching）：合金中的某一元素被選擇性的侵蝕，通常是化學性活潑的成分被提取出來，例如黃銅爲鋅和銅的合金，在一般的水溶液中，其中的鋅因腐蝕而流失，致黃銅失去強度。
7. 沖磨腐蝕（erosion corrosion）：金屬在流動的腐蝕環境中，因爲沖擊而產生加速腐蝕的結果，譬如泵浦的葉片和管線的轉折處均屬易發生沖蝕之處。
8. 應力腐蝕（stress corrosion）：當應力與腐蝕環境同時存在時，金屬會在到達材料壽命週期前提早破裂，造成非預期的安全問題。振動是應力的來源，它會擴張晶界，加速腐蝕的進行。氫原子的存在，亦會造成對金屬的另類破壞。這些對金屬的破壞均是由於外在環境所引起的，其結果是產生金屬的破碎，通稱爲環境誘導破裂。（environmentally induced cracking）

電化學（electrochemistry）爲化學的分支，是研究不同導體（如金屬、半導體、電解液）接觸面上所發生的電子移轉變化的科學。

電化學腐蝕：電子流失

原子主要是由三種基本微粒子所構成：電子、質子和中子。質子的質量大約是電子的 1840 倍，帶有正電荷，與電子所帶電量相等，但電性相反。中子的質量與質子大約相同，但不帶電荷，是電中性。電子的質量在三種微粒子中最小，帶負電荷。在化學反應中，只有電子會發生轉移。

原子核中的質子數目決定一個原子的性質；同一種元素的原子，其質子數必相同，元素不同，質子數就不同，其性質也相異。

例如鐵 Fe，於元素表之原子序爲 26，代表鐵原子的質子數爲 26，其電子數亦爲 26（= 2 + 8 + 1 4 + 2）。如鋅（Zn），於元素表之原子序爲 30，代表鋅原子的質子數爲 30，其電子數亦爲 30（= 2 + 8 + 18 + 2）。

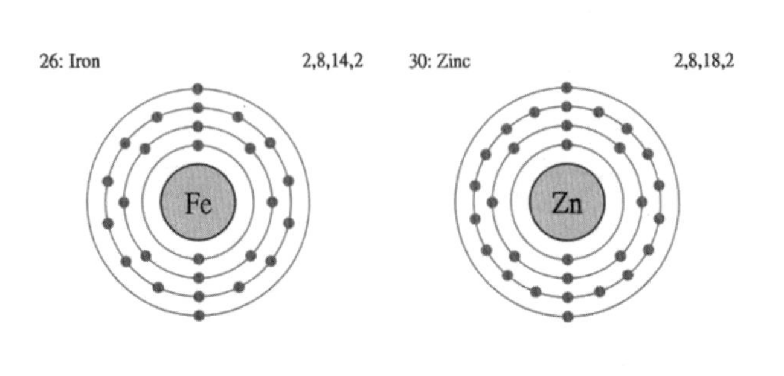

整個原子是電中性的，因核內的質子數和核外的電子數恰好相等之故，而物質會帶電，是電子轉移的結果。如果一個原子因摩擦或其他原因失去電子，原子核內質子數多於核外電子數，則此一原子就成帶正電的粒子，即爲陽離子。若一個電中性原子，從外界獲得電子，原子中的質子數少於電子數，則變成帶負電的粒子，即陰離子。

原子中之部分電子脫離，該原子稱爲離子；因正電荷多於負電荷，故稱爲正離子。若原子中電子數增加，該原子亦稱離子；因負電荷多於正電荷，故稱爲陰離子。

構成金屬氧化和還原反應的條件，其基本要素有五種，1. 陽極、2. 陰極、3. 電導通路、4. 電流、5. 電解液，缺一不可。以鐵金屬爲例，說明如下。

1. 陽極（Anode）：

鐵釋放電子，鐵氧化爲亞鐵離子　$Fe \rightarrow Fe^{2+} + 2e^-$

2. 陰極（cathode）：

水與空氣中的氧吸收電子而形成氫氧根離子　$2H_2O + O_2 + 4e^- \rightarrow 4OH^-$

氫氧根離子產生之後，鐵離子會與之結合形成沉澱，即鐵鏽。

$4\,Fe^{2+}$（亞鐵離子）$+ O_2 \rightarrow 4\,Fe^{3+}$（鐵離子）$+ 2O^{2-}$

$Fe^{2+} + 2\,H_2O \rightarrow Fe(OH)_2$（氫氧化亞鐵）$+ 2H^+$

$Fe^{3+} + 3\,H_2O \rightarrow Fe(OH)_3$（氫氧化鐵）$+ 3H^+$

$Fe(OH)_2 \rightarrow FeO$（氧化亞鐵）$+ H_2O$ 水

$Fe(OH)_3 \rightarrow FeO(OH)$（氫氧化氧鐵）$+ H_2O$ 水

$2FeO(OH) \rightarrow Fe_2O_3$（三氧化二鐵）（鏽）$+ H_2O$ 水

3. 電導通路（conducting path）：

氧化還原反應均需有電子轉移才會發生，所以有良好的導電路線，腐蝕作用才能順利進行。

4. 電流（corrosion current）：

要產生腐蝕必須有足夠的電子數，才可以使離子化反應順利進行。也就是要有足夠的電動勢才可驅動電子的流動。

5. 電解液（electrolyte）：

電化腐蝕須在有水分或潮濕狀態下才會發生，因離子在電解液中移動速度較快，而易導致腐蝕。鹽（NaCl）於混凝土中將自動吸收水分，形成極佳之電解液，故有「海砂屋」之形成。

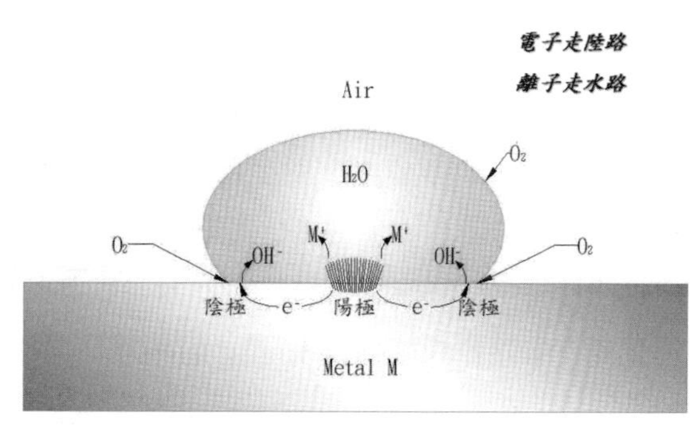

混凝土中性化

在一定電位以下，鐵是不會腐蝕，這是鐵的免疫區。如下 E-pH 圖（Potential-pH diagram for Iron）所示。其中 Immunity 爲免疫區，金屬電位及環境 pH 值於該範圍內不會發生腐蝕。Corrosion 爲腐蝕區，鐵金屬處於該 pH 值環境中，鈍化層受到破壞，一定會發生腐蝕。

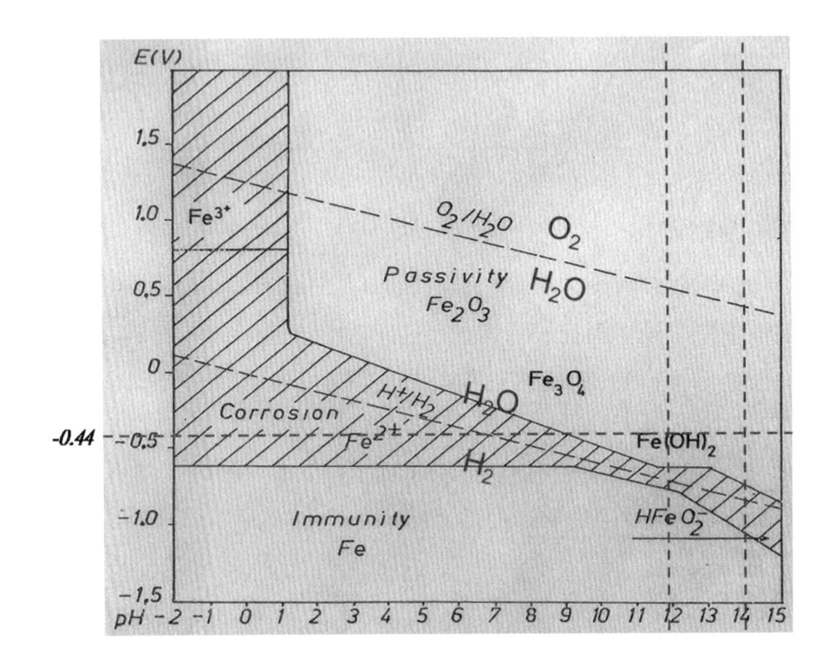

鈍化

特定條件下，金屬的腐蝕產物會在其表面形成一層質地密實的氧化膜，因其質地密實能阻止進一步的氧化過程。故氧化膜達到約 1 微米厚度就不再增長，這種現象被稱爲鈍化。如上列 E-pH 圖中，鐵金屬還原電位 –0.44V，所處環境 pH 值 12～14，恰爲鐵金屬的鈍化區（Passivity），鋼筋表面形成鈍化膜，使鋼筋避免氧化腐蝕。在一般情形下，混凝土爲強鹼性環境（pH 值 12～14），鋼筋受混凝土包覆，鋼筋表面爲鈍化狀態；但隨著時間或外在因素的影響使混凝土自外向內逐漸發生改變，如混凝土中性化，或受氯離子作用，鋼筋所處環境均會從鈍化區變化成腐蝕區。

據推測，於不接觸水的狀態下，混凝土表面接觸空氣中的水氣及二氧化碳，每年可造成混凝土中性化深度約爲 1mm，若鋼筋保護層混凝土厚度爲 25mm，則 25 年後鋼筋鈍化層將開始變質，失去保護作用而逐漸鏽蝕。

常見的鐵鏽不等於鈍化，因爲鐵鏽質地鬆散，無法達到保護作用。例如鋁合金的「陽極處理」即是爲形成表面鈍化膜以達成防蝕效果。

混凝土中鋼筋腐蝕

鋼筋混凝土構造物中鋼筋之所以會被保護，是因混凝土內部提供高鹼性環境（pH 12～14），使鋼筋表面形成鈍化氧化鐵膜（Fe_2O_3），使鋼筋不再受有害因子破壞造成鋼筋繼續腐蝕。

在混凝土中：水泥含有 CaO，K_2O 和 Na_2O 在水化作用後會產生高鹼性的 $Ca(OH)_2$ 等。其中氫氧化鈣溶於水後，會使得水的 pH 值呈現 12.5 左右的高鹼性。當接觸到 pH 值爲 12.5 的水溶液，鋼筋便不會腐蝕而會形成具有保護作用的鈍化層（Fe_2O_3），這就是混凝土中所埋設之鋼筋不生鏽的原理。

$$CO_2 + Ca(OH)_2 \rightarrow CaCO_3 + H_2O$$

當混凝土材料暴露在大氣中，含有二氧化碳或二氧化硫等酸性氣體會使混凝土的 pH 值降低，由原先的 12～14 降到 9 左右，鋼筋表面鈍化層破壞，鋼筋開始腐蝕，形成 FeO、Fe_3O_4、Fe_2O_3、$Fe(OH)_2$、$Fe(OH)_3$、$Fe(OH)_3 \cdot 3H_2O$，鋼筋逐漸膨脹，其體積將膨脹至 6 倍，致混凝土保護層爆裂，海砂屋即爲代表。

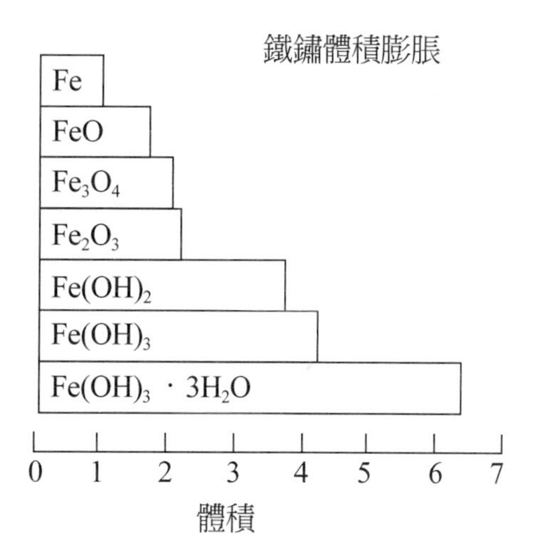

參考文獻

中央大學施建志教授講義

附錄 2 工程進度百分比計算方式

國內各工程多於合約明定進度逾期罰則，逾期達規定百分比時即達解約條件，但少有合約明確訂定進度百分比計算方式，致甲、乙雙方爭議。

常見之工程進度百分比計算方式爲完成金額百分比、累計工期百分比、要徑工期百分比。無論採何種方式作百分比計算，均須依甲、乙雙方確認之預定進度表爲依據。該預定進度內容不宜簡略，以符合合約項目爲理想。

一、完成金額百分比

1. 預定進度百分比：依 S-Curve 計算。
2. 實際進度百分比：（累計計價金額 / 合約金額）×100%。
3. 適用於總價承攬、實做實算（須預估合約總金額）個案。
4. S-Curve 須依合約工程細項逐項代入進度表，預估各期計價項目、數量、金額，統計各期計價金額（完成金額）；建立過程較爲繁複。

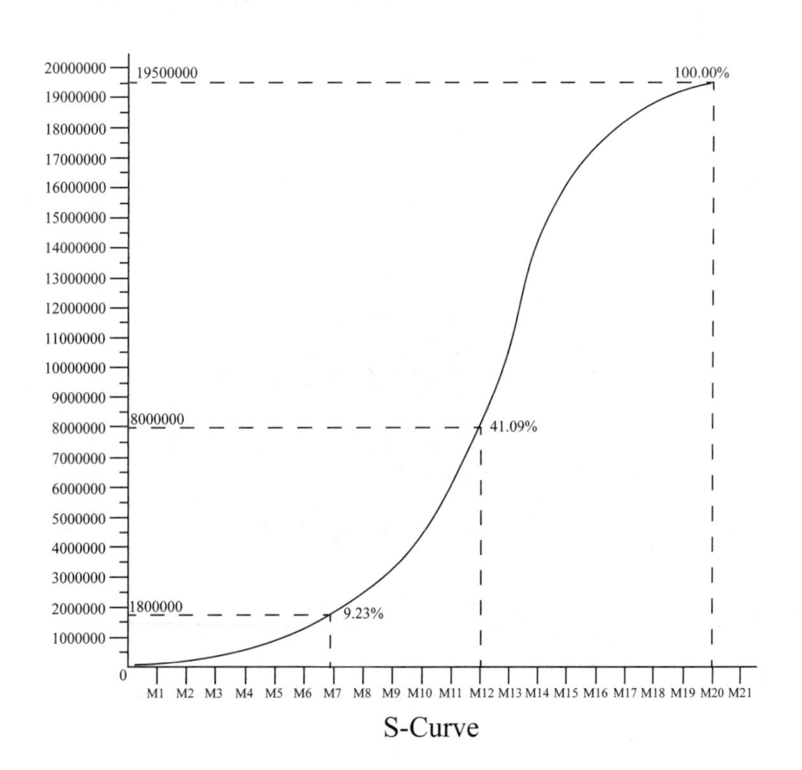

S-Curve

說明：

上圖 X 軸為時間，以月為單位。Y 軸為金額，自 0 元至合約金額。

依預定進度表及合約單價、數量計算各月份計價金額（完成金額），該金額應含保留款金額。

上表案例之合約金額 19,500,000 元，工期 20 個月，預定第七個月累計完成計價 1,800,000 元，預計累計完成進度 9.23%。預定第 12 個月累計完成計價 8,000,000 元，預計累計完成進度 41.03%。預定第 20 個月累計完成計價 19,500,000 元，預計累計完成進度 100%。

二、累計工期百分比

1. 百分比分母：全數工項工期累計天數。
2. 百分比分子：合計全數工項自開始日至統計日。
3. 預定進度百分比：（如說明）
4. 實際進度百分比：（如說明）
5. 優點：非要徑項目亦納入計算，較符合實況。
6. 缺點：局部完成項目 % 屬自由心證。

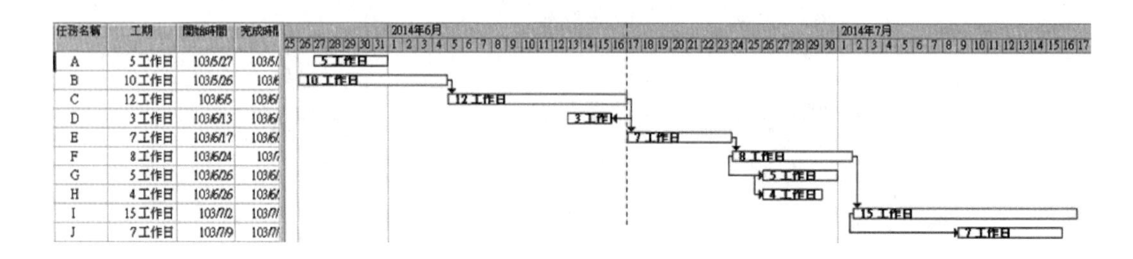

7. 適用於內部進度管理、自建案。

說明：

全案工項 A～J 共計 10 項，預定工期自 2014/5/26 至 2014/7/16，共計 52 天。紅色條桿為要徑。

各工項累計工期 =5+10+12+3+7+8+5+4+15+7=76 天。

至 2014/6/16 預定完成工項之累計工作天數 =5+10+12+3=30 天。

預定進度百分比 =(30/76)×100%=39.47%。

若於 2014/6/16，A、B、D 工項全數完成，C 工項僅完成 10/12 之數量。

實際進度百分比 =((5+10+10+3)/76)×100%=36.84%。

三、要徑工期百分比

1. 百分比分母：要徑項目總天數 = 52（即 5/26～7/16）
2. 百分比分子：要徑項目自開始日至統計日。
3. 預定進度百分比：（如說明）(22/52)×100% = 42.3%
4. 實際進度百分比：（如說明）若 6/16，C 工項完成 90%，則
   ((10 + 12×0.9)/52)×100% = 40%
5. 優點：簡易
6. 缺點：局部完成項目 % 屬自由心證、非要徑項目未納入計算。

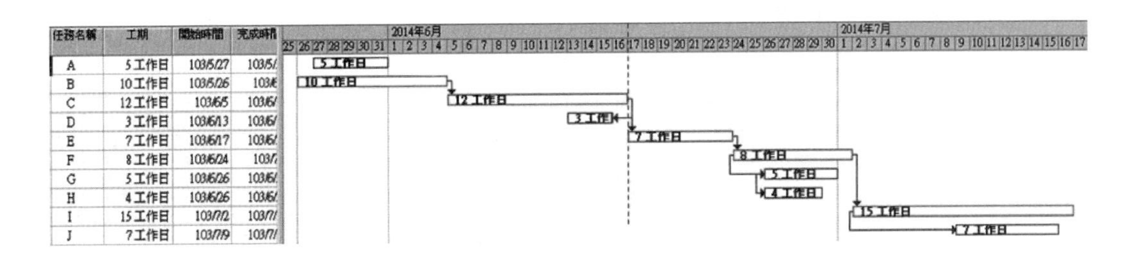

說明：

全案要徑工項 B、C、E、F、I 共計 5 項，預定工期自 2014/5/26 至 2014/7/16，共計 52 天。紅色條桿爲要徑。

各要徑工項累計工期 = 10 + 12 + 7 + 8 + 15 = 52 天。

至 2014/6/16 預定完成要徑工項之累計工作天數 = 10 + 12 = 22 天。

預定進度百分比 = (22/52)×100% = 42.31%。

若於 2014/6/16，B 要徑工項全數完成，C 要徑工項僅完成 10/12 之數量。

實際進度百分比 = ((10 + 10)/52)×100% = 38.46%。

四、其他計算方式——MS Project 自動計算

開起專案進度檔案、選取專案及專案資訊。

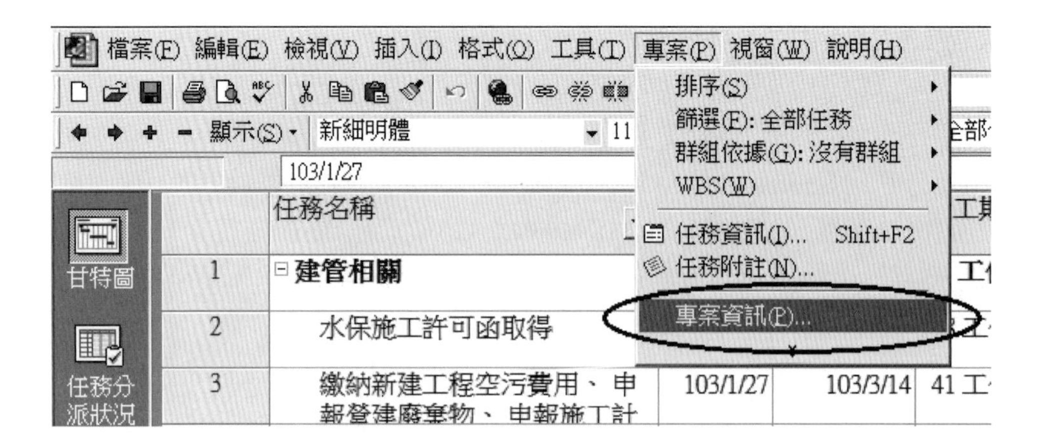

選取統計資料，顯示百分比。

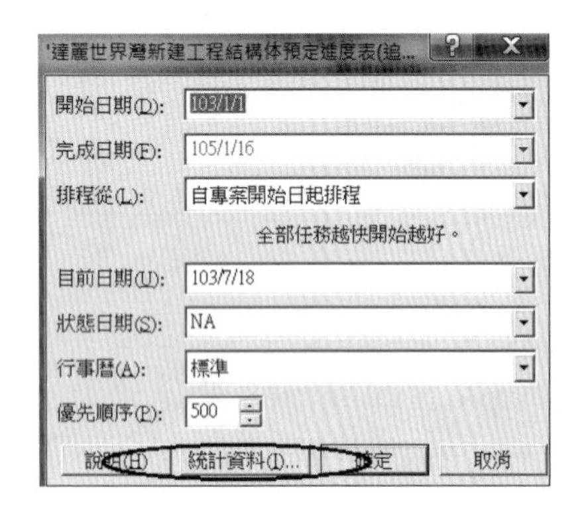

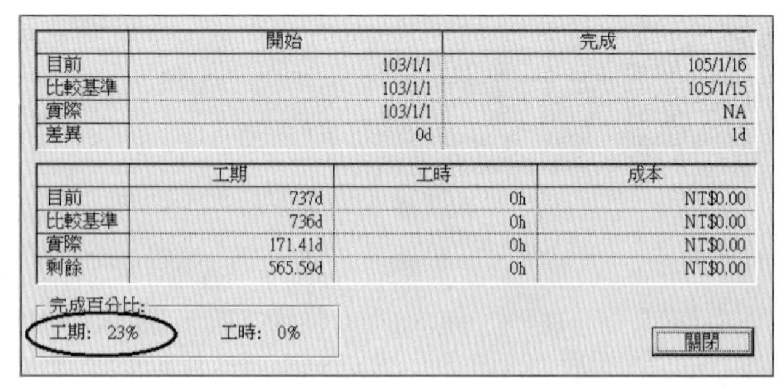

	開始	完成
目前	103/1/1	105/1/16
比較基準	103/1/1	105/1/15
實際	103/1/1	NA
差異	0d	1d

	工期	工時	成本
目前	737d	0h	NT$0.00
比較基準	736d	0h	NT$0.00
實際	171.41d	0h	NT$0.00
剩餘	565.59d	0h	NT$0.00

完成百分比:
工期: 23% 工時: 0%
關閉

經檢核驗算，若未參照「資源」等相關資料，MS project 對工程進度百分比計算方式即屬累計工期百分比。

參考文獻

中央大學姚乃嘉教授講義

附錄3 標準（Standard）

標準和技術法規共同影響近九成的國際貿易，全球相關標準和技術法規確保產品規格的一致性，有助於開放市場、提升產品相容性並降低成本。中華民國經濟部標準檢驗局將標準層級劃分爲五個層級，分別爲國際標準、地區（區域）標準、國家標準、團體標準及公司標準，舉例如下。

一、國際標準（International Standard）

國際標準爲國際標準化組織（ISO）、國際電工委員會（IEC）、國際電信聯盟（ITU）及經由 ISO 認定並公布之國際組織（如國際劑量局 BIPM、國際原子能機構 IAEA、世界氣象組織 WMO 等）所制定之標準。

ISO 標準：由國際標準化組織（International Organization for Standardization, ISO）制訂。國際標準化組織於 1947 年正式成立，其中央事務局設於瑞士日內瓦，負責制定並發行 ISO 標準（不含電氣、電子領域），以推動國際標準化業務。ISO 以數字區分，如：ISO 45001：2018，「45001」是職業衛生安全管理系統標準的編號，「2018」是出版年份。

IEC 標準：由國際電工委員會（International Electrotechnical Commission, IEC）制訂。國際電工委員會成立於 1906 年，其中央事務局原設於倫敦，1948 年遷至瑞士日內瓦，負責制定並發行電氣、電子領域 IEC 標準，以推動國際標準化業務。

ITU 標準：國際電信聯盟（International telecommunication union, ITU）所制訂之標準，習慣性稱之爲 ITU RECOMMENDATIONS（若依字面解釋 recommendations 爲推薦、建議之意，但用於 ITU RECOMMENDATIONS 時應採大寫，以示區別其爲標準、規範性質）。

ITU 爲聯合國下屬專門機構，負責管理無線電頻譜、開發電信技術全球標準、設定通信網路模式等；因地位特殊，其制定之標準具有國際認同度。

二、地區標準（Regional Standard）

地區標準或稱區域標準，係指某一區域標準化團體所制訂之標準。區域標準化組織如：

1. ARS 非洲地區標準（African regional standard）：

由非洲地區標準化組織 Africanregionalstandardsrganization, ARSO 制訂。成員國有：埃及、衣索比亞、迦納、象牙海岸、肯亞、賴比瑞亞、幾內亞、利比亞、馬拉威、模里西斯、奈及利亞、尼日、塞內加爾、蘇丹、多哥、突尼斯、喀麥隆、坦尚尼亞、烏干達、上沃爾特、尚比亞、薩伊和幾內亞等。

2. ASMO 阿拉伯標準（Arab Standard）：

由阿拉伯標準化與計量組織 Arab organization for standardization and metrology, ASMO 制訂。成員國有：約旦、阿聯酋、巴林、突尼西亞、沙烏地阿拉伯、敘利亞、伊拉克、安曼、巴基斯坦、卡達、科威特、利比亞、黎巴嫩、摩洛哥、阿拉伯葉門共和國、葉門民主共和國和阿爾及利亞等。

3. EN 歐洲標準（European Norm）：

由歐洲標準化委員會 European committee for standardization, CEN、歐洲電工標準化委員會 European Committee for ElectrotechnicalStandardiza-tion

——CENELEC、歐洲電信標準協 European Telecommunications Standards Institute

——ETSI 起草並維護的技術標準。

4. ETS 歐洲電信標準（European Telecommunications Standard）：

由歐洲電信標準學會 European telecommunications standards institute, ETSI 制訂。

5. PAS 汎美標準（Pan American Standard）：

由汎美技術標準委員會 The pan american standards commission, COPANT 制訂的標準。COPANT 是拉丁美洲（包含中美洲、南美洲及西印度群島）區域性標準化機構，受拉丁美洲自由貿易協會委託制定中南美洲統一使用的標準，以促進中南美洲國家經濟和貿易的發展、協調拉丁美洲國家標準化、制定各項產品標準、標準試驗方法、術語等，以促進拉丁美洲國家之間的貿易，鞏固拉丁美洲共同市場。成員國爲阿根廷、玻利維亞、巴西、智利、哥倫比亞、多明尼加、厄瓜多爾、墨西哥、巴拿馬、巴拉圭、秘魯、南非、多巴哥、烏拉圭、委內瑞拉、以及中美洲共同市場五國。

6. GOST（俄文 ГОСТ）獨立國協標準，或稱獨聯體跨國標準：

是指由歐亞標準化 - 計量和認證委員會（EASC）維護的一套技術標準，該委員會是在獨立國家國協（CIS）的主持下運作。由於 EASC 被 ISO 認可爲區域標準組織，因此 GOST 標準被歸類爲區域標準。

獨立國家國協（CIS），簡稱獨立國協，於蘇聯解體後由部分前蘇聯加盟國組成的聯盟，模式類似大英國協，屬區域性政治組織。

GOST 標準最初是由蘇聯政府機構 Gosstandart 制定的，歷史可以追溯到 1925 年。蘇聯解體後，GOST 標準獲得了地區標準的新地位，它們現在由獨立國協特許的標準組織「歐亞標準化 - 計量和認證委員會 EASC」管理，俄羅斯、白俄羅斯、哈薩克斯坦、阿塞拜疆、亞美尼亞、吉爾吉斯斯坦、烏茲別克斯坦、塔吉克斯坦、格魯吉亞、土庫曼斯坦等國家、地區採用全部或部分 GOST 標準。若將 GOST 標準視爲俄羅斯的國家標準是誤解，俄羅斯國家標準應該是 GOST R。

以上區域標準以 EN 歐洲標準最具影響力。歐洲標準委員會 CEN 成立於 1961 年，是歐盟正式認可的標準化組織，專門負責歐洲標準化工作（不含電工、電信領域）。CEN 所制訂的標準亦常被 ISO 參照、引用。

歐洲電工標準化委員會 EuropeanCommitteeforElectrotechnicalStandardization, CENELEC。成立宗旨爲協調各國的電工標準、消除貿易中的技術壁壘。制定統一的 IEC 範圍外的歐洲電工標準、實行電工產品的合格認證制度。與 CEN 成立了聯合機構 CEN/CENELEC，負責 EN 電工、電信領域標準制定。

CEN 制定標準的類型分爲歐洲標準（European Norm, EN）、技術規範（TS）、技術報告 TR 和 CEN 研討會協議 CWA。EN 標準制定必須經過徵求意見階段和投票階段形成最終草案，再由會員國投票，當贊成票權重大於或等於 71% 則批准該草案爲歐洲標準。

歐洲標準 EN 是 CEN 各類標準中位階最高標準，各會員國必須將 EN 轉化爲國家標準，並刪除與其相違背的國家標準。EN 並不強行要求生產廠商依 EN 生產製造產品，但法律、法規、合約條款可能會引用、強制執行這些標準。

會員國可視本國需要翻譯成本國語言版本，但其內容必須完全相同，其編號方式則依各會員國代號置於 EN 之前，如德國版歐規 DIN EN xxx：2020、英國版歐規 BS EN xxx：2020、法國版歐規 NF EN xxx：2020。

EN 是 European Norm 的縮寫，是已經正式發布的標準。偶見 prEN，pr 是 in preparation，是籌備中、尚未正式發行的 EN 標準草案。另有 ENV 是 Preliminary European Standard，是初步歐盟標準。prEN 及 ENV 未必可成爲 EN。

三、國家標準

1. CNS **中華民國國家標準**（Chinese National Standards）

制定單位是中華民國經濟部標準檢驗局。

2. ANS **美國國家標準**（American national standards）

由美國國家標準協會 American national standards institute, ANSI 授權起草機構依規範、

規格編寫標準草案，草案經 ANSI 審核批准後成爲國家標準。

3. BS 英國標準（British Standards）

英國標準協會 British Standard Institution--BSI 發行的英國國家標準。BSI 除將 EN 標準收納爲 BS/EN 標準外亦採用 ISO、IEC 標準發行 BS/ISO 及 BS/IEC 標準。

4. NF 法國標準（NormeFrancaise）

NF 爲法國工業部監管的法國標準協會（Association FrancaisedeNormalisation, AFNOR）制定的法國國基標準，NF 亦爲產品認證標記（有如台灣正字標記），在法國具有極高認可度。AFNOR 匯集標準化需求、制定策略、協調標準化局，推動相關行業、部門參與標準制定，並向公衆征求意見後批准爲 NF 法國標準。符合該標準之商品則授予 NF 標記。

5. GOST R 俄羅斯國家標準（英語：Russian National Standard）

1992 年 USSR（蘇維埃社會主義共和國聯盟；簡稱蘇聯）結束後，俄羅斯將國家標準代號 GOST 之後加上 R（即 Russia），以區別獨立國協標準。GOST R 由國家標準化委員會制定，由俄羅斯聯邦技術監管 - 計量局管理，每月發布於「全國標準信息指南」。

GOST R 系統起源於蘇聯開發的 GOST 系統，後來被獨立國協（CIS）所採用。因此，GOST 標准在包括俄羅斯在內的所有獨聯體國家中使用，而 GOST R 標準僅在俄羅斯聯邦境內有效。

6. DIN 德國標準（Deutsche IndustrieNormen (German Industry Standard)）

德國標準化學會（德語：DeutschesInstitut für Normunge.V.，縮寫：DIN）是德國的國家級標準化組織，也是 ISO 中代表德國會籍的會員機構，總部位於柏林。

德國標準化學會 DIN 是國際上極具影響力的標準化組織，它所制定的標準有許多同時也是 EN 和 ISO 標準，被世界各國廣泛採用。

DIN #（# 表示數字）用於主要用於德國國內的標準。E DIN #（E 即 Entwurf）是草案標準。DIN V #（V 即 Vornorm）爲初步標準。DIN EN # 爲歐洲標準的德國版。DIN ISO # 爲 ISO 標準的德國版。DIN EN ISO # 既是 ISO 標準又是歐洲標準的德國版。

7. GB 中華人民共和國國家標準，簡稱國標（漢語拼音：Guóbiāo，GB）

由中國國家標準化管理委員會發布、管理。強制性國家標準冠以「GB」，推薦性國家標準冠以「GB/T」。

中國大陸除國家標準外又增設「行業標準」，是在沒有國家標準而又需要在全國某個行業範圍內統一技術要求的情況下制定的標準。行業標準由國務院有關行政主管部門制定，並報國務院標準化行政主管部門備案。於公布國家標準之後，該行業標準即行廢止。

2017 年修訂的《中華人民共和國標準化法》規定，行業標準、地方標準是推薦性標準。

GB 依採用國際標準或國外先進標準的程度，分爲「等同採用」（IDT：indentical）、「修改採用」（MOD：modified）、「等效採用」（EQV：equivalent）及「非等效採用」（NEQ：no equivalent）四種。分別說明如下：

(1) 等同採用（IDT）：GB 標準等同於國際標準，稍有或沒有編輯性修改。故等同採用就是指 GB 標準與國際標準相同，不做或僅稍做編輯性修改。
    所謂編輯性修改（根據 ISO/IEC 定義）是指不改變標準技術的內容的修改。如糾正排版或印刷錯誤；標點符號的改變；增加不改變技術內容的說明、指示等。其標示方法如 GB/T19001-2016（ISO 9001：2015, IDT）。
(2) 修改採用（MOD）：修改國際標準成爲國標。其與國際標準存在技術差異應明確標記並解釋其原因。其意義與等效採用幾乎相同。其標示方法如 GB/T1884-2000（ISO 3675：1988, MOD）。
(3) 等效採用（EQV）：「等效採用」已於 2001/11/12 發布之「新的國際標準管理辦法」規定停用。等效採用就是 GB 與國際標準之技術內容上有小差異、編輯上不完全相同。
    所謂技術上的小差異（依 1SO/IEC 定義）爲因應些許技術或環境差異，GB 標準中不得不用，而在國際標準中也可被接受之狀況。如奧地利標準 ONORMS 5022 內河船舶雜訊測量標準中，包括一份試驗報告的推薦格式，而相應的國際標準 ISO 2922 中沒有此內容。
(4) 非等效採用（NEQ）。GB 標準不等效於國際標準。

GB 標準中有國際標準不能接受的條款，或者在國際標準中有國家標準不能接受的條款。在技術上有重大差異的情況下，雖然 GB 標準制定時是以國際標準爲基礎，並在很大程度上與國際標準相適應，但不能使用「等效」這個術語。

凡全部或部分引用國際標準者稱「採標」。而完全由國家標準化管理委員會制定，未引用其他國際標準、國際知名團體標準之 GB 標準稱爲「非採標」。非等效採用（NEQ）亦屬非採標，故不須標示引用之國際標準名稱、編號，亦不須標記 NEQ。

8. JIS 日本工業標準（Japanese Industrial Standards）

日本工業標準亦稱日本工業規格，是日本政府在實施「工業標準化法」之後，修訂原有「日本標準規格」（Japanese Engineering Standards，簡稱 JES）而制定之國家級標準。JIS 內容廣泛，旨在促使日本的工業產品達到大量生產及國際化標準。JIS 對台灣極具影響力。

9. AS 澳大利亞國家標準（Australian Standards）。

10. CAN **加拿大國家標準**（National Standards of Canada）。

11. IS **印度國家標準**（Indian Standards）。

12. SIS **瑞典國家標準**（Svensk Standards）。

13. SNV **瑞士國家標準**（Swiss Normen-Verzeichnis）。

四、團體標準

由各行業團體、學會、協會所制定之標準，於工程類別中較爲知名且具影響力者舉例如下：

1. AWS 美國焊接協會（American Welding Society）規範。
2. ASTM 美國材料試驗協會（American Society for Testing & Materials）標準。
3. AISI 美國鋼鐵學會（American Iron & Steel Institute）標準。
4. ACI 美國混凝土協會（American Concrete Institute）規範。
5. JSS 日本鋼結構協會（Japanese Society of Steel Construction）標準。

五、公司標準

由各公司、企業所制定之標準，僅於該公司內部或招標所使用之標準、規範、規格。如 CSC 中鋼規格，即爲一系列產品之規格。任何公司皆可制定該公司之標準供內部執行，或於發包、採購時列入條款，作爲規範原料、材料及施工品質之標準。唯各公司所定標準之周延性、公正性、專業度各有差異，故其公信力亦差別甚鉅。

國家圖書館出版品預行編目資料

營建精要／章錦釗作. 一一初版. 一一臺北市：五南圖書出版股份有限公司, 2023.07
面； 公分
ISBN 978-626-366-127-1(平裝)

1.CST: 營建管理 2.CST: 施工管理

441.529 112007802

5G54

營建精要

作　　者— 章錦釗（240.4）
發 行 人— 楊榮川
總 經 理— 楊士清
總 編 輯— 楊秀麗
副總編輯— 王正華
責任編輯— 張維文
封面設計— 姚孝慈
出 版 者— 五南圖書出版股份有限公司
地　　址：106台北市大安區和平東路二段339號4樓
電　　話：(02)2705-5066　傳　　真：(02)2706-6100
網　　址：https://www.wunan.com.tw
電子郵件：wunan@wunan.com.tw
劃撥帳號：01068953
戶　　名：五南圖書出版股份有限公司

法律顧問　林勝安律師

出版日期　2023年7月初版一刷
定　　價　新臺幣720元